纺织检测知识丛书

纺织用染化料性能评价及检测

于 涛 主 编
曹小燕 副主编

中国纺织出版社有限公司

内 容 提 要

本书在介绍纺织用染化料助剂的分类、特性和用途的基础上，着重阐述了纺织用染料（颜料）、助剂和相关化学品的鉴别及基本物性的试验方法及其使用性能的评价方法和检测技术。因应纺织用染化料助剂工业领域对生态安全问题的日益关注，详细介绍了与染化料助剂生态安全性能有关的有害物质管控的背景知识和相关的检测技术。与此同时，还从纺织服装业绿色供应链管理的角度对纺织用染化料助剂生态安全评价体系的建立提出建议，并对“有害化学物质零排放”加以浅析。

本书在内容上兼顾科学研究和实际应用的需要，在介绍基础理论知识的同时，对相关检测技术的标准化发展进程以及在具体实施相关的检测时应注意的技术细节等问题均做出了有价值的归纳和总结。本书可作为纺织用染化料及相关产品检测实验室的管理及技术人员、相关生产企业质量管理人员、产品开发和设计人员、国内外贸易中的品质管控和采购人员、中高等专业院校相关专业的师生和研究人员、染化料助剂相关行业研发机构的科研人员和政府相关部门（包括质量监管部门）的相关人员的参考用书。

图书在版编目（CIP）数据

纺织用染化料性能评价及检测/于涛主编．--北京：中国纺织出版社有限公司，2020.1
（纺织检测知识丛书）
ISBN 978-7-5180-6636-0

Ⅰ．①纺… Ⅱ．①于… Ⅲ．①染料—性能—评价②染料—性能检测 Ⅳ．①TQ61

中国版本图书馆 CIP 数据核字（2019）第 188280 号

策划编辑：朱利锋　沈　靖　　责任编辑：朱利锋　李泽华
责任校对：高　涵　　责任印制：何　建

中国纺织出版社有限公司出版发行
地址：北京市朝阳区百子湾东里 A407 号楼　邮政编码：100124
销售电话：010—67004422　传真：010—87155801
http：//www.c-textilep.com
中国纺织出版社天猫旗舰店
官方微博 http：//weibo.com/2119887771
三河市宏盛印务有限公司印刷　各地新华书店经销
2020 年 1 月第 1 版第 1 次印刷
开本：787×1092　1/16　印张：22.75
字数：492 千字　定价：128.00 元

前言

染化料助剂，主要包括染料、颜料和染整助剂等，是纺织品加工工业的基础原料。它们不仅使纺织品绚丽多彩，同时赋予纺织品各种优异的应用性能，提高纺织品的质量，改善加工效果，提高生产效率，简化生产过程，降低生产成本。1857年工业生产出第一种合成染料以来，染料工业已有160多年的历史。世界上生产染料的国家共有20多个，《染料索引》中收有8000种以上的单一染料，经常生产的约有2000个品种。中国染料工业自20世纪50年代以来有很大发展，能生产11大类500多个品种，经常生产的品种有300个左右。19世纪以后，纺织品整理技术也得到了快速发展，新型整理方法和染整助剂不断出现。全世界印染助剂已有近100个门类，约15000个品种。工业发达国家的纺织染整助剂产量与纤维产量之比为15：100，世界平均水平为7：100。由于历史的原因，我国染整助剂的发展水平与国际先进水平尚有差距，但纺织工业是我国重要的民生产业，是国际竞争优势明显的产业，因此我国纺织染整助剂行业前景广阔，发展潜力很大。

染化料助剂的分析鉴别技术以及染化料基本物理性能和应用性能的测试技术的研究，对充分发挥染化料助剂的应用价值，满足纺织加工工艺中的不同要求，完善染化料助剂生产应用环节的质量控制、比较优劣，甚至对促进染化料助剂的研发与产业升级、推动染化料助剂行业和纺织加工业的发展，都具有十分重要的意义。作为日常生活的必需品，纺织品的生态安全性受到广泛关注，而对纺织品生态安全性影响最大的是纺织品染整加工过程，特别是该过程中使用的染化料助剂所带来的有害物质。因此对染化料助剂中有害化学物质的检测技术，以及与之相关的染化料助剂有害物质管控的研究也十分必要。

中国作为纺织产品生产和出口大国，与之相配套的纺织及相关染化料助剂产品的检测也是一个相当庞大的行业。为满足该行业对最新的法规、标准要求和最新的检测技术的发展和应用等相关信息的需求，特编写此书以供参考。作为纺织检测知识系列丛书之一，本书共分六章：第一和第二章介绍纺织用染（颜）料的分析鉴别技术和基本检测技术；第三和第四章介绍纺织染整助剂的分析鉴别技术和基本检测技术；第五和第六章介绍染化料助剂的生态安全问题以及染化料助剂中有害化学物质的最新检测技术，并将从纺织服装业绿色供应链管理的角度对纺织用染化料助剂生态安全评价体系的建立提出建议，同时作为有毒有害物质管控的新趋势，对“有害化学物质零排放”加以浅析，以飨读者。

本书的第一和第二章由曹小燕、于涛撰写，第三和第四章由吕晓娜、于涛撰写，第五和第六章由任艳美、于涛撰写。于涛撰写前言，并负责全书的统稿和修改。本系列丛书的编写得到了纺织检测及标准化领域资深专家王建平教授的悉心指导和天祥集团（Intertek）管理层以及专家团队的大力支持，在此深表谢意！本书的编写参考了大量公开发表的文献和出版的专著，并引用了编者本身多年来在科研和分析测试实践中的成果和积累的经验，以尽可能地为读者提供具体的、可操作性比较强的参考和启发。由此，我们也要对被引用文献的作者和对本书的编写和出版做出贡献的人员表示衷心的感谢！

本书编写人员所从事的是包括染化料助剂产品在内的各类消费品的检测工作，专业领域局限于分析测试而非染化料助剂本身，因此，在本书的编写中难免会因水平和知识的不足而存在疏漏甚至谬误之处。恳请业界专家、学者和读者批评指正，我们所有参与编写的人员将不胜感激！

作者

2019 年 3 月 30 日

目录

第一章　染料的分析鉴别技术

第一节　染料概述

一、染料的基本概念与理论

我们生活在一个绚丽多彩的世界，在这个世界上有一类有色的物质——着色剂。着色剂能使其他物质具有坚牢的颜色，主要包括染料和颜料。染料一般是有色或特定条件下可以发色的有机化合物，能溶于水或其他介质以制成溶液或分散液，并能直接或经媒染剂作用使纤维或其他材料着色，可扩散到纤维内部，与纤维以某种结合力结合。通过染色或印花方式使棉、毛、丝、麻、各种再生纤维以及合成纤维具有一定坚牢度及鲜艳的色彩。颜料一般不溶于水，在水中或其他溶剂中以涂刷成膜的方式使其他物质着色。主要作为各种涂料，如油漆、油墨等的着色剂，在纺织物上也有应用，如通过黏合剂将其附着在织物上，这就是涂料染色和印花。染料和颜料都具有丰富的色彩和较高的化学稳定性，着色方式简便，坚牢度好。

我国已成为全球最大的染料生产国、消费国和出口国。截至2016年，我国染料年产量达92.8万吨，连续8年保持正增长，产量占全球总产量的70%左右，表观消费量约70万吨。分散染料、还原染料、活性染料、硫化染料等品种为主要出口品种。中国目前生产的染料品种接近2000个，经常生产的品种800个左右，并可满足国内印染行业70%的品种需求。

（一）染料的发色理论

染料之所以有颜色也是因为它选择性地吸收了可见光中不同波长的光，而将其余的光波反射或透射的结果。它们表现出的不同颜色，就是被吸收光的补色。由于不同光源体发出的可见光并不一定是白光，在日光、日光灯、白炽灯等不同光源下呈现的颜色是有所差别的，对于织物颜色鉴别需要在标准光源下进行。

色调、纯度和亮度称为颜色的基本特征或色觉的三属性。色调是颜色的最基本属性，由染料的最高吸收波长 λ_{max} 决定，λ_{max} 越大，颜色越深。颜色的纯度又称饱和度，表示某种光谱色的含量，光谱色含量越高，颜色纯度越高，消色成分越多，纯度越低。亮度是物体单位面积反射或透射的光线对人眼视觉所引起的刺激强弱的程度，可用物体表面对光的反射率来表示，反射率越高，亮度越大。若三个特征中的任一特征不同，颜色就会不同。

关于染料的发色理论曾有各种解释。比较重要的有早期发色理论和近代发色理论。

早期发色理论一般是从部分现象归纳总结出一些规律，没能总结出有机化合物结构与颜色的内在联系。影响较大的是发色团学说和醌构学说。

发色团学说是1876年德国人维特（O. N. Witt）提出的，他认为不饱和性是有机物发色的原因，有机化合物有颜色是由于分子中含有双键的发色基团引起的，主要发色基团有—N ═N—，

═C═C═、—N═O、═C═O 等，发色基团越少，颜色越浅，发色基团越多，颜色越深。但是，并非所有含发色团的有机化合物都有颜色，如—CH═CH—CH═CH—是无色的，只有当发色团与芳香烃类碳氢化合物相连时，才能发出颜色，这些含有发色团的芳香烃被称为发色体。发色体对各种被染物质不一定具有染色能力，而且其色泽往往不深，强度也不太大，与纤维的亲和力较小，染色性能较差。能够作为染料的有机化合物分子中还应含有助色团，助色团能够加强发色基团的发色作用，增强染料与被染物的结合力，提高染色性能。助色团有$—NH_2$、—NHR、$—NR_2$、—OH、—OR 等。助色基团$—SO_3H$、—COOH 可以使染料具有水溶性和对某些物质具有染色能力。发色团学说对偶氮、蒽醌、硝基和亚硝基染料的发色性质、结构和颜色的关系都能较好地加以解释，至今仍被沿用。

醌构理论是 1888 年英国人阿姆斯特朗（Armstrong）提出的，他认为染料之所以有颜色是因为其分子中芳香族醌结构的存在。醌结构可视为分子的发色团，凡是有醌型结构的化合物都有颜色。这个理论只能用来解释三芳基甲烷类及醌亚胺类染料，对有偶氮苯类的有机化合物不适用。

近代发色理论认为有机化合物的分子都具有一定的内能，有机化合物呈现出不同的颜色是由于该物质从光子流中吸收不同波长的电磁波而使其内部的电子发生跃迁所致。染料分子对光线有选择性地吸收从而显现颜色主要取决于各种分子的电子能级及振动能级变化。能够作为染料的有机化合物，它的内部电子跃迁所需要的激发能必须在可见光（400~760nm）范围内。其产生的颜色主要是由于物质遇到光照射时，分子从基态到激发态发生 $\pi \rightarrow \pi^*$（或伴随 $n \rightarrow \pi^*$）跃迁的结果。染料对可见光的吸收主要是由于其分子的 π 电子运动状态所决定的。共轭体系中 π 电子的性质是研究物质的颜色和结构关系的重要依据。

（二）染料分子结构与颜色的关系

1. 共轭键与染料颜色的关系

如前所述，染料分子结构往往决定其颜色的深浅，具有共轭双键的染料分子，共轭双键数目越多，$\pi \rightarrow \pi^*$ 跃迁所需要的能量越低，选择吸收的光线波长越长，产生不同程度的深色和浓色效应。染料的最大吸收波长（λ_{max}）向长波方向移动，形成深色效应，同时染料的吸收强度（ε_{max}）也常常增大，称为浓色效应。从表 1-1 可以看出几种芳烃结构与颜色的关系。

表 1-1　芳香族碳氢化合物结构与颜色的关系

结构	颜色	λ_{max}（nm）	$\lg\varepsilon_{max}$
	无色	200	3.65
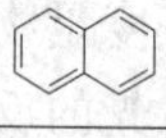	无色	285	3.75
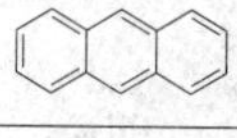	无色	384	3.8
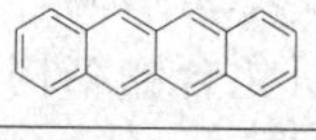	橙色	480	4.05
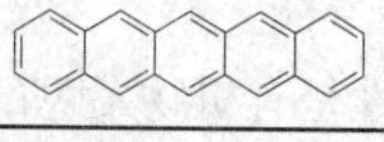	紫色	580	4.1

2. 分子的平面结构与染料颜色的关系

在共轭体系中的所有原子，只有处于同一平面上，π 电子云才能相互有最大的重叠，共轭效应才最大，如若分子的平面结构受到破坏，π 电子相互重叠的程度就会降低，产生浅色效应。

如果有机化合物的共轭双键系统被单键隔离，不仅将共轭系统变短，而且围绕单键的旋转也会引起平面结构的破坏，会导致浅色效应，例如：

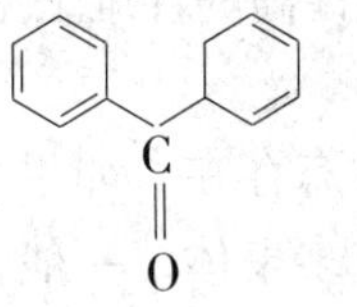

二苯酮（无色） 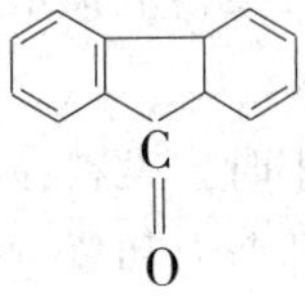　　　　芴酮（橙色）

另一破坏染料分子平面结构的因素是空间位阻效应，如：

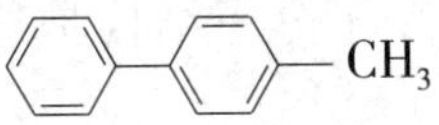

$\lambda_{max}=251nm$ 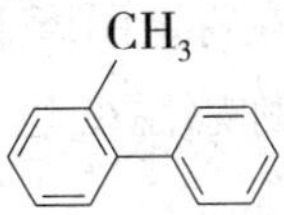　　　　$\lambda_{max}=236nm$

如果在染料共轭系统中加入发色基团或助色基团，染料的最大吸收波长也向长波方向移动，也会产生深色或浓色效应。

3. 吸电子基团和供电子基团对染料颜色的影响

在染料分子中绝大多数都含有吸电子性的发色基团或给电子性的助色基团，它们使分子在基态就具有极性，从而使基态能量提高，激发能降低，使最大吸收波长向长波方向移动，产生深色效应，而且染料的吸收强度也增大，产生浓色效应。尤其在染料共轭双键系统两端分别同时引入吸电子基团和供电子基团，则效应更明显。但若在共轭系统中间插入另外给电子基，则会缩短共轭系统长度，发生浅色效应。给电子能力越强，浅色效应越显著。

4. 染料内络合结构对染料颜色的影响

在染料中，有一部分染料分子是与金属离子 Fe、Al、Cr、Cu、Co 以络合物形式存在。不同的金属离子对共轭系统 π 电子云的影响不同，同一染料与不同金属离子络合具有不同的颜色。若配位键是由参与共轭的孤对电子构成，会影响共轭体系电子云的流动性，增强吸电性，加深颜色。反之，若络合物的形成不影响共轭系统 π 电子云，则染料的颜色不发生显著的变化。例如：

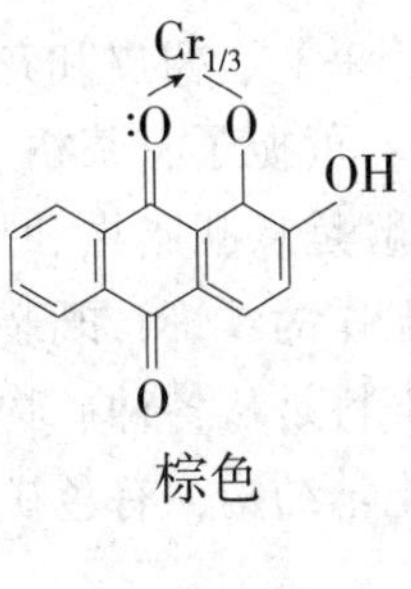

棕色 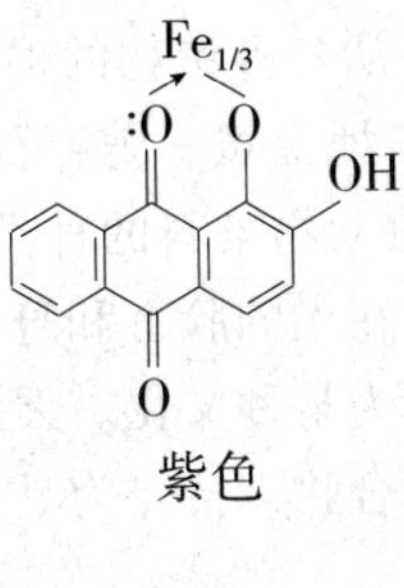　　　　紫色 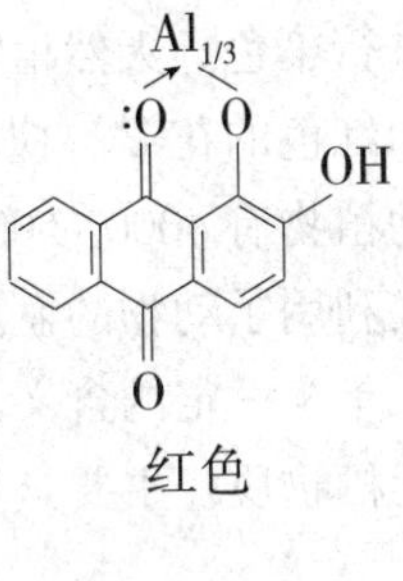　　　　红色

（三）外界因素对颜色的影响

在染色过程中，染色溶剂、染料浓度、染色温度、染液 pH、光照等常能改变染料分子的极性、分子间缔合状态及几何构型，也会影响染色织物的颜色。

1. 溶剂的影响

一般而言，许多染料分子的基态极性小于激发态极性，在溶剂极性大的情况下，染料激发态能级降低作用比基态显著，$\pi \rightarrow \pi^*$跃迁激发态在极性溶剂中比较稳定，激发能较低，产生深色效应。同理，同一染料上染不同的纤维时，在极性高的纤维上呈深色效应。

2. 染料浓度的影响

当染料溶液浓度很小时，染料在溶液中以单分子状态存在。如果加大溶液的浓度，会使溶质分子间由于范德瓦耳斯力和氢键聚集形成二聚体或多聚体。一般情况下，聚集态的分子 π 电子流动性较低，产生浅色效应。

3. 温度的影响

提高温度，分子的基态能级提高，减少溶液中的聚集，产生深色效应。

热敏变色染料，能在特定温度下引发颜色变化，具有热致变色性。也有部分染料会随温度变化做出可逆变化，称感温变色型。温度变化改变了分子结构是这些颜色随温度变化的原因。

4. 介质 pH 的影响

有些有机化合物在溶液中会发生离子化作用。在碱性介质中，中性的含有供电子基的有机化合物变为阴离子，供电子性质增强，也使色泽的深度和强度增加。在酸性介质中，含有供电子基—NH_2 的化合物分子成为阳离子，供电子性质显著降低，从而使颜色变浅。

5. 光的影响

有些染料在光照条件下，引起吸收光谱的变化，颜色也发生改变，表现出光致变色型。也有将光敏化合物掺到染料中，其主体液晶受光影响，液晶分子排列顺序发生改变，从而引起对各种色光的折射率改变，我们看到的颜色就发生了变化。

光敏变色纺织品主要用于娱乐服装、安全服、装饰品以及防伪制品等。

物质吸收光发生颜色变化，是因为分子结构发生变化引起的，包括反式/顺式光异构变化、离子化、氢原子转移、价键变化、氧化还原反应。

织物上固体状态的染料较溶液中情况更为复杂，染料的结晶及其晶体的细度等因素都会对染料的色光造成影响。

二、染料的发展历程

早在远古时期，人类就开始利用植物、动物体、有色矿物等天然染料对纺织品、毛皮和其他物品进行染色。天然植物染料主要从各种植物的根、茎、叶及果实、树皮和花朵中提取而来，例如红色的花瓣、槐树的豆荚、槐豆黄、姜、石榴、靛蓝、黄栀子、茶树、桑树等，用作染料的植物有 4000~5000 种。天然动物染料的种类较少，一般是从胭脂虫和贝壳提取，后来人类又利用了动物的血液和胆汁涂在人的脸上和身上或器物上作为纹饰，既装饰美化了生活，又赋予了一定的含义，并发展成为某种文化。天然矿物质染料是从各种矿物中提取而来的有色无机物质，主要是指小分子化合物，特点为具有简单的化学结构，有色矿石其化学

成分主要是 SiO_2、TiO_2、FeO 等，随化学结构的不同，颜色不同，并且在经过研磨后拼混可使色谱颜色增加到 20 多种，如锰棕、铬黄、群青。经研究发现黄色和红色品种的天然染料数量最多，而黑色、蓝色和绿色较少。按化学结构来分类，天然染料可分为类胡萝卜素类、蒽醌类、萘醌类、类黄酮类、姜黄素类、靛蓝类、叶绿素类、单宁类等。天然染料按照应用性能分为直接染料、媒染染料、还原染料、酸染料、阳离子染料、分散染料。

我国对纺织品进行染色或涂色加工有着悠久的历史。早在旧石器时代晚期，我们的祖先就已了解着色加工技术，大约在夏代至战国时期不仅能研制出各种矿物颜色，同时也开始生产植物染料。在先秦时期，我们的祖先已掌握了采集和种植蓝草作为染料的技艺。到了明清时期，天然染料的应用获得了极大的发展，达到了较高的工艺水平。随着生产力的发展和人类文明的进步，天然染料的利用也越来越广泛，用于染色的植物也就多了起来。从植物中压榨提取色素的方法也在不断提高，例如，有一种叫作靛草的植物，从它的叶子里提取到的汁液并没有什么漂亮的颜色，但人们发现用这种汁液染到白布上再经过晾晒就会变成好看的蓝色，这样人类就扩大了利用天然染料的范围。

由于天然染料品种不多、色谱不齐全、上染率低、染色牢度差、可重现性差、提取消耗量大、不适于产业化的特点，同时，其提取工艺还相当繁复和落后，要想达到标准化、工业化的要求暂时还不太可能，所以进行大规模的生产还有一些的困难。因此天然染料染色的纺织品的制作较适合以小批量、多品种的形式来进行，并以它独特的艺术形式及品位，来提升产品的附加值。

由于产业革命大大提升了生产力的进步，化学、物理学、机械学的突飞猛进和纺织工业的发展迫切需要大量的、品种多样的染料，而仅靠天然物质已经无法满足社会的需求。1856 年，英国化学家伯琴（Perkin）发现了苯胺紫，1857 年，Perkin 在哈罗建立了世界上第一家生产苯胺紫的合成染料工厂，开创了合成染料的新纪元。1859 年，第二苯胺染料亿战红，又名品红，由法国科学家味基安发现。1860 年，吉剌德及雷亚尔将苯胺及亿战红加热制成苯胺蓝，此染料溶于酒精，不溶于水。1862 年，尼科尔孙再加浓硫酸与之共热，使其磺酸化，发明了可溶于水的染料。1883 年，德国人哈弗曼，受聘于英国皇家化学专门学校制成了哈弗曼紫。1867 年，劳特（Lauth）用工业化的甲基苯胺原料制造出甲基紫，其染出的颜色与哈弗曼相同。1868 年，格勒柏（Graobe）和利柏曼（Lieberman）两人用氢氧化钾处理二溴蒽醌合成了茜素，合成了第一种天然染料。著名学者拜尔合成了第二种天然染料靛蓝，于 1897 年，由德国巴狄士工厂制成商品。

20 世纪 30 年代是中国民族染料工业的初创阶段。新中国成立后，我国开始着手建立自己的大型染料化工厂，在天津、上海等具有一定工业基础的城市建起了小型和中型的染料厂。此时我国生产的染料已经不仅供国内纺织行业使用，而且开始有了小量出口。近二十几年来我国改建和新建的染料生产企业就有上千家，几乎遍布了每一个省份，染料产量已跃居世界首位，约占世界染料产量的 1/3，同时，染料、颜料新品种的开发速度也明显加快，新品种不断涌现，其质量已经达到或接近国外同类产品水平。当前我国染料工业面临的最大难题就是环保问题，在改革工艺路线、采用无毒或低毒原料、对“三废”进行综合治理等环境问题方面需高度重视。这也是染料工作者必须重视并需要尽快加以解决的大问题，否则它将会是制约我国染料行业发展的重要因素。

三、染料的分类

染料的种类繁多，其品种的多样性主要是为了满足多种用途、多种印染工艺、多种颜色的需要。不同的应用对象，生产工艺及颜色对染料要求也各不相同，这就需要生产相当数量的染料才能满足实际需求。目前我国已经能生产的染料品种已经超过了1200个，其中常年生产的品种约600个。品种过百的染料有分散染料、活性染料和酸性染料，可生产的有机颜料品种约240个，经常生产的品种约120个。因此必须按照一定的方法把它们系统地分类，才能更好地了解它们。一般的分类方法有两种，即按染料结构分类和按染料应用分类。同一种结构类型的染料，只要某些结构发生改变，就可以产生不同的染色性能；同样，同一应用类别的染料也可以具有不同的共轭发色体系的结构特征。也有按染料着色的基质，将染料分为纺织用染料、非纺织用染料、功能性染料等。

（一）按染料结构分类

染料按结构分类就是按染料分子的化学结构进行分类，一般染料生产及染料科研都比较重视这样的分类。这种方法是以染料分子中相同的基本化学结构或共同的基团以及染料共同的合成方法和性质进行分类的。按结构分类，有偶氮染料、蒽醌染料、硫化染料、靛族染料、芳甲烷染料、酞菁染料、硝基染料、亚硝基染料、杂环染料、醌亚胺染料。

1. 偶氮染料

1859年J. P. 格里斯发现了第一个重氮化合物并制备了第一个偶氮染料——苯胺黄。偶氮染料是分子中含有—N═N—偶氮基的一类染料，包括酸性、碱性、直接、媒染、冰染、分散、活性染料，以及有机颜料等，占全部染料的50%左右，几乎适用于各种用途的全部色谱。按分子中所含偶氮基数目可分为单偶氮、双偶氮、三偶氮和多偶氮染料，随着偶氮基数目的增加，染料的颜色加深。

常见的单偶氮染料有分散黄3、食用色素黄4和食用色素黄6，是两种对生物体毒性低的食用染料，水溶性较好，但对于纤维染色时坚牢度差。双偶氮染料常见的有直接红81、直接蓝218、直接猩红4BS和酸性蓝黑B等。直接红81、直接蓝218、直接猩红4BS是直接染料，对纤维素纤维和蛋白质纤维具有较好的亲和力，用硫酸铜处理后具有较好的耐光色牢度和耐洗色牢度；酸性蓝黑B是酸性染料中产量最大的品种，可印染多种纤维素。三偶氮染料通常具有较深的颜色，如棕色、绿色和黑色。活性艳红K_2BP三偶氮染料属于活性染料，用于纤维素纤维的染色。

偶氮染料的制备几乎全部是靠芳香伯胺重氮化构成重氮基或重氮盐。重氮化合物随后与苯酚、烯醇化酮或芳香胺等第二个化合物偶合生成偶氮化合物。偶氮基一般连在苯环或萘环上，有时甚至连在芳香杂环上，并含有一个或几个—SO_3Na基团，以增加染料的水溶性及染料与极性纤维的键合性。但是由于部分偶氮染料是由致癌芳香胺中间体合成的，其还原分解物会存在致癌物质。德国政府于1994年7月公布了118种禁用染料，其中大多数为偶氮染料。现在欧盟REACH法规也对可裂解出致癌芳香胺的偶氮染料禁用。生产量最大的直接黑38由于中间体联苯胺具有致癌性，现在世界各国已停产，已被直接黑G代替。

2. 蒽醌染料

蒽醌染料都含有蒽醌结构或多环酮结构，包括还原、分散、酸性、酸性媒染、阳离子等染料。它们是在数量上仅次于偶氮染料的一类染料。这类染料的颜色是由于存在发色团蒽醌而产生的。茜素是这类染料中最常见的一种，最早是从茜草植物的根茎中提取出来的天然染料。现在出售的茜素是合成染料，是用蒽醌和硫酸加热至200℃生成的单磺酸衍生物来合成，经羟基化后用空气使α位氧化即为茜素。其他蒽醌染料还有还原黑25、还原黄2、还原绿3和还原蓝6，属于还原染料，具有鲜艳的颜色，用来染棉布；分散蓝14是另外一种蒽醌染料，用于醋酯纤维的染色。

3. 硫化染料

硫化染料是某些有机化合物与多硫化钠或硫黄经过烘焙或熬煮的产物，分子中具有比较复杂的含硫结构。该芳香族配合物的具体结构至今还未搞清。硫化染料通常为不同的深色调，如蓝、绿、黑和棕等，具有适度的抗光性和耐洗性。

4. 靛族染料

靛族染料是指靛蓝及其衍生物及具有与它们类似特点的染料，包括靛蓝和硫靛结构的染料。靛蓝是人类最早发现的天然染料之一，1883年德国化学家拜耳（Baeyer）首次人工合成，并最终由Kakule和Baeyer确定了其结构。靛族染料的颜色源于其分子结构中的给电子—受电子基本发色体，给电子基团与受电子基团形成交叉共轭体系，从而导致其特殊的光谱性质。现在普遍认同的靛族染料的发色体如下所示。

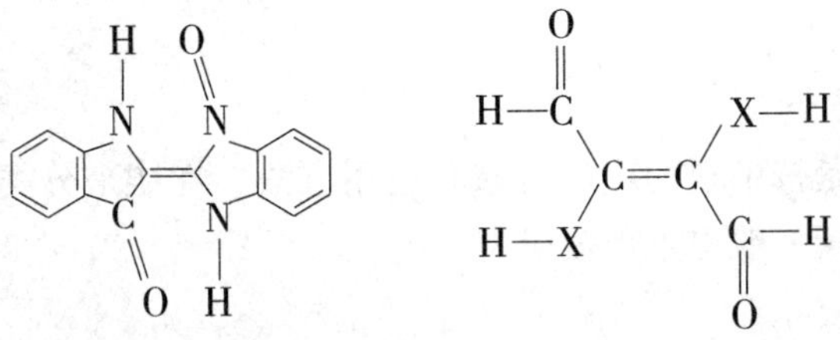

靛蓝和靛族染料发色体的分子结构

靛蓝不能溶于水和一些有机溶剂，通常它被用来作为瓮染料。其作为织物染料的应用至少可追溯到公元前2500年。古埃及木乃伊穿着的一些服装和我国马王堆出土的蓝色麻织物等都是由靛蓝所染成的。通过处理靛蓝还可以染斜纹粗棉布，深受人们喜爱的牛仔裤就是用靛蓝染成的。

5. 菁系染料

菁系染料又叫次甲基染料，是分子结构中含有一个或多个次甲基（—CH═）的染料，该染料大部分为阳离子染料，因其具有很好的特性而被广泛应用于腈纶的染色和照相增感剂中。

6. 芳甲烷染料

分子中含有二芳基甲烷或三芳基甲烷结构的染料。三苯甲烷属于最早的合成染料，具有鲜艳色彩，如紫、蓝和绿色等，有酸性染料、碱性染料、媒染染料、溶剂染料和颜料等多种形式。发色基团是一个中心碳连接三个苯环。染料中没有磺酸基存在时就是碱性染料，引入磺酸基就是酸性染料。由于坚牢度差，一般用于纸张着色。孔雀绿是典型的三苯甲烷染料，用于韧皮纤维制品和棉制品的染色。

7. 酞菁染（颜）料

酞菁染（颜）料是一类色泽鲜艳、性能优良、成本低廉的高级蓝色、绿色的有机染（颜）料。在酞菁颜料分子上引入适当的基团就可以作为染料，适用于纤维的染色。如引入磺酸基就可作直接染料；再引入活性基又可做活性染料。酞菁颜料除可用于涂料、油墨、染料、塑料工业、合成纤维的原浆着色以及制备涂料印花的颜料浆外，铜酞菁还是一个良好的半导体，也可做高温（400℃）润滑剂，钴酞菁也可做高温润滑油的防老剂。

8. 硝基染料及亚硝基染料

分子中含有硝基或亚硝基的染料。亚硝基染料含有作为发色团的亚硝基和作为助色团的邻酚羟基，它们彼此处于邻位。亚硝基染料通过苯酚或萘酚与亚硝酸作用制备，其种类很少，属于媒介染料。

9. 杂环染料

分子中含有杂环结构的染料。杂原子主要是氮、氧或硫。可以是用杂环化合物作为染料母体结构，也可以是用含杂环的重氮组分或偶合组分合成的杂环偶氮染料。杂环染料一般具有颜色鲜艳、发色强度高的特点。

10. 醌亚胺染料

醌亚胺是指苯醌的一个或两个氧换成亚胺基的结构。目前，醌亚胺结构的染料一般不直接用作染料，只作为硫化染料和硫化还原染料的中间体。有时噁嗪染料、噻嗪染料和吖嗪染料也归入此类。

（二）按染料应用分类

染料按应用分类就是按染料的应用对象和应用方法、性能来分类，每一大类里，还可以分成若干系列。染料分析一般更重视按应用分类。

1. 直接染料

1884 年保蒂格（Bottiger）合成了第一只直接染料刚果红，其可溶于水，无需先用媒染剂处理就能直接上染棉纤维，称为直接染料。直接染料是凭借其与棉纤维之间的氢键和范德瓦耳斯力结合而上染，按其结构可分成偶氮、二苯乙烯、噻唑、二嗪类及酞菁类等类型。早期的直接染料多为双偶氮结构，还有单偶氮和三偶氮染料。该类染料能在中性和弱碱性介质中加热煮沸，加入电解质，不需媒染剂的帮助。能染纤维素纤维的水溶性染料，也可以用于丝绸的印染，可广泛地用于纸张、皮革等染色，还用于墨水制造。直接染料的优点是合成简单、色谱齐全、拼色简易、价格低廉、使用方便、应用广泛，只需在家里把买回的染料放入一盆水中，加一点盐，与棉布衣物一起煮一煮就可以染色，这是最古老的一类品种。缺点是耐水洗、耐皂洗、耐晒等色牢度都比较差。

直接染料按应用性能分类，可分为普通直接染料、直接耐晒染料、直接铜盐染料和直接偶氮染料。

直接染料根据对温度、上染率、盐效应的不同可以分为匀染性染料、盐效应染料和温度效应染料。

2. 活性染料

活性染料也称反应染料，1956 年英国 ICI 公司首次生产出含二氯均三嗪活性基的棉用活性染料。1958 年我国开始生产活性染料。此类染料分子中含有能与纤维素纤维中的羟基、蛋白质和聚酰胺纤维中的氨基发生化学反应的反应性基团，使染料与纤维间以共价键结合为同一个大分子，大大地提高了湿处理牢度、耐摩擦色牢度。活性染料色彩鲜艳、色谱齐全、匀染性好、成本低廉、应用方便，能用于棉、麻、黏胶等多种纤维素纤维的染色或印花，也可用于丝、羊毛等蛋白质纤维和聚酰胺纤维的染色。

活性染料按应用性能分类可分为 X、K、KN、KD、KE、M、T、W、F、D、B 等系列。

X 型活性染料：指主要用于低温（室温）染色的活性染料。

K 型活性染料：指主要用于印花，也可用于高温染色的活性染料。

KN 型活性染料：指中温（60℃）染色或印花的活性染料。

KD 型活性染料：指具有较高直接性的活性染料。

KE 型活性染料：指含有两个相同反应性基团的活性染料。具有较高的直接性和固色率。适用于高温竭染工艺染纤维素纤维。

M 型活性染料：指含有两个不同的反应性基团的活性染料。具有较高的反应性和固色率。适用于纤维素纤维的染色和印花。

T 型活性染料：指属于弱酸性高温（180℃）固着的活性染料。一般适用于聚酯纤维与纤维素纤维混纺织物的染色或印花，可与分散染料进行同浴浸轧热熔染色。

W 型活性染料：指专用于羊毛织物染色的活性染料。

F 型活性染料：指具有二氟一氯嘧啶活性基的活性染料，是近年来为克服以三聚氯氰等活性基生产的 K 型、KN 型等活性染料反应性低、固色率低、染料与纤维键合牢度差等缺点而开发的一类新型活性染料。

D 型活性染料：指适用于皮毛、聚酰胺纤维染色的活性染料。

B 型活性染料：近年来出现的中温型活性染料。适用于纤维素纤维染色或印花，性能与 M 型类似。

3. 硫化染料

硫化染料在生产制造时需用硫黄或多硫化钠进行化学反应，而在染色时又需要用硫化碱作还原处理，所以称为硫化染料。硫化染料的发现与应用已有 100 年的历史。第一只硫化染料于 1873 年由法国人 Croissant 通过木屑、兽血、泥炭等有机物质与硫黄、硫化钠一起熔融焙烧制得。1897 年，德国凯塞拉公司正式生产出第一只硫化黑染料。随后，相继开发出蓝色、黄色、绿色等硫化染料，以及各种液体硫化染料和可溶性硫化染料。硫化染料成本低廉，具有较好的耐水洗色牢度和耐日晒色牢度，主要用于纤维素纤维尤其是棉纺织物深色产品的染色，也可用于维纶染色。黑色硫化染料的耐日晒色牢度最高，蓝色硫化染料色泽鲜艳，氯漂色牢度也好，是最主要的硫化染料。

按应用方法分类，硫化染料是主要用于纤维素纤维的一类染料，可分为一般、可溶性、缩聚、还原四个系列。

一般硫化染料是通常使用的一般硫化染料品种，不溶于水。应用时需用硫化钠将染料还原溶解，再进行染色，染色后经过氧化，使染料固着于被染物上。主要用于纤维素纤维的染色。

可溶性硫化染料是指用焦亚硫酸钠或亚硫酸氢钠甲醛处理过的硫化染料，该系列染料具有水溶性，主要用于黏胶纤维的纺前着色，也称 S 型硫化染料。

缩聚硫化染料系列染料分子中含有硫代硫酸基。染色时借助于硫化钠或硫脲的作用，使染料分子发生缩聚反应，形成二硫键，促使两个以上的染料分子缩聚成大分子的染料而固着在纤维素纤维上。

还原硫化染料在染色时需用保险粉或保险粉—硫化钠为还原剂将染料还原。其色牢度和性能介于硫化染料与还原染料之间。

4. 还原染料

还原染料又称士林染料，其分子结构中不含有磺酸基、羧基等水溶性基团，不能直接溶解于水，但其分子结构中含有两个或两个以上的羰基，染色时在强还原剂和碱性的条件下，使染料还原成为可溶性的隐色体钠盐，它对纤维具有亲和力，能上染纤维。隐色体上染纤维后再经氧化，又转变成原来不溶性的染料而固着在纤维上。

还原染料的品种较多，色谱较全，色泽鲜艳，染色牢度好，有较高的耐洗和耐晒色牢度。但其价格较高，红色品种较少，特别缺乏鲜艳的大红色。染色工艺比较复杂，部分染料染浓色时耐摩擦色牢度较低。某些黄、橙色染料在日光作用下会促进纤维氧化损伤而具有光敏脆损作用。

还原染料是主要用于纤维素纤维染色的一类染料，如用于棉及涤棉混纺织物的染色，也可用于黏胶等其他纤维素纤维、维纶、聚酯纤维等的染色。

还原染料按染色工艺的不同分为一般和可溶性两个系列。

一般还原染料不溶于水，染色时需用保险粉在碱性介质中还原成可溶性的染料隐色体吸附于纤维素纤维上。染色后再经过氧化，使染料固着于纤维上。

可溶性还原染料是还原染料隐色体的硫酸酯盐，可溶于水，对纤维素纤维有亲和力，染色后以稀硫酸和亚硝酸钠溶液处理，染料经水解、氧化而显色。主要用于棉布印染和涤棉混纺织物的浅色染色。

5. 不溶性偶氮染料

不溶性偶氮染料由无水溶性基团的偶合组分和芳伯胺的重氮盐在纤维上偶合成的偶氮染料，由于不溶于水，故名为不溶性偶氮染料（Azoic dye）。这点区别于一般偶氮染料。由于色基重氮化时需用冰，所以又被称为冰染料（Ice dye）。

不溶性偶氮染料主要用于纤维素纤维的染色和印花，可以获得浓艳的各种色谱，尤以橙、红、蓝、酱红和棕等浓色为优。其耐水洗色牢度较好，只稍逊于还原染料，但价格却便宜得多，染色也简单，因而得到广泛应用。但这类染料的色谱不及还原染料齐全，耐光色牢度也不及还原染料好。尤其不宜染淡色，否则不但耐光色牢度差，且遮盖力较弱，得色不够丰满。

不溶性偶氮染料分为色酚、色基、色盐、快色素、氧化染料、酞菁素等系列。

6. 酸性染料

酸性染料是指含有酸性基团的水溶性染料，在酸性介质中，所含酸性基团以磺酸钠盐或羧酸钠盐形式存在于染料分子上。酸性染料主要用于羊毛、真丝等蛋白质纤维和锦纶的染色和印花，也可用于皮革、纸张、化妆品和墨水的着色，少数用于制造食用色素和色淀颜料。由于酸性染料对纤维素纤维的直接性很低，所以一般不用酸性染料染纤维素纤维。

酸性染料在水溶液中离解生成阴离子色素，在中性至酸性染浴中对羊毛、丝等蛋白质纤维和聚酰胺等纤维染色。按应用性能分为一般、弱酸性、酸性络合、中性染料四个系列。

一般酸性染料原称强酸性染料，需在酸性染浴中染蛋白质纤维。

弱酸性染料一般在弱酸性至中性染浴中染蛋白质纤维和聚酰胺纤维，也称P型酸性染料。

酸性络合染料需在强酸性染浴中染蛋白质纤维，也称EM型酸性染料。

中性染料一般在中性染浴中染蛋白质纤维和聚酰胺纤维，也称NM型酸性染料。

7. 媒染染料

媒染染料原称酸性媒染染料，可溶于水，能在酸性溶液中对蛋白质纤维和聚酰胺纤维上染，染色后用重铬酸钾或重铬酸钠媒染。由于常用的媒染剂是重铬酸盐，所以这类染料又称为铬媒染料。媒染是一种古老的染色方法，媒染时在染色物中加入金属盐（如铬盐或铜盐），可提高原来酸性染料的耐晒色牢度。媒染方法可分为前媒、后媒、同媒三种。羊毛先经重铬酸盐处理后再加入酸性染料染色则称为前媒。羊毛先用酸性染料染色，然后再加重铬酸盐处理则称为后媒。羊毛同时用酸性染料染色和重铬酸盐处理则称为同媒。

酸性媒染染料经媒染剂处理后，在羊毛上具有良好的耐光、耐洗色牢度和耐缩绒性，虽然染料色光不如酸性染料鲜艳，但颜色加深且成本低廉，因此仍为蛋白质纤维广泛应用的深色染料。同时由于分子量较小，水溶性好，具有良好的匀染性，不仅用于精、粗梳毛纺织品，还用于地毯纱的染色。酸性媒染染料对于蚕丝、聚酰胺纤维染色也具有较好的牢度，但由于蚕丝很细，长时间染色处理易使丝断裂、起毛；在染聚酰胺纤维时由于亲和力高低不等，而且染色后，织物上残余的金属媒染剂经强光曝晒还会导致纤维强度的降低。

酸性媒染染料有黄、橙、红、蓝、紫、绿、黑等各色品种。

8. 分散染料

分散染料是一类结构简单，水溶性低，在染浴中主要以微小颗粒呈分散状态存在的非离子染料。它在染色时必须借助分散剂将染料均匀地分散在染液中，才能对各类合成纤维进行染色。

分散染料早在20世纪20年代初便已问世，当时主要应用于醋酯纤维的染色，因此也被称为醋纤染料。近年来，随着合成纤维特别是聚酯纤维的迅速发展，分散染料逐渐成为现代发展最快的染料之一。目前主要用于聚酯纤维的染色和印花，同时也可用于醋酯纤维以及聚酰胺纤维的染色。经分散染料印染加工的化纤纺织产品，色泽艳丽，耐洗牢度优良，用途广泛。由于分散染料不溶于水，对天然纤维中的棉、麻、毛、丝均无染色能力，对黏胶纤维也几乎不沾色，因此化纤混纺产品通常需要分散染料和其他适用的染料配合使用。

分散染料按照染色工艺的不同，分为E、SE、S、P、RD等系列。

E型分散染料：该系列染料具有良好的匀染性能，适用于竭染染色工艺。有的品种可用于转移印花工艺。

SE型分散染料：该系列染料具有一般的匀染性能和较好的耐升华色牢度。可用于聚酯纤维的竭染染色工艺和热熔染色工艺。

S型分散染料：该系列染料具有较高的耐升华色牢度，主要用于聚酯及其混纺织物的热熔染色工艺。

P型分散染料：该系列染料适用于聚酯纤维与纤维素纤维混纺织物的防拔染印花。

RD型分散染料：该系列染料可用于聚酯纤维的快速染色工艺。

9. 阳离子染料

阳离子染料指在水溶液中能离解生成阳离子色素的染料，是由带有正离子的色素部分与无色负离子组成，因为分子结构中的阳离子具有碱性基团，又称为碱性染料，该类染料也是从碱性染料发展而来。由于碱性染料在牢度、品种等方面尚不能满足腈纶染色的需要，人们在碱性染料的基础上开发出了能适合腈纶染色的新一类染料，即阳离子染料。目前阳离子染料是腈纶染色的专用染料。

阳离子染料可在弱酸性染浴中染聚丙烯腈纤维，有些品种也可用于改性聚酯纤维染色。分为一般、X、BM、M、D、碱性等系列。

一般阳离子染料指配伍值 $K=1.0\sim2.0$ 的染料品种。

X 型阳离子染料指配伍值 $K=2.5\sim4.0$ 的染料品种，广泛用于聚丙烯腈纤维的染色。

BM 型阳离子染料指具有移染平衡性的染料品种。

M 型阳离子染料指具有较高移染性的染料品种，适宜聚丙烯腈纤维染浅色。

D 型阳离子染料指在染浴中染料以悬浮分散状态存在的品种，在染色过程中，逐渐离解成阳离子色素。能与阴离子染料同浴染聚丙烯腈纤维、羊毛或黏胶混纺织物。

碱性阳离子染料指早期的碱性染料品种。主要用于纸张着色及制造色淀。

10. 溶剂染料

指不溶于水而能溶于其他有机溶剂的染料，主要用于合成纤维的原浆、木材、铝箔、皮革和塑料的着色，也用于透明漆、油墨、脂肪、油、蜡、肥皂、石油产品、烟雾剂。该类染料按溶剂类型可分为 A、O、W 等系列。

A 型溶剂染料：该系列染料不溶于水但能溶于醇类，也称为醇溶染料。色泽鲜艳，适用于醇类着色。

O 型溶剂染料：适用于油脂类着色的专用染料，也称为油溶染料。

W 型溶剂染料：适用于石蜡着色的染料。

11. 活性染料

活性染料又称反应性染料，是 20 世纪 50 年代出现的一类新型水溶性染料，活性染料分子中含有能与纤维素中的羟基和蛋白质纤维中氨基发生反应的活性基团，染色时与纤维生成共价键，生成“染料—纤维”化合物。活性染料具有颜色鲜艳、均染性好、染色方法简便、染色牢度高、色谱齐全和成本较低等特点，主要应用于棉、麻、黏胶、丝绸、羊毛等纤维及其混纺织物的染色和印花。

12. 功能染料

功能性染料具有特殊功能性和特殊专用性。如激光染料、热敏染料、压敏染料、光致变色染料、成色剂和增感染料等。

激光染料在激光器中能产生连续可调激光。用于同位素分离、光化学、医学及环境污染检测等领域。

热敏染料受热后能与显色剂发生化学反应，在基质上产生一定的颜色。广泛用于热敏打印记录。具有热变性的物质可分为无机类和有机类两大类，纺织行业主要用有机类变色物质来满足其变色可逆性、变色温区小的特点。

压敏染料受压后能与显色剂发生化学反应，在基质上产生一定的颜色。主要用于制造压敏复写纸。

光致变色染料能在紫外光或可见光的照射下发生变色，光线消失后又能可逆地变到原来颜色的功能性染料。分为可逆和不可逆两大类，用于纺织品的主要是可逆变色染料。

成色剂是一类使彩色感光材料形成彩色画面的有机化合物。

增感染料加入感光乳液中，能使乳液对染料所吸收的光谱部分具有感光性。

13. 其他染料

如颜料、荧光增白剂、皮革染料和食用色素等。

四、染料的命名

大多数染料都是结构复杂的有机化合物，一方面，有些染料的化学结构还未确定；另一方面，在工业生产中，商品染料并不是纯物质，还含有同分异构体、填充剂、盐类、分散剂等其他物质。进口染料由于商业的需要，通常每类染料给予一个商业名称，但非常杂乱。有时即使同一应用类别的染料，由于某种染色性能不同，往往也用不同的名称加以区别。因此有机化合物的学名常常不能作为染料的名称使用。同时，染料的学名也不能反映染料的颜色和应用性能。因此，染料需采用专用名称。我国染料命名采用三段命名法，即染料名称由三段组成：冠称、色称和尾称。

（一）冠称

冠称指的是染料所属的应用类别，表示染色方法和性能，包括31种，如直接、酸性、活性、分散等。个别染料的冠称表示该染料的组成，如甲基橙。

对于国外染料，冠称表示染料是哪个公司或工厂生产的。

（二）色称

色称指的是染料上到纤维后，在纤维织物上所呈现的颜色，我国采用了30个色泽名称：嫩黄、黄、金黄、深黄、橙、大红、红、桃红、玫瑰红、品红、红紫、枣红、紫、翠蓝、湖蓝、蓝、艳蓝、深蓝、绿、艳绿、深绿、黄棕、红棕、棕、深棕、橄榄、橄榄绿、草绿、灰、黑。

（三）尾称

有不少染料，其冠称与色称虽然都相同，但应用性能上尚有差别，故常用尾称来表示染料色光、牢度、性能上的差异，写在色称的后面。尾称通常以拉丁字母或符号来说明染料的色光、牢度、性状及用途等。字母前数字越大，表示该项性能越强。各种字母的含义如下。

T——表示深；

B——代表蓝光（英语 Blue，法语 Blau）；

G——代表黄光或绿光（德语 Gelb 为黄色，英语 Green 为绿色）；

R——代表红光（德语 Rot，英语 Red）；

F——表示色光纯；

D——表示深色或色光稍暗，适用于印花（德语 Druckerei，英语 Dark）；

Y——代表黄光；

V——代表紫光；

C——代表耐氯、棉用、不溶性偶氮染料的盐酸盐等（英语 Chlorine，Cotton）；

BW——代表棉用（德语 Baumwolle）；

M——代表混合物（英语 Mixture，国产染料 M 表示含有双活性基）；

N——代表新型或色光特殊，与标准色卡相符（英语 New，Normal）；

P——适用于印花（英语 Printing）；

S——耐升华色牢度高，具有水溶性，丝用，标准浓度品；

E——表示稍暗，适用于染色，适用于竭染法；

K——表示还原染料冷染法（德文 Kalt），或反应性染料中的热固型染料；

KN——表示新的高温型，N 表示新的类型，通常指乙烯砜型反应性染料；

SE——表示可在海水中坚牢；

Conc. ——浓；

H. C. ——高浓度；

Ex. ——特浓；

Pdr. ——粉状；

Micro Pdr. ——细粉状；

M. d. ——分散细粉；

S. f. ——超细粉；

Gr. ——粒状；

有时可用两个或多个字母来表明色光的强弱或性能差异的程度，如 BB、BBB（分别可写成 2B、3B），其中 2B 较 B 色光稍蓝，3B 较 2B 更蓝，依此类推。同样，LL 比 L 有更高的耐光性能。但需注意，各国染料厂由于标准不同，故各厂商之间所用的符号难以比较。

第二节　染料的剖析与鉴别

一、染料分析和剖析技术的发展概况

染料分析和剖析技术与染料合成是发展染料科学的两个密切相关的技术领域，是染料工业中不可缺少的组成部分。从天然染料的应用到大规模合成染料的生产，染料分析和剖析技术起到了重要作用。在进行染料和中间体的合成与生产时，必须对原料、中间体及最终成品进行定性和定量分析，否则将会影响产品质量及生产效率，而剖析技术是染料结构分析的综合应用，经过分离提纯，结构鉴定确定染料及各反应物的结构，以研发新产品及评定染料合成路线优劣。例如，1856 年英国有机化学家柏琴在进行苯胺硫酸盐和重铬酸钾化学反应时，分离出一种能染丝绸的红色染料，经化学方法分析确定，其分子结构具有三苯甲烷骨架，是一种碱性染料，被命名为品红，从而揭开了合成染料化学的序幕。品红的出现看来虽出于偶然，但是，它却又是合成染料化学和染料分析化学进展的必然结果。1868 年，人们剖析了天然茜素的结构，事过两年出现了合成茜素的工业生产，从而促使第一个蒽醌还原染料在 1901 年合成成功。在研究芳香重氮化合物的性质时，进一步了解了偶氮化合物的结构和性质，在 1877 年出现了第一个偶氮染料。德国化学家拜耳（1905 年获得诺贝尔化学奖）用了 17 年时间精心测定了天然靛蓝的结构，在 1880 年第一次人工合成了靛蓝，随即投入工业生产。

我国染料的分析技术发展很快，其中显著标志之一是应用仪器分析使定性和定量分析日臻精确化、快速化和微量化。20 世纪 50 年代时，分析手段以化学分析为主，不但程序烦琐，费时间，而且需用的样品量多，常常对于微量试样感到束手无策。60 年代开始应用了色谱和光谱仪器，可用混合试样与已知样品直接进行对比鉴定，减少了分离操作，节省了时间和样品。到 70 年代，已基本形成了以仪器分析为主化学分析为辅的染料分析系统，广泛应用质谱、核磁共振波谱和红外光谱等近代仪器，使剖析技术突跃到一个崭新的阶段。目前，一些染料制造厂和印染厂不仅普遍使用纸色谱法鉴定产品质量，而且已经采用薄层层析作为生产上的控制分析。国内有关高等学校和研究部门都在积极开展各类染料及助剂结构的测定工作，从剖析内容来看，除了染料和助剂商品外，已发展到较为微量的织物上染料及其他物质上染料的剖析。我国近年来出土的长沙马王堆一号汉墓中丝织品上的染料，经采用发射光谱、紫外光谱、薄层色谱、X 光衍射、点滴分析和染色验证等鉴定，证明朱红色素的主要成分为硫化汞（朱砂），蓝青色素的主要成分为靛蓝，印花敷彩丝织物上银灰色素为硫化铅，粉白色素为绢云母，这些数据为我们今天研究两千年前秦汉时期的历史，尤其是这个时代的生产水平以及纺织印染史提供了极为珍贵的资料。近年来，也有相关研究部门已经开始采用 X 光衍射法研究分散染料的多晶型变过程及染料晶型与印染性能的关系。例如，分散蓝 S-BGL 是一个优质分散染料品种。开始研制时，发现产品质量始终不能满足要求。采用 X 光衍射法研究后发现主要原因在于在分散蓝 S-BGL 的合成、加工和应用过程中产生了多晶型变。在多数情况下，所制得的产品存在着 α，β 两种晶相。经热熔染色证明，β 型分散蓝 S-BGL 染色强度较 α 型高 1.5 倍。α 型的存在是造成长期质量差距的主要原因。

染料结构剖析是一项相当复杂的工作，它要求从事这项工作的科学工作者具有较坚实的有机合成化学、分析化学、染料化学理论基础和熟练的实验技术。现代分析科学领域中的许多分析方法，如元素分析、结构分析、成分分析、无机分析、有机分析、生化分析等，都可能被剖析工作所利用。由于样品具有复杂性，需综合采用萃取、灼烧、蒸馏、电泳及气相、液相色谱等分离手段，利用红外光谱、核磁共振谱、质谱、紫外及可见吸收光谱、原子吸收以及 X 射线衍射和 X 射线荧光光谱等多种仪器手段，对组分进行分离及检测。且对于每个不同样品，均需要设计不同的分析检测方案。随着科学技术的发展，特别是由于近代光谱和色谱仪器分析技术的进展，使染料剖析和分析手续逐步简化，加快了分析速度，样品量也大为减少，现在已有可能在较短时间内测定未知染料的结构。例如，超高效液相色谱（UHPLC）相比于高效液相色谱（HPLC），其填料颗粒更小，系统体积更低，为分离技术提供了更高的分辨率及灵敏度，有效缩短了分离时间，可以实现快速高通量分离。光学检测器的灵敏度相对较低，对于无法准确判断结构的染料，可用质谱作为检测器，选择性高，灵敏度好，不受检测样品热稳定性限制。近年来，超高效液相色谱—四级杆—飞行时间质谱串联技术（UHPLC-Q-ToF）集合 UHPLC 快速高效的分离优势和 Q-ToF 质谱分辨率高、灵敏度好的特点，既可得知未知分析物的精确质量数及分子式，又可以对目标化合物进行特定的二级质谱打碎获得碎片离子，以对化学成分迅速进行鉴别。总之，我国的染料剖析和分析技术已有很大发展，并且在我国染料工业发展中起到了良好的推动作用。对于实验人员，也需熟悉和采用最新的分析仪器和方法，以便提供更丰富、更准确的结构与成分信息。对于染料而言，从取得试样到确定结构，必须经过分离提纯和结构鉴定两个步骤，如图 1-1。

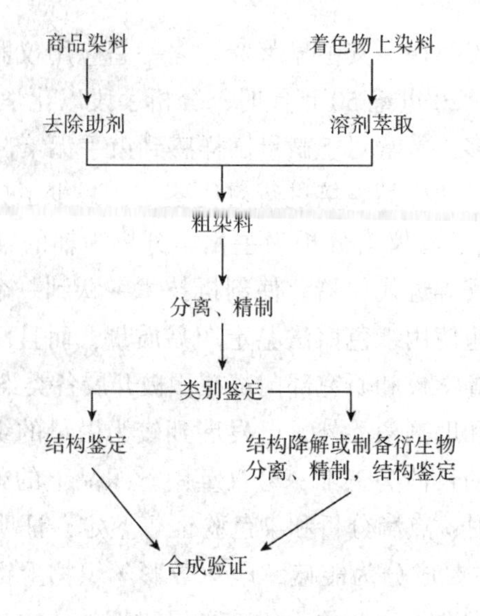

图 1-1 染料剖析步骤

二、染料的分离提纯技术

一般情况下分离及富集是待测物得以准确测定的前提。常用的物理分离方法有离心、分馏、液液萃取、固相萃取、沉淀、吸附、离子交换等，也会借助于常压柱色谱、薄层色谱、凝胶色谱、气相色谱、高效液相色谱等色谱法进行分离。随着科学技术的发展，一些新的分离富集技术也应用在染料的分离提纯中。例如固相微萃取、电泳分离、膜分离、超临界流体萃取等。对于染料，由于其本身组分复杂很难做到所有组分完全分离，因此必须根据不用样品的特点灵活采用以上一种或几种手段，使各组分的检测得以顺利进行。常用的色谱分离方法为纸上色谱、薄层色谱、高效液相色谱法。

（一）商品染料及织物上染料的分离提纯

1. 商品染料的分离提纯

商品染料一般是以染料为主体与部分助剂混合加工而成的粉剂或膏状物，除了主要染料成分，还经常掺混其他染料以及生产过程中的异构体或副产物，为了改善染色性能还常常加入一些助剂，因此在鉴定之前都需进行分离和提纯，否则不可能获得正确的测定结果。

对于单一染料，通常用溶解—重结晶反复处理几次即可达到精制的目的。不同的染料类型，精制的方法也不完全一样。还原染料一般纯度都比较高，可以用重结晶方法精制；阴离子染料，尤其偶氮型阴离子染料，异构体和副产物较多，一般较难分离为纯晶，一般用酸析、再沉淀或重结晶等方法提纯；分散染料一般可用有机溶剂萃取使之与无机盐分开，然后用重结晶法精制；阳离子染料可以做成盐酸盐、氢碘酸盐或苦味酸盐后用重结晶法精制。混合染料需要采用薄层色谱、柱色谱或纸色谱和薄层色谱等方法进行分离和纯化，有时还需采用电泳和高效液相色谱法进行分离与提纯。

2. 对着色物上染料的分离提纯

检验着色物上染料和颜色的方法，大致可分为两类：一类是将染料从纤维上萃取下来，再用光谱法或色谱法检验染料萃取液，该方法简便易行，可得到各种单独染料的谱图，但必须先将染料从纤维上萃取下来，破坏检材；另一类是用显微分光光度法直接检验纤维上染料的颜色，此方法检材用量少，且不破坏检材，但仪器昂贵，不易广泛应用，而且这种方法得到的分析结果是多种混合染料的谱图。因此，第一种方法应用较为广泛。这就需要我们从这些染色物或着色物中将染料剥离下来。常用的方法是用适当的溶剂萃取，这些萃取剂对染料要有足够大的溶解度，而对基质或其他物质的溶解度却很小。即使如此，萃取液中也常常含有其他杂质，鉴定前还需进一步纯化，否则会影响测定结果。因此，染料在进行结构鉴定之前，样品必须要很好地进行分离与提纯。

（1）纤维上染料的分离。对于不同纤维材料制成的纺织印染产品，由于所使用的染料及印染工艺不同，染料与纤维的附着状态是不同的。除了活性染料外，其他种类的染料均可用一定的溶剂从纤维上剥离下来，常用的溶剂有二甲基甲酰胺、二甲基亚砜、氯苯、吡啶等。剥离后的溶液由于溶剂沸点较高，可用减压蒸馏法除去溶剂，必要时再用色谱法进行纯化。若染色织物为混纺品，萃取一般有两种方式：一是以两种不同的溶剂，将染料分别从两种纤维上萃取下来，例如，涤棉混纺织物，可先用吡啶把棉纤维上的染料萃取下来，然后再用硝基苯把涤纶上的染料萃取下来；二是以同一种溶剂将不面纤维上的染料，同时萃取下来。最常用溶剂为二甲基亚砜。如果溶解染料的溶剂也能同时溶解纤维，则可加入另一种溶剂，以便使溶解的纤维沉淀后滤去。

（2）食品、药物中染料的分离。食品、药物中的染料必须对人体无毒，各国卫生法中都明确规定可使用的染料品种及含量。从食品及药品中分离油溶性染料，可用乙酸乙酯萃取，再用硅胶柱色谱或薄层色谱分离纯化；水溶性染料可用水、醇提取，过滤，在酸性介质中通过聚酰胺填充柱，染料被吸附在柱上，再用不同 pH 的甲醇—氨水淋洗柱子，可将染料从柱上洗脱下来，除去溶剂后，用波谱法鉴定其结构。

（3）机体中颜料的分离。颜料与染料的区别仅在于应用过程中的溶解度，颜料在应用介质中不溶解，而染料则溶于相应的介质中。颜料的应用范围亦很广，如印刷油墨、油漆、橡胶、塑料、涂料印花等。虽然各种有色基体的颜色可能很深，但颜料的含量一般只有千分之几。通常选用对颜料溶解性较好、对基体材料溶解性较差的溶剂，从数十克固体样品中用萃取法分离富集颜料，再选用适宜的色谱法进一步分离纯化。

（二）纸色谱法在染料分离中的应用

1. 纸色谱法理论

色谱分析法是一种利用物质的迁移速度不同来鉴定物质的分析方法。纸色谱法是在滤纸上进行的色谱分析法。它以滤纸纤维所吸附的水为固定相，用有机溶剂（展开剂）为流动相，当展开剂经过染料试样时，试样各组分在固定相和流动相中具有不同的分配系数。即在固定相中溶解度较大的或分配系数较大的组分，展开时移动距离就小些；反之，在流动相中溶解度较大的或分配系数较小的组分移动距离就大些。试样中各组分经分离后，它们在纸上的相对位置不同。如把各组分的标准样品在同样条件下展开，比较其在纸上的相对位置，由此可以把各种物质彼此加以区别，其中这种表示物质在纸上移动距离大小的数值称为比移值或 R_f 值，在一定的色谱条件下，R_f 值是纸色谱法鉴定物质的依据，不同化学结构染料的 R_f 值是不同的。大体上有下列一般规律：结构简单的染料比结构较复杂的染料有较高的 R_f 值；整个染料分子的共轭双键越长，染料的极化能力，直接性和吸附亲和力就越大，R_f 值则按比例下降，共轭双键断裂，则 R_f 值降低；羰基数目的增加使 R_f 值下降；基本结构相同的染料，由于—SOOH、—OCH_3、—COOK、—OH、—NH—和—NO 等取代基的存在使 R_f 值下降；对称结构染料比不对称结构染料的 R_f 值低，而偶极矩较小的染料，其 R_f 值高；在立体异构体中，顺式异构体的 R_f 值较高；染料分子量增加，毛细管黏附力也增加，故 R_f 值下降。由于纸色谱法具有操作方便、分离效率高、设备简单、易于掌握等特点，因而在染料分离方面得到广泛的应用。

2. 纸色谱法仪器材料及操作方法

滤纸需要质地均匀平整，具有一定机械强度，不含影响效果的杂质，且其也不应与所用显色剂作用；点样器常用具有支架的微量注射器或定量毛细管；展开室通常为圆形或长方形玻璃缸，缸上具有磨口玻璃盖，应能密封。

下行法：将供试品溶解于适当的溶剂中制成一定浓度的溶液。用微量吸管或微量注射器吸取溶液，点于点样基线上，溶液宜分次点加，每次点加后，将其自然干燥、低温烘干或经温热气流吹干，样点通常应为圆形，直径为2~4mm，点间距离为1.5~2.0cm。将点样后的色谱滤纸上端放在溶剂槽内并用玻璃棒压住，使色谱纸通过槽侧玻璃支持棒自然下垂，点样基线在支持棒下数厘米处。展开前，展开室内用各品种项下规定的溶剂的蒸汽使之饱和，一般可在展开室底部放一装有规定溶剂的平皿或将浸有规定溶剂的滤纸条附着在展开室内壁上，放置一定时间后溶剂挥发使室内充满饱和蒸汽。然后添加展开剂使其浸没溶剂槽内的滤纸，展开剂即经毛细管作用沿滤纸移动进行展开，展开至规定的距离后，取出滤纸，标明展开剂前沿位置，待展开剂挥发后按规定方法检出色谱斑点。

上行法：点样方法同下行法。展开室内加入展开剂适量，待展开剂蒸汽饱和后，再下降悬钩，使色谱滤纸浸入展开剂约0.5cm，展开剂即经毛细管作用沿色谱滤纸上升，除另有规定外，一般展开至约15cm后，取出晾干，按规定方法检视。展开可以向一个方向进行，即单向展开，也可进行双向展开，即先向一个方向展开，取出，待展开剂完全挥发后，将滤纸转动90°，再用原展开剂或另一种展开剂进行展开；亦可多次展开、连续展开或径向展开等。

上行法比下行法简单，但渗透速度慢，R_f 值相差小的物质不易分开，这时可以采用下行法。此外，对于染料有色物质，可以直接按照它们的颜色判明斑点位置。对于无色的染料中间体及染料裂解产物则需要进行显色反应，常用的方法是碘蒸气熏，使其形成棕色或较浅的斑点，也可在斑点上喷指示剂，然后将滤纸放在挥发性酸或碱上面。若其化合物具有特殊的荧光，也可用250~260nm 紫外灯照射，使其产生各色的荧光斑点。

纸色谱法是染料及中间体分离提纯及定性分析的工具，近年来也使用光密度计法进行定量分析。将色谱纸上的斑点通过光密度计的狭缝位置，自动作出透射光线，便可通过计算面积得知物质的含量。目前，已有双光速自动扫描定量仪器出售，使纸色谱更快速准确地定量。

3. 不同染料的纸色谱分离条件

(1) 直接染料。由于直接染料需经过多步合成，使得最终产品往往不是单一染料。用纸色谱法分析直接染料时，往往可以得到多个斑点。同时，由于直接染料同滤纸的纤维较易形成氢键，导致斑点拖尾。为了解决上述问题，常常需要破坏氢键的溶剂，将滤纸进行适当处理后再展开。

常用滤纸处理方法：

甲酰胺溶液（7.5mL甲酰胺溶于142.5ml乙醇中）；2%正十六醇的乙醇溶液；石蜡油处理（在135mL正已烷中溶解15mL石蜡油）；用硅油处理（在30mL氯仿中溶解10g硅油）。

滤纸经上述方法处理后，可用醋酸丁酯—吡啶—水（3∶4∶3）或正戊醇—吡啶—氨水（1∶1∶1）溶剂体系展开。

（2）酸性染料。蒽醌酸性染料可用下列展开剂展开：

正丙醇—25%氨水（1∶1）；正丙醇—月桂醇—25%氨水（240mL∶137g∶120mL），滤纸用5%月桂醇乙醇溶液预先浸渍过；吡啶—正戊醇—25%氨水（11∶10∶10）；正丙醇—25%醋酸（2∶1）；乙醇—25%氨水月桂醇（1∶1），滤纸预先用50%月桂醇乙醇溶液浸渍过。

（3）活性染料。用纸色谱法分离活性染料，需要关注色谱分离体系对染料活性和直接性的影响。酸性和中性体系，染料活性会受到水解或与纤维反应的影响，尤其是在展开时间较长时，某些展开剂对活性染料的直接性影响很大。碱性体系除水解作用之外，还会导致活性高的染料和滤纸之间的相互作用。合适的展开剂要综合考虑染料的分离效果、重现性结果及活性染料稳定性等方面。合适的展开剂如下：

25%氨水—吡啶—水（1∶1∶4）；正丁醇—乙醇—水（4∶1∶1）；正丁醇—乙二醇—水（1∶1∶1）；正丁醇—吡啶—水（1∶1∶1）；正丁醇—二甲基甲酰胺—水（1∶0.5∶1）或（11∶3∶11）；吡啶—异戊醇—25%氨水（1.3∶1∶1）；乙二醇—水（4∶1）；正丙醇—醋酸—水（5∶2∶1）；正丙醇—水（2∶1）。

（4）可溶性还原染料。由于可溶性还原染料在光作用下会发生氧化作用，故必须在暗处进行色谱分离，滤纸不必经过处理，将染料溶于水和乙醇中，即可用下列展开剂进行分离：

25%氨水—甲醇—水（1∶2∶3）；吡啶—异戊醇—25%氨水（1.3∶1∶1）；甲醇—醋酸—水（4∶1∶1）。

通常，大多数可溶性还原染料的颜色很浅，因此，必须用显色剂进行显色。一般常用140℃亚硝酸钠的2%HCl溶液进行喷雾，还原染料的颜色会马上显现出来。

（5）可溶性硫化染料。可溶性硫化染料可参照不溶性硫化染料的纸色谱分离方法或者用下行法和下列展开剂进行分离：吡啶—正丁醇—水（2∶1∶1或3∶1∶1）；吡啶—醋酸乙酯（1∶1或2∶1）；吡啶—苯—醋酸乙酯（2∶2∶1）。

（6）阳离子染料。在酸性介质中，三苯甲烷分子上的氨基会质子化，并且会导致颜色变化。因此，三苯甲烷染料适宜于在氨性介质中进行色谱分离，在此介质中染料会转化成甲醇碱。由于这种碱同染料一样易溶解在醇中，故可用月桂醇为固定相（2~5%乙醇溶液），甲醇—氨水（1∶1）为展开剂进行分离。当色谱图干燥时便能检出甲醇碱。此外，也可把色谱图暴露在盐酸或醋酸蒸气中进行检出。溶解于醇的苯胺黑染料可用月桂醇作固定相，以乙醇—氨水或乙醇—1mol/L盐酸（1∶1）为展开剂进行色谱分离。

（7）分散染料。分散染料的分离及鉴定采用薄层色谱效果较好，如利用纸色谱分离，一般要用反相层析。分散染料的纸色谱法可分为四类。第一类，用未经处理的色谱滤纸作固定相，以极性和非极性有机溶剂的各种混合物作展开剂；第二类，用聚合度为500~600的滤纸做固定相，含水吡啶为展开剂，用上行法和下行法进行展开。第三类，在经乙酰化的滤纸上进行分离，此法可用于测定分散染料的纯度和系统分析。第四类，在经处理过的滤纸上进行色谱分离。

（三）薄层色谱法在染料分离中的应用

1. 薄层色谱法理论

薄层色谱法的原理与纸色谱法基本相同，按分离过程的物理化学原理可分为吸附色谱、分配色谱及离子交换色谱，但在染料分析中使用最多的是吸附色谱。在吸附色谱过程中，试样组分、展开溶剂和吸附剂三者是相互联系又相互竞争的，构成了层析分离过程。在吸附薄层色谱过程中，主要依靠试样中各组分与吸附剂有不同的吸附力以及在展开剂中有不同的溶解度而得到分离。在展开时，展开剂由于毛细管的作用向上移动而流过各组分时，那些对吸附剂亲和力强，在溶剂中溶解度小的组分，向上移动较慢，而某些对吸附剂吸附力弱，在展开剂中溶解度大的组分就较快地向上移动。这样，试样中各组分的移动速度产生了差异，经过一段时间的展开，各组分的 R_f 值就不同，从而达到彼此分离。

与纸色谱法相比，薄层色谱斑点集中，扩散较少，它的检出灵敏度比纸色谱法可高 10~100 倍，分离速度快、效率高。在显色过程，可直接喷雾腐蚀性的显色剂，如浓硫酸、浓盐酸和浓磷酸等。其试样负荷量也比纸色谱法大，一张薄层板上可加上多至 50mg 试样。但是，它不适于分析挥发性试样，也存在薄层板制作重现性较差、色谱图不易保存等缺点。目前，薄层色谱法的自动化程度不及气相色谱法和高效液相色谱法，并且分离效果也不及后两者。因此，对于成分太复杂的试样，用薄层色谱法进行分离分析仍然有一定困难。

薄层色谱法应用于染料分析的研究很多，各类染料都可选择不同的展开剂进行展开、分离、定性和定量，有时也可结合生产，分析染料的拼色情况，控制染浴的染料量等。由于染料本身为有色体，在薄层板上展开以后，斑点比较明显，可不必再作显色处理。对于一般染料试样，可将其溶于水或适当溶剂中，将 1%浓度左右的试样点样后直接进行分析。对于染色织物上的染料，需要选择合适的溶剂将其萃取后，在常压或减压条件下，蒸至适当浓度，然后作薄层色谱分析。

2. 薄层色谱操作方法

在一块平板支持物上，均匀地涂制硅胶、氧化铝或其他吸附剂薄层，然后，用点样器把试样溶液点在薄层板下端距底边约 1cm 处。

把点了样的薄层板放入装有溶剂（液层厚约 0. 5cm）的展开槽中，由于毛细管作用，溶液逐步在薄层板上上升，上升至一定距离后取出薄层色谱板，样品各组分因移动速度不同而在展开过程中彼此分离。如果未显色，可以喷适当物质在色谱板上，使无色物质显色。在一定条件下，R_f 值是常数，可以通过不同 R_f 来确定化合物类型。可以用比较斑点面积、TLC 仪扫描或用适当溶剂把斑点洗脱下来后，蒸发溶剂进行定量。

3. 不同染料的薄层色谱分离条件

（1）酸性染料。大部分酸性染料含有磺酸根基团，少数含有羧基或偶氮基。对于偶氮型酸性染料，吸附剂可用硅胶 G、碱性硅胶 G 或氧化铝 G 组成的变性薄层板；对于蒽醌型酸性染料，可用纤维素薄层板，以醋酸丁酯—吡啶—水（40∶40∶20）为展开剂；对于三芳甲烷类酸性染料，可用硅胶 G 和正丁醇—醋酸—水（40∶10∶50）展开剂进行分离；对于酸性指示剂染料，可用硅胶 G 薄层板，以苯—异丙醇—醋酸（60∶40∶1）、醋酸乙酯—吡啶—水（60∶30∶10）或戊醇—乙醇—氨水（浓）（50∶45∶5）为展开剂进行分离。

（2）活性染料。活性染料包括带有磺酸基和活性基的偶氮染料、蒽醌和酞菁染料，薄层色谱法对活性染料的分离比纸色谱法有效。活性染料在硅胶 G 薄层板上进行分离时所用的展开剂有下列几种：

异丁醇—正丙醇—醋酸乙酯—水（20∶40∶10∶30）；二噁烷—丙酮（50∶50）；正丙醇—醋酸乙酯—水（60∶10∶30）；醋酸正丁酯—吡啶—水（20∶20∶10）；醋酸正丁酯—醋酸—水（20∶20∶10）；醋酸正丁酯—吡啶—水（6∶9∶5）；正丙醇—异丁醇—醋酸乙酯—水（4∶2∶1∶3）。

（3）金属络合染料。金属络合染料包括含有磺酸基的金属络合染料和不含有磺酸基的金属络合染料。含有磺酸基的金属络合染料，可在碱性硅胶 G 或氧化铝 G 薄层上得到分离；不含有磺酸基团的金属络合染料，可用聚酰胺薄层板，以甲醇—水—氨水（浓）（80∶16∶14）或甲醇—氨水（浓）（95∶5）为展开剂进行展开，分离效果良好。

（4）碱性染料。碱性染料可在硅胶 G 薄层板上进行薄层色谱分离，常用展开剂如表 1-2 所示。

表 1-2　碱性染料薄层色谱分离的展剂

序号	展开剂类型	适用染料
1	氯仿—甲醇（90∶10）	碱性偶氮染料
2	苯—甲醇（90∶10）	碱性偶氮染料
3	氯仿—甲醇（80∶20）	碱性偶氮染料
4	正丁醇—乙醇—水（90∶10∶10）	孔雀绿和甲基紫
5	正丁醇—醋酸—水（40：10：50）	Astra 品红 B、罗丹明 B 和罗丹明 6G
6	正丙醇—甲酸（80∶20）	呫吨类的碱性染料
7	氯仿—丙酮—异丙醇—亚硫酸（5~6%SO_2）（30∶40∶20∶10）	呫吨类的碱性染料
8	0.75%醋酸钠—1%盐酸—甲醇（40∶10∶40）	呫吨类的碱性染料

（5）分散染料。分散染料可广泛采用硅胶 G 薄层板，用氯仿—甲醇（95∶5）、甲苯—醋酸（90∶10）和苯—乙醇—氨水（25%）（850∶150∶18）为展开剂进行分离，也可用表 1-3 所示薄层条件进行分离。

表 1-3　分散染料薄层色谱分离的展开剂

序号	薄层板类型	展开剂类型	适用分散染料类型
1	乙酰纤维素薄层板	四氢呋喃—水—4N 醋酸（80∶54∶0.05）	偶氮和蒽醌型
2	硅胶 G 薄层板	氯仿—丙酮（90∶10）	1-氨基蒽醌、2-氨基蒽醌、1，2-二氨基蒽醌和 1，4-二氨基蒽醌
3	氧化铝薄层板（活度Ⅲ）	环己烷—乙醚（1∶1）	1-氨基蒽醌、2-氨基蒽醌、1，2-二氨基蒽醌、1，4-二氨基蒽醌、1，5-二氨基蒽醌、1，8-二氨基蒽醌、1，7-二氨基蒽醌、1，6-二氨基蒽醌、2，6-二氨基蒽醌

（6）荧光增白剂。含有荧光增白剂的织物，可用紫外灯照射进行观察。如果织物上有荧光增白剂，可用丙酮：甲氧基乙醇—氨水（相对密度 0.91）（70：30）；吡啶—水（50：50）；二噁烷—水（50：50）；二甲基甲酰胺—水（20：10）进行剥落。对于含有荧光增白剂的腈纶，应当先把纤维溶解在二甲基甲酰胺中，然后加入丙酮使聚合物沉淀而使荧光增白剂分离出来。

三、染料的分类鉴别

染料品种多样，性能复杂，按照第三次修订出版的“染料索引”上记载的商品染料名称就有 7895 种之多，随后每年又有研究和生产的新品种，要在这为数众多的染料品种中确定某一未知染料究竟属于哪个结构，若不进行分类试验，而是一个个地进行分析鉴定，其工作量是巨大的。因此，在测定染料结构之初，首先要确定染料的类别，这样可以缩小探索试验的范围，使实验工作简化。

染料鉴别包括固体染料的鉴别和织物上染料的鉴别两种，其中又以染料应用类别的鉴别最为常用。

（一）固体染料的鉴别

生产厂家为提高染料的色牢度、色光、鲜艳度等应用性能，往往将不同染料进行拼混，构成混合染料，也有可能在生产过程被其他染料污染。对于固体染料的鉴别，首先要判断待测染料是单一染料，还是混合染料，一般用量筒法和滤纸法进行判断。量筒法是在 100mL 的量筒中装一定体积的自来水，用玻璃棒沾少量的固体染料放入量筒（不能搅拌），观察染料颗粒在量筒中所形成的色流，如是单一色流说明是单一染料，如形成不同颜色的色流说明是混合染料。滤纸法需先将滤纸先用 1~2 滴水润湿，再用玻棒或小刀刀尖挑少量的固体染料粉末吹向润湿的滤纸，观察滤纸上形成的色点，按色点的颜色来判断染料的混合情况，如形成的是单一色点说明是单一染料，否则就是混合染料。也可将滤纸的一端浸在染液中，另一端垂直挂起，根据染液通过滤纸微孔的毛细管效应，以不同速度沿滤纸上升而形成不同的色层来判断。同一色层的是单一染料，不同色层的是混合染料。

如果是混合染料，需要分离提纯成单一染料，进一步根据染料外观、气味、溶解度、颜色及保存状态等物理性质来初步判断出染料的属性。例如，从气味来看，硫化染料一般有硫化氢臭味。从溶解性来看，取少量染料配成染液，用小滴管将染液滴于滤纸上，晾干后观察滤纸上染液所形成的渗圈情况，若滤纸上出现染料颗粒分布不均匀的色点，说明该染料是不溶性的，可能是还原染料或硫化染料；如滤纸上形成的染液渗圈相对分布较均匀，基本没有大颗粒染料，说明该染料是可溶性或分散性的，可能是直接染料、活性染料、可溶性还原染料、分散染料、酸性染料、酸性络合染料、阳离子染料中的任何一种。一般酸性染料由于分子结构相对简单，水溶性基团含量多，对滤纸纤维的亲和力较小，所以在滤纸上的迁移速度较快，水能扩散到的地方都会出现染料，一般形成的染液渗圈是边缘浓度高于中间；而直接染料、活性染料、可溶性还原染料、分散染料、阳离子染料等则无此现象，一般这些染料形成的染液渗圈比较均匀；阳离子染料在滤纸上形成的渗圈则特别鲜艳亮丽。从颜色上看，在一般活性染料中翠蓝色的是酞菁结构，黄色染料则是吡唑酮或吡啶酮结构。从染料保存状态来看，活性染料一般都做成粉末状出售，因其长期保存在水溶液中不稳定，还原染料、分散染料或印花用的颜料一般以膏状物出售以避免絮凝析出。而且由于染料性质所决定，分散染料和还原染料都添加有大量分散剂，许多活性染料商品中有 pH 缓冲剂，食品染料多数是水溶性酸性染料。不同应用类别的染料具有不同的结构特征和染色性能，也可利用染料对不同纤维的上染性质，区分其应用类别。

1. 碱性染料的鉴别

碱性染料颜色非常鲜艳，一般是做成盐酸盐和氯化锌或硫酸盐和草酸盐的复盐。由于结构中含有—NH_2，—N（C_3H_5）$_2$，—NHC_6H_5，—N（CH_3）$_3$ 或—OH 等，遇苛性钠水溶液呈染料碱沉淀，颜色也褪掉，加酸酸化后颜色恢复至原色。所有碱性染料加单宁和醋酸钠水溶液皆产生沉淀，这点作为与其他染料相区别的标志。

碱性染料可以与羊毛和丝上的—COOK 形成化学的盐键结合，用弱酸可以将染料从纤维上剥离，如用5%乙酸煮沸后，织物纤维上的碱性染料就能脱落下来，这点也可与其他类型染料相区别。碱性染料还能在弱酸性介质中染聚丙烯腈纤维。

碱性染料常常是用单宁媒染棉纤维，因此，在棉纤维上剥离碱性染料时，应当用硫酸钠或氯化钠饱和的稀氢氧化钠溶液煮沸去掉单宁。

2. 酸性染料的鉴别

酸性染料一般都做成钠盐，结构中带有—COOH、—SO_3H、—PO_3H_2 等基团。酸性染料遇到有机碱生成沉淀，但与单宁和醋酸钠不沉淀，遇氯化钡和醋酸铅等可以生成色淀。

酸性染料在酸性介质中能够直接上染羊毛、丝和尼龙，而对棉纤维、涤纶无亲和力。由于染料是以—SO_3H、—COOK 或—PO_8H_2 与羊毛、丝或尼龙纤维上的—NH_2 和—NH—键以盐键形式结合，所以对碱和肥皂洗涤的坚牢度都不太好。故从毛、丝等织物上剥离酸性染料时，采用 1%氨水煮沸，以证明酸性染料的存在。

此外，也可将未知染料配成一定浓度的染液。取 2 支试管，其中一支试管中加入 2mL 染液、适量的醋酸和硫酸钠，另一支试管中只加入 2mL 染液和适量硫酸钠，在 2 支试管中都投入等量的纯棉半制品和羊毛半制品进行染色，2min 后取出，水洗，比较染色物的得色浓淡。有醋酸的试管中羊毛得色浓，说明是酸性类染料，否则即为其他染料。进一步鉴别的方法为：另取 2 支试管，分别加入 2mL 染液，在第 1 支试管中再加入 0. 5mL 的 5g/L EDTA 溶液，第 2 支试管中不加 EDTA，振摇 2min，在 2 支试管中各加入 0. 5mL 的 10g/L 重铬酸钠，染色 2min，取出，水洗，比较 2 支试管中染色物的颜色，如颜色相同则为酸性染料，否则为 1∶2 型金属络合染料。

3. 直接染料的鉴别

直接染料分子的体积是比较大的，而且往往是对称的结构，在中性、弱碱性或酸性介质中用于棉纤维、再生纤维、丝绸、羊毛和纸张的染色。染色织物中的白棉纤维时，用稀氨水煮沸即可染色。

取 2 支试管分别加入 2mL 染液，在一支试管中加入氯化钠，另一支试管中加入碳酸钠，两支试管中都投入等量的染色织物。染色 15min 取出，水洗，用二甲基甲酰胺溶液萃取两次，观察两次二甲基甲酰胺溶液萃取情况，如两次萃取液都有颜色且织物颜色明显变淡则为直接染料。

4. 活性染料的鉴别

一般活性染料都能在碱性介质中直接染棉纤维，染料与纤维以共价键结合，故不能被有机溶剂、稀酸、稀碱剥离。对于棉纤维上偶氮型的活性染料，需先用保险粉还原降解，然后通过纤维残留的裂解物进行鉴定。

取2支试管分别加入2mL染液，在一支试管中加入氯化钠，另一支试管中加入碳酸钠，在两支试管中加入等量的待染的纤维，染色15min取出，水洗，用二甲基甲酰胺溶液萃取两次，观察两次二甲基甲酰胺溶液萃取情况，如两次萃取液都无颜色则为活性染料。进一步将染色织物分别用30%的硫酸和30%的氢氧化钠溶液处理2min，取出水洗，用二甲基甲酰胺溶液萃取两次，观察第两次二甲基甲酰胺溶液的萃取情况，如经酸处理后能被二甲基甲酰胺溶液萃取的，为均三嗪型活性染料，如经碱处理后能被二甲基甲酰胺溶液萃取的，为乙烯砜基型活性染料，如经酸或碱处理后均能被二甲基甲酰胺溶液萃取的，则为双活性基团的活性染料。

5. 媒染染料的鉴别

媒染染料分子中都带有—OH，邻位有—COOH等基团，而且羟基处在发色团邻位或对位。也有含—NR_2和—OH的紫色到蓝色染料，它们遇单宁和醋酸钠能生成沉淀。在羊毛上或棉纤维上的媒染染料都不能被吡啶所萃取，因此可以与还原染料相区别。

6. 分散染料的鉴别

分散染料不含水溶性基团，一般都能被有机溶剂萃取，常用于涤纶、尼龙的染色，可用氯苯、三氯乙酸进行萃取剥色。

在具塞试管中先加入2mL染液，再加入2mL乙醚，加盖剧烈震荡，乙醚层的颜色远远浓于水层的颜色则为分散染料。否则为其他类染料。

7. 还原染料和硫化染料的鉴别

不溶性染料主要是硫化染料和还原染料。

硫化染料不溶于水，只有加硫化钠还原成隐色体后才溶于水，常用于棉纤维的染色。当它们用氯化亚锡或浓盐酸煮沸还原时，有H_2S气体放出，可被醋酸铅试纸鉴定。

还原染料只有用保险粉还原使之成为隐色体后才能溶解和染色，常以膏状形式出售。还原染料分为靛族还原染料、蒽醌还原染料和硫化还原染料三类。靛族还原染料可用于棉纤维或动物纤维的染色，可被吡啶、氯仿萃取；蒽醌还原染料染色过程中要用强碱，只能用于棉纤维染色或印花，不能用于动物纤维印染；硫化还原染料一般用于棉纤维的染色，可被吡啶萃取，此类染料也可用氯化亚锡或浓盐酸煮沸还原，通过醋酸铅试纸对H_2S气体的鉴定来确认，但它们与硫化染料不同，硫化钠还原不能使之溶解，只有用保险粉才能染色。

在试管中加入2mL左右的染液，然后加入0.5mL 30%的氢氧化钠溶液和一定量的保险粉，待染液颜色发生变化后投入一小块纯棉半制品，2~3min后取出水洗，氧化，再水洗。如果纯棉半制品上的颜色与试管中染液的颜色不同，则可能是还原染料或硫化染料。将水洗后的染色织物投入次氯酸钠溶液中1~2min后，织物发生褪色的是硫化染料，不能褪色的是还原染料。

以上是根据染料溶解度和染色性质对固体染料进行应用类别鉴别，也可按染料对还原和再氧化的性质，对其进行结构分类。

水溶性染料保险粉还原—氧化方法实验步骤：

（1）保险粉还原；

（2）加 5%NaOH 溶液后加保险粉；

（3）取出褪色溶液点在滤纸上；

（4）然后暴露于空气中，或用 1 滴含 2%过硫酸钾溶液和 2%硫酸水溶液处理，观察颜色变化，结果见表 1-4。

水不溶性染料的保险还原—氧化法见表 1-5。其中 D 表示褪色，CR 表示颜色复原，CNR 表示颜色不能复原，PD 表示部分或难褪色，ND 表示不褪色。

表 1-4　水溶性染料的保险粉还原再氧化法分类

染料化学类别		中性保险粉	碱性保险粉	空气	酸性过硫酸盐
硝基类染料		D	D	CNR	CNR
亚硝基类染料		D	D	CNR	CNR
偶氮类染料		D	D	CNR	CNR
噻唑类染料		ND 或 PD	ND 或 PD	—	—
二苯甲烷类染料		ND 或微变	ND 或微变	—	CR
三苯甲烷类染料	胺	PD	D	CR（有时）	CR
	酚	PD	D	CR（有时）	CR
氧蒽类染料	焦宁类	PD	D	CR（有时）	CR
	酞类	ND 或 PD	D	CR	CR
氮蒽类染料		ND	黄沉淀	—	—
二氮蒽类染料		黄	褪色	CR	CR
双氧氮蒽类染料		D	D	CR	CR
硫氮蒽类染料		D	D	CR	CR 或变色
蒽醌类染料	酸性	ND（变色）	ND（变色）	CR	CR
	水溶性分散	ND（变色）	ND（变色）	—	—
	可溶性还原	ND（变色）	ND（变色）	色沉淀	色沉淀
酞菁类染料	磺酸	紫	紫	CR	绿
	碱性	蓝绿沉淀	蓝绿沉淀	—	—

表 1-5　不溶性染料的保险粉还原再氧化法分类

染料类别		碱性保险粉	加酸性过硫酸盐倒入（1）	用 5%Na_2CO_3 煮沸	用 95%乙醇煮沸
硝基颜料		D	CNR	特征反应	有些能溶解
酞类染料		D	CR	溶解	溶解
分散染料	蒽醌	溶解，色改变	CR	不溶解	溶解
	偶氮	D	CNR	不溶解	溶解

续表

染料类别		碱性保险粉	加酸性过硫酸盐倒入（1）	用 5% Na_2CO_3 煮沸	用 95%乙醇煮沸
硫化染料		黄或棕黄溶液可染棉	CR	不溶解	不溶解
靛族染料		黄、棕或橙溶液可染棉	CR	不溶解	不溶解
蒽醌还原染料		深色溶液可染棉	CR	不溶解	不溶解
硫化还原染料		黄或棕黄溶液可染棉	CR	不溶解	不溶解
媒染染料	蒽醌	红、棕溶液不能染棉	CR	溶解	溶解
	亚硝基酚	D	CNR	溶解	溶解
	酞类	D	CR	溶解	有些能溶解
	氧氮蒽类	D	CR	溶解	有些能溶解
冰染染料		D	CNR	不溶解	不溶解
直接酸性和酸性媒染染料的色淀		D	CNR	有色溶液，溶液能以正常方法染棉和羊毛	
碱性染料的色淀		—	—	色淀分解	乙酸溶液媒染棉

（二）织物上染料的鉴别

对于一块具有某种颜色的织物，其选用的染料等信息有时是未知的，此时，作为生产方的印染企业首先要搞清楚该面料的成分和所选用的染料，才能根据客户要求完成订单的加工，因此对给定织物上的染料进行鉴别是印染企业的一项重要工作。织物上染料鉴别时，首先将织物进行预处理，以去除织物上的浆料和其他整理剂，防止这些助剂对鉴别工作产生干扰。对于淀粉浆料，可将织物用含 2%淀粉酶制剂和 0.5%润湿剂的溶液在 90℃ 的条件下处理 10min，然后充分水洗去除；对于柔软剂，将织物用 1g/L 洗衣粉溶液在 90℃ 下处理 10min，然后充分水洗去除；对于树脂，可将织物用 1%盐酸溶液沸煮 1min，然后充分洗净去除。织物进行预处理后，可根据织物的纤维鉴别和目测色泽等特征，初步判断染料的应用大类，然后用化学方法，根据其特征反应来判断染料所属的应用类别。

构成织物的纤维种类不同，染色时所选用的染料种类也往往不同。常见的纺织成分其一般适用的染料种类如下：腈纶—阳离子染料；锦纶及蛋白质纤维—酸性染料；涤纶及其他化纤—分散染料；纤维素纤维—直接、硫化、活性、还原、纳夫妥、涂料或酞菁染料；对于混纺或交织的纺织品，针对其成分而采用不同种类的染料，比如，对于涤棉混纺织物，其中涤成分是用分散染料，而棉成分是采用上述对应染料种类分别进行的。因此，对织物上的染料进行鉴别，首先要鉴别构成织物的纤维种类。纤维类别可用显微镜法、燃烧法、化学溶解法、仪器分析法等进行鉴别，可按照 AATCC 20—2013/AATCC 20A—2017，ISO 1833，BS 4407—2007，FZ/T01057—2017 标准确认纤维种类。最简易的鉴别方法为燃烧法，纤维素纤维燃烧时散发出烧纸的气味；而蛋白质纤维具有烧毛发的臭味；涤纶和腈纶遇火焰都熔融收缩，离开火焰能继续燃烧，燃烧后的灰烬呈珠状，二者的不同之处在于腈纶燃烧时会冒黑烟。

1. 纤维素纤维上染料的鉴别

（1）直接染料的鉴别。将100~300mg试样置于35mL试管中，加入5~10mL水和0.5~1mL浓氨水，然后加热煮沸直至试样变为无色。当有足够量的染料溶出后，取出已脱色的试样。在试管中放入10~30mg白棉布及5~30mg食盐，徐徐煮沸40~80s，冷却至室温取出水洗。观察色泽，若与原样近似则为直接染料。

（2）硫化染料、还原染料、氧化黑（苯胺和联苯胺）染料的鉴别。本组染料在碱性保险粉的还原作用下会使色泽逐渐变化，经空气再氧化以后又重新恢复至原色。检验本组染料之前应检验直接染料。

将50~100mg试样置于试管中，加入3~6mL水，1~2mL 10%NaOH溶液，煮沸，加10~30mg保险粉，再煮沸2~5s。

本组所有染料除阴丹士林（蒽醌类还原染料）外基本上都变色，阴丹士林染料的隐色体颜色是蓝色，充分氧化后的色泽与原样略有不同。取出试样，放在滤纸上。属于本组的染料，在5~6min之内将再在空气中氧化至原色。

阴丹士林蓝的确证试验　将0.6cm×0.6cm的试样置于几层厚的滤纸上，用1或2滴浓硝酸润湿，然后观察颜色。如果试样变成黄色或绿色，就用滤纸吸干试样。如果试样显纯黄色，滴加几滴由等重量的氯化亚锡、浓盐酸和水所组成的“还原溶液”，则将重新出现原来阴丹士林蓝的蓝色。

将100~300mg试样置于35mL试管中，加2~3mL水，1~2mL 10%Na_2CO_3溶液和200~400mg硫化钠。加热煮沸1~2min。取出试样，加25~50mg白色棉和10~20mg NaCl于试管中。煮沸1~2min。取出放在滤纸上，让它再氧化。在这些条件下，如所得色光与原样相似，仅深浅不同者，可认为是硫化或硫化还原染料。同时可以用以下方法进行硫化染料的确证：在5mL 10%NaOH溶液中煮沸100~150mg原样，然后用水洗涤。将此试样置于15mL试管中，加2~3mL“还原溶液”，用一片滤纸覆盖在试管口上，加几滴碱性醋酸铅溶液于滤纸中心，然后将试管置于盛有沸水的250mL烧杯中。如果硫化染料存在，在40~80s内，点在滤纸上的醋酸铅将转变为暗棕色或黑色。

将100~300mg试样置于35mL试管中，加2~3mL水和0.5~1mL 10%NaOH溶液。加热煮沸，再加入10~20mg保险粉，煮沸0.5~1min。取出试样，投入25~50mg白棉布和10~20mg NaCl，继续煮沸40~80s，然后冷却至室温。取出棉布放在滤纸上氧化。如果氧化后色泽与原样差不多，表示还原染料存在。

将100~300mg试样置于小型蒸发皿中，用2~3mL浓硫酸覆盖试样，转动蒸发皿以萃取染料。将萃取液转移入含有25~30mL水的35mL试管中，用5~7cm滤纸过滤，并用水洗涤几次。在滤纸边上滴加几滴10%NaOH溶液。若出现红紫色斑点，表示氧化黑（苯胺和联苯胺）染料存在。

（3）萘酚类染料、不溶性偶氮染料的鉴别。将20~50mg试样置于10~15mL试管中，加1~2mL吡啶，煮沸，所有萘酚染料都有某种程度的溶出。为了进一步确证，可继续将100~200mg染色试样置于10~15mL试管中，加2mL 10%NaOH溶液和5mL乙醇。煮沸，加入5mL水和40~50mg保险粉。颜色褪去之后，冷却，过滤。在滤液中加入10~20mg白棉布和20~30mg NaCl。煮沸1~2min，冷却后取出棉布。在紫外光下发出黄色荧光，则确证原试样是用萘酚染料染色或用不溶性偶氮染料印花。

(4) 活性染料的鉴别。当确证不存在上述萘酚染料、不溶性偶氮染料时，可考虑是否为活性染料。将纤维试样置于5mL二甲基甲酰胺水溶液（1∶1）中，加热煮沸。加热停止后，观察溶剂的着色情况。另取一试样置于5mL二甲基甲酰胺中，重复上述操作。根据溶剂的着色程度对比判别活性染料。如果用活性染料染色的试样未经充分洗涤，将在水—二甲基甲酰胺溶液中微微溶出。活性染料的特点是它与纤维有比较稳定的化学键结合，在水和溶剂中难以溶解。纤维上活性染料无特别明确的检验方法。

(5) 颜料的鉴别。首先用显微镜观察，除去试样上可能存在的淀粉和树脂整理剂，以免干扰染料的鉴定。然后加1滴水杨酸乙酯在经上述处理的纤维上，盖上盖片，若纤维表面呈线粒状即可认为是树脂黏合的颜料。

2. 动物纤维上染料的鉴别

动物纤维常用的染料有碱性染料、直接染料、酸性染料、金属络合染料。

(1) 碱性染料的鉴别。将100~300mg试样置于35mL试管中，加入10mL乙醇，煮沸数分钟后取出试样。蒸发乙醇溶液至近干，加入5mL水，煮沸以除去乙醇。加0.25~0.5mL 10%NaOH溶液，然后将溶液冷却。再加5mL乙醚，振摇试管，以萃取碱性染料。待分层之后，将乙醚层倒入10mL试管中，加入几滴10%醋酸溶液，摇匀。如果醋酸盐溶液与原试样颜色相同，则为碱性染料。

(2) 直接染料、酸性染料和可溶性金属络合染料的鉴别。将100~300mg试样置于35mL试管中，加入5mL水和1mL浓氨水，煮沸1~2min后取出试样。在萃取液中加入30mg NaCl和10~30mg白棉布。继续煮沸1~2min，取出棉布，用水洗涤。如果棉布被染上深色，则证明存在直接染料。某些酸性染料也能对棉着色，但不能染成深色。

将100~300mg试样置于35mL试管中，用10%硫酸中和氨水，并稍过量几滴。加入20~40mg白色羊毛片，煮沸1~2min。若羊毛在酸性浴中再染色，即可表明酸性染料存在。由于羊毛上的铬媒染料不溶于水，若羊毛不能再染色，有可能是铬媒染料。

(3) 还原染料的鉴别。将200~300mg试样置于35mL试管中，加2.5mL 10%NaOH溶液，然后煮沸混合物直至所有羊毛溶解。加入25~50mg保险粉、10~15mg白棉布、25~50mg NaCl。加热试管至沸1~2min，然后冷却至室温。取出棉布，放在滤纸上过滤1~2min，然后置于含有亚硝酸钠和醋酸的氧化浴中。若棉显色表示还原染料存在。如果原试样是浅色，再染色的棉也是暗淡色的，这时就需要好几个200~300mg试样，进行重复操作。

3. 合成纤维上染料的鉴别

(1) 聚酯纤维上分散染料、显色、还原染料、碱性染料和颜料的鉴别。将100~300mg试样溶解在3~5g熔化的己内酰胺中，并用玻璃棒搅拌熔块。加入8mL乙醇以阻止己内酰胺固化，然后冷却至室温。用15mL乙醚稀释后过滤。如果乙醚萃取液有色，则用20~80mL水萃取2次，以除去己内酰胺。然后加入2~3g硫酸钠，以防止形成乳状液。将乙醚层转移至35mL试管中，加入10mL水和几滴10%木质素磺酸盐分散剂溶液。在水浴上煮沸溶液，以蒸发除去乙醚，然后加入100mg白醋酯织物继续煮沸10min。如果醋酯织物呈现同原样相同的深色，则可认为分散染料存在；如果着色较浅，表示显色或还原染料。在着色较弱时，取出醋酯织物，加入3mL浓度为1mol/L的NaOH溶液和少许保险粉，摇动溶液。如果颜色消失或变化，而在空气中氧化也不能恢复原来的色泽，则可认为有偶氮型显色分散染料存在。在此条件下，还原染料会再氧化到原色。

如果聚酯纤维是用颜料进行原液染色或用碱性染料染色的，则熔化的已内酰胺乙醚萃取液实际上是无色的，而在过滤器上沉淀的聚酯呈现深色。另取一试样与冰醋酸一起煮沸1min，在水浴上蒸发溶液，最后将残渣溶解在5mL水中。用媒染单宁的棉布煮沸1min，碱性染料转移至棉布。如果用显微镜观察纤维截面，见到颜料的不均匀分布即可认为是纺丝原液染色。

（2）聚丙烯腈纤维上分散染料、金属酸性染料、碱性染料、酸性染料和铬媒染料的鉴别。将100~300mg试样置于35mL试管中，加入2mL 40%*N*-甲基吡咯烷酮溶液。放在沸水浴上煮沸10~20min，或直到足够量的染料已溶入到试剂中。吡啶—水混合物（57∶43）也能用于萃取酸性或碱性染料。从水浴上取出试管，并弃去试样。把萃取液注入含有10mL甲苯的15mL试管中振摇，然后加入1mL水，再振摇。静置试管直至两层充分分开。在两层中染料的分配如下：甲苯层的染料为所有分散染料和一些中性染色1∶2金属络合染料，水层的染料为所有碱性染料、所有酸性染料、所有铬媒染料和一些中性染色1∶2金属络合染料。

对于甲苯层的染料，根据灰分中铬、钴或锰的鉴定，便可区分分散染料与金属络合染料。为确证起见，可用小型分液漏斗分离甲苯层，经水洗涤后，蒸发至近干。将残渣分散在水中（加1滴10%分散剂溶液），投入羊毛和醋酯纤维。分散染料能复染羊毛和醋酯纤维，后者色泽较前者深；而金属络合染料只着色羊毛。

碱性染料在以前试验所得的10mL甲苯溶液中加入2mL 10%NaOH溶液。把试管放在沸水浴中加热数分钟。取出试管，冷却，摇动后静止分层。接着将大部分甲苯层倾入10mL试管中，加2~4滴10%醋酸，充分振摇后静置。如果试管低层溶液着色，表明碱性染料存在。如果碱性染料被排除，同时在灰分中无重金属离子，则表示酸性染料存在。如果在试样灰分中存在钴或锰，很可能存在金属络合染料。若铬存在，只要半定量灰分中铬的含量，就能辨别铬媒染料和金属络合染料。

（3）聚酰胺纤维上分散染料、直接染料、酸性染料、碱性染料、金属络合染料、铬媒染料、苏木染料、不溶性偶氮染料、还原染料和活性染料的鉴别。将100~300mg试样置于35mL试管中，加入吡啶—水（57∶43）溶液15mL，然后在沸水浴上煮沸15~30min。除还原染料、铬媒染料和活性分散染料之外的所有染料大量溶入此试剂中。取出试管，用流水冷却试管之后，丢弃试样，注意萃取液中染料的颜色。加入1~2mL浓盐酸酸化溶液，注意溶液颜色的变化。把溶液倾入小型分液漏斗中，加15mL甲苯，振摇后静止分层。两层之间染料的分配情况如下：甲苯层为所有分散染料、所有萘酚染料、一些中性金属络合染料、一些还原染料、一些活性分散染料，而水层染料为所有直接染料、所有碱性染料、所有酸性染料、一些酸性金属络合染料、所有铬媒染料、苏木、一些中性金属络合染料。

保持在甲苯层的染料，如果能在碱性溶液中强烈地复染醋酯纤维、三醋酯纤维和锦纶66，则是分散染料。

保持在甲苯层的染料，可用10~15mL水洗涤甲苯层几次，尽可能除去吡啶以确证萘酚染料。把经洗涤的甲苯层转移至蒸发皿中，在水浴上蒸发至近干。加入5mL乙醇和1mL 10%NaOH溶液，使残渣溶解。如有必要就温热。然后将溶液转移至试管中，加5mL水，煮沸以除去乙醇。加 10~20mg 保险粉，继续煮沸直至偶氮染料还原。如有必要可再加入保险粉和氢氧化钠。当偶氮染料已被还原，加入 5~10mg 白棉布和 10~20mg NaCl，煮沸 1~2min，然后冷却至室温。取出棉布，放在滤纸上。若棉布呈现黄色，而在干燥时显现出黄色荧光，则染料是属于萘酚 AS 系列。

若染料完全萃取在甲苯层，或由于某些染料中增溶基团的关系，在水层和甲苯层进行二相分配，其试样灰分中含有钴和锰，则试样一定是用中性金属络合染料染色的。中性金属络合染料在碱性溶液中复染复合纤维织物试样时，锦纶 66 染成深色，而羊毛、蚕丝和改性腈纶染成浅色。在酸性溶液中复染时，锦纶 66、蚕丝和羊毛均显著地着色。

保持在水层的染料，如果在碱性溶液中能强烈地复染棉、黏胶，较弱地复染锦纶 66 和蚕丝，则是直接染料；若在酸性条件下能强烈地复染锦纶 66、腈纶、蚕丝和羊毛，则是酸性染料；若在酸性复染中能上染腈纶、改性腈纶和涤纶，而这些纤维在碱性复染溶液中保持不着色，则是碱性染料。也可用如下方法进行碱性染料的确证，在水/甲苯分配液中，加入 10% NaOH 溶液直至水层呈碱性。振摇分液漏斗，然后静置分层。所有碱性染料会变色或变成无色，并将从水层转移至甲苯层。将甲苯层倾入小试管中，加 2~5 滴 10%醋酸，振摇。这时所有碱性染料将离开甲苯层而以原来色泽出现在醋酸层中。

保持在水层的染料若含有钴，且在碱性溶液中复染所有纤维均不着色，而试样在吡啶—水萃取液中呈现同原样相同的颜色，则为酸性金属络合染料。

保持在水层的染料，若碱性复染时多种纤维织物中所有纤维均不染色，酸性复染对锦纶 66、蚕丝和羊毛可得与原样相同或不同的色泽。试样上的染料微溶于吡啶—水萃取液中，通常与原样色泽不同，则为铬媒染料。

如果被萃取的染料在甲苯层和水层界面上，且能在沸腾的次硫酸锌—甲醛和醋酸溶液中还原，形成酸性隐色体，而从还原溶液中取出试样，用重铬酸钠和醋酸处理，能被氧化而恢复为原来的色泽，则为还原染料。

四、染料的结构剖析

样品经分离提纯后，还需要进行纯度鉴定，只有纯度足够好的样品提供的各种结构分析数据才是可信和有价值的。纯度鉴定首先是通过观察样品外观，如颜色的均一性、是否有好的晶型、粉末是否松散等来判断，也可以测试样品熔点、沸点、分解温度来鉴定样品纯度。其次，样品中有机组分的元素含量也是判定样品纯度的可靠方法，例如，化合物中 C、H、O、N 等主要元素的质量分数与标准物质或预想结构中元素质量分数的理论计算值之间的偏差在 0.5%以内，可认为样品的纯度可用于光谱结构分析。最后，红外光谱也是剖析鉴定样品纯度最常用的方法，当不同提纯方法均给出相同的红外谱图且图中各个峰的位置及强度不存在异常现象时，可认为达到红外光谱的“光谱纯”。

样品经分离提纯后，所得的每种组分还需要进行定性及结构分析。目前染料结构分析中最普遍也是最有效的方法有紫外—可见光谱（UV-VIS）、红外光谱（IR）、核磁共振光谱（NMR）和质谱（MS）法。

（一）红外光谱分析在染料结构剖析中的应用

红外光谱分析技术的基本原理是基于分子的热运动。分子中不同的化学基团会由于其化学键类型、振动方式和数量的不同而对不同波长的红外光产生吸收，从而加剧其热运动。因此，从被测样品的红外光谱吸收曲线的特征，如吸收峰位置、形状和强度，可以获得丰富的分子结构类型。因此，有人将有机化合物的红外光谱称之为“指纹谱”。

红外光谱在染料分析中的作用主要有三个：一是提供染料的基团；二是推测染料的类型；三是确定染料的结构。在染料剖析分析过程中，红外光谱法贯穿整个过程。剖析开始，通过试样的红外图谱，可以推测样品主要成分；分离过程中，红外光谱可用于考察样品分离情况；通过各组分纯品的红外图谱，也可推测分子的官能团及某些特殊的骨架结构类型；在推测出未知组分的结构后，还可通过标准品的红外图谱加以确认其结构类型。但是，由于红外光谱分析不仅需要样品纯度高，而且对图谱理论解释及结构准确推测比较困难，在对化合物结构进行准确定性的往往是质谱或核磁共振分析技术，红外光谱主要用于化学物质大类的定性、有机化合物的剖析或某些物质的确认。

染料及中间体结构中常见官能团和骨架的红外特征吸收光谱可划分为八个区域，见表1-6。

表1-6 染料分子中常见官能团的特征吸收带

波长（μm）	波数（cm^{-1}）	产生吸收的键
2.7~3.3	3750~3000	OH，NH（伸缩）
3.0~3.4	3300~2900	—C≡C—H，>C═CH—，Ar—H（C—H伸缩）
3.3~3.7	3000~2700	$—CH_3$，$—CH_2$，≡C—H，—HC═O（C—H伸缩）
4.2~4.9	2400~2100	C≡N，C≡C（伸缩）
5.3~6.1	1900~1650	>C═O（C═O伸缩）
5.9~6.2	1650~1500	>C═C<，>C═N（伸缩）
6.8~7.7	1475~1300	≡C—H（弯曲）
10.0~15.4	1000~650	>C═CH—，Ar—H（平面外弯曲）

几种典型染料类别红外光谱的基本特征和参考实例如下。

1. 偶氮染料

偶氮型染料是染料中产量最大、品种最多的一类。它们的发色团偶氮基无明显的特征吸收峰，但含某些中间体的偶氮染料常出现特征吸收峰，对偶氮染料的结构鉴定十分有用。

含乙酰芳胺的偶氮染料多为黄色或橙色，其红外光谱的特征是强尖吸收峰很多，在1660cm^{-1}显羰基的强吸收峰，在1500cm^{-1}显强宽峰或挤得很紧的几个强吸收峰；含吡唑酮的偶氮染料在1650cm^{-1}显中等强度的羰基吸收峰，在1600~1500cm^{-1}间显强峰，1500cm^{-1}附近的吸收峰常常有肩峰形成一个宽谱带。此外，在1150cm^{-1}、1250cm^{-1}及1350cm^{-1}有三个强度几乎相等的强吸收峰。

鲜艳的嫩黄色染料多含吡啶酮，它的特征是在1670cm^{-1}与1630cm^{-1}处出现两个几乎相等的强吸收峰。图1-2为酸性偶氮染料的红外图谱。

2. 蒽醌染料

蒽醌染料颜色鲜艳，多为亮蓝色，也有些是紫色和红色。蒽醌染料中重要的发色团是醌

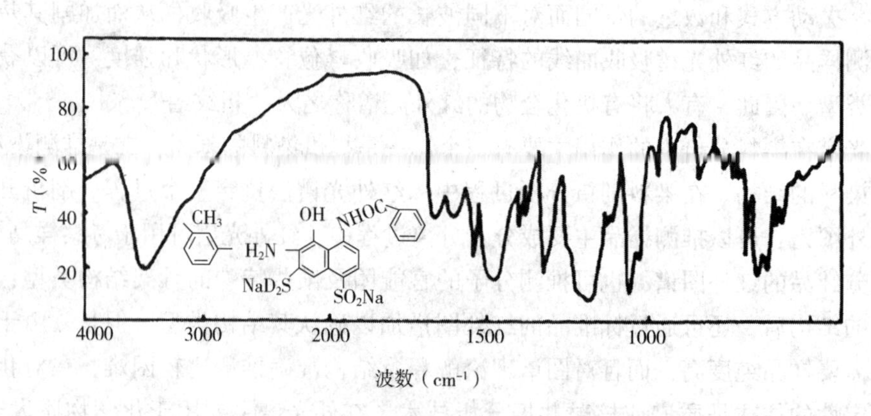

图 1-2 酸性偶氮染料的红外图谱

基。蒽醌核在 $1670cm^{-1}$ 显强吸收峰，在 $1280cm^{-1}$ 附近有一特强宽吸收峰。但当蒽醌 α 位有羟基和氨基助色团时，由于与其邻近的羰基生成分子内氢键，其吸收频率降低，吸收峰强度变小，吸收峰峰形变宽，较难鉴别。但仔细观察 $1640 \sim 1560cm^{-1}$ 间的吸收峰与 $1300 \sim 1250cm^{-1}$ 间的强吸收峰，仍可辨认。含有蒽醌环的稠环还原染料也有此特征吸收峰。

3. 三苯甲烷型染料

分子结构对称性很强的三苯甲烷染料，如盐基性三苯甲烷染料，红外光谱较简单，在 $1580cm^{-1}$、$1370cm^{-1}$ 与 $1170cm^{-1}$ 附近有三个明显的较宽强峰，很容易辨认。例如，罗丹明 B 的红外光谱，在 $1585cm^{-1}$、$1340cm^{-1}$，与 $1175cm^{-1}$ 处就有三个明显的强峰。碱性紫的红外谱图如图 1-3 所示，酸性三芳甲烷染料的红外吸收光谱图及结构图如图 1-4 所示。

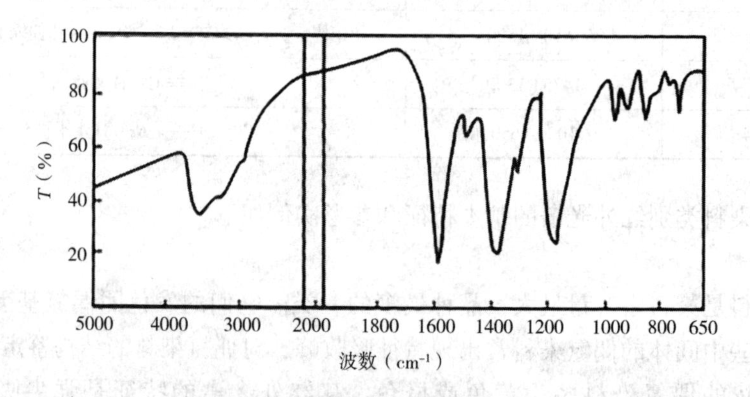

图 1-3 碱性紫 3 红外吸收光谱图

4. 酞菁染料

许多鲜艳的蓝染料为铜酞菁衍生物，是油漆、塑料、彩色印刷中最常用的一种有机染料。铜酞菁染料在 $800 \sim 700cm^{-1}$ 间有尖锐的强吸收峰；在 $1100cm^{-1}$ 附近有一簇强吸收峰。此外，在 $1700 \sim 1600cm^{-1}$ 间没有羰基吸收峰，以此与蒽醌类蓝色染料和颜料相区别；在 $2100cm^{-1}$ 附近没有碳氮三键吸收峰，据此可与普鲁士蓝相区分。α 型 CuPC 颜料及 β 型 CuPC 颜料的红外图谱如图 1-5 和图 1-6 所示。

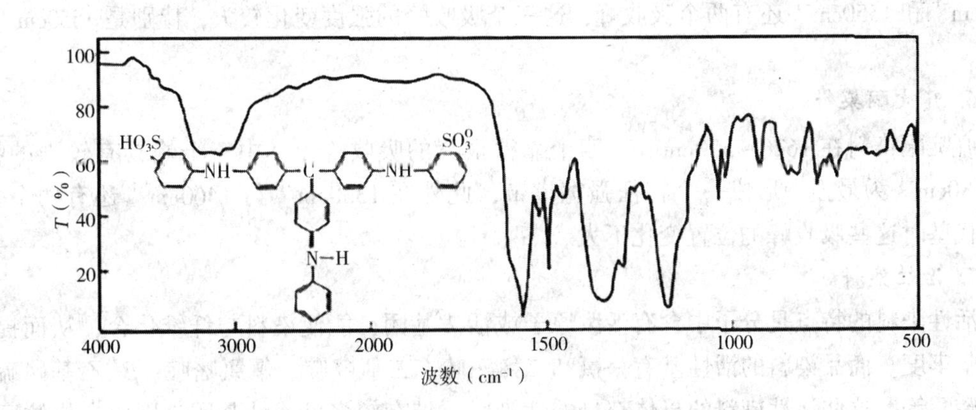

图 1-4　酸性三芳甲烷染料的红外吸收光谱图及结构图

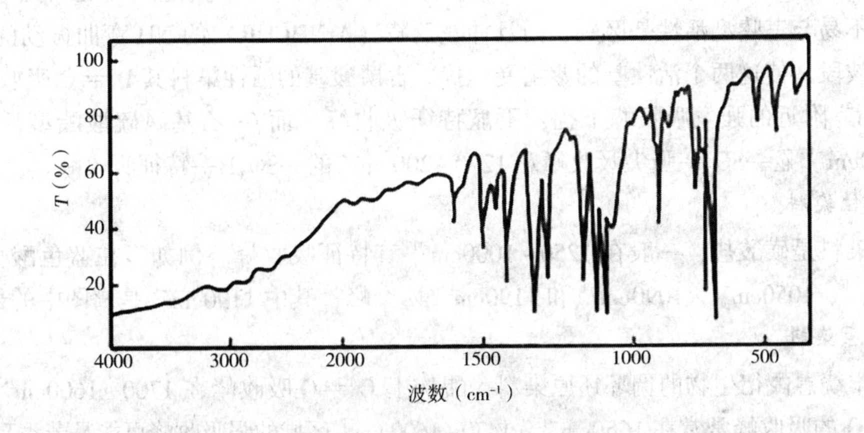

图 1-5　α 型 CuPC 颜料的红外光谱

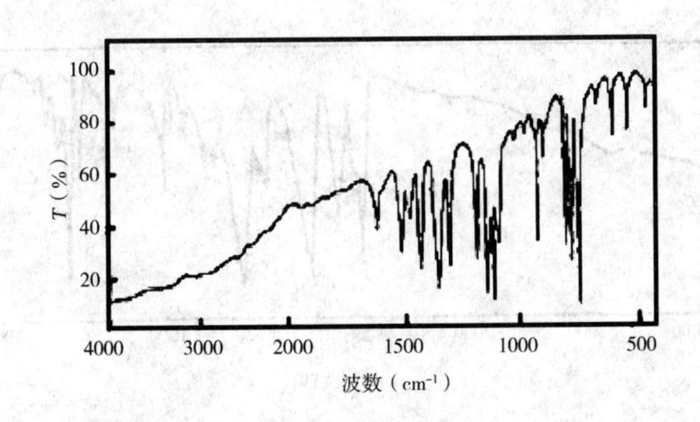

图 1-6　*β* 型 CuPC 颜料的红外光谱

5. 硫靛染料

硫靛染料多为红色与紫色还原染料。硫靛染料的红外光谱特征是从 $750cm^{-1}$ 至 $1650cm^{-1}$ 间强吸收峰较均匀地分布，在 $1650cm^{-1}$ 有很强的羰基吸收峰，可与其他含羰基的染料相区别，在

1450cm^{-1} 和 1550cm^{-1} 还有两个吸收峰，这三个吸收峰的强度变化较大，特别是 1550cm^{-1} 附近的峰。

6. 吖啶酮染料

吖啶酮染料在 1620～550cm^{-1} 有四个靠得很紧的吸收峰，其中三个峰具有较强的特征，以 1580cm^{-1} 为最强，形成一个特征强宽谱带，此外在 1330cm^{-1} 与 1460cm^{-1} 还有两个强峰，有取代基时这些吸收峰的位置变化不大。

7. 活性染料

活性染料的特点是分子中含有活泼原子或活泼基团，能使染料与纤维化合，从而提高染料的坚牢度。商品染料的活性基有一氯和二氯三嗪、二氯嘧啶、氟氯嘧啶、β-乙基砜硫酸酯及亚磷酸等。这些活性染料的母体都是酸性染料，带有较多可溶性基团，因此在指纹区除明显的磺酸基吸收峰外，其他谱峰往往被重叠。如一氯和二氯三嗪活性染料，在 1550cm^{-1} 显三嗪杂环的强吸收峰；二氯嘧啶或氟氯嘧啶活性染料也在 1550cm^{-1} 附近显嘧啶六元杂环的特征吸收峰，不易与三嗪型活性基区别，而且仲酰亚胺（ArNHCOR）的 NH 弯曲振动的特征吸收也在这个波段，使这两个活性基的鉴定受干扰。含磷酸基的活性染料其 P ═ O 吸收峰受磺酸基 1200cm^{-1} 附近的强宽吸收峰干扰，不显特征吸收峰。而β-乙基砜硫酸酯型活性染料在 1140～120cm^{-1} 显—SO_2—强尖吸收峰及 1270～200cm^{-1} 的—SO_3H—特征吸收峰。

8. 酸性染料

酸性染料是磺酸盐，一般在 1250～1000cm^{-1} 有特征吸收峰。例如，在蓝色酸性染料中，有 1030cm^{-1}、1050cm^{-1}、1090cm^{-1} 和 1190cm^{-1} 四个峰，其中 1190cm^{-1} 是谱图中的最强峰。

9. 还原染料

对于本绕蒽醌衍生物的稠环还原染料，醌构上 C ═ O 吸收峰在 1700～1600cm^{-1}，而多核醌构 C ═ O 的吸收峰常常在 1650cm^{-1}、1470～1600cm^{-1} 区域的强吸收峰可能是芳香环上 C ═ O 的伸缩振动。还原蓝 4 和还原蓝 1 的红外图谱如图 1-7 和图 1-8 所示。

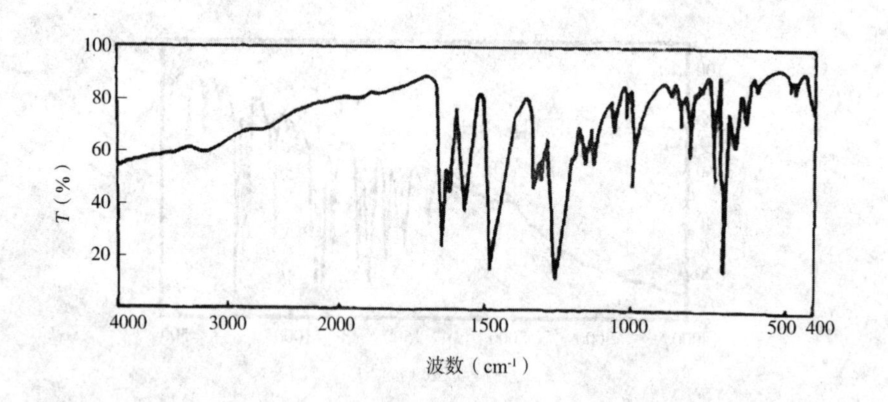

图 1-7　还原蓝 4 的红外光谱图

10. 颜料

颜料的吸收图谱都比较简单。表 1-7 分别为有机颜料常见官能团的红外吸收光谱特征区域。

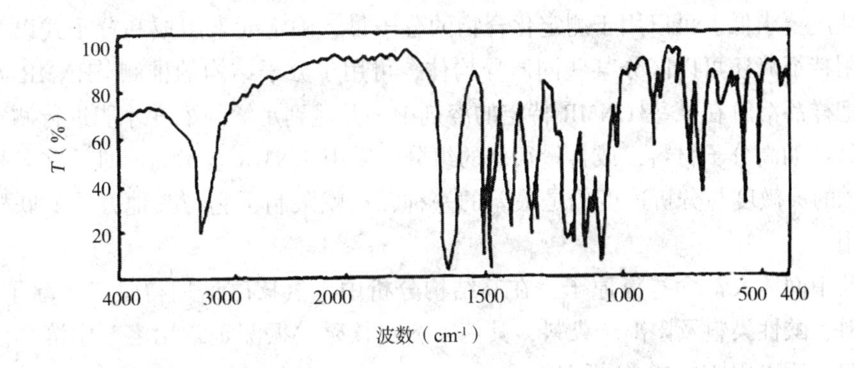

图 1-8　还原蓝 1 的红外光谱图

表 1-7　各类有机颜料的红外吸收光谱特征区域

颜料类型	官能团类型	红外吸收光谱特征区域
单和双偶氮颜料	乙酰基乙酰芳胺	1490 ~ 1510cm^{-1}（强）；1550 ~ 1560cm^{-1}（中）；1590 ~ 1610cm^{-1}（中）；1680~1690cm^{-1}（中）
	萘酚 A 类	1445 ~ 1455cm^{-1}（中）；1485 ~ 1490cm^{-1}（强）；1545 ~ 1565cm^{-1}（强）；1600~1615cm^{-1}（中）1680~1690cm^{-1}（中）
	β-萘酚	1460~1470cm^{-1}；1480~1500cm^{-1}（中）
	苯基甲基吡唑酮	1460 ~ 1470cm^{-1}（弱）；1490 ~ 1500cm^{-1}（中）；1550 ~ 1560cm^{-1}（强）；1680~1690cm^{-1}（中）
靛族	靛族衍生物	1470 ~ 1480cm^{-1}（强）；1490 ~ 1495cm^{-1}（强）；1590 ~ 1600cm^{-1}（弱）；1610~1640cm^{-1}（强）
稠环颜料	简单蒽醌	1480 ~ 1495cm^{-1}（强）；1540 ~ 1550cm^{-1}（弱）；1590 ~ 1600cm^{-1}（弱）；1445~1465cm^{-1}（中）
	稠环蒽醌	1270 ~ 1290cm^{-1}（强）；1495 ~ 1505cm^{-1}（弱）；1570 ~ 1580cm^{-1}（强）；1595~1600cm^{-1}（强）；1640~1655cm^{-1}（强）
	喹酞酮	1345~1355cm^{-1}（强）；1485~1495cm^{-1}（强）；560~1630cm^{-1}（强）
酞菁	铜钛菁	725 ~ 745cm^{-1}（强）；755 ~ 765m^{-1}（强）；775 ~ 785cm^{-1}（中）；1095 ~ 1100cm^{-1}（强）；1120 ~ 1130cm^{-1}（强）；1180 ~ 1190cm^{-1}（中）；1290 ~ 1300cm^{-1}（中）；1330~1340cm^{-1}（强）
	无金属酞菁	715~720cm^{-1}（强）；875~885m^{-1}（强）；1000~1100cm^{-1}（强）；1320~1330cm^{-1}（双峰中）

（二）核磁共振光谱在染料结构剖析中的应用

在染料结构分析中，核磁共振光谱给出的结构信息的准确性及对未知结构推测的预见性都是最好的一种。其可准确地提供有机分子中氢和碳以及它们组成的官能团、结构单元和连接方式等信息。在^{1}HNMR 谱图中的每个峰都可找到而且必须找到确切的归属。对于一个拟定的分子结构，可以从理论上很好地预见其谱峰的位置、形状和强度等。质谱法的灵敏度高，对样品的纯度要求低，可以用于测定化合物的分子量、确定元素组成和分子式以及判定分子结构，利用特征峰还可以区分某些同质异构体，可用于分子结构的推测。^{1}HNMR 方法的局限性是必须把样品溶解在某些^{1}HNMR 特定的溶剂中，并达到足够的浓度才能进行测定。对难溶的固体样品：如高分子材料，或含量很低的组分，采用^{1}HNMR 技术尚困难，在各种谱学方法中，^{1}HNMR 的灵敏度与分析速度仍是最差的一种，这就限制了它与其他方法的联机和在线分析中的应用。

染料及中间体大都含有氢原子，在其结构分析中，氢核磁谱用得最多。除了分散染料、油溶性染料、酸性染料及阳离子染料，其他染料在核磁共振测定常用溶剂中溶解度很小甚至完全不溶解，所以用^{1}HNMR 分析有困难。

在摄取样品的^{1}HNMR 谱图时，溶剂应该不含有质子，对样品的溶解性好，且不与样品发生缔合作用，价格便宜，常用溶剂有 CCl_4，CS_2 和 $CDCl_3$，有时亦采用苯、环己烷和重水作为溶剂。四甲基硅烷（TMS）是用于调整谱图零点的标准物质，一般将其配制成 10%~20% 的四氯化碳或氘代氯仿溶液。溶液样品必须过滤，取样体积约为 0.4mL，浓度为 0.1~0.5mol/L，加入 1%~2%TMS。常见基团质子的化学位移如表 1-8 所示。

表 1-8　常见基团质子的化学位移

常见基团质子	化学位移（δ）	常见基团质子	化学位移（δ）
RCH_3	0.9	$Ar—CH_3$	2.3
R_2CH_2	1.3	$R—C(=O)—CH_3$	2.2
R_3CH	1.5	$R—C(=O)—O—CH_3$	3.6
RCH_2Cl	3.5~4.0	R—O—H	3.0~6.0
RCH_2Br	3.0~3.7	Ar—O—H	6.0~8.0
RCH_2I	2.0~3.5	$R—HN_2$	1.0~4.0
$R—O—CH_3$	3.2~3.5	$Ar—NH_2$	3.0~4.5
$R—O—CH_2—CH_3$	1.2~1.4	$R_2N—CH_3$	2.2
$R—O—(CH_2)_2—CH_3$	0.9~1.1	$R—C(=O)—H$	9.0~10.0
C═C—H	5.0~5.3	$R—C(=O)—O—H$	10.5~11.5
C≡C—H	2.5	$C═C—CH_3$	1.7
Ar—H	6.5~8.0	$C≡C—CH_3$	1.8

以阳离子染料和酸性染料为例，其核磁共振特征可参考如下。

1. 阳离子染料

阳离子染料包括偶氮、蒽醌、三芳甲烷、噁嗪和噻唑等结构类型。不同的化学结构类型显示出不同的核磁共振波谱。通常用^{1}HNMR 分析阳离子染料时，先制成碘氢酸盐、苦味酸盐和氢氰酸盐，有时也做成硫酸甲酯盐和四氟硼酸盐。阳离子染料质子的化学位移见表1-9。

表1-9　阳离子染料质子化学位移

染料结构及质子化学位移	条件
CH_3 N 7.74 I^- $\overset{+}{N}$ —N=N— 7.87 6.92 —$N(CH_3)_3$ CH_3 3.96	DMSO-D_6，220MHz（FT）
8.98 N—CH_3 4.08 N $\overset{+}{N}$ —N=N— 7.92 7.08 N 4.95 CH_2 7.27 CH_3 3.37 I^- CH_3 3.93	DMSO-D_6，60MHz
4.01或4.04 7.71 8.28 H_3OC N $\overset{+}{N}$ —N=N— 7.94 6.82 $N(CH_2CH_2)_3$ 6.32 3.77 1.30 H_3OC CH_3 4.29	DMSO-D_6，220MHz（FT）
8.02 7.66 7.41 S N 6.64 CH=CH—CH_2 7.79 S N CH_2CH_3	DMSO-D_6，100MHz

2. 酸性染料

酸性染料的^{1}HNMR图谱与相应的分散染料类似，磺酸和磺酸钠吸电子基团无论在芳香环上，还是脂肪支链上，对其相邻质子的化学位移都会产生影响。如表1-10所示，不同取代基，环上质子化学位移是不同的。

表1-10　酸性染料质子的化学位移

染料结构及质子化学位移	条件
Cl 7.98 NaO_3S 7.70 Cl —N=N— 7.88 H_2N N—Ph 7.53 N H_3C 2.44	DMSO-D_6，60MHz

续表

染料结构及质子化学位移	条件
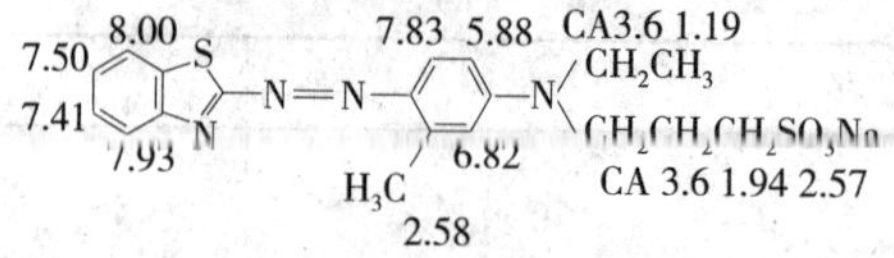 7.50 8.00 S 7.83 5.88 CA3.6 1.19 CH_2CH_3 7.41 —N=N— N $CH_2CH_2CH_2SO_3Na$ 7.93 N H_3C 6.82 CA 3.6 1.94 2.57 2.58	DMSO D_6，220MIL
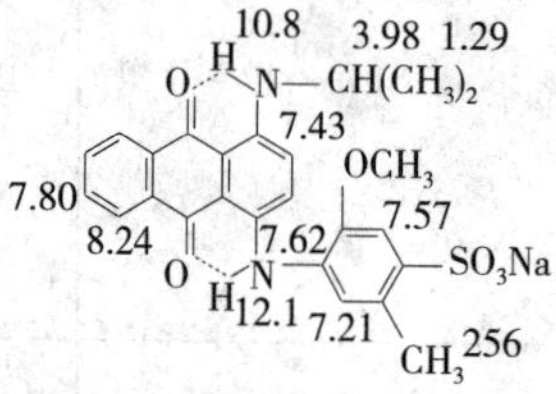 10.8 3.98 1.29 H O N—$CH(CH_3)_2$ 7.43 OCH_3 7.80 7.57 8.24 7.62 SO_3Na O N H12.1 7.21 CH_3 256	DMSO-D_6，220MHz

（三）质谱在染料结构剖析中的应用

质谱分析是一种测量离子质荷比（质量—电荷比）的分析方法，其基本原理是使试样中各组分在离子源中发生电离，生成不同荷质比的带电荷的离子，经加速电场的作用，形成离子束，进入质量分析器。在质量分析器中，再利用电场和磁场使发生相反的速度色散，将它们分别聚焦而得到质谱图，从而确定其质量。其图谱是将所产生的各种离子的质量与电荷的比值（m/z）按照由小到大的顺序排列而成的图谱。

解析谱图确定分子离子峰非常重要，不同结构的化合物一般都具有各自的分子离子峰强度特征，通常情况会是质荷比最大的峰（同位素峰除外）。但是由分子的稳定性决定，具有最大质荷比的峰不一定就是分子离子峰。例如，醛、酮、仲醇等化合物易失去一个氢原子，出现 M-1 的峰。醇类还容易失去一分子的水，出现 M-18 的离子峰。有时化合物的分子离子峰很弱，也可能不出现，这时需要调整质谱仪或对样品处理。当分子中含有卤素、硫等原子时就会有同位素峰存在，比分子离子峰大 1~2 个单位的位置会有 M+1 或 M+2 等峰出现。分子量符合“氮律”，“氮律”就是不含氮或含有偶数个氮原子的化合物，分子量一定为偶数；含有奇数个氮原子的有机物，其分子量一定为奇数。“氮律”规则同样也适用于其他碎片离子，即含有偶数个氮原子的奇电子离子的质量是偶数；含有奇数或不含有氮原子的奇电子离子，其质量是奇数。另外，分子离子峰裂解过程中，常常会丢失小质量的自由基或中性分子，但质量差要合理。在解析染料的质谱图时，一种非常有用的法则是环加双键（RDB）。只要从质谱数据或是结合其他技术推断出一个染料的分子式，就可以计算出分子结构中的双键数目和环数目的总和（RDB）。化学式为 $C_xH_yN_zO_n$，则 $RDB=1-x+y/2+z/2$，通过 RDB 值可以确定染料的结构。如 RDB 为 9 时，由于蒽醌系染料 RDB 为 11，该类染料不再可能是蒽醌染料，可以从偶氮苯衍生物考虑。

质谱在染料分析中的应用是广泛的。依据分子离子峰可以直接确定染料的分子量，从碎片峰可以推断染料类型，含有官能团类型；高分辨质谱仪可以直接测出染料的元素组成。需要注意的是，对于挥发度低的染料，若染料其他组分的挥发度高，则有可能造成误差。

以如下几种染料的质谱分析为例。

1. 阳离子染料

由于阳离子染料为成盐状态，不易挥发，在质谱分析时常采取将阳离子染料转变成可挥发性的中性分子。可用硼氢化钠还原法将阳离子染料转变成中性分子，然后进行质谱分析。图 1-9 是 6-对甲苯胺基-3-甲基蒽吡酮-2′-磺酸钠的质谱图。

2. 还原染料

还原染料结构稳定，难气化，分子量大，通过提高直接进样温度，采用电子轰击源（EI）可得到满意结果。颜料红 177 质谱图如图 1-10 所示。

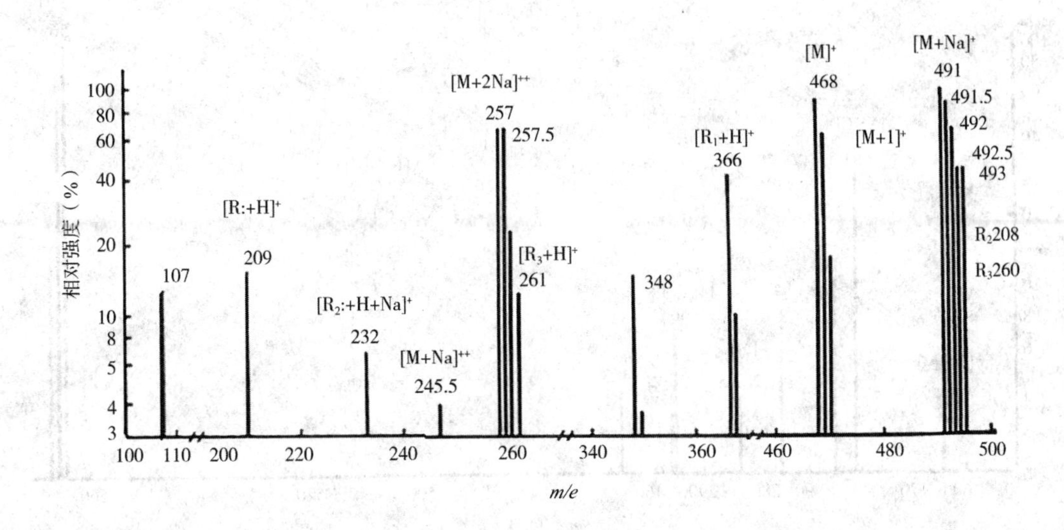

图 1-9　6-对甲苯胺基-3-甲基蒽吡酮-2′-磺酸钠的 FD-MS 图

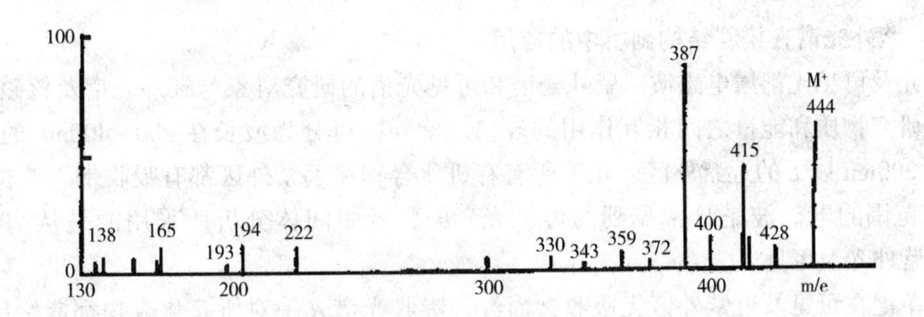

图 1-10　颜料红 177 的 MS 图

经过质谱、核磁共振谱、可见光谱和红外光谱证明，1，4-双取代结构是正确的，其分子式如下所示。

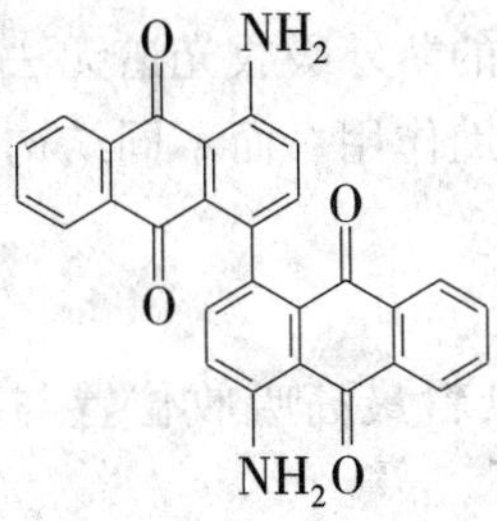

3. 酸性染料

在酸性染料中，大部分都含有磺酸基团，由于其低挥发性且高极性，采用场解析质谱（FD-MS）比较合适。酸性蒽醌染料质谱图如图 1-11 所示。

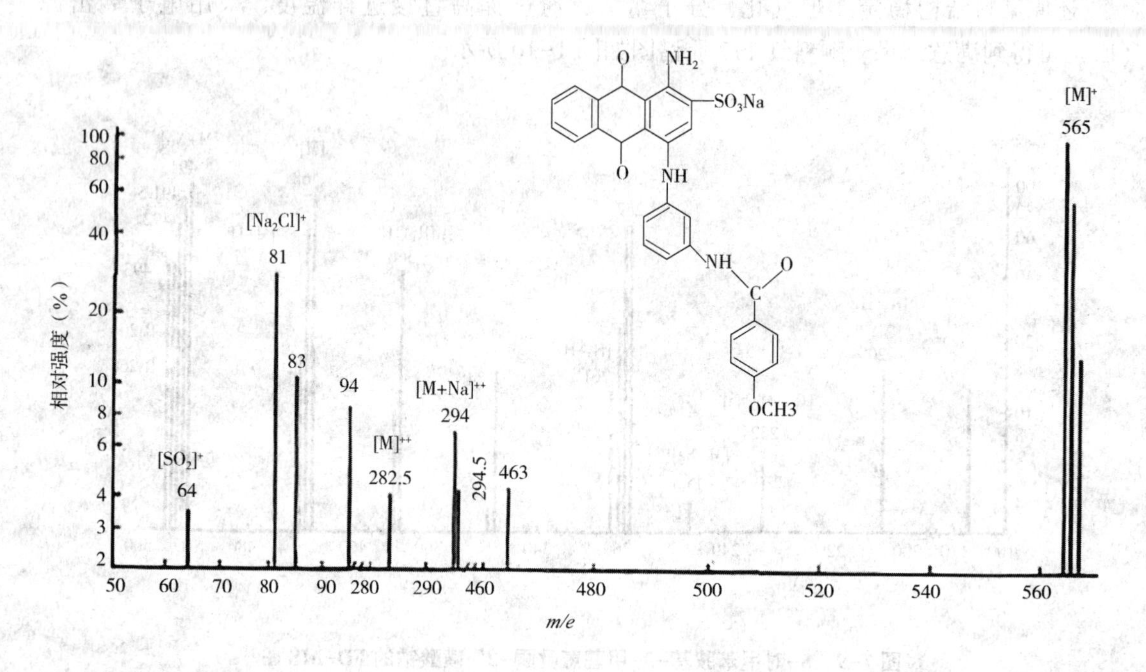

图 1-11　酸性蒽醌染料的 FD-MS 图谱

(四) 紫外光谱在染料结构剖析中的应用

紫外光及可见光都属电磁波。紫外光谱和可见光谱的研究对象与红外光谱及核磁共振谱相似，是研究物质和能量之间相互作用的规律。紫外区可分为波长在 200～400nm 的近紫外区，以及 200nm 以下的远紫外区。几乎所有有机化合物在远紫外区都有吸收带。波长从 400 到 800nm 范围的电磁波是日常见到的可见光，染料及中间体分析所采用的是从 200nm 到 800nm 的紫外光及可见光。

由于单键在可见及近紫外区无吸收，而红外吸收光谱几乎对所有化合物都能给出图谱，紫外—可见光谱法只适用于含双键和芳杂环等不饱和化合物的分析，其能提供化合物骨架、构型及构象等结构信息。它的不足之处在于只能给出宽而钝的峰，难以表述有机分子复杂的结构规律。

对于染料及中间体的分析测定时，需要先将染料样品溶解在水或有机溶剂里，样品吸收池为石英（紫外及可见区）或玻璃（可见区）矩形池，若试样有挥发性时可带塞密闭。

虽然仅仅根据染料或中间体溶液的紫外吸收光谱无法确定其结构，但其紫外图谱的特征可对关键官能团的确定起到重要的辅助作用。而不同结构的染料，其紫外光谱所提供的信息是不同的，以下面染料类型为例说明。

1. 偶氮染料

偶氮染料没有典型的特征峰，染料最高吸收位置与取代基性质相差很大，如图 1-12 所示。

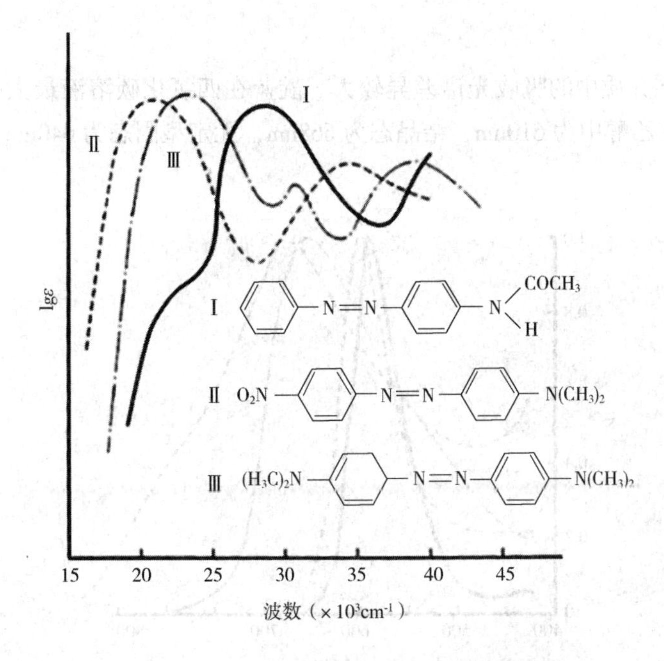

图 1-12　单偶氮染料的紫外可见吸收光谱

2. 蒽醌染料

蒽醌染料的吸收光谱可看作是由苯甲酮和醌两部分光谱组成，其吸收光谱在 255nm、262nm、272nm 及 325nm 左右具有普遍规律性，蒽醌衍生物的强度几乎是两个酮和一个醌的总和，而萘醌衍生物的光谱强度只是一个酮和一个醌之和。

3. 三芳甲烷染料

三芳甲烷染料的隐色体在紫外区的 260nm 及 300nm 处分别皆有强弱两个吸收峰，羟基三芳甲烷染料的紫外吸收光谱如图 1-13 所示。

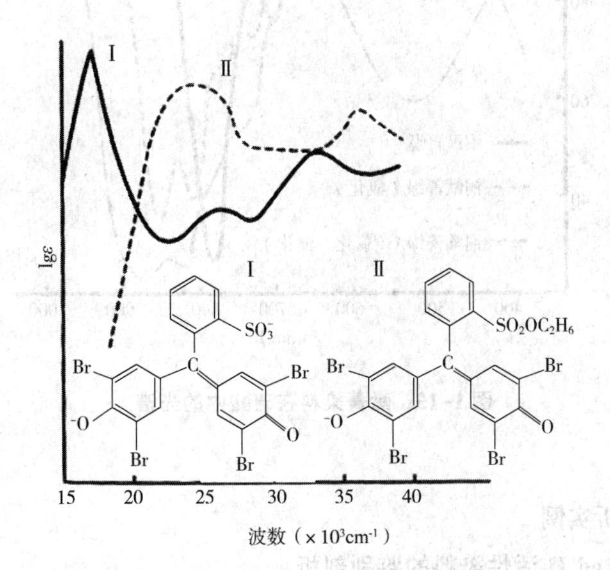

图 1-13　羟基三芳甲烷染料的紫外吸收光谱

4. 靛族染料

靛族染料在不同介质中的吸收光谱差异较大。靛蓝在四氯化碳溶液最大吸收为590nm，在氯仿中为604nm，在乙醇中为610nm，结晶态为668nm，无定型固态为640nm，如图1-14所示。

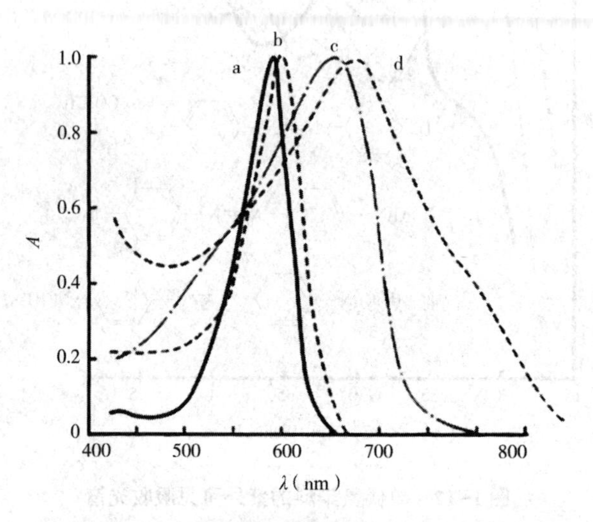

图1-14　靛族染料在不同介质中的吸收光谱

a—氯仿　b—乙醇　c—无定型固态　d—结晶固态

5. 酞菁染料

酞菁染料只溶于浓硫酸中，图1-15是酞菁染料在硫酸中的光谱。

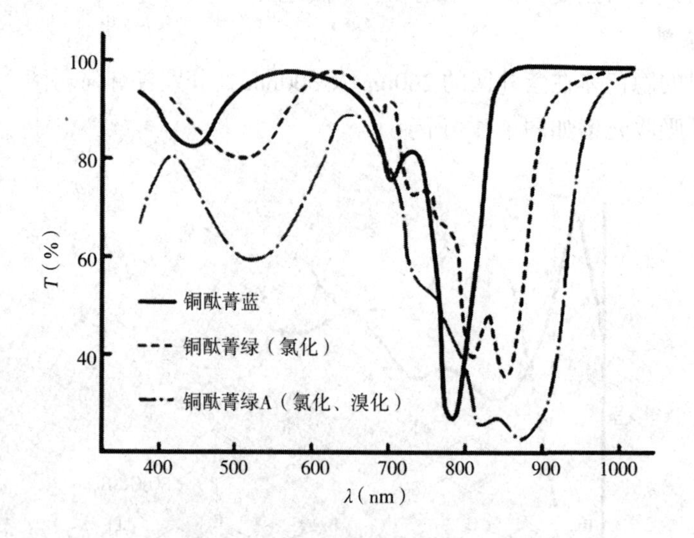

图1-15　酞菁染料在硫酸中的光谱

五、染料鉴别剖析实例

（一）Cibacron Red H活性染料的鉴别剖析

Cibacron Red H是瑞士Ciba-Geigy公司近年来推出的一支新型活性染料，该染料具有良好的坚牢度和高给色量，在中、低温条件下染色，特别适用于棉纤维的染色。对于该染料的鉴别剖析过程如下：

1. 单一性验证

用丁醇—醋酸—水—DMF（11：2：10：3）、丙醇—25%氨水（2：1）展开，均得单一红色斑点，可确定为单一染料。

2. 染料类别的鉴别

从商品染料的牌号可知，该染料属于活性染料。为进一步证实，将此染料于碱性介质中染棉纤维，发现染色纤维不能被有机溶剂、稀酸、稀碱所剥离，说明染料—纤维以共价键结合，属活性染料。然后分别以中性保险粉（A）、碱性保险粉（B）和40%氯化亚锡（C）溶液还原商品染料至无色，然后在空气中氧化数小时，数小时后均未复原，可证明其为偶氮结构。

3. 染料的结构裂解及剖析

取精制染料进行可见光谱分析，该染料分别在419nm、519nm、548nm有最大可见吸收，最大吸收分别属于红色和黄色吸收区。将商品染料用水溶解，分别用保险粉—氢氧化钠和40%氯化亚锡盐酸溶液还原，用纸色谱展开，结果如图1-16和图1-17所示。

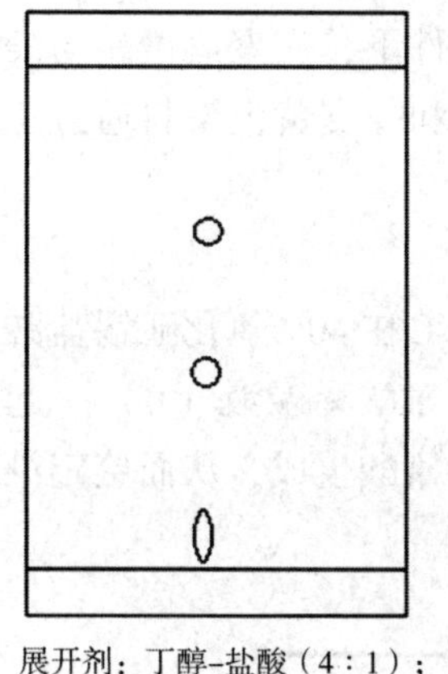

展开剂：丁醇–盐酸（4：1）；
显色剂：Ehrlich试剂

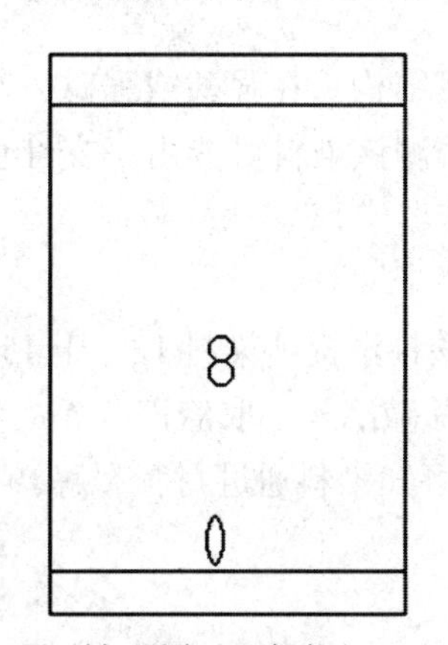

展开剂：丙醇–25%氨水（2：1）；
显色剂：Ehrlich试剂

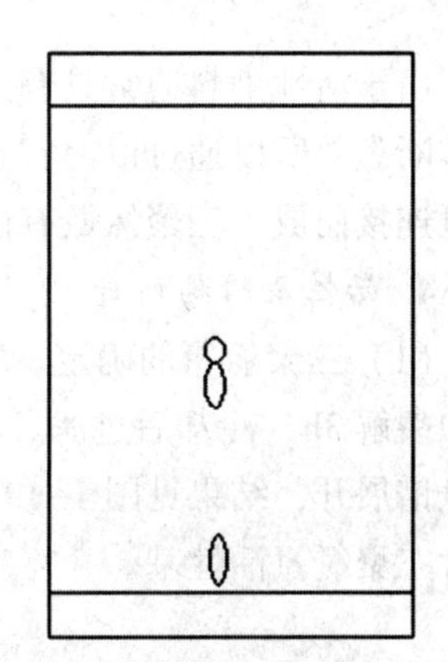

展开剂：丁醇–乙醇–水（2：1：1）；
显色剂：Ehrlich试剂

图1-16　碱性保险粉还原纸色谱

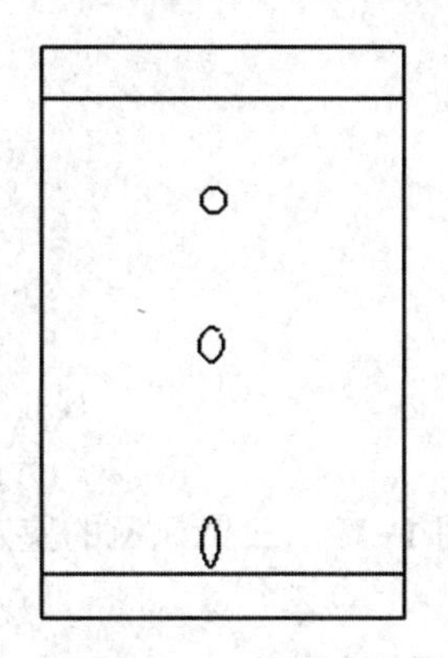

展开剂：丁醇—盐酸（4：1）；显色剂：Ehrlich 试剂

图1-17　40%氯化亚锡盐酸还原纸色谱

取少量精制染料溶于10% KOH溶液中，在140~150℃下反应4h，将反应溶液（A）、精制染料溶液（C）及二者的混合物（B）一起用纸色谱展开，结果如图1-18所示。

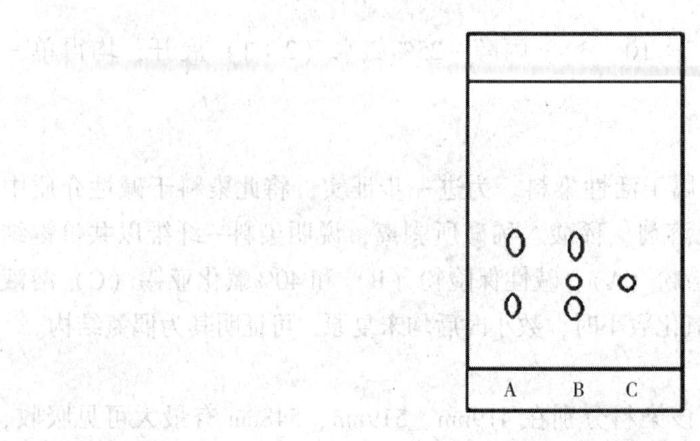

展开剂：丁醇—醋酸—水—DMF（11∶2∶10∶3）

图1-18 染料碱性裂解纸色谱

由于活性染料通常具有三聚氯氰结构，在强酸或强碱、高温条件下，三聚氯氰易与染料母体断裂，所以通过以上实验可以推测该染料可能由一支红色染料和一支黄色染料通过三聚氯氰连接而成，三聚氯氰有待进一步鉴定。

4. 活性基结构剖析

（1）三聚氯氰的确定。取用醋酸钾法提纯染料1g，于150~155℃在40%氯化亚锡盐酸溶液中裂解3h，冷却后过滤。滤渣用稀碱溶解，取渣液（A）和三聚氰酸稀碱液（B）一起用纸色谱展开，结果见图1-19。由此可知染料通过封管裂解，有三聚氰酸生成，从而鉴定染料中含三聚氯氰活性基。

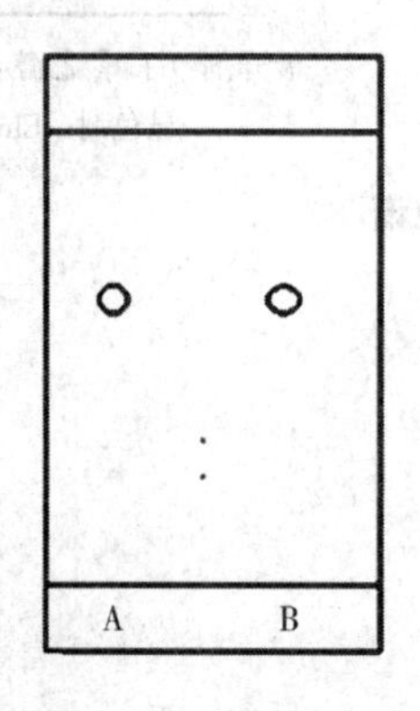

展开剂：25%氨水；
显色剂：3%硝酸银溶液

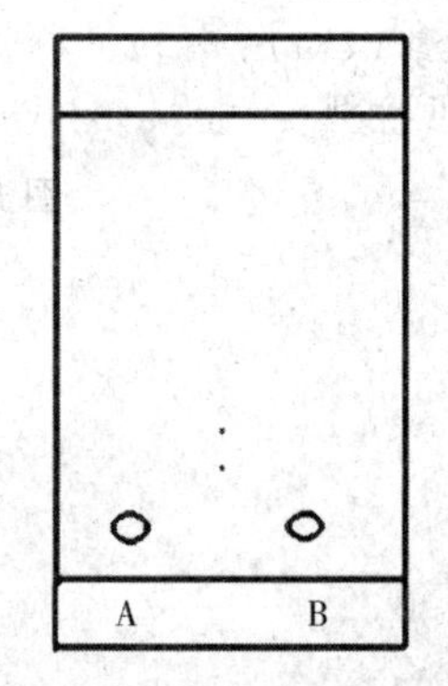

展开剂：丙醇—25%氨水（2∶1）；
显色剂：3%硝酸银溶液

图1-19 三聚氯氰的鉴定

（2）硫酸酯乙基砜的确定。取用精制染料1g，于150~155℃在40%氯化亚锡盐酸溶液中裂解3h，冷却后过滤。图1-20为滤液（A）与对位酯在同样条件下裂解产物的纸色谱展开图谱，由图可见，染料与对位酯有相同的裂解产物，所以染料结构中可能含有对位酯。

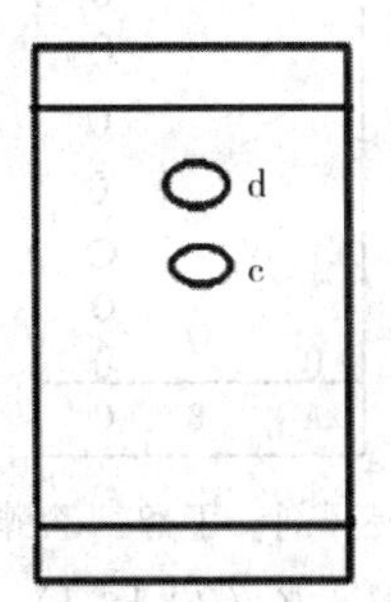

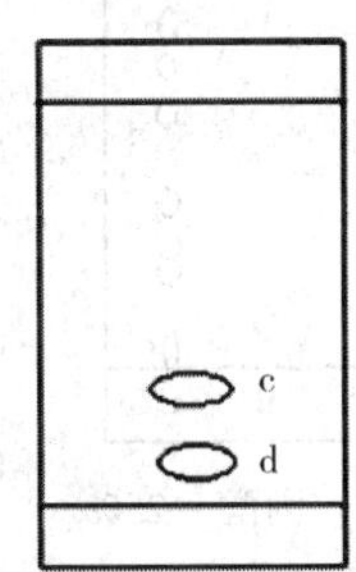

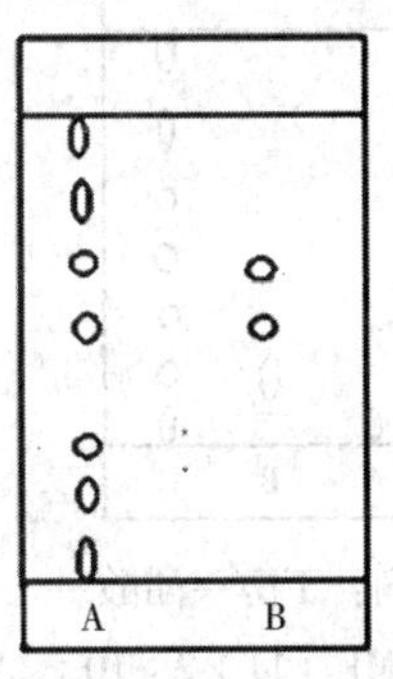

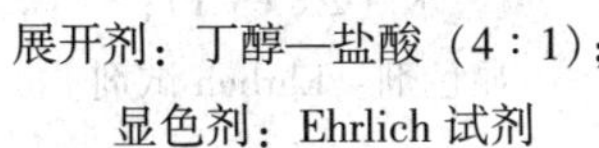

展开剂：丁醇—盐酸（4∶1）；显色剂：Ehrlich 试剂　　展开剂：丙醇—25%盐酸（2∶1）；显色剂：Ehrlich 试剂　　展开剂：丁醇—乙醇—水（2∶1∶1）；显色剂：Ehrlich 试剂

图 1-20　硫酸酯乙基砜的鉴定

将精制染料进行核磁分析，证明有对位酯的存在，如表 1-11 所示。

表 1-11　精制染料核磁分析结果

化学位移	峰形	相对质子数	归属
2.9	三重峰	2 个 H	$—SO_2CH_2—$
4.1	三重峰	2 个 H	$—CH_2OSO_3K$

5. 偶氮组分的确定

经检测重氮组分在 365nm 紫外灯下一个具有紫色荧光，另一个无荧光，而萘胺类化合物在此条件下通常具有荧光，苯系胺类化合物则无荧光。据此推测，偶合组分一个为萘系化合物，另一个为苯系化合物。将保险粉还原液与一系列萘胺化合物用纸色谱展开进行比对，吐氏酸与一个偶合组分具有相同的 R_f 值和相同的荧光，因此可推断其中一个偶合组分为吐氏酸。将保险粉还原液与对位酯进行纸色谱比对，也确证苯系偶氮组分有对位酯。

6. 分子量的确定

用醋酸钾精制染料做质谱分析，该染料 K 盐的分子量为 1334，将醋酸钾精制染料在 40℃ 用 10%KOH 水解除去乙烯砜，精制，做质谱分析，从图中可以看出，经碱处理的染料分子量为 1198，其分子量与未经处理的染料分子量相差 136，即 $KHSO_4$ 的分子量。由于其仍具有四价离子，因此推测该染料具有 5 个磺酸基。

7. 偶合组分的确定

氨基 H 酸（A）、氨基 J 酸（B）与 40%氯化亚锡盐酸裂解液（C）用丁醇—醋酸—水—DMF（11∶2∶10∶3）、丙醇—25%氨水（2∶1）、丁醇—乙醇—水（2∶1∶1）展开，裂解液在原点处与氨基 H 酸有相同的斑点，并且在 365nm 紫外灯下具有相同的红色荧光，如图 1-21 所示。因此，可知 H 酸为红色染料的偶合组分。

将高压封管裂解的产物（A）与对位酯同样条件下裂解产物（B）、吐氏酸（C）、2-萘胺（D）用纸色谱展开（图 1-22）。裂解产物中的 2-萘胺是由吐氏酸在高温酸性条件下脱磺酸基产生的，这是因为磺化反应是可逆反应。

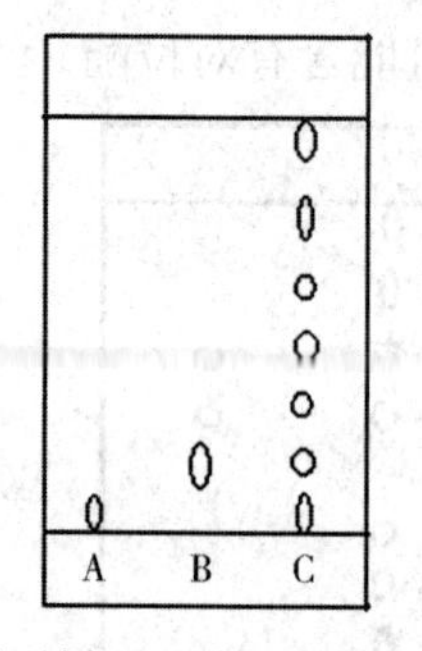

展开剂：丁醇—醋酸—水—DMF（11∶2∶10∶3）；显色剂：Ehrlich 试剂

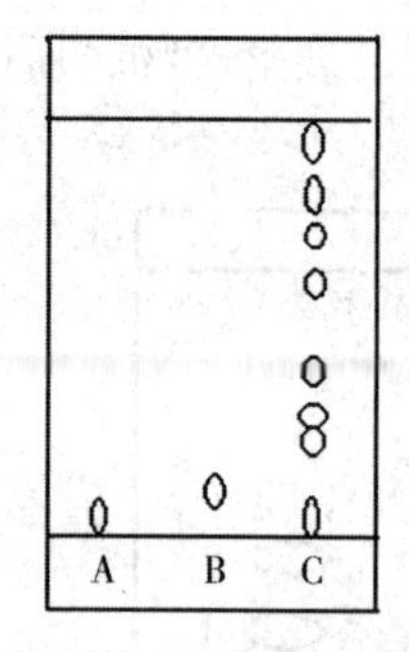

展开剂：丙醇—25%氨水（2∶1）；显色剂：Ehrlich 试剂

展开剂：丁醇—乙醇—水（2∶1∶1）；显色剂：Ehrlich 试剂

图 1-21　红色偶氮组分的鉴定

展开剂：丁醇—盐酸（4∶1）；显色剂：Ehrlich 试剂

图 1-22　黄色偶氮组分的鉴定

由以上所知道的结构及总分子量可知，另一偶合组分含有一个磺酸基，其钾盐分子量为226。除去已知组分，剩余未显色组分在 365nm 紫外灯下无荧光，推测该组分具有苯环结构。由于其分子量为偶数，根据氮规则，其必含有偶数个氮。根据以上所有推论，可以推测出另一偶合组分为间苯二胺磺酸。

将三聚氯氰与 H 酸缩合后，再与间苯二胺磺酸缩合，然后在弱碱性条件下与吐氏酸重氮盐偶合，最后再与对位酯重氮盐偶合得目标产物。将合成染料与商品染料的可见光谱吸收曲线、红外光谱对比，基本相一致，从而确证其染料结构如下所示。

（二）Foron 蓝 SE-BR 分散染料的鉴别剖析

Foron 蓝 SE-BR 为一只色光较纯正、应用性能尚好的分散染料。其鉴别剖析过程如下：

1. 单一性的确认

用纸层析法将商品染料分离，如图 1-23 所示。

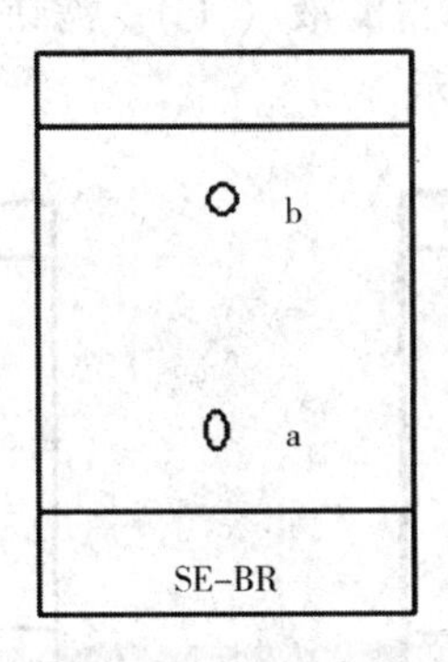

展开剂：甲酸—乙酸—水（45∶45∶10）

图 1-23　Foron 蓝 SE-BR 纸层析谱图

层析纸用 10% 2-溴萘/丙酮处理，a 为红光蓝色，b 为绿光蓝色。

以上结果证明 SE-BR 是由两种蓝色分散染料组成。

2. 染料的分离提纯

将商品染料在脂肪萃取器中用丙酮作溶剂提取染料。提取液在红外灯下烘干，得到不含助剂的混合染料。

将上述染料进行柱色层分离，将氧化铝干法装柱，顶端加入预先吸附了染料样品的氧化铝，先用丙酮∶苯=1∶1 冲洗剂冲洗，得一个红光蓝色谱带，收集此谱带溶液。将有机冲洗液烘干蒸发，再重结晶，得纯染料（Ⅰ）；然后加入醋酸冲洗，又得一蓝色谱带，收集该谱带溶液，蒸发至干，用苯重结晶，得提纯染料（Ⅱ）；再改用吡啶冲洗，又得一蓝色谱带，收集该谱带溶液并蒸发至干，用苯重结晶，得提纯染料（Ⅲ）。继续用纸层析法确认，提纯的染料（Ⅰ）（Ⅱ）（Ⅲ）均为纯品。将商品染料 SE-BR 与染料（Ⅰ）（Ⅱ）（Ⅲ）用纸色谱进行比对，如图 1-24 所示。

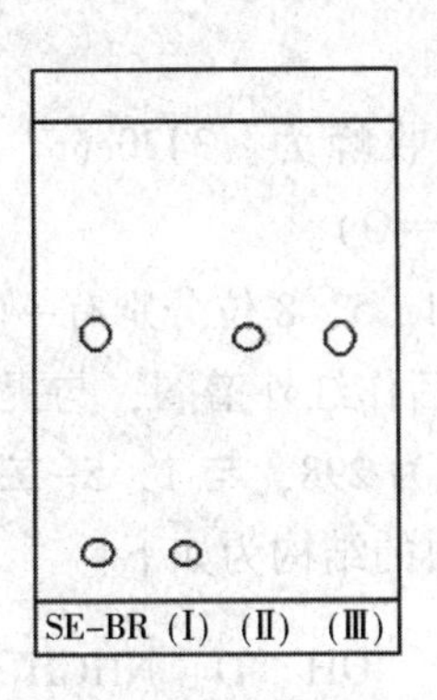

展开剂：甲酸—乙酸—水（45∶45∶10）；层析纸用 10%2-溴萘/丙酮处理

图 1-24　商品染料 SE-BR 与提纯的染料（Ⅰ）（Ⅱ）（Ⅲ）纸色谱比对图

由此可知，SE-BR 各染料组分已分开为纯品，其中（Ⅱ）（Ⅲ）可能是相同组分。

3. 染料的还原裂解及裂解组分的确定

取除去助剂的混合染料加至 $SnCl_2$—HCl 溶液中回流裂解 4h，染料褪色。

冷却后有红棕色沉淀析出，过滤得滤液（Ⅰ）。滤饼用 5%HCl 洗涤得滤饼（Ⅱ）。将滤液（Ⅰ）作纸层析，如下图 1-25 所示。

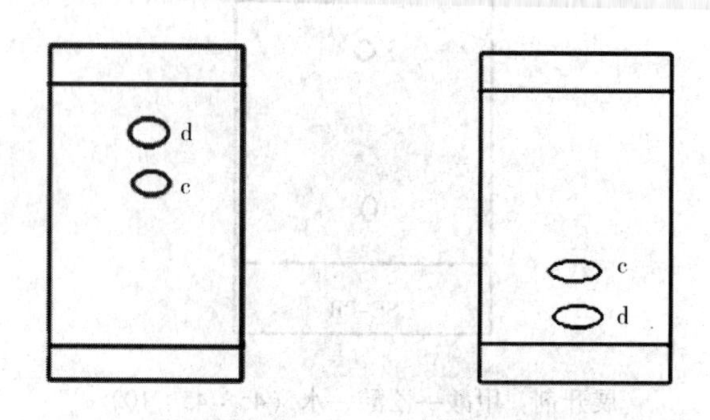

展开剂：2%盐酸　　展开剂：正丁醇—盐酸（4：1）

图 1-25　商品染料 SE-BR 还原裂解产物纸色谱图

将纸层析在 254nm 紫外灯照射，c、d 分别呈现紫色荧光和黄色荧光，经重氮化喷 R 盐后，c 为红色，d 为棕色。由此可判断，SE-BR 的混合染料中有偶氮型分散染料。滤液（Ⅰ）与 Foron 蓝 SE-2R 的裂解液纸层析行为一致，从而推断 SE-BR 的混合染料中有一个染料是 Foron 蓝 SE-2R。

将染料（Ⅰ）作质谱图，测定分子量为 472，质谱图亦与 Foron 蓝 SE-2R 相同，红外谱图也与 Foron 蓝 SE-2R 一致，从而确证 SE-BR 中一个染料为 Foron 蓝 SE-2R。

裂解滤饼（Ⅱ）的性质试验：在浓硫酸中黄棕变橙。在氢氧化钠中由棕变蓝紫色。由此可以判断（Ⅱ）为羟基蒽醌隐色体。将滤饼（Ⅱ）用 2%NaOH 溶液溶解，放置过夜，溶液由棕变为蓝紫色，加盐酸酸化，析出红棕色沉淀。过滤，滤饼用 5%HCl 洗涤。干燥，干品经粉碎后在醋酸中重结晶，得红棕色精制品。将此氧化物精制品与已知 1，4，5，8-四羟基蒽醌样品作红外光谱分析，谱图完全相同。由此可知，SE-BR 中的另一染料组分为蒽醌型分散染料，并在 1，4，5，8 位有取代基团。

提纯染料（Ⅱ）的红外主要吸收峰为：3420cm^{-1}（—OH）；3310cm^{-1}（—NH—）；—2960cm^{-1}（$—CH_3$）；1700cm^{-1}（—C ═O）。

由此假设提纯染料（Ⅱ）为 1，4，5，8 位分别有—OH 基和—$NHCH_3$ 基团的蒽醌分散型染料。将已知染料 Duranol 蓝 G 提纯后作红外谱图，与提纯染料（Ⅱ）的谱图完全相同。将染料（Ⅱ）做质谱分析，测得分子量为 298，与 1，5-二甲氨基-4，8-二羟基蒽醌分子量相符，由此可确定 SE-BR 中另一个染料的结构为如下：

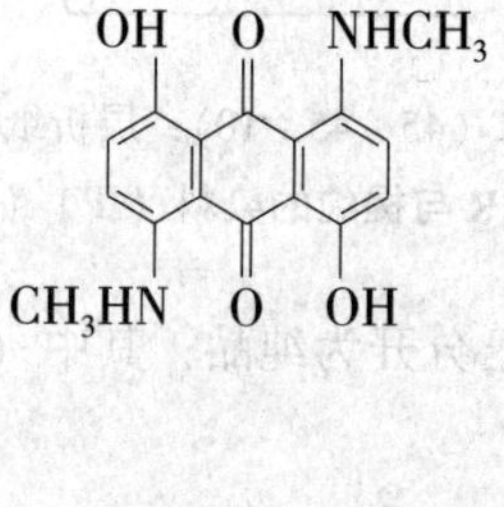

OH　O　$NHCH_3$

CH_3HN　O　OH

将染料（Ⅲ）料做红外光谱分析，与染料（Ⅱ）谱图完全相同，即染料（Ⅲ）与染料（Ⅱ）结构相同，验证其假设的正确性。

将提纯染料（Ⅲ）（A），提纯染料（Ⅱ）（B），提纯染料（Ⅰ）（C），SE-BR 商品染料（D）和已知染料 Foron 蓝 SE-2R（E），Duranol 蓝 G（F）作纸层析对比，如图 1-26 所示。

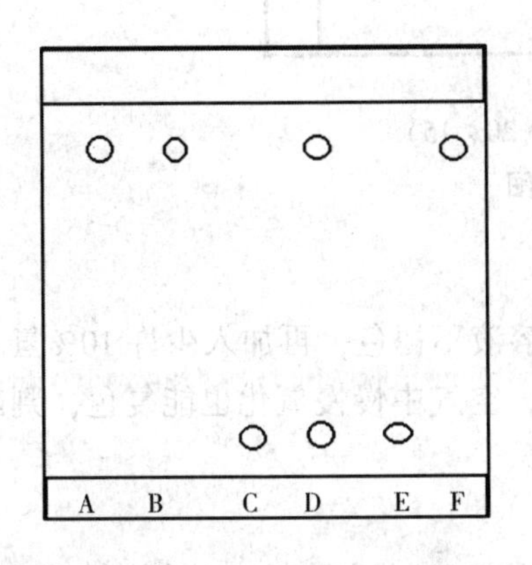

展开剂：甲醇—乙酸—水（45∶45∶10）；
层析纸用 10%2-溴萘/丙酮处理

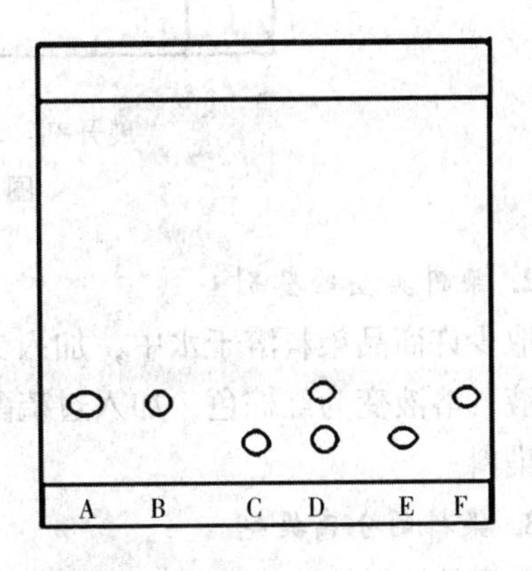

展开剂：80%乙醇；层析纸用 10%2-溴萘/丙酮处理

图 1-26　提纯染料与 Foron 蓝 SE-2R 和 Duranol 蓝纸色谱对比图

由剖析结果确认 SE-BR 商品染料由 Foron 蓝、SE-2R 和 Duranol 蓝 G 拼配。

Foron 蓝 SE-2R 结构为：

Br
O_2N—⟨苯环⟩—N═N—⟨苯环⟩—$N(C_2H_5)_2$
OH　C_2H_5OCHN

Duranol 蓝 G 结构为：

OH　O　$NHCH_3$
（蒽醌结构）
CH_3HN　O　OH

（三）Lanaset Violet B 染料的鉴别剖析

Lanaset Violet B 是一种新型的毛用活性染料，其色泽鲜艳，染品的各项牢度良好，具有高的上色率和固色率。其鉴别剖析过程如下：

1. 染料单一性的鉴定

取少许商品染料用甲醇溶解，点在硅胶 G 薄板，用苯—氯仿—甲醇（30∶20∶15）混合溶液作为展开剂展开，如图 1-27 所示。其结果表明染料为单一染料，其他染料量极少，是染料合成过程中的副产物。

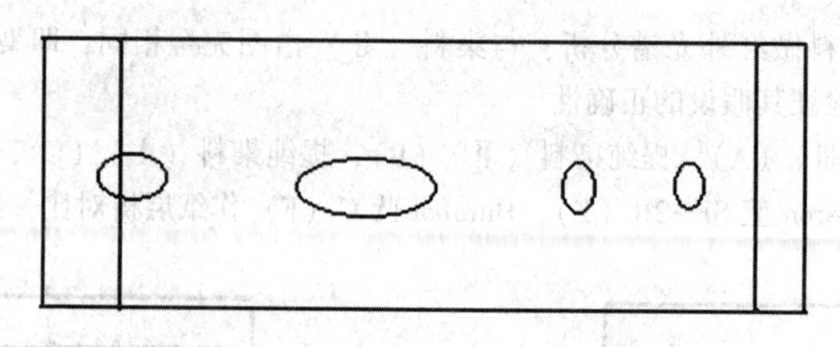

展开剂：苯—氯仿—甲醇（30：20：15）

图 1-27　染料薄层色谱图

2. 染料类型的鉴别

取少许商品染料溶于水中，加入少许保险粉，染料溶液不褪色，再加入少许 10%氢氧化钠溶液，溶液变为红棕色，加入过硫酸钾溶液复为蓝色，空气中慢慢氧化也能复色，判断为蒽醌染料。

3. 染料的分离提纯

将商品染料拌硅胶（100~200 目），干法上硅胶柱，甲醇冲下紫色染料，再将染料的甲醇溶液置于红外灯下浓缩，将浓缩后的染料点于硅胶 G 板上，用苯—氯仿—甲醇（30：20：15）混合液作为展开剂展开，做大样分离制备样品。刮下紫色染料主色带，除去硅胶，在红外灯下烤干。用少许乙醇溶解，加苯使染料析出，过滤，烘干。重复操作一次，得到染料纯品。

4. 染料结构的剖析

纯染料用甲醇做溶剂，其紫外可见吸收光谱如图 1-28 所示，染料的紫外吸收光谱 λ_{max} = 260nm，其是蒽醌结构的特征吸收。

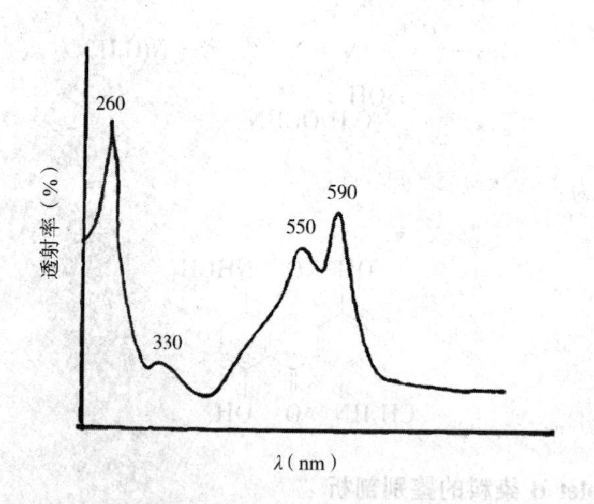

图 1-28　Lanaset Violet B 染料紫外可见吸收光谱

纯染料用溴化钾压片测定其红外吸收光谱，如图 1-29 所示。

由染料的红外吸收光谱可看出该染料含有下列基团：酰基：1640cm^{-1}；烷基：2950~2800cm^{-1}，1450cm^{-1}，1360cm^{-1}；芳醚基：1270cm^{-1}（强）；磺酸基：1220cm^{-1}（宽），1025cm^{-1}（尖）。

纯染料用二甲基亚砜作溶剂，四甲基硅作内标，测定其核磁共振光谱，如图 1-30 及表 1-12 所示。

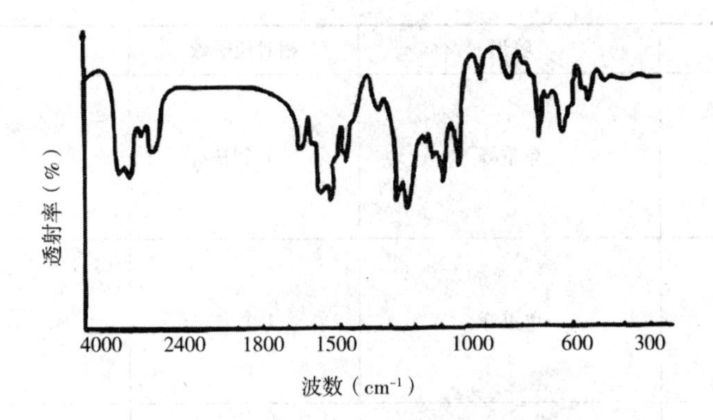

图 1-29 Lanaset Violet B 染料红外吸收光谱

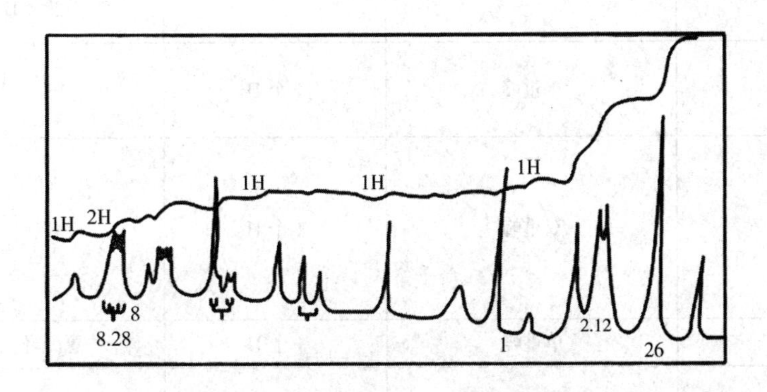

图 1-30 Lanaset Violet B 染料核磁共振光谱

表 1-12 染料的核磁共振光谱数据解析

化学位移 δ	峰形	相对质子数	归属
1.26	单重峰	9 个 H	CH_3 $-C-CH_3$ CH_3
2.02，2.12	双重峰	6 个 H	H_3C H_3C
2.25	单重峰	3 个 H	$-CH_3$

续表

化学位移δ	峰形	相对质子数	归属
3.79	单重峰	1个H	Br　Br —C—C—H H　H
4.01	单重峰	1个H	H　H —C—C—H Br　Br
4.27	单重峰	1个H	H　H —C—C—H H　Br
5.03	单重峰	1个H	—HNC— ‖
6.76	双重峰	1个H	SO_3H —O— (苯环) —$C(CH_3)_3$ H
6.97	单重峰	1个H	蒽醌环上3位的质子
7.30	四重峰	1个H	SO_3H —O— (苯环) —$C(CH_3)_3$ H
7.36	单重峰	1个H	H_3C　H — (苯环) —CH_3 H_3C　NH—
7.82	多重峰	2个H	蒽醌环上6，7位的质子
8.12	单重峰	1个H	H　SO_3H —O— (苯环) —$C(CH_3)_3$
8.28	多重峰	2个H	蒽醌环上5，8位的质子
12.10	单重峰	1个H	氢键缔合氢质子

将提纯后的染料做元素定量分析如下，N：5.07%，S：3.82%，Br：19.01%，元素比N∶S∶Br=3∶1∶2，综上所述，Lanaset Violet B染料的结构应为：

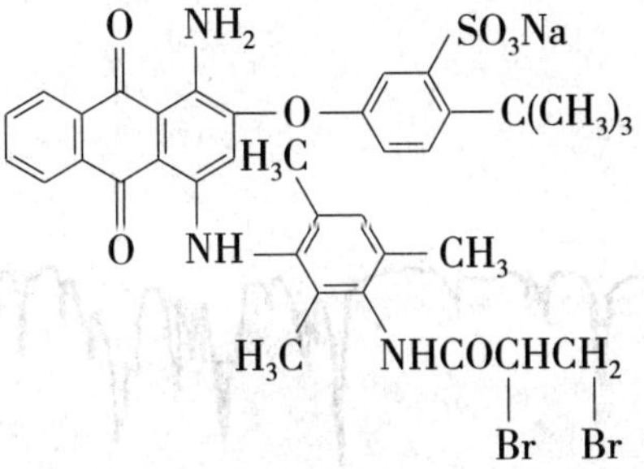

（四）Resoline Red F3BS 染料的鉴别剖析

Resoline Red F3BS 是用于涤棉混纺织物染色的红色分散染料，颜色鲜艳，各项牢度性能优良。其鉴别剖析过程如下：

1. 染料单一性试验

称取商品染料少许，用无水乙醇在脂肪提取器中提取，提取液减压蒸馏，得粉状粗染料，再用苯重结晶两次，得到精制染料，熔点在 192.5~194℃。

染料用丙酮溶解，于硅胶 G 薄层，用展开剂苯—丙酮（4∶1）和氯仿—丙酮（9∶1）展层，色谱分离结果均为单一红色斑点，可确定为单色染料。

2. 染料类型的鉴别

取染料样品少许于试管中，用乙醇溶解，加保险粉，加热褪色，冷却后再加双氧水，染料溶液颜色不复现，确定该染料为偶氮染料。

3. 元素定性及定量分析

经钠熔法确定，染料样品含 S 和 N，不含卤素。其元素定量分析为 C∶58.65%，H∶5.50%，N∶20.00%，S∶7.80%。

4. 结构的剖析

染料的紫外光谱如图 1-31 所示，520nm、215nm 和 303nm 处有吸收峰，可推断该染料结构中有苯环。

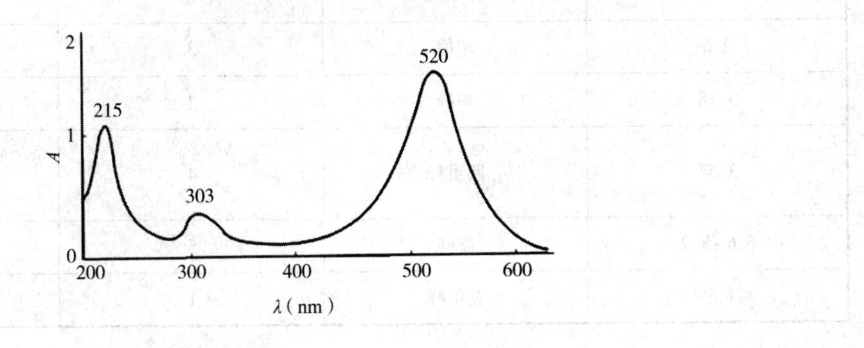

图 1-31　Resoline Red F3BS 染料的紫外光谱图

测定染料的红外光谱，如图 1-32 所示，3200cm^{-1} 单尖峰，为 NH 伸缩振动引起 2930cm^{-1}，2900cm^{-1}，2850cm^{-1} 处的吸收峰表示有 CH_3 和 CH_2 基团的存在，2217cm^{-1} 处的吸

收峰是苯环上氰基的伸缩振动引起。

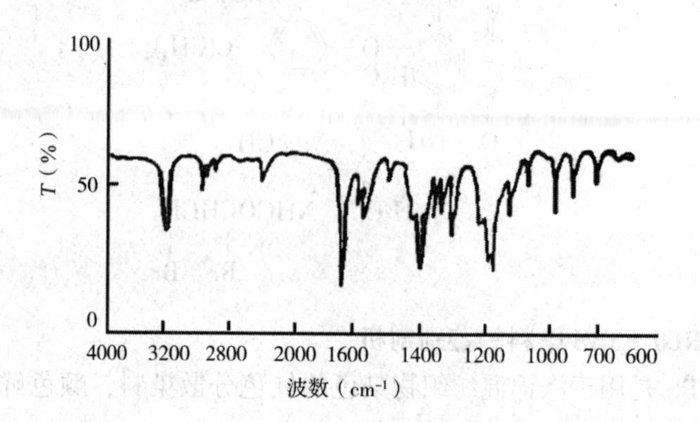

图 1-32 Resoline Red F3BS 染料的红外光谱图

染料的核磁共振氢谱如图 1-33 所示，各峰的归属如表 1-13 所示。

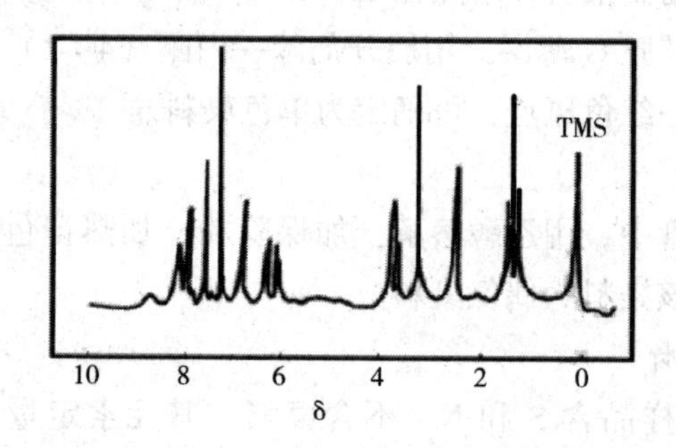

图 1-33 Resoline Red F3BS 染料的核磁共振氢谱图

表 1-13 各峰的归属

化学位移 δ	峰形	相对质子数	归属
1. 3	三重峰	6	$CH_3—CH_2—$
2. 5	单峰	3	$Ar—CH_3$
3. 18	单峰	3	$—SO_2CH_3$
3. 57	四重峰	4	$—N(—)—CH_2CH_3$
6. 6~8. 2	群峰	5	芳氢
8. 9	宽单峰	1	—NH—

染料的质谱如图 1-34 所示，分子离子峰 m/z 为 410，基峰为 395，并有较多的碎片离子峰。

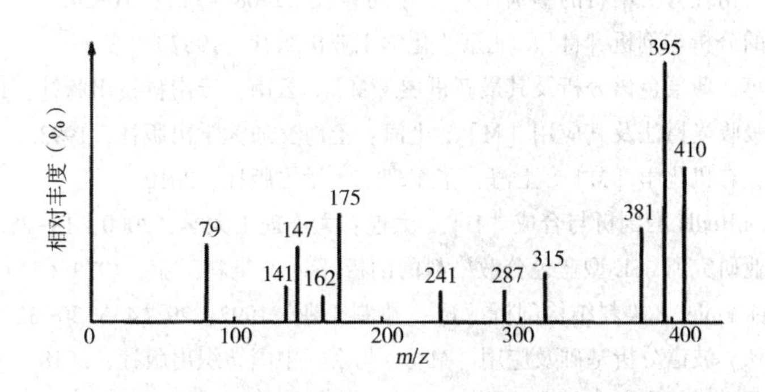

图 1-34　Resoline Red F3BS 染料的质谱图

根据元素定性定量分析，其分子式为 $C_{20}H_{22}N_6SO_2$，结构如下：

CN

H_3C—⟨苯环⟩—N═N—⟨苯环⟩—$N(CH_2CH_3)_2$

CN　H_3CO_2HN

参考文献

[1] 路艳华，张峰．染料化学［M］．北京：中国纺织出版社，2005.

[2] 高树珍．染料化学［M］．哈尔滨：哈尔滨工程大学出版社，2009.

[3] 郑光洪，冯西宁．染料化学［M］．北京：中国纺织出版社，2001.

[4] 何瑾馨．染料化学［M］．北京：中国纺织出版社，2004.

[5] 程万里．染料化学［M］．北京：中国纺织出版社，2004.

[6] 赵雅琴，魏玉娟．染料化学基础［M］．北京：中国纺织出版社，2006.

[7] 李君武，纪永年．食用色素［M］．上海科学技术出版社，1959.

[8] 侯毓汾，朱振华，王任之．染料化学［M］．北京：化学工业出版社，1994.

[9] 黑木宣彦．染色理论化学［M］．陈水林，译．北京：纺织工业出版社，1981.

[10] 陈荣圻，染料化学［M］．北京：纺织工业出版社，1989.

[11] 叶清珠．天然植物染料在纺织面料中的染色性能及抗菌性能应用［J］．成都纺织高等专科学校学报，2017，34（2）：197-200.

[12] 王菊生．染整工艺原理：第三册［M］．北京：中国纺织出版社，1984.

[13]《印染手册》编写组．印染手册［M］．北京：中国纺织出版社，1995.

[14] 陶乃杰．染整工程：第二册［M］．北京：纺织工业出版社，1990.

[15] 吴冠英．染整工艺学：第三册［M］．北京：纺织工业出版社，1985.

[16]《最新染料使用大全》编写组．最新染料使用大全［M］．北京：中国纺织出版社，1996.

[17] 罗巨涛．合成纤维及混纺纤维制品的染整［M］．北京：中国纺织出版社，2002.

[18] 王敬尊，瞿慧生．分析科学中的综合分析—剖析技术进展［J］．化学通报，1995（2）：1-7.

[19] 张林玉．古代纺织品中染料成分鉴定和染色工艺的探究［D］．北京：北京化工大学，2017.

[20] 吴小花，刘云珠．纸色谱在色素分离中的应用［J］．江西化工，2008（3）：159-160.

[21] 陈全伦．纺织化学分析［M］．上海：上海科学技术出版社，1986.

[22] 许良英，於琴，岳仕芳．染料的鉴别［J］．毛纺科技，2008（11）：51-54.
[23] 杨锦宗．染料的分析与剖析［M］．北京：化学工业出版社，1987.
[24] 张震南，周振惠．薄层色谱分析及其最新进展［M］．云南：云南科技出版社，1989.
[25] 陈允魁．红外吸收光谱法及其应用［M］．上海：上海交通大学出版社，1993.
[26] 李炳奇，杨玲．有机化学［M］．上海：华东理工大学出版社，2010.
[27] 王乃伟．CibacronRedH 的剖析与合成［D］．大连：大连理工大学，2000，18-28.
[28] 天津市染料工业研究所．SE 型蓝色分散染料的剖析［J］．染料工业，1979（2）：30-34.
[29] 张守栋．Lanaset Violet B 染料结构剖析［J］．染料工业，1992，29（4）：30-32.
[30] 马明明，安凤秋．波谱分析基础及应用［M］．北京：中国纺织出版社，2018.
[31] 杜克生，李光源．颜料染料涂料检验技术［M］．北京：化学工业出版社，2005.
[32] 文卡塔拉曼．合成染料的分析化学［M］．苏聚汉，王聪慧，译．北京：纺织工业出版社，1985.

第二章　染料的基本检测技术

第一节　染料基本物性的试验方法与标准

染料基本物性的测试对于染料的生产应用和科学研究都极为重要，国内外许多专著和文献对此进行了专门的论述，世界各国政府及染料生产厂商制定了相应的质量标准和测试方法标准。染料基本物性测试一般是对其物理性状考察，其质量控制的主要项目包括染料的 pH、颗粒细度、溶解度、含盐量、黏度、不溶性物质、熔点、结晶点、水分、灰分、堆积密度等。根据染料产品在不同场合的实际应用，还会有其他特殊指标要求，要根据具体情况具体分析或测定。

一、染料 pH 的测定

pH 是衡量溶液酸碱程度的指标，也称为氢离子浓度指数与酸碱值，其数值介于 0 至 14 之间，如果其数值是 7 以下，数值越小，就表明溶液酸性越强，如果其数值是 7 以上，数值越大，说明溶液碱性越强。染料的 pH 是指染料本身酸碱性的强弱，与染料染色条件无关，是染料生产企业在染料出厂前对水溶性染料进行检测的常规指标。不同结构的染料 pH 稳定范围是不同的，pH 过低或过高不仅会引起染料色光变化或发生沉淀，也会影响染色效率。以阳离子染料为例，阳离子染料上染腈纶的速度随 pH 降低而降低，pH 低有利于匀染，但 pH 过低，染料吸附速度则会太低，一般在 2.5~5.5 时稳定。

（一）染料 pH 的测定方法

一般用 pH 试纸或者是酸度计来测定溶液的酸碱度。从酸度计的结构来看，其组成部分是电流计、参比电极、玻璃电极，参比电极的基本功能是维持一个恒定的电位，作为测量各种偏离电位的对照，而玻璃电极对 pH 敏感，其主要功能就是建立一个对所测溶液的氢离子活度发生变化作出反应的电位差，玻璃电极和参比电极放在同一溶液后，就组成了一个原电池，电流计的功能就是将原电池的电位放大若干倍，放大了的信号通过电表显示出来。在温度保持稳定的情况下，玻璃电极的电位取决于待测溶液的 pH，因此通过对电位变化的测量，就可得出溶液的 pH。酸度计的测量精度十分高，能够精确至 0.01。pH 试纸主要有精密试纸与广泛试纸两种，通过让玻璃棒沾染一点待测溶液点击到试纸上面，等到试纸上面的颜色出现变化，与比色卡对照就能够获得溶液 pH。广泛 pH 试纸属于初步测量方法，显色间隔 1，而精密 pH 试纸则存在更为精确的测量，其显色间隔则是 0.5。目前染料的测试一般用酸度计测试，通常用 1%染料水溶液的 pH 来表征该染料的 pH。

（二）染料 pH 的测定标准

GB/T 2390—2013《染料 pH 值的测定》规定了染料 pH 的测定方法，其适用于各类染料 pH 的测定。具体技术内容如下：

1. 试剂和仪器

试验使用分析纯的试剂和 GB/T 6682—2008 中规定的三级水，仪器为分度值不大于 0.1 的酸度计，其中测定电极为玻璃电极，参比电极为甘汞电极，或玻璃—甘汞复合电极；感量不大于 0.0001g 的分析天平。

2. 试验步骤

称取试样 1g（精确至 0.0004g），在室温下溶解或分散于 100mL 的调节到 pH 为 7 的蒸馏水（蒸馏水调节过程中，不得使用缓冲溶液，所得试剂不得与所测试样发生化学反应）中，充分搅拌，使染料充分溶解或完全分散。酸度计使用前，玻璃电极应在水中浸泡不少于 24h，打开仪器后，先预热 30min，按仪器使用说明书，用标准缓冲溶液校正酸度计。在测量前，应用蒸馏水充分洗涤电极，然后用滤纸将附于电极上的剩余液体吸干，或用被测溶液洗涤电极，然后将电极浸入被测试样溶液中，并轻轻摇动烧杯使溶液摇匀。待指示值稳定后，读取酸度计显示的值，读数保留到小数点后一位。该数值即为该染料的 pH。

3. 测试过程中的技术问题

在测试过程中，酸度计及测试操作都会影响 pH 的准确度。

对于酸度计而言，在做仪器校准和溶液的 pH 测定时，都应让电极保持清洁，没被污染，并用滤纸把电极上水分吸干再放入溶液。测量后，电极应立即用水洗净后浸泡在蒸馏水中。校准酸度计的标准溶液的 pH 也应与被测溶液的 pH 尽可能相同。

从测试过程来看，首先，配置待测样品的蒸馏水，配置过程中的搅拌方式等因素都会影响 pH 的准确度。存放的蒸馏水往往会在空气中接触二氧化碳，如果纯水放置的时间过长，溶解的二氧化碳就会使其呈现弱酸性，从而降低待测样品溶液的 pH，试验所选用的蒸馏水必须与 GB/T 6682—2008《分析实验室用水规格和试验方法》相适应。其次，搅拌方式也会影响其结果。由于常规酸度计与 pH 试纸检测适用范围是测定水溶液酸碱度，对于绝大多数粉末颗粒状染料产品，根据 GB/T 2390—2013 的规定，需将这些粉末状颗粒配置成为水溶液，按照产品其所具备的性能特征，往往刚刚配置好的溶液具备比较低的 pH，随着选取样本溶解的进一步深入，也会提升样品 pH，延续到搅拌产品全部完全溶解之后，pH 趋于稳定状态。针对这样的情况，在标准的制定过程当中应该明确溶解搅拌时间，选取的是搅拌桨、磁力、手工等哪种搅拌方式，从而可以为数据复现性提供保证，最大限度地减少由于模糊描述导致标准理解偏差的情况。

二、染料细度的测定

固体染料的粗细程度称为染料的细度。在染色过程中，大颗粒染料首先必须通过解聚和分散作用使之成小颗粒后才能溶解，否则，染料外层虽被水溶化而内部仍包覆干粉。染料粒子越小，溶解度越好，尤其是对于还原染料，由于采用悬浮体轧染连续蒸还原法染色，必须是超细粉才能达到印染应用要求。但是，过于细小的颗粒会产生颗粒凝聚现象。颗粒越细越小，其表面能越大，凝聚的机会越多。染料的颗粒细度大小直接影响染色效果，如匀染性、得色量等，为了减少在染色、印花时出现色点、色斑、堵塞网眼、污染设备、降低耐摩擦色牢度等问题，对其细度的控制就显得尤为重要。

（一）染料细度的测定方法

染料细度表示方式可分为筛分细度和颗粒细度两种。

筛分细度主要用于水溶性染料细度的表示，染料的筛分细度就是将一定数量的染料，在规定网目的标准筛上振动过筛，其残余物占其数量的百分率就称为该染料的筛分细度。

颗粒细度主要用于分散染料、还原染料等水不溶性染料。染料颗粒细度以平均每个标准视野内大于 2μm 的颗粒个数来表示，常采用滤纸扩散法和显微镜直接计数法测定。

（二）染料细度的测定标准

目前 GB/T 2383—2014《粉状染料筛分细度的测定》和 GB/T 27596—2011《染料　颗粒细度的测定　显微镜法》是常用的两个染料细度测定标准。

1. GB 2383—2014

该标准规定了粉状染料筛分细度（简称细度）的测定方法。其适用于各类粉状有机染料筛分细度的测定。其粉状染料经过一定规格的标准筛过筛后，以残余物的质量分数来表示筛分细度。

该标准主要使用的仪器设备有：分析天平，感量不大于 0.0001g；符合测试规定孔径的标准筛；自动标准振筛机：摇动频率 221 次/min，振动频率 147 次/min，回转半径 12.5mm，振幅 5mm。

手筛法：称取试样约 10g（精确至 0.001g），在规定孔径的标准筛上振动过筛，然后用软毛刷轻刷直至放在标准筛下面的白纸在 30s 内无细粒落下为止。收集筛子上的残余染料，称量（精确至 0.0001g）。

振动筛法：称取试样约 10g（精确至 0.001g），置于与接受盘吻合的规定孔径的标准筛中，盖上盖子，将试验筛安装在自动标准振筛机上振摇。10min 后关闭振筛机，让粉尘沉降数秒钟后揭开筛盖，用软毛刷清扫所有堵塞筛眼的物料，收集筛子上的残余染料，称量（精确至 0.0001g）。

筛分细度 w 以质量分数（%）表示，按式（2-1）计算：

$$w=\frac{m_1}{m_0}\times 100\% \tag{2-1}$$

式中：w——筛分细度，%；

m_1——样品过筛后残余物的质量，g；

m_0——样品的质量，g。

2. GB/T 27596—2011

该标准规定了用显微镜测定染料颗粒细度的方法。适用于分散染料、还原染料颗粒细度的测定，该标准通过显微镜观察特定视野内染料大颗粒（粒径大于 2μm 的颗粒）的个数，可以定性地确定染料颗粒细度的优劣。

其中所用试剂为分析纯丙三醇和蒸馏水，所用仪器和设备如下：

载玻片（75mm×25mm）；盖玻片（24mm×24mm）；血色素吸管：20μL；5mL 刻度吸管；感量不大于 0.001g 天平；搅拌器：电磁搅拌器，转速 500～600r/min，搅拌棒规格 Ø6mm×

40mm；显微镜：附有目镜测微尺的生物显微镜，其放大倍数不低于600倍，以目镜测微尺的每一格代表1μm或2μm，视野直径接近0.18mm。

染料试液的制备：称取染料样品0.5g（精确至0.001g），置于150mL烧杯中，加入少量30℃蒸馏水，将染料调成浆状，再加入剩余蒸馏水，使总体积为100mL，保持悬浮液温度(30±2)℃，在电磁搅拌器上以500~600r/min的转速搅拌5min，用刻度吸管从烧杯底部吸取5mL染料悬浮液，置于10mL烧杯中，在搅拌的同时滴加5g约30℃的丙三醇，搅拌均匀待用。

载玻片的准备：用血色素吸管吸取3μL上述制备的染料试液，滴于载玻片上，盖上盖玻片，并将盖玻片在原处转动90°，使片间试液形成薄层且充满盖玻片，用同样方法制备3片载物片，以备观察。

用已校正过的显微镜分别观察3个载玻片，每片各观察3个不同位置的视野，记录每个视野内观测出的染料最大粒径大于2μm的颗粒个数。

每个标准视野内染料粒径大于2μm的颗粒个数按式（2-2）计算：

$$X_0 = \left(\frac{D_0}{D}\right)^2 X \tag{2-2}$$

式中：X_0——标准视野直径为D_0时，每个视野内大于2μm的染料颗粒数

D_0——标准视野直径，0.18mm；

D——测试所用显微镜的视野直径，mm；

X——视野直径为D时，每个视野内大于2μm的染料颗粒个数

染料颗粒细度用观测的9个视野中，每个视野内大于2μm的染料颗粒个数的算术平均值来表示，按式（2-3）计算：

$$\text{颗粒细度} = \sum X_0/9 \tag{2-3}$$

3. GB 2383—2014 与 GB/T 27596—2011 的对比

GB 2383—2014《粉状染料筛分细度的测定》筛分法的优点是原理简单、直观、操作方便，这也是其获得广泛应用的重要原因。而筛分法的缺陷也不能忽视，筛分法因为粒径段的划分受限于筛层数，所以对粒径分布的测量略显粗糙，在一定程度上影响了结果的精度。另外，筛分的过程中因为振动强烈，一些颗粒种类可能极易破损，从而破坏了粒径分布，影响了测量结果，也有某些颗粒相互吸附的作用较强，在筛分中经常出现聚合成团的现象，这也影响了筛分结果的准确性。

GB/T 27596—2011《染料　颗粒细度的测定　显微镜法》检测染料颗粒细度的显微镜法，也存在很大局限性，只能进行定性分析，不能得到真实数值。

三、染料含盐量的测定

染料的含盐量是指染料中的盐重量占样品重量的比例，它是评价染料质量的重要指标。在传统的染料生产过程中通常利用添加盐使染料从水溶液中沉淀出来（即盐析），得到的悬浮液通过压力过滤器，过滤器截留染料，而盐和一些小分子残留产物则随滤出液流出。虽经过滤，但所得产品仍含有大量盐分，为30%~40%。含盐量过高会直接使染料的纯度降低，从而降低染料在染色过程中的溶解性能，影响染料的着色，还会影响染料的坚牢度。加之染

料中还含有部分未反应的小分子杂质，导致染料溶解度较低，在染色、印花时容易出现色点、色斑、堵塞网眼、污染设备、降低耐摩擦色牢度等问题，而且会排出大量高色度、高 COD 的含盐废水，严重污染环境。同时由于染料中还混有相当量的异构体，影响了产品质量，也阻碍了染料新配方和新品种的开发，因此如何高效纯化及脱除染料中的盐分一直是困扰染料行业产品质量的一大难题，也是人们重点关注的研究方向。

（一）染料含盐量的测定方法

染料含盐量测定主要的技术方法包括银量滴定法、离子选择性电极法、重量法和电导率法。

1. 银量滴定法

盐的银量滴定法是最传统的化学定量分析之一。这种方法具有非常可靠的高度准确和精确度，在一定浓度范围内，具有良好的线性特征，可以安全地测定非常低到非常高的浓度。银量法滴定是基于一种沉淀反应，即由样品中包含的氯离子和所添加的滴定剂硝酸银形成氯化银沉淀的反应，通过该反应的定量关系，测量氯离子含量，对氯化钠含量（即盐）进行计算。

2. 离子选择性电极法

离子选择性电极法是对溶液中的离子活度做出响应，响应基于能斯特方程，pH 的理论基础也是基于此。按照分析方法的不同，可分为采用直接电位法和已知增量法。直接电位法是从样品与标准品之间的电位差可得到样品的离子浓度。浓度结果可以从一个离子计或滴定仪得到的测量值的校准曲线计算或确定，对于经过标准品校准的仪器可自动计算并给出被测样品的离子浓度。已知增量法是一种简单而高精度的离子浓度测定方法，可用来测量各种食品的离子浓度，需要用到离子选择性电极和滴定仪。简单地说，就是把少量已知浓度的离子标准溶液以多个步骤逐步添加到待测溶液中。这个标准溶液增量的加入既提高了样品中的离子浓度，也增加了样品的体积。利用添加一定体积的标准溶液所产生的电位差，通过迭代估计算法拟合成线性关系，由测量值的线性回归方程确定样品浓度。采用已知增量法，无需进行校准，因为电极的校准数据在可测量中获得并保存。此外，由于校准值是在样品存在的情况下获得的，已知增量法减少了基体效应，适用于不同基质样品含盐量的测定。

3. 重量法

重量法含盐量的测定是依据国家环境保护总局标准来测定水中全盐量。首先，水样需经过 0.45μm 孔径的滤膜过滤，然后移取 100mL 溶液于蒸发皿内，并将蒸发皿放在蒸汽浴上蒸干，若蒸干后残渣有色，需滴加过氧化氢溶液去除有机物，然后再放入 105℃ 烘箱中烘至恒重，最后将称得的蒸发皿和盐类总重量减去蒸发皿重量即为全盐量。此方法不适用于染料含盐量的测定。

4. 电导率法

电导率法是将染料配成一定浓度的溶液或悬浮液，通过测定溶液的电导率，即可计算出样品的含盐量。由于水溶液的导电性随含盐量的增加而增加，即含盐量越大，电阻越小，导电性越好。在一定浓度范围内，溶液的含盐量与电导率呈正相关，含盐率越高，溶液的渗透压越大，电导率也越大。电导率法是测定染料含盐量的常用方法。

（二）染料含盐量的测定标准

GB/T 23977—2009《染料 含盐量的测定 电导率法》规定了用电导率仪测定染料含盐量（以 NaCl 计）的方法，适用于染料中含盐量（以 NaCl 计）的测定。基本技术内容如下。

1. 试剂与仪器

分析纯氯化钠；电导率仪；感量 0.0001g 分析天平；100mL，250mL，500mL，1000mL 容量瓶；10mL，20mL，50mL 单标线吸管。

2. 标准溶液的准备

准确称取氯化钠 1g（精确至 0.0005g）。用水溶解后定容到 1000mL 容量瓶中，配成 1000mg/L 的标准溶液，用单标线吸管从中分别吸取 50mL 溶液，置于 100mL、250mL 和 500mL 的容量瓶中，用水稀释到刻度，配成 500mg/L、200mg/L、100mg/L 的溶液。再用单标线吸管从 100mg/L 的溶液中分别吸取 50mL、20mL、10mL 于 3 个 100mL 的容量瓶中，用水稀释到刻度，配制成 50mg/L、20mg/L、10mg/L 的标准溶液。

3. 试验步骤

用电导率仪分别测定配制的各档标准溶液的电导率 ð，根据氯化钠标准溶液浓度和测得的电导率值绘制电导率—浓度工作曲线。

称取染料样品 0.5~1g（精确至 0.0001g），置于烧杯中，用水溶解或制成悬浮液，然后用水稀释至一定容量的容量瓶中，用电导率仪分别测定配制的样品溶液的电导率 ð。根据样品溶液的电导率值，从标准工作曲线计算或查得相应标准溶液的浓度。

4. 结果的计算

以氯化钠（NaCl）计的染料中的含盐量 w 按式（2-4）计算，数值用 mg/g 表示：

$$w=\frac{pV}{1000m} \tag{2-4}$$

式中：p——对应的氯化钠标准溶液质量浓度的数值，mg/L；

V——样品稀释的体积数值，mL；

m——试样质量的数值，g。

两次平行测定的结果相对差不大于 2%，取其算术平均值作为测定结果。

由于 NaCl 属于强电解质，其溶液电导率与含盐量呈显著线性相关关系，相关系数能达到 0.99，置信度达 95%以上，操作简单，耗时短，结果准确。GB/T 23977—2019 与 HJ/T 51—1999《水质 全盐量的测定 重量法》重量法测定水中全盐量的方法相比，适用范围更广，更能反映样品的实际含盐量。

四、染料中间体熔点范围的测定

熔点是晶体物质受热由固态转变为液态时的温度，而物质的熔点范围系指用毛细管法所测定的从该物质开始熔化至全部熔化时的温度范围。物质开始熔化的温度也称为物质的初熔点范围，物质全部熔化的温度也称物质的终熔点。由于纯净的固体有机化合物一般都有固定的熔点，可通过测定熔点来鉴定染料中间体，也可通过熔程的长短来鉴定其纯度。

（一）染料中间体熔点范围的测定方法

目前熔点测试的方法有毛细管法和显微熔点仪法。毛细管法是常用测试方法，根据装置不同又分为提勒管式熔点测试法和双浴法。

1. 提勒管式熔点测试法

放少许待测熔点的干燥样品（约0.1g）于干净的表面皿上，将熔点管开口端向下插入粉末中，然后把熔点管开口端向上，轻轻地在桌面上敲击，以使粉末落入和填紧管底。管内装入2~3mm的样品。连接装置如图2-1所示，提勒管中装入浴液甘油，高度达上叉管处即可，加热，开始时升温速度可以较快，到距离熔点10~15℃时，调整火焰使每分钟上升1~2℃。越接近熔点，升温速度应越慢。记下样品开始塌落并有液相产生时（初熔）和固体完全消失时（全熔）的温度计读数。

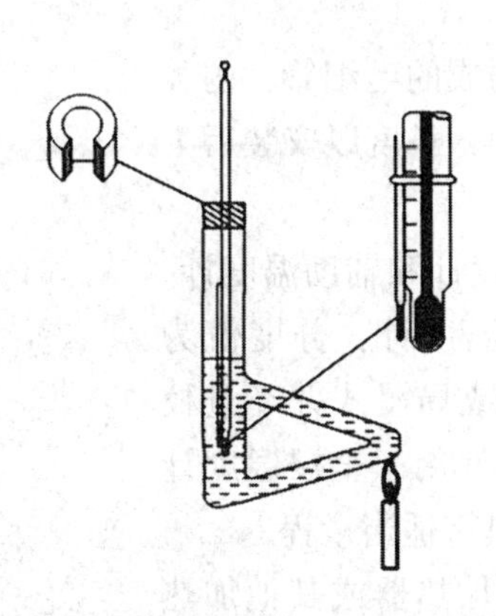

图2-1　提勒管式熔点测试装置

2. 双浴法

如图2-2所示连接装置，将试管经开口软木塞插入250mL烧瓶内，直至离瓶底约1cm处，试管口也配一个开口软木塞，插入温度计，其水银球距试管底0.5cm。瓶内装入约占烧瓶2/3体积的甘油，试管内也装入甘油，保证插入温度计后，其液面高度与瓶内相同。测定同毛细管法。

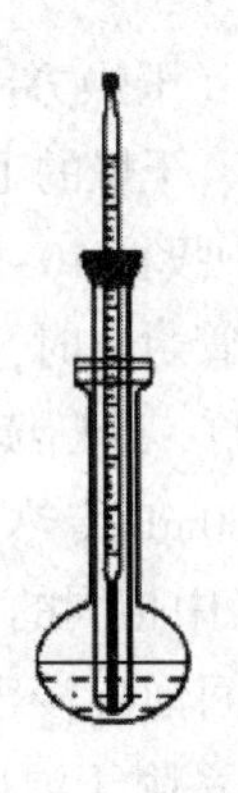

图2-2　双浴法熔点测试装置

（二）染料中间体熔点范围的测定标准

GB/T 2384—2015《染料中间体　熔点范围测定通用方法》规定了用毛细管法测定染料中间体熔点的通用方法。适用于结晶或粉末状染料中间体熔点的测定。该标准以加热的方式，使毛细管中的试样从低于其初熔时温度逐渐升至高于其终熔时温度，通过目视观察初熔及终熔的温度，以确定试样的熔点范围。

1. 试验所用试剂

在测试熔点时，应选择沸点高于被测物质终熔温度，而且性能稳定、清澈透明、使用安全的液体作为传热介质。以下为常用传热液体。

浓硫酸：化学纯，适用于熔点为200℃以下的物质；浓硫酸和硫酸钾混合物：浓硫酸与硫酸钾的体积比为7∶3，适用于熔点为200~300℃的物质；浓硫酸与硫酸钾的体积比为6∶4，适用于熔点为300℃以上的物质；丙三醇：适用于熔点为150℃以下的物质；液体石蜡（300℃以上馏分）：适用于熔点为150℃以下的物质；二甲基硅油：具体型号可根据产品熔点自行选择。

2. 试验所用装置

毛细管：用硬质11号玻璃制成的毛细管，内径0.9~1.1mm，壁厚0.15~0.15mm，长度以安装后上端高于传热液体液面为准。

温度计：温度计分为测量温度计和辅助温度计。测量温度计一般为单球或双球温度计，分度值为0.1℃，长为250~300mm，全浸或局浸式并经过校正，具有适当的量程；辅助温度计用于全浸温度计的校正，要求分度值为1℃，并具有适当量程。

加热器：用带电子控制器的加热器或其他加热均匀、安全、容易控制温度的加热装置。

圆底烧瓶及试管：圆底烧瓶容积250mL，内径80mm，颈长20~30mm，口径约为30mm；试管长为100~110mm，直径为20mm，软木塞或胶塞外侧应有出气槽，装置见图2-3。

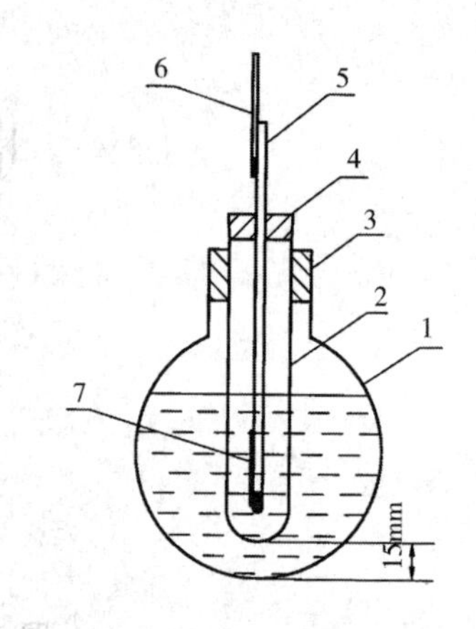

图2-3 熔点测试装置图

1—圆底烧瓶 2—试管 3，4—胶塞（或软木塞） 5—温度计 6—辅助温度计 7—毛细管

3. 试样的制备及试验过程

（1）试样的制备。将少量干燥的试样（干燥方法视产品性质而定，在产品标准中具体规定），研磨成尽可能细密的粉末，装入清洁、干燥的毛细管中，取一长约800mm的干燥玻璃管，立于玻璃板上，将装有试样的毛细管在其中投掷10~15次，使毛细管内试样紧缩至3~4mm高，样品务必夯实，再将开口一端封闭。在毛细管封口时，一端在火焰上加热时要尽量让毛细管接近垂直方向，火焰温度不宜太高，最好用酒精灯，断断续续地加热，封口要圆滑，以不漏气为准。

（2）试验过程。在圆底烧瓶中加入200mL传热介质，熔点在200℃以下者试管中可加入液体石蜡，200℃以上者试管中加入与烧瓶中相同的传热介质。试管中传热介质的高度，应与烧瓶中传热介质的高度一致，温度计的中间泡应浸没于传热介质中。将传热介质加热至离试样熔点20℃左右时，把装有试样的毛细管系附于温度计上，使试样位于水银球的中部，温度计位于试管中央，不可与试管壁或底部接触，继续加热至距熔点10℃前调节加热速度，保持升温速度在0.8~1℃/min。观察毛细管内试样熔化情况，记录下试样开始出现第一滴明显液体时的温度即为初熔点，然后记下试样全部熔化时的温度即为终熔点。

4. 结果的计算

如测定中使用的是全浸式温度计，熔点按式（2-5）~式（2-7）计算：

$$t=t_1+\Delta t_1+\Delta t_2 \quad (2-5)$$

$$\Delta t_1=0.00016h_1\ (t_1-t_2) \quad (2-6)$$

$$\Delta t_2=0.00016h_2\ (t_1-t_3) \quad (2-7)$$

式中：　t——熔点,℃；

t_1——观测温度,℃；

Δt_1——温度计露出液面至塞内水银柱校正值,℃；

Δt_2——温度计露出塞外的水银柱校正值,℃；

t_2——试管内液面至塞内中间处温度,℃；

t_3——塞外水银柱中部周围空气温度（用辅助温度计测定),℃；

h_1——温度计露出液面至塞内水银柱高度（以温度计的度数表示)；

h_2——塞外水银柱高度（以温度计的度数表示)；

0.00016——水银在玻璃中的膨胀系数。

如测定中使用的是局浸式温度计，熔点 t 按式（2-8）计算：

$$t=t_4+\Delta t_3 \quad (2-8)$$

式中：t_4——观测温度,℃；

Δt_3——测量温度计的校正值,℃。

两次平行测定结果之差：熔点在200℃以下时不应大于0.2℃，熔点在200℃以上时不应大于0.3℃，取平行测定结果的算术平均值作为测定结果。

5. 测试过程中的技术问题

GB/T 2384—2015标准测试结果的准确度受多种因素影响，诸如样品研得不细、装得不实、升温速度过快等。首先，标准要求样品夯实后高度在3~4mm，肉眼判断会有误差，而样品过多或过少都会影响熔点测定的准确度。其次，要想提高实验的精度，温度计必须准确。温度计分全浸和半浸式温度计，所以实验前要校正温度计。同时温度计的选择也很重要，比较常用的温度计有水银温度计和酒精温度计，校正温度计的结果说明：酒精温度计的误差要比同一量程同一分度值的水银温度计的误差大，且酒精温度计的量程很小，应该选择分度值为0.1~0.2℃的水银温度计。同时，在选择升温程序时，对未知样品，先用5~6℃/min升温程序确定近似熔点，然后进行精测，待温度升至距离近似熔点10~15℃时，采用升温速度为1℃/min的升温程序升温。升温太快会使初熔和终熔无法分清。最后，选择合适的浴液对实验结果也有重要影响。

五、液体染料黏度的测试

黏度是指流体对流动的阻抗能力，采用动力黏度、运动黏度或特性黏数表示。测定液体或溶液的流动性是考察纺织品用液体染料质量的指标之一。黏度的测量在液体染料、液状染料（纸、皮革用）及粉状染料的原溶液质量控制以及确定时间和温度与流动性的关系方面是十分重要的，也可以通过黏度区别或检查其纯杂程度。

液状染料可分为染料溶液和染料分散液两大类。染料溶液为可溶性染料的液状产品，以真溶液形式存在，一般表现为牛顿型流动。染料分散液为非水溶性染料的液状产品，染料以分散状态存在，该分散液一般表现出结构黏度的特性。结构黏度是由二级结构或因分散的粒子形成凝聚而产生的，由于剪切力的作用，可破坏染料分散液的结构，故常引起黏度的降低。

（一）液体染料黏度的测试方法

黏度的测定可用黏度计。黏度计有多种类型，包括旋转黏度计（DIN 58019）、短管黏度计（DIN ISO 2431，DIN 5321，ASTM D 1200）、落球黏度计（DIN 53015）、细管黏度计（DIN 51562）。

短管黏度计只适用于特定的范围。落球黏度计和细管黏度计由于是以牛顿型流动为前提的，就不太适用于染料产品黏度的测定，而且，落球黏度计在使用时还需能透过适当的光线。对于液状染料质量的检验，以旋转黏度计的使用效果为最佳。大多数实验室采用圆管型旋转黏度计。对于圆筒形旋转黏度计，根据其测量原理又分为固定间隙的旋转黏度和无固定间隙的旋转黏度计。

固定间隙的旋转黏度计测量中不仅可控制恒温，也可画出流动曲线及黏度曲线，可作为标准测试仪器。但仪器成本高，测量，清洗需要一定时间。无固定间隙的旋转黏度计容易操作，成本低，但不易控制温度，得不到流变学性质。液状染料黏度测试时黏度计的选择取决于试液的流动性，一般来说，不应在黏度计测量范围的下限进行测量。

（二）液体染料黏度的测试标准

GB/T 21882—2008《液体染料 黏度的测定》规定了液体染料黏度的测定方法，适用于液体染料黏度的测定。所用的黏度计为旋转黏度计（测量误差小于±0.5%）。

该标准的主要试验方法是，根据试样黏度的大小，选择适宜的转子及转速，将转子垂直浸入试样中心，使液面至转子液位标线，然后启动黏度计，当黏度计旋转稳定后，记录读数。其中，测试容器中的试样和转子恒温至（25±0.5）℃，并保持试样温度均匀，两次平行试验结果应小于或等于2%，取算术平均值为试验结果。

除染料本身性质，温度、速度梯度、时间等因素对黏度影响很大。对于分散液等液状染料产品，黏度受测量前和测量中的剪切时间及恢复时间影响，在提供关于黏度性能的报告时，除应提供测量时的温度、速度梯度、剪切时间外，还应提供测量前的剪切时间、恢复时间等数据。由于实际测量是在常压条件下进行，压力因素可不考虑。

六、染料中间体结晶点的测定

结晶点是在规定条件下，使液体试样降温，出现结晶时，在液相中测量到一个恒定温度，或回升的最高温度。一般用摄氏温度表示。结晶点与凝固点是不同的，凝固点是晶体物质凝固时的温度，不同晶体具有不同的凝固点。结晶点是物质重要的物理常数之一，纯物质的结晶点固定不变，如含有杂质则结晶点降低，因此通过测定结晶点，可判断物质的纯度。

（一）结晶点的测试方法

按 GB/T 618—2006《化学试剂结晶点测定通用方法》的规定，结晶点的测定方法是冷却液态样品，当液体中有结晶（固体）生成时，体系中固体、液体共存，两相成平衡，温度保持不变。在规定的实验条件下，观察液态样品在结晶过程中温度的变化，就可测出结晶点。固体样品应在温度超过其熔点的热浴内将其熔化，并加热至高于结晶点 10℃。将样品倒入干燥的结晶管中，高度约为 60mm，插入搅拌器，装好测量温度计，使水银球至管底的距离约为 15mm，勿使测量温度计接触管壁。装好套管，套管底部与结晶管底部的距离约为 2mm，将结晶管连同套管一起置于温度低于样品结晶点 5～7℃的冷却浴中，当样品冷却至低于结晶点 3～5℃时开始搅拌并观察温度。出现结晶时，停止搅拌，这时温度突然上升，至最高温度后停留一段时间不变，读取此温度，即为样品的结晶点。若样品没有过冷现象，在温度下降过程中，结晶的析出温度出现一段时间的恒定，此恒定温度即为样品的结晶点。若样品在一般冷却条件下不易结晶，可另取少量样品，在较低温度下使之结晶，取少许作为晶种加入样品中，即可测出其结晶点。

（二）染料中间体结晶点的测定标准

GB/T 2385—2007《染料中间体　结晶点的测定通用方法》规定了用双套管法测定染料中间体结晶点的通用方法，适用于结晶温度在-10~150℃范围内染料中间体产品结晶点的测定。可直接测定试样的结晶点，也适用于测定经干燥后的试样的结晶点。

1. 试剂和仪器

（1）试剂。干燥剂；无水氯化钙；氢氧化钠；分子筛，使用时，需经550℃焙烧3h进行活化，置于干燥器中备用；冷却剂：碎冰和食盐混合物：适用于-10~0℃范围内冷却介质，碎冰和水的混合物适用于0~25℃范围内冷却介质；甘油：适用于25~150℃范围内冷却或热化介质；水和空气或满足要求的其他介质。

（2）仪器。结晶管：外径约25mm，长150mm±5mm。套管：内径约28mm，长约120mm±5mm，壁厚2mm。测量温度计（用于测定结晶点）：单球或双球温度计，分度值为0.1℃，长为250~300mm，全浸或局浸式并经过校正，具有适当的量程；辅助温度计（用于校正）：分度值为1℃，并具有适当的量程；浴温度计：热化（或冷却）温度计，分度值为1℃，并具有适当的量程；搅拌器：用玻璃或不锈钢绕成直径20mm的环；热化浴：500~600mL烧杯；冷却浴：400~500mL烧杯或相应装置；杜瓦瓶：玻璃制，内壁镀银，容积500~600mL；石棉盖：硬质石棉板，厚5~7mm。

热化（或冷却）浴如图2-4所示，杜瓦瓶如图2-5所示。

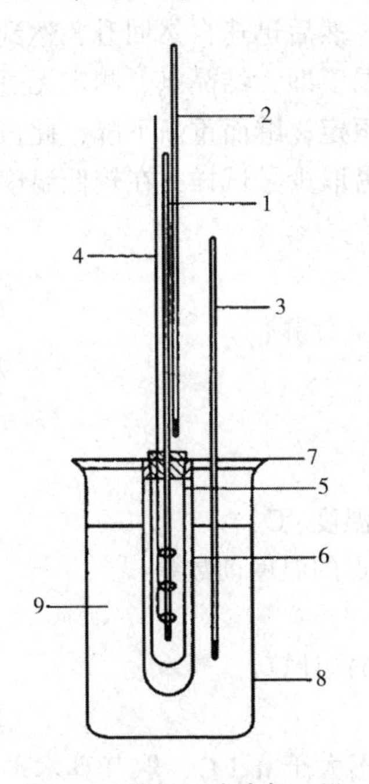

图2-4　热化（或冷却）浴

1—测量温度计　2—辅助温度计　3—浴温度计
4—搅拌器　5—结晶管　6—套管　7—石棉盖
8—热化（或冷却）浴　9—热化（或冷却）剂

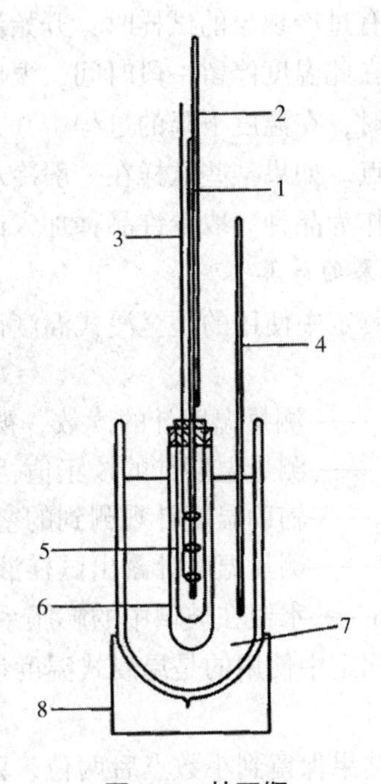

图2-5　杜瓦瓶

1—测量温度计　2—辅助温度计　3—搅拌器　4—浴温度计
5—结晶管　6—套管　7—冷却剂　8—杜瓦瓶座

2. 试验步骤

测定前需要干燥的试样，根据试样的性质和含水量多少，分别采用不同的干燥剂，将适量的干燥剂加入已经熔化的试样里（一般情况下，干燥剂的量约为试样的1/2），在与熔化试样相同的温度下干燥15~20min，同时应振摇或搅拌。将干燥后的上部液体试样倾入结晶管里，注意不要带入干燥剂。熔化温度大于110℃的固体试样应在80℃烘箱里进行干燥，也可以视产品性质采用其他的干燥方法。

样品测定。在室温下是液体的试样，直接取样倾入结晶管；在室温下是整体的固体试样，装入广口瓶或玻璃管，盖紧塞子，放入烘箱或热化浴中，控制温度不高于结晶温度10~15℃，使其全部熔化，摇匀，倾入结晶管；在室温下是小块、片或粉末等固体试样，混匀，倒入结晶管，放在热化浴中的套管里，控制温度不超过结晶温度10~15℃，结晶管内温度不超过结晶温度5℃，使其全部熔化。

测定时使用的结晶管、温度计、搅拌器必须是清洁干燥的。将制备好的液体试样或熔化后的试样，倾入结晶管里，使结晶管中的试样高度约为60mm，然后置于冷却浴中的套管里。结晶温度在-10~0℃的试样，结晶管置于杜瓦瓶的套管里。控制冷却浴温度低于结晶温度5~7℃。将已配好温度计、搅拌器的软木塞子塞在结晶管口处，使温度计水银球底部距结晶管底部15mm，并垂直于试样中，温度计下端水银球也应浸没于试样中。

搅拌试样（视产品性质用搅拌器或温度计搅拌）。搅拌时，搅拌器或温度计不得接触结晶管底或壁。搅拌速度约为60次/min（搅拌速度或搅拌时间视产品性质而定），出现结晶时停止搅拌。

测定有过冷现象的试样时，开始温度下降低于结晶温度，然后迅速自然回升，达到最高温度，并在此温度停留一段时间，温度又重新下降，此最高温度即为结晶点。测定无过冷现象的试样时，在温度下降的过程中，某一段时间里温度处于恒定，继而重新下降，此恒定温度为结晶点。如果某些试样在一般冷却条件下不易结晶，可另取少量试样，在较低温度下使之结晶，作为晶种。取少许晶种加入试样中，即可测出结晶点。

3. 结果的计算

如果测定中使用的是全浸式温度计，结晶点 t 按式（2-9）计算：

$$t=t_1+\Delta t_1+0.00016h\ (t_1-t_2) \tag{2-9}$$

式中：t_1——测量温度计的读数，视结晶点，℃；

Δt_1——测量温度计的校正值，℃；

t_2——辅助温度计观测到的塞外水银柱中部周围空气温度，℃；

h——测量温度计露出试样液面的温度读数与视结晶点的温度读数差；

0.00016——水银在玻璃中的膨胀系数。

如果测定中使用的是局浸式温度计，结晶点 t 按式（2-10）计算：

$$t=t_1+\Delta t_1 \tag{2-10}$$

计算结果保留到小数点后两位。两次平行测定结果之差不大于0.1℃，取其算术平均值作为测定结果。

七、染料及染料中间体不溶物质含量的测定

商品染料中不溶物的含量是染料品质的控制指标之一。目前称量法是常用的测定方法。

称量法是首先通过汽化分离或沉淀分离的方法将试样中的被测组分与其他组分分离，然后测定该组分的质量，从而确定被测组分的百分含量。在称量分析中，试样的称取根据样品性质的不同又可分为直接称量法、固定质量称量法和递减称量法。称量法需先将称好的试样溶解完全后沉淀过滤和洗涤，然后进行烘干、灼烧、冷却与称量，从而计算不溶物含量。

我国现行标准 GB/T 2381—2013《染料及染料中间体不溶物含量的测定》规定了染料及染料中间体中不溶物质含量的测定方法，该标准适用于各类水溶性染料、硫化染料、色酚和色基及染料中间体中所含不溶物质含量的测定。其测定原理是根据样品的性能，分别采用适当的方法将染料或染料中间体充分溶解于适宜的溶剂中（如水溶性染料用水直接溶解，硫化染料用硫化碱溶液溶解），然后用特定规格的过滤器过滤，充分洗涤后，用恒量法测定不溶物质含量。

1. 仪器和装置

G3 过滤器，循环使用时，失重范围不超过 0.01g；如需要使用 G4 过滤器的，应在产品标准中注明；电热恒温干燥箱；天平：感量不大于 0.0001g；真空泵；抽滤瓶。

2. 试验步骤

该标准根据水溶性染料、硫化染料、色酚和色基产品结构特点，确定合适的溶剂及溶解方式，具体如下：

水溶性染料的溶解。称取约 1g 染料样品（精确至 0.0002g），置于 800mL 烧杯中，用少许蒸馏水调成浆状，加入 600mL 沸腾的蒸馏水（如是碱性染料，则先加少许乙酸），搅拌均匀，根据溶解情况，酌情沸煮 10min（不宜沸煮的染料则在该产品标准中另行规定），务必保证试样充分溶解。针对不同的样品，溶解方式是不一样的，具体如下：

硫化染料的溶解。称取约 1g 染料样品（精确至 0.0002g），置于 400mL 烧杯中，加入 100g/L 硫化钠溶液 20mL，500g/L 土耳其红油 1mL，蒸馏水 50mL，加热至 90~95℃，保温 15min，期间不时搅拌使之溶解，然后加入沸腾的蒸馏水 200mL，搅拌，使其充分溶解。

色酚的溶解。称取约 1g 色酚样品（精确至 0.0002g），置于 800mL 烧杯中，用少许乙醇将其润湿，加入 35mL 浓度为 245g/L 的氢氧化钠溶液，搅拌均匀，再加入 400mL 蒸馏水，并加热至沸，煮沸 5min，使其充分溶解。

色基的溶解。称取约 1g 染料样品（精确至 0.0002g），置于 800mL 烧杯中，加浓盐酸 20mL，搅拌均匀后，再加入 500mL 沸腾的蒸馏水使其充分溶解。

溶解的染料或染料中间体溶液在已恒量的 G3 过滤器（质量为 m_1）上趁热过滤，必要时可真空吸滤。过滤后需要洗涤。水溶性染料用 80~90℃的蒸馏水洗涤 G3 过滤器至洗液无色；硫化染料先用 20g/L 浓度的硫化钠溶液充分洗涤，再用蒸馏水洗涤 G3 过滤器至洗液无色，并不含硫离子（洗液滴在乙酸铅试纸上应不变色）为止；色酚用 80~90℃的蒸馏水洗涤 G3 过滤器，直至洗液中滴入酚酞指示剂无色为止；色基用 80~90℃的蒸馏水洗涤 G3 过滤器至洗液中无氯离子（滴入硝酸银溶液不发生沉淀）为止。染料中间体测定水不溶物质含量时，用 80~90℃的蒸馏水充分洗涤 G3 过滤器；染料中间体测定酸（碱）不溶物质含量时，用 80~90℃的蒸馏水充分洗涤 G3 过滤器至洗液呈中性；染料中间体测定有机溶剂不溶物时，用该有机溶剂充分洗涤过滤器。

洗涤完之后是干燥与称量，包括恒量法和快速法。恒量法是将经充分洗涤的 G3 过滤器取下，放入100~105℃的电热恒温干燥箱中，在此温度下恒温烘干至恒量，称量其质量为m_2；快速法是将经充分洗涤的G3过滤器取下，放入100~105℃的电热恒温干燥箱中，在此温度下恒温烘干2~4h，在干燥器中冷却到室温，称量其质量为m_2。其中快速干燥法只提供给染料生产厂出厂检验用，用户及质量检验部门检验或仲裁检验应按恒量法检验。

3. 结果的计算

不溶物质的质量分数w（%）按式（2-11）计算：

$$w=\frac{m_2-m_1}{m}\times 100\% \tag{2-11}$$

式中：m_1——过滤器的质量，g；

m_2——过滤器及不溶物的质量，g；

m——染料或染料中间体样品的质量，g。

两次平行测定结果之差不大于0.1%（质量分数）时，取其平均值作为测定结果。计算结果保留到小数点后两位。样品如用水溶解，表述为水不溶物；如用硫化钠溶液溶解，表述为硫化钠不溶物；如用酸（碱）溶液溶解，表述为酸（碱）不溶物；如用有机溶剂溶解，表述为有机溶剂不溶物，如乙醇不溶物、丙酮不溶物等。

此标准里，不仅要选择合适的溶解溶剂，在溶解过程中也可采取加热、搅拌等方式，务必使其完全溶解。

八、染料及染料中间体水分的测定

商品染料中迄今为止仍是以固体染料为主体，许多染料都是在水相中进行合成的，但为了运输、储存和使用的需要，通常要把染料中多余的水分除去。染料中水分的含量是染料质量控制中的一项重要指标，染料中的水分应控制在一定范围内才能保证染料质量的稳定。水分含量过高，在储存过程中容易结块，给称样和溶解等带来不便；水分含量过低，给染料的生产造成不必要的能源浪费。所以要适当控制染料的水分含量。

（一）染料及染料中间体水分的测定方法

目前，水分测定均是采用不同方法除去样品中的水分，一般分为溶剂抽提法、烘干法、真空干燥法、卡尔·费休法及卡尔·费休改良发法，其中卡尔·费休法及卡尔·费休改良发法适用于染料及染料中间体中微量水分的测定，但不用于能与卡尔·费休试剂的主要成分反应并生成水的样品以及能还原碘或氧化碘化物样品中水分的测定，而烘干法较为简单实用。

（二）染料及染料中间体水分的测定标准

GB/T 2386—2014《染料及染料中间体　水分的测定》，规定了染料及染料中间体水分的测定方法，其适用于各类染料及染料中间体水分的测定。

1. 溶剂抽提法

在清洁、干燥的水分测定器的蒸馏瓶中放入被测染料样品20~50g（精确到0.1g），加入100~125mL用水饱和过的甲苯或二甲苯，将蒸馏瓶与刻度帽及冷凝器连接后置于加热浴中加热，使甲苯或二甲苯沸腾回流，控制回流速度，使冷凝液以每秒钟2~5滴的速度从冷凝管末端滴下。当刻度帽中水的体积不再增加而上层溶液变为透明时，则停止加热。冷却30min，从刻度帽中读出水的体积。若上层溶液呈现浑浊，则将接收管放入温水中，使其澄清，然后冷却到室温读数；若冷凝管内壁沾有水滴，可加大火焰或增加电压，加热数分钟，把水滴冲进接收器，然后冷却到室温读数。

另做一平行空白试验，在清洁、干燥的蒸馏瓶中加入100~125mL用水饱和过的甲苯或二甲苯，另用移液管加入0.5mL蒸馏水。以上操作与试样处理相同，最后从刻度帽中读出水的体枳。

以质量分数（%）表示的水分含量w按式（2-12）计算：

$$w=\frac{V-(V_1-V_0)}{m}\times100\% \tag{2-12}$$

式中：V_0——空白试验时另加的蒸馏水体积，mL；

V_1——空白试验时蒸出水的体积，mL；

V——测试样品时蒸出水的体积，mL；

m——试样质量，g。

由于该方法测定水分是根据水与有机溶剂混合时产生共沸现象而除去水分的，在测定过程中要用到甲苯或二甲苯，因它们易燃并对人体有害，所以测定最好在通风橱内进行，严禁与明火接触。

2. 烘干法

烘干法又分为恒量法和快速法。

（1）恒量法。恒量法需要先根据被测试样的水分含量来确定试样质量，然后用已恒量的扁形称量瓶称取适量试样置于烘箱中，于100~105℃或根据试样的性质于相应产品标准中所规定温度下烘干至恒量，适用于仲裁检验。

以质量分数（%）表示的水分含量w按式（2-13）计算：

$$w=\frac{(m_2-m_1)}{m}\times100\% \tag{2-13}$$

式中：m_2——干燥前称量瓶连同试样的质量，g；

m_1——干燥后称量瓶连同试样的质量，g；

m——试样质量，g。

该方法是最常用的一种测定水分的方法，但应注意烘箱的恒温温度必须严格控制在规定的范围内，否则将影响结果的重现性。

（2）快速法。快速法是将称量瓶在100~105℃的烘箱中烘干2h，在干燥器中冷却30min后称取称量瓶质量m_1，然后把1~5g染料试样加入称量瓶中，再称取称量瓶和试样的总质量m_2，然后把称量瓶放置于100~105℃的烘箱中烘干2h，在干燥器中冷却30min后称取称量瓶和试样的总质量m_3，以质量分数（%）表示的水分含量w按式（2-14）计算：

$$w=\frac{m_2-m_3}{m_2-m_1}\times100\% \tag{2-14}$$

式中：m_2——干燥前称量瓶连同试样的质量，g；

m_3——干燥后称量瓶连同试样的质量，g；

m_1——称量瓶质量，g。

3. 真空干燥法

真空干燥法是用已恒量的扁形称量瓶，称取磨细的试样约5~10g（精确至0.0004g），置于放浓硫酸（或灼烧过的氯化钙）的真空干燥器中，抽真空干燥至恒温（恒量误差±0.0004g，真空度为93.3~94.6kPa）。

以质量分数（%）表示的水分含量 w 按式（2-15）计算：

$$w=\frac{m_2-m_1}{m}\times 100\% \tag{2-15}$$

式中：m_2——干燥前称量瓶连同试样的质量，g；

m_1——干燥后称量瓶连同试样的质量，g；

m——试样质量，g。

根据染料、染料中间体性质的不同需采用不同方法除去样品中的水分并计算。

4. 卡尔·费休法及卡尔·费休改良发法

卡尔·费休法及卡尔·费休改良发法对于水分的测定均是基于卡尔·费休试剂能与试样中的水分定量反应，反应式如下：

$$H_2O+I_2+SO_2+3C_5H_5N \longrightarrow 2C_5H_5N\cdot HI+C_5H_5N\cdot SO_3$$

$$C_5H_5N\cdot SO_3+CH_3OH \longrightarrow C_5H_5N\cdot OSO_2\cdot OCH_3$$

以合适的溶剂溶解样品后，用已知滴定度的卡尔·费休试剂滴定，即可测出样品中的水分。具体操作过程，本文不再论述。

九、染料及染料中间体堆积密度的测定

堆积密度是单位体积（含物质固体颗粒及其闭口、开口孔隙体积及颗粒间空隙体积）物质颗粒的质量，有干堆积密度与湿堆积密度之分。堆积密度也可分为松散堆积密度和振实堆积密度。松散堆积密度包括颗粒内外孔及颗粒间空隙的松散颗粒堆积体的平均密度，用处于自然堆积状态的未经振实的颗粒物料的总质量除以堆积物料的总体积求得。振实堆积密度是经振实后的颗粒堆积体的平均密度，不包括颗粒内外孔及颗粒间空隙。染料堆积密度的测定可以评判染料的质量和化学组成状况，是染料质量管控指标之一。

GB/T 21877—2015《染料及染料中间体　堆积密度的测定》规定了染料及染料中间体堆积密度的测定方法。适用于染料及染料中间体堆积密度的测定。该标准的主要技术内容如下。

1. 松散堆积密度的测定

将一定数量的样品倒入锥形的漏斗里，把插销打开，样品自然流下，被收集到已知体积的容器中，然后将物料刮平，称量。根据物料的质量计算出单位体积的质量。

2. 振实堆积密度的测定

将量筒洗净自然晾干后称量，然后将试样轻轻装入100mL量筒内，用橡皮锤轻轻敲击底部，并再次添加试样继续敲击，直至试样的体积正好满100mL刻度，称其质量。

3. 结果的计算

堆积密度 ρ 按式（2-16）计算：

$$\rho=\frac{m_1-m_2}{V} \tag{2-16}$$

式中：m_1——量筒与试样的质量，g；

m_2——干量筒质量，g；

V——试样体积，mL。

十、溶剂型染料灰分含量的测定

灰分是溶剂染料或染料中间体经炭化、高温灼烧后残留下来的无机物质。GB/T 21876—2015《溶剂染料及染料中间体　灰分的测定》规定了溶剂染料及染料中间体灰分的测定方法。适用于溶剂染料和染料中间体灰分的测定。其测定原理是将溶剂染料或染料中间体炭化后经高温灼烧，有机物全部氧化、汽化，残留下来的无机盐等无机物质，用质量法测定。

在测定前需先用盐酸溶液处理坩埚。瓷坩埚浸泡24h，洗净，烘干。将已经处理过的坩埚放入高温炉中，在选定的试验温度下灼烧适当时间，取出坩埚，在空气中冷却1~3min，然后移入干燥器中冷却至室温（约30min），称量，精确至0.0001g。重复灼烧操作至恒量。然后用已经恒量的坩锅称取规定定量的样品，如没有规定，每个测定样品的称样质量应以获得的残渣量不小于3mg为依据，然后将盛有试样的坩埚放在电炉上缓慢加热，直到试样全部炭化。将坩埚移入高温炉中，在选定的试验温度下灼烧适当时间，取出坩埚，在空气中冷却1~3min，然后移入干燥器中冷却至室温（约30min），称量，精确至0.0001g。重复灼烧操作至恒量。在相同条件下做空白试验。

以质量分数（%）表示的灰分含量 w 按式（2-17）计算：

$$w=\frac{m_3-m_1}{m_2}\times 100\% \tag{2-17}$$

式中：m_1——坩埚质量，g；

m_2——灼烧前试样质量，g；

m_3——灼烧后试样残留物加坩埚质量，g。

当灰分 $w>0.1\%$（质量分数）时，两次平行测定结果的绝对差值不大于这两个测定值的算数平均值的15%；当灰分 $w\leqslant 0.1\%$（质量分数）时，两次平行测定结果的允许差根据产品标准中灰分的指标规定。

在此标准里，选择确定灼烧温度对试验结果的准确度至关重要，一般根据产品特性，在(650±25)℃~(850±25)℃范围内选择。另外，若样品称样量大时，可采取一次称样分次加样的方法，直到全部炭化或挥发完全为止。

第二节　染料应用性能的试验方法与标准

染料应用性能是指染料在应用过程中表现出来的性能，尤其是染色性能，一般包括染料的色光和强度、分散性、扩散性、匀染性、移染性、提升力、泳移性、上染率、固色率、染料耐碱稳定性、染料溶解度和溶液稳定性和染料粉尘飞扬性等。染料的染色性能是印染企业比较染料优劣的重要指标，也是染料生产企业进行质量控制的重要指标。

一、染料色光和强度的测定

染料的色光是在染色深度一致的条件下，待测染料染色物的颜色与标准染料染色物的颜色偏差程度。包括色相、明度、饱和度方面的差异。对于印染企业，色光是印染加工产品品质量的重要保证。合格的商品染料的色光，在同等染色条件下必须与标准品一致。

染料的强度是指染料的染色强度，它表示染色能力的大小，即染料赋予被染物颜色的能力相对于染料标样赋色能力的比例。通常为染得相等深度颜色时染料标样与试样的用量之比，也称为浓度或力分，染料的强度没有一个绝对标准，而是以一定浓度的染料为标准而比较出的相对浓度，用百分数表示。这一百分数并不代表染料的任何成分或纯度，而是相对值，是与某一标准染料样品的强度（定为100%）相比较而言，它可以大于、小于或等于100%，例如50%，100%，150%等。染料的强度越大，染色时的需要量越小。

（一）染料色光和强度的测定方法

染料的色光和强度评定是采用试样与同品种的标准样品于同一条件下，对纱线或织物进行染色，通过目测染品的色光来评定。色光和强度的测定分为常规染色比较法、分光光度比较法和电子测色配色法以及它们相互结合的测定方法。

常规染色比较法更为常用，即采用试样与同品种的标准样品于同一条件下，在一定规格的纺织品上进行染色，以标准样品的染色强度为100分，色光为标准，进行目力比较或用电子测色配色仪、分光光度计来测试评定被鉴定试样的色光和强度。染料若不用于纺织品的染色，一般不用在织物上打样的方法评定色光和强度，可采用分光光度的测定来评价强度。例如，用于皮革染色的水溶性硫化染料，用于纸张染色增白的荧光增白剂的强度即选用分光光度计法。为了在染料生产中间控制过程中快速得到检验结果，也可采用分光光度法。

评定染料的力份和色光时，常用的仪器设备有烘箱、天平、容量瓶和移液管。各类染料根据其应用性能可以采用不同的测定方法，但在染色条件、试验材料、试剂、染色测定的基本方法、使用的仪器设备和染色过程的控制及染色结果的评定方面，都应按一定的规则进行。

（二）染料色光和强度的测定标准

根据染料种类的不同，我国颁布了不同染料的色光及强度测定方法标准，其内容基本涵盖了现行所有的染料类别，对涂料和荧光增白剂的相关性能也作了具体的规定。

1. 染料色光和强度测试的一般条件

我国国家标准GB/T 2374—2017《染料　染色测定的一般条件规定》对染料色光和强度的测试的一般条件做了明确规定。在进行染料的色光及强度测定时，采用试样与同品种的标准试样于同一条件下，在一定规格的纺织品上进行染色，以标准样品的染色强度为100%，以标准样品的色光为基准，进行目测或仪器测量比较，鉴定试样的色光和强度。在测试时，染色的一般条件应符合GB/T 2374—2017的有关规定，染色方法的选择须根据染料的具体品种和性能，以给色力最高为原则，染色深度根据具体品种选定，以符合分档清晰为原则。染色结果评定时，可以用目测评定，也可用仪器测量评定。

采用目测评定时，必须在与标样颜色深度相近的试样间进行。按色光总体差异的程度，以近似、微、稍、较、显较五级进行表述。根据GB/T 2374—2017的规定，色光差异具体定义为：

近似：两块染样，左右交替目测似无色差者；

微：两块染样，左有交替目测微有色差者；

稍：两块染样，左右交替目测易于区别色差者；

较：两块染样用目测评比，有明显色差者；

显较：两块染样用目测评比，已基本呈两种色相者。

表示色相差异的色称规定为红、黄、绿和蓝四种。

当试样与标样在饱和度上有差异时，在评定结果中加以“艳”或“暗”字表示。目测进行强度评定，染料的相对强度以染得相等深度颜色时，染料标准样品与试样用量的百分比表示，其计算结果按 GB/T 8170—2008 的规定修约到个位。但试样的强度介于 95%~105%范围内时，可不需计算，直接目测得出试样的强度。试样色光在“近似”“微”或“稍”级时才进行强度评定，色光为“较”或“显较”时，不评定强度。强度评定的关键是找出与对比标准样品强度相一致时染料的用量，然后经计算可得试样的强度，这在原染料强度的测试中尤为重要。

对于采用仪器法评定染料色光及强度，可按 GB/T 6688—2008《染料　相对强度和色差的测定　仪器法》的规定进行染样的准备、测定及强度的计算。GB/T 6688—2008 标准规定了非荧光染料染于纺织品时与标样的相对强度和色差的仪器法测定方法，适用于使用测试仪器对非荧光染料染于纺织品时与标样的相对强度和色差以及分色差进行的测定，其测试仪器为带有积分球的反射型光谱光度计。

2. 分散染料色光和强度的测定

分散染料是一类分子结构比较简单、水溶性很低、疏水性较强的非离子型染料。主要用于涤纶染色，由于涤纶的结构紧密，玻璃化温度较高，染色通常在较高的温度下进行。

分散染料的染色主要有高温高压染色法和热熔染色法等。高温高压染色法是将分散染料依靠分散剂作用，以微小颗粒状态均匀分散于染液中，并以单分子形式被吸附在纤维上及扩散至纤维内部，随着染浴温度升高，纤维分子的链段剧烈运动，产生的瞬时孔隙也越多和越大，同时，随着染料分子扩散的增快，增加了染料向纤维内部扩散的速率，直至染料被吸净而完成染色；热熔染色法是将涤纶织物先经浸轧染液后烘干，随即再进行热熔处理。在200℃高温作用下，沉积在织物上的分散染料以单分子形式扩散进入纤维内部，在极短时间内完成对涤纶染色。

GB/T 2394—2013《分散染料色光和强度的测定》根据分散染料具体品种、性能，以给色力最高为原则，将着色方法分高温高压染色法、热熔染色法和印花法三种。其规定了分散染料色光和强度的测定方法，适用于分散染料色光和强度的测定。测定原理为：采用试样与同品种的标准样品于同一条件下，在标准规格的纯涤纺织品上进行染色或印花，以标准样品的得色强度为100分，以标准样品的色光为标准，进行目测比较或仪器测量比较，评定试样的色光和强度。其主要技术内容如下：

（1）高温高压染色法。高温高压染色法在染色过程中需要先对涤纶纱或涤纶织物进行前处理，然后制备染色悬浮液，经染色后染样还需要后处理。

①纯涤纶纱或涤纶织物进行前处理的条件。净洗剂 MA：2g/L，浴比：涤纶纱 1∶50，涤纶织物 1∶100，于 70~80℃处理 10min，取出清洗，甩干，备用。

②染料悬浮液的制备。准确称取染料试样及标准样品若干克（精确至 0.0005g），分别置于 400mL 烧杯中，加少量蒸馏水，调成浆状，再加蒸馏水约 200mL，充分搅拌使染料完全均匀分散，移入 500mL 容量瓶中，稀释至刻度，摇匀，备用。

③染浴的配制。染色基本工艺条件如下：染色深度由各染料产品标准中规定；染色织物质量为针织涤纶布或涤纶纱 5g 或涤纶布 2g；浴比：针织涤纶布或涤纶纱 1∶20 或 1∶40；涤纶布 1∶100。在染色均匀的前提下，也可根据实际情况选择其他浴比。

以 2g 涤纶布染色，浴比 1∶100，染色深度 2%（owf）为例，染浴的配方见表 2-1，如用 5g 织物，染料用量相应增加。

表 2-1　染浴的配制

染浴组分	各组分的量				
	1	2	3	4	5
0.5g/500mL，标样悬浮液	38	40	42	—	—
0.5g/500mL，试样悬浮液	—	—	—	38	40
蒸馏水	162	160	158	162	160

④染色操作。移取规定量上述染料悬浮液于染缸中，按浴比规定加蒸馏水，用乙酸和乙酸钠分别将各染浴的 pH 调节至 4～6。然后将涤纶纱或涤纶织物编号，顺序浸入染缸中，将染缸移入染色机内，加盖密闭，进行染色。在自动搅拌下加热升温，于 30～60min 内将温度升至 130℃（压力为 1.67×10^5～1.76×10^5Pa），保温染色 40～60min。染毕，停止加热，通入冷水将染浴温度降至 100℃以下或将染色机内蒸汽缓慢全部排出后开启染色机盖，取出染样，充分水洗，甩干。

⑤染样的后处理。染样还需要在碱性溶液中进行还原清洗，碱性溶液配置方法为每升水中加入 400g/L 的氢氧化钠溶液 3.5mL，再加入 85%（质量分数）的保险粉 2g，充分搅拌溶解。

（2）热熔染色法。相关试验步骤如下：

①糊料的制备。称取合成龙胶或海藻酸钠 2.5g，置于 1000mL 蒸馏水中，充分搅拌后，放置 12h，待充分膨化后用细布过滤，然后用冰醋酸调节 pH 至中性，备用。

②轧染液的制备。按染色深度准确称取染料试样及标样若干克，分别置于烧杯中，用移液管分别加入 20mL 蒸馏水，调成均匀浆状，续加糊料 80mL，配成 100mL，搅拌均匀，备用。

③轧染。将织物在轧染液中均匀浸渍 1min，进行轧染，然后再浸渍 1min，进行二次浸轧，于 90～100℃预烘至干，然后于 190～210℃进行热熔，时间为 90s，热熔后的试样充分水洗，甩干。

（3）印花法。相关试验步骤如下：

①糊料配制。称取合成龙胶或海藻酸钠 40～50g，置于 1000mL 蒸馏水中，水浴加热，充分搅拌，待充分膨化后用细布过滤，然后用冰醋酸调节 pH 至中性，备用。

②印浆的配制。按印花深度准确称取染料试样及标样若干克，分别置于烧杯中，加适量蒸馏水，将染料调成均匀浆状，然后加入规定量的糊料，搅拌均匀，再加 100g/L 渗透剂 JFC 溶液 5mL，最后加蒸馏水配成 100g 色浆，充分搅拌，待完全均匀后，静置 15min，用时再充分搅拌，然后印花。

③印花后于60~70℃烘干。将经印花过的布于190~210℃进行热熔，时间为90s，热熔后的试样充分水洗，甩干。

染色或印花试样可按照GB/T 2374—2017目测法评定，也可按照GB/T 6688—2008仪器法测定色差和评定色光。

3. 直接染料色光和强度的测定

直接染料是水溶性阴离子型染料，在化学结构上以双偶氮和多偶氮为主，根据染色过程中是否加碳酸钠，分为弱碱性染液染色和中性染液染色两种工艺。GB/T 2375—2013《直接染料　染色色光和强度的测定》规定了直接染料染色色光和强度的测定方法，适用于直接染料在棉纺织品上色光和强度的测定。该标准主要技术内容如下：

（1）染液的配制。根据染料的性质，按染色配方以5g或10g棉纤维计算配制染液。

称取试样及标准样品若干克，各置于400mL烧杯中，分别加入20~30mL热水（80~90℃），用玻璃棒搅拌成浆状，然后再各加入约200mL热水（80~90℃），搅拌，使之溶解（必要时可加热煮沸10min），待染料完全溶解后冷却至室温，分别移入500mL容量瓶中。烧杯用水洗3~4次，一并倒入容量瓶中，然后用蒸馏水稀释至刻度，将容量瓶中的染液摇匀，待用。

弱碱性染浴的染色配方：染色深度由各染料产品标准规定；无水碳酸钠：2%（owf）；无水硫酸钠：20%（owf）；棉纱或棉布5g或10g；在染色均匀的前提下，可根据实际情况选择1∶40或1∶20的浴比。

中性染浴的染色配方：染色深度由各染料产品标准规定；无水硫酸钠：20%（owf）；棉纱或棉布5g或10g，在染色均匀的前提下，可根据实际情况选择1∶40或1∶20的浴比。

（2）染色操作。用移液管吸取规定量上述染液于染缸中，加助剂溶液，按浴比加蒸馏水，当染液温度为室温时，将预先用沸水浸透过的纯棉纤维或织物顺序浸入染缸中，在15~30min内使染液温度升到90~95℃，保温染色30min，然后将染缸从加热浴中取出续染5min。染毕取出染样，以流水冲洗至洗涤水无色为止，然后于60℃的烘箱中烘干或自然晾干。

试样可按照GB/T 2374—2017目测法评定，也可按照GB/T 6688—2008仪器法测定色差和评定色光。

4. 酸性染料色光和强度的测定

酸性染料也是水溶性阴离子型染料，主要用于蛋白质和聚酰胺纤维的染色，按染浴pH的不同分为强酸性、弱酸性及中性染浴染色三类。

GB/T 2378—2012《酸性染料　染色色光和强度的测定》规定了酸性染料染色色光和强度的测定，适用于酸性染料色光和强度的测定。其测试原理是用酸性染料试样与同品种的标准样品于同一条件下，在适当的纤维（羊毛、锦纶）上进行染色。然后以标准样品的染色强度为100分，以标准样品的色光为标准，进行目测比较，评定试样的色光和强度或用测色仪进行测色，然后计算出试样的色光和强度。

（1）羊毛染色方法。根据染料的性质，选定染色方法，按表2-2的要求配制染浴。以染色深度1%（owf）的强酸性染色法为例，染浴配方如表2-3所示。

表 2-2 酸性染料染羊毛染色条件

纤维和助剂	方法和用量		
	强酸染色法	弱酸染色法	中性染色法
纤维（羊毛凡立丁或毛线）(g)	4	4	4
染色深度（%，owf）	0.5~3	0.5~3	0.5~3
染色浴比	1∶50	1∶50	1∶50
无水硫酸钠（%，owf）	5~10	10	10
硫酸（%，owf）	2~4	—	—
30%乙酸（%，owf）	—	1~2	—
乙酸铵（%，owf）	—	—	5~8
染色温度（℃）	100	90~95	100
保温染色时间（min）	45	30	45

表 2-3 染浴配方

染浴组分	各组分的量				
	1	2	3	4	5
1g/L，标样溶液	38	40	42	—	—
1g/L，试样溶液	—	—	—	38	40
10g/L，硫酸溶液	8	8	8	8	8
100g/L，硫酸钠溶液	4	4	4	4	4
蒸馏水	150	148	146	150	148

按表 2-3 规定配制染浴，在室温下，把已编号并经煮沸的纤维顺序投入各染浴中进行染色，染色过程中不断翻动。染浴于 30~60min 内升温到表 2-2 规定的温度，并按表 2-2 规定在此温度下保温染色一段时间，把染缸从加热浴中取出，冷却到 50~60℃后，把纤维从染缸中取出，用流水洗净，晾干或于 60℃以下烘干。

（2）锦纶染色方法。酸性染料在锦纶织物上染色，条件如下：锦纶织物，4g；染色深度：0.5%~3%（owf）；染色浴比：1∶50；乙酸铵：2%~5%（owf）；染色温度：90~95℃；保温染色时间：30min。

以染色深度 1%（owf）为例，染浴配方如表 2-4 所示。

表 2-4 染浴配方

染浴组分	染样编号及染浴中各组分的体积				
	1	2	3	4	5
1g/L，标样溶液	38	40	42	—	—
1g/L，试样溶液	—	—	—	38	40
50g/L，乙酸铵溶液	4	4	4	4	4
蒸馏水	158	156	154	158	156

按表 2-4 规定配制染浴，在室温下，把已编号并经煮沸的纤维顺序投入各染浴中进行染色，染色过程中不断翻动。染浴于 30～60min 内升温到 90～95℃，并在此温度下保温染色30min，把染缸从加热浴中取出，冷却到 50～60℃后，把纤维从染缸中取出，用流水洗净，晾干或于 60℃以下烘干。

试样可按照 GB/T 2374—2017 目测法评定，也可按照 GB/T 6688—2008 仪器法测定色差和评定色光。

各类染料的染色色光和强度测定方法与对应的测试标准见表 2-5，其内容包括了对各类染料染色、印花性能的具体测定方法。

表 2-5 各类染料染色色光和强度性能的测定标准及对应标准编号

标准编号	标准名称
GB/T 33788—2017	反应染料 色光和强度的测定 低盐染色法
GB/T 33421—2016	液体酸性染料 色光和强度的测定
GB/T 33424—2016	溶剂染料 色光和强度的测定
GB/T 33053—2016	毛用反应染料 色光和强度的测定
GB/T 2399—2014	阳离子染料 染色色光和强度的测定
GB/T 2379—2013	酸性络合染料 染色色光和强度的测定
GB/T 2376—2013	硫化染料 染色色光和强度的测定
GB/T 2377—2013	还原染料 色光和强度的测定
GB/T 2387—2013	反应染料 色光和强度的测定
GB/T 2375—2013	直接染料 染色色光和强度的测定
GB/T 2380—2013	媒介染料 染色色光和强度的测定
GB/T 2394—2013	分散染料 色光和强度的测定
GB/T 1866—2012	中性染料 染色色光和强度的测定
GB/T 2378—2012	酸性染料 染色色光和强度的测定
GB/T 4465—2012	碱性染料 色光和强度的测定
GB/T 1637—2006	可溶性还原染料 色光和强度的测定

二、染料提升力的测定

染料提升力是指染料染在纤维上的颜色深度随使用量的增加而提升的能力。这一特性表示各个染料应用于染色或印花时，随着染料用量逐步增加，织物或纱线上得色深度相应递增的程度。提升力好的染料，染色深度按染料用量比例增加，说明有较好的染深性；提升力差的染料，染深性差，达到一定深度时，得色就不再随染料用量增加而加深。染料的提升力在具体品种中有很大差异，染深浓色泽要选用提升力高的染料，染鲜艳的浅淡色泽可选用提升率低的染料。

染料的提升力主要取决于染料在纤维表面的聚集和向纤维内部的扩散速度。而影响染料聚集状态和扩散速度的因素主要来自染料本身的结构和分子构型（内部因素），还有染色环境，如温度、电解质、助剂等外部因素两个方面。从内部因素来看，染料分子间的超分子化学作用力是染料聚集程度的决定性因素。其中染料分子结构和构型是关键，芳环稠合程度增大、平面构型、疏水性增加均有利于染料缔合，导致提升力下降。同时，染料分子中活性基个数也应与母体相适应。过多或过于活泼的活性基，易造成在纤维表面固着，影响提升力的提高。

同时，在染色过程中，提升力与染料用量也有很大的关系。当某种纤维在一定的浴比染色体系中，若染料用量低，染液浓度很低时染色，染料在染浴中缔合度较小，吸附到纤维上单分子态的染料由于分子尺寸较小，也易于向纤维内部扩散，此时纤维上得色量随着染料用量的增加而较接近于线性增长。当染料用量增加时，一方面染料在染浴中缔合度随之增大，吸附在纤维表面的染料聚集状态发生变化，另一方面，来自于缔合造成的染料粒径增大而使其在纤维内部有限的孔道中扩散速度降低的动力学因素，反过来又使染料在纤维表面堆积缔合度更大，这样导致纤维上得色量不是随色度而呈线性增加，固色率却随之降低。当染液浓度增加到某个阶段时，即使再增加染料浓度，纤维上染料已接近饱和，纤维得色量也几乎不再增加。所以，在测试过程中，根据染色方式的不同，测定点的选择会直接影响实验的准确度。

染料提升力的相关测试方法的国家标准有 GB/T 21875—2016《染料　提升力的测定》和 GB/T 2397—2012《分散染料　提升力的测定》。GB/T 21875—2016 适用于所有染料提升力的测定。由于分散染料的提升力在具体品种之间有很大的差异，GB/T 2397—2012 单独针对分散染料的提升力进行了规定。

（一）一般染料提升力的测定

1. 试验原理

GB/T 21875—2016《染料　提升力的测定》测试原理是将染料按一系列不同染色深度对特定织物进行染色后，分别测定各染色织物的色深值（Integ 值）。以染色深度为横坐标、色深值（Integ 值）为纵坐标的曲线图来表示染料的提升力。

2. 染色

染料染色一般条件按 GB/T 2374—2017《染料　染色测定的一般条件规定》的有关规定进行，检验结果的判定按 GB/T 8170—2008《数值修约规则与极限数值的表示和判定》中的修约值比较法进行。

（1）测定点的选择。根据染色方式的不同，需要选择不同的测定点。通常而言以反映产品色深值随染色深度变化趋势为原则，根据各类产品特性来确定测定点。浸染法一般在 0.2%（owf）、0.5%（owf）、1%（owf）、2%（owf）、3%（owf）、4%（owf）、5%（owf）、6%（owf）、8%（owf）、10%（owf）、12%（owf）或更高的染色深度中选取 6~8 个不同染色深度作为测定点。对于轧染法，一般在 5g/L、10g/L、20g/L、30g/L、40g/L、50g/L、60g/L、80g/L、100g/L、120g/L、150g/L 或更高的轧染深度中选取 6~8 个不同染色深度作为测定点。

（2）染色方法的选择。对于不同的染料，染色方式是不同的，有产品标准的按其中色光和强度测定方法进行，无产品标准的可根据产品类别和应用特性按表 2-6 各类染料色光和强度测定方法标准的规定进行，若以上标准不适用，可根据染料应用类别和性质自行筛选最佳染色方法。

表 2-6 各类染料色光和强度测定方法标准

染料类型	色光和强度测定方法标准
可溶性还原染料	棉织物/丝绸：GB/T 1637—2006
中性染料	羊毛/丝绸/锦纶：GB/T 1866—2012
直接染料	GB/T 2375—2013
硫化染料	GB/T 2376—2013
还原染料	GB/T 2377—2013
酸性染料	羊毛/锦纶：GB/T 2378—2012
酸性络合染料	羊毛/锦纶：GB/T 2379—2013
媒介染料	GB/T 2380—2013
反应染料	GB/T 2387—2013
分散染料	GB/T 2394—2013
阳离子染料	GB/T 2399—2014
碱性染料	GB/T 4465—2012
毛用反应染料	GB/T 33053—2016

(3) 染色操作。根据最佳染色方法以及确定的测定点配制不同染色深度的染浴并进行染色和后处理，染样于60℃烘箱中烘干或自然晾干。

(4) 色深值测定及绘图。按 GB/T 6688—2008《染料 相对强度和色差的测定 仪器法》对染色后布样进行色深值测定。最后以染色深度%（owf）或 g/L 为横坐标，色深值为纵坐标，即可绘制提升力曲线。

(二) 分散染料提升力的测定

GB/T 2397—2012《分散染料 提升力的测定》具体规定分散染料在高温高压染色或热熔染色时提升力的测定，适用于分散染料在高温高压染色或热熔染色时提升力的测定。

1. 试验原理

在分散染料的染色中，随着染色深度的提高，染料利用率逐渐降低，表现为提升力方面的差异，即在较高的染色深度下，染色物深度的增加趋势减少，以致不再加深。该标准以达到 GB/T 4841. 1—2006《染料染色标准深度色卡 1/1》的染色深度为 C，分别染制 C、2C、4C 三档深度的染样，按 GB/T 250—2008《纺织品 色牢度试验 评定变色用灰色样卡》的有关规定来评定各染样间颜色变化情况，根据变化的大小来评定分散染料提升力。根据染料用途的不同，测定可按热熔法和高温高压法进行。

2. 试验步骤

(1) 1/1 染色标准深度的确定。根据染料的不同用途和要求，按 GB/T 2394—2013《分散染料 色光和强度的测定》规定的高温高压染色法或 GB/T 2394—2013《分散染料 色光和强度的测定》规定的热熔染色法进行染色，采用高温高压染色法时，染色深度在 6%（owf）以内；采用热熔染色法时，染料用量在 60g/L 以内，以一定深度间隔进行染色，然后将不同染色深度的染样用“染色标准深度色卡”采用目测评定或用测色仪测定。按 GB/T 4841. 1—2006 确定染制 1/1 染色标准深度所用的染色深度，并将这一染色深度值定为 C。

（2）染色以 1/1 染色标准深度 C 为基准，分别配制 C、2C、4C 三档染色深度的染浴，按 GB/T 2394—2013 中 6. 2 规定的高温染色法或该标准中 6. 3 规定的热熔染色法进行染色。

3. 染样评级

（1）目测评级。按 GB/T 250—2008 中的有关变色卡评级的规定，分别评定并记录 C 与 4C、2C 与 4C 染样间的变色评级。

（2）测色评级。在测色仪上分别测定 C 与 4C、2C 与 4C 染样间的色差 ΔL、ΔC_{ab}、ΔH_{ab}。按 FZ/T 01024—1993 中 6. 4 规定进行计算 ΔE_F，并按该标准中第 7 章的有关规定进行评级。

4. 提升力评定

提升力的评定方法如表 2-7 分散染料提升力评级所示。

表 2-7 分散染料提升力评级

提升力/级	描述	评定标准
A	优	C 与 4C 染样≤2 级，且 2C 与 4C 染样<3 级
B	良	C 与 4C 染样≤2 级，且 2C 与 4C 染样≥3 级
C	一般	C 与 4C 染样>2 级
D	差	染不到 1/1 染色标准深度

三、染料匀染性的测定

匀染性是指染料对纤维织物进行均匀染色的能力。它包括染料在纤维表面的均匀分布和染料在纤维里表的均匀分布，习惯上又把前者称为匀染，后者称为透染。若染料在纤维表面分布不匀，会产生色差或色花；染料在纤维里表分布不匀，会产生“环染”或白芯，它将影响染品的耐摩擦色牢度和耐洗色牢度。织物染色过程中，一旦出现染色不匀的情况，不但处理困难，而且会造成染料、能源和设备效率的浪费。

染料的匀染性除受染料分子和纤维基质的物理性质影响外，也受染色条件如温度、扩散速率、上染速率、移染性、所用染色助剂等多种因素的制约。染料的匀染性与染料的扩散性有着密切的关系，染料扩散越好，匀染性越好。因此，有利于提高染料扩散性的因素均将有利于染料的匀染。

以皮革染色为例，不同染料因其结构不同，匀染性也有很大差异。直接染料绝大部分是偶氮类染料，一般以磺酸基为水溶性基团，也有的以羧基为水溶性基团，相对分子质量比较大。其最大特点是分子的同平面性强，因此分子间较易发生聚集。分子与纤维间能以较强的范德瓦耳斯引力结合，上染时的初染率较高，在纤维内的扩散速率较低，匀染性也较差。酸性染料比直接染料相对分子质量低，通常又分为强酸性（又叫匀染性染料）及弱酸性（又称耐缩绒染料）。强酸性染料分子结构较简单，分子中水溶性基团磺酸基比例较高，在水中溶解度较大，对胶原纤维亲和力较低，在强酸浴中上染速率较高，扩散迁移性能也好，易匀染，但湿牢度较差。而弱酸性染料，分子结构较为复杂，分子中磺酸基比例较低，在染液中容易发生聚集，对胶原纤维的亲和力较低，由于其扩散性能较差，所以匀染性也较差。

在皮革染色过程中，可以通过改变染色条件来提高染料的匀染性。首先，降低染浴 pH，可使皮革纤维的表面电位升高，对阳离子型染料的吸附性能下降，初染率较低，易染色均匀。其次，也可提高染色温度，从而提高染料在纤维内的扩散速率，加速吸附皮革纤维表面的染料向内扩散，并提高迁移性，因此提高染色温度既可提高匀染性，又可提高染色速率。但从前面已经知道，如果入染温度太高，使初染率太高的话，会对匀染不利，因此皮革染色所用的转鼓应带有升温和温度控制装置，使皮革入染时温度稍低，以后逐步升温。最后，也可以添加离子型和非离子型表面活性剂起到匀染作用。非离子型表面活性剂，一般对染料都有亲和力，所以能在溶液中与染料分子发生聚集，从而抑制了染料与纤维的迅速结合，起到匀染作用。离子型表面活性剂一般与所用的染料带有相同的电荷，能与染料发生竞争吸附在胶原纤维上，占有一定的位置，在染色过程中再逐步地被染料取代，这样便降低了初染率，从而达到匀染效果。有时，也会在染液中加入某些中性电解质如食盐、元明粉等，既能起缓染作用达到匀染目的，有时又能起促染作用提高染色深度。

（一）染料匀染性的测定方法

对于染料而言，匀染性的测试是基于同一染浴中先后入染的织物得色深浅差异来评定匀染性的好坏。根据测定初染率和移染性，有经典试验法、纤维须端试验法和筒子染色色差试验法。

（1）经典测试法。通过测定上染速率曲线和移染曲线来评定匀染剂对吸附阶段染料上染速率的影响和扩散阶段染料移染性能的影响。该方法不能整体地反映染色过程中及至终了时染色是否均匀。

（2）纤维须端试验法。其试验方法是沿着已经预染过的织物的一边，除去约 2cm 的经丝，使纬丝形成须端，然后将该织物进行复染试验。染色终了经皂洗后除去另一边约 2cm 宽的经丝，织物两边色泽的差异即表示匀染性。织物两边的色差用色卡评级，其中 5 级最好，1 级最差。这种方法可以运用于染色过程中了解匀染性的变化。只要在试验过程中控制好相同的染色条件，如时间、温度、染料浓度及染液和织物的移动速度，该方法有良好的重现性，但是，试验过程比较烦琐。

（3）筒子染色色差试验法。测定时，首先制备含有需要染色的织物、试剂和助剂及不含染料的空白染浴，加热到染色过程所要求的温度，然后单一地加入所有的染料，在最终温度染色若干时间。在整个染色过程中，染浴从里向外单向循环。其后染色物照例进行整理并在烘干后，采用目测或比测法测定染料在外层、中层、里层的分布差异。

但在实际生产中，除了这些物料性能及设备的染液循环因素之外，影响整个染色过程匀染性的因素还有很多，比如升温程序、酸碱性调节、加料顺序与速度等。这些因素往往是染厂在生产中需要重点关注的。有相关研究学者以考察整体染色过程的匀染效果为目的，根据浸染工艺过程，利用多层织物的透染原理，设计了一套通用的匀染性检测装置，从而进行染色工艺全过程的匀染性评价。

（二）染料匀染性的测定标准

GB/T 21881—2015《酸性染料　匀染性的测定》规定了酸性染料匀染性的测定方法。适用于酸性染料、酸性络合染料、中性染料匀染性的测定。

1. 试验原理

在染料的最佳染色温度下，第一块织物先投入染色 20min 后，再投入第二块织物一起染色，根据第二块染样的得色深度，对照标尺评价或测定匀染性。

2. 试验步骤

（1）染色条件的确定。有产品标准的，采用产品标准中色光和强度测定中规定的染色条件。无产品标准的，可采用各类染料的色光和强度测定方法规定的染色条件，酸性染料按 GB/T 2378—2012 中的有关规定，酸性络合染料按 GB/T 2379—2013 的有关规定选择最佳染色条件。

（2）染浴制备。分别按 0.1%（owf）、0.2%（owf）、0.3%（owf）、0.4%（owf）、0.5%（owf）五档不同染色深度配制标尺染浴，按 0.5%（owf）染色深度配制试样染浴，助剂量按有关标准规定的染色配方或选择确定的最佳染色配方加入，按规定浴比调节染浴总体积。各样品的染色条件见表 2-8。

表 2-8 染色条件

染缸编号	标尺					试样
	1	2	3	4	5	6
染色深度（%，owf）	0.1	0.2	0.3	0.4	0.5	0.5
织物（g）	4					2+2
染色温度（℃）	最佳染色温度					最佳染色温度
染色总时间（min）	60					20+40
浴比	1∶50					1∶50

（3）染色。调节染浴温度到染料的最佳染色温度，分别把编号为 1、2、3、4、5 的五个织物投入上述五个标尺染浴中进行染色，同时在试样染浴中投入一半量（2g）的第一块织物进行染色，染色 20min 后，再投入另一半 2g（第二块）织物于试样染浴中，与先前的一半织物同时进行染色，继续保温染色 40min 后（共染色 60min），取出染样，洗净，晾干。

3. 评级

（1）目测法。匀染性共分 5 级，1 级最差，5 级最好。评级方法为把第二块染样与同时染制的五档标尺比较，其得色深度与哪档标尺相当，则匀染性定为几级，如果介于相邻两档标尺之间，则表示为小~大级，如 2~3 级。

（2）测色法。按 GB/T 6688—2008 测定染色织物的色深值（Integ 值），然后按式（2-18）计算匀染度。

$$S=\frac{I_s}{I_0}\times 5 \tag{2-18}$$

式中：S——匀染度，用其数值表示匀染性的级别；

I_s——试样中后放入染色的织物的 Integ 值；

I_0——标尺中染色深度为 0.5%（owf）的染色织物（标尺 5）的 Integ 值。

四、染料泳移性的测定

织物染色可分为浸染、轧染与卷染等方式。在轧染染色工艺中，织物浸轧染液后，和溶剂一起渗入纤维内部或纤维空隙的染料，在干燥时，随着溶剂的蒸发迁移到纤维或织物表面的现象称为染料的泳移性，对纤维亲和力较小的不溶性染料，如分散染料、还原染料等，其泳移现象更为明显。染料泳移后，在蒸发快的表面将聚集较多的染料，产生色差，降低染色透芯度，增加浮色及降低固色率及鲜艳度。

染料泳移与织物表观颜色深度值的关系较为复杂，一方面泳移后在蒸发面染料浓度增加，颜色增深；另一方面，由于染料从织物内泳移到表面，与纤维接触面减小，固色率下降，又使颜色深度降低，其影响因素很多。在染料结构和纤维性质及织物组织结构一定的条件下，泳移率只取决于染料平均颗粒直径和与溶液黏度有关的单位重量织物的带液量与单位重量织物所带的不能渗吸移动的液量之差两个因素，防泳移剂主要靠增大染料颗粒降低泳移，增加黏度虽然也有一定的效果，一般效果较小。

泳移现象的产生除了与染料分子的大小有关外，与烘干设备有很大的关系，原始的烘桶预烘会产生正反面色差，烘桶周边与中间温度不均也会使织物边缘与中间产生色差，为了减少染料的泳移，除了改造预烘设备外，在轧染工艺中加入抗泳移剂，如海藻酸钠等，可以增加染液的黏度，也可以减少染料随水分移动而迁移的概率。

（一）染料泳移性的测定方法

分散染料或还原染料以百分泳移率（测量反射值和投射值）或用目测来评定染料的泳移性，测定方法主要有 AATCC 法、多孔压板法和折叠烘干法三种。

1. AATCC 法

AATCC 法是国际较常用的一种方法，其测试过程为，将 15cm×30cm 织物于室温浸渍染料溶液后，立即放在 60cm×35cm 的玻璃板上，然后在织物上覆盖一只直径为 9cm 的玻璃表面皿。织物在室温下干燥后，移去玻璃表面皿。染料泳移程度通过比较覆盖玻璃表面皿处和未覆盖处的染料浓度来评价。其中评价染料浓度包括目测法、测定织物反射率以及测定萃取液的透射率三种方法。

目测法需要将覆盖处与未覆盖处试样参比灰色样卡进行色差评级来评定泳移性。

织物反射率是通过测定两处织物的反射率来计算织物表面颜色深度（K/S），进而计算泳移率。

测定萃取液的透射率，需要先将织物的覆盖处与未覆盖处分别剪取圆形布样，分散染料染色布样放入 50mL 的 DMF/H_2O/HAC 混合溶液（DMF 和水的体积比为 80：20，并加入 5g/L 的 56%HAC 溶液）进行剥色。还原染料染色布样则放入含 10g/L 氢氧化钠、10g/L 保险粉、20g/L 聚乙烯吡咯酮和 5g/L *N*–乙基乙烯二胺三乙酸三钠盐的 50mL 水溶液中剥色，也可用其他适当溶剂剥色，剥色后用分光光度计或测色仪测定萃取液的吸光度，进而计算泳移率。

2. 多孔压板法

多孔压板法测定原理和 AATCC 法类似，在织物上压上带圆孔的不锈钢板，在室温干燥后评价泳移程度，评价方法和 AATCC 类似，但准确性较差，目前很少应用。

3. 折叠烘干法

折叠烘干法是将织物手工折叠和缝合后进行烘干，然后比较或测定清洗后的试样折叠处和未折叠处的色差，通过比较和评价染料浓度计算泳移程度。

（二）染料泳移性的测定标准

GB/T 4464—2016《染料　泳移性的测定》标准规定了染料泳移性的测定方法。适用于分散染料、还原染料在轧染工艺的预烘过程中产生的泳移性的测定。

1. 试验原理

将分散染料或还原染料按规定的轧液率进行轧染，然后立即将试样放在热熔机（或烘箱）的针板框上固定和拉平，在试样一端同一位置的正反面各放一个表面皿，再用一对铝环和文具夹将表面皿固定。按规定的温度和时间将试样进行干燥，干燥后取下试样放置一定时间后，根据试样上覆盖部分与未覆盖部分的色差，以百分泳移率（测量反射值和投射值）或用目测来评定染料的泳移性。

2. 试验方法

（1）试验条件。染色一般条件应符合 GB/T 2374—2017 的有关规定。

染色深度：分散染料为 20g/L；还原染料为 25g/L。轧液率：60%，一浸一轧。预烘：温度 100℃，时间 7min。

（2）染样的制备。先将一块试验用织物放入染液中均匀浸渍 1min，按规定的轧液率浸轧试液，然后立即将试样放在热熔机（或烘箱）的针板框上拉平和固定。在试样一端同一位置的正反面各放一块表面皿，再用一对铝环和文具夹将表面皿固定。按试验规定的预烘温度和时间进行烘燥。干燥后将试样从针板框上取下，移去夹子、铝环和表面皿，在室温下放置 1h，备测。

3. 评测

其评价方法和 AATCC 法类似，也分目测法、反射值测定法和投射值测定法三种。

（1）目测法。目测法参照 GB 250—2008 规定的评定变色用灰色样卡（简称灰色样卡），用目测方法评定试样上被覆盖部分与未被覆盖部分的色差。当色差相当于灰色样卡 4 级至 5 级以上，表明染料泳移性较小；色差相当于灰色样卡 3 级至 4 级，表明染料泳移性中等；色差相当于灰色样卡 3 级以下，表明染料泳移性较大。

（2）反射值测定法。反射值测定法用测色仪分别测定试样上被覆盖部分（A）与未被覆盖部分（B）的表面反射值（A、B 相距约 100mm），按式（2-19）换算成色深值（K/S）后，按式（2-20）计算染料的百分泳移率 M。

$$(K/S) = \frac{(1-R)^2}{2R} \tag{2-19}$$

$$M = 100\left[1 - \frac{(K/S)_A}{(K/S)_B}\right] \tag{2-20}$$

式中：$(K/S)_A$——试样上被覆盖部（A）的色深值；

$(K/S)_B$——试样上未被覆盖部分（B）的色深值；

R——最大吸收波长处试样的表面反射值。

（3）透射值测定法。透射值测定法需要根据染料类型选取合适的萃取液，该标准提及分散染料和还原染料萃取液的制备，具体如下：

①分散染料萃取液的制备。每升溶液中含 N，N-二甲基甲酰胺 800mL，水 195mL，再加质量分数为 36%的乙酸 5mL，摇匀，配成体积分数为 80%的 N，N-二甲基甲酰胺水溶液。

②还原染料萃取液的制备。每升水溶液中含氢氧化钠 10g、保险粉 10g、聚乙烯吡咯烷酮 20g、乙二胺四乙酸二钠 5g。

③透射值的测定。分别称取试样上被覆盖部分（A）与未被覆盖部分（B）的剪碎后的织物各 0.1g，放入 50mL 的容量瓶中，然后分别加入萃取液（根据染料种类选用萃取液）至刻度，加盖摇匀，待织物上的染料被萃取出来后，用分光光度计在最大吸收波长处测量萃取液的吸光度 D_A 和 D_B。按式（2-21）计算百分泳移率 M。

$$M = \left(1 - \frac{D_A}{D_B}\right) \times 100 \tag{2-21}$$

式中：D_A——试样上 A 处染料萃取液的吸光度；

D_B——试样上 B 处染料萃取液的吸光度。

在测试过程中，不同因素均会影响结果的准确度。测试干燥温度不同，干燥速率也不同，干燥快，黏度增大快。随着水分减少，染料颗粒还将会增大，这均会影响泳移测试结果，在标准中应规定测试温度。另外，由于湿的织物与玻璃板直接接触，织物和其中的染液因自身的重力作用，织物两面毛细管效应会引起带液不均匀，从而影响测试结果。

五、染料移染性的测定

移染是指染料从纤维上浓度高的地方解吸下来到纤维浓度低的位置重新上染的能力。移染性好的染料易获得匀染。但移染一般需要较长的时间，故经济性较差，只能作为匀染的辅助手段，且当染料分子量较大、染料与纤维间结合力较大时，移染效果将大大降低。

一般用移染度表示的染料移染性，移染度为移染后白织物的色深值与移染后原色布的色深值的百分比。通常是采用已经染色（但未经皂煮处理）的布样在不加染料的空白浴中，于不同的温度下染色一定时间后布样色泽的变化来测定。

GB/T 21880—2015《酸性染料　移染性的测定》和 GB/T 10663—2014《分散染料　移染性的测定　高温染色法》是两个对移染性测试常见的标准。

（一）酸性染料移染性的测定

GB/T 21880—2015《酸性染料　移染性的测定》规定了酸性染料移染性的测定方法。适用于酸性染料、酸性络合染料、中性染料移染性的测定。该标准的主要技术内容如下。

1. 试验原理

染制 1/1 染色标准深度染样，然后取其染色织物和未染色的同种纯白织物各 2g，在空白浴中进行移染。将移染后的原色织物与移染后的白色织物用灰色样卡评级，或用测色仪测定移染后的原色织物与移染后的白色织物的变色级别或总色差 DE，或用测色仪测定移染后的原色布与白色织物的色深值后，计算移染度来确定酸性染料的移染性。

2. 试验步骤

试验分为染色和移染两个部分。

（1）染色。有产品标准的，按产品标准中色光和强度测定中的规定进行。无产品标准的，可按照各类染料色光和强度测定方法的规定选择进行，酸性染料按 GB/T 2378—2012《酸性染料　染色色光和强度的测定》中的规定，酸性络合染料按 GB/T 2379—2013《酸性络合染料　染色色光和强度的测定》的规定，中性染料按 GB/T 1866—2012《中性染料　染色色光和强度的测定》的规定。产品较为特殊，一般方法不适用时，可根据实验选择最佳染色方法。染色时，染色深度应符合 GB/T 4841.1—2006 的要求，相当于 1/1 染色标准深度，对于无法达到 1/1 染色标准深度的产品品种，应符合 GB/T 4841.3—2006 的要求，达到 1/3 染色标准深度。黑色或藏青染料的染色深度应符合 GB/T 4841.2—2006 中的浅黑或浅藏青的要求。

（2）移染。将 2g 染样（干织物）与 2g 未染色织物（经沸煮 10min 后）投入空白染浴（无染料）进行移染，达到最高染色温度后继续移染 1h，条件与染色条件完全相同。

3. 评级

评级有色差法和移染度法两种。

（1）色差法。色差法又分为目测评级和测色评级。

①目测评级。按 GB/T 250—2008 中的有关变色卡评级的规定，评定移染后原色织物和移染后白色织物的色差级别。

②测色评级。在测色仪上分别测定移染后原色织物和移染后白色织物间的色差 ΔL、ΔC_{ab}、ΔH_{ab}。按 FZ/T 01024—1993 中 6.4 规定计算 ΔE_F，并按该标准中第 7 章的有关规定进行评级。

根据色差评级结果，移染性具体评级方法见表 2-9。

表 2-9　色差评级

变色级别	移染性
≥3 级	优
2~3 级	良
2 级	一般
≤1~2 级	差

（2）移染度法。移染度法需按照 GB/T 6688—2008 的有关规定，分别测量移染后原色织物和移染后白色织物的光谱反射值，按式（2-22）求出相应的色深值（Integ 值）。

$$\text{移染度}=\frac{\text{移染后白色织物的色深值（Integ 值）}}{\text{移染后原色织物的色深值（Integ 值）}}\times 100\% \tag{2-22}$$

根据移染度计算结果，移染性具体评级方法见表 2-10。

表 2-10　移染度评级

移染度（%）	移染性
≥75	优
65~74	良
55~64	一般
≤54	差

（二）分散染料移染性的测定

GB/T 10663—2014《分散染料　移染性的测定　高温染色法》规定了分散染料在涤纶上高温染色移染性的测定方法，适用于分散染料在涤纶上高温染色移染性的测定。该标准主要技术内容如下。

1. 试验原理

染制 1/1 染色标准深度染样，然后取其原色织物和纯涤纶白色织物各 1g，在空白浴中进行移染。将移染后的原色织物与移染后的白色织物用灰色样卡评级，或用测色仪测定移染后的原色织物与移染后的白色织物的变色级别或总色差 DE，或用测色仪测定移染后的原色布与白色织物的色深值后，计算移染度来确定分散染料的移染性。

2. 试验步骤

（1）试样准备。染色深度按 GB/T 4841. 1—2008 规定的 1/1 染色标准深度。染色按照 GB/T 2394—2013 中 6. 2 的有关规定进行。

（2）移染试验。移染试验分为以下 4 个步骤。

①移染织物的准备。将染样 1g 与同质同量的白色织物一起固定在搅拌装置上，原色织物在内，白色织物在外，松松地绑住。

②空白染浴的制备。浴比 1∶80，用乙酸—乙酸钠缓冲溶液调节 pH 为 5. 2 ±0. 2。

③移染。开动染色机，升温至 50℃，把移染织物放入空白染浴中，开动搅拌，密闭染色，在 40min 内升温至 130℃，并在此温度下保温染色 2h，冷却到 70℃，取出，水洗。

④后处理。按照 GB/T 2394—2013《分散染料　色光和强度》中提到的后处理方法进行后处理。

3. 评级

分散染料移染性评级也分为目测法和移染度法，可参考上述酸性染料评级方法，这里不再叙述。

六、染料固色率的测定

固色率是表示除去浮色后纤维上染料量的一个特性指标。对于固色率低的染料，不仅造成了资源浪费，降低了染色织物的色牢度性能，还严重地污染了环境。

尤其是活性染料在染色过程中，与纤维发生共价键结合的同时，还会与介质，特别是水溶液发生水解等反应，生成水解染料等不能发生共价键结合的染料，从而固色率比较低，一般仅在 50%~80%，因此，固色率是活性染料亟待解决的问题。对于活性染料而言，其固色率影响因素是多方面的。首先，从染料性质对固色率的影响来看，活性染料的反应性不同，其固色率也不同。活性染料的反应性越高，染色的固色率就越大，但水解速率也越大。因此，提高染料的反应性并不一定能提高染料的固色率，有时甚至会降低染料的固色率。此外，染料浓度对固色率也有影响，同一品种低、中浓度印花时，固色率往往比高浓度要高，且有时差异较大。其次，从碱剂用量对固色率的影响来看，碱剂主要是作为染料与被染物反应的催化剂，它使染料分子和纤维素分子发生结合。因此，重要的是不在于碱的种类而是添加碱后染液 pH 的平均值。一般情况下染液的 pH = 11. 5 为最佳，烧碱用量过低，固色率稍低，得色稍浅；但烧碱用量过大，染料水解快，固色与剥色同时进行，得色也会变浅。再次，盐用量对固色率也有影响。在活性染料染色过程中加入中性盐是起到促染的作用。染料带负电荷，纤维（棉）也是带负电，当染液中加入钠离子后，钠离子就会向纤维的表面形成电解层，暂时中和了纤维的负电，这就大大降低了染料与纤维的斥力，从而起到了促染的作用。染料一般随食盐用量的提高而提高得色量，当食盐用量从200g/L增加至250g/L时，得色量提高不明显，若继续提高食盐用量，则对提高固色率没有多少意义。因为纤维表面吸附钠离子的量已经基本达到饱和，再增加食盐用量得色量也不会有很大的提高。因此，固色液中加入200g/L食盐已经足够。最后，汽蒸温度对染料的固色率也有很大的影响，汽蒸温度过低，导致固色不充分，从而使得固色率很低；而汽蒸温度过高，容易加速染料的水解，也会导致固色率偏低。因此在生产时，要特别注意对汽蒸温度的控制，尽量使汽蒸温度恒定，以保证工艺的稳定性。对于不同系列的活性染料可能需要不同的汽蒸温度。

在进行固色率的测试时，对于影响染料固色率的外界条件，在测试时应多加注意，以免影响试验结果的准确度。

（一）染料固色率的测定方法

染料固色率一般是以染色所用染料总量为基准，在纤维上固着的染料量与投入染浴中的染料总量之比。其计算方法有两种。一种是以染色所用染料总量为基准，计算纤维上固着的染料量与投入染浴中的染料总量之比，一般染色常用此法；另一种是以固色前织物上的染料量为基准，计算固色后单位质量织物上的染料量与固色前单位质量织物上的染料量之比，分散染料热熔染色、印花常用此法。

（二）染料固色率的测定标准

不同的染料所采用的固色率测定方法有所不同。目前关于染料固色率的测定的国家标准主要有GB/T 2391—2014《反应染料　固色率的测定》、GB/T 27592—2011《反应染料　轧染固色率的测定》和GB/T 2396—2013《分散染料　固色率的测定　热熔染色法》三部。

1. 反应染料固色率的测定

GB/T 2391—2014《反应染料　固色率的测定》规定了反应染料固色率的测试方法，适用于反应染料印花固色率和染色固色率的测定。该标准主要技术内容如下。

（1）测试原理。将试样在棉布上直接印花，通过未经汽蒸固着的印花布样和经汽蒸固着的印花布样进行充分洗涤，然后分别测定各洗涤液的吸光度值来计算试样在纤维上的印花固色率。试样也可在棉纱上染色，通过染色残液和标准染液的吸光度值计算试样在棉纤维上的吸色率。将色纱上未固着的水解染料洗涤，然后通过标准皂液与皂煮残液的吸光度值计算试样在棉纤维上的染色固色率。

（2）印花固色率的测定。印花固色率的测定分为印花、洗涤和测定三个部分。

①印花。按GB/T 2387—2013《反应染料　色光和强度的测定》的规定印花，印花完毕后，立即将印花后布样在同条花纹上准确剪取面积相等的两份试样（一般为10cm×10cm，其上有2~3条花纹），其中一份不经烘干、汽蒸，立即进行洗涤（A试样），另一份按GB/T 2387的规定进行烘干、汽蒸后洗涤（B试样）。

②洗涤。具体洗涤过程如下：将A、B试样分别放入已经加入60mL水的150mL低型烧杯中，用玻璃棒充分搅拌，1min后，将试样从烧杯中取出，放入已经预置有100mL水的索氏脂肪抽出器中，加热回流，直至回流液无色。取出试样，用少量水冲洗，分别把有色液收集

于500mL容量瓶中，冷却至室温，用蒸馏水稀释至刻度。如果洗涤液颜色过深，则进一步稀释。汽蒸试样洗涤液的再稀释倍数记为m，未汽蒸试样洗涤液的再稀释倍数记为n。

③印花固色率的测定。将洗涤液用分光光度计在其最大吸收波长处分别测定各试样洗涤液的吸光度值。

印花固色率F按式（2-23）计算。

$$F = \left[1 - \frac{E_1 m}{E_2 n}\right] \times 100\% \tag{2-23}$$

式中：F——印花固色率；

E_1——经汽蒸试样洗涤液的吸光度值；

m——经汽蒸试样洗涤液的再稀释倍数；

E_2——未汽蒸试样洗涤液的吸光度值；

n——未经汽蒸试样洗涤液的再稀释倍数。

（3）染色固色率的测定。

①染色条件。染色深度：1%（owf）；染色纤维：纱线（10g）；染色浴比：1∶20；吸色温度、固色温度、染色时间，见表2-11；助剂和用量，见表2-12。

表2-11 各类型反应染料的吸色温度、固色温度和染色时间

染料类型	X型	K型	KN型	M型
吸色温度（℃）	20	40	60	70
固色温度（℃）	40	90	60	70
染色时间（min）	90	120	90	90

表2-12 各类型反应染料的助剂和用量

染料类型	染浴和标准染液		标准皂液	
	电解质（g/L）	碱剂（g/L）	碱剂（g/L）	净洗剂MA（g/L）
X型	氯化钠（50）	无水碳酸钠（10）	无水碳酸钠（10）	1
KN型	无水硫酸钠（60）	磷酸钠（6）	磷酸钠（6）	1
K型	氯化钠（60）	无水碳酸钠（15）	无水碳酸钠（15）	1
M型	无水硫酸钠（60）	无水碳酸钠（20）	无水碳酸钠（20）	1

②染浴配制。以M型反应染料为例，染浴配制见表2-13。

表2-13 M型反应染料染浴的配制

染浴组分	染缸编号和染浴中各组分的体积（mL）			
	1	2	3	4
	染浴	标准染色原液	标准皂煮原液	皂煮液
2g/L染料样品溶液	50	50	50	—
200g/L硫酸钠溶液	60	60	—	—

续表

染浴组分	染缸编号和染浴中各组分的体积（mL）			
	1	2	3	4
	染浴	标准染色原液	标准皂煮原液	皂煮液
200g/L 碳酸钠溶液	20	20	20	—
10g/L 净洗剂 MA 溶液	—	—	25	25
蒸馏水	70	70	105	225

③染色操作。根据表 2-13 配制染浴、标准染色原液、标准皂煮原液和皂煮液，电解质（氯化钠和无水硫酸钠）在染色前加入。染浴、标准染色原液和标准皂煮原液同时放入染色机中，调整到表 2-11 规定的吸色温度，然后将经过沸水处理 15min 的白纱线，绞干至 20g（含水率 100%），放入染浴中进行染色，在规定吸色温度染色 30min 后，分别往染浴、标准染色原液和标准皂煮原液中加入所需的碱剂，升温到表 2-11 规定的固色温度，到达表 2-11 规定的染色时间后，取出色纱，把色纱绞干至 20g（含水率 100%），待皂煮，色纱中挤出的液体回收并入染色残液中。

④皂煮。将上述绞干的色纱放入 250mL 浓度为 1g/L 的净洗剂 MA 溶液中皂煮 15min（皂煮温度 93~95℃，浴比 1∶25），取出色纱，绞干至质量 20g，并用约 200mL 蒸馏水分 3 次洗涤，每次洗涤后，色纱均应绞干至质量 20g，每次色纱挤出的液体回收并入皂煮残液中。

⑤测试溶液的配制。

a. 标准染液的配制。按表 2-13 配制的标准染色原液冷却到室温后，定容到 500mL 容量瓶中。用移液管吸取 5~20mL 到 100mL 容量瓶中，然后用水稀释到刻度。稀释倍数记为 n_1。

b. 染色残液的配制。按表 2-13 配制的染色残液冷却到室温后，定容到 500mL 容量瓶中。用移液管吸取 20~100mL 到 100mL 容量瓶中，然后用水稀释到刻度。稀释倍数记为 n_2。

c. 标准皂液的配制。按表 2-13 配制的标准皂液冷却到室温后，定容到 500mL 容量瓶中。用移液管吸取 5~20mL 到 100mL 容量瓶中，然后用水稀释到刻度。稀释倍数记为 n_3。

d. 皂煮残液的配制。按步骤④处置的标准皂液冷却到室温后，定容到 500mL 容量瓶中。用移液管吸取 20~100mL 到 100mL 容量瓶中，然后用水稀释到刻度。稀释倍数记为 n_4。

⑥测定及计算。用分光光度计在标准染液的最大吸收波长处，以蒸馏水为空白溶液，分别测定标准染液、染色残液、标准皂液、皂煮残液吸光度值 D_1、D_2、D_3、D_4，然后计算吸色率 E 和固色率 F。吸色率 E 按式（2-24）计算。

$$E = \left[1 - \frac{D_2 n_2}{D_2 n_1}\right] \times 100\% \tag{2-24}$$

式中：E——吸色率，%

D_2——染色残液的吸光度值；

n_2——染色残液的稀释倍数；

D_1——标准染液的吸光度值；

n_1——标准染液的稀释倍数。

固色率 F 按式（2-25）计算。

$$F = E - \frac{D_4 n_4}{D_3 n_3} \times 100\% \quad (2-25)$$

式中：F——染色固色率，%

D_4——皂煮残液的吸光度值；

n_4——皂煮残液的稀释倍数；

D_3——标准皂液的吸光度值；

n_3——标准皂液的稀释倍数。

2. 反应染料轧染固色率的测定

GB/T 27592—2011《反应染料　轧染固色率的测定》规定了反应染料轧染固色率的测定方法，适用于反应染料轧染固色率的测试。该标准主要技术内容如下。

（1）试验原理。将试样在棉布上轧染并固色，通过萃取一定质量的未汽蒸固着的轧染布样和经汽蒸固着的轧染布样上的染料，然后分别测定各萃取液的吸光度值，来计算试样在纤维上的轧染固色率。

（2）试验步骤。试验分为轧染、待测溶液的制备以及测定三个部分。

①轧染。染料溶液浓度规定为 20g/L。按 GB/T 2387—2013 中 6.2 轧染法的规定轧染。轧染布样经烘干后，分成两部分。其中一份作为预烘布样（试样Ⅰ），另一份按 GB/T 2387—2013 中 6.2.5 的规定进行固色。并按 GB/T 2387—2013 中 6.2.6 的规定皂洗，干燥后作为固色布样（试验Ⅱ）。

②待测溶液的制备。分别称取剪碎的试样Ⅰ、试样Ⅱ各 0.1g 左右，直接称样于 50mL 容量瓶中，加入硫酸溶液 5mL，在适宜温度下不断振荡直至完全溶解，用水稀释至刻度，待用。

③测定。把上述配制的待测溶液，用水作参比液，用分光光度计在其最大吸收波长处分别测定其吸光度值。

固色率以质量分数 W_F 计，按式（2-26）计算。

$$W_F = \frac{E_2 m_1}{E_1 m_2} \times 100\% \quad (2-26)$$

式中：E_2——固色布样（试样Ⅱ）溶液的吸光度值；

m_1——预烘布样（试样Ⅰ）的质量，g；

E_1——预烘布样（试样Ⅰ）溶液的吸光度值；

m_2——固色布样（试样Ⅱ）的质量，g。

3. 分散染料固色率的测定

GB/T 2396—2013《分散染料　固色率的测定　热熔染色法》规定了分散染料在涤纶上热熔轧染染色固色率的测定方法，适用于分散染料在涤纶上热熔轧染染色固色率的测定。该标准主要技术内容如下。

（1）试验原理。试验原理为用氯苯—苯酚混合溶液溶解固色前后的涤纶，然后用丙酮萃取其中的染料，用分光光度计分别测定固色前后试样萃取溶液的吸光度值，通过计算固色前后单位质量的吸光度的比值来计算分散染料的固色率。

（2）试验步骤。试验分为浸轧、热熔、试样准备、测定及结果计算几个步骤。

①浸轧。轧染深度为 20g/L，按 GB/T 2394—2013 中 6.3 的有关规定进行轧染操作。染

样经浸轧、烘干后分成两部分，其中一部分作为浸轧、烘干试样（试样Ⅱ），另一部分染样进行热熔固色。

②热熔。热熔温度：170~220℃，热熔时间：90~180s。其中，具体热熔温度和时间可根据实际需要选择，或在产品标准中规定。将浸轧准备的待热熔固色的试样按 GB/T 2394—2013 中 6.3 的有关规定进行热熔，还原清洗和干燥，此试样为热熔试样（试样Ⅰ）

③试样准备。分别取经浸轧、烘干的试样（试样Ⅱ）及经热熔、还原清洗后的试样（试样Ⅰ）各一块，取各试样的中间部位剪碎，并充分混合均匀。称取 0.1g 左右（精确至 0.0001g），置于 50mL 的容量瓶中，各加入 3mL 氯苯—苯酚混合液，使纤维全部浸没于上述溶剂中，然后置于沸水浴中，务必使纤维全部溶解，冷却至室温，在振荡下逐滴加入丙酮溶液使涤纶树脂絮状物析出，然后用丙酮溶液稀释至刻度，摇匀，加盖静置 4h 以上，或用离心方法使涤纶树脂絮状物全部沉积于瓶底，备用。

④测定及计算。用玻璃管从容量瓶上部，小心吸取澄清的有色液于比色皿中，用丙酮溶液作空白溶液，在最大吸收波长下用分光光度计进行吸光度的测定。

分散染料固色率 F（%）按式（2-27）计算。

$$F = \frac{E_1 m_2}{E_2 m_1} \times 100\% \qquad (2\text{-}27)$$

式中：E_1——经热熔、还原清洗后试样吸光度值；

m_2——经轧染、烘干后试样的质量，g；

E_2——经轧染、烘干后试样的吸光度值；

m_1——经热熔、还原清洗后试样的质量，g。

七、染料耐碱稳定性的测定

染料耐碱稳定性是指染料在碱性溶液中的稳定性。由于各种活性染料的分子结构不同，其发色基团的耐碱性也存在较大的差异，因此，当工艺条件发生变化时，各颜色的变化规律也不同，在生产过程中掌握这些常用活性染料耐碱性的差异和变化规律很有必要。例如，19 号艳蓝因为不耐碱性凝聚而容易在固色液中形成色点，而 5 号黑则是耐碱性水解能力较差的染料，车速过慢或固色汽蒸时间过长会有部分已经固色的染料又水解脱色而变浅。

同时，由于一些特殊的染色工艺要在碱性条件下进行，从而对染料的耐碱稳定性要求也会较高。例如，冷轧堆染色是一种常见的染色工艺，由于其工艺流程短、设备简单、节约能源，且固色率高于常规轧蒸法，不存在染料泳移等弊病，被广泛采用，但该工艺要求织物在低温下浸轧染料与碱剂的混合溶液，因而要求染料耐碱稳定性好，在浓碱、低温下不析出。因此，有必要对染料的耐碱稳定性进行考察。

不同染料的耐碱性的表现是不同的。活性染料的耐碱性主要表现为耐碱凝聚能力和耐碱水解能力。一方面活性染料在碱性条件下，其相互之间的相容性被打破，从而出现凝聚和分层现象；另一方面，活性染料在某种 pH 条件下也会发生水解，耐碱水解能力是指活性染料耐碱性水解的能力。在生产过程中，选用的染料耐碱性越强越好。

GB/T 29597《反应染料　耐碱稳定性的测定》规定了反应染料耐碱稳定性和耐盐—碱稳定性的测定方法。适用于反应染料耐碱稳定性和耐盐—碱稳定性的测定。该标准主要技术内容如下。

（一）试验原理

一定浓度的反应染料溶液，在一定浓度的碱（盐—碱）的作用下，染料会产生凝聚而析出。通过测量染料在碱（盐—碱）液中的析出时间来评价耐碱（盐—碱）稳定性。

（二）仪器和试剂

磁力搅拌器，转速 500～600r/min；天平，感量 0.01g；中速定性滤纸；碳酸钠溶液，200g/L；混合碱溶液，每升溶液中含氢氧化钠 120g，硅酸钠（$Na_2SiO_3 \cdot 9H_2O$）200g；无水硫酸钠。

（三）耐碱稳定性的测定

称量染料样品 10g（精确至 0.01g）于 150mL 烧杯中，加入 90mL 水，搅拌溶解，调整溶液温度（25±2）℃。把溶液置于磁力搅拌器上，放入搅拌棒，开动搅拌，搅拌速度为 500～600r/min。在搅拌下加入混合碱溶液 10mL，开始计时。加完混碱后即点样观察，以后每隔 5min 取样一次，每次取样 1 滴，点在滤纸上，观察滤纸渗圈是否有染料析出。如果有染料析出，记录染料析出的第一时间，作为耐碱稳定性。如果在 120min 还没有染料析出，则结束实验，耐碱稳定性计为>120min。

（四）耐盐—碱稳定性的测定

称量染料样品 2g（精确至 0.01g）于 150mL 烧杯中，加入 90mL 水，搅拌溶解，调整溶液温度（25±2）℃。把溶液置于磁力搅拌器上，放入搅拌棒，开动搅拌，搅拌速度为 500～600r/min。在搅拌下加入 5g 无水硫酸钠，待充分溶解后，再加入 10mL 碳酸钠溶液，开始计时。加完混碱后即点样观察，以后每隔 5min 取样一次，每次取样 1 滴，点在滤纸上，观察滤纸渗圈是否有染料析出。如果有染料析出，记录染料析出的第一时间，作为耐盐—碱稳定性。如果在 120min 还没有染料析出，则结束实验，耐盐—碱稳定性计为>120min。

八、染料溶解度和溶液稳定性的测定

染料的溶解度是指一升水中所能溶解染料的克数。水溶性染料的溶解度是反映染料性能的一项重要指标。溶解度的优劣影响到染色溶液及印花浆料是否容易配制，尤其对印花浆料，因为含水量少，对于溶解度低的染料就不能配制深浓色泽的印花色浆，并且容易在染色和印花色浆中产生色点和色斑，染料溶液和印花色浆的储存稳定性也差，同时还会在一定程度上影响色织物的色牢度。此外，从国外一些公司的水溶性染料样本看，一般均列有溶解度数据。一般用户在取得染料样品后，首先确定的是染料的溶解度和不溶物指标，在上述数据符合要求以后，才能进行其他性能的检测，可见溶解度的测定是十分重要的。

（一）染料溶解度和溶液稳定性的测定方法

溶解度的测试方法有过滤法和滤纸斑点法。

过滤法是在规定温度下，将不同量的水溶性染料溶解稀释至一定体积，采用特定滤材，在规定的真空减压条件下，将不同浓度的染料溶液按浓度递增顺序依次保温过滤，以过滤时间突跃点和滤材上的色泽深浅变化（或出现沉积物）判定该染料的溶解极限。突跃点前一档的染料浓度即为染料的溶解度，以 g/L 表示。

滤纸斑点法需要称取染料若干份，分别加数滴蒸馏水，将其调成浆状，然后使它们溶解于10mL98℃沸水中，保温搅拌15min后，依次从液面中层吸取染液0.5mL，垂直滴于铺在烧杯口的滤纸上，再吸取染液0.5mL，重复一次。将所有滤纸晾干，目测滤纸上的试液渗化圈，若在滤纸中心有染料显著析出，则前一档为染料的溶解度。

（二）染料溶解度和溶液稳定性的测定标准

目前，我国现行的测定染料溶解度的方法标准有GB/T 3671.1—1996《水溶性染料溶解度和溶液稳定性的测定》与GB/T 3671.2—1996《水溶性染料冷水溶解度的测定》，这两项标准是以西欧六个主要染料生产公司（即Bayer公司、Hechst公司、Sandoz公司、ICI公司、Ciba-Geigy公司和BASF公司）的统一测试方法为基础，所以这两项标准是完全和国际接轨的，适用于全部水溶性染料，如活性、直接、酸性、阳离子、碱性、食用色素等类染料的溶解度测定，具有其科学性和测试的精确性，为控制水溶性染料的溶解度性能提供了方法。

1. 水溶性染料溶解度和溶液稳定性的测定

GB/T 3671.1—1996《水溶性染料溶解度和溶液稳定性的测定》规定了水溶性染料在40~90℃范围内的实用溶解度及其溶液稳定性的测定方法，该方法不是用于测定绝对溶解度。该标准主要技术内容如下。

（1）试验原理。在指定的温度下，制备一组包括溶解度极限在内的已知浓度的待测染料溶液，然后在该温度下，采用可加热的布氏漏斗，用滤纸对溶液进行抽滤，并通过目测滤纸的残渣和测量过滤时间来确定冷水溶解度的极限。

染料的溶解度一般在90℃测定，对某种类别的染料在较低的温度下测定，一般参照生产厂的建议来选择测试温度。温度必须在测试报告中予以表明。

染料的溶液稳定性的测定是把溶液存放2h，按需要在过滤前将上述溶液冷却并做评价，溶解温度和存放温度必须在报告中表明。

（2）仪器和试剂。标准中所用到的仪器和试剂有：50mL广口锥形饶瓶；带电磁搅拌器的恒温控制加热浴，搅拌棒长40mm，直径为6mm，搅拌速度为500~600r/min；能调节温度至存放温度的水浴；玻璃、不锈钢或瓷制的可加热的布氏漏斗（内径为72mm，容积不小于200mL，孔的数目大于100孔，均匀分布，孔的总面积不小于200mm^2）；带有循环泵的恒温控制装置；容积为1~2L抽滤瓶；可产生高真空度的活塞泵或薄膜泵，真空度至少可达50kPa；用于调节和维持规定真空度的压力调节装置，最好连有真空表；秒表；快速定性滤纸；水（用作为染料溶剂的水应符合GB/T 6682—2008中三级水的规定，需要注意的是，一般用200mL水溶解，如果溶液中被加入了更多的水，该添加量必须与染料的溶解度值一起在报告中注明）。

（3）溶液的制备。所制备的染料溶液的浓度档次将按预计的该染料的溶解度极限值来选定，见表2-14。

表2-14　染料溶液溶解度的选择

预计的溶解度介于	接近溶解度极限的染料浓度增加档次
1~10g/L	1g/L
10~50g/L	5g/L
50~100g/L	10g/L
100g/L以上	20g/L

90℃溶解度的测定时，准备60℃左右不超过溶解温度的水200mL，先用少量水将一份已知量的待测染料调浆，并移入广口锥形烧瓶中，待完全润湿以后，把余下的水全部倒入烧瓶中。将该溶液放入调整至95℃的加热浴中，启动电磁搅拌器，当该溶液达到（95±2）℃的温度时，在该温度继续搅拌5min（总的搅拌时间大约为10min）。然后立即把该溶液过滤以测定该染料在90℃的溶解度。对被测染料的每一个浓度重复该操作过程。

低于90℃溶解度的测定时，准备一份200mL要求的溶解温度的水，把一份已知量的待测染料调浆，并移入广口锥形烧瓶中，待完全润湿后，把余下的水完全倒入烧瓶中。把该溶液放入调整至所需溶解温度的加热浴中，搅拌10min，然后过滤。对被测染料的每一个浓度重复该操作过程。

将上述的制备溶液装入锥形烧瓶，并置于调至所需温度的水浴中，放置2h后过滤，过滤前摇动烧瓶使溶液混合均匀。等待过滤。

（4）溶液的过滤。把布氏漏斗预热到试验温度，并在整个过滤操作过程中，保持此温度。同时，在过滤前，把在布氏漏斗中的双层滤纸用至少50mL试验温度的水润湿，然后调整真空度至3~4kPa，即相当于300~400mm水柱的真空度，即可把待过滤的染料溶液在推荐的温度下过滤，用秒表测量过滤时间，目测放置染料溶液的烧瓶中是否有残余物存在。

在规定的真空度下，如果染液不能在2min内滤下，可在开足真空下过滤，但此时间不得超过2min，在溶液过滤完以后，开足真空度，把滤纸脱水1min。在评级前，使滤纸在室温下完全干燥。

在此过程中为了避免温度突变的影响，过滤热溶液的装置必须加热到与试验溶液相同的温度，一般采用夹套布氏漏斗最为理想，但是采用预热漏斗也可获得满意的结果。将漏斗浸于水浴或放于烘箱中或在试验前用预先加热至试验温度的水流经过滤装置。当采用后述方法时（预加热方法），用于预热的水量取决于能把过滤漏斗加热至相同温度，而与装置的几何形状及周围条件无关。在采用预加热的各种情况下，比采用夹套漏斗时，更要注意试验溶液从加热介质中取出后，必须立即过滤。

（5）评级。目测评定过滤过各种已知浓度染料溶液的干燥滤纸。当滤纸上能看到残渣时的浓度就作为溶解度极限或溶液稳定性极限，有时可以通过用手指尖轻轻摩擦滤纸以发现不易看到的残渣。此外，过滤时间也可以作为进一步评级的依据，当过滤时间随染料浓度的增加而产生突跃时就表示已超过了溶解度极限，或表示该溶液不能长时间稳定。

2. 水溶性染料冷水溶解度的测定

GB/T 3671. 2—1996《水溶性染料冷水溶解度的测定》等同采用ISO 105-Z09《水溶性染料冷水溶解度的测定》，该标准规定了水溶性染料在25℃水中（不需预先加热）溶解度的测定。该方法测定的不是绝对溶解度。该标准主要技术内容如下。

（1）试验原理。在25℃制备一组包括溶解度极限在内的已知浓度的待测染料溶液，然后在该温度下，采用可加热的布氏漏斗，用滤纸对溶液进行抽滤，并通过目测滤纸残渣和测量过滤时间来确定冷水溶解度极限。

（2）装置和试剂。400mL烧杯；带电磁搅拌器的恒温控制的加热浴，控制温度至（25±2）℃，搅拌棒长40mm，直径为6mm，搅拌速度为500~600r/min；玻璃、不锈钢或瓷制的可加热的布氏漏斗（规格同 GB/T 3671.1—1996 的一致；带有循环泵的恒温控制装置，用于调节布氏漏斗的温度；1~2L 抽滤瓶；可产生高真空度的活塞泵或薄膜泵，其真空度至少可达 50kPa；秒表；快速定性滤纸；水（规格同 GB/T 3671.1—1996 的一致）。

（3）溶液的制备。所制备染料溶液的浓度档次将按预计的该染料的冷水溶解度极限值来选定，见表 2-15。

表 2-15 染料冷水溶解度的选择

预计的溶解度（g/L）	接近溶解度极限的染料浓度增加档次（g/L）
1~10	1
10~50	5
50~100	10
100 以上	20

把一份已知重量的待测染料，在搅拌下在 5s 内撒在盛有 200mL 水的烧杯中，该烧杯被事先置于已调整至（25±2）℃的恒温控制加热浴中，总的搅拌时间为 2min 或 5min，立即把该溶液进行过滤，搅拌时间必须与冷水溶解度极限值一起在测试报告中注明。对被测染料的每一个浓度重复该操作过程。

（4）溶液的过滤。把布氏漏斗预热到 25℃溶解温度，并在整个过滤操作过程中，保持此温度。在过滤前，把在布氏漏斗中的双层滤纸用至少 50mL 25℃温度的水润湿；调整真空度至 3~4kPa，即相当于 300~400mm 水柱的真空度；把染料溶液在（25±2）℃下过滤，并用秒表测量过滤时间；在规定的真空度下，如果染料溶液不能在 2min 内滤下，可在开足真空下过滤，但此时间不得超过 2min。在溶液过滤完以后，开足真空度，抽滤脱水 1min；在评级前，使滤纸在室温下完全干燥。

（5）评级。目测评定过滤过各种已知浓度染料溶液的干燥滤纸，当滤纸上能看到残渣时的浓度就作为冷水溶解度极限，有时可以通过用手指尖轻轻摩擦滤纸以发现不易看到的残渣；过滤时间也可以作为进一步评级的依据，当过滤时间随染料浓度的增加而产生突跃时就表示已超过了冷水溶解度极限。

3. 测试过程中的技术问题

根据已有经验，可能影响试验结果的因素有以下几点。

（1）使用了其他不同规格的滤纸。滤纸的选择必须根据渗透性及实际情况来综合考虑。

（2）采用了其他溶解温度。许多染料即使在明显低于 90℃或给定的温度下也能很好地溶解，有些染料在 90℃时能很好地溶解，但在 85℃时便很难溶解。

（3）采用了其他的储存温度和储存时间。

（4）采用了不同硬度或加入了电解质的水。

评判过程也会对实验结果有影响，标准是通过滤纸上的残渣来判断溶解度极限或溶液稳定性极限，但所谓的残渣是指染料粒子残渣而言。有时染料中往往含有一些不溶性杂质，或在染料生产工艺中加入的活性炭残余，两者必须加以区分。一般区分方法是把粒子取于指尖，加一滴水观察能否溶解，能溶解且有色的，才是染料粒子。反之，析出固体杂质或残余的活性炭不作为终点。对于标准中提出的可通过过滤时间产生突跃来判断溶解度极限，但是在大多数情况下，当时间突跃时，已超过溶解度极限，在判定终点时首先依据的是观察染料粒子的析出。

九、染料粉尘飞扬性的测定

粉尘由分散在空气中的固态物质的粒子组成，是在混合、取样、分散等操作下形成。在染料应用工业中，染料的粉尘是一个评价卫生、保健和安全的重要指标。

（一）染料粉尘飞扬性的测定方法

根据粉尘发生的方法，粉尘测试分为气流法、转鼓法和重力法。气流法是以一定压力的气流吹起一定量的染料，将被吹起的染料的一部分作为粉尘收集起来进行分析，气流流动的变化有可能对粉尘的量和组成，即粒度分布产生影响。转鼓法是在转鼓容器中装入一定量的染料，通过搅拌产生粉尘，以规定条件的气流收集后进行分析。由于粒子通过机械搅拌，有可能改变染料的粒度分布或粉尘飞扬性。重力法是在密闭的容器中，将一定量的染料从特定的高度落下，用光学方法直接测量产生的粉尘，也可用一定气流收集后进行分析。为得到可靠的有价值的染料粉尘飞扬性结果，应尽量采用与染料的实际使用条件相近的粉尘发生法，即不改变染料粒度分布的粉尘发生法。从这点考虑，为接近实际使用条件如称量、分散等，使结果可靠，应选择重力法。

根据粉尘分析的目的不同，可分为定性分析、定量分析以及粒径分析测试。大多数情况下，是将两个样品的粉尘性进行对比，达到定性测定的目的。测试过程一般是将混有粉尘的空气，通过过滤装置过滤，粉尘被过滤装置收集，用评级卡进行目测评级。定量分析分为重力分析法和吸光度测量法，它们是采用测量产生粉尘的总量来对粉尘进行定量测试。重力分析法是将混有粉尘的空气，通过过滤装置过滤，将粉尘收集在滤纸上，根据收集粉尘后滤纸与收集粉尘前滤纸的重量差进行定量分析。吸光度测量法是将粉尘从滤纸上分离，或与滤纸一起溶解，测量溶液的吸光度。另外，如有特殊需要，也可将含有粉尘的空气吸入粒径分析装置或分离装置，通过测定其粒度分布来确定其粉尘飞扬性。在用气流收集产生的粉尘时，根据具体情况和要求，可使用这三种递增的方法，综合评价染料的粉尘性。

（二）染料粉尘飞扬性的测定标准

GB/T 6693—2009《染料　粉尘飞扬性的测定》规定了染料粉尘飞扬性的测定方法。适用于染料粉尘飞扬性的测定，其修改采用 ISO 105-Z05—1996《纺织品　色牢度的测定　第 Z05 部分：染料粉尘飞扬性的测定》，采用中速定性滤纸代替玻璃纤维滤纸。该标准主要技术内容如下。

1. 测定原理

粉尘是由染料样品通过一个粉尘发生装置产生，用真空抽取含粉尘的空气并传送到检测器，产生的粉尘量是用目测法、重量法、光度计法来评定。

2. 仪器和试剂

天平（精度±0.1g）；带滤纸固定装置和连接装置以及附加组合部分的粉尘发生装置；中速定性滤纸；真空泵；空气流量调节器；流量计：空气流量在 10~20L/min 之间可调；计时器；评定沾色用灰色样卡；分析天平：精度±0.01mg；分光光度计；清洁设备（如刷子和吸

尘器）；镊子。

3. 试验方法

将滤纸固定在滤纸固定装置上，安放在粉尘发生装置上后关闭阀门并保持气闭性。用天平仔细称取染料（10±0.1）g，放在装置顶部的料斗中，启动计时器同时迅速打开滑动阀门，使染料通过管子落到粉尘室的底部。打开阀门 5s 后，按以下条件启动真空泵，使染料粉尘从粉尘室收集到滤纸上。流量：15L/min；抽气时间：120s（在染料落下 5s 后开始计时）；染料下落高度：（815±5）mm；用镊子小心地将附着粉尘的滤纸从固定装置上取下，进行评级。每次试验后清洁测试仪器。如果用潮湿的方法清洗，洗后物必完全干燥。

4. 滤纸上染料粉尘量的评定

滤纸上染料粉尘量的评定分为目测法、重量法和分光光度计法三种。

（1）目测法。将已收集粉尘的滤纸与评定沾色用灰色样卡进行目测评级，用以下级别表示：

1 级 = 有大量粉尘；5 级 = 无粉尘；也可用半级表示。

（2）重量法。用分析天平称出有粉尘滤纸的质量。因为低粉尘品种的粉尘量非常少（<1mg），各种误差会引入重量法。如果出现这种情况，建议用分光光度计测定法。

（3）分光光度计法。用分光光度计法测定粉尘量，在室温下将沾有粉尘的滤纸溶解在合适的溶剂中搅匀，形成透明溶液。用分光光度计测定其光密度值，在预先制成的计算曲线上读出粉尘量。

5. 影响测试结果的因素

粉尘的产生和检测受很多因素影响。在特定的测试条件下，测定粉尘的量才能得到可靠的结果。这意味着用目测法或定量法测定粉尘飞扬性结果不可与用其他测试方法的结果直接进行比较，测量结果只适用于特定的测量方法和试验条件。但由某一种方法测试的一组结果的相互秩序可与其他方法测试结果的相互秩序相比较。

目测法不能对一种染料产生的粉尘量进行定量测定。主要原因是每次测试时粉尘的粒度分布，颗粒大小、色相都不相同。目测法受主观因素影响大，如检测人员的经验、粉尘的颜色、滤纸表面的性质（光滑和粗糙）。一般来说有半级的误差。根据经验，在重复条件下（同一测试仪，同一试验室）总误差不应超出这一范围。

在重力分析法中，滤纸的固定状态和静电等影响，都有可能产生不可避免的误差。在以分光透射法测量粉尘的量时，需要注意的是必须用透明的溶液。根据大多数试验室的经验，在正常条件下，再现性变异系数约为 10%。

影响测试结果准确性的因素是多方面的，主要的可能原因有：

（1）设备引起的因素。设备引起的因素有：空气流量调节错误；通过设备的气流不是恒定的，真空度不符合要求；时间控制不准确。适当地调节仪器可使这些误差变得很小。

（2）外部因素。外部因素有湿度、静电、样品中粉尘不均匀，这些对测试染料粉尘飞扬的重现性试验是重要影响因素。用样品分样器可以将染料中粉尘量的不均匀影响减到最小，但染料样品将受到机械力的影响，所以通常不建议使用分样器。

测定粉尘飞扬性时，必须考虑到样品存在着某种程度的不均一性，而且这种不均一性难以通过混匀样品的办法来排除，所以只能通过多次重复试验的办法来降低不均一性的影响。

参考文献

［1］韩美娜，赵建平．弱酸性染料 pH 控制条件下的真丝绸低温染色［J］．国外丝绸，2009，24（2）：22-23，28.

［2］陈启宏，杨萍，陆必泰．活性染料染色耐光色牢度的影响因素分析［J］．印染，2007，33（1）：19-23.

［3］丁静．影响 pH 值检测结果因素研究［J］．科技经济市场，2016（10）：42-43.

［4］魏家荣，蔡瑞琳，朱敏，等．用激光粒度仪检测还原染料颗粒细度的研究［J］．科技成果管理与研究，2012（5）：53-56.

［5］彭亚辉．纳滤膜分离法染料脱盐过程研究［D］．南京，南京工业大学，2003.

［6］刘盼盼，白玲．重量法和电导法测定无机盐含盐量的比较［J］．中国环境管理干部学院学报，2015（6）：83-86.

［7］许秀杰，徐慧琴．物质熔点测定方法的优劣对比研究［J］．试题与研究：新课程论坛，2014（15）：53.

［8］王雅珍，张国华．谈如何提高熔点测定实验的精度和效度［J］．化学教育，2005，26（12）：57.

［9］ELBERT H，李勤，于燕．纺织品用液状染料黏度的测量［J］．染料与染色,，1989（5）：57-63.

［10］俞从正，丁绍兰，孙根行．皮革分析检验技术［M］．北京：化学工业出版社，2005.

［11］于松华．染料生产技术概论［M］．北京：中国纺织出版社，2008.

［12］卢俊瑞．活性艳蓝 X-BR 色光和强度的影响因素研究［J］．染料与染色，1995（5）：9-12.

［13］房宽峻．染料应用手册［M］．2 版．北京：中国纺织出版社，2012.

［14］吴祖望，陈跃文，林莉，等．红色复合多活性基活性染料的结构与性能关系研究三：超分子化学和染料的提升力［J］．染料与染色，2005，42（4）：12-15.

［15］陆洪波，屠天民，项亚，等．染色工艺全过程匀染性的测评方法［J］．印染，2016，42（4）：1-5.

［16］叶金兴．匀染剂匀染性能的测定［J］．丝绸技术，1993（3）：1-2.

［17］邵云．影响皮革染色匀染性的因素分析［J］．中国皮革，1985（8）：11-15.

［18］宋心远，沈煜如．染料泳移性测试方法比较［J］．纺织学报，1991（3）：30-34.

［19］邵改芹，贺良震．染化料分析测试［M］．东华大学出版社，2010.

［20］刘益众．影响活性染料固色率的因素与对策［J］．企业技术开发，2010，29（7）：53-54.

［21］陈荣圻．用于节能减排的活性染料（一）［J］．印染，2008，34（8），44-46.

［22］吴珠云．有关水溶性染料溶解度的测定两项国家标准简介［J］．中国石油和化工标准与质量，1997（5）：6-9.

［23］李勤，于燕．用于染料质量控制的试验方法——八、染料粉尘飞扬性的测定［J］．染料与染色，1991（4）：54-57.

第三章　纺织染整助剂的分析鉴别技术

第一节　纺织染整助剂概述

一、纺织染整助剂的基本概念

为了提高纺织品质量、提高生产效率、改善加工效果、降低生产成本、简化工艺流程并赋予纺织品优异的应用性能，纺织工业在纺丝、纺纱、织布、印染、后整理以至成品的各道加工工序中，需要使用不同的辅助化学药剂。这种辅助化学品统称为纺织染整助剂，简称纺织助剂。

纺织染整助剂在纺织品的加工过程中，具有十分重要甚至不可缺少的作用，主要表现在以下几个方面。

（1）节能节水，减少能源消耗，降低生产成本。

（2）改善纺织品的性能和质量，并赋予纺织品特殊功能和风格，增加产品的附加值。

（3）减少加工工序，缩短加工过程，提高生产效率。

（4）减少环境污染，保护生态环境。

总之，纺织染整助剂不仅可以使纺织品更加功能化，还可以改善染整工艺，使纺织品更加高档化、绿色化、时尚化，在纺织品的升级换代和提高产品的附加值方面发挥着至关重要的作用。

二、纺织染整助剂的分类

随着化学工业和纺织工业的发展，纺织染整助剂的类别和品种也日益增加，这些助剂组成复杂，性能用途各异。为了更好地了解和使用纺织染整助剂，有必要对其进行分类。下面介绍几种常用的纺织染整助剂分类方法。

（一）按化学结构分类

按照纺织染整助剂的化学结构不同，可将其分为表面活性剂助剂和聚合物助剂两大类。

1. 表面活性剂助剂

表面活性剂是纺织染整助剂的重要组成部分，占全部纺织染整助剂的一半以上。按其离子性不同，表面活性剂可分为阴离子型表面活性剂、阳离子型表面活性剂、两性表面活性剂和非离子型表面活性剂。有关表面活性剂的分类本书将在第二小节介绍，这里不再作详细叙述。

2. 聚合物助剂

聚合物助剂在纺织领域的应用逐渐扩大。按照聚合物的来源或合成方法的不同，纺织染整助剂可分为天然聚合物助剂和合成聚合物助剂两大类。天然聚合物助剂包括多糖类聚合物、多核酸类聚合物、多肽类聚合物以及天然橡胶和木质素等其他类型的天然聚合物。合成聚合物依据聚合反应的不同又可分为聚合型聚合物、缩聚型聚合物和加成聚合型聚合物等。

（二）按形态分类

纺织染整助剂按照形态一般可分为液体型和固体型两类，其中以液体型产品最多，其特点是计量准确、调配容易、使用方便。液体型又可分为乳液型、溶剂型和水溶型。近年来，随着人们环保意识的增强和安全防火要求的提高，乳液型和水溶解型产品的比例逐渐增加，其性能也在不断地改进。固体型助剂的形态大多为薄片状、颗粒状或粉末状，其特点是易于储存和运输。

（三）按应用分类

按照在纺织品加工中的用途，纺织染整助剂可分为纺织前处理剂（包括纺纱织造用剂和前处理剂）、印染助剂、织物后整理剂三大类。

1. 纺织前处理剂

纺织前处理剂主要有，浆料、油剂、抗静电剂、退浆剂、精练剂、脱胶剂、润湿剂、渗透剂、漂白剂、净洗剂等。

2. 印染助剂

印染助剂主要有，乳化剂、分散剂、匀染剂、缓染剂、固色剂、黏合剂、增稠剂、荧光增白剂、印花糊料、涂料印花黏合剂等。

3. 织物后整理剂

织物后整理剂主要有，抗静电整理剂、硬挺整理剂、树脂整理剂、柔软整理剂、防水及涂层整理剂等。

（四）按助剂在纤维上是否长期残留分类

根据纺织染整助剂在纤维上的残留情况，可将其分为除去性助剂和存留性助剂。

1. 除去性助剂

除去性助剂是指纤维或织物经此助剂处理后能提高加工效率或使加工过程更为顺畅地进行，但是在后面的工序中需要将其除去以免影响后续工序的进行，如浆料、化纤油剂等。

2. 存留性助剂

存留性助剂是经过处理，助剂机械地沉淀在纤维上或与之发生化学反应而结合在一起，在以后的工序中不用再除去，能够产生较为持久的效果，许多织物后整理剂（如柔软整理剂、阻燃整理剂等）都属于此类助剂。

三、纺织染整助剂的命名

根据国家标准 GB/T 25800—2010 的有关规定，纺织染整助剂采用前缀修饰词加基本名称加代号的方式命名，前缀修饰词一般包括助剂的应用对象、基本结构、应用工艺以及表示特殊性能的形容词等；基本名称即根据其应用范围、工艺过程分类后的系列名称；代号一般是为了区分同类助剂产品厂家根据情况自行确定的。

（一）前缀修饰词

前缀修饰词主要包括助剂的应用工艺、应用对象（织物、染料以及染整加工设备等）、结构组成、状态以及表示染整助剂的一种突出性能或加工效果的修饰词，如表 3-1 所示。

纺织染整助剂命名时，前缀修饰词可以不注明，其数量主要根据产品的特性确定，不需要把每一类的前缀全部注明。

表 3-1 纺织染整助剂命名中常用前缀

应用工艺							
纤维织造	前处理	染色	后整理				
纺丝①	去油	增白	柔软	易去污			
纺纱	退浆	固色	阻燃	抗静电			
络筒	精练	剥色	抗菌	涂层			
上浆/上蜡	漂白	印花	防水	防油			
应用对象							
织物种类②				染料种类③			
棉	黏胶	氯纶	羊毛	丙纶	分散染料	反应（活性）染料	酸性
维纶	丝	氯纶	锦纶	氨纶	还原	碱性	直接
涤纶	混纺	醋纤	腈纶		阳离子	硫化	显色
结构组成							
表面活性剂	聚合物						
阴离子	聚丙烯酸（酯）类	纤维素（抛光）酶	树脂				
阳离子	聚乙烯类	过氧化氢酶	硅油、氨基（羟基）硅油等				
非离子	有机氟、含氟	淀粉（退浆）酶					
两性	聚氨酯	果胶酶					
混合型	聚硅氧烷、有机硅	蛋白酶					
助剂状态							
固态				液态			
颗粒	薄片	微球	粉末	溶剂型	乳液型	水溶型	
加工效果							
乳化	润湿	荧光	增白	夜光	免烫	硬挺	抗黄变
防蛀	防紫外线	防臭	防螨	防虫	增深	增亮	增艳
吸湿排汗	多功能性	（日晒等）牢度提升		其他			
其他性能修饰							
高效	快速	高柔软性（超柔软）		高温	宽温	高浓度	持久、耐久
低毒	低泡沫	低温		低浓度		其他	

①纺丝工艺中，其中的丝包括长丝和短纤。以涤纶长丝为例，要据纺丝的加工工艺不同，可分为初生丝（预取向丝PDY）、拉伸丝（全拉伸PDY）、变形丝（空气变形丝）等。因而在纤维纺丝助剂（油剂）的命名中也可以丝的类别作为前缀修饰之一，如POY油剂、FDY油剂。

②在命名中除了有织物种类外还可能涉及织物的风格，有时也是织物的商品名，如珊瑚绒、摇粒绒、麂皮绒等，因而允许此类修饰词出现在纺织染整助剂的命名中。

③染料的类别根据国家标准GB/T 6686—2006染料的分类，列出了纺织染整助剂行业中常用的部分。

（二）基本名称

表示纺织染整助剂按照应用范围分类的名称。根据 GB/T 25798 纺织染整助剂的分类系列作为基本名称。根据我国染整助剂行业现状，具体的分类系列名称包括纺浴添加剂、纺液添加剂、纺丝油剂、短纤维油剂等，共计 100 多种。

在以上名称中未包含的纺织染整助剂的品种，按照应用范围以最简短的文字作名称，暂列入所属类别的其他中，待该助剂的品种增多成系列后，再设置新系列。沿用已久的通用名称可以保留，如保险粉、雕白块、土耳其红油、魔芋粉、黄糊精、羧甲基纤维素等。

（三）代号

代号一般用字母或数字的组合表示，位于基本名称的后面。为了区分同类助剂产品由于浓度等性能的不同，由生产厂自行确定。在纺织染整助剂命名中代号可不使用。

第二节 表面活性剂分析技术

如前所述，纺织染整助剂有很大一部分是由表面活性剂组成的，因此表面活性剂的分析技术，很大程度上可作为纺织染整助剂分析鉴别技术的基础。

一、表面活性剂的基本概念

表面活性剂是指能够显著降低溶剂（一般为水）表面张力，改变界面状态，具有亲水亲油特性和特殊吸附性能，从而产生润湿、乳化、起泡、增溶等一系列作用（或其反作用）的物质。

表面活性剂分子结构一般是由极性基和非极性基构成，即分子的一端是极性的亲水（憎油）基团，而分子的另一端是非极性的亲油（憎水）基团（也称为亲油疏水基团）。如十二烷基硫酸钠，其亲水基团为—OSO_3Na，疏水基团为十二烷基。多数表面活性剂的疏水基呈长链状。通常，人们将亲水基团称为“头”，疏水基团称为“尾巴”，烷基硫酸盐表面活性剂分子常以图 3-1 所示图形示意。

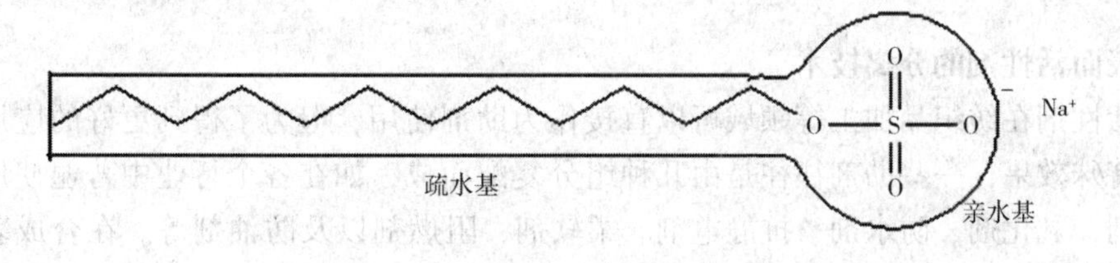

$C_{12}H_{25}OSO_3^-Na^+$

图 3-1 表面活性剂分子结构特征示意图

二、表面活性剂的分类

表面活性剂种类很多，通常有如下四种分类方式。

（一）按照离子类型分类

表面活性剂溶于水后，能够离解成离子的称为离子型表面活性剂；不能够离解成离子的称为非离子型表面活性剂，这是目前最常用的分类方法。而离子型表面活性剂又可按照产生电荷的性质分为阴离子型表面活性剂、阳离子型表面活性剂和两性离子型表面活性剂。表面活性剂离子型分类方法如图 3-2 所示。

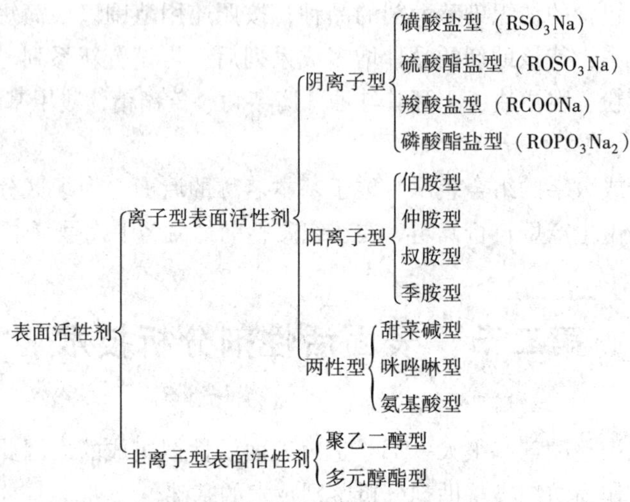

图 3-2　表面活性剂离子型分类方法

（二）按照溶解性能分类

按照在水和油中的溶解性，表面活性剂可分为水溶性表面活性剂和油溶性表面活性剂，前者占绝大多数。

（三）按照分子量分类

分子量大于 10^4 的称为高分子表面活性剂，分子量为 10^3～10^4 的称为中分子表面活性剂，分子量在为 10^2～10^3 称为低分子表面活性剂。常用的表面活性剂大都是低分子表面活性剂。

（四）按照用途分类

表面活性剂按照用途可分为润湿剂、表面张力降低剂、缓蚀剂、柔软剂、渗透剂、乳化剂、分散剂、增溶剂、絮凝剂、起泡剂、消泡剂、抗静电剂、杀菌剂、防水剂、织物整理剂和匀染剂等。

三、表面活性剂的分离技术

表面活性剂在纺织品加工等领域可以直接作为助剂使用，但为了得到更好的应用性能或达到某种特殊效果，一些助剂往往是由几种组分复配而成，如在各个行业中普遍使用的渗透剂、润湿剂、乳化剂、防水剂、抗静电剂、柔软剂、阻燃剂以及防油剂等。在合成表面活性剂的工业生产过程中以及剖析研究助剂组成的工作中，都会遇到对表面活性剂的分离和分析鉴别的问题，工业助剂一般都是含有多种不同类型的表面活性剂组分的复配物，在分析前应先进行分离，而对复配助剂的分离分析通常是一项困难的工作。下面，我们简要介绍几种常用的表面活性剂的分离方法。

（一）离子交换色谱分离技术

离子交换色谱法是用离子交换树脂分离离子型物质与非离子型物质的一种方法。离子交换树脂中具有可以离解的酸性或碱性基团，能与溶液中其他的阴离子或阳离子起交换作用。通过交换，可以把一些能离解的酸性、碱性组分吸附在树脂上，从而与不能离解的非离子物质分开。被吸附的组分可以选用适宜的洗脱剂洗脱、分离。

根据可以被交换的活性基团的不同，离子交换树脂一般可分为阳离子交换树脂和阴离子交换树脂两大类；根据其酸性或碱性基团的强弱，又可分为强酸性阳离子交换树脂（如—SO_3H）、弱酸性阳离子交换树脂（如—COOH）、强碱性阴离子交换树脂（如季铵碱）和弱碱性阴离子交换树脂（如—NH_2，—NHR_1，—NR_2）。由于这些基团中的离子可以被其他离子置换，所以经过适当的处理，又可以恢复到原来的形式获得再生。

1. 离子交换树脂的交换反应

（1）强酸性阳离子交换树脂。

$$R—SO_3H+Na^+ \underset{再生}{\overset{交换}{\rightleftharpoons}} R—SO_3Na+H^+$$

（2）弱酸性阳离子交换树脂。

$$R—COOH+Na^+ \underset{再生}{\overset{交换}{\rightleftharpoons}} R—COONa+H^+$$

（3）强碱性阴离子交换树脂。

$$R—N^+(CH_3)_3OH^-+Cl^- \underset{再生}{\overset{交换}{\rightleftharpoons}} R—N^+(CH_3)_3Cl^-+OH^-$$

（4）弱碱性阴离子交换树脂。

$$R—N(CH_3)_2+H_2O \rightleftharpoons R—N^+(CH_3)_2HOH^-$$

$$R—N^+(CH_3)_2HOH^-+Cl^- \underset{再生}{\overset{交换}{\rightleftharpoons}} R—N^+(CH_3)_2HCl^-+OH^-$$

离子交换分离法可以使能被交换的离子与不能被交换的离子分离或由于交换的能力不同而使能被交换的几种离子彼此分离，这种方法既可以将表面活性剂从杂质和副产品中分离出来，也可以将不同的表面活性剂进行分离。常见的离子交换工艺由溶剂储存器、装有树脂的分离柱、控制流量的装置和流出液接收器等基本组件组成。

2. 离子交换分离操作程序

首先根据分离要求选用适当的树脂，工业上常用离子交换树脂的实例见表3-2，吸附不同表面活性剂的树脂类型见表3-3。

表3-2　常用的离子交换树脂实例

树脂类别	交换基	举例
强酸性阳离子交换树脂（通常为H型）	—SO_3H	Amberlite IR-120 Zerolit 225 Amberlite IR-100 Bio-Rad AG 50W Dowex 50 Dudite C225

续表

树脂类别	交换基	举例
弱酸性阳离子交换树脂（通常为H型）	—COOH	Zerolit 216 Amberlite CG 50 Bio-Rex 70 Dudite C436
强碱性阴离子交换树脂（通常为氯型）	季铵基	Amberlite IRA-401 Amberlite IRA-400 Zerolit FF Bio-Rad AG-1 Dowex 1 Duolite A-3013
弱碱性阴离子交换树脂（通常为氢氯型）	叔胺基	Bio-Rad AG-3 Dowex 3 Duolite A 378 Amberlite M
混合层树脂（H型和OH型）	季铵基和磺酸基	Duolite MB 5113 Bio-Rad AG-501 Amberlite MB-1 Zerolit DM-F

表3-3 树脂类型与所吸附的表面活性剂种类

树脂类型	吸附在树脂上的表面活性剂种类
强碱性阴离子交换剂（氯型）	磺酸盐、硫酸盐
强碱性阴离子交换剂、乙酸（盐）	肥皂、硫酸盐、磺酸盐、非游离羧酸盐表面活性剂
弱碱性阳离子交换剂、氯化氢	磺酸盐、硫酸盐
弱碱性阳离子交换剂、游离碱	任何类型的游离酸
强酸性阳离子交换剂（钠型）	季铵阳离子化合物
弱酸性阳离子交换剂（钠型）	季铵阳离子化合物
弱酸性阳离子交换剂、游离酸形式	任何形式的游离碱
混合床树脂	所有的阴、阳离子表面活性剂

市售的离子交换树脂往往颗粒大小不均匀或粒度不符合要求，而且常含有一定量的杂质，使用前必须进行净化处理。若为干树脂，使用前还需要先用水浸泡膨胀后再进行处理。方法如下：首先用水浸泡干树脂2h后减压抽去气泡，倾去水后，用去离子水淘洗至澄清，倾去水后再加入4倍树脂量的4~6mol/L的盐酸溶液，搅拌4h后除去酸液，水洗至中性，再加入4倍量的4~6mol/L的氢氧化钠溶液，搅拌4h后除去碱液，最后用去离子水洗至中性，备用。

选用适当的试剂，使经上述处理的树脂转型为所需的型式：阳离子交换树脂用HCl溶液处理则转为 H 型阳离子交换树脂，用 NaOH 溶液处理则转为钠型阳离子交换树脂，用 NH_4OH 溶液处理则转为 NH_4^+ 型阳离子交换树脂；阴离子交换树脂用 HCl 溶液处理则转为氯型阴离子交换树脂，用 NaOH 溶液或 NH_4OH 溶液处理则转为 OH^- 型阴离子交换树脂。

使用离子交换树脂分离表面活性剂混合物，可以将离子交换树脂加入容器内与溶质进行交换，也可将离子交换树脂装在分离柱中操作。一般来说，由于分离柱内进行效果较好，故而离子交换分离常在交换柱中进行，如图 3-3 所示。分离柱是一根下端具有活塞的玻璃管，其规格可根据需要选用，其装柱过程与一般色谱法相同。需要强调的是，树脂层不能夹带空气，防止出现气泡和分层，装柱要均匀。

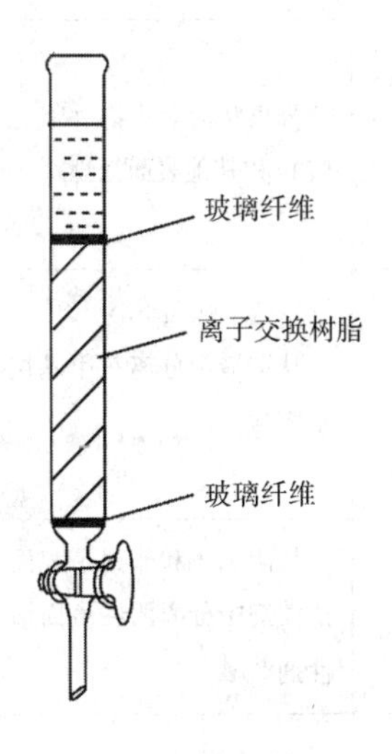

图 3-3　离子交换柱

装柱完毕后，将欲分离的样液倾入交换柱中，试液流经交换柱中的树脂层时，从上到下一层层地发生交换过程。表面活性剂混合物的分离，通常在乙醇或异丙醇体系中进行。交换完毕后，应进行洗涤，洗净后的交换柱继续进行洗脱。对于阴离子交换树脂，常用 NaOH 溶液或 NaCl 溶液作为洗脱液，而阳离子交换树脂则常用 HCl 溶液作为洗脱液，在洗脱液中测定被交换的离子。

3. 离子交换色谱分离表面活性剂实例

（1）阴离子交换色谱法。对于大多数阴离子表面活性剂，根据溶剂的强度，既可以使用强碱性树脂，也可以选用弱碱性树脂。溶液的 pH、离子强度以及水的体积不同，分离效果也不相同。表 3-4 列举了阴离子交换色谱法在表面活性剂分离中的应用。

表 3-4　阴离子交换色谱法分离表面活性剂实例

序号	分离项目	离子交换剂	分离步骤
1	从链烷烃二磺酸酯（盐）和链烷烃的多磺酸酯（盐）中分离链烷烃磺酸酯（盐）	DEAE Sephadex A25 弱碱性树脂，羧基型	将表面活性剂的混合物置于乙醇中，用 1mol/L 碳酸氢铵的水溶液或 70：30 的水/甲醇溶液洗提链烷烃二磺酸酯（盐）或链烷烃多磺酸酯（盐）。将 0.3mol/L 的碳酸氢铵溶于 60：40 丙醇/水溶液中，用以洗提单磺酸酯（盐）
2	从肥皂和其他洗发剂中分离阴离子型烷基硫酸酯（盐）	Amberlit CG-45，型号 2，弱碱性树脂，碳酸盐型，1.1cm×5cm	将样品溶于含乙酸的乙醇中，通过分离柱，并用 99：1 乙醇/乙酸洗提。用水和 1.5mol/L 的 NaOH 溶液清洗。将 0.8g 碳酸铵、24mL 浓氢氧化钠溶液和 200mL 甲醇混合，用 150mL 此溶液洗提烷基硫酸酯（盐）
3	从两性物质和阳离子物质中分离阴离子物质	Zerolit M-IP SRA 151，氯型	将样品溶于甲醇并通过分离柱，用 3mol/L NH_4OH 的乙醇溶液洗提，在此过程中，阴离子物质保留下来

（2）阳离子交换色谱法。某些阳离子物质可以牢固地保留在普通的树脂上，这使得它们不能定量洗提，因而可以用更弱的离子交换剂来避免这个问题。表 3-5 列举了阳离子交换色

谱法在表面活性剂分离中的应用。

表 3-5　阳离子交换色谱法分离表面活性剂实例

序号	分离项目	离子交换剂	分离步骤
1	分离胺的氧化物（氧化胺）和其他表面活性剂	Dowex 50W-×4，强酸性阳离子交换树脂，酸型	将表面活性剂混合物溶于 50∶50 乙醇/水溶液中，通过色谱柱后，用 300mL 乙醇/水溶液洗提。在酸性条件下，胺的氧化物作为阳离子物质保留在柱上，之后用 300mL 乙醇/HCl 溶液洗提胺的氧化物
2	从溶液中分离三甲基烷基铵盐	部分羧酸甲脂化的纤维素，Cellex CM 柱，2.5cm×8cm	用 1mol/L HCl 溶液和水清洗柱，然后加入含 0.1~0.5mg 阳离子物质的样品，用 25mL 乙醇和 25mL 水清洗，倒掉洗出液，最后用 5mL 1mol/L HCl 溶液和 30mL 水依次洗提季铵化合物
3	从阴离子和非离子表面活性剂中分离两性表面活性剂①	Dowex 50W-×4，H^+ 型离子交换树脂，2cm×10cm	将约 300mg 表面活性剂溶于 10∶1 乙醇/水溶液中，通过交换柱后，两性表面活性剂保留下来，最后用 50∶50 的浓 HCl/乙醇洗提两性表面活性剂
4	分离阳离子表面活性剂	Bio-Rad AG 50 W-×8，H^+ 型离子交换树脂	将样品溶于甲醇并通过色谱柱，阳离子表面活性剂保留在柱上，最后用 1mol/L 乙醇的 HCl 溶液洗提阳离子表面活性剂
5	分离阳离子表面活性剂和阴离子表面活性剂	Merck 二氧化硅胶 60	将样品置于氯仿中并通过含 1g SiO_2 的交换柱，用 5mL 氯仿和 5mL 95∶5 的氯仿/甲醇溶液洗提杂质，用 12mL 3∶1 甲醇/NH_3（1mol/L）和 5mL 氯仿洗提阴离子物质，用 5mL 3∶1 甲醇/HCl 溶液（2mol/L）洗提阳离子表面活性剂

① 不是所有两性表面活性剂彻底保留和洗提

（3）阴/阳离子混合物离子交换色谱法。在分析洗涤剂组分和其他表面活性剂混合物时，有时会用两个或两个以上的交换柱，当样品通过分离柱后，离子型物质被吸附，非离子物质从流出液中提取出来。将各分离柱分别洗提，即可得到混合物的不同组分。表 3-6 列举了阴离子/阳离子交换色谱法分离表面活性剂的实例。

表 3-6　阴离子/阳离子交换色谱法分离表面活性剂实例

序号	分离项目	离子交换剂	分离步骤
1	从乙醇胺和脂肪酸中分离脂肪酸乙醇酰胺	Bio-Rad AG 50 W-×2，H^+ 型离子交换树脂，1.8cm×8cm 和 Bio-Rad AG 1-×2，OH^- 型离子交换树脂，1.4cm×8cm	将 5g 表面活性剂溶于 150mL 96%乙醇中，并通过色谱柱（若室温下溶解性差，可加热至 45℃），用 3 份 20mL 96%乙醇洗涤柱体，乙氧基化脂肪酸乙醇酰胺和其他非离子不纯物 PEG 全部留在乙醇馏分中。分开柱，用 250mL HCl 溶液（1mol/L）从阳离子交换柱上洗提乙醇胺，用 300mL KOH（0.2mol/L）的 70∶30 乙醇/水溶液从阴离子交换柱上洗提脂肪酸

续表

序号	分离项目	离子交换剂	分离步骤
2	从阴离子和阳离子表面活性剂中分离磺基甜菜碱	Dowex 50W－×4 阳离子交换树脂和 Dowex 1－×2 阴离子交换树脂	将表面活性剂溶于96%的乙醇中，通过色谱柱后，磺基甜菜碱不被吸附，用任何非离子表面活性剂洗提混合物
3	从乙氧基化胺和脂肪酸中分离脂肪酸烷醇酰胺乙氧基化物质	Bio－Rad AG 50 W－×2，H^+型离子交换树脂，1.8cm×8cm 和 Bio-Rad AG 1－×2，OH^-型离子交换树脂，1.4cm×8cm	将5g表面活性剂溶于150mL乙醇（96%）中（若室温下溶解性差，可加热至45℃），并通过色谱柱。用3份20mL 96%乙醇洗涤柱体，脂肪酸烷醇酰胺乙氧基化物质和PEG等其他非离子杂质一样，溶于乙醇中。分开柱，依次用250mL HCl溶液（1mol/L）和异丙醇溶液（1mol/L）洗提乙氧基化乙醇胺。用KOH（0.2mol/L）的70∶30乙醇/水溶液从阴离子交换柱上洗提脂肪酸

（二）柱色谱分离技术

一般来说，柱色谱法通常是指经典的常压柱色谱法，又称层析法，是一种以分配平衡为机理的分配方法，是化学实验室中广泛采用的一种分离方法。

柱色谱是在一根玻璃管或金属管中进行的色谱技术，混合样品一般加在色谱柱的顶端，流动相从色谱柱顶端流经色谱柱，并不断地从柱中流出。由于混合样中的各组分与吸附剂的吸附作用强弱不同，因此各组分随流动相在柱中的移动速度也不同，从而各组分按顺序从色谱柱中流出。如果分步接收流出的洗脱液，便可达到混合物分离的目的。一般情况下，与吸附剂作用较弱的成分先流出，与吸附剂作用较强的组分后流出。柱色谱分离示意见图3-4。

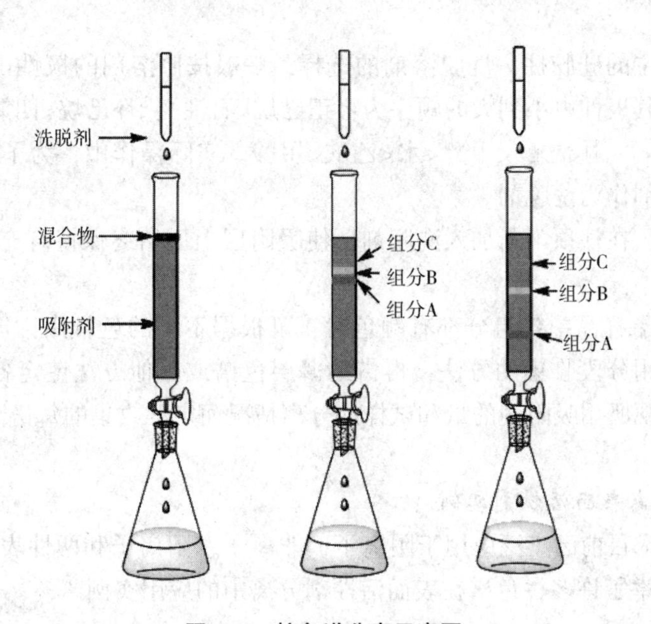

图3-4　柱色谱分离示意图

柱色谱的吸附剂要求具有较大的比表面积和适宜的表面孔径和吸附活性，不与展开剂和分离物发生反应，粒度分布范围尽量窄，并具有一定的强度。常用的吸附剂有氧化铝、硅胶、氧化镁、活性炭、离子交换剂、高分子凝胶和碳酸钙等。吸附剂在生产和储存过程中会吸附空气、生产设备或包装材料中一些污染物，一般情况下填料使用前必须进行净化处理。

1. 柱色谱操作流程

柱色谱的操作流程一般包括装柱、上样、洗脱和收集四个步骤。

（1）装柱。色谱柱通常选用内径为5~30mm的玻璃管，一端拉细而成。装柱时应该注意均匀，没有气泡，没有裂缝，否则样品可能顺缝隙流动而不吸附，影响样品的洗脱和分离。用洗耳球等质软物体轻轻敲击柱身，促使吸附剂装填紧密，排除气泡。最终应使吸附剂的上端平整，无凹凸面。

色谱柱的装填有湿法和干法两种方法。

干装时，先在柱底塞上少许玻璃纤维，再加入一些细粒石英砂，然后将吸附剂慢慢加入干燥的色谱柱中，用不同的溶剂淋洗。这种方法操作简便，通常也有较好的分离效率。

湿装时，先在柱内加入少许溶剂，然后将吸附剂用适量展开剂或低极性溶剂调成糊状，再将吸附剂糊倾倒入色谱柱中，待溶剂慢慢流出后，填料即渐渐沉入柱底，在此过程中，要始终保持柱内填料被溶剂覆盖。这种方法可保证色谱柱内不进空气泡，因而柱分离效率较高，但操作时必须连续淋洗，不间断操作。

（2）上样。液体样品可直接加入色谱柱中，固体样品应先选择合适的溶剂溶解后再进行加样。加样时，使样品沿管壁慢慢加到柱顶，切勿使样品搅动吸附剂表面。

（3）洗脱。洗脱是色谱分离的关键操作。实际操作中通常根据被分离物中各组分的极性、溶解度、吸附活性等因素选择洗脱溶剂，应尽量选择毒性小、易挥发的溶剂，以便除去溶剂，回收样品。需要注意的是，洗脱溶剂不能与样品中的各种组分以及吸附剂之间发生化学反应。

以吸附原理为主的硅胶柱，洗脱溶剂的选择，一般按照溶剂的极性由小到大顺序加入。常用的洗脱溶剂按其极性由小到大的顺序为：正己烷<石油醚<环己烷<四氯化碳<苯<甲苯<氯仿<乙醚<乙酸乙酯<丙酮<乙醇<甲醇<水<乙酸<甲酸。实际操作中，为了达到更好的分离效果，常使用混合溶剂作为洗脱剂。

在洗脱过程中，在柱顶不断加入洗脱剂，使吸附层上面始终保持有充分的洗脱剂，洗脱速度要适中。

（4）收集。如果样品中各组分都有颜色时，可根据不同的色带用锥形瓶分别进行收集；试样无色时，可采用分段收集的方法，再借助薄层色谱或其他方法鉴定各段洗脱液的成分，每段洗脱剂的体积视所用吸附剂的量和试样的分离情况而定，收集的每份洗脱剂的体积越小，分离效果越好。

2. 柱色谱法分离表面活性剂实例

柱色谱分离技术目前已广泛应用于阴离子、非离子、阳离子和两性表面活性剂等各类的分离中，表3-7列举了许多柱色谱在表面活性剂分离中的应用实例。

表 3-7　柱色谱分离表面活性剂的实例

序号	分离项目	固定相	分离步骤
1	表面活性剂与废水的分离	C_{18}-改性二氧化硅 100mg	100~500mL 样品通过色谱柱，用乙醇洗提
2	分离 LAS、APE 和 NP 与废水	SPE C_{18} 300mg	过滤 30~200mL 样品，制成含 8%NaCl 的溶液，过色谱柱，用 3mL 丙酮进行表面活性剂的解析
阴离子表面活性剂（LAS）			
3	LAS 与水和沉淀物的分离	Analytichem bond-Elu+G8 SPE 萃取柱	2L 样品通过色谱柱，用 2mL 水洗涤后，用 4mL 甲醇洗提阴离子表面活性剂
4	分离 LAS 与非水溶剂	Analytichem C_{18} SPE Catridges（500mg）	取 50mL 样品，调节 pH 为 3~4，通过用甲醇和水洗涤过的柱体，5mL 水/甲醇（70：30）洗涤后，用 10mL 甲醇洗提阴离子表面活性剂
5	分离 LAS 与环境物质溶液	反相 SPE 柱，Analytichem C_{18} 或 Sep-pak C_{18}	将 5~100mL 样品通过色谱柱，用 5mL 水和 3mL 40：60 甲醇/水除去脂肪物质，最后用 5mL 甲醇洗提阴离子表面活性剂
6	烷基芳基磺醇盐与非磺化油的分离	硅胶（10g）	将 1g 样品溶于氯仿中，过色谱柱，中性物质被氯仿洗提，用 50：50 乙醇/氯仿除去磺酸盐
7	阴离子和非离子表面活性剂彼此与油脂的分离	硅胶（100mg）	99：1 己烷/甲醇通过色谱柱，油脂类物质不被吸附，使柱干燥后，用 0.5mL 1，4-二恶烷洗提非离子表面活性剂，0.5mL+0.5mL 甲醇洗提阴离子表面活性剂
非离子表面活性剂			
8	APE 与水分离	活性炭	用乙酸乙酯洗提表面活性剂
9	脂肪酸单乙醇酰胺与脂肪酸酯的分离	硅胶，110℃ 活化，2.6cm×25cm	750mg 混合物加入 3mL 氯仿/正丁醇（90：10）中，然后加入 250mL 溶剂混合物，用 600mL 甲醇洗提酰胺
10	甘油单、二酯和蔗糖的分离	硅胶或黏土，50℃	用苯洗提脂肪酸和甘油酯，然后用无水乙醇洗提蔗糖酯
阳离子和两性表面活性剂			
11	季铵盐与生理流体的分离	Amberlite XAP-4（分析纯），8cm×60cm	将 10mL 样品放入 0.1mol/L $NaClO_4$ 溶液中，通过柱后，再通过 25mL $NaClO_4$ 溶液，树脂床由氮气干燥，用 15mL 甲醇洗提其他季铵化高氯酸盐
12	阳离子表面活性剂与环境物质的分离	Alumina B Waters SPE Cartridge	用甲醇洗提阳离子表面活性剂
13	磷脂酰胆碱与卵磷类脂的分离	硅胶，1.5cm×100cm	用氯仿/甲醇/水（75：25：5）洗提，薄层色谱进行检测

（三）薄层色谱分离技术

薄层色谱是利用混合物中各组分物理化学性质的差异，将吸附剂或载体均匀地涂于玻璃板或聚酯薄膜及铝箔上形成一薄层来进行色谱分离的，其中以吸附薄层色谱应用最为广泛。

吸附色谱是将吸附剂涂布在薄层板上作为固定相，将适当极性的有机溶剂作为流动相（展开剂，一般为极性）。当薄层展开时，由于吸附剂对混合物中各组分的吸附能力不同，不同物质在吸附剂和展开剂之间发生连续不断的吸附和解吸过程。在这一过程中，吸附能力强的组分（即极性较强）难于解吸，随展开剂移动得慢，而吸附能力较弱的组分（即极性较弱）则随展开剂移动快。经过一段时间的展开，不同组分之间的移动速度产生差异，最终将各组分彼此分开。如果各组分本身有颜色，则薄层板干燥后会出现一系列高低不同的斑点；如果本身无色，则可用各种显色方法使之显色，以确定斑点的位置。在薄层板上混合物的各个组分上升的高度与展开剂上升的前沿之比称为该化合物的比移值，用 R_f 表示，如式（3-1）所示。在一定的色谱条件下，某一特定化合物的 R_f 值是不变的。薄层色谱示意如图 3-5 所示。

$$R_f=\frac{a\text{（溶质量高浓度中心至原点中心的距离）}}{b\text{（溶剂前沿至原点中心的距离）}} \tag{3-1}$$

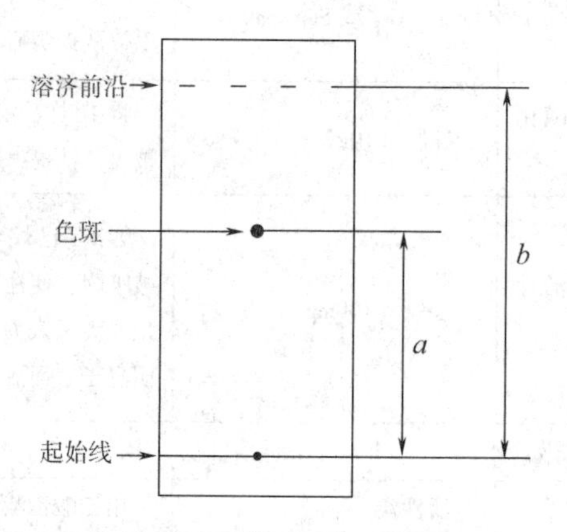

图 3-5　薄层色谱示意图

1. 薄层色谱操作步骤

一般薄层色谱的实验操作包括薄层板的制备、薄层板的活化、点样、展开、显色等步骤。

（1）薄层板的制备（湿板的制备）。薄层板制备是薄层分析的重要步骤，薄层板制备的好坏直接影响色谱的结果。薄层应尽量均匀，否则展开时前沿不齐，色谱结果也不易重复。将 2g 硅胶 G 放入烧杯中，然后加入吸附剂质量 2～3 倍 0.5%的羧甲基纤维素钠水溶液，调成糊状。将配制好的浆料倾注到清洁且干燥的载玻片上，拿在手中沿水平方向轻轻振荡，使浆状物表面光滑且均匀地附在载玻片上。

（2）薄层板的活化。将薄层板置于室温下水平台上晾干后，然后置于烘箱内加热活化，活化条件根据需要而定。硅胶板一般在烘箱内渐渐升温，维持 105～110℃ 活化 30min。活化后的薄层板贮于干燥器中冷却备用。

（3）点样。将样品溶解在氯仿、甲醇、丙酮等低沸点的有机溶剂中，然后用点样器（玻璃毛细管或微量注射器）将样品滴加到薄层板上。若样品溶液太稀，可重复点样，但应待前次点样干燥后方可重新点样。点的直径一般为 2～3mm，斑点过大，会造成拖尾、扩散等现象，影响分离效果。点与点的距离一般为1.5~2cm，样品原点的位置应在薄层板底边上端1.5~2cm处，展开剂浸没薄层的一端约0.5cm。点样时动作要轻，不可触破薄层，否则会造成误差。

（4）展开。薄层色谱的展开是在密闭容器中进行的。在层析缸中加入配好的展开溶剂，待层析缸中充满溶剂蒸汽后，将点好样的层析板倾斜地立于层析缸内展开。需要注意的是，样品点不能浸入展开剂中。当展开剂前沿上升到离薄层板上端3cm处时，取出层析板，及时用大头针或铅笔标记出溶剂前沿位置，晾干。

（5）显色。层析分离后，若为有色化合物，展开后薄层板上即呈现出有色斑点。而无色化合物则需要通过一定的显色方法进行检出，可根据被检物的性质及分析要求选择适当的显色方法。常用的显色剂有碘、浓硫酸、浓盐酸和浓磷酸等。对于含有荧光剂的薄层板，在紫外灯下观察，展开后的物质在亮的荧光背景上呈暗色斑点。

2. 薄层色谱分离表面活性剂实例

表3-8列出薄层色谱在表面活性剂分离应用的具体实例。

表3-8 表面活性剂的薄层色谱分离实例

序号	分离项目	固定相	展开剂	显色
1	阴离子与非离子表面活性剂	矾土G和10%矾土Do	吡啶/乙酸乙酯64：40	Pinacryptol Yellow（频哪黄）
2	阴离子表面活性剂与非离子表面活性剂IR分析	硅胶F-60，于80℃活化5min	氯仿/甲醇	碘蒸气
3	阳离子表面活性剂与医药制剂	硅胶G，0.3mm，于105℃活化30min	丙酮/氨90：10	从板上移出点后分析光谱
4	磷酸甘油酯	Merck硅胶60 PF254，在120℃活化4h	氯仿/甲醇/正己烷/14mol/L氨90：35：5：15	UV

（四）其他分离方法

1. 蒸馏

离子型表面活性剂除其衍生物之外一般没有挥发性，故而蒸馏法一般不适用于表面活性剂的分离。乙氧基化非离子表面活性剂的低级同系物有时可通过蒸馏法进行分离，但分离过程要求高温、低压。例如，乙氧基化脂肪酸通过分子蒸馏的分离，乙氧基烷基酚通过分子蒸馏的分离。每种馏分中可能有单酯和二酯、游离脂肪酸和聚乙二醇的混合物。

2. 液—液萃取

液—液萃取技术分离表面活性剂非常普遍，一般在分液漏斗中能处理大多数混合物。通常，当表面活性剂在水与非极性溶剂间分离时，就形成了乳状液，乳状液可由加入体系中的少量表面活性剂的量来控制，或通过加入盐类（如氯化钠、硫化钠）增加离子强度来控制，一般都要加一些助剂，例如，从水中萃取出表面活性剂可加一些乙醇直至乳状液消失，然后重复加入氯化钠直至全部表面活性剂被萃取出来。

虽然商业表面活性剂的极性范围广，但用单一的液—液萃取技术提纯所有表面活性剂是不可能的。

3. 沉淀

有很多试剂能沉淀多种表面活性剂，许多阴离子表面活性剂与二价阳离子作用形成盐(如钡盐和钙盐)而沉淀。乙氧基化非离子表面活性剂和磷钼酸，在二价阳离子存在下的沉淀可用于从其他表面活性剂预分离的基础。例如，十二烷基硫酸盐可通过氯化钙浓缩处理样品，从水溶液中沉淀成钙盐分离出来。非离子表面活性剂的存在，由于形成混合胶束将抑制阴离子表面活性剂的沉淀，烷基烃和聚磺酸盐与无机盐分离，通过溶解在乙醇或异丙酮中，中性条件下用温的乙醇洗涤沉淀物而分离。

4. 渗析和电渗

渗析和电渗是应用于小分子和小离子的分离方法，包括将离子型表面活性剂从更大的分子样品中分离，这些方法已经用于从生化介质中分离十二烷基硫酸钠。这些分离必须在表面活性剂的浓度低于临界胶束浓度下进行，这是因为胶束太大不能通过渗析膜。在痕量分析中，一个通常的困难是表面活性剂因吸附在仪器表面而丢失。

四、表面活性剂类型的鉴别

表面活性剂类型的鉴别是表面活性剂分析的基础，因此系统地了解表面活性剂类型的鉴别技术尤为重要。鉴别表面活性剂类型的方法有很多，这里介绍部分基本方法以供读者参考。

(一) 预备调查、预备试验及取样方法

1. 预备调查

进行表面活性剂分析之前，首先要对待测试样的来源做充分调查。如果可以获得试样名称和厂商名称，即可从表面活性剂一览表和厂商产品目录中大概了解待测试样的化学结构及组成成分。

关于表面活性剂一览表，有国外发行的诸如《McCutcheon's Detergents and Emulsifiers》、日本表面活性剂工业会发行的《界面活性剂一览表》之类的一览表。此外，在有关表面活性剂的书籍中也有部分记载。这些材料均可参考。

2. 预备试验

表面活性剂进行类型鉴别时，可以从物理性质进行初步判别。首先对试样的外观和气味进行研究，试样可能呈膏状、液体状、粉末状或固体状。通过对形态的观察，黏度小的液体试样，可能是用水或有机溶剂稀释的产品；具有黏性的液体，可能是表面活性剂的浓缩产品；乳白色的乳状液是乳化剂将憎水性液体和水乳化而成；固体试样可能是含量较高的表面活性剂或聚氧乙烯加成数较高的非离子表面活性剂（呈蜡状或糊状），随着聚氧乙烯加成数的增加，表面活性剂的状态依次为液体、糊状和蜡状固体。

从色泽和气味也可以粗略判断该产品是粗制品还是精制品。随着环氧乙烷加成反应设备及工艺的改进，目前非离子表面活性剂大多数为无色或乳白色，而阴离子表面活性剂大多呈浅黄色至棕色。如果呈现有机溶剂的气味，可以推断样品中存在溶剂的配合。根据试样的气味还可以推断是以天然动植物油为原料还是以石油化学制品为原料等信息。

下面介绍几种用简单的鉴别表面活性剂类型的方法。

(1) 对水的溶解性。用蒸馏水将试样（表面活性物）配制成1%的溶液，若有不溶解的

组分，可缓慢加热使其溶解。加热至沸，如果为透明溶液，可以推断为亲水性表面活性剂；若在常温下溶解，而加热至某一温度时出现浑浊现象（浊点），说明有聚氧乙烯型非离子表面活性剂存在；若在沸点时仍为透明液体，而在添加硫酸钾、硫酸钠等无机盐（>1.0g/L）时出现浑浊，则可能有浊点大于100℃的非离子表面活性剂存在。

若溶液发生乳化或油脂分离现象，可以推断有缺乏亲水性的表面活性剂存在，也可以判断为有矿物油或油脂配合的产品。

（2）乙醇可溶物提纯试验。在试样中加入无水乙醇并加热，若有不溶物的组分沉降，则说明试样中含有无机化合物或高分子化合物的组分。

乙醇可溶物定量分析步骤：称取5g试样，置于三角瓶中，加入100mL乙醇（固体样品用95%的乙醇，液态样品用99.5%的乙醇），装上玻璃管，在沸水中溶解30min，并不时摇动。溶液趁热用玻璃过滤器过滤，残留物再加入50mL浓度为95%的乙醇，加热溶解后，趁热过滤。用热的乙醇充分洗涤三角瓶和玻璃过滤器。冷却至室温后，将滤液和洗涤液一并转移至250mL容量瓶中，用95%乙醇定容至刻度。用移液管各吸取100mL定容液，分别加入两个已知重量的200mL烧杯中，水浴加热除去乙醇后，置于（105±2）℃烘箱中干燥1h，冷却后称重。乙醇可溶物可用式（3-2）计算，此定量过的乙醇可溶物样品可供红外光谱（Infrared Absorption Spectroscopy，简称IR）分析鉴定。

$$\text{乙醇可溶物}\% = \frac{\text{干燥残余量(g)}}{\text{试样质量(g)} \times \frac{100}{250}} \times 100 = \frac{\text{干燥残余量(g)} \times 250}{\text{试样质量(g)}} \tag{3-2}$$

（3）pH的测定。将试样配制成1%的溶液（按纯组分计），用广泛pH试纸或指示剂测定溶液的pH：若溶液呈碱性，则可能存在肥皂、胺类或碱性组分；若溶液呈酸性，则可能存在有机酸或无机酸组分。

3. 取样方法

（1）液体或膏状样品。在进行表面活性剂类别分析之前，液体或膏状样品要混合均匀。即使样品外观呈透明、均匀状，也要将样品充分混匀后，再取适量作为分析试样。对于不透明、含有沉淀物或膏状的试样，要用玻璃棒搅拌均匀（搅拌过程中注意不要混进气泡），必要时可进行振荡或水浴（50~60℃）加热。需要注意的是，采用加热方法均匀样品时，需充分考虑样品的热稳定性、溶剂挥发等因素带来的影响。

（2）固体样品。固体试样经加热、溶解并充分搅拌成为均匀试样后即可取样。

（二）阴离子型表面活性剂的鉴别

1. 亚甲基蓝—氯仿试验

亚甲基蓝染料不溶于氯仿而溶于水，它在适当条件下能与阴离子表面活性剂发生反应，生成不溶于水而溶于有机溶剂（氯仿）的蓝色络合物，从而使蓝色由水相转移至有机相。此方法可用于鉴定除皂类以外的烷基苯磺酸盐和烷基硫酸酯盐等广谱阴离子表面活性剂。具体试验方法如下：

（1）方法一。向试管中加入8mL亚甲基蓝溶液（将12g硫酸慢慢加入约100mL蒸馏水中，冷却，加入0.03g亚甲基蓝和50g无水硫酸钠，溶解后用水定容至1L）和5mL氯仿，加塞剧烈振荡后静置分层，氯仿层一般为无色（亚甲基蓝有杂质或有乙醇存在时则呈极淡的蓝色）。然后在此试管中逐滴加入浓度为0.05%的试样溶液，剧烈振荡后静置分层，观察两层溶液颜色。

若氯仿层呈现蓝色而水层几乎无色，则表明测试样为阴离子表面活性剂，再加入试样溶液进行同样操作，氯仿层颜色加深。非阴离子型表面活性剂并存时，多少会有乳化现象发生，影响分层所需时间，但并不妨碍定性分析。

由于试剂呈酸性，皂类在本试验中并不显示颜色变化，故此法并不适用于皂类的定性鉴定。

（2）方法二。向试管中加入约5mL浓度为1%（体积分数）的试样溶液，然后加入2~3滴50%（体积分数）的硫酸溶液，振荡摇匀后，调节pH至4以下，静置。在此条件下，肥皂会转化为脂肪酸。若体系呈现白浊，并缓缓析出油状物，则表明体系中有肥皂存在。

2. 百里酚蓝试验

百里酚蓝试验是阴离子表面活性剂的确证试验。具体操作方法如下：

将试样配制成0.01%~0.1%的水溶液，并调至中性。然后取5mL该中性溶液于试管中，再加入5mL百里酚蓝试剂（含有3滴0.1%百里酚蓝的0.005mol/L盐酸溶液）。若呈现红紫色，则表示有阴离子表面活性剂存在。

3. 混合指示剂显色反应试验

混合指示剂溶液的配制方法如下：

（1）A液：称取0.5g溴化代米迪翁（Dimidium Bromide），并将其溶解于30mL浓度为10%的热乙醇溶液中。

（2）B液：称取0.25g二硫化蓝（Disulphine Blue）VN，并将其溶解于30mL浓度为10%的热乙醇溶液中。

将上述A、B两种溶液定量转移至250mL容量瓶中，并用10%乙醇溶液稀释至刻度。吸取20mL定容液于500mL容量瓶中，加入200mL水和20mL浓度为2.5mol/L的硫酸溶液，用水定容至刻度。

将少量表面活性剂试样溶解于几毫升水中（或乙醇萃取的溶液），置于一有塞试管中，加入5mL混合指示剂和5mL氯仿，充分振荡后，静置直至分层。

若氯仿中呈现粉红色，说明有阴离子型表面活性剂存在（阴离子表面活性剂与溴化代米迪翁反应而呈色）；若氯仿层呈现蓝色，则表示有阳离子型表面活性剂存在（阳离子表面活性剂与二硫化蓝反应而呈色）；若两相难以分开，且有乳状液形成，则可能存在非离子表面活性剂。

4. 红外光谱试验

由于红外光谱法简易而快速，所以很快就成为鉴定表面活性剂的强有力手段。红外光谱法不仅适用于单一表面活性剂的初步鉴定，即使是在混合系统中也能有效地使用。直接使用原始试样也能获得许多信息，使用经离子交换分离的试样可以获得更为准确的信息。如果能和官能团检验或Kortland-Dammers方法配合，将更加可靠。

以下总结了几种典型的阴离子表面活性剂红外光谱的特征吸收，可对照标准谱图予以确认。

（1）羧酸盐。肥皂在波数1563cm^{-1}附近显示强的特征吸收。如果在羧基附近引入吸电子基团或原子，特征频率向高波数移动。如果变成酸的形式，该吸收峰消失，而在波数

$1710cm^{-1}$ 附近出现吸收。实际应用中常利用这一特性进行羧酸盐的定性。

（2）磺酸盐及硫酸酯盐。磺酸盐及硫酸酯盐在波数 $1220\sim1170cm^{-1}$ 有宽而强的吸收。一般来说，磺酸盐的最大吸收波长大都低于波数 $1200cm^{-1}$，而硫酸酯盐的最大吸收波长多数在 $1220cm^{-1}$ 附近，连接磺酸基的碳原子上如有吸电子基则使特征吸收向高波数移动。支链和直链烷基苯磺酸盐除了在波数 $1180cm^{-1}$ 附近有强而宽的吸收外，在波数 $1600cm^{-1}$、$1500cm^{-1}$ 和 $900\sim700cm^{-1}$ 有芳核的吸收，以及 $1135cm^{-1}$ 和 $1045cm^{-1}$ 有硫—氧（S—O）键伸缩振动所产生的特征吸收。支链烷基苯磺酸钠在波数 $1400cm^{-1}$、$1380cm^{-1}$ 和 $1367cm^{-1}$ 有特征吸收，而直链烷基苯磺酸钠在波数 $1410cm^{-1}$ 和 $1430cm^{-1}$ 呈现吸收。α-链烯磺酸盐除了在波数 $1190cm^{-1}$ 的强吸收和波数 $1070cm^{-1}$ 的吸收外，在波数 $965cm^{-1}$ 处还有反式双键的 CH 面外变角的特征吸收带。烷基磺酸盐的红外吸收与链烯磺酸盐类似，但在 $965cm^{-1}$ 处无吸收，并以波数 $1050cm^{-1}$ 代替 $1070cm^{-1}$ 的吸收。琥珀酸酯磺酸盐在波数 $1740cm^{-1}$ 处有 C—O 键的伸缩振动吸收，在波数 $1250\sim1210cm^{-1}$ 处显示与 C—O—C 的不对称伸缩振动吸收重叠的 SO_3 伸缩振动吸收，并在波数 $1050cm^{-1}$ 显示 SO_3 伸缩振动吸收。烷基硫酸酯在波数 $1245cm^{-1}$ 和 $1220cm^{-1}$ 处有强的吸收，并在波数 $1085cm^{-1}$ 和 $835cm^{-1}$ 处有特征吸收峰。除了在波数 $1220cm^{-1}$ 附近有吸收外，如果在波数 $1120cm^{-1}$ 附近还有宽的吸收，即是烷基聚氧乙烯醚硫酸酯盐（AES），随着环氧乙烷（EO）加成数的增加，在波数 $1120cm^{-1}$ 的吸收带增强。

（3）磷酸酯盐。脂肪酸的磷酸酯盐在波数 $1290\sim1235cm^{-1}$ 有 P ═O 键的伸缩振动和在 $1050\sim970cm^{-1}$ 有 P—O—C 的伸缩振动所产生的两个宽的强吸收，通常后者又被分成两个吸收带。从磷酸酯盐的吸收带位置与强度，可与磺酸盐、硫酸酯盐加以区别。

（三）阳离子型表面活性剂的鉴别

1. 亚甲基蓝—氯仿试验

亚甲基蓝法不但能检测出阴离子表面活性剂，也可以检测出阳离子型表面活性剂和非离子型表面活性剂。其原理和操作方法与阴离子表面活性剂检测方法基本相同：取 8mL 亚甲基蓝溶液和 5mL 氯仿，置于 25mL 具塞试管中，逐滴加入质量浓度为 0.05%的阴离子表面活性剂溶液（质量浓度为 0.05%的磺化琥珀酸辛酯盐水溶液），每加入一滴，盖紧塞子剧烈振摇使溶液分层。继续滴加直至上下两层呈现相同深度的色调（一般加 10~12 滴）。然后加入质量浓度为 1%的试样溶液 2mL，剧烈振摇，静置分层后，观察上下两层色调的相对强度。

氯仿层色泽变深，而水层几乎无色，表示是阴离子表面活性剂；若水层色泽加深，氯仿层颜色变浅，则是阳离子表面活性剂；若水层呈乳状液表示有非离子型表面活性剂存在。如有疑问，可以用水代替试样进行比照试验。

2. 溴酚蓝试验

将 75mL 浓度为 0.2mol/L 的醋酸钠溶液与 925mL 浓度为 0.2mol/L 的醋酸溶液混合，再加入 20mL 溶解在 95%乙醇中的 0.1%溴酚蓝溶液，混合均匀后，调节溶液 pH 至 3.6~3.9。

将试样的 1%水溶液 pH 调至 7，然后取 2~5 滴此溶液加入 10mL 溴酚蓝试剂中，如有阳离子表面活性剂存在，则呈深蓝色。

本试验对包括季铵盐在内的所有阳离子表面活性剂均显阳性，若本试验结果为阳性，可以推断没有阴离子表面活性剂存在。两性长链氨基酸或烷基甜菜碱（内铵盐）等呈现蓝紫色荧光的明亮蓝色；含有羟基酰胺的非离子型表面活性剂显示阴性，即使同阳离子型表面活性剂共存亦无干扰。此外，低级胺也显示阴性。

3. 碱性溴酚蓝试验

在试管中加入2mL质量浓度为0.1%的试样溶液、0.2mL质量浓度为0.05%（或0.1%）的溴酚蓝溶液和0.5mL质量浓度为1mol/L的NaOH溶液，溶液呈蓝色。再加入5mL氯仿，剧烈振荡混合后，蓝色移至氯仿层。分离出氯仿层，向其中滴加0.1%的十二烷基硫酸钠标准溶液，滴加过程不断振荡，氯仿层逐渐变为无色，此结果表明有季铵盐存在。本试验可作为季铵盐和脂肪胺的鉴别反应，对脂肪胺呈阴性。

4. 红外光谱试验

红外光谱法亦可用来鉴定阳离子型表面活性剂。以下总结了几类典型的阳离子表面活性剂的红外光谱。

（1）伯胺、仲胺和叔胺。伯胺在波数3340~3180cm^{-1}有N—H伸缩振动所产生的中等强度的吸收，在波数1640~1588cm^{-1}有N—H变形振动产生的弱的吸收。仲胺在上述波数时吸收很弱或不出现，其他仅显示与链烷烃类似的吸收。叔胺用红外光谱得不到有效的信息。二烷醇胺的红外光谱近似于伯胺，但当其成盐酸盐时，则在波数2700~2315cm^{-1}处出现强的缔合了的N—H键的吸收。一般来说，如果把胺制成盐酸盐时，吸收将会增强。

（2）季铵盐。季铵盐除了在波数2900cm^{-1}、1470cm^{-1}和720cm^{-1}附近有尖锐的吸收外，如果没有其他强的吸收，即属于二烷基二甲基型（含有化合水和杂质组分的胺多数在3400cm^{-1}前后及1600cm^{-1}处有吸收）。如果除了波数1470cm^{-1}附近有吸收外，并在970cm^{-1}和910cm^{-1}也有吸收，则是烷基三甲基型，如果970cm^{-1}和910cm^{-1}的吸收强度相同，且720cm^{-1}处的峰又分裂为720cm^{-1}和730cm^{-1}两个吸收，则烷基链长一般为C_{18}。如果910cm^{-1}的吸收强而720cm^{-1}的吸收峰无裂分，则烷基链长一般为C_{12}。除上述吸收外，如果在1620~1600cm^{-1}和1500cm^{-1}附近有吸收，可以推断有咪唑啉环存在。如果在波数780cm^{-1}及690cm^{-1}有吸收，可以判断为吡啶盐。如果在波数1123cm^{-1}处有吸收，则可以推断为吗啉盐。如果在波数1585cm^{-1}处有弱而尖锐的吸收，而在波数1220cm^{-1}处有尖锐的中等程度的吸收，在波数725cm^{-1}和705cm^{-1}处有尖锐的强吸收，则可以推断为烷基苄基氯化铵。

（四）非离子型表面活性剂的鉴定

1. 亚甲基蓝—氯仿试验

亚甲基蓝—氯仿试验也可以用来鉴定非离子型表面活性剂，方法同上。对于乙醇可溶物，按照阴离子型表面活性剂鉴定方法之亚甲基蓝—氯仿试验，不显示阴离子性，按照阳离子型表面活性剂的鉴定方法之亚甲基蓝—氯仿试验又不显示阳离子性，则可以认为是单独的非离子型表面活性剂。当其可能与阴离子表面活性剂或阳离子表面活性剂共存时，则需用离子交换树脂（图3-6）或活性氧化铝（图3-7）进行分离。

2. 硫氰酸钴试验

本方法可用于混合物中聚氧乙烯非离子表面活性剂的鉴定试验。取5mL质量浓度为1%的试样水溶液于试管中，加入5mL硫氰酸钴铵试剂（由174g硫氰酸钴铵（NH_4SCN）和28g硝酸钴溶解于1L蒸馏水中制成），振荡使其充分混合后，静置2h后观察溶液颜色。若溶液呈蓝色则表示有聚氧乙烯非离子表面活性剂存在，若溶液呈红紫色则为阴性。如果生成蓝紫色沉淀而溶液为红紫色，则表示有阳离子型表面活性剂存在。

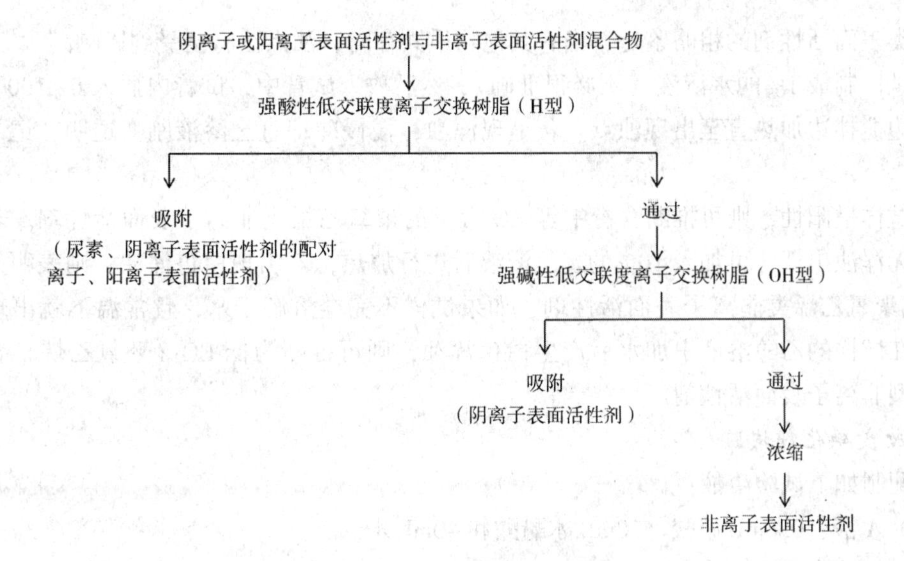

图 3-6 离子交换色谱法分离

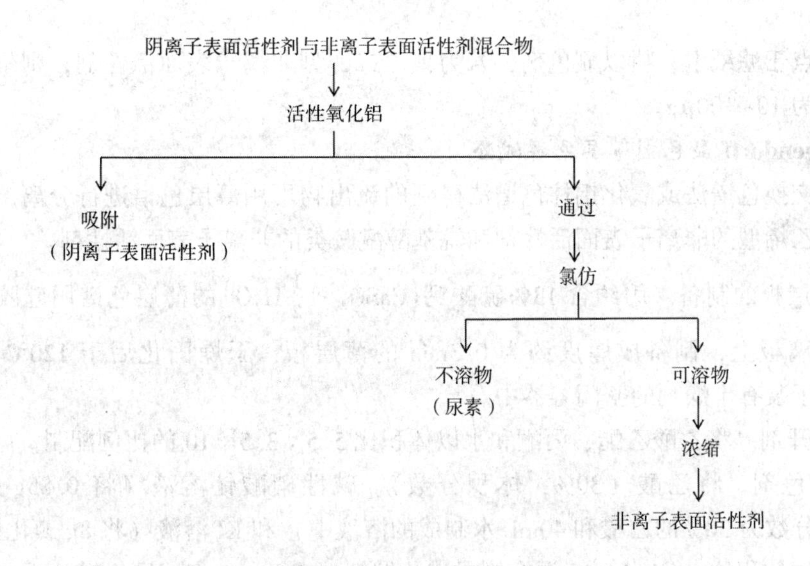

图 3-7 氧化铝柱色层法

3. 磷钼酸钠试验

此方法仅适用于聚氧乙烯型非离子表面活性剂，当有阴离子表面活性剂共存时，对该方法无影响，但并不适用于阳离子表面活性剂共存的情况。

取质量浓度为1%的试样水溶液5mL于试管中，加入10mL盐酸溶液（1mL试剂级盐酸+10mL水）和10mL质量浓度为10%的氯化钡溶液，加热后冷却，若溶液浑浊或有沉淀生成时，过滤，然后向滤液中加入1mL浓度为10%的磷钼酸钠溶液，如有非离子表面活性剂存在时，则生成浅黄色的沉淀。

4. 浊点试验

聚氧乙烯型非离子表面活性剂水溶液因加热而浑浊的温度称为浊点。浊点试验可用于聚氧乙烯类表面活性剂的粗略鉴定，当有其他物质共存时，浊点法将会受到影响。

将试样制成1%的水溶液（不必很准确），然后放入试管中，试管内插入0~100℃温度计一支，边搅拌边加热直至出现浊点。若呈现浑浊，慢慢冷却直至溶液刚变透明，记录此时的温度。

若试样呈阳性，则可推断含有中等EO含量的聚氧乙烯类非离子表面活性剂。若加热至沸腾仍无浑浊出现，可加入10%的食盐溶液后进行加热，若出现白色浑浊，则表明是具有高EO数的聚氧乙烯类非离子表面活性剂。如果试样不完全溶解于水，且常温下就出现白色浑浊，而在试样的乙醇溶液中加水后产生白色浑浊，则可推断为低EO（环氧乙烷）含量的聚氧乙烯型非离子表面活性剂。

5. 改良碘化钾试验

需配制如下试验溶液：

（1）A液：0.8mL硝酸、10mL冰醋酸和40mL水。

（2）B液：40%的碘化钾溶液。

分别取5mL A液、5mL B液和20mL冰醋酸，用蒸馏水稀释至100mL，配制相应的显色剂。

将试样点于滤纸上，喷以显色剂，若为聚乙二醇型非离子表面活性剂，则呈橙红色。该方法灵敏度为10~100μg。

6. Dragendorff显色剂薄层色谱试验

用离子交换色谱法或氧化铝柱色谱法得到的流出物可用薄层色谱进行分离，从而确认是否存在聚氧乙烯型的非离子表面活性剂和烷基醇酰胺类的非离子表面活性剂。

（1）薄层板的制备。用约含13%硫酸钙$\left(CaSO_4 \cdot \frac{1}{2}H_2O\right)$的薄层色谱用硅胶加水调制成糊状涂在玻璃板上，制备成厚度约为0.3mm的薄层板，干燥固化后于120℃烘箱中活化1.5h，储存于装有干燥剂的密闭容器中。

（2）展开剂。将乙酸乙酯、丙酮和水以体积比5.5∶3.5∶10的比例配制。

（3）显色剂。将乙酸（30%，体积分数）、碱性硝酸铋溶液（将0.85g硝酸铋溶于100mL体积分数为30%的乙酸和40mL水制成的溶液中）和KI溶液（将8g碘化钾溶于20mL水中）及水以体积比1∶1.4∶10混合制成碘化铋钾（Dragendorff）显色剂。

（4）试验方法。将离子交换色谱法或氧化铝柱色谱法得到的流出物用95%的乙醇配制成浓度约5%的溶液，在距薄层板下端1.5~2cm处用微量注射器点样约5μL。风干后，将薄层板放入盛有展开剂的展开槽中进行展开。展开后的板，风干或于干燥器中干燥后，用显色试剂均匀喷雾。

若在黄色背景上呈现多个橙色或橙红色斑点，则可以认为有聚氧乙烯型非离子表面活性剂存在；若在板的上方有橙色斑点（通常为单一斑点），则可认为有烷基醇酰胺型非离子表面活性剂存在，与聚氧乙烯型非离子表面活性剂相比，其色调较浅；若该过程不显色，则可认为不存在聚氧乙烯型和烷基醇酰胺型的非离子表面活性剂。

7. 红外光谱试验

聚氧乙烯烷基醚、聚氧乙烯烷基酚醚、聚氧乙烯—聚氧丙烯共聚物、烷基单乙醇酰胺、烷基二乙醇酰胺等典型的非离子表面活性剂的红外光谱总结如下：

烷基聚氧乙烯醚非离子表面活性剂在波数 1120～1110cm^{-1} 处有宽而强的特征吸收峰，其吸收强度随 EO 加成数的增加而增大。脂肪醇 EO 缩合物除此之外，不显示其他特征吸收。而烷基酚的 EO 加成物在波数 1600～1580cm^{-1} 及 1500cm^{-1} 处显示苯核的特征吸收，根据波数 900～700cm^{-1} 处所显示的吸收可以区别苯环的取代类型。脂肪酸 EO 加成物在波数 1740cm^{-1} 处有酯基的特征吸收峰，可据此加以区别。

聚氧乙烯—聚氧丙烯共聚物的吸收光谱与脂肪醇 EO 加成物的吸收光谱很类似，前者在波数 1380cm^{-1} 的吸收比 1350cm^{-1} 的吸收带强，而后者却相反。

烷醇酰胺以波数 1640cm^{-1} 左右的酰胺吸收谱带和波数 1050cm^{-1} 处 OH 的强吸收为特征。单乙醇酰胺在波数 1540cm^{-1} 处还具有取代酰胺的强吸收。

（五）两性表面活性剂的鉴别

1. 酸性（Ⅱ）号橙试验

酸性（Ⅱ）号橙染料可与两性和阳离子表面活性剂生成 1∶1 的络合物，pH 为 1～2 时，它们均可被氯仿萃取；而当 pH 为 3～5 时，只有阳离子表面活性剂的络合物被萃取。因此，在这两种 pH 环境下分别测定吸光度，若两者无差异则认为仅有阳离子表面活性剂；若吸光度有差异，该差数即为两性表面活性剂的量。可按如下方法操作：

在 100mL 分液漏斗中分别加入 1mL 质量浓度为 0.1%酸性（Ⅱ）号橙试剂（0.1g 溶解于 100mL 水中）、2mL pH = 1 的缓冲溶液（50mL 1mol/L 的 KCl 水溶液中加入 97mL 浓度为 1mol/L 的盐酸溶液）和 5mL 试样水溶液（0.001%～0.01%），加水至总体积为 10mL。依次用 6mL、4mL、4mL 和 2mL 氯仿萃取 4 次，萃取液收集于 25mL 的容量瓶中，萃取每次振荡 50 次，静置 10min 使之分层。然后加入乙醇 5mL，用氯仿定容至刻度，摇匀后在 484nm 处测定萃取液的吸光度。

在 100mL 分液漏斗中分别加入 1mL 浓度为 0.1%酸性（Ⅱ）号橙试剂、2mL 缓冲溶液［100mL 醋酸钠水溶液（0.5mol/L）中加入 50mL（0.5mol/L）醋酸溶液，pH = 5］和 5mL 试样水溶液（0.001%～0.01%），边摇动边加入氯化钾溶液（将 22.3g 氯化钾溶于 100mL 水中）2mL。同样，用氯仿按照上述步骤进行萃取，各萃取液以每分钟 12～15mL 的流速通过在底部装填 0.3g 玻璃棉的管（滴定管形状，直径 1cm，高 20cm），流出液收集于 25mL 的容量瓶中。在容量瓶中加入 5mL 乙醇，并用洗涤过玻璃棉（预先用氯仿润湿）的氯仿定容至刻度，摇匀后于 484nm 处测定萃取液的吸光度。

该方法最好用新精制的氯仿。正确地进行操作则定量分析是可能的，即使有非离子表面活性剂共存，对该方法亦无影响。

2. 咪唑啉型与丙氨酸等两性表面活性剂的鉴别

将试样配制成浓度为 5%的溶液（按纯组分换算），取 1mL 此溶液置于一试管中，加入 4mL 水和 1.5～5mL 溴的饱和水溶液，产生黄色沉淀。加热后，若沉淀溶解，变为黄色溶液，则是咪唑啉型或丙氨酸等两性表面活性剂。

加热检验很重要，咪唑啉型和丙氨酸等两性表面活性剂的溴化物所形成的黄色或黄橙色沉淀加热后溶解，而其他物质产生的白色或黄色沉淀加热并不溶解。

3. 烷基甜菜碱型两性表面活性剂的鉴别

此类表面活性剂中含有阳离子和羧酸根离子，因而其检验方法与单个阳离子型或阴离子型表面活性剂有所区别。

（1）酸性溴酚蓝法（用以鉴定阳离子型表面活性剂）。首先用水将试样配制成5%的溶液（按纯组分换算），然后在试管中加入1滴上述溶液、5mL氯仿、5mL浓度为0.1%的溴酚蓝—乙醇溶液和1mL浓度为6mol/L的盐酸溶液，振荡混合后，氯仿层呈现黄色。两性表面活性剂在酸性环境中具有阳离子型表面活性剂的性质，因此可与溴酚蓝结合转移至氯仿层从而呈现黄色。

（2）碱性亚甲基蓝试验（用以鉴定阴离子型表面活性剂）。取1滴（1）中的试样于试管中，然后加入0.1%的亚甲基蓝溶液5mL、1mol/L的氢氧化钠溶液1mL和氯仿5mL，剧烈振荡，氯仿层呈现蓝紫色。两性表面活性剂在碱性条件下与亚甲基蓝结合转移至氯仿层从而呈现蓝紫色。

只有当上述两种试验均显示阳性时，方可鉴定为两性表面活性剂。

4. 薄层色谱法分离试验

两性表面活性剂中可能存在阴离子型、阳离子型和非离子型表面活性剂时，有必要将其与其他表面活性剂分离，否则很难判断是否存在两性表面活性剂。分离方法很多，薄层色谱是其中较为常见的一种方法。

用硅胶G制成0.3mm厚度的薄层板，干燥后于120℃烘箱中活化1.5h，将试样用95%乙醇制成2%的溶液，用微量吸管吸取4μL溶液点样，以无水甲醇或无水乙醇作为展开剂进行展开，而后用二氯荧光黄作为显色剂，于紫外线下呈现浅黄色斑点，或用碘熏法，在紫外线下观察其色点，最后计算其比移值 R_f。两性表面活性剂的 R_f 可参考表3-9。

表3-9 两性表面活性剂的 R_f 值

商品名	类型	R_f	商品名	类型	R_f
Deriphat160C	氨基酸	0.10	Miranol C2M Cone	咪唑啉	0.30
Empigen BB	甜菜碱	0.38	Miranol SM Cone	咪唑啉	0.30
Tego-Betain L10	甜菜碱	0.33	—	—	—

5. 沉淀法分离试验

试验中可通过沉淀法将两性表面活性剂沉淀，而其他类表面活性剂则留在溶液中，该方法特别适用于有阳离子表面活性剂共存的情况。用以沉淀的试剂很多，下面介绍几种常见方法。

（1）雷钠克铵盐法。雷钠克铵盐在pH为1的溶液中可以使阳离子表面活性剂和两性表面活性剂沉淀，而在pH为9时，则只能使阳离子表面活性剂沉淀。定量分析时，将沉淀溶于丙酮，并在525nm波长下测定其光密度。也可以在pH为1时测定阳离子表面活性剂和两性表面活性剂的总量，然后将pH调至9，测定阳离子表面活性剂的沉淀量，其差值即为两性表面活性剂的量。甜菜碱可以在398nm和525nm波长测定其光密度。

（2）四苯硼酸钠法。四苯硼酸钠可以与阳离子表面活性剂生成沉淀，而两性表面活性剂则无沉淀生成。试验时取含有100~150mg表面活性剂的样液50mL，加入10mL四苯硼酸钠溶液（2.5%），放于暗处过夜后，用玻璃漏斗过滤，滤液中即为两性表面活性剂。

（3）磷钼酸法。磷钼酸可以使阳离子表面活性剂沉淀，过滤后除去沉淀，将滤液的 pH 调节至 0~1，此时，两性表面活性剂的阳离子部分会单独沉淀出来。若无阳离子表面活性剂存在，在 pH 为 0~1 时进行磷钼酸试验，是检验两性表面活性剂的很好方法。

6. 红外吸收光谱试验

两性表面活性剂根据 pH 的变化可成为酸型和盐型，根据红外光谱可以给出相应的结构。

氨基酸型两性表面活性剂在酸型时，其特征吸收由 C ══O 键在波数 $1725cm^{-1}$ 的伸缩振动吸收、C—O 键在波数 $1200cm^{-1}$ 的伸缩振动吸收和—NH_2 在 $1588cm^{-1}$ 的弱弯曲振动吸收构成；若为盐型，则 $1725cm^{-1}$ 和 $1200cm^{-1}$ 的吸收消失，并在波数 $1610 \sim 1550cm^{-1}$ 和 $1400cm^{-1}$ 处出现羧基的伸缩振动吸收。

甜菜碱型两性表面活性剂是分子中具有酸性基团的季铵化合物，其在酸型时，在波数 $1740cm^{-1}$ 出现 C ══O 键的伸缩振动吸收和波数 $1200cm^{-1}$ 出现 C—O 键伸缩振动吸收；若为盐型，则上述吸收消失，而在波数 $1640 \sim 1600cm^{-1}$ 出现羧基的伸缩振动吸收。对于 $(CH_3)_2N$—型两性表面活性剂来说，其特征吸收波数为 $962cm^{-1}$。

五、表面活性剂的基本分析技术

在纺织品的加工过程中，常常需要加入一些表面活性剂以提高产品性能。在纺织工业领域，表面活性剂已形成系列化应用的趋势，因此对表面活性剂有效成分定量、对未知结构的定性和结构分析显得日益重要。

（一）表面活性剂的提取

在实际操作过程中，大多数表面活性剂产品可以在不分离的情况下直接进行测定。然而，要想进一步了解产品的组成与结构，对产品进行剖析，就必须在分析前首先进行分离，提取出单一化合物再利用各种手段进行鉴定。例如，分析含漂白成分的表面活性剂时，漂白成分次氯酸盐中可能含有表面活性剂，这就使得表面活性剂的分析变得困难或无法进行。为了更为有效地对表面活性剂进行分析，可采取固—液萃取或液—液萃取的方法进行提取。

1. 固—液萃取法

对于含有无机物质的混合物，一般可通过低分子量的醇（$C_1 \sim C_4$）、丙酮或三氯甲烷将表面活性剂从无机物中分离出来，这是因为大部分无机物不溶或微溶于这些有机溶剂。异丙醇的沸点较低，容易蒸发除去，因此对于未知的表面活性剂，用异丙醇、丙酮和三氯甲烷可能更为有利。需要注意的是，由于少量的水能够显著增加无机物的溶解度，因此溶剂使用前必须进行脱水。

称取样品的质量主要取决于其活性组分的含量，对于活性组分未知的情况，通常取 5g。

粉末状样品最好用索氏提取器抽提。索氏提取器由提取瓶、提取管和冷凝管三部分组成，提取管两侧分别有虹吸管和连接管，各部分连接处要严密不能漏气。提取时，将包在脱脂滤纸内的待测样品置于提取管内，加热时提取瓶内的溶剂汽化，由连接管上升进入冷凝器，被冷凝后滴入提取管内浸提样品。当提取管内的液面达到一定高度时，萃取液经由虹吸管流入提取瓶中。流入提取瓶内的溶剂继续汽化、上升、冷凝、滴回提取瓶内，如此循环反复，直到抽提完全为止。萃取操作步骤如下。

（1）将粉末状样品置于烧杯中，105℃下干燥至恒重；

（2）把滤纸做成与提取器大小相应的圆柱状滤纸筒，把需要提取的样品放入滤纸筒，将开口端折叠封住，放入提取管中。注意滤纸筒既要紧贴器壁，又要方便取放（滤纸策上可以套一圈棉线，方便提取完成后取出滤纸箱），被提取物高度不能超过虹吸管，否则被提取物不能被溶剂充分浸泡，影响提取效果。被提取物也不能漏出滤纸筒，以免堵塞虹吸管。如果试样较轻，可以用脱脂棉压住试样；

（3）向已称重的接收烧瓶中加入萃取溶剂，连接接收烧瓶和回流冷凝管；

（4）加热使溶剂沸腾，从第二次循环开始，连续循环10次以上；

（5）移走第一个烧瓶，重新放置一个已知重量的烧瓶，重复步骤（3）和步骤（4）；

（6）蒸发溶剂，干燥并称重。

2. 液—液萃取法

（1）用分液漏斗进行液—液萃取。液—液萃取法是提取表面活性剂的另一种行之有效的方法，萃取的关键在于萃取溶剂的选择，一般难溶于水的溶剂用石油醚、正己烷作为萃取溶剂，易溶于水的溶剂用乙酸乙酯萃取。实践发现，蒸馏后的样品不能直接萃取，否则会发生乳化作用或溶解，而达不到分离的效果。必须先加入另一溶剂以促进分离，实验证明，50%的乙醇溶液效果良好。

下面以提取未硫酸化的脂肪醇和未磺化的烃等中性脂肪物质为例，简述用分液漏斗进行液—液萃取表面活性剂流程。

①首先用50%乙醇的水溶液溶解样品，用1mol/L的氢氧化钠溶液调节pH至碱性，用同样溶剂使总体积达到100mL，转移至500mL分液漏斗中；

②加入100mL石油醚，充分振荡；

③静置分层后，下层转移至另一分液漏斗中；

④重复步骤②和③至少3次；

⑤合并石油醚萃取液，用50mL 50%的乙醇溶液洗涤；

⑥蒸去石油醚，干燥后称重。

从皂中萃取脂肪酸也可以用上述类似的方法，但该方法不适用于乙氧基化物质。需要注意的是，对于易挥发的脂肪醇和烃，蒸发过程应尽量避免加热。

（2）用萃取柱进行液—液萃取。采用萃取柱提取是液—液萃取的一种新方法。将一定量的样品液加入萃取柱中并保持一段时间，或在萃取前使样品液与填料混合，然后再用洗脱剂洗脱，从而达到分离和富集目标化合物的目的。其优点是能够得到纯净的萃取物且不含乳状液成分。

（二）酸碱滴定法

一般的酸、碱以及能与酸、碱直接或间接发生质子转移的物质，都可以用酸碱滴定法测定。在醇溶液中，多数情况下，弱酸的pH在3~4，弱酸盐的pH在9~10，弱碱的pH在9~10，弱碱盐的pH在4左右，实际的pH又由于弱酸或弱碱与醇/水的比例不同而有所不同。

在滴定分析中，可以用指示剂法或仪器分析方法确定滴定终点。指示剂法根据作用原理，可以分酸碱指示剂、金属指示剂和氧化还原指示剂等，其中以酸碱指示剂应用最为广泛。常用于测定低的pH的酸碱指示剂包括甲基黄、溴酚蓝、溴甲酚绿和甲基红等，而高的pH则以酚酞和百里酚酞较为常用。常用的酸碱指示剂列于表3-10。实际操作中可以根据实际情况选择合适的指示剂确定滴定终点。

表3-10　常用酸碱指示剂

指示剂	变色范围	酸色	碱色
甲基黄	2.9~4.0	红	黄
溴酚蓝	3.1~4.6	黄	紫
溴甲酚绿	3.8~5.4	黄	蓝
甲基红	4.4~6.2	红	黄
中性红	6.8~8.0	红	黄橙
酚红	6.7~8.4	黄	红
酚酞	8.0~9.6	无	红
百里酚酞	9.4~10.6	无	蓝

（三）电位滴定法

用指示剂确定滴定终点的方法操作简单、方便，但不适用于有色溶液或在有沉淀的溶液中滴定，而用电位滴定、电导滴定、电流滴定、交流示波极谱滴定和光度滴定等仪器分析方法确定滴定终点则可以克服以上不足。

电位滴定法是在用标准溶液滴定待测离子过程中，用指示电极的电位变化代替指示剂的颜色变化指示滴定终点的到达，是把电位测定与滴定分析互相结合起来的一种测定方法。它虽然没有指示剂确定终点那样方便，但它可以用在浑浊、有色溶剂以及找不到合适指示剂的滴定分析中。电位滴定的一个很大用途是可以连续滴定和自动滴定。电位滴定法是在被测溶液中插入指示电极和参比电极，由于滴定过程中待测离子与滴定剂发生化学反应，离子活度发生变化，从而引起指示电极电位发生改变，在化学计量点附近，离子活度的变化可能达几个数量级，出现电位突跃，由此确定滴定终点的方法。若电位突跃不明显，可采用一次微分曲线或二次微分曲线确定终点。电位滴定也可以根据滴定终点时的电动势值来确定滴定终点。

采用电位滴定分析法分析表面活性剂时，应根据滴定反应类型不同选用不同的指示电极；酸碱滴定常采用pH玻璃电极作为指示电极；沉淀滴定要根据沉淀反应的类型选择指示电极，如用$AgNO_3$溶液滴定卤离子时可采用银电极作为指示电极；氧化—还原滴定常选用Pt电极等作为指示电极；配位滴定中，可采用两种类型的指示电极。

（四）酯、胺醇和不饱和脂肪物的测定

1. 酸值、酯值和皂化值的测定

在肥皂工业中，有一些传统的分析油和脂肪方法。而在含酯的表面活性剂分析中，酸值、酯值和皂化值的定义如下。

酸值：中和1g样品中游离脂肪酸所需KOH的量（mg）。如式（3-3）所示。

酯值：皂化1g样品中酯类所需KOH的量（mg）。如式（3-4）所示。

皂化值：即酸值和酯值的总和。皂化1g样品中脂肪酸和酯类所需KOH的量（mg）。如式（3-5）所示。

下面列举了一种乙醇介质中测定表面活性剂酸值、酯值和皂化值的操作流程。

（1）将2~3g样品溶于中性乙醇中。

（2）加入几滴1%的酚酞溶液，用0.5mol/L KOH的乙醇标准溶液进行滴定。

$$酸值=V_1\times c\times 56.1/W\ (mg/g) \tag{3-3}$$

式中：V_1——滴定所用的KOH乙醇标准溶液的体积，mL；

W——样品质量，g；

c——KOH乙醇标准溶液的浓度，mol/L；

56.1——1mL KOH乙醇标准溶液中所含KOH的量，mg。

（3）再加入过量KOH的乙醇溶液（0.5mol/L），通常为25mL或50mL。

（4）在装有冷凝管的装置中回流1h后，冷却。

（5）用盐酸的乙醇标准溶液（0.5mol/L）回滴。

（6）同时做空白实验。

$$酯值=\frac{56.1\times c_1\times (V_0-\times_2)}{W}-酸值 \tag{3-4}$$

式中：V_0——空白试验所耗用的盐酸标准溶液的体积，mL；

V_2——样品试验中盐酸标准溶液的体积，mL；

c_1——盐酸标准溶液的浓度，mol/L；

W——样品质量，g。

$$皂化值=酸值+酯值 \tag{3-5}$$

2. 强碱值和弱碱值

强碱值：与1g样品中游离强碱相当的KOH的量（mg）。如式（3-6）所示。

弱碱值：与1g样品中游离弱碱相当的KOH的量（mg）。如式（3-7）所示。

以下为同时测定强碱值和弱碱值的一种方法。

（1）称取2~3g样品于锥形瓶中，加入50mL中性乙醇溶解。

（2）以酚酞为指示剂，用0.5mol/L的盐酸溶液滴定至终点，消耗的盐酸溶液体积记为V_1。

（3）加入溴酚蓝指示剂，继续用0.5mol/L的盐酸溶液滴定至终点，消耗的盐酸溶液体积记为V_2。

$$强碱值=V_1\times\frac{c}{1000}\times\frac{56100}{W} \tag{3-6}$$

$$弱碱值=V_2\times\frac{c}{1000}\times\frac{56100}{W} \tag{3-7}$$

式中：c——盐酸标准溶液的浓度，mol/L；

W——样品质量，g。

3. 羟值的测定

工业上的羟值是指与1g样品中的羟基所相当的KOH的毫克数。

羟值的测定通常以酸酐反应为基础，分析过程如下：

（1）酸酐（如乙酸酐、邻苯二甲酸酐等）与羟基发生酯化作用，反应如下：

$$R'OH+(RCO)_2O \longrightarrow RCOOR'+RCOOH$$

（2）加水使过量的酸酐水解，反应如下：

$$(RCO)_2O+H_2O \longrightarrow 2RCOOH$$

（3）用标准碱溶液（一般为 KOH 溶液）滴定在酯化过程中产生的酸和水解生成的酸，根据滴定空白和试液消耗碱液的体积之差，计算表面活性剂的羟值，如式（3-8）所示。

$$羟值（mg/kg）= c_{KOH} \times (V_{空白}-V_{样品}) \times 56.1/W \tag{3-8}$$

式中：c_{KOH}——KOH 标准溶液的浓度，mol/L；

$V_{空白}$——空白试验消耗 KOH 标准溶液的体积，mL；

$V_{样品}$——样品消耗 KOH 标准溶液的体积，mL；

W——样品质量，g。

（五）碘值的测定

碘值是指 100g 物质中所能吸收（加成）碘的克数，是表示有机化合物中不饱和程度的一种指标，主要用于油脂、脂肪酸、蜡以及聚酯类物质的测定。不饱和程度越大，碘值越高。

测定碘值的方法很多，如韦氏试剂法、氯化碘—乙醇法、碘酊法、溴化法、溴化碘法等，各方法的不同点在于加成反应时卤素的结合状态和对卤素采用的溶剂不同。

下面以韦氏试剂法测定油脂的碘值为例，简述碘值的测定流程。韦氏试剂法是将试样溶解在溶剂中并加入韦氏试剂（氯化碘的冰醋酸溶液，0.2mol/L），在规定的时间后加入碘化钾和水，用硫代硫酸钠溶液滴定析出的碘，滴定空白和试液消耗硫代硫酸钠的体积之差，计算表面活性剂的碘值，如式（3-9）所示。

$$碘值 = c \times \frac{V_{空白}-V_{样品}}{1000} \times 126.9 \times 100/W \tag{3-9}$$

式中：c——$Na_2S_2O_3$ 标准溶液的浓度，mol/L；

$V_{空白}$——空白试验消耗 $Na_2S_2O_3$ 标准溶液的体积，mL；

$V_{样品}$——样品消耗 $Na_2S_2O_3$ 标准溶液的体积，mL；

W——样品质量，g。

（六）两相滴定法

两相滴定法是一种测定有机碱（叔胺和季铵类化合物）和离子型表面活性剂的半微量和微量的容量分析方法。因为滴定介质由两相（即水相和与水不相混溶的有机相）组成，故称为两相滴定法。

两相滴定法分析表面活性剂的基础是表面活性剂与水相中的指示剂发生反应生成盐类物质，这些盐不溶或难溶于水，而溶于氯化烃（如氯仿等）等有机溶剂。若不使用指示剂，反应的终点难以辨别；使用不同类型的指示剂，其滴定终点的判别和反应原理有所不同。指示剂的选择和加入方式是影响两相滴定法测定表面活性剂结果准确性的重要因素。

Epton 首次使用两相滴定法测定了水中的阴离子表面活性剂。他采用单一指示剂的阴离子表面活性剂，以亚甲基蓝为指示剂，氯仿为有机相，用十六烷基溴化吡啶溶液滴定。滴定开始时，亚甲基蓝与阴离子表面活性剂反应生成盐进入氯仿层，而后蓝色逐渐由氯仿层转移至水相，两相颜色相同时即为滴定终点。而在实际应用中，阴离子表面活性剂的种类繁多，使用单一指示剂会造成分析结果偏低等问题，在此情况下，多种混合指示剂的两相滴定法应运而生。有文献针对不同的阴离子表面活性剂体系，通过对比多种混合指示剂，提出百里酚蓝—次甲基蓝—二氯甲烷两相混合指示剂滴定法，得到了较好的实验结果。该方法使用了毒性较小的二氯甲烷，因而应用范围较广。又有文献提出了两相指示剂的程序加入法，以百里酚蓝为滴定过程指示剂，次甲基蓝为滴定终点指示剂，该方法减少了滴定过程中的化学反应和化合物在两相之间的转移，减少了相应的影响因素，在阴离子表面活性剂稀溶液的分析中其标准偏差小于 0.4%。

六、现代仪器分析技术在表面活性剂分析中的应用

表面活性剂分析中涉及的仪器分析手段较多，常见的仪器分析方法主要有红外吸收光谱法（Infrared Absorption Spectrometry，简称 IR）、紫外可见光谱法（Ultraviolet-Visible Molecular Absorption Spectrometry，简称 UV-Vis）、核磁共振波谱法（Nuclear Magnetic Resonance Spectroscopy，简称 NMR）、质谱法（Mass Spectrometry，简称 MS）、气相色谱法（Gas Chromatography，简称 GC）、薄层色谱法（Thin Layer Chromatography，简称 TLC）、高效液相色谱法（High Performance Liquid Chromatography，简称 HPLC）、毛细管电泳（Capillary Electrophoresis，简称 CE）及毛细管电色谱法（Capillary Electro Chromatography，简称 CEC）等。

（一）红外吸收光谱法

红外吸收光谱，又称为分子振动—转动光谱。当样品受到频率连续变化的红外光照射时，分子吸收某些频率的辐射，并由振动或转动运动引起偶极矩的净变化，从而产生分子振动和转动能级从基态到激发态的跃迁，使相应于这些吸收区域的透射光强度减弱。记录红外光的百分透射比与波数或波长关系的曲线，就得到红外光谱。

红外光谱主要利用红外吸收峰的位置、强度和形状，提供官能团或化学键的特征振动效率，来进行定性或定量分析。由于红外光谱法具有测试速度快、样品需要量小、辨认准确等优点，目前已广泛应用于表面活性剂的分析与鉴定。表面活性剂由亲水基和亲油基两部分组成，无论亲水基或亲油基，都有其特征吸收，因此，根据化合物的特征吸收可以知道含有哪些官能团，从而帮助确定有关化合物的类型。

对于纯净的表面活性剂的红外光谱分析，通过对照标准谱图，可以对表面活性剂进行定性。哈默（Hammel）和萨特勒（Sadtler）研究室发表了大量表面活性剂的红外光谱图，可供研究人员查阅、对照。但在混合的情况下，有些结构不易区分，如环氧乙烷加成的阳离子型表面活性剂与环氧乙烷加成的非离子型表面活性剂，两者的红外光谱非常类似，需先进行分离而后再进行红外光谱分析。

据文献报道，红外光谱法在表面活性剂的分析中，主要侧重于结构鉴定与定性分析上，而随着傅里叶变换红外光谱技术（FTIR），以及红外光谱与液相色谱和气相色谱等联用技术的发展，为红外光谱法在表面活性剂分析中的应用，开辟了广阔的前景。

（二）紫外—可见光谱法

紫外—可见吸收光谱法，又称紫外—可见分光光度法，它基于分子内价电子在电子能级间的跃迁，是研究分子吸收 190~750nm 波长范围内的吸收光谱。紫外光谱仅适用于分析具有不饱和双键的化合物，特别适用于具有共轭双键的物质。

在表面活性剂中，只有一部分带有芳香环和其他不饱和双键等发色团的化合物，在紫外光谱区有特征吸收，从而可以进行定性鉴定。可采用紫外光谱法进行定性分析的表面活性剂主要有以下几类：含有多元不饱和酸的化合物、烷基苯的磺酸盐、动物油和其他高级脂肪酸

衍生物、聚氧乙烯烷基苯酚醚和其他含有芳香环的化合物、四价吡啶盐以及其他不饱和杂环衍生物等。水溶剂中常见的几类表面活性剂的紫外吸收情况如表 3-11 所示。

表 3-11　常见的表面活性剂的紫外吸收

表面活性剂名称	λ_{max}（nm）	$\lg\varepsilon_{max}$	λ_{max}（nm）	$\lg\varepsilon_{max}$	λ_{max}（nm）	$\lg\varepsilon_{max}$
十二烷基苯磺酸钠	225	2.6	261	1.2	—	—
丁基苯磺酸钠	230	2.5	285	1.7	—	—
聚氧乙烯壬基酚醚	225	2.2	277	1.4	—	—
聚氧乙烯辛基酚醚	—	—	280	1.4~2.1	—	—
对氨基苯磺酸钠	—	—	275	2.8	—	—
硬脂基二甲基苄基氯化铵	215	2.0	263	1.3	—	—
烷基吡啶卤化物	—	—	260	2.0	—	—
丁基萘磺酸钠	235	3.3	280	2.3	315	1.8
四氢萘磺酸钠	225	2.7	270	1.6	315	0.3
α-萘酚缩合物	225	3.2	275	2.0	320	1.6
烷基异喹啉卤化物	230	3.2	270	2.0	335	2.0
油酸钠	225	1.7	—	—	—	—
油酸三乙醇胺盐	235	1.6	—	—	—	—

需要强调的是，为确证一种化学物质或结构官能团是否存在，往往需要红外光谱、核磁共振、质谱、化学方法以及紫外光谱法等多种分析手段相互佐证。

可见光谱法主要是利用表面活性剂的某些官能团与某种试剂生成带有颜色的络合物，在 400~760nm 波长范围内，该络合物在溶液中的含量与吸收值满足朗伯比尔定律，从而可以测定表面活性剂含量的方法。如阴离子表面活性剂可以与亚甲基蓝显色剂发生缔合反应形成络合物，将络合物用氯仿等溶剂萃取至有机相后，在可见光区特定波长下测量吸光度，可以进行连续比色测定。

此外，紫外—可见光谱法也可用来研究表面活性剂的性能，如胶束增溶吸光光度法测定表面活性剂的临界胶束浓度，常用于研究表面活性剂的溶液物性。

（三）核磁共振波谱法

核磁共振波谱（NMR）是在高强磁场的作用下，具有核磁矩的原子核，吸收射频辐射，引起核自旋能级的跃迁所产生的波谱。核磁共振波谱反映了吸收光能量随化学位移 δ 的变化，能够表达峰的化学位移、强度、裂分数和耦合常数 J。它是有机化合物结构分析中极为重要的手段。

在表面活性剂分析领域，核磁共振波谱最早用于分析阴离子表面活性剂、聚氧乙烯型非离子表面活性剂以及某些洗涤剂原料（如烷基苯、烷基酚）等。随着核磁共振波谱仪的普及，特别是傅里叶变换核磁波谱仪的出现和应用，使得 NMR 法在表面活性剂领域的应用日趋活跃，已成为表面活性剂分析鉴定中不可缺少的重要手段。

核磁共振波谱法在表面活性剂的分析中可以分成三个主要类型：①确定分子结构：如确

定烷基链是否支化或其支化程度、测定表面活性剂亲水基的位置、测定孤立双键数及其位置等；②测定分子参数：如测定表面活性剂的烷基链长度、乙氧基化合物的链长等；③表面活性剂混合物分析：如分析表面活性剂混合物中各组分的比例。

NMR可以直接提供样品中某一特定原子的各种化学状态或物理状态，并得到各原子的定量数据。一些作为定性指标的化学位移 δ 的测定，若各组分的主要信号不重叠，往往也可用混合样品进行分析，无需分离提纯。因而，NMR法在表面活性剂分析上所提供的信息，在一定程度上比红外光谱法或紫外光谱法更为有效。近年来，NMR法在表面活性剂的分析鉴定上，发展极为迅速。有学者系统地总结了 ^{13}C NMR技术在表面活性剂领域的研究成果，详细阐述了用 ^{13}C NMR化学位移 δ 测定表面活性剂的结构、确定表面活性剂异构体及同系物的组成、表面活性剂混合物中各组分的定量测定、聚合物类表面活性剂的微结构测定和表面活性剂物化性能的研究等方面内容。

^{1}H 和 ^{13}C 核磁共振在表面活性剂分析领域应用最为广泛，而 ^{19}F 和 ^{31}P 核磁共振波谱是分析含氟和全氟表面活性剂以及含磷元素的表面活性剂的重要手段。^{31}P 核磁共振波谱对于测定无机磷酸盐中正磷酸钠、焦磷酸钠、三聚磷酸钠的相对比例非常方便，而磷酸盐是表面活性剂助剂中常见的添加剂之一。目前关于 ^{19}F NMR在表面活性剂分析方面的报道相对较少，但其应用前景是非常广阔的。

（四）质谱法

质谱法（MS）是通过一定手段使被测样品离子化，然后按照质荷比（m/z）对这些离子进行分离和检测的一种分析方法。质谱法可以提供相对分子质量、元素组成及结构信息，具有应用范围广、灵敏度高、分析速度快等特点。

质谱法一般用于单一化合物的分析，而表面活性剂产品一般都不是纯物质，即使是纯的表面活性剂，由于表面活性剂的挥发性很小，需要升高温度，分子和离子分解、分子和离子反应和络合物重排等现象使得MS谱图解析变得非常困难。另外，质谱法灵敏度非常高，测试试样质量可低至皮克（$1pg=10^{-12}g$），许多可能的分子式都有可能在低分辨率质谱图中出现特征峰值，因此，表面活性剂的质谱分析，需要更高层次的质谱技术，或者质谱法与气相色谱法或液相色谱法等其他技术联用。

近年来，随着新型离子化方法的发展，特别是快原子轰击（Fast Atom Bombardment，简称FAB）、电喷雾电离（Electron Spray Ionization，简称ES）、液体二次离子质谱法（Liquid Secondary Ion Mass Spectroscopy，简称LSIMS）和场解析电离（Field Desorption Ionization，简称FD）等电离方法的应用，解决了难挥发性物质的分析鉴定问题，质谱法在表面活性剂分析领域的研究也逐渐增多。

在表面活性剂分析领域，质谱法主要包括以下几个方面：①原料分析；②新型合成材料的定性分析；③工厂产品与杂质分析；④表面活性剂链长分布的测定；⑤产品全分析；⑥产品中杂质的测定；⑦环境产品中表面活性剂的痕量测定等。

（五）气相色谱法

气相色谱法（GC）是目前使用较多、应用较为广泛的一种分离分析方法，具有分离效能高、定量性能好、操作简便和可自动化等优点。

色谱法定性的主要依据是组分的保留时间，即当色谱条件一定时，组分的保留时间是不变的。但严格来说，这种依照保留值进行定性的方法，只是必要条件而并非是充分条件。另一种定性方法是利用气相色谱与质谱、傅里叶变换红外光谱等联用，这种定性方法是可靠的，但仪器设备及其操作比较复杂。色谱法定量分析是依据色谱峰的峰高或峰面积来判断分析物的含量，既准确又方便。20 世纪 60 年代至今，气相色谱法应用于表面活性剂定性和定量分析方面，取得了许多研究成果。

气相色谱法是合成表面活性剂反应的原料分析及产物中低分子物质测定中十分有效的方法，它可以直接分析气体和易于挥发且稳定性好的物质。而难挥发性物质或热稳定性较差的物质，一般不能直接进行气相色谱分析。绝大部分表面活性剂是蒸气压低、分子量高、高沸点的化合物，其分子量在 200~1000。若采用气相色谱法对表面活性剂进行分析时，先要将表面活性剂样品经过预处理，使其转变为挥发或易挥发性物质，或在 GC 的进样系统处进行热裂解，然后才能进行分离和分析测定。

一般来说，表面活性剂是难挥发或不挥发的物质，其组成又多是同系物的混合物，因此，采用气相色谱法分析表面活性剂时，除部分非离子表面活性剂外，必须依据不同离子性的表面活性剂，选用不同的方法预处理后，才能进行分析。这些预处理方法可分为化学预处理法和热裂解法两大类，常见预处理方法包括以下几种：①磷酸分解法；②磺酰氯化法；③硫醇（羟）化法；④碱熔法；⑤甲酯化法；⑥三甲基硅醚化法；⑦氢碘酸分解法；⑧加水分解法；⑨醚键开裂法；⑩氢氧化锂还原法；⑪热裂解法；⑫反应色谱法。其中，阳离子表面活性剂主要采用热裂解法，阴离子表面活性剂主要采用磷酸分解法和甲酯化法，非离子表面活性剂常采用三甲基硅醚化法或皂化后甲酯化法测定亲油基的碳数分布，特别是环氧乙烷（EO）、环氧丙烷（PO）的加成数。

总之，气相色谱法测定各类型的表面活性剂，可得到疏水基的碳数分布、异构体分布、亲水基的类型、EO 和 PO 的加成数等信息，依据各组分的保留时间与标准物质比较进行定性分析，依据色谱峰的峰面积或峰高进行定量分析。因而，气相色谱法在表面活性剂的组成分析、定量分析和微量分析中获得了广泛的应用。此外，GC-MS、GC-FTIR 等联用技术的发展，大大提高了气相色谱法的灵敏度和分离度，拓展了气相色谱法在表面活性剂分析中的应用范围。

（六）高效液相色谱法

高效液相色谱法，又称高压液相色谱法，利用被分析物在两相间的吸附能力、分配系数、亲和力、离子交换能力或分子尺寸大小等微小的差异性，从而使不同的溶质得到分离。它是在经典柱色谱法和气相色谱法的基础上发展起来的。按照分离原理，可将高效液相色谱分为吸附色谱法、分配色谱法、离子交换色谱法、凝胶色谱法。

与经典液相色谱相比，高效液相色谱使用了粒度更小的高效固定相，使其传质速度快，柱效高，而且使用了高压输液泵和自动记录的监测器，让分离溶质的工作效率大大提高。与气相色谱相比，液相色谱具有更广阔的应用范围，因为它不受样品挥发度和热稳定性的限制，而且液相色谱一般在室温下操作，所以只要被分析物质在流动相中具有一定的溶解度，就可以进行分析。液相色谱特别适合于分离那些极性强、可电离、沸点高、难挥发和热稳定差的化合物，如离子型化合物、生物大分子、稳定性低的天然产物以及其他各种高分子化合物等。

利用高效液相色谱法分析表面活性剂，样品无需进行化学预处理即可进行分离分析。高效液相色谱不仅在阴离子表面活性剂、阳离子表面活性剂、非离子表面活性剂和两性表面活性剂的整个分析领域内应用十分普遍，而且也常应用于反应副产物、未反应物和添加剂的分析中。高效液相色谱法对不同的物质可以变换柱填料，即具有不同的分离方式，因此高效液相色谱法具有较高的分离效果。不同的分离方式在表面活性中的应用总结如图 3-8 所示。

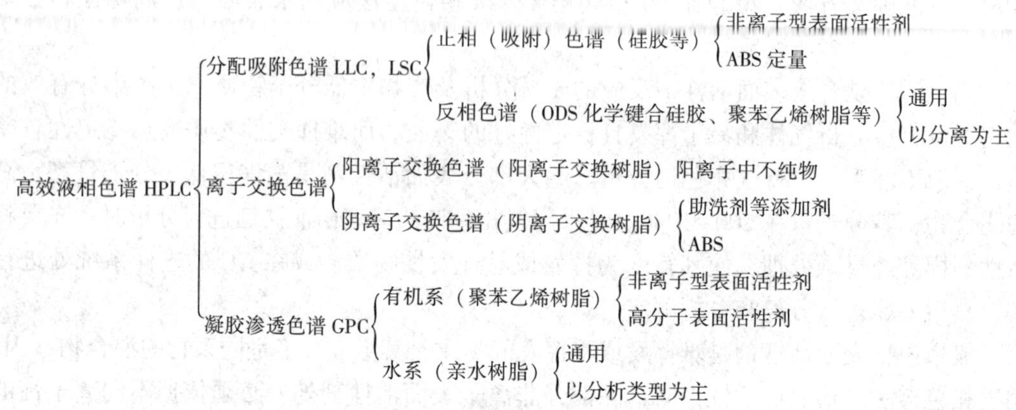

图 3-8 HPLC 分离方式在表面活性剂中的应用总结

目前，关于高效液相色谱法在表面活性剂分析中的报道很多。由于检测器、填充剂和淋洗液的选用和技术进步，使得高效液相色谱法不仅适用于所有类型的表面活性剂的分离和分析，而且其普及范围更加广泛。现在，高效液相色谱法具有快速、灵活、高效、操作简便、检测方法多样、易于自动化等诸多优点。其中，最突出的是反相离子对色谱法，这是因为它可变因素较多，通过适当地调节流动相和有机改性剂、对离子的种类、浓度、pH 等，可在不变换固定相的情况下，得到较高的灵敏度和最佳的分离效果。若采用梯度淋洗，它还可以进一步提高分离效果和缩短分析时间。离子对色谱法是一种向淋洗液中加入过剩的离子对，使试样离子与对离子形成离子对化合物而进行分离和分析的方法，它特别适用于表面活性剂的分析。有机胺离子与阴离子染料形成离子对，磺酸或羧酸阴离子与阳离子染料形成离子对，作为无机成分的对离子可使用过滤酸根离子。

此外，液相色谱法与多种其他分析方法的联用技术，如液相色谱—质谱联用（LC-MS）、液相色谱—傅里叶变换红外光谱联用（LC-FTIR）、液相色谱—核磁共振联用（LC-NMR）、液相色谱—原子吸收联用（LC-AAS）、液相色谱—电子自旋共振光谱联用（LC-ESR）等，它们的发展提高了液相色谱的定性能力，扩展了液相色谱的应用范围。

（七）薄层色谱法

薄层色谱法（TLC）是将吸附剂或载体均匀地涂于玻璃板或聚酯薄膜及铝箔上形成薄层进行色谱分离，它是一种微量、快速、操作简便、分离能力很强的新型分离技术。

薄层色谱法的定量性能和分离效能虽不及气相色谱法和高效液相色谱法，但其操作方便、设备简单、价格便宜、所需样品量少，特别是分步展开、双向展开、多次展开、浓度梯度展开、连续展开等多种展开方式的发展和薄层扫描仪、面积仪等专门仪器的出现和实用化，使薄层色谱法能对表面活性剂进行快速、精确的微量分析，从而提高了 TLC 技术的定量精度和分离效能。而且，薄层色谱法广泛应用于表面活性剂的精制、分离、定性和定量分析上。

自 20 世纪 60 年代曼戈尔特将薄层色谱法应用于各种表面活性剂与脂肪物质的分离以来，已发表了许多著作和论文。最初的研究报告多以单一品种的表面活性剂的定性分析为目的，近年来则着重于表面活性剂混合物的分离和定量分析，特别是对阴离子表面活性剂（如芳香族磺酸盐、脂肪族硫酸盐、脂肪族磺酸盐等）、非离子表面活性（如醇和烷基酚乙氧基化合物、烷醇酰胺及乙氧基化合物、酯及其乙氧基化合物等）、阳离子表面活性剂（如季铵盐）和两性表面活性剂的分析研究越来越多。据文献报道，TLC 法目前主要用于各种复配物中表面活性剂的分离和定量，它不仅适用于有机化合物的分析，也适用于无机物质的分析。

需要指出的是，TLC 法虽可测定各种类型的表面活性剂，但要确切知道表面活性剂中异构体的分布和亲油基的碳数分布，仍显不足。

（八）毛细管电泳法

毛细管电泳法（CE），又称高效毛细管电泳法（HPCE）或毛细管电分离法（CESM），它是以高压电场为驱动力，以毛细管为分离通道，依据样品中各组分之间淌度和分配行为上的差异而实现分离分析的一类液相分离技术，是 20 世纪 80 年代以来发展较快的分析方法之一。

毛细管电泳是经典电泳技术和现代微柱分离相结合的产物，包含电泳、色谱及其交叉内容，是分析化学中继高效液相色谱之后又一重大发展。与高效液相色谱法相比，CE 法具有分析速度快、分辨率高、灵敏度高、样品用量少、成本低、消耗少、仪器简单、操作方便、容易实现自动化等优点。按照毛细管内分离介质和分离原理的不同，毛细管电泳主要有毛细管区带电泳（CZE）、毛细管凝胶电泳（CGE）、毛细管等速电泳（CITP）、毛细管等电聚焦（CIEF）、毛细管胶束电动色谱（MECC）和毛细管电色谱（CEC）六种分离模式。

目前毛细管电泳的应用研究主要集中于肽和蛋白质分析、手性化合物分离、DNA 分析、临床检测、药物分析、环境监测、单细胞和单分子检测等多个方面。许多研究者已通过毛细管电泳技术分离了各类表面活性剂，如烷基硫酸盐和烷基磺酸盐类阴离子表面活性剂的电渗透流动性随着烷基链长的增加而减小，因而可根据烷基链长进行分离。一般可采用毛细管阵列电泳（CAE）模式进行分离，大多数是改变阴极条件，按照烷基链减少的顺序进行洗脱；如果改变极性，则按相反顺序洗脱。全部使用有机体系时，能够适合较高链长表面活性剂的分析。非离子表面活性剂由于其在静电场中不流动，所以，一般不适用于电泳分离。如果通过衍生，例如用邻苯二甲酸酐衍生，使其生成离子，毛细管电泳也能够应用于非离子表面活性剂的分离和分析。研究表明，对于衍生低分子量的非离子表面活性剂，CZE 能给出较好的结果，而对于高分子量的物质，用 CGE 进行分析较好。

（九）其他仪器分析方法

在表面活性剂分析领域，还会涉及一些其他的仪器分析方法，如拉曼光谱法、超临界流体色谱法、离子色谱法、荧光光谱法、热分析法、电子顺磁共振光谱法和电子显微技术等。关于这些仪器原理和实验室技术已有专门的论著，读者可根据实际需要查阅相关文献。

第三节　纺织染整助剂的剖析与鉴别

一、纺织染整助剂产品的分离技术

工业上使用的纺织染整助剂通常不是由单一组分组成，而是由表面活性剂、高分子化合物、无机盐、有机溶剂等多种化学物质混合或复配而成，其结构和组成都相当复杂。对纺织染整助剂分离的目的是从中提取、富集和纯化各种组分，为进一步进行定性和定量分析做准备。

由于纺织染整助剂的体系不同，其采用的分离方法也有所不同。下面介绍几种在纺织染整助剂分离领域中应用较为广泛的分离技术。

（一）蒸馏法

蒸馏法是利用混合物中各组分挥发性的差异进行分离，是分离和纯化液体混合物较常用的一种方法。常用的蒸馏方法有普通蒸馏、分馏、减压蒸馏等。普通蒸馏常用于分离沸点相差较大的液体混合物，而对于沸点相差在25℃以下的混合体系，则需要采用效率更高的分馏法。沸点相差越小，需要的蒸馏装置越精密。对于高沸点有机物和那些在常压蒸馏时未达到沸点就已受热分解、氧化或聚合的化合物，使用减压蒸馏更为有效，它可以通过减少体系内的压力来降低液体的沸点，从而可以有效地避免这些现象的发生。

利用蒸馏方法可分离出纺织染整助剂中的溶剂和低沸点组分。在实际应用过程中，如果被蒸馏物中含有低沸点物质，一般先进行常压蒸馏，然后再进行减压蒸馏。当样品中含有表面活性剂类物质时，有可能在蒸馏过程中出现泡沫溢出的情况，此时应取尽量少的样品溶液，并加入一团经过净化处理的脱脂棉，然后再进行蒸馏。

（二）溶剂萃取法

溶剂萃取法是利用物质在不同溶剂中溶解度或分配系数的差异分离混合物的一种分离技术。根据被分离对象的不同，可分为液—液萃取和液—固萃取两种分离方式。

选择合适的溶剂是溶剂萃取的关键，因为恰当的溶剂可以明显提高样品的分离效率。萃取溶剂的选择主要根据被萃取物本身的性质而定，一般依据相似相溶原理，如难溶于水的物质用正己烷、石油醚等萃取；较易溶于水的物质用乙醚、苯等萃取；易溶于水的物质则用丁醇、乙酸乙酯或其他类似溶剂萃取。有时也可以通过改变溶液的pH，使某些组分的极性和溶解度发生改变，然后再借助萃取溶剂将其分离和富集。在对未知样品进行分离时，通常按照极性由低到高的顺序选用萃取溶剂。此外，选择溶剂时还要考虑溶剂的沸点、化学稳定性和毒性等。

（三）沉淀法

沉淀法是指以沉淀反应为基础，通过在样品溶液中加入沉淀剂，使预测组分或干扰组分沉淀出来，从而实现分离的一种分离技术。在纺织染整助剂领域，溶解沉淀法常用于高分子化合物的分离，其分离效果受高聚物溶液的浓度、沉降剂加入速度以及沉淀温度等因素的影响很大。若溶液浓度过大，沉淀物开始呈橡胶状，容易包裹较多杂质，精制效果差；浓度过低，精制效果好，但是聚合物呈细粉状，收集困难。因此在操作过程中时，要根据实验现象及时做出调整，以加快分离速度，提高分离效率。表3-12列举了沉淀法分离高分子化合物的一些实例。

表3-12　沉淀法分离高分子化合物实例

高分子化合物类别	溶剂	沉淀剂
多糖类	水、稀碱溶液	乙醇、丙酮、季铵盐
聚丙烯酸酯	丙酮	水
聚氯乙烯	四氢呋喃、二氯甲烷	甲醇
聚碳酸酯	环己烷	甲醇
聚硅氧烷	丙酮、乙醇	水

(四) 色谱法

色谱法是依据不同物质在固定相和流动相之间分配系数的差异进行分离的一种高效分离技术。色谱法种类很多，在纺织染整助剂剖析研究中，常用的色谱分离法有离子交换色谱法、薄层色谱法、柱色谱法、纸色谱法、气相色谱法和高效液相色谱法等。

1. 离子交换色谱法

离子交换色谱法是以离子交换树脂或化学键合离子交换剂为固定相，利用被分离组分离子交换能力的差异实现分离的一种分离技术，适合于混合型表面活性剂类纺织染整助剂的分离。

离子交换结束后，一般用蒸馏水洗去残存溶液，然后用适当的洗脱液进行洗脱。阳离子交换树脂常采用 HCl 溶液作为洗脱液，阴离子交换树脂则采用 NaCl 或 NaOH 溶液作为洗脱液。强酸性阳离子交换树脂对阳离子的选择顺序为：$Fe^{2+}>Al^{3+}>Ba^{2+}>Sr^{2+}>Ca^{2+}>Mg^{2+}>K^{+}>NH_4^{+}>Na^{+}>K^{+}>Li^{+}$，洗脱顺序则是与选择顺序相反，排在后面的阳离子先被洗出。强碱性阴离子交换树脂对阴离子的选择顺序为：柠檬酸根$>SO_4^{2-}>C_2O_4^{2-}>I^{-}>NO_3^{2-}>CrO_4^{2-}>Br^{-}>Cl^{-}>HCOO^{-}>OH^{-}>F^{-}$，洗脱顺序为后面的阴离子先被洗出。

2. 薄层色谱法

薄层色谱法操作简便，分离样品时间短，在纺织染整助剂分离领域应用非常广泛，它不仅适用于少量样品的分离，也适用于较大量样品的精制和纯化。关于薄层色谱的基本原理和操作步骤在其他章节已有介绍，下面简单介绍一下薄层色谱法用于分离纺织染整助剂时吸附剂和展开剂的选择。

(1) 吸附剂的选择。薄层色谱法中，吸附剂的选择是依据被分离物质的极性和吸附剂的吸附性能而定的。一般极性大的物质应选择吸附能力弱的吸附剂，而对于极性小的物质则应选择吸附能力强一些的吸附剂。

目前常用的吸附剂主要有硅胶、氧化铝、纤维素、聚酰胺等。其中，硅胶适用于有机酸、氨基酸和萜类等酸性或中性物质的分离；碱性氧化铝适用于碱性或中性物质的分离；中性氧化铝适用于醛、酮、醌、酯等 pH 约为 7.5 的中性物质的分离；酸性氧化铝适则用于 pH 为 4~4.5 的酸性有机酸类的分离；纤维素主要用于亲水性物质的分离；聚酰胺则可用于酚、醛、酮、醇、酸等易生成氢键的极性化合物以及蛋白质、多糖等高聚物的分离。

(2) 展开剂的选择。展开剂可以是单一溶剂，也可以是二元、三元或多元的混合溶剂。具体的选择要从被分离组分的极性、吸附剂的活性和展开剂的极性三方面综合考虑。这三者之间相互联系又相互制约的关系可用 Stahl 图（图 3-9）进行说明，图中 A、B、C 分别代表被分离样品、固定相和流动相。

在这三者中，被分离样品的性质是首要因素，据此来考虑选择最佳的吸附剂和展开剂。对于吸附薄层色谱，如 A 转向非极性物质，那么 B 就要选用Ⅰ级的吸附剂，同时 C 就指向选用非极性展开剂，即对于极性较小的样品组分，应选用活性较强的吸附剂（Ⅰ级）和极性较小的展开剂；极性大的样品分离时要选用活性较小的吸附剂（Ⅴ级）以及极性大的展开剂；中等极性样品的分离则应选择中间条件展开。对于正相分配薄层色谱，溶剂的极性和吸附薄层色谱一致，即溶剂的极性大，洗脱能力强，溶剂的极性小，洗脱能力弱；对于反相分配薄层色谱，趋势则相反，即极性大的溶剂，洗脱能力弱，极性小的溶剂，洗脱能力强。

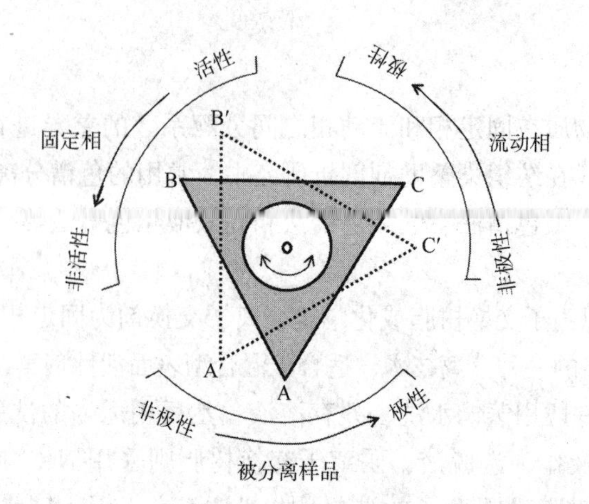

图 3-9 展开剂选择关系图（Stahl 图）

在实际选择时，尤其是对未知样品进行分离时，通常使用尝试法来摸索分离条件，即先选择某一种溶剂，根据样品在薄层上的分离效果和 R_f 值的大小，再加减其他溶剂或换用极性不同的溶剂。

3. 柱色谱法

柱色谱法也常用于纺织染整助剂的分离和提纯。关于柱色谱法的原理和操作流程在前面章节已有介绍，读者可根据需要查阅相关内容。柱色谱法应用于分离纺织染整助剂的特点如下：分离效率比经典的化学分离方法高；所需仪器设备相对简单；洗脱剂和吸附剂更换方便；耗材少；成本低。

虽然柱色谱法的柱效率还不够高，但仍可对一些组成成分相对简单的样品实现分离。对组成成分比较复杂的样品，可以通过柱色谱法进行预分离，然后再采用更为高效的色谱法来做进一步的分离。

4. 纸色谱法

纸色谱法是以滤纸为载体、以吸附在滤纸上的水或其他溶剂作为固定相、以有机溶剂和水的混合系统为流动相（展开剂）的一种分离技术。当流动相从含有样品的滤纸上流过时，由于样品内的各组分在两相中的分配系数不同，经过连续分配后实现分离。纸色谱法使用范围与薄层色谱法类似，但其展开时间略长，多用于糖类、氨基酸、有机酸等水溶性化合物的分离。

5. 气相色谱法

气相色谱法是以气体作为流动相的一种色谱分离方法。汽化的试样被载气（流动相）带入色谱柱中，由于样品中各组分在气相和固定相之间的分配或吸附系数不同，各组分从色谱柱中流出时间也不同，从而实现彼此分离。气相色谱法具有高效、灵敏、选择性强、分析速度快等特点。

气相色谱法分离的关键是固定相的选择。对于非极性物质，一般选用非极性固定相，这时样品中的各组分按沸点由低到高的顺序依次流出色谱柱；对于极性物质，则选用极性固定液，这时样品中各组分主要按极性顺序分离，极性小的先流出，极性大的后流出；如果是极性和非极性物质的混合物，一般选用极性固定相，这时非极性组分先出峰，极性组分后出峰；

对于醇、酚、胺和水等能够形成氢键的样品，一般选择极性的或氢键型的固定液，这时试样中各组分按与固定液分子形成氢键的能力大小先后流出，不易形成氢键的先流出，易形成氢键的后流出。

6. 高效液相色谱法

高效液相色谱法是目前分离复杂体系样品的一种重要手段。它是在经典液相色谱法的基础上，引入了气相色谱的理论，并采用了高压泵、高效固定相和高灵敏度检测器来提高分离效率和检测准确度，具有高效、高灵敏度、高选择性、分析速度快、应用范围广等特点。

高效液相色谱法主要有液—固吸附色谱法、液—液分配色谱法、离子交换色谱法和凝胶色谱法四种类型，不同类型的高效液相色谱法，其适用范围有所不同，具体情况如下。

（1）液—固吸附色谱法主要适用于不同种类的化合物、异构体的分离，但并不适用于离子型化合物和含水化合物的分离。

（2）正相液—液分配色谱法适用于不溶于水而溶于有机溶剂的极性物质的分离，但并不适合于离子型物质的分离；反相分配色谱法应用范围较为广泛，可用于非极性、极性以及离子型物质的分离和分析。

（3）离子交换色谱法主要用于离子型或可离解为离子的化合物的分离。

（4）凝胶色谱法可分为凝胶过滤色谱法和凝胶渗透色谱法两类，凝胶过滤色谱法一般用于水溶性大分子（如多糖类化合物）的分离，凝胶渗透色谱法则主要用于聚苯乙烯、聚氯乙烯、聚甲基丙烯酸甲酯等有机溶剂可溶的高聚物的分离。

（五）其他分离技术

纺织染整助剂一般是复杂的混合物，实际中可能呈现出水溶液、乳状液、膏状物以及固体等不同的形态。除上述四种分离方法外，过滤法、离心法和凝聚法等技术也常用于纺织染整助剂的分离。其中，过滤法是利用待测样品中各组分粒径的差异实现分离的一种分离方法，常用于分离出纺织染整助剂溶液中颗粒较大的固体物质；离心技术是利用物体高速旋转时产生强大的离心力，使置于旋转体中的悬浮颗粒发生沉降或漂浮，从而使某些颗粒达到浓缩或与其他颗粒分离的目的，常用于将纺织染整助剂中颗粒较小的固体物质分离出来；凝聚法是通过添加凝聚剂使细颗粒物达到凝聚作用的分离技术，常用于分离纺织染整助剂乳液的亲水亲油层。

二、元素的定性和定量分析

纺织染整助剂经分离提纯后，往往需要对所得组分进行元素的定性和定量分析，以此来确定构成化合物的元素组成和百分含量。20 世纪 60 年代前，元素分析主要采用经典分析方法。而 20 世纪 60 年代以后，随着光谱、色谱、计算机等现代技术手段的发展，元素分析逐步进入仪器化、自动化阶段。元素分析在纺织染整助剂领域有着广泛的应用，这里简要介绍几种常见的元素分析方法。

（一）经典元素定性分析方法

1. 钠熔试验

纺织染整助剂组分中所含有的非金属元素主要为 C、H、O，其次为 N、S、P、X（卤素）、Si 等。非金属元素在化合物中大都以共价键的形式存在，在测定之前需首先将试验样品分解，使待测元素转变为离子后，再用无机分析的方法测定。纺织染整助剂常用的分解方法有钠熔法和氧瓶燃烧法两种。钠熔法是先将试样和金属钠反应生成钠盐，然后再利用各元素的特性，与其他物质反应或出现的现象不同来达到鉴别的目的，该方法操作简便，但由于样品分解转化不够完全，灵敏度不高，因此多用于元素的定性鉴别；氧瓶燃烧法较钠熔法略复杂，它是将试样在充满氧气的燃烧瓶中进行燃烧，待燃烧产物被吸收液吸收后，再通过适当的分析方法来鉴别或测定所含的元素，氧瓶燃烧法灵敏度高，可进行定性分析，也可以进行定量分析。

本章介绍的元素定性分析基于使用较多的钠熔法，钠熔法分解样品反应如下所示。

$$\underset{\text{（含 C、H、O、N、S、P、X 等）}}{\text{有机化合物}} \xrightarrow{\text{钠熔处理}} NaX+Na_2S+NaCN+NaCNS+Na_3PO_4+NaOH$$

钠熔试验操作程序：在干燥的软质试管中加入一粒绿豆大小的金属钠，用酒精喷灯小火加热至金属钠熔化，当钠蒸气上升 1~2cm 时，立刻移开火焰；然后迅速加入几十毫克试样或 3~4 滴液体（注意避免样品粘于管壁），应使样品直接落入试管底部；然后大火加热至试管底烧红，以除去挥发性的有机分解物，趁热将试管浸入含有 10mL 蒸馏水的小烧杯中使其炸裂，用玻璃棒将试管捅碎后浸入水中，煮沸过滤；然后用 2~3mL 蒸馏水清洗残渣 2~3 次，滤液用于元素分析。若样品中同时含有氮和硫两种元素，钠熔时要使用稍过量的金属钠，否则容易生成硫氰化钠。

2. 氮元素的鉴定

（1）普鲁士蓝试验。

①试验原理。在碱性（pH=13）和氟化钾存在的条件下，溶液中的氰根离子与硫酸亚铁作用，生成黄绿色的亚铁氰化钠（黄血盐）。

$$6NaCN+FeSO_4 \longrightarrow Na_4Fe(CN)_6+Na_2SO_4$$

亚铁氰化钠溶液经酸化后，与 Fe^{3+} 反应，形成亚铁氰化铁（普鲁士蓝）沉淀。

$$3Na_4Fe(CN)_6+2Fe_2(SO_4)_3 \xrightarrow{H_2SO_4} Fe_4[Fe(CN)_6]_3\downarrow+6Na_2SO_4$$

溶液中 CN^- 含量较少时，得不到明显的普鲁士蓝沉淀，而是蓝色溶液。如遇到此情况，将溶液放置 15min 后再观察。

②鉴定方法。取待测试液 2mL，将其 pH 调节至 13，然后加入 2 滴氟化钾溶液（浓度为 30%）或 2 滴饱和硫酸亚铁铵（或硫酸亚铁）溶液，剧烈振荡，煮沸后保持微沸 30s，趁热加入硫酸直至氢氧化铁和氢氧化亚铁沉淀全部溶解。若有蓝色普鲁士蓝沉淀生成或溶液呈蓝色都表示有氮元素存在。

（2）醋酸铜—联苯胺试验。

①试验原理。待测试液用醋酸酸化后，加入新配制的醋酸铜—联苯胺试剂，若有蓝色环在两界面处出现或蓝色沉淀生成，则表明有氮元素的存在。此方法比普鲁士蓝法检测的灵敏度要高，具体反应如下式所示。

$$4NaCN+2Cu(Ac)_2+2NH_2\text{—}\langle\bigcirc\rangle\text{—}\langle\bigcirc\rangle\text{—}NH_2 \longrightarrow$$

Bzd

$$\left[HN{=}\langle\bigcirc\rangle{=}\langle\bigcirc\rangle{=}NH\cdot Bzd\right]+[Cu_2(CN)_4]^{2-}+2H^++4NaAc$$

②鉴定方法。分别取 5 滴联苯胺溶液和 5 滴醋酸铜溶液于试管中，然后加入 1 滴 20%的醋酸溶液使呈酸性。逐滴向试管中加入试样，并不断振荡，若有蓝色沉淀生成或起蓝色反应则表示有氮元素存在。

若试样中含硫，则必须先用饱和醋酸铅除硫后再进行鉴定。具体步骤为：在 1mL 试液中加入饱和醋酸铅溶液，过滤后取滤液进行联苯胺—醋酸铜试验。若样品中含碘，则沉淀刚开始时为蓝色，之后生成绿色沉淀。

对于某些含氮化合物（如偶氮和氢化偶氮物），在用钠熔法鉴定氮时，有分解不完全的现象，即未形成 CN^-。因此对于此类化合物，最好在钠熔前加入一些葡萄糖，此方法可以提高 CN^-的产率，从而增加检测方法的准确度。

3. 硫元素的鉴定

（1）醋酸铅法。

①试验原理。硫化物可与醋酸铅反应生成硫化铅沉淀，反应如下式所示。

$$Na_2S+Pb(Ac)_2 \xrightarrow{\text{稀 Ac}} PbS\downarrow +2NaAc$$

②鉴定步骤。取 2 滴试液，加入醋酸使呈酸性，然后加入 1～2 滴 1%的醋酸铅溶液，若有黑色或棕色沉淀生成，则表明试样中有硫存在。

在鉴定极少量硫时，可将钠熔滤液用稀醋酸酸化并加热，产生的硫化氢可以使经醋酸铅溶液浸湿的试纸变黑，由此可证明硫的存在。

（2）亚硝酰铁氰化钠法。

①试验原理。硫化物可与亚硝酰铁氰化钠反应生成紫红色物质，具体反应如下式所示。

$$Na_2S+Na_2[Fe(CN)_5NO] \longrightarrow Na_4[Fe(CN)_5NOS]$$

②鉴定步骤。将一粒芝麻大小的亚硝酰铁氰化钠放置于白色的点滴板上，然后加入 1～2 滴蒸馏水使其溶解，最后加入 1～2 滴试液，若出现紫红色则表明试样中含硫。

该反应很灵敏，只有在碱性条件下才能出现上述颜色，酸性条件下不能产生此颜色。另外，生成的紫红色沉淀极不稳定，会很快消失，应及时观察。

（3）氮和硫同时鉴定。

①试验原理。样品中同时含有氮和硫时，钠熔试验时钠量不足，常生成 NaCNS，而 NaCNS 可与氯化铁反应生成血红色的 $Fe(CNS)_3$，具体反应如下式所示。

$$3NaCNS+FeCl_3 \longrightarrow Fe(CNS)_3+3NaCl$$

②鉴定步骤。取 1mL 钠熔试液，加入稀盐酸使其呈弱酸性，然后加入 2 滴 $FeCl_3$ 溶液，若出现血红色则表示试样中同时存在氮和硫。

需要说明的是，如果在鉴定氮和硫时得到阳性结果，就不必做此试验。若检验氮和硫时均为阴性，不要漏过此试验。

4. 磷元素的鉴定

在钠熔滤液中加入硝酸进行酸化，使呈酸性，随后煮沸 1min 冷却，加入钼酸铵试剂，在水浴上加热至 60℃，若有黄色结晶状磷钼酸铵沉淀生成，则表明有磷酸根离子存在。

此鉴定方法需要注意以下几点。

（1）钼酸铵沉淀可溶于碱，因此试液呈碱性时必须先进行酸化。

（2）钼酸铵沉淀也可溶于过量的磷酸盐中，生成络合离子，因此钼酸铵溶液必须过量。

（3）砷酸根离子也会生成沉淀，对磷的鉴定试验存在干扰，但砷酸根离子必须加热至沸腾才能沉淀。

（4）当体系中存在大量氯离子时，也会影响反应的进行。当有大量氯离子存在时，可将1~2mL试液与2~3滴浓硝酸共煮沸以除去氯离子。

（5）硅酸盐能与钼酸铵溶液反应生成可溶性的硅钼酸铵（呈清亮的黄色），而酒石酸的存在对磷钼酸铵的生成并无影响，因此为防止砷、硅的干扰，可以在酒石酸存在下鉴定磷酸根离子。

5. 卤素的鉴定

（1）卤化银试验。

①试验原理。氯、溴、碘离子在稀硝酸溶液中，能被银离子沉淀，沉淀的颜色各不相同，氯化银呈白色，溴化银呈浅黄色，碘化银呈黄色，据此可鉴定卤素，具体反应见下式。

$$NaX+AgNO_3 \longrightarrow AgX\downarrow +NaNO_3$$

②鉴定步骤。取0.5mL试液，加入稀硝酸使呈酸性，然后加入数滴5%的硝酸银溶液，若生成白色沉淀或黄色沉淀，则表明样品中含有卤素。若样品中含有硫或氮，可先将试样加热并保持微沸数分钟，以除去硫化氢和氢氰酸。若加入硝酸银溶液后溶液浑浊，则可能是试剂中的杂质或未除尽的氢氰酸。

因氟化银溶于水，因此通常用锆—茜素红法来鉴定氟离子。在酸性条件下，氟离子与红紫色的锆—茜素红配合物反应，生成稳定的六氟化锆配阴离子，颜色由红紫色变为黄色。另外，也可使用锆—茜素红试纸来检测氟，取2mL钠熔滤液，加醋酸酸化后煮沸，然后取此溶液1~2滴于锆—茜素红试纸上，若有氟存在则试纸褪色或呈黄色。

（2）氯、溴、碘的分别鉴定。试样用稀硫酸酸化后（若试样中含有硫和氮，则加热至微沸并保持数分钟），加入四氯化碳，最后逐滴加入新制的氯水，并不断振荡。若四氯化碳层呈紫色，则表明有碘元素存在；继续加入氯水，并加以振荡，若紫色渐渐褪去，并出现棕色，则表明试样中含有溴元素。

$$2NaI+Cl_2 \longrightarrow 2NaCl+I_2 \quad \text{（紫色出现）}$$

$$I_2+5Cl_2+6H_2O \longrightarrow 2HIO_3+10HCl \quad \text{（紫色褪去）}$$

$$Cl_2+2NaBr \longrightarrow 2NaCl+Br_2 \quad \text{（棕色出现）}$$

溴、碘共存，鉴定氯时，可在酸性条件下将溴离子、碘离子氧化成游离的溴和碘，加热除去或用四氯化碳提取。常用的氧化剂有亚硝酸钠、浓硝酸、过硫酸铵等。反应后可用氯水氧化法检查溴、碘是否除尽，最后加入硝酸银溶液，若有白色沉淀生成，则表明试样中含有氯。

6. 硅元素的鉴定

硅元素的鉴定可以采用钼蓝比色法。先将试样放入倒置的坩埚盖中，加热使之燃烧，然后用表面皿接触烟雾，收集得白色固体，将其溶解于40%氢氧化钠热溶液中。取少量此溶液置于试管，加入钼酸铵试剂并微加热，冷却后加入联苯胺溶液和饱和醋酸钠溶液，若体系中出现蓝色，则表明试样中含硅。

反应过程中，硅酸根与钼酸铵试剂生成可溶性的硅钼酸铵，使溶液呈黄色，具体反应如下式所示。

$$SiO_3^{2-}+12MoO_4^{2-}+4NH_4^{+}+22H^{+}\longrightarrow (NH_4)_4[Si(Mo_3O_{10})_4]+11H_2O$$

硅钼酸根具有很高的氧化活性，可以将联苯胺等氧化，本身被还原为蓝色的硅钼蓝，同时联苯胺的氧化产物也是蓝色的（联苯胺蓝）。由于反应中得到两种蓝色产物，所以反应很灵敏。

（二）经典元素定量分析方法

1. 碳和氢元素

碳和氢是组成有机化合物的基本元素，其含量的测定通常采用燃烧称重法。将样品放入装有催化剂的石英管内，样品在管内氧气流中高温燃烧分解，其中碳元素定量转为二氧化碳，氢元素定量转化为水，其他元素转化为相应的无机物。用碳酸的吸收剂和水的吸收剂使二者吸收，然后称其吸收后的增量，便可求得试样中碳和氢的百分含量。

催化剂常使用 $AgMnO_2$（二氧化锰和银的混合物）、Co_3O_4 或二者联用，此外还有被称为“万能填充剂”的 Ag_2WO_4-MgO-Co_3O_4 混合型催化剂。这些催化剂不仅催化能力强，还具有吸收卤素、氮、硫的作用。由于碳和氢定量分析过程中的干扰因素主要是卤素、氮、硫，因此保证了定量分析结果的准确和可靠。

对于吸收剂，常用的吸水剂有无水氯化钙、无水氯化镁、硅胶、五氧化二磷和无水高氯酸镁等，其中无水高氯酸镁最好，其吸水快，容量大，并且吸水后体积会缩小，不会堵塞吸收管，是目前普遍采用的吸水剂。二氧化碳的吸收通常用烧碱石棉。烧碱石棉是一种氢氧化钠与石棉共熔的熔融物，其吸收二氧化碳后生成碳酸钠和水。此反应有水生成，因此在吸收管内，还应在烧碱石棉后另加一层无水高氯酸镁以除去生成的水。

2. 氧元素

有机物中的氧通常用炭化还原法进行测定，即将有机含氧化合物置于高温的惰性气流中进行热分解，分解的产物通过高温铂—碳层后，其中的氧全部定量的转化为一氧化碳。除去干扰物后用五氧化二碘将一氧化碳氧化为二氧化碳，定量地释放出碘。随后，用适当的吸收剂吸收生成的二氧化碳或碘，进行重量法测定，或用碘量法直接测定。

3. 氮元素

有机含氮化合物中氮元素的测定，通常是将有机物中的氮元素经适当的处理转变为氮气或氨气的形式，然后再进行测定。氮元素的测定方法主要有克达尔法（Kjeldahl）和杜马法两种。

(1) 克达尔法（凯氏消解法）。用容量法或分光光度法测定生成的 NH_3。含氮有机物用浓硫酸消煮分解，使有机物中的氮转变成铵盐。在煮沸分解的过程中，为了使样品迅速分解，通常加入少量硫酸钾以提高反应温度，同时加入适当的催化剂如硒粉、氯化汞、硫酸汞、硫酸铜或过氧化氢等。反应液用氢氧化钠碱化，生成的氨通过水蒸气蒸馏带出，用饱和硼酸溶液吸收，随后用标准盐酸溶液滴定。除了用硼酸吸收氨外，也可以使用标准盐酸溶液，但需要用标准氢氧化钠溶液回滴。主要反应如下式所示。

①硫酸消化分解：

$$\text{有机氮化物}+\text{浓硫酸}\xrightarrow{\triangle}NH_3\uparrow CO_2\uparrow+SO_2\uparrow+H_2O$$

$$NH_3+H_2SO_4(\text{过量})\longrightarrow NH_4HSO_4$$

②碱化蒸馏：

$$NH_4HSO_4+2NaOH \longrightarrow NH_3\uparrow+Na_2SO_4+2H_2O$$

③吸收：

$$NH_3+H_3BO_3 \longrightarrow (NH_4)H_2BO_3$$

④滴定：

$$(NH_4)H_2BO_3+HCl \longrightarrow NH_4Cl+H_3BO_3$$

如果吸收液中含氨量太低，滴定困难，可以利用碱性条件下氨与 HgI_4^{2-} 形成棕色配合物的特征反应，对吸收后的溶液在 425nm 下使用分光光度法进行测定。反应如下式所示。

$$HgI_4^{2-}+OH^-+NH_3 \longrightarrow O\langle{}^{Hg}_{Hg}\rangle NH_2I$$

需要注意的是，偶氮化合物、硝基化合物、亚硝基化合物、肼或脒等含氮的物质不能直接用此法，需要煮解前用适当的还原剂还原后再进行测定。

（2）杜马法（杜马斯燃烧法）。有机含氮化合物在纯氧（≥99.99%）环境中高温燃烧，燃烧生成的气体被将其所含的有机氮和无机氮全部转化成氮的氧化物后被还原剂还原成氮气。最后，用量气法计量氮气产量。杜马法是燃烧分解法，适用于多数有机含氮化合物，但是仪器装置复杂，多用于科学研究或在使用克达尔法有困难或结果可疑的情况下使用。

4. 硫元素

有机含硫化合物中硫含量的测定，最常用的是氧瓶燃烧法。燃烧后的产物有 SO_2、SO_3，用过氧化氢水溶液吸收后，转化为硫酸。以钍啉做指示剂（如有干扰，可加入一定量的次甲基蓝作为屏蔽剂），用高氯酸钡标准溶液滴定。待过量钡离子与钍啉形成显色配合物时即为终点，颜色由黄变为橙红，具体反应如下式所示。

$$\text{有机硫化物} \xrightarrow[\text{燃烧}]{O_2} SO_2+SO_3+CO_2+H_2O$$

$$SO_2+SO_3+H_2O \xrightarrow{H_2O_2} 2H_2SO_4$$

$$H_2SO_4+Ba(ClO_4)_2 \longrightarrow BaSO_4\downarrow+2HClO_4$$

操作方法为：称取 40~80mg 试样进行燃烧分解（当硫质量分数超过 4%时，应适当减少试样量），放入 5mL 过氧化氢—盐酸混合溶液作为吸收液。在吸收液中加入一定量的 2-丙二醇使溶液中醇的体积分数达到 70%~90%，随后加 2~3 滴钍啉指示剂，用 0.01mol/L 高氯酸钡标准溶液进行滴定。

硫的测定也可采用燃烧管分解法。将 3~5mg 试样与 100mg 钾在软质玻璃管中封闭，然后加热熔融分解。反应生成的硫化钾经酸化后析出硫化氢，随二氧化碳气流载入醋酸镉—醋酸钠溶液中吸收，随后用电量法或碘量法进行测定。另外还有 Carius 法，它是将一定质量的试样置于 Carius 管中，在没有添加硝酸银的情况下，硫和发烟硝酸（浓度在 86%~97.5%的硝酸）反应生成硫酸，随后用标准氯化钡溶液进行滴定。

5. 磷元素

有机磷化合物中磷元素的测定通常是将其转变为正磷酸，然后再加以测定。有机磷化合物的分解方法与卤化物的类似，可以用氧瓶燃烧法、Carius 法、过氧化钠熔融法或者凯氏（Kjeldahl）消煮分解法，其中，最常用的是氧瓶燃烧法。但是此方法在灼烧过程中，磷对铂丝有一定的腐蚀作用，使铂丝逐渐变脆而断损，而改用其他的丝如石英丝等，效果也不理想，因此有时也会采用凯氏消煮分解法。燃烧分解后得到的磷酸根，其测定方法常用重量法、滴定法和比色法（分光光度法）。下面重点介绍基于氧瓶燃烧法和凯氏消煮分解法的元素测定方法。

（1）氧瓶燃烧法。有机磷化合物在氧瓶中燃烧，稀硫酸为吸收剂。为使燃烧分解产物全部转化为正磷酸，在燃烧前加入乙二醇作为助燃烧剂，高氯酸铵作为助氧化剂，并在吸收液中加入氧化剂过硫酸铵（或过氧化氢）。生成的磷酸根在酸性介质中同钼酸铵反应生成磷钼杂多酸，随后被加入的抗坏血酸还原，生成蓝色的低价钼氧化物——钼蓝。钼蓝生成量的多少与磷含量正相关，然后使用分光光度法进行测定。反应式具体如下所示。

$$\text{有机磷化物}\xrightarrow[\text{燃烧}]{O_2}\xrightarrow[\text{氧化}]{K_2S_2O_8}\xrightarrow[\text{吸收}]{H_2SO_4}H_3PO_4$$

$$PO_4^{3-}+12MoO_4^{2-}+24H^+\longrightarrow(NH_4)_3PO_4\cdot12MoO_3+12H_2O$$

氧瓶燃烧法抗干扰能力较强，所以氮、卤素、硫和硅元素的燃烧产物不影响最终的测定结果。

（2）凯氏消煮分解法。磷的有机化合物用浓硫酸和浓硝酸的混合物分解后，P 转变为正磷酸根离子，将正磷酸根离子转化为磷钼酸铵沉淀，称重后即得样品中 P 的含量，或将得到的沉淀经洗涤过滤后用定量氢氧化钠溶解，随后以酚酞为指示剂，用标准硝酸溶液回滴至终点，通过计算得到试样中 P 元素的量。

$$2(NH_4)_3PO_4\cdot12MoO_3+46NaOH\longrightarrow(NH_4)_2MoO_4+2(NH_4)_2HPO_4+23Na_2MoO_4+22H_2O$$

$$NaOH+HNO_3\longrightarrow NaNO_3+H_2O$$

6. 卤素

测定卤素的方法有很多，仅从分解样品的方法来分，就有燃烧分解法、过氧化钠熔解法、Carius 法、金属钠还原法和氧瓶燃烧法等。这里只介绍在实验室中广泛采用的氧瓶燃烧法，其操作较为简便，分析结果快速准确。

将样品包在滤纸中放入充满氧气的燃烧瓶（简称氧瓶）中充分燃烧，样品中的卤素在此过程中形成卤离子并被已在氧瓶中的吸收液吸收，然后根据卤离子种类的不同采用适当的滴定剂进行容量分析。吸收液常用水、稀酸、稀碱、过氧化氢溶液或含有过氧化氢的稀酸、稀碱溶液。

（1）氟的测定。含有氟元素的有机物经氧瓶燃烧分解后转变为水溶性的氟离子被吸收液吸收。在 pH 为 3.25~3.30 的缓冲溶液中，以硝酸钍标准溶液为滴定剂，用茜素红作指示剂，滴定到显微红色即为终点，具体反应如下所示。

$$\text{有机氟化物}\xrightarrow[\text{燃烧}]{O_2}\xrightarrow[\text{吸收}]{H_2O}HF$$

$$4HF+Th(NO_3)_4\longrightarrow ThF_4+4HNO_3$$

（2）氯和溴的测定。含氯或溴的有机化合物经氧瓶燃烧后，分解为氯离子或溴。用过氧化氢和氢氧化钠溶液作吸收液，在 pH 为 3.2~3.5 的溶液中，以二苯基卡巴腙作指示剂，用硝酸汞标准溶液滴定至紫红色终点。由消耗的硝酸汞标准溶液计算出有机化合物中氯或溴的含量。反应式如下所示。

$$有机氯化物 \xrightarrow[燃烧]{O_2} HCl+CO_2+H_2O$$

$$有机溴化物 \xrightarrow[燃烧]{O_2} Br_2+CO_2+H_2O$$

生成的溴需要在过氧化氢和氢氧化钠的作用下转化为溴离子。

$$Br_2+2NaOH+H_2O_2 \longrightarrow 2NaBr+2H_2O+O_2$$

生成的氯离子或溴离子用硝酸汞滴定，达到滴定终点时，过量的汞离子与二苯基卡巴腙指示剂生成有色的配合物（颜色由橙黄色变为樱红色）。

$$2Cl^-+Hg(NO_3)_2 \longrightarrow HgCl_2+2NO_3^-$$

$$2Br^-+Hg(NO_3)_2 \longrightarrow HgBr_2+2NO_3^-$$

（3）碘的测定。碘的测定可用碘量法，燃烧产物经KOH溶液吸收后主要以KI、KIO_3的形式存在。通过加入过量的溴水，使溶液中的碘离子氧化成碘酸根，随后用甲酸除去多余的溴（用甲基红是否褪色来检查溴是否完全去除）。接着加入过量的碘化钾并酸化，碘化钾被碘酸氧化成碘而析出。最后以淀粉作指示剂，用硫代硫酸钠标准溶液滴定，计算碘的含量。碘量法同时还可以在氯、溴等卤素存在下测定碘。

$$I^-+Br_2+3H_2O \longrightarrow IO_3^-+2Br^-+3H^+$$

$$Br_2+HCOOH \longrightarrow 2HBr+CO_2$$

$$HIO_3+5KI+5HCl \longrightarrow 3I_2+5KCl+3H_2O$$

$$I_2+2Na_2S_2O_3 \longrightarrow 2NaI+Na_2S_4O_6$$

除了碘量法还可用汞液滴定法来测定碘含量，其方法为：在吸收液中加入硫酸肼，使燃烧生成的碘酸根和游离碘还原为碘离子，然后在酸性介质中（$pH\approx3.5$）以曙红为指示剂，用硝酸银标准溶液进行滴定。

$$有机碘化物 \xrightarrow[燃烧]{O_2} I^-+I_2+IO_3^-$$

$$2NaIO_3+3N_2H_4 \longrightarrow 2NaI+3N_2\uparrow+6H_2O$$

$$2I_2+N_2H_4+4NaOH \longrightarrow 4NaI+N_2\uparrow+4H_2O$$

$$NaI+AgNO_3 \longrightarrow AgI\downarrow+NaNO_3$$

（三）现代仪器元素分析方法

经典元素分析方法测试成本较低，元素之间的干扰可以用化学试剂屏蔽，元素之间干扰较小，检测结果的准确度高。然而，经典元素分析方法工作量较大，耗时较长。在实际分析中，由于无法预知样品中所测元素的含量，经典元素分析方法往往通过增加试剂量和延长分析时间进行确定，易造成测试成本和时间的浪费。随着科学技术的发展，元素分析正逐渐由传统方法向现代仪器分析方法发展。目前，各实验室普遍采用现代仪器分析方法进行纺织染整助剂元素的定性和定量分析。下面，简单介绍几种用于元素分析的仪器方法。

1. 元素分析仪法

元素分析仪（Element Analyzer，简称EA），是指能够同时或单独实现样品中几种元素分析的仪器。其工作原理是在复合催化剂的作用下，样品在高温下氧化燃烧生成N_2、CO_2、SO_2、氮的氧化物和H_2O，并在载气（如氦气）的推动下，进入分离检测单元。氮的氧化物经还原全部转化为N_2并直接进入检测系统进行检测，而CO_2、SO_2、H_2O等非氮元素的化合物被特殊的装置吸附。当一种气体被测定后，其他气体再经吸附—脱附柱的吸附解析作用而自动测定。

EA 能够自动、迅速、准确地测定样品中 C、H、N 等元素的百分含量，目前主要用于 C、H、O、N、S 等非金属元素的检测。需要注意的是，若样品中含氟、磷酸盐或大的重金属物质，则会使分析结果产生负效应。强酸、碱或能引起爆炸性气体的物质禁止使用元素分析仪进行测定。

2. X 射线荧光光谱法

利用荧光辐射进行元素分析的方法称为 X 射线荧光光谱分析（X Ray Fluorescence，简称 XRF）。一台典型的 XRF 仪通常由激发源（X 射线管）和探测系统构成。X 射线管能够发出一次 X 射线（高能），激发被测样品，受激发的样品中的每一种化学元素会放射出二次 X 射线，且不同元素放射出的二次 X 射线具有特定的能量特性或波长特性。然后依据特征波长和谱线强度进行定性和定量分析。根据测定原理，理论上 XRF 仪可以测定元素周期表中 4 号元素铍以后的每一种元素。而在实际应用中，有效的元素测量范围为 9 号元素 F 至 92 号元素 U。

XRF 法可以对未知样品进行元素的定性、半定量分析，也可参照标准物质进行元素的准确定量分析。与传统分析方法相比，XRF 法具有谱线简单、定性准确方便、灵敏度高、取样量少、快速、操作简便等优点；缺点是测试费用偏高，定量误差相对较大。

3. 原子发射光谱法

原子发射光谱法（Atomic Emission Spectrometer，简称 AES），是依据处于激发态的待测元素原子回到基态时发射的特征谱线对待测元素进行分析的方法。由于待测元素原子的能级结构不同，因此发射谱线的特征不同，由此可对元素进行定性分析；待测元素原子的浓度不同，其发射强度不同，据此可以对元素进行定量分析。原子发射光谱法可对包含金属元素和磷、硅、砷、碳、硼等非金属元素在内的约 70 多种元素进行分析。

原子发射光谱的激发光源常用的有电火花、电弧和电感耦合等离子体光源。电感耦合等离子体发射光谱仪（Inductively Coupled Plasma Optical Emission Spectrometer，简称 ICP-OES），是以电感耦合等离子矩为激发光源的光谱分析方法，目前主要应用于无机元素的定性和定量分析。ICP-OES 具有准确度和精密度高、灵敏度好、检出限低、选择性好、线性范围宽、测定快速、基体效应小、可同时测定多种元素分析等优点。然而，ICP-OES 不太适合卤素及碳、氢、氧、氮等元素的测试，且谱线较复杂，分析时需要一定的经验。

4. 电感耦合等离子体质谱法

电感耦合等离子体质谱（Inductively Coupled Plasma Mass Spectrometry，简称 ICP-MS）是以电感耦合等离子体技术作为离子源，以质谱技术作为检测手段，将等离子体技术的高温电离特性与质谱技术的灵敏度高、扫描快速等优点相结合，从而使分析方法具有分辨率强、检出限低、灵敏度高、分析范围宽、检测结果准确等特点的一种分析技术。

ICP-MS 可同时分析元素周期表上几乎所有的元素，且干扰较少，实现多元素的定性、半定量和定量分析，也可进行同位素分析和元素形态分析。然而，ICP-MS 对样品的洁净程度要求高，易被污染，且仪器价格较高，这在一定程度上限制了其应用。

5. X 射线能谱分析法

X 射线能谱分析法（Energy Dispersive X-Ray Analysis，简称 EDS）是电子显微技术最基本和一直使用的、具有成分分析功能的方法。它是利用在高能电子束照射下，原子受激发后产生特征 X 射线，不同元素所产生的特征 X 射线频率不同，即具有不同的能量，将其展开成能谱后，根据它们的能量值可以确定元素的种类，根据谱的强度分析确定元素的含量。

EDS 是检测元素存在最直接的方式，可以对元素进行面、线、点扫描分析，且可测元素范围较广，目前主要用于元素的定性和半定量分析。然而，其对氢元素的探测能力比较有限。

6. X 射线光电子能谱分析技术

当用 X 射线光子辐照样品时，不仅可以使分子中的价电子电离，也可以将原子的内层电子激发出来，同一原子的内层电子结合能在不同分子中相差很小，具有特征性。光子辐照至样品表面激发出光电子，X 射线光电子能谱（X-Ray Photoelectron Spectroscopy，简称 XPS）即是依据光电子的结合能定性分析样品中的元素种类。

每一种元素都有自己特征的光电子线，它是元素定性分析最主要的依据。XPS 技术常与俄歇电子能谱技术配合使用，能够快速测量除氢、氦以外的所有元素，且基本属于无损分析。XPS 技术属于表面元素分析法，可以给出固体样品表面所含的元素种类、化学组成以及有关的电子结构重要信息。然而，XPS 技术的灵敏度和空间分辨率还不够高，定量分析的准确性较差，且样品的表面处理和制备对测定结果的影响较大。因此，XPS 技术目前主要用于元素的定性分析，且经常与其他检测技术配合使用。

除上述六种方法外，元素的定性和定量分析还会涉及一些其他的仪器分析方法，如原子吸收光谱、俄歇电子能谱等。其中，原子吸收光谱测试准确性与 ICP-OES 技术相当，但一般不能进行多元素分析。随着 ICP-OES 技术的发展，原子吸收光谱的应用越来越受限。

三、纺织染整助剂剖析工作的一般程序

纺织染整助剂在纺织染整工业中发挥着重要的作用。作为纺织染整助剂的化学品可以是一些简单的化学物质，也可以是一些组成较为复杂的多种化学物质的复配物。应用物理或化学方法对这些助剂进行剖析，在研发纺织染整助剂新品种、了解国内外同类产品的最新进展、引进和消化国外制造技术、全面识别助剂的质量优劣等方面具有重要的意义。

然而，在纺织染整助剂分析领域，面临最困难的课题之一，是对复杂体系的样品进行剖析。化学剖析是指对复杂体系的样品进行成分定性、定量以及结构分析，为该样品提供准确而全面的结构与成分的表征信息。很显然，要全面地完成一个复杂体系样品的剖析工作，必须联合运用多种分离技术和分析方法。这不仅要求剖析工作者应具备深厚的化学基础、分离技术和化学分析技术，更重要的是要具备 GC、HPLC、UV-Vis、IR、NMR、MS、ICP 等多种现代仪器分析技术的灵活运用和综合分析的能力。

剖析样品的体系不同，剖析的目的及侧重点不同，剖析过程的差异性可能很大，因此要总结出一种简单的剖析程序以适应并完成所有纺织染整助剂的剖析工作是不现实的。

一般来说，对于未知纺织染整助剂进行组分和化学结构的剖析，可以分为初步试验→样品的分离与纯化→样品中各组分的定性及结构分析→定量分析→配方验证五个步骤，纺织染整助剂剖析工作的一般性方法和步骤，可参考图 3-10 所示。

（一）初步试验

在对未知纺织染整助剂进行剖析之前，对其先进行一系列初步试验是十分必要的。初步试验一般是采用简单的物理或化学方法，对纺织染整助剂的结构做探索性试验，判断纺织染整助剂的可能物质组成，缩小剖析范围，为后续分离方法的选择和结构分析提供重要信息，提高剖析效率。

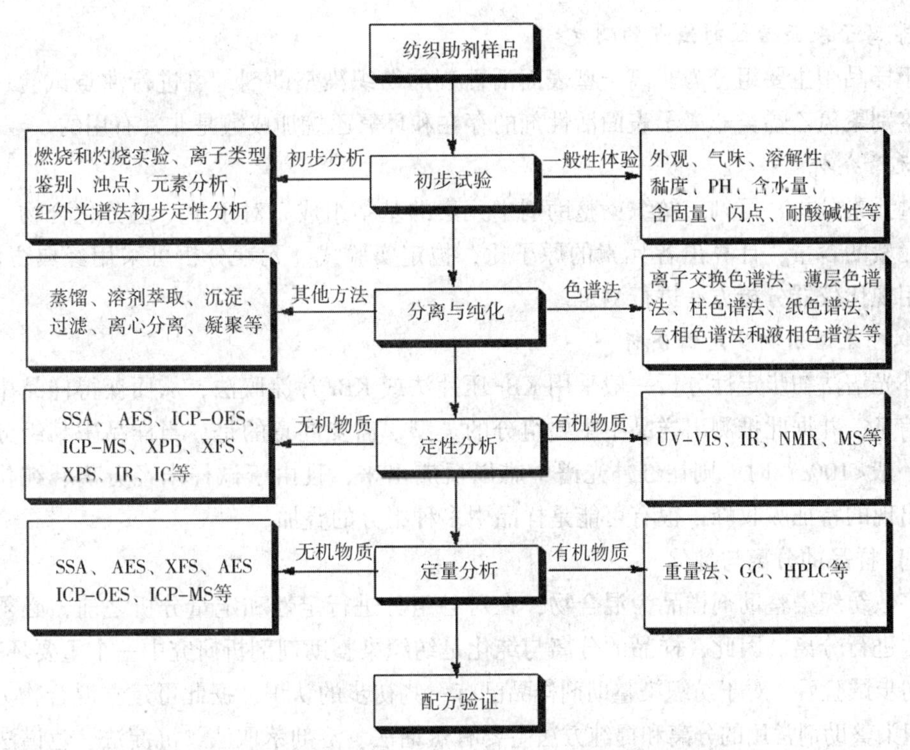

图 3-10　纺织染整助剂剖析工作的一般性方法和步骤

初步试验包括一般性检验和初步分析两部分内容。一般性检验是对样品的外观（物理状态、颜色等）、气味、溶解性、黏度、pH、含水量、含固量、闪点、耐酸碱性以及玻璃化转变温度等常规物性进行检测，为分离和结构分析提供有用信息。例如，有些化合物具有特殊的气味，根据气味可推测样品中有该化合物存在。又如，根据样品在不同溶剂中的溶解特性，可以提供有关该物质性质和结构的有用信息，并为样品萃取、沉淀分离方法中溶剂的选择提供参考依据，还可为色谱法纯化样品时流动相的选择提供依据。

样品的初步分析主要是对样品的化学属性进行分析，主要包含燃烧和灼烧试验、离子类型鉴别、非离子表面活性剂浊点的测定、元素分析和红外光谱法初步定性分析等。

1. 燃烧和灼烧试验

样品燃烧时，火焰的颜色、分解气体的气味、灼烧后有无残渣以及残渣的性状等，均可以为纺织染整助剂的剖析提供有用的信息。

（1）若试样燃烧时产生清亮的火焰，则为脂肪族化合物；若试样燃烧时发出冒黑烟的黄色火焰，则为芳香族或一些不饱和化合物。

（2）若试样均为有机物，则完全燃烧后无残渣存在；若有残渣，则表明试样中含有金属元素。

（3）一些化合物燃烧时可释放出有特殊气味的气体，据此可进行识别。如聚硫橡胶和硫化橡胶燃烧时有难闻的臭鸡蛋味，聚氯乙烯燃烧时有盐酸味等。

2. 离子类型鉴别

纺织染整助剂有很大部分由表面活性剂组成，了解样品的离子类型，对于缩小分析物质范围是十分有效的。有关阴离子型、阳离子型、非离子型和两性表面活性剂离子类型的鉴别方法，本书在前面章节已有系统而详细的介绍。

3. 非离子表面活性剂浊点的测定

对于样品中主要组分为非离子型表面活性剂的纺织染整助剂，可进行浊点试验。浊点试验对于鉴别聚氧乙烯类非离子表面活性剂的存在和环氧乙烷加成数是非常有用的。

4. 元素分析

通过元素分析，可判定纺织染整助剂中元素的基本组成。对于单一组分化合物，还可以根据各元素的含量，计算出各元素的原子比，拟定实验式。元素分析可采用经典方法进行，也可采用现代仪器分析方法进行测定。

5. 红外光谱法初步定性分析

红外光谱法初步定性分析一般采用 KBr 压片法或 KBr 片涂膜法，从而获得样品中主要官能团的信息，并据此推测出样品中主要组分的类型。需要注意的是，当样品中某组分的含量较低（一般<10%）时，则在红外光谱中难以反应出来，且由于试样未经分离、纯化，红外谱图中出现的特征吸收峰，很有可能是样品中多种组分的叠加。

（二）样品的分离与纯化

大多数纺织染整助剂样品为混合物，在对各组分进行定性和定量分析之前，必须选择合适的方法进行分离。因此，样品的分离与纯化是纺织染整助剂剖析研究中一个重要环节。

经初步试验后，对于纺织染整助剂样品已有一些初步的认识，据此可建立混合物分离的方法。纺织染整助剂常用的分离和提纯方法主要有蒸馏法、溶剂萃取法、沉淀法、色谱法（如离子交换色谱法、薄层色谱法、柱色谱法、纸色谱法、气相色谱法和高效液相色谱法等）、过滤法、离心分离法和凝聚法等。具体采用哪种分离方法，需依据分析对象和分析目的而定。

纺织染整助剂样品的组成不同，所用的分离方法也有很大差异。对于未知体系样品的分离，有时需要灵活地采用一种或几种方法才能实现分离。因此，分离过程中要随时观察实验现象，根据实际情况随时调整分离方法和步骤。

（三）样品中各组分的定性及结构分析

分离提纯后的纺织染整助剂各组分的定性和定量分析，一般采用现代仪器分析方法进行。

1. 有机物质的定性分析

有机物质的定性分析方法目前应用较为广泛的有紫外—可见光谱法、红外光谱法、核磁共振光谱法和质谱法。关于这些方法的原理和应用，在其他章节已有介绍，下面从剖析的角度对这几种方法进行简要介绍。

（1）紫外—可见光谱法。紫外—可见光谱法是分子内价电子在能级的跃迁产生的，主要用于含有芳环和共轭不饱和链的物质的鉴别。依据紫外—可见光谱吸收峰的位置、形状和强度，可以推测分子中的电子结构信息。然而，紫外—可见光谱法只能提供化合物的骨架类型信息，并不能给出分析结构的具体信息。因此，紫外—可见光谱法一般只能作为纺织染整助剂结构剖析的一种辅助性工具。

（2）红外光谱法。红外光谱法是纺织染整助剂结构剖析中应用最多的一种分析方法。依据红外光谱中吸收峰的位置、强度和形状等信息，可以有效地判断待测试样中可能含有的官能团以及化合物的类型，通过与标准红外谱图（如萨特勒红外标准谱图）或标准物质在相同条件下测得的红外光谱进行对照，可对化合物的结构类型乃至分子结构做出准确判断。然而，红外光谱法对于同系物分子链的长短或缩合度的大小以及缩合的先后次序的分析有些困难，需要借助其他分析手段予以辅助。

（3）核磁共振波谱法。核磁共振波谱图中谱峰的化学位移、强度、耦合裂分以及耦合常数，可以提供H核和C核等原子核的数目、所处化学环境、连接方式以及几何构型等信息，因此，核磁共振波谱法是红外光谱法的重要补充。其中，以^{1}H和^{13}C核磁共振在纺织染整助剂剖析领域应用最为广泛。

（4）质谱法。依据未知组分的质谱图中分子离子、碎片离子的质荷比及相对丰度，可以了解物质分子量、元素组成及结构等信息。质谱法具有灵敏度高、对样品的纯度要求低等优点。在纺织染整助剂剖析领域，质谱法常作为红外光谱法、核磁共振波谱法等分析结论的佐证。

2. 无机物质的定性及结构分析

纺织染整助剂中无机组分的定性及定量分析，通常采用原子发射光谱法（AES）、原子吸收光谱法（AAS）、X荧光光谱法（XFS）、电感耦合等离子体—发射光谱法（ICP-OES）以及电感耦合等离子体质谱法（ICP-MS）进行测定；分子中原子的状态分析，常采用X射线衍射法（XRD）、X射线光电子能谱技术（XPS）和红外光谱法（IR）进行测定；阴离子的定性和定量分析还可采用离子色谱法（IC）进行测定。

（四）定量分析

在纺织染整助剂的剖析研究中，多数情况下不仅要求提供样品中各组分的组成结构，还需要提供各组分在样品中的准确含量。

纺织染整助剂中有机组分的定量分析一般采用重量法来分析分离过程中分离出的物质含量。当然，在完成各组分的定性分析后，也可选用气相色谱仪（GC）、高效液相色谱仪（HPLC）等仪器分析方法进行定量分析；无机组分的定量分析，则可采用原子发射光谱法、原子吸收光谱法、X荧光光谱法、原子荧光光谱法、电感耦合等离子体—发射光谱法以及电感耦合等离子体—质谱法等进行测定。

（五）配方验证

上述所有分析完成后，一般通过简单的合成或用现成已知的化合物进行对比分析，并进一步按照剖析结果，按照一定的比例进行复配，然后进行分析对比或测定相关的参数及应用性能，若与原样品匹配，则表示剖析成功。

需要注意的是，本文所叙述的流程仅为纺织染整助剂的剖析提供一种思路。在实际剖析过程中，受剖析样品的复杂性和多样性以及仪器设备等因素的影响，具体选择哪些步骤、剖析方法及剖析顺序，须依据分析对象和分析目的而定。

四、前处理助剂的剖析与鉴别

染整前处理工序对整个染整质量起到很关键的作用。据统计，染整产品的质量问题70%是由前处理造成的。前处理工序产品的质量不仅与工艺有关，而且与前处理助剂的组成和结构密切相关。因此，如何对前处理助剂行之有效地进行剖析，才是保证产品质量、提升染整企业技术水平和竞争力关键。

狭义上讲，前处理助剂仅指染整前处理剂；从广义角度讲，前处理助剂包括纺纱织造用剂和染整前处理剂。其中，纺纱制造用剂是指在纺丝和织造过程中使用的助剂，主要包括纺织浆料、油剂等。染整前处理剂则是指在退浆、润湿、煮练、漂白、丝光等工艺过程中使用的助剂。

（一）纺织浆料的剖析流程

织物在织造前，为了降低经纱断头率、改善经纱的可织性、消除织物表面的疵点，经纱一般都需要上浆处理，上浆所用的物料称为浆料。纺织浆料种类繁多，目前使用较多的是淀粉类、聚乙烯醇类（PVA）和聚丙烯酸类浆料。此外还有根据织物的上浆要求将上述各类浆料按比例混合在一起的混合浆料。

鉴别浆料的化学结构和组分时，主要使用红外吸收光谱仪。这种方法对单组分浆料非常有效，只需要将样品的红外谱图与标准图谱对照即可判断其成分。对于多组分的浆料，通常结合化学分析法一起来进行鉴别。化学分析法是利用浆料的化学性能与各种试剂发生化学反应而呈色或产生沉淀物等来识别浆料。使用化学分析法时，一般先将试样制成含固量为1%左右的液体，然后按照图3-11的步骤进行筛选鉴别。

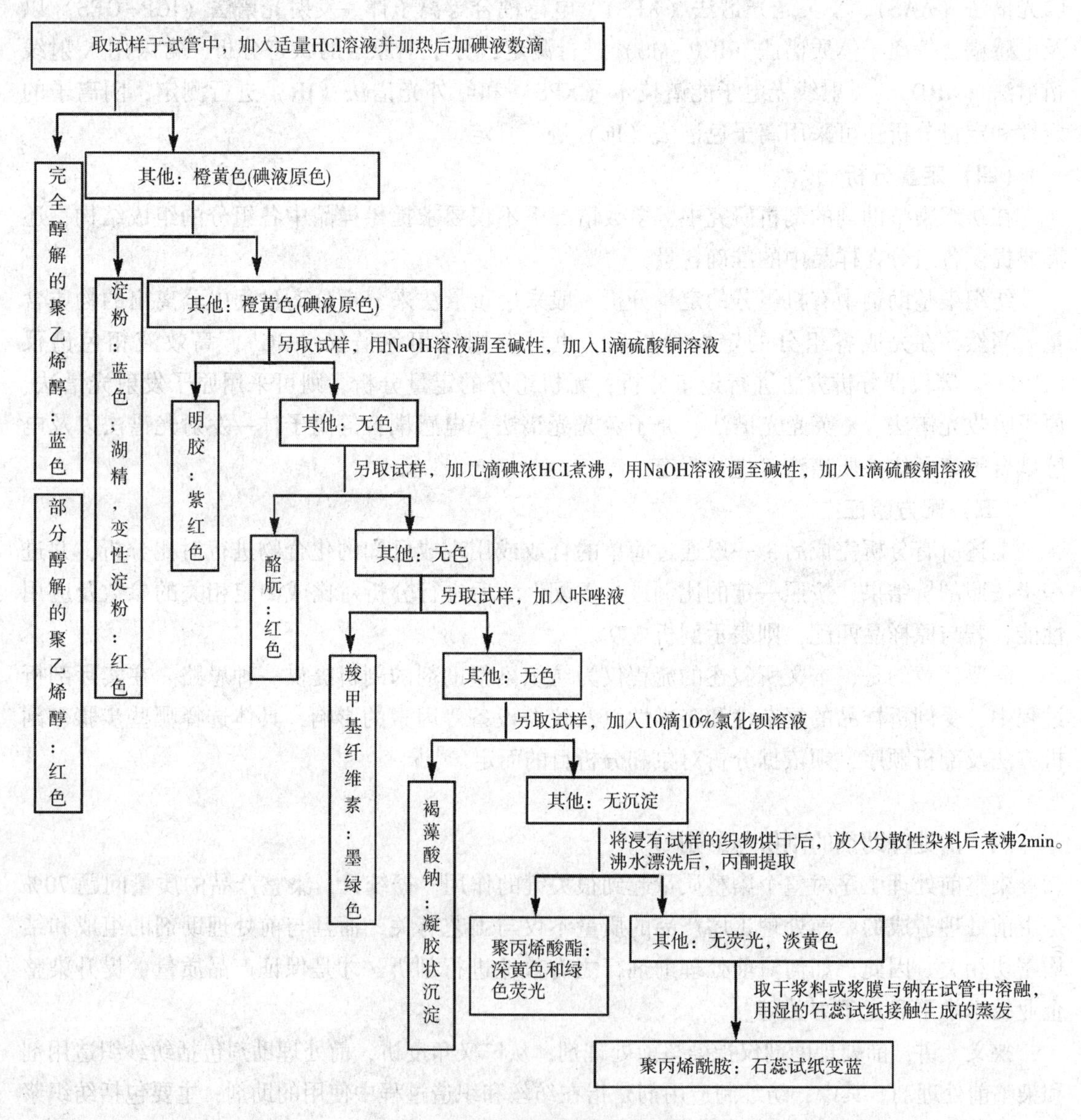

图3-11 纺织浆料的鉴别程序

对于组成复杂的浆料，通常需要用溶剂萃取法将各组分分离，然后用红外光谱法进行结构分析和组分鉴别。常用的萃取溶剂及萃取物如表 3-13 所示。

表 3-13　纺织浆料常用溶剂及萃取物

溶剂	萃取物
四氯化碳	油脂、蜡、苯乙烯、醋酸乙烯、脂肪族酰胺、乙基纤维素
乙醇	磺化油、甘油、乙二醇、苯酚
水	上浆用黏着剂

浆料分子中官能团的特征吸收在红外吸收光谱图中都可以反映出来，测得的红外谱图可与标准红外光谱图或标准物质在相同条件下测得的红外光谱进行对照，依据其特征峰的强度、位置和形状来鉴别浆料的类型。常用的几种浆料的红外吸收光谱如图 3-12~图 3-18 所示。

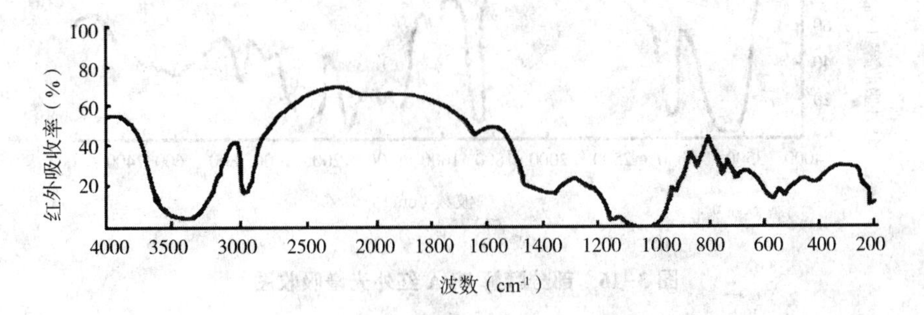

图 3-12　小麦淀粉红外吸收光谱图

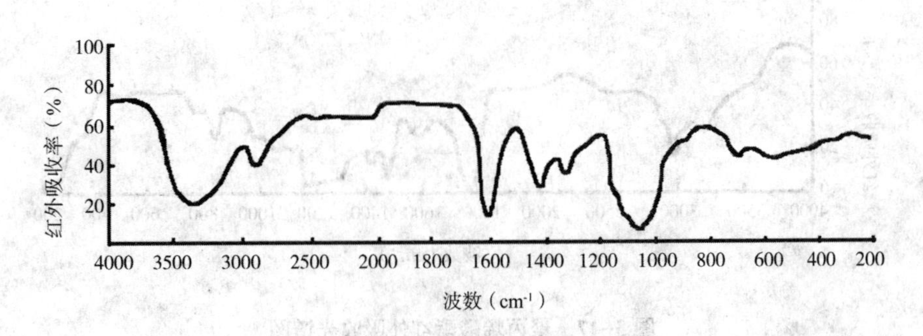

图 3-13　羧甲基纤维素红外吸收光谱图

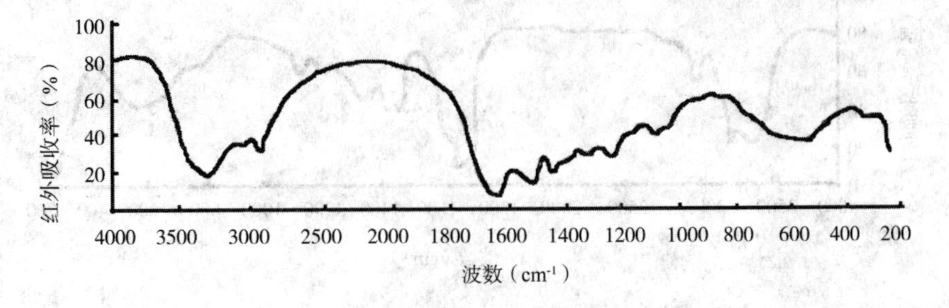

图 3-14　明胶红外吸收光谱图

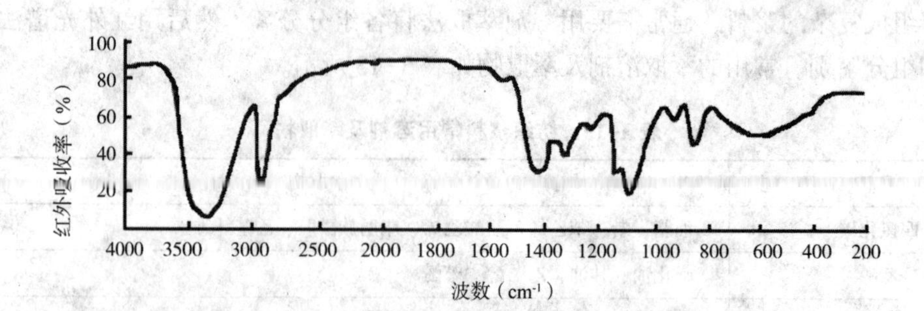

图 3-15 完全醇解 PVA 红外吸收光谱图

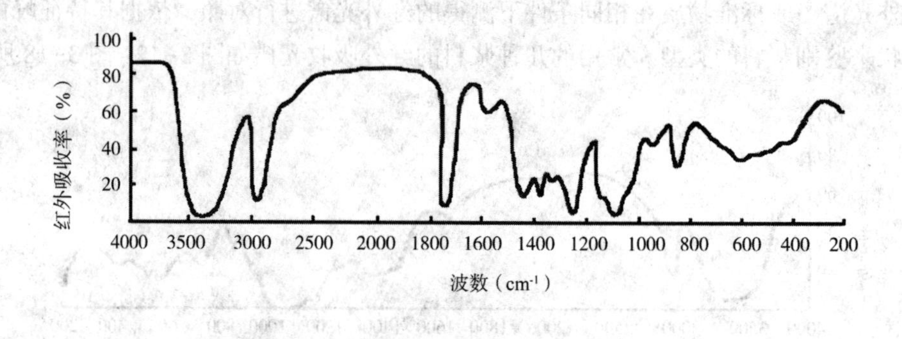

图 3-16 部分醇解 PVA 红外光谱吸收图

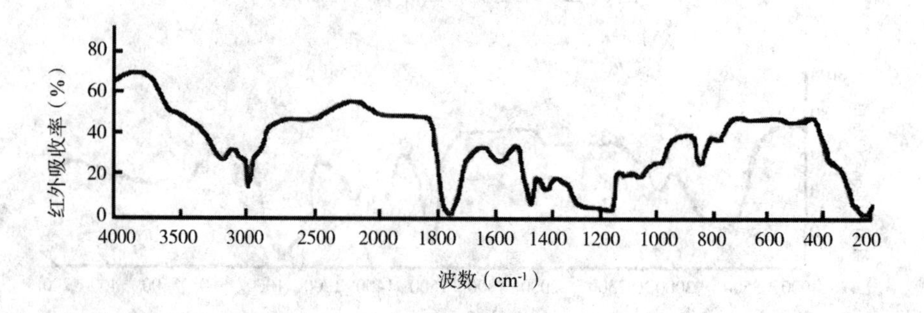

图 3-17 聚丙烯酸酯红外吸收光谱图

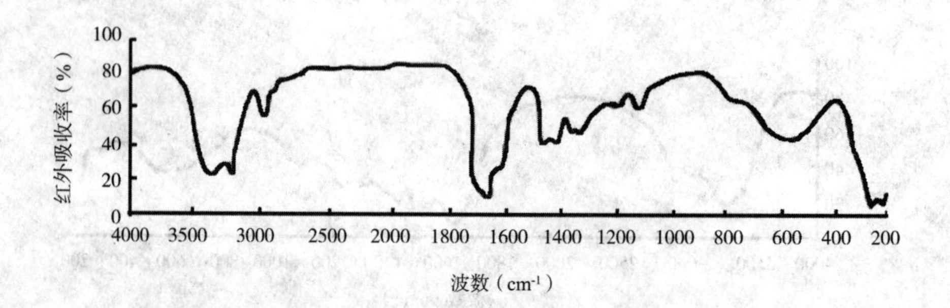

图 3-18 聚丙烯酰胺红外吸收光谱图

（二）前处理助剂剖析鉴别实例

1. 纺织油剂的剖析鉴别

纺织油剂是指纤维生产和纺织加工过程中使用的润滑剂，其应用于丝、毛、麻、合成纤维的生产与加工过程中，是使纤维顺利通过纺丝、拉伸、纺纱、织造等工序的一类助剂（引自于 GB/T 25799—2010）。纺织油剂通常是以表面活性剂为主体的多种组分的复配物或是100%的活性物，包括平滑剂、抗静电剂、乳化剂、消泡剂、防腐剂等。在实际染整加工中，还可根据纤维的不同用途添加其他的组分。

纺织油剂的剖析过程可分为初步试验、样品的分离与纯化和结构鉴别三个步骤进行，具体流程如下。

（1）初步试验。通过离子类型鉴别和元素分析对该油剂进行初步判定。

①离子类型鉴别。鉴别离子类型的方法有很多，在前面章节已有详细介绍。本试验采用的鉴别方法和测试结果如表 3-14 所示。

表 3-14　鉴别油剂离子类型所采用的方法和结果

试验方法	溴酚蓝试验	硫氰酸钴试验	酸性亚甲基蓝试验
现象	阴性	阳性	阴性
结论	无阳离子表面活性剂存在	有聚氧乙烯类非离子型表面活性剂存在	无阴离子表面活性剂存在

试验结果表明，该纺织油剂为非离子型，且含有聚氧乙烯类非离子表面活性剂。

②元素定性分析。采用钼酸铵法、硫化铅法、普鲁士蓝法和卤化银法检验磷、硫、氮和卤素。结果显示，所有试验均成阴性反应，因此说明该样品中不含磷、硫、氮和卤素。

（2）样品的分离与纯化。将样品进行常压蒸馏，在 100℃时流出大量无色透明液体，且此液体能使无水硫酸铜变蓝，确定此物质为水。蒸馏结束后回收蒸馏瓶内的油剂，测得样品含固量为 79.02%。

根据初步试验结果，以 100~200 目的硅胶作为固定相，湿法装柱，采用硅胶柱色谱法对蒸馏后的样品进行分离。取一定量蒸馏后的样品，湿法上柱，采用淋洗剂的配比、用量及淋洗顺序见表 3-15。

表 3-15　淋洗剂的配比、用量及淋洗顺序

淋洗顺序	1	2	3	4	5	6	7
种类	氯仿	乙醚：氯仿	丙酮：氯仿	甲醇：氯仿	甲醇：氯仿	甲醇：氯仿	甲醇
配比	100%	1：99	1：1	1：19	1：9	1：2	100%
用量（mL）	160	100	200	200	200	207	50

将 50mL 烧杯编号后，以每 20mL 洗脱液作为一个级分进行收集，并将收集到的样品溶液置于 50℃烘箱蒸干以除去溶剂。以烧杯编号为横坐标、烧杯中残留物质量为纵坐标，绘制出的柱层析色谱图如图 3-19 所示。

由图 3-19 可知，此油剂可分离出 A、B、C 和 D 四个组分。各组分的分离峰之间距离较远，

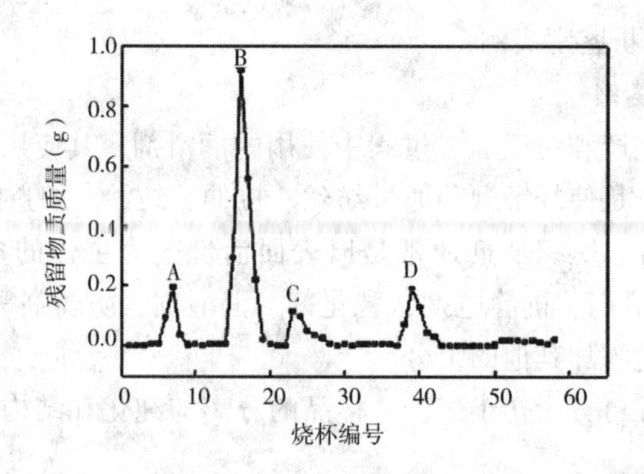

图 3-19　纺织油剂柱层析色谱图

且峰型较为尖锐，说明分离效果较好。根据 A、B、C 和 D 四个组分占洗脱总量的比例（表 3-16）以及油剂的固含量，可推算出油剂中 A、B、C、D 四个组分的比例约为 12∶42∶10∶15。将属于同一组分的各级分洗出液合并，进行结构分析。

表 3-16　油剂样品柱层析分离结果

组分	各组分占洗脱总量的质量分数（%）	组分	各组分占洗脱总量的质量分数（%）
A	15.4	C	12.7
B	48.7	D	17.1

（3）结构分析。采用红外光谱法、核磁共振波谱法、质谱法等现代仪器分析方法对分离纯化后的各组分进行定性或定量分析。

①各组分的红外光谱分析。A、B、C、D 四个组分的红外光谱如图 3-20 所示。

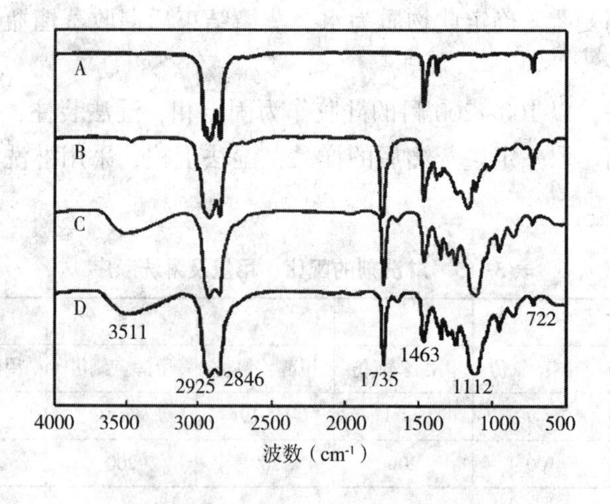

图 3-20　各分离组分的红外光谱

在未知组分 A 的红外光谱中，波数为 2922 和 2854cm^{-1} 处是—CH_3 和—CH_2—的伸缩振动吸收峰；波数为 1466 和 1378cm^{-1} 处是—CH_3 和—CH_2—的剪式振动和摇摆振动吸收峰。通过与标准谱图对比，初步判断组分 A 是饱和烷烃类，这类物质在纺织工业中被称为白油，常用作润滑剂。

在未知组分 B 的红外光谱中，波数为 2924 和 2864cm^{-1} 处是—CH_3 和—CH_2—的对称和不对称伸缩振动吸收峰；波数为 1745cm^{-1} 处是—C ═O 的特征吸收峰，波数为 1162cm^{-1} 处是—C—O—C—醚键的特征吸收峰，波数为 722cm^{-1} 处是长链烷基脂肪酸的特征吸收峰。据此初步断定该物质是长碳链脂肪酸酯。在波数 3005cm^{-1} 处出现了烯烃的 C—H 键伸缩振动峰，推测 B 组分结构中还含有双键。

对比未知组分 C 与组分 A、B 的红外光谱图可知，未知组分 C 在波数 3511cm^{-1} 处多了一个—OH 的特征吸收峰；同时 1464cm^{-1}、1350cm^{-1}、1300cm^{-1}、1250cm^{-1}、1100cm^{-1}、950cm^{-1}、850cm^{-1} 处为典型的 EO（—CH_2CH_2O—）吸收峰。根据这些特征峰可判定该组分为长链脂肪酸聚氧乙烯酯。此外，在 1645cm^{-1} 处出现吸收峰为—C ═C—的骨架振动吸收峰，因此推测 C 组分结构中也含有双键。

未知组分 D 的红外光谱图与 C 基本相似，初步判断 C 与 D 为同系物。但是 D 在 3511cm^{-1} 处的吸收强度强于 C，并且 D 中 EO 特征吸收峰的强度也高于 C。综合分析可知 D 为比 C 含有较多 EO 单元的长碳链脂肪酸聚氧乙烯酯 RCOO（$CH_2CH_2O)_nH$，并且结构中含有双键。

②各组分的核磁共振波谱（NMR）与质谱法（MS）分析。图 3-21 为组分 A 的^{1}H NMR 谱图，其各峰的归属见表 3-17。图 3-21 在化学位移 0. 863~0. 897 处出现清晰的三重峰为端甲基的吸收峰，以甲基吸收强度为基准，可以计算出化学位移在 1. 262~1. 516 的亚甲基数量为 11. 3。根据^{1}H NMR 谱图上的化学位移和峰强度，可判断组分 A 结构为 $CH_3(CH_2)_{12}CH_3$。

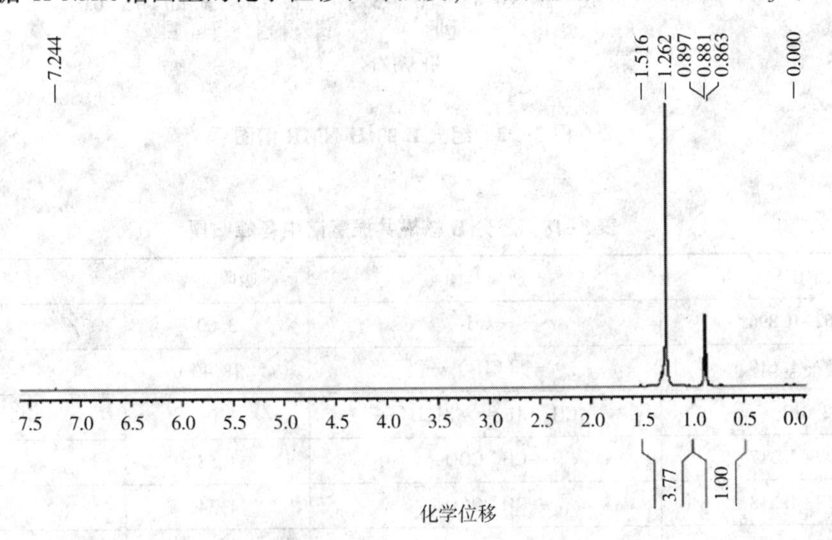

图 3-21　组分 A 的^{1}HnmR 谱图

表 3-17　组分 A 核磁共振氢谱中各峰归属

化学位移（$\times10^6$）	所属基团	吸收强度	H 原子数目
0. 863~0. 897	—CH_3	1. 00	6
1. 262~1. 516	—$(CH_2)_n$—	3. 77	22. 62
7. 244	$CDCl_3$ 溶剂峰	—	—

组分 B 的¹H NMR 谱图如图 3-22 所示，其各峰的归属见表 3-18。根据¹H NMR 谱图上的化学位移和峰强度，比较油酸醇酯的红外标准光谱图与图 3-20 未知物 B 的红外光谱，两图较为相似。设未知物 B 的分子式为 R_1COOR_2，以图 3-22 中化学位移在 0.862~0.896 处的—CH_3 峰为基准，即假设 δ=0.862~0.896 处的相对丰度相当于 6 个氢原子，则设 B 组分结构中亚甲基—CH_2—的总个数为 $n=(16.38+0.39+1.63)\times6/(3\times2)=18.4\approx19$，据此可以判断，B 组分结构中 C 原子总数为 28 个，考虑到常见的不饱和酸为油酸，可判断 B 组分的结构为油酸癸醇酯 $C_{17}H_{33}COOC_{10}H_{21}$。

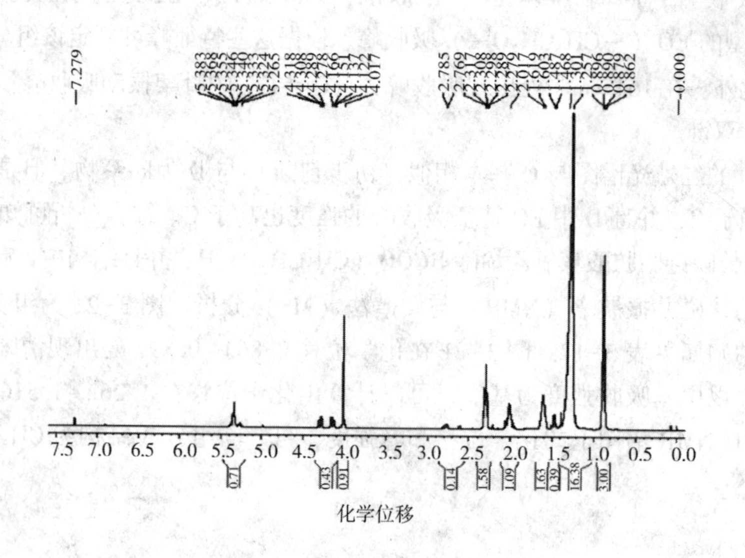

图 3-22 组分 B 的¹H NMR 谱图

表 3-18 组分 B 核磁共振氢谱中各峰归属

化学位移	所属基团	吸收强度	H 原子数目
0.862~0.896	—CH_3	3.00	6
1.257~1.619	—$(CH_2)_n$—	18.40	36.8
2.017	—CH_2^*CH═$CHCH_2^*$—	1.09	4
2.279~2.317	—CH_2^*COO—	1.58	2
4.017~4.318	—CH_2^*OCO—	1.34	2
5.265~5.383	—CH^*═CH^*—	0.71	2
7.279	$CDCl_3$ 溶剂峰	—	—

* 标记为与化学位移对应的 H

组分 C 的¹H NMR 谱图如图 3-23 所示，其各峰的归属见表 3-19。综合红外和核磁共振谱图可知，组分 C 为结构中含有双键的脂肪酸聚氧乙基酯类化合物。通过核磁共振氢谱对氢原子的估算，可判定组分 C 为油酸聚氧乙烯酯，其平均结构式为：$CH_3(CH_2)_6CH_2CH$═$CHCH_2(CH_2)_5CH_2COOCH_2CH_2O(CH_2CH_2O)_3H$。

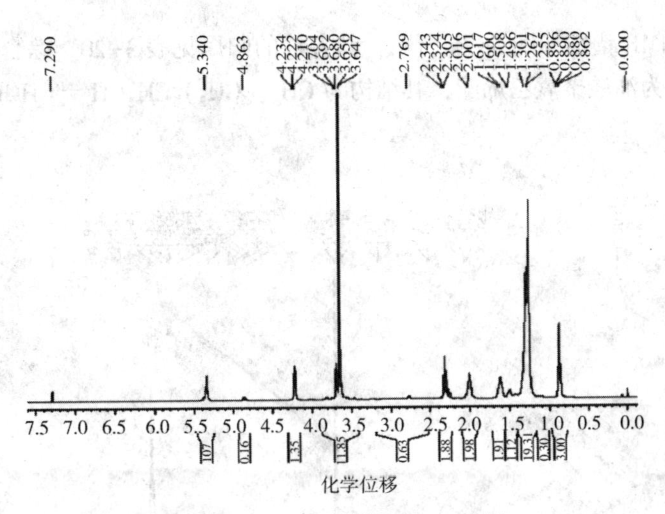

图 3-23　组分 C 的 ^{1}H NMR 谱图

表 3-19　组分 C 核磁共振氢谱中各峰归属

化学位移	所属基团	吸收强度	H 原子数目
0. 862~0. 896	$—CH_3$	3. 00	3
1. 255~1. 617	$—(CH_2)_n—$	22. 64	22. 64
2. 001~2. 016	$—CH_2^*CH═CHCH_2^*—$	1. 98	4
2. 305~2. 343	$—CH_2^*COO—$	1. 88	2
3. 647~3. 704	$—(CH_2^*CH_2^*O)_n—$	11. 85	11. 85
4. 210~4. 234	$—CH_2^*OCO—$	1. 35	2
5. 340	$—CH^*═CH^*—$	1. 07	2
7. 290	$CDCl_3$ 溶剂峰	—	—

* 标记为与化学位移对应的 H

组分 C 的质谱图如图 3-24 所示，其质谱峰以 $m/z=481$ 为中心，呈现相邻质荷比相差 44 的正态分布，此主峰为被钠离子携带的［油酸（EO）$_4$+Na］$^+$加合离子峰。由图 3-24 中还可以看出，组分 C 中带有 4 个 EO 单元的结构含量最大，同时也含有不同聚合物的同系物，进一步确证组分 C 为油酸聚氧乙烯酯（φ）。

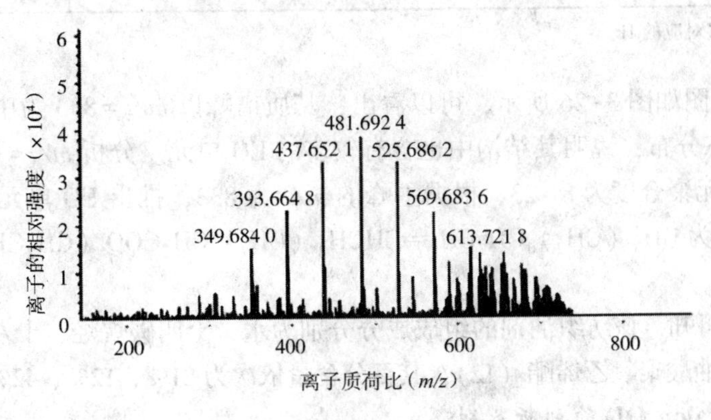

图 3-24　组分 C 的质谱图

组分D的^1H NMR谱图如图3-25所示，其各峰的归属见表3-20。综合红外和核磁共振氢谱，可判断组分D为油酸聚氧乙烯酯，其结构为$CH_3(CH_2)_6CH_2CH=CHCH_2(CH_2)_5CH_2COO(CH_2CH_2O)_xH$。

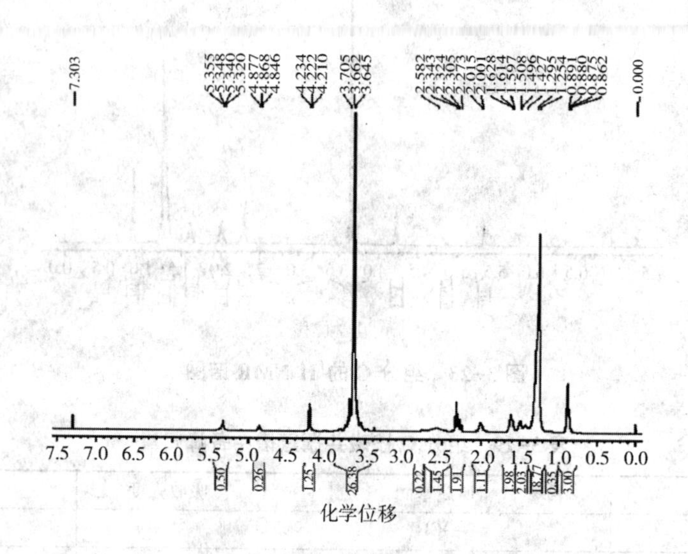

图3-25 组分D的^1H NMR谱图

表3-20 组分D核磁共振氢谱中各峰归属

化学位移	所属基团	吸收强度	H原子数目
0.862~0.891	$—CH_3$	3.00	3
1.254~1.628	$—(CH_2)_n—$	23.13	23.13
2.001~2.015	$—CH_2^*CH=CHCH_2^*—$	1.11	4
2.273~2.582	$—CH_2^*COO—$	3.36	2
3.645~3.705	$—(CH_2^*CH_2^*O)_n—$	26.38	26.38
4.210~4.234	$—CH_2^*OCO—$	1.25	2
5.326~5.355	$—CH^*=CH^*—$	0.5	2
7.303	$CDCl_3$溶剂峰	—	—

*标记为与化学位移对应的H

组分D的质谱图如图3-26所示，可以看出，其质谱峰以$m/z=833$为中心，呈现相邻质荷比相差44的正态分布，说明其结构中也含有较多的EO单元。分析$m/z=657\sim1317$质谱峰可推测出其EO单元聚合度为8~23，根据主峰的m/z为833，推出EO单元聚合度为12，因此组分D的分子式为$CH_3(CH_2)_6CH_2CH=CHCH_2(CH_2)_5CH_2COO(CH_2CH_2O)_{12}H$，为油酸聚氧乙烯酯（12）。

综合上述分析可知，该纺织油剂的组成成分分别为水、十四碳烷烃、十八烯酸癸酯和油酸聚氧乙烯酯（4）、油酸聚氧乙烯酯（12），其百分含量依次为21%、12%、42%、10%和15%。

2. 净洗剂Kieralon OL的剖析鉴别

Kieralon OL是一种具有乳化性的净洗剂，通常由阴离子和非离子表面活性剂复配而成，

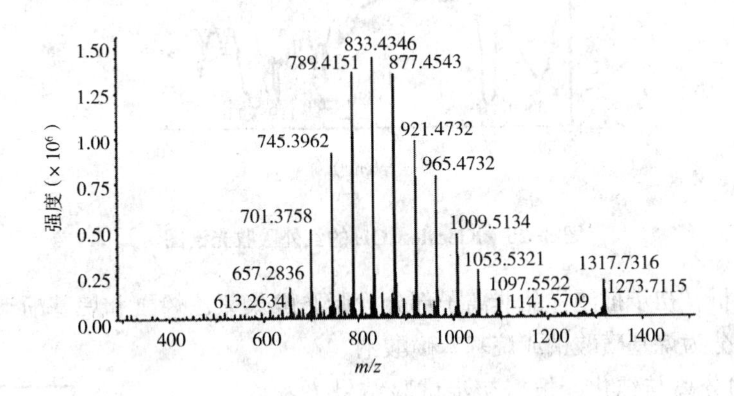

图 3-26　组分 D 的质谱图

具有去污、去油蜡、取籽壳等多种功效，在浓碱的作用下是冷堆前处理工艺中不可缺少的优良助剂之一。有学者采用初步试验、样品的分离与纯化和组分的结构鉴别三步法对 Kieralon OL 净洗剂进行了剖析，取得了令人满意的结果。

（1）初步试验。Kieralon OL 净洗剂为无色透明的黏稠状液体，用水将其配制成浓度为 1%的溶液后，体系呈乳白色，pH 为 6，且有泡沫。

①灼烧试验：样品可燃，有蜡味，生成气体的 pH 为 6，且有残渣生成。

②离子类型的鉴别：经亚甲基蓝—氯仿试验表明 Kieralon OL 净洗剂中含有阴离子和非离子表面活性剂。

③元素分析：采用钠熔法分解试样，元素分析结果表明样品中含有硫元素。

④紫外光谱初步定性分析：将 0.1%的 Kieralon OL 进行紫外光谱分析，其紫外光谱图如图 3-27 所示。由图中可以看出，样品在 278nm 和 285nm 处均有强吸收，可初步判定样品中有苯环存在。

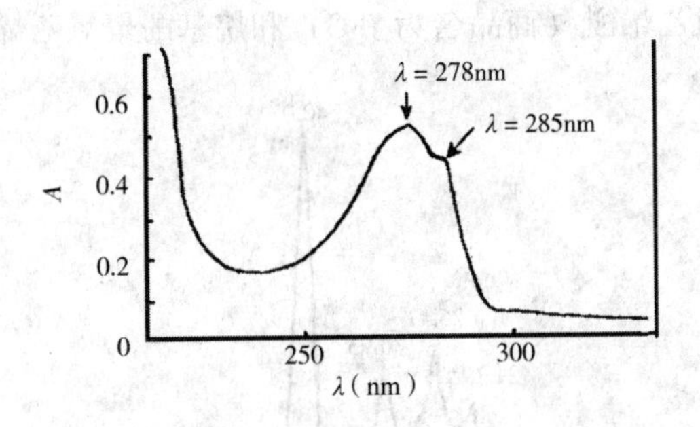

图 3-27　0.1%Kieralon OL 的紫外吸收光谱图

⑤红外光谱初步定性分析：将干燥后的样品进行红外光谱分析，如图 3-28 所示。

由图 3-28 可以看出，$3500cm^{-1}$ 波数处为羟基的伸缩振动吸收峰；$1100cm^{-1}$ 波数处有很强的醚键的伸缩振动吸收峰；由 $1520cm^{-1}$、$1625cm^{-1}$ 以及 $833cm^{-1}$ 波数处的吸收峰可初步判定样品中含有苯环。另外，还有磺酸基在波数 $1195cm^{-1}$ 处出现的特征吸收峰，这与元素分析中含有硫元素的结果相吻合。

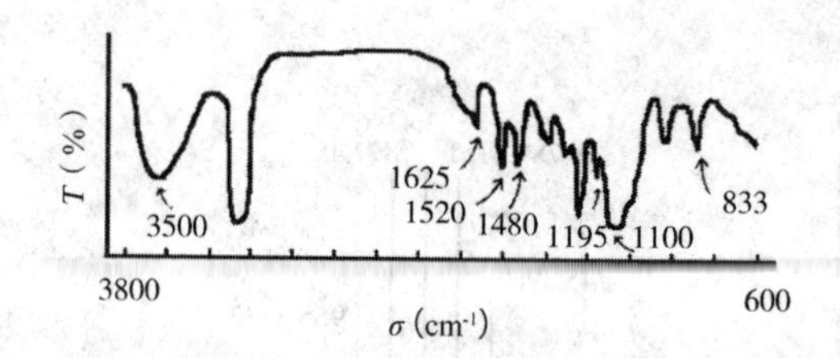

图 3-28 Kieralon OL 的红外吸收光谱图

基于以上分析，初步推测样品非离子部分为脂肪醇聚氧乙烯醚和烷基酚聚氧乙烯醚的混合物；阴离子部分为烷基磺酸钠或烷基苯磺酸钠。

（2）样品的分离与纯化。根据初步试验结果，采用蒸馏法和薄层色谱法对样品进行分离和纯化。

①蒸馏。将样品进行常压蒸馏，在 100℃时流出大量无色透明液体，且此液体能使无水硫酸铜变蓝，确定此物质为水。蒸出的水量约为样品的 10%。

②薄层色谱分离试验。以氯仿：甲醇（90：10）为展开剂，以碘为显色剂，于 5cm×20cm 的薄层板上进行分离试验，其薄层色谱如图 3-29 所示。接近薄层板前沿的斑点为非离子表面活性剂，中间偏上的斑点为阴离子表面活性剂，这与亚甲基蓝—氯仿试验的测定结果相符。

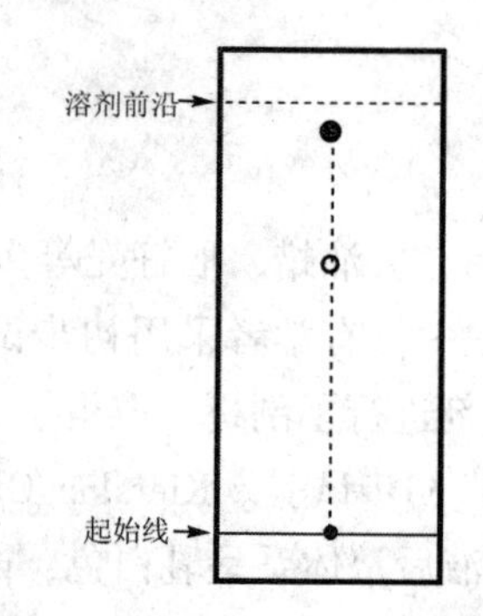

图 3-29 Kieralon OL 的薄层色谱图

（3）组分的结构鉴别。通过高效液相色谱法和红外光谱法对 Kieralon OL 净洗剂进行结构鉴别分析。

①液相色谱（紫外检测器）试验。以甲醇和水为流动相，以不锈钢 C_{18} 柱为固定相，采用梯度洗脱法对试样中的非离子部分进行 HPLC 分析。样品非离子部分在 $\lambda = 210$nm 和 $\lambda = 254$nm 的液相色谱分别如图 3-30 和图 3-31 所示。通过与标准物质进行对比，可知样品中的非离子部分为脂肪醇聚氧乙烯醚（商品名为 JFC）和烷基酚聚氧乙烯醚（商品名为 Oπ-7）。

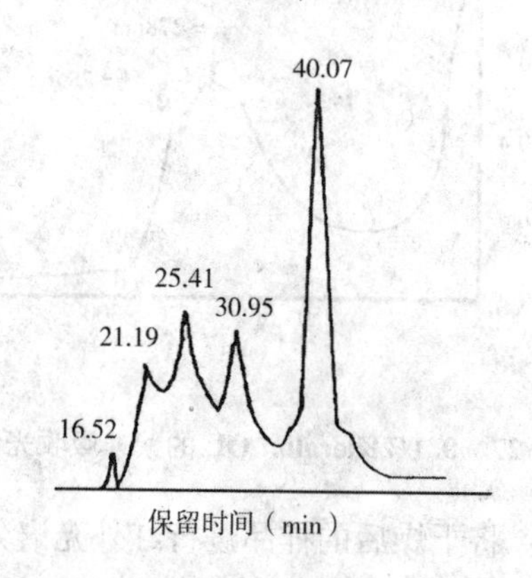

图 3-30 Kieralon OL 非离子部分的液相色谱（$\lambda = 210$nm）

②红外光谱定性分析。用丙酮溶解样品，丙酮不溶物与可溶物的红外光谱分别如图 3-32 和图 3-33 所示。

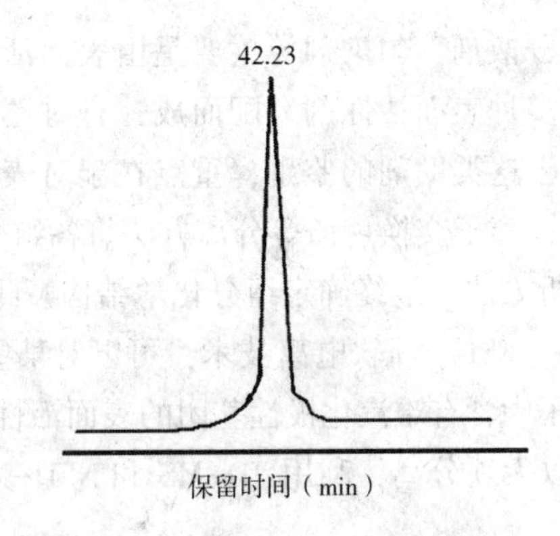

图 3-31 Kieralon OL 非离子部分的液相色谱（λ=254nm）

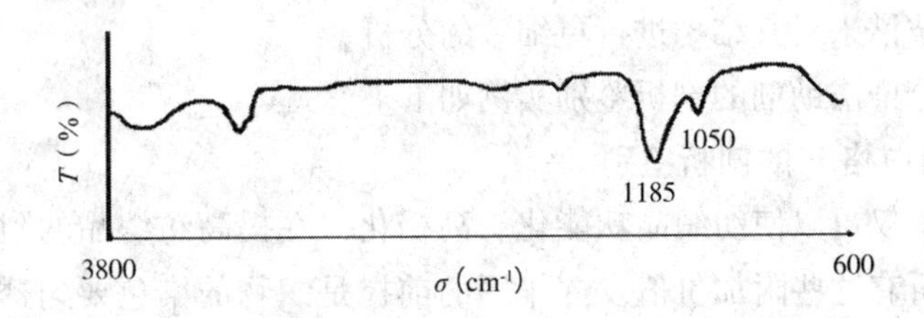

图 3-32 丙酮不溶物的红外光谱图

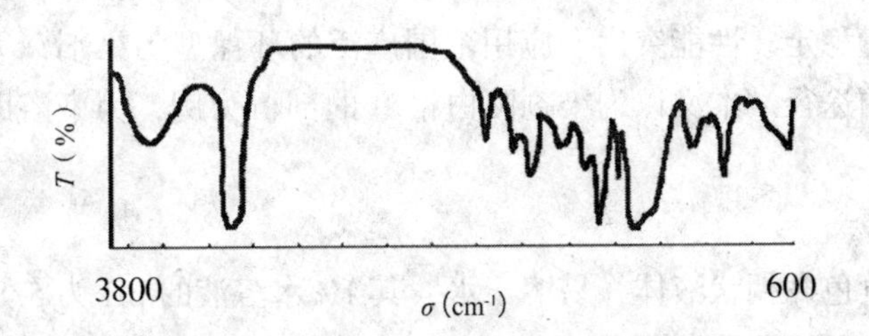

图 3-33 丙酮可溶物的红外光谱图

由图 3-32 可知，1185cm^{-1} 处的强吸收峰为磺酸基的特征吸收峰；由于谱图中没有出现苯环的特征吸收峰，因此排除了烷基苯磺酸钠的可能。与标准谱图对比可知，阴离子部分为烷基磺酸钠（商品名 AS）。分析图 3-33 可知，丙酮溶解物为脂肪醇和烷基酚环氧乙烷加成物的复合产物。

综合以上分析可知，该 Kieralon OL 净洗剂是由阴离子、非离子表面活性剂和水复配而成，其阴离子表面活性剂为烷基磺酸钠，非离子表面活性剂为烷基酚聚氧乙烯醚和脂肪醇聚氧乙烯醚。

五、染浴助剂的剖析与鉴别

在织物的染色和印花过程中，常使用各种助剂以提高染色效果。常用的染浴助剂有匀染剂、固色剂、乳化剂、分散剂、增稠剂、黏合剂、交联剂以及其他印花助剂等。

在染浴助剂中，乳化剂、分散剂、匀染剂等主要是由表面活性剂组成，在组成上或是单独的表面活性剂组分，或是由多种表面活性剂复配而成，有时还会加入一些无机助剂来改善和提高其分散、乳化性能。对于这类助剂的鉴别，重点在于对表面活性剂的分析，其分析流程一般是先通过萃取、柱色谱、离子交换色谱等分离方法将各组分分离，随后借助红外光谱、核磁共振波谱、质谱等仪器分析方法，最终确定组分化学结构。此外，负离子场解析（NFD）、快原子轰击（FAB）和电喷雾（ESI）等软电离技术，可以对某些常规 EI-MS 和 CI-MS 不能测定的表面活性剂（如某些分子中含有难汽化极性基团的表面活性剂）进行质谱分析。在鉴别未知的混合表面活性剂时，可以无须分离，利用 FD-MS 和 NFD-MS 直接对阴离子、阳离子和非离子表面活性剂进行测定。

对于固色剂、增稠剂、黏合剂等染浴助剂，其主要组分大多是高分子聚合物，对其鉴别多采用红外光谱法，但是对于复杂的共聚物或添加剂，单纯的红外光谱分析有些力不从心，需要借助核磁共振波谱来对其结构进行更细致的分析。

作为参考，部分染浴助剂的剖析鉴别实例如下。

（一）匀染剂阿白格 B 的剖析鉴别

纺织染整助剂不仅可以使纺织品功能化、高档化，在提高纺织品的附加价值方面发挥着至关重要的作用。所有这些附加价值发挥作用的前提是织物的染色要匀透，这就需要在染色过程中使用匀染剂以达到匀染效果。

然而，目前我国无论是在产品性能上还是制作工艺上都与国际水平存在较大差距。因此，选择和引进国外性能优良的匀染剂予以剖析，全面了解其组分和结构，并立足现状加以提高和改进，开发出质量稳定、性能突出、应用范围广泛的环保型匀染剂，无疑是提高研究开发能级比较行之有效的途径。本文以匀染剂阿白格 B 的剖析为例，为染浴助剂的剖析流程提供了思路。

1. *初步试验*

未知试样为淡黄色黏稠状液体，易溶于水，其 1%水溶液的 pH 为 5.8。

（1）离子类型鉴别。离子类型鉴别采用的方法和结果见表 3-21。

表 3-21 鉴别匀染剂阿白格 B 离子类型所采用的方法和结果

试验方法	溴酚蓝试验	硫氰酸钴试验	酸性亚甲基蓝试验	浊点试验
现象	溶液变蓝	溶液呈蓝色	水层呈蓝色，氯仿层无色	加热至沸腾无浑浊出现，加入食盐溶液后进行加热，出现白色浑浊
结论	可能有阳离子表面活性剂存在	有聚氧乙烯类非离子型表面活性剂存在	无阴离子表面活性剂存在	具有高 EO 数的聚氧乙烯类非离子表面活性剂

另外，在酸性（Ⅱ）号橙试验中，pH 为 1 时吸光度为 0.295，pH 为 5 时吸光度为 0.171，两种 pH 环境中吸光度有差异，说明样品中有两性表面活性剂存在。

（2）元素定性分析。采用钠熔法分解样品，然后分别鉴定 P、S、N 和 X 等元素，分析结果见表 3-22。结果显示，该样品中含有硫和氮元素。

表 3-22　元素定性分析结果

检测元素	P	S		N	X
检测方法	钼酸铵试验	亚硝酰铁氰化钠试验	硫化铅试验	联苯胺—醋酸铜试验	硝酸银试验
现象	无变化	有紫红色出现	有棕色沉淀	有蓝色	无变化
反应	阴性	阳性	阳性	阳性	阴性
结论	无 P	有 S	有 S	有 N	无卤素

（3）溶解性试验。阿白格 B 样品的溶解性能如表 3-23 所示。

表 3-23　阿白格 B 样品的溶解性能

样品	溶解现象
阿白格 B	溶于水、乙醇、乙醚、乙酸、甲酸
	部分溶于丙酮、氯仿、乙酸乙酯
	不溶于石油醚、四氯化碳、甲苯

（4）初步定性分析。采用紫外和红外光谱法对样品进行初步分析，测定结果分别如图 3-34 和图 3-35 所示。

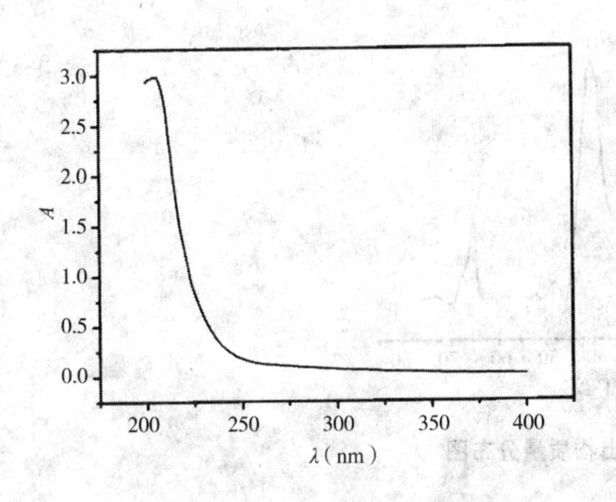

图 3-34　样品紫外光谱图

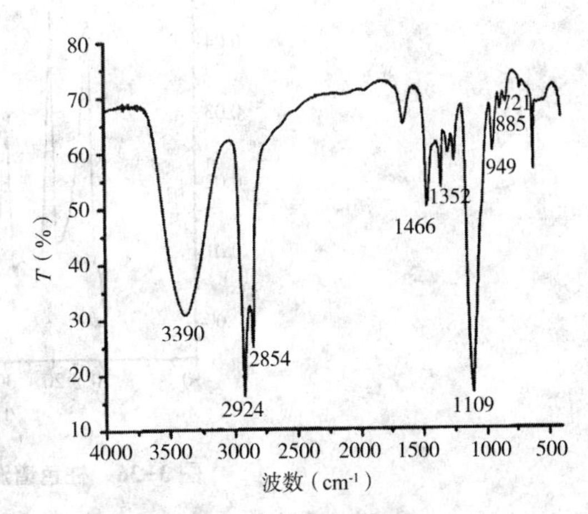

图 3-35　样品红外光谱图

紫外光谱显示，样品在波长 200~400nm 范围内没有吸收峰，说明其内部不存在苯环或共轭双键结构。由红外光谱图可以看出，样品含有羟基的特征吸收峰（$3390cm^{-1}$）、甲基和亚甲基的伸缩振动吸收峰（$2924cm^{-1}$ 和 $2854cm^{-1}$）、醚键的特征吸收峰（$1109cm^{-1}$ 和 $949cm^{-1}$）以及 EO 链节末端和链节中间 CH_2 的摇摆振动吸收峰（$1466cm^{-1}$、$1352cm^{-1}$、$885cm^{-1}$）。样品在 $721cm^{-1}$ 处出现吸收峰，表明其结构中存在四个或四个以上的亚甲基。

综合上述分析结果，可初步判断此匀染剂的主要成分可能为长链烷基聚氧乙烯醚。

2. 样品的分离和纯化

将样品进行简单蒸馏，并收集馏分。通过计算得出样品固含量为 33.7%，挥发性组分的含量为 66.3%。挥发性组分为无色透明状液体，且能使无水硫酸铜变蓝。取挥发性组分与蒸馏水在相同条件下进行气相色谱分析，其保留时间与蒸馏水基本一致，因此确定挥发性组分为水。

根据初步试验结果，采用硅胶柱色谱法对样品进行分离纯化。

填充剂：100~160 目柱层析硅胶（105℃活化 2h）。

分离柱：100mL 酸式滴定管。

洗脱剂：洗脱剂的配比、用量及洗脱顺序如表 3-24 所示。

流速：1mL/min。

表 3-24 淋洗剂的配比、用量及淋洗顺序

洗脱剂	序号						
	1	2	3	4	5	6	7
种类	甲醇：氯仿	甲醇：氯仿	甲醇：氯仿	甲醇：氯仿	甲醇：氯仿	甲醇	水
配比	1：9	1：2	1：1	2：1	5：1	100%	100%
用量（mL）	130	90	90	90	80	100	130

每 10mL 洗出液作为一个级分进行收集、蒸干、称重，并绘制洗出物质量分布图，如图 3-36 所示。

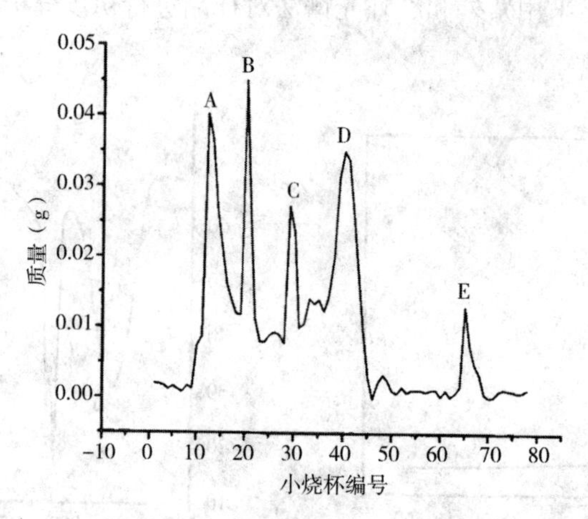

图 3-36 柱色谱洗出物质量分布图

3. 结构分析

通过元素分析、IR 和 NMR 对未知试样进行结构分析。

（1）各组分的元素分析。对分离出的 A、B、C、D 组分分别进行 N、S 元素分析，结果如表 3-25 所示。从中可以看出，组分 A、B、C 中含有 N 元素，推测其可能具有阳离子表面活性剂；组分 D 中同时含有 N 和 S 元素，结合离子类型的鉴别结果，推测其可能为两性表面活性剂。

表 3-25 分离组分元素分析结果

检测方法	检测元素	组分 A	组分 B	组分 C	组分 D
联苯胺—醋酸铜试验	N	有	有	有	有
硫化铅试验	S	无	无	无	有

（2）未知组分 A 的结构分析。组分 A 的红外光谱见图 3-37，分析可知，波数 3356c/m 处为羟基的伸缩振动吸收峰；2924cm^{-1}、2856cm^{-1}、1468cm^{-1}、1352cm^{-1} 处为烷基的特征吸收峰；波数 721cm^{-1} 处的吸收峰表明分子中含有 4 个碳以上的烷基链；波数 1657cm^{-1} 处为游离胺的吸收峰；1111cm^{-1} 和 953cm^{-1} 处的吸收峰为醚键的反对称与对称伸缩振动吸收峰；而 1352cm^{-1}、887cm^{-1}、845cm^{-1} 处分别为 EO 链节中—CH_2—非平面摇摆振动吸收峰、EO 末端链节—CH_2—的平面摇摆振动吸收峰。将该红外光谱与标准红外光谱进行对比，可初步判断未知组分 A 为长链脂肪胺聚氧乙烯醚。

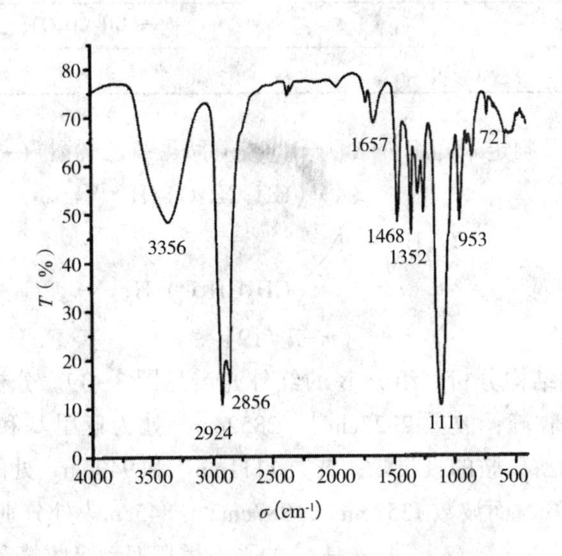

图 3-37　组分 A 的红外光谱图

组分 A 的氢核磁共振波谱如图 3-38 所示，谱图中各峰的归属情况见表 3-26。

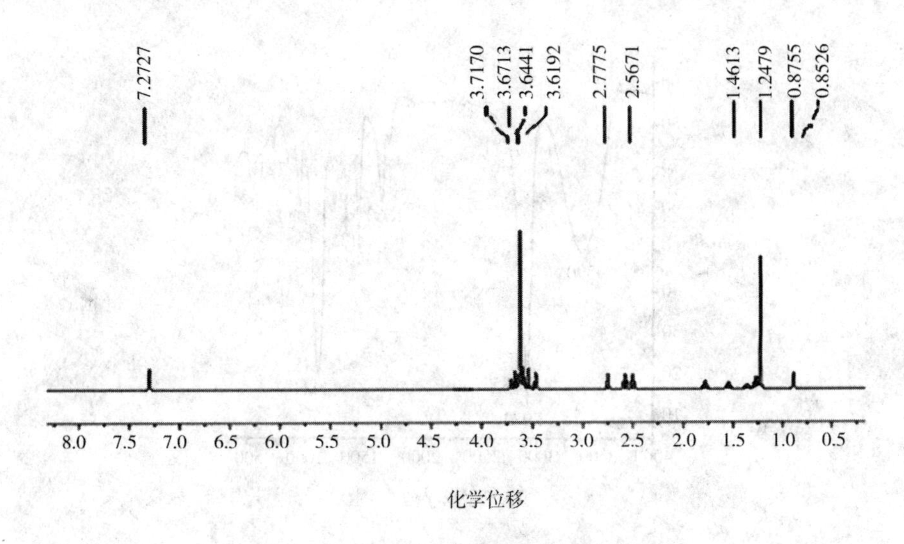

图 3-38　组分 A 的氢核磁共振波谱图

表 3-26　组分 A 核磁谱图分析结果

化学位移	所属基团
0.8526~0.8755	$—CH_3$
1.2479~1.4613	$—(CH_2)_n—$
2.5671~2.7775	$—CH_2—N(CH_2—)_2$
3.6192~3.7170	$—(CH_2CH_2O)_m—$
7.2727	溶剂峰

综合红外分析结果可判定未知组分 A 为十八烷基胺聚氧乙烯醚（-19），结构式如下。

$$C_{18}H_{37}—N\begin{cases}(CH_2CH_2O)_mH \\ (CH_2CH_2O)_nH\end{cases}$$

$$(m+n=19)$$

（3）未知组分 B 的结构分析。组分 B 的红外光谱见图 3-39。分析谱图可知，3390cm^{-1} 处为羟基的伸缩振动吸收峰；波数 2922cm^{-1}、2852cm^{-1} 处为亚甲基和甲基的伸缩振动吸收峰；波数 1660cm^{-1} 处为游离胺的吸收峰；波数 1111cm^{-1} 和 949cm^{-1} 处的吸收峰为醚键的反对称与对称伸缩振动吸收峰，而波数 1352cm^{-1}、887cm^{-1}、845cm^{-1} 处分别为 EO 链节中$—CH_2—$非平面摇摆振动吸收峰，EO 链节末端$—CH_2—$的平面摇摆振动吸收峰和 CH_2 平面摇摆振动吸收峰，这几组峰共同构成了聚氧乙烯醚的特征吸收峰；波数 721cm^{-1} 处的吸收峰表明分子中含有 4 个碳以上的烷基链。根据以上分析结果，可初步判断组分 B 同为长链脂肪胺聚氧乙烯醚。

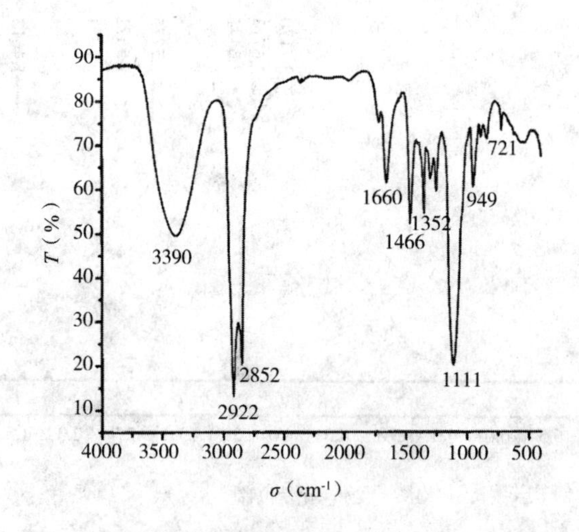

图 3-39　组分 B 的红外光谱图

组分 B 的氢核磁共振波谱如图 3-40 所示，谱图中各峰的归属情况见表 3-27。

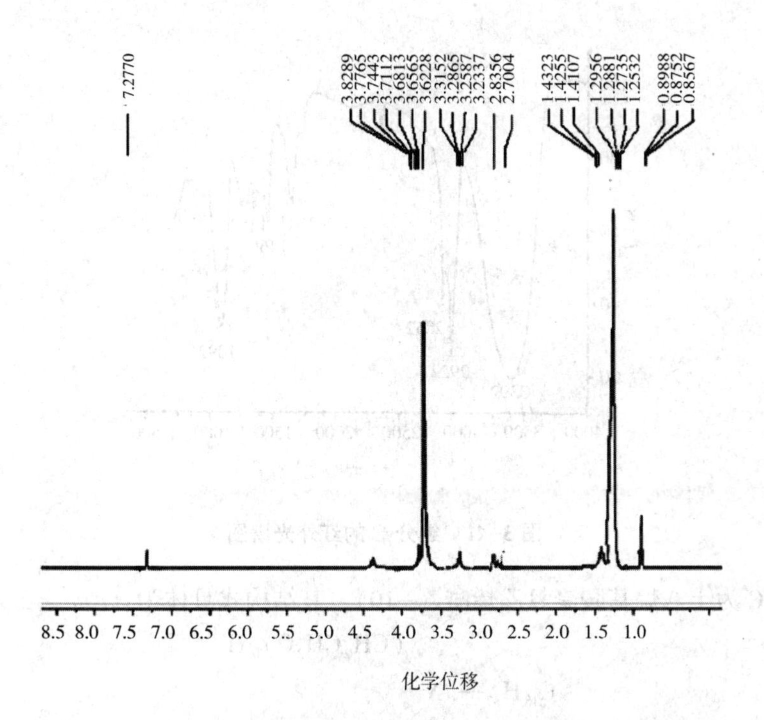

图 3-40　组分 B 的氢核磁共振波谱图

表 3-27　组分 B 核磁谱图分析结果

化学位移	所属基团
0.8567~0.8898	$-CH_3$
1.2532~1.4323	$-(CH_2)_n-$
2.7004~3.3152	$-CH_2-N(CH_2-)(CH_2-)$
3.6228~3.8289	$-(CH_2CH_2O)_m-$
7.2770	溶剂峰

根据红外分析结果以及不同化学位移谱带的积分面积可计算出未知组分 B 为十八烷基胺聚氧乙烯醚（-14），其结构式具体如下：

$$C_{18}H_{37}-N\begin{matrix}(CH_2CH_2O)_mH\\(CH_2CH_2O)_nH\end{matrix}$$

$$(m+n=14)$$

（4）未知组分 C 的结构分析。组分 C 的红外光谱如图 3-41 所示。

对比发现，组分 C 的红外光谱图与组分 A、B 基本相同，因此可初步判断组分 C 也为长链脂肪胺聚氧乙烯醚类。由于其核磁谱图也与 A、B 基本相同，故此不再列出。根据积分面

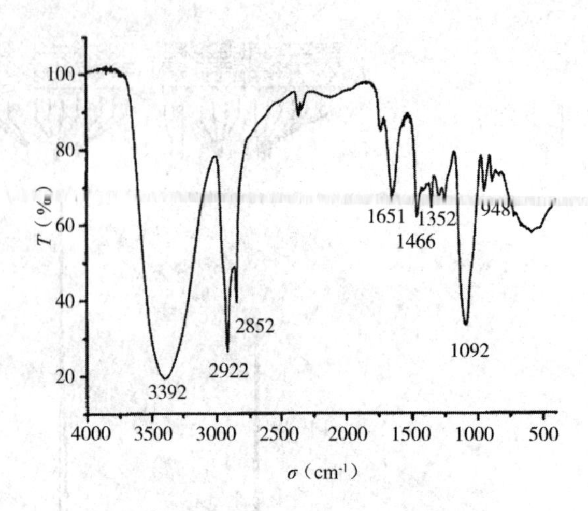

图 3-41 组分 C 的红外光谱图

积推算出组分 C 为十八烷基胺聚氧乙烯醚（-10），其结构式具体为：

$$C_{18}H_{37}—N\begin{matrix} \diagup (CH_2CH_2O)_mH \\ \diagdown (CH_2CH_2O)_nH \end{matrix}$$

$$(m+n=10)$$

（5）未知组分 D 的结构分析。组分 D 的红外光谱见图 3-42。波数 3400cm^{-1} 处为羟基的伸缩振动吸收峰；波数 2924cm^{-1}、2852cm^{-1} 处为亚甲基和甲基的伸缩振动吸收峰；波数 1645cm^{-1} 处为游离胺的吸收峰；波数 1109cm^{-1} 和 945cm^{-1} 处分别为醚键的反对称与对称伸缩振动吸收峰；波数 1466cm^{-1}、1350cm^{-1} 处为 EO 链节中 CH_2 的非平面摇摆振动吸收峰，且 1350cm^{-1} 处峰的强度与组分 A、B、C 相比明显减弱，可推测其结构中 EO 单元数应小于组分 A、B、C；885cm^{-1}、833cm^{-1} 处的特征峰归属于—CH_2—的振动吸收；721cm^{-1} 处有吸收表明分子中含有 4 个碳以上的烷基链。

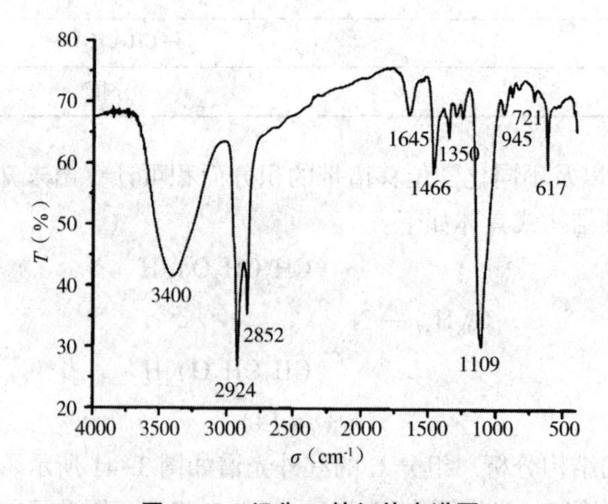

图 3-42 组分 D 的红外光谱图

组分D的氢核磁共振波谱如图3-43所示，谱图中各峰的归属情况见表3-28。综合组分D的元素定性分析、红外光谱分析以及氢核磁共振波谱，可推测其为一种两性表面活性剂。根据核磁共振谱图中不同化学位移谱带的积分面积计算出组分D为含氧乙烯型的硫酸基甜菜碱，其结构式为 $C_{16}H_{33}N^+(CH_3)_2(CH_2CH_2O)_7SO_3^-$，该物质在弱酸性条件下以 $C_{16}H_{33}N^+(CH_3)_2(CH_2CH_2O)_7SO_3H$ 的形式存在。

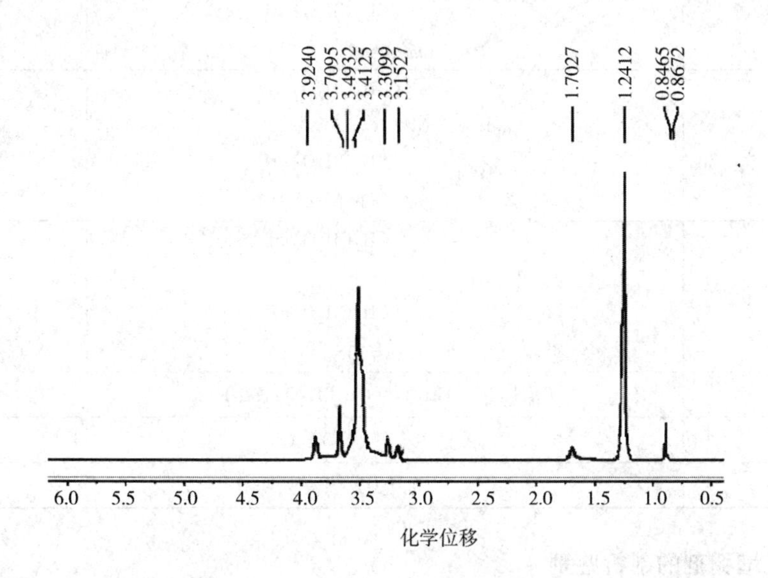

图3-43　组分D的氢核磁共振波谱图

表3-28　组分D核磁共振谱图分析结果

化学位移	所属基团
0.8465~0.8672	$-CH_3$
1.2412	$-(CH_2)_n-$
1.7027	$-CH_2-\overset{\vert}{\underset{\vert}{C}}-\overset{\vert}{\underset{\vert}{N^+}}-$
3.1527~3.3099	$-CH_2-\overset{CH_3}{\underset{CH_3}{N^+}}-$
3.4125~3.7095	$-(CH_2CH_2O)_m-$
3.9240	$-CH_2OSO_3^-$

组分E在样品有效成分中的含量极低，同时其红外谱图表现为多种极少含量物质的混合物，无研究价值，故在此不做剖析。

综合以上分析，确定匀染剂阿白格B主要由水、十八烷基胺聚氧乙烯醚（-19）、十八烷基胺聚氧乙烯醚（-14）、十八烷基胺聚氧乙烯醚（-10）和含氧乙烯型的硫酸基甜菜碱组成，具体分析结果见表3-29。

表3-29 匀染剂阿白格B主要组分的结构和含量

组分	结构式	质量分数
A	$C_{18}H_{37}—N(CH_2CH_2O)_mH(CH_2CH_2O)_nH$ $(m+n=19)$	8.6%
B	$C_{18}H_{37}—N(CH_2CH_2O)_mH(CH_2CH_2O)_nH$ $(m+n=14)$	5.7%
C	$C_{18}H_{37}—N(CH_2CH_2O)_mH(CH_2CH_2O)_nH$ $(m+n=10)$	3.2%
D	$C_{16}H_{33}N^+(CH_3)_2(CH_2CH_2O)_7SO_3H$	9.5%
E	—	1.5%
水	H_2O	66.3%

（二）印花增稠剂的剖析鉴别

涂料印花一般是用高分子量的聚合物在织物上形成薄膜，把颜料固着在织物上的印花方法。随着纺织印染工业的发展，涂料印花由于具有色泽鲜艳、花纹清晰、耐洗、色谱齐全、工艺简单、对织物无选择性、节约能源等优点，越来越得到广泛地应用。根据原料和制备方法不同，国内市场中的涂料印花增稠剂可分为天然增稠剂、乳化增稠剂和合成增稠剂三类。在合成聚合物类增稠剂中，阴离子型的聚丙烯酸类增稠剂的增稠效果最好，其在含固量较低时仍具有很高的黏度，且稳定性好，不易发霉，品种最多。除增稠作用外，还具有乳化、柔软和催化等多种功效，是目前应用最为广泛的增稠剂。下面简单介绍一下涂料印花增稠剂的剖析实例。

1. 初步试验

样品为亮黄色、均匀性油状液体，黏度小，有刺鼻的油味。样品的溶解性能如表3-30所示。

表3-30 样品的溶解性能

样品	溶解性
纺织增稠剂	易溶于无水乙醇
	微溶于无水乙醚
	不溶于水，在水中呈白色乳液

2. 样品的分离和纯化

采用蒸馏法对样品进行分离。挥发性组分用红外光谱法和气相色谱—质谱联用仪进行分析；以硅胶为固定相（干法上柱），采用硅胶柱色谱法对蒸馏后的残留组分进行分离纯化，洗脱剂的种类、配比及用量详见表3-31。

表3-31　洗脱剂的配比、用量及洗脱顺序

洗脱剂	序号					
	1	2	3	4	5	6
种类	石油醚	乙醚	乙酸乙酯	无水乙醇	水	丙酮
比例	100%	100%	100%	100%	100%	100%
用量（mL）	50	100	50	100	50	50

洗脱速度为1mL/min，并将洗脱液收集于已知质量的小烧杯中，烘干后称重，根据烘干前后小烧杯的质量计算各分离组分的质量。柱层析后样品得到A、B、C、D四种组分。

3. 挥发性组分的结构分析

图3-44为挥发性组分的红外谱图，其中2957cm^{-1}、2925cm^{-1}和2856cm^{-1}处为CH_3和CH_2的伸缩振动吸收峰；波数1462cm^{-1}、1378cm^{-1}处为CH_3和CH_2的面内变形振动吸收峰；波数722cm^{-1}处为CH_2的面内摇摆振动吸收峰，该峰的出现同时表明结构中含有4个以上的CH_2，因此初步判断该组分中含有长链饱和脂肪烃。

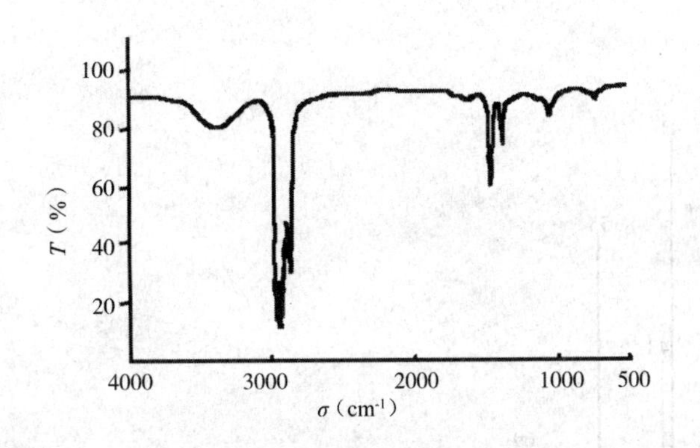

图3-44　挥发组分的红外光谱图

使用气相色谱—质谱法对长链饱和脂肪烃进行进一步的结构分析。经质谱库检索分别对各色谱峰加以确认，判断挥发性组分主要为C_8H_{18}（18）、C_9H_{20}（31）、$C_{10}H_{22}$（35-44）、$C_{11}H_{24}$（49-56）。因此推断此挥发性组分为C_8~C_{11}的烃类油。综合文献资料，增稠剂中常用的烃类油为C_9~C_{12}的烃类，与分析结果基本一致。

4. 其余组分的结构分析

将柱层析后得到A、B、C、D四种组分用红外光谱、电喷雾质谱进行结构分析。

（1）组分A的结构分析。组分A的红外谱图如图3-45所示，3008cm^{-1}、941cm^{-1}处分别为羟基的伸缩振动峰和面内变形振动峰；1710cm^{-1}处为C═O的伸缩振动峰；1651cm^{-1}为C═C的伸缩振动吸收峰；723cm^{-1}处为CH_2的面内摇摆振动吸收峰，同时表明分子结构中含有4个以上的CH_2，再结合2960cm^{-1}、2926cm^{-1}、2855cm^{-1}以及1462cm^{-1}处CH_3和CH_2

的振动吸收峰，可初步推测组分 A 为长链烷基脂肪酸。

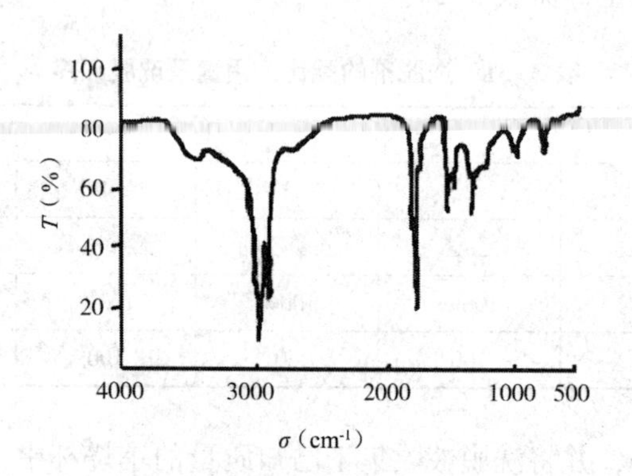

图 3-45　组分 A 的红外光谱图

图 3-46 为组分 A 的 EI 源质谱图，其存在一个 $m/z=60$ 的质谱峰（羧酸），以及 $m/z=$ 43、57、71、85……和 $m/z=45$、59、73、87……系列质谱峰，这些质谱峰进一步说明了羧酸的存在。另外，$m/z=41$、55、69、83……C_nH_{2n-1} 系列质谱峰，其丰度比高于 C_nH_{2n+1}，说明同时分子中还含有一个双键。因此推测未知组分 A 中含有油酸（分子量为 282）。通过与油酸标准谱图进行对比，两者完全符合。结合其他有关信息，最终推断组分 A 为混合脂肪酸，以油酸为主。

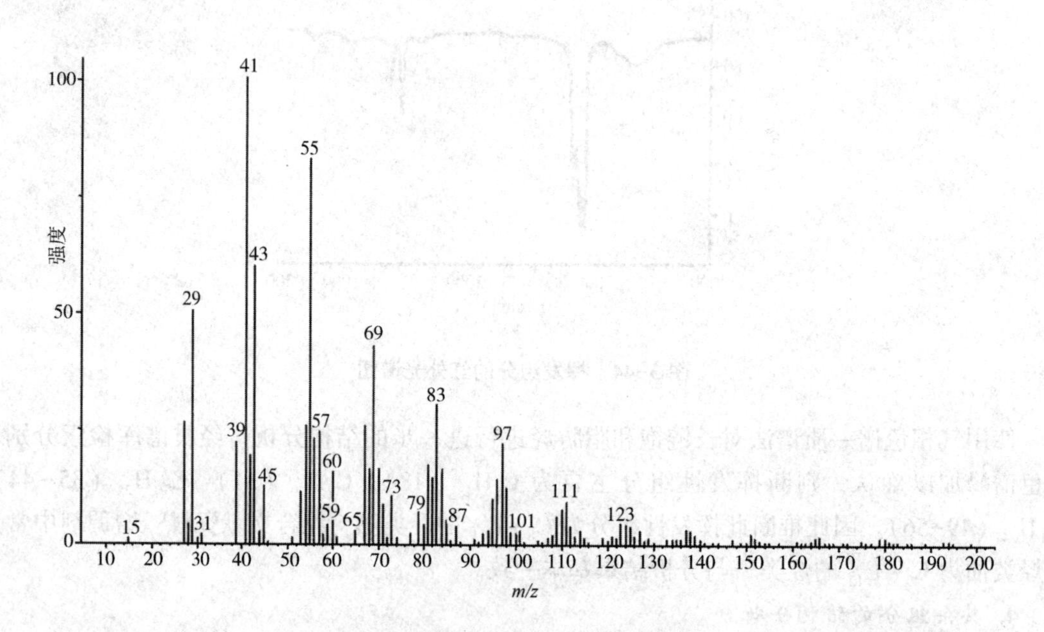

图 3-46　组分 A 的 EI 源质谱图

（2）组分 B 的结构分析。图 3-47 为组分 B 的红外光谱图。可以看出，其含有羟基的伸缩振动峰（3386cm^{-1}）、酯基的特征吸收峰（1736cm^{-1} 和 1179cm^{-1}）和聚氧乙烯链的吸收峰（1160cm^{-1}）。据此，初步判断组分 B 为聚氧乙烯酯类化合物。

将组分 B 进行 ESI 源质谱分析（图 3-48），以进一步确定聚氧乙烯的聚合度和酯链长度：

其质谱图中出现 m/z = 520、564、608、652、696、741、784、829、869、916、960 系列特征峰，这与聚氧乙烯（假设有 m 个）山梨糖醇酐单硬脂酸酯与 H^+ 相结合的特征峰相一致，据此推测组分 B 为 T-60（聚氧乙烯山梨糖醇酐单硬脂酸酯）。T-60 是一种乳化剂，具有很强的分散、乳化、润湿等作用，可与各类表面活性剂混用。

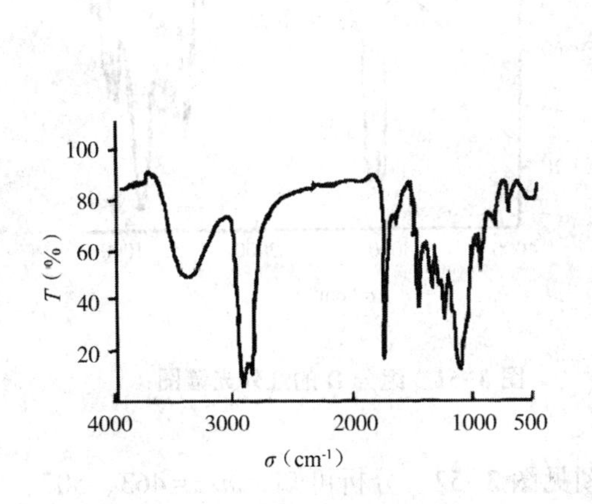

图 3-47　组分 B 的红外光谱图

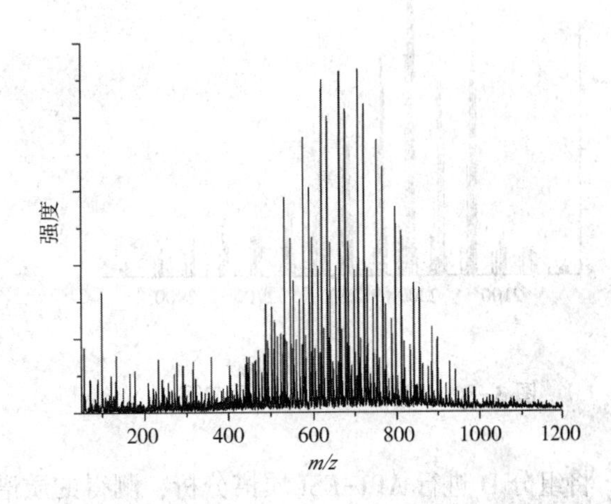

图 3-48　组分 B 的 ESI 源质谱图

（3）组分 C 的结构分析。组分 C 的红外光谱图如图 3-49 所示。分析可知，1713cm^{-1} 波数处为羰基的伸缩振动峰；1236cm^{-1}、1168cm^{-1} 波数处可能为 C—O—C 的伸缩振动吸收峰；3109cm^{-1} 波数处可能为羧酸中羟基的伸缩振动吸收峰；795cm^{-1} 波数处为═C—H 的面外摇摆振动吸收峰。由此推测组分 C 为含有双键的不饱和羧酸。

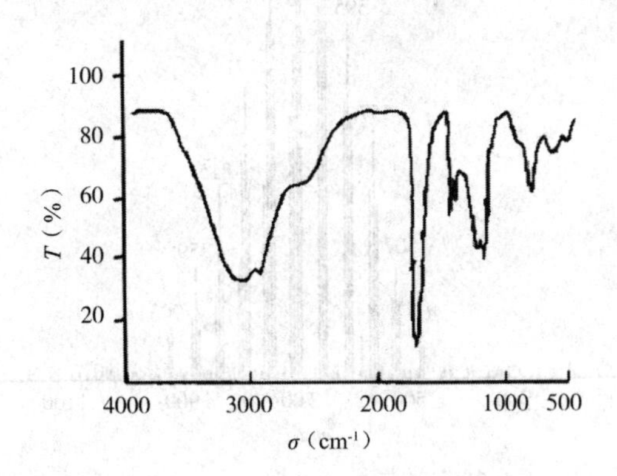

图 3-49　组分 C 的红外光谱图

组分 C 的 EI 源质谱图（图 3-50）分析结果显示，各碎片离子峰的分子质量都较大，说明该组分为聚合物。各峰的质荷比之差为 70~77 不等，结合红外分析结果，判断组分 C 为丙烯酸的聚合物。

（4）组分 D 的结构分析。组分 D 的红外光谱图如图 3-51 所示。红外分析可知，未知组分中含有羟基（3466cm^{-1}）、苯环（1604cm^{-1} 和 1504cm^{-1}）和醚键（1267cm^{-1} 和 1109cm^{-1}），其中 1109cm^{-1} 处强而宽的吸收峰为聚氧乙烯链的特征吸收峰，再结合 CH_3、CH_2 吸收峰（波数 2970cm^{-1}、2972cm^{-1}、2871cm^{-1}、1455cm^{-1} 和 1373cm^{-1})，可初步推测组分 D 为含烷基和苯环的聚氧乙烯醚类化合物。

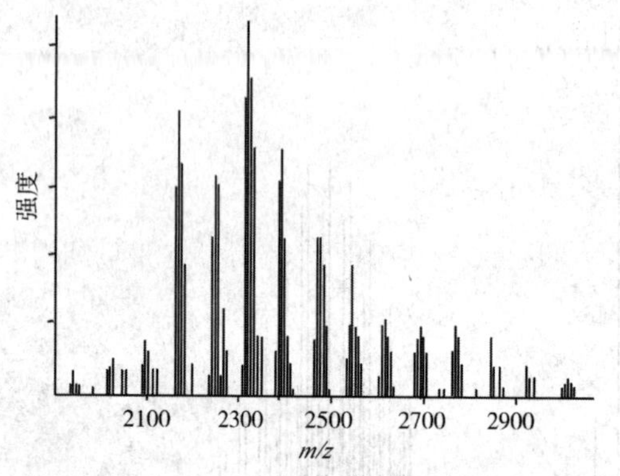

图 3-50　组分 C 的 EI 源质谱图

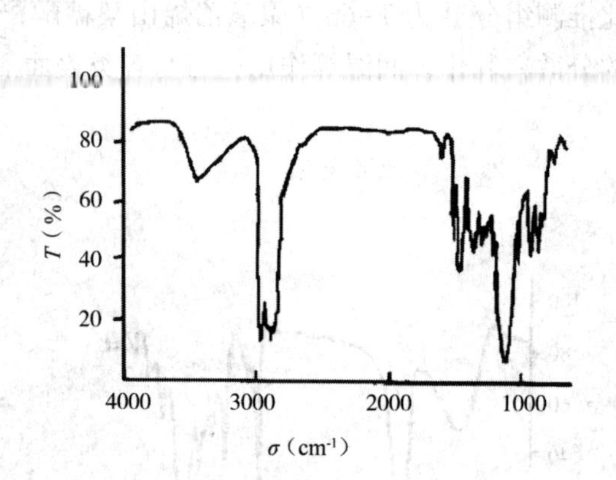

图 3-51　组分 D 的红外光谱图

将组分 D 进行 API-ESI 质谱分析，测得的质谱图见图 3-52。分析可知，m/z=463、507、557、595、639、683、727、771、815、859、903 系列特征峰，与烷基酚聚氧乙烯醚的主要系列峰［M+Na］一致，EO 单元数从 5 到 15，最大值为 m/z=639，质量数为 613，相对应的 n=9，由此推测出分子中的烷基为壬基。

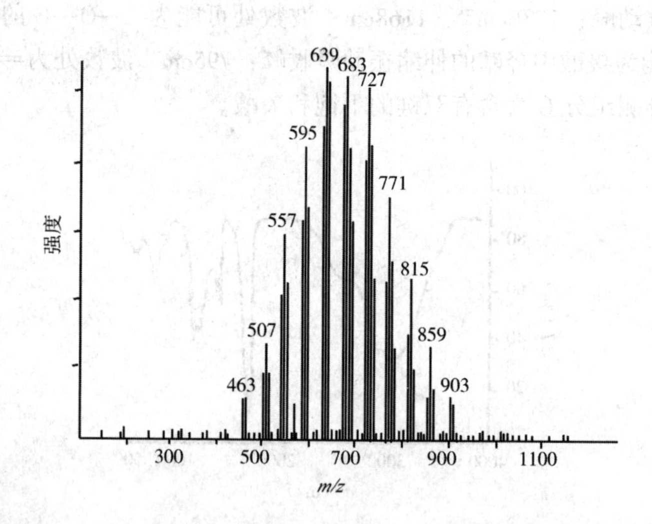

图 3-52　组分 D 的 API-ESI 质谱图

5. 定量分析

根据样品蒸馏后所得馏分以及残留物的质量，可推测出增稠剂中所含的溶剂量。再由硅胶柱色谱分离得到的洗脱物质量，结合定性分析结果，用质量法可计算出各组分在样品中的含量。

综合以上分析结果，该增稠剂是由有机溶剂和多种有机组分组成，其有机溶剂为 C_9 ~ C_{12} 的饱和烃类油，有机组分分别为以油酸为主的混合脂肪酸、聚氧乙烯山梨糖醇酐单油酸酯、聚丙烯酸和壬基酚聚氧乙烯醚。其中，以油酸为主的混合脂肪酸和聚丙烯酸为增稠剂的主要原料，聚氧乙烯山梨糖醇酐单油酸酯和壬基酚聚氧乙烯醚为乳化剂。

六、后整理助剂的剖析与鉴别

纺织品的后整理加工可以赋予织物多种多样的功能，增加织物的花色品种，提高纺织品的档次，因此纺织品的后整理发展非常迅速。与纺织品后整理工艺密切相关的后整理助剂，一般是由具有特定功能的化合物组成，其包括常规后整理助剂和功能性后整理助剂两类。常规后整理助剂主要包括皂洗剂、免烫整理剂、柔软剂、硬挺整理剂、还原清洗剂、硅油、除氧酶以及抗静电剂等，功能整理助剂则主要包括抗菌剂、抗紫外线剂、防水/防油/拒污整理剂、阻燃剂、抗起毛起球剂等。

后整埋助剂的剖析是对后整理助剂的设计、研究以及老品种改性和新品种开发不可缺少的一个重要环节。然而，后整理目的不同，选用的助剂也不同。随着后整理工艺的不断发展，后处理助剂变得更加多样化和复杂化。因此，对后整理助剂的剖析是一个非常困难的课题。

（一）氨基硅油柔软剂的剖析鉴别

柔软剂是在纺织印染加工中提高产品质量、增加纺织品附加价值必不可少的一种重要的后整理剂。在众多的柔软整理剂中，氨基硅油柔软剂通过将氨基引入聚硅氧烷骨架上，由于氨基的极性较强，可以与纤维中的羟基、羧基等基团相互作用，从而加强了硅氧烷与纤维的相互作用，改善了硅氧烷在纤维上的定向排列方式，使织物柔软、滑爽、透气、丰满，具有其他柔软整理剂无法比拟的“超柔软”效果。实际应用中，氨基硅油必须用表面活性剂乳化制成微乳液，才能渗透至纤维和织物内部，永久性发挥其效果。下面，将详细介绍剖析这类物质的思路和方法。

1. 初步试验

通过离子类型鉴别和红外光谱初步定性分析，对样品进行初步试验分析。

（1）离子类型鉴别。离子类型鉴别采用的方法和结果见表3-32。

表3-32　鉴别氨基硅油柔软剂离子类型所采用的方法和结果

试验方法	溴酚蓝试验	碘化铋钾显色剂试验	酸性亚甲基蓝试验
现象	溶液变蓝	有橙红色沉淀生成	水层呈蓝色，氯仿层无色
结论	有阳离子表面活性剂存在	有非离子表面活性剂存在	无阴离子表面活性剂存在

离子类型测试结果表明，该氨基硅油柔软剂含有阳离子和非离子型表面活性剂。

将一定量的氨基硅油柔软剂于105℃温度下烘干，用甲醇多次萃取，合并萃取液并浓缩，分别测乳化剂和硅油的离子性，测试结果显示，乳化剂为非离子性，硅油为阳离子性。

（2）红外光谱初步定性分析。将上述浓缩后的乳化剂和硅油进行红外光谱分析，乳化剂和氨基硅油的红外光谱图分别如图3-53（a）和（b）所示。

分析图3-53（a）可知，波数2923cm^{-1}、2855cm^{-1}、1465cm^{-1}和722cm^{-1}处的特征吸收峰表明有长链烷基存在；波数1109cm^{-1}、1350cm^{-1}和951cm^{-1}处的特征吸收峰表明有聚氧乙烯基醚存在；波数3384cm^{-1}处为羟基的伸缩振动吸收峰；波数1655cm^{-1}和1512cm^{-1}为苯环

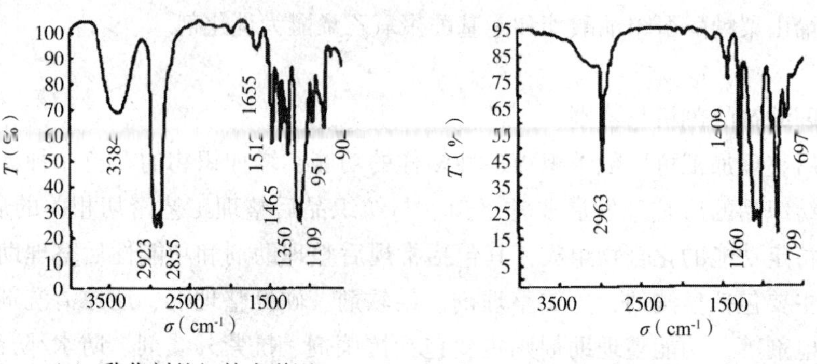

（a）乳化剂的红外光谱图　　（b）氨基硅油的红外光谱图

图 3-53　乳化剂和氨基硅油的红外光谱图

的特征吸收峰。综合以上信息，可初步推测该乳化剂中含有脂肪醇聚氧乙烯醚和烷基酚聚氧乙烯醚。

分析图 3-53（b）可知，$1020cm^{-1}$ 和 $1093cm^{-1}$ 处为 Si—O—Si 的伸缩振动吸收峰；$1260cm^{-1}$ 和 $1409cm^{-1}$ 处分别为 Si—CH_3 基团的 CH_3 面内和面外弯曲振动吸收峰；$799cm^{-1}$ 处为 Si—C 的伸缩振动和 CH_3 的面内摇摆振动吸收峰；其中，$1020cm^{-1}$ 和 $1093cm^{-1}$ 为特征的宽而强的吸收带，当分子链较长时，分裂成两个强度接近的吸收峰。综合以上信息和相关文献资料，推测该物质为聚硅氧烷类化合物。当氨基改性硅油的氨含量低于5%时，小于红外检测的范围，因此不能在图谱上得到信息。

2. 样品的分离与纯化

根据初步试验结果，使用柱色谱法对硅油乳化剂进行分离和纯化。

将 45g 硅胶用石油醚（沸程为 60~90℃）浸泡过夜，湿法装柱。将约 0.8g 的硅油乳化剂加到硅胶顶部，用不同极性的溶剂或复配溶剂洗脱。保持流速为 1mL/min，用编好号并称重的烧杯收集洗脱液，每 20mL 为一份，加热蒸去溶剂，将残留物称重，回收率为 98.33%。随后以烧杯编号为横坐标，烧杯中残留物的质量为纵坐标，绘制出洗出物质量分布图，如图 3-54 所示。

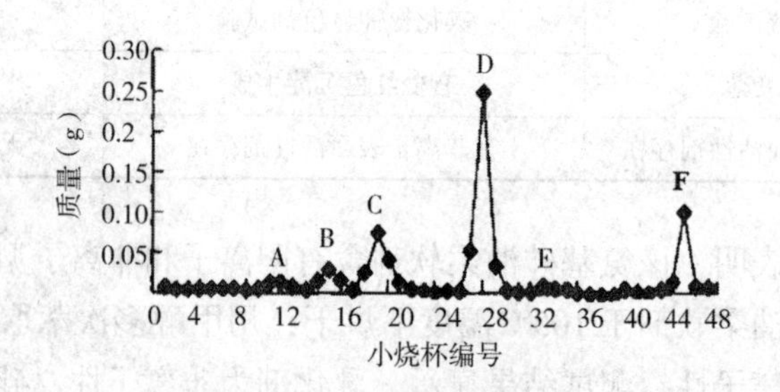

图 3-54　柱色谱洗出物质量分布图

3. 乳化剂各组分的结构分析

将 A、B、C、D、E、F 峰顶对应编号的烧杯中的残留物进行红外光谱分析（图 3-55）。其中，图（a）为组分 A 对应的红外光谱图，图（b）为组分 E 对应的红外光谱图，图（c）为组分 F 对应的红外光谱图。

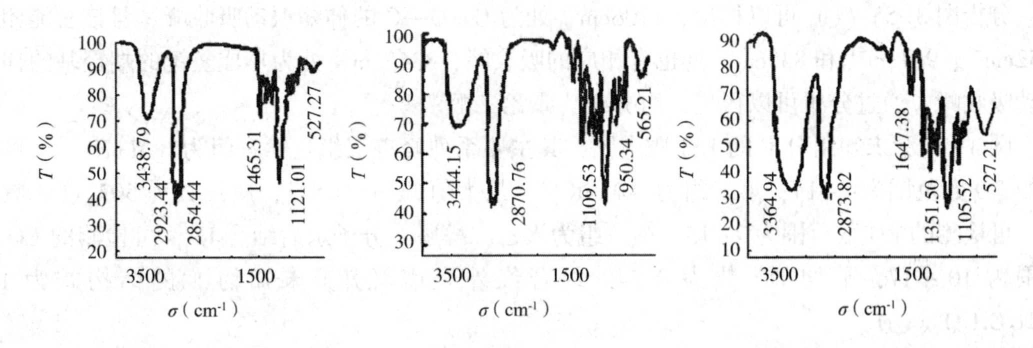

（a）组分 A 的红外光谱图　（b）组分 E 的红外光谱图　（c）组分 F 的红外光谱图

图 3-55　洗脱组分的红外光谱图

分析图 3-55（a）可以得出，2923cm^{-1}、2854cm^{-1}、1465cm^{-1}、722cm^{-1} 处为长链烷基的特征吸收峰；1121cm^{-1}、1350cm^{-1}、935cm^{-1} 和 887cm^{-1} 处为聚氧乙烯醚的特征吸收峰；3439cm^{-1} 处为羟基的伸缩振动吸收峰。由此可以判定，未知组分 A 为脂肪醇聚氧乙烯醚类化合物。未知组分 B、C、D 的红外谱图与 A 基本相同，只是在 EO 处吸收峰的强度不同，EO 数越大，相应的吸收峰强度越高，可判定这三种组分也为脂肪醇聚氧乙烯醚类化合物。用碘代法测定 A、B、C、D 的疏水基与平均 EO 数。经红外和碘代法分析，未知组分 A 的疏水基为 $C_{12}H_{25}$，平均 EO 数为 3. 42；未知组分 B 的疏水基为 $C_{12}H_{26}$ ：$C_{14}H_{30}$ = 18 ：7，平均 EO 数为 4. 54；未知组分 C 的疏水基为 $C_{12}H_{26}$ ：$C_{14}H_{30}$ = 3 ：1，平均 EO 数为 6. 05；未知组分 D 的疏水基为 $C_{12}H_{26}$ ：$C_{14}H_{30}$ = 16 ：5，平均 EO 数为 8. 01。

分析图 3-55（b）可以得出，3444cm^{-1} 处为羟基的伸缩振动吸收峰；1110cm^{-1} 处为 C—O—C 的伸缩振动吸收峰；1610cm^{-1}、1580cm^{-1}、1511cm^{-1} 为苯环的特征吸收峰，而 3038cm^{-1} 处的弱吸收峰为苯环的 C—H 伸缩振动吸收峰；834cm^{-1} 处为苯环对位取代的 C—H 变形振动吸收峰。根据以上分析，推测未知组分 E 为烷基酚聚氧乙烯醚。

图 3-56 为未知组分 E 的 ESI 质谱图，其主要系列峰为［M+Na］$^+$，呈正态分布，最大质荷比（m/z）为 947. 7，质量数为 924，EO 数为 16，可检测的 EO 数范围为 9~25，平均 EO 数为 16. 28。综合红外光谱可知，未知组分 E 的结构式应为 C_9H_{19}—C_6H_4—O（CH_2CH_2O）$_{16.28}$H。

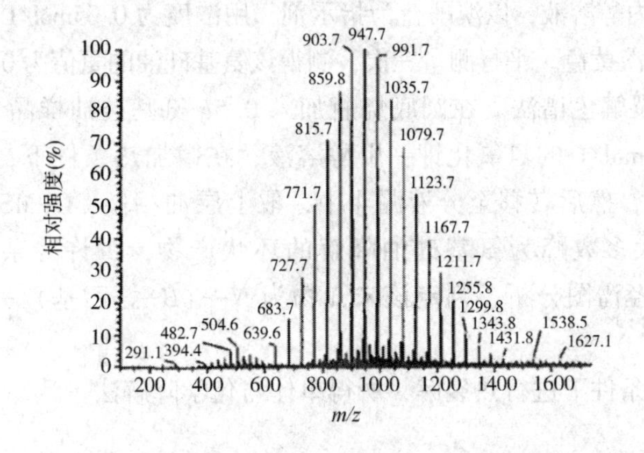

图 3-56　未知物 E 的 ESI 质谱图

分析图 3-55（c）可以得出，$1106cm^{-1}$ 处为 C—O—C 的伸缩振动吸收峰，且该官能团在 $1352cm^{-1}$、$951cm^{-1}$ 和 $835cm^{-1}$ 处也有相应的吸收峰；$3365cm^{-1}$ 处为形成氢键的端羟基的伸缩振动吸收峰。通过分析可以得出，组分 F 为聚乙二醇。

图 3-57 为未知组分 F 的 ESI 质谱图，其主要系列峰有三组：第一组为 $[M+Na]^+$，可检测的 EO 数范围为 7~14；第二组为 $[M+K]^+$，最大值的 $m/z=541$，质量数为 502，EO 数为 11，可检测的 EO 数范围为 7~15；第三组为聚乙二醇脱一分子水后结合 K^+，可检测的 EO 数范围为 10~17，平均 EO 数为 9.54。综合红外光谱可知，未知物 F 的结构式为 $HO(CH_2CH_2O)_{9.54}H$。

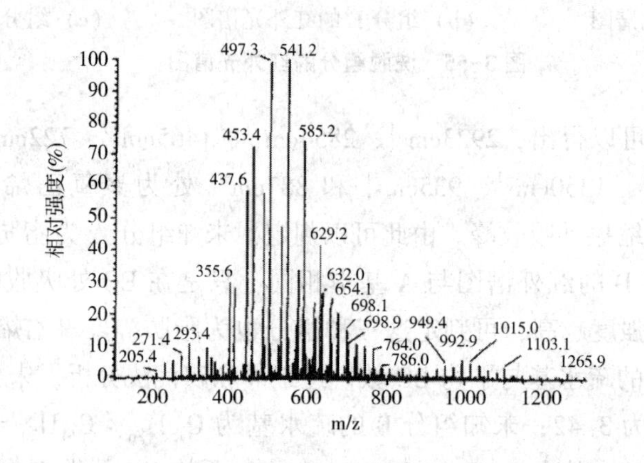

图 3-57　未知物 F 的 ESI 质谱图

4. 氨基硅油分析

离子类型鉴别和红外光谱分析显示，氨基硅油为具有阳离子性的聚硅氧烷类化合物。

（1）凝胶渗透色谱法测定分子量。以色谱纯甲苯为流动相，流速 1.0mL/min，进样体积 20μL，柱温 30℃，进样室和泵室稳定均为室温，在此条件下测定氨基硅油的平均分子量。两次测量结果平均值为 1.3599×10^4 g/mol。

（2）黏度测试。使用 Brookfield DV-Ⅱ型黏度计，测得氨基硅油的动力黏度为 1350mPa·s。

（3）氨值的测定。在 250mL 锥形瓶中加入 1~2g 样品（精确到 0.0002g）和 20mL 甲苯，溶解后，再加入 30mL 异丙醇溶液，以溴酚蓝为指示剂，用浓度为 0.05mol/L 的 $HCl—C_2H_5OH$ 标准溶液滴定至蓝色变为淡黄色。平行测量三次，测得该氨基硅油的氨值为 0.2693mmol/g。

（4）化学降解及裂解色谱法。在圆底烧瓶加入 0.5g 氨基硅油样品、20mL 六甲基二硅氧烷和 10mL 浓度为 4mol/L 的氢氧化钾—甲醇溶液，在微加热条件下，用磁力搅拌器搅拌 12h 后，加入 30mL 水，然后转移至分液漏斗中，取上层油相做 GC-MS 分析。经谱图分析和谱库检索后，确认大多数峰为氨基硅油降解的环状产物，少许为杂质。在保留时间为 12.72min 处有一峰，经谱图分析，判定该未知物为 *N*-（β-氨乙基）-γ-氨丙基甲基二甲氧基硅烷。

将该硅油在 450℃条件下进行热裂解，所得单体与化学降解法一致。

5. 定量分析

采用失重法测定样品中水和氨基硅油的含量；对于各表面活性剂组分的含量，依据柱层析色谱图，用重量法测定各组分的含量。

综合以上分析，确定此氨基硅油柔软剂由非离子表面活性剂、阳离子表面活性剂、氨基硅油以及水组成，具体分析结果见表 3-33。

表 3-33　氨基硅油柔软剂的组成

名称	相对含量（%）	备注
脂肪醇聚氧乙烯醚	0.20	$C_{12}H_{25}O(CH_2CH_2O)_{3.42}H$
脂肪醇聚氧乙烯醚	0.29	EO=4.54，$C_{12}H_{26}$: $C_{14}H_{30}$ = 18 : 7
脂肪醇聚氧乙烯醚	0.78	EO=6.05，$C_{12}H_{26}$: $C_{14}H_{30}$ = 3 : 1
脂肪醇聚氧乙烯醚	1.63	EO=8.01，$C_{12}H_{26}$: $C_{14}H_{30}$ = 16 : 5
壬基酚聚氧乙烯醚	0.16	$C_9H_{19}—C_6H_4—O(CH_2CH_2O)_{16.28}H$
聚乙二醇	0.65	$HO(CH_2CH_2O)_{9.54}H$
氨基硅油	10.92	平均分子量：1.3599×10^4 g/moL 动力黏度：1350mPa·s 氨值：0.2693mmol/g 单体：*N*-（*β*-氨乙基）-*γ*-氨丙基甲基二甲氧基硅烷
水	86.38	

（二）ES 纤维非织造布亲水整理剂 HA-15 的剖析鉴别

非织造布无论是在医疗材料还是在服用、擦拭用材料方面均对亲水性有着较高的要求。然而，由于非织造布的加工特点及产品成本等方面的原因，长期以来大多采用合成纤维为原料，并以丙纶、涤纶居多，个别情况采用合成纤维和天然纤维混合原料，造成产品的亲水性较差，因此，有必要对其进行亲水化改性。非织造布及纤维的亲水性能可通过物理方法或化学方法进行改善，常用的方法有原丝改性、表面接枝改性、改变纤维表面或内部的物理结构、亲水整理和等离子体处理改性等。其中，亲水整理是将亲水整理剂覆盖于纤维表面，并形成一层亲水薄膜，以提高纤维表面的亲水性能。由于该方法简单易行、成本低廉、经济效应显著，且原理也比较成熟，现已成为实际生产应用中较普遍的一种测试方法。常见的亲水整理剂有聚硅氧烷类、聚氨酯类、聚胺类、聚酯类、丙烯酸类、环氧类以及复合表面活性剂类物质等。

然而，目前国内生产的大部分亲水整理剂普遍存在耐久性差的问题，国内市场使用的耐久性亲水整理剂大都依赖进口。因此，对国外先进的亲水整理剂进行剖析、研究并开发出耐久性的亲水整理剂，是解决国内有效供给高质量的耐久性亲水整理剂不足的关键。本文以亲水整理剂 HA-15 的剖析为例，为复配油剂表面活性剂类亲水整理剂的剖析流程提供了思路。

1. 初步试验

通过理化性能测试、挥发份测试、离子类型鉴别、元素分析和红外光谱初步定性分析对试样进行了初步试验剖析。

（1）亲水剂 HA-15 理化性能测试。其理化性能测试结果见表 3-34。

表 3-34 亲水剂 HA-15 理化性能测试结果

测试项目	测试结果
外观	淡黄色不透明的黏稠状液体，稳定性好不分层
pH	1%水溶液的 pH 为 6.97
溶解性能	可溶于水、甲醇、乙醇、乙酸乙酯、丙酮、氯仿、四氯化碳、苯、甲苯、石油醚

（2）挥发份测试。将 5g 样品于 105℃烘箱中放置 2h 后，再于干燥器中冷却至恒重。按照减量法即式（3-10）计算出样品中挥发份含量为 46.46%。

$$挥发份含量=\frac{原试样质量-烘干后试样质量}{原试样质量}\times 100\% \tag{3-10}$$

（3）离子类型鉴别。离子类型鉴别采用的方法和结果见表 3-35。

表 3-35 鉴别亲水剂 HA-15 离子类型所采用的方法和结果

方法	酸性溴酚蓝试验	酸性亚甲基蓝试验	浊点试验
现象	溶液未变蓝	水层稍浑浊，氯仿层显蓝色	在 39℃左右出现白色浑浊
结论	无阳离子表面活性剂存在	有阴离子表面活性剂存在	含有聚氧乙烯类非离子表面活性剂

离子类型鉴别结果表明，亲水剂 HA-15 中含有阴离子型和非离子型表面活性剂，不含阳离子型表面活性剂。

（4）全组分元素分析。将样品于 105℃温度下烘至恒重，然后在干燥器中冷却至恒重。用场发射扫描式电子显微镜能谱仪对样品中的元素做全元素的定性和定量分析，其结果分别如图 3-58 和表 3-36 所示。分析结果显示，样品中含有 C、O、Na、Si、P、S、K 等元素。

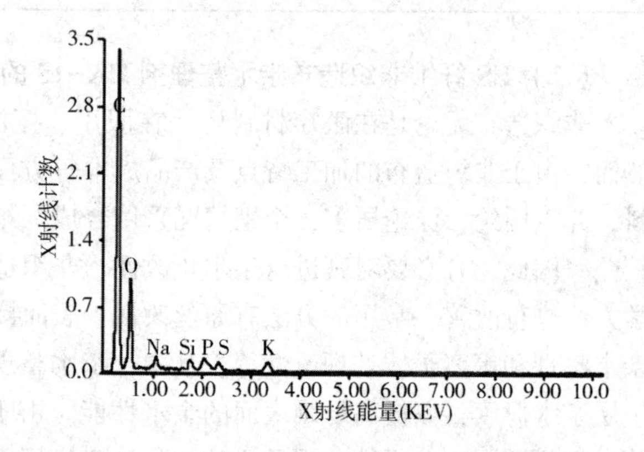

图 3-58 样品元素定性分析图

表 3-36 元素定量分析表

元素	质量百分比	原子百分比
C	67.78	75.51
O	25.99	21.73
Na	01.29	00.75
Si	00.91	00.43
P	01.44	00.62
S	00.88	00.37
K	01.72	00.59
Matrix	Correction	ZAF

(5) 红外光谱初步定性分析。将干燥后的亲水剂 HA-15 在 KBr 片上涂膜，测试其红外光谱，如图 3-59 所示。

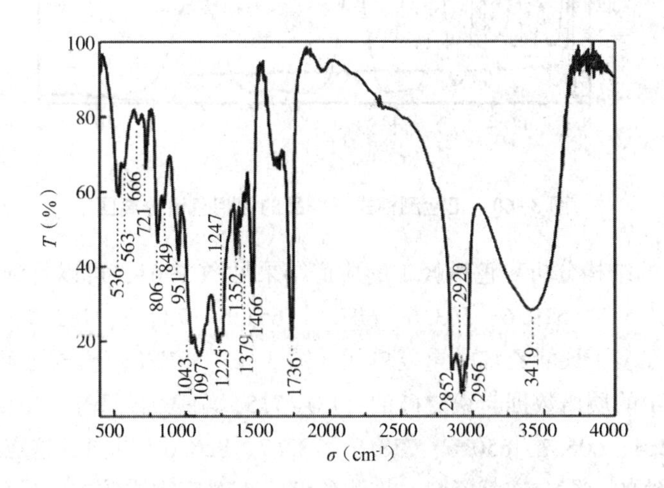

图 3-59 亲水剂 HA-15 原样的红外光谱

由图 3-59 可以看到，直链烷烃（四个碳以上）的 C—H 面内摇摆振动吸收峰（$721cm^{-1}$）；Si—CH_3 基团上 Si—C 的特征吸收峰（$806cm^{-1}$）；$1043cm^{-1}$、$1247cm^{-1}$ 处的吸收峰，基于文献资料推测分别是 P—O—C 和 P ═O 的振动吸收峰；同样，$1225cm^{-1}$ 处推测为磺酸盐类的 S ═O 吸收峰；$1736cm^{-1}$ 处的强吸收峰为 C ═O 的特征吸收峰；$2852cm^{-1}$、$2920cm^{-1}$ 和 $2956cm^{-1}$ 处为甲基和亚甲基的 C—H 键的伸缩振动吸收峰；$3419cm^{-1}$ 处强而宽的吸收峰为羟基的伸缩振动吸收峰。另外，红外谱图中还出现 $849cm^{-1}$ 处的 EO 单元 CH_2 平面摇摆振动吸收峰，波数 $951cm^{-1}$ 和 $1097cm^{-1}$ 处的醚键对称和不对称伸缩振动吸收峰，以及波数 $1352cm^{-1}$ 和 $1466cm^{-1}$ 处的 CH_2 非平面摇摆振动和剪切振动吸收峰，这是典型的聚氧乙烯醚的特征吸收峰。

综合上述分析结果，初步推测样品中含有烷基醇聚氧乙烯醚类、脂肪酸酯类、磺酸盐类、磷酸酯盐类和硅油类表面活性剂。

2. 样品的分离

用甲醇：水=90：10（体积比）为溶剂溶解烘干的样品，并加入少量氨水将溶液调至微碱性，采用高效液相色谱—质谱联用技术对样品进行分离与结构分析。液相色谱进样体积为 1μL，流速为 0.4mL/min，流动相为甲醇：水=90：10（体积比），固定相为 XRB C_{18} 色谱柱，柱温为 35℃。质谱分析采用电喷雾电离源（ESI）正、负离子两种检测模式。

3. ESI 正检测模式下样品的 LC-MS 分析

样品的液相色谱分离结果如图 3-60 所示。可以看到，在设定的分离条件下，样品分离得到 7 组色谱峰（分别记为 1，2，3，4，5，6，7），并在 ESI 正检测模式下得到各峰的质谱信息。由于样品中含有 Na^+、K^+，并且在检测时加入了氨水，因此在正检测模式下，依据物质与离子结合能力的强弱形成质子化的分子离子 $[M+H]^+$ 或加合离子 $[M+Na]^+$、$[M+K]^+$、$[M+NH_4]^+$。在液相色谱中有些色谱峰宽度较大，这些色谱峰并不一定为纯物质。

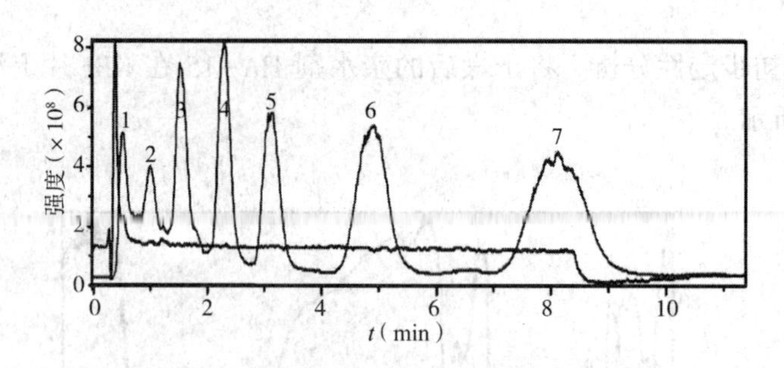

图 3-60　正检测模式下样品的液相色谱分离图

（1）色谱峰 1 的结构分析。色谱峰 1 的质谱结果见图 3-61，可以看到其存在一组间隔为 44 的质谱峰 m/z = 475. 5、519. 6、563. 6、607. 5、651. 5、739. 5、783. 5、827. 6、867. 5，这说明物质结构中存在多个聚氧乙烯醚重复单元。图 3-62 为 ESI 正模式下聚醚硅油的质谱图，对比可知，色谱峰 1 的质谱数据与聚醚硅油（EO=7. 5，端基为羟基）+NH_4^+的质谱数据 m/z= 474. 5、518. 6、562. 4、606. 7、650. 6、738. 6、782. 7、826. 6 相差 1，这点差异可能是由于样品处理上的差异导致的。综合文献资料，推测色谱峰 1 对应物质的主要成分为聚醚硅油。

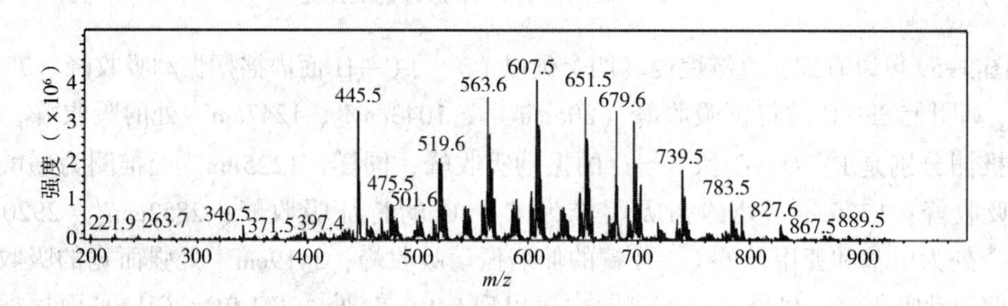

图 3-61　正模式下色谱峰 1 的质谱图

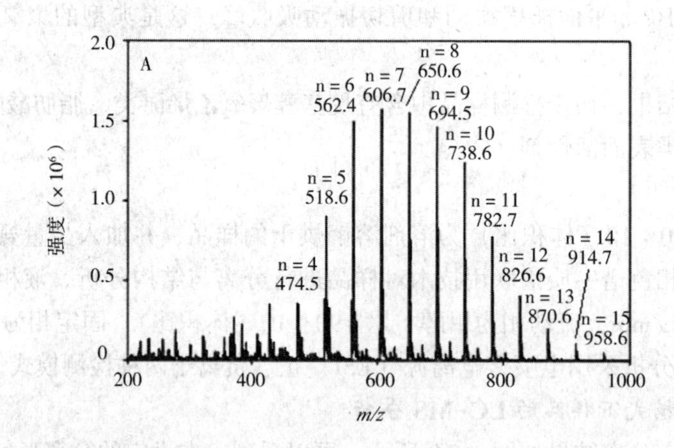

图 3-62　正模式下聚醚硅油的质谱图

（2）色谱峰 2 的结构分析。色谱峰 2 的质谱结果见图 3-63，可以看出，其质谱峰 m/z= 669. 5、713. 4、757. 4、801. 5、845. 5 系列依次相差 44，表明物质结构中存在多个聚氧乙烯醚单元。此外这组质谱数据与聚醚硅油（EO=9，端基为甲氧基）加合钠离子一致。m/z=

575.7 的质谱峰与 501.6 的质谱峰相差 74.1，为丢失的（$(CH_3)_3SiH$）碎片的质量。质谱峰 m/z=345.4、609.6 符合硬脂酸单酯聚醚加合铵离子的质谱数据（284+44×n+18）。综合纺织染整助剂复配理论及质谱信息，推测色谱峰 2 对应组分中含有硬脂酸单酯聚氧乙烯醚。

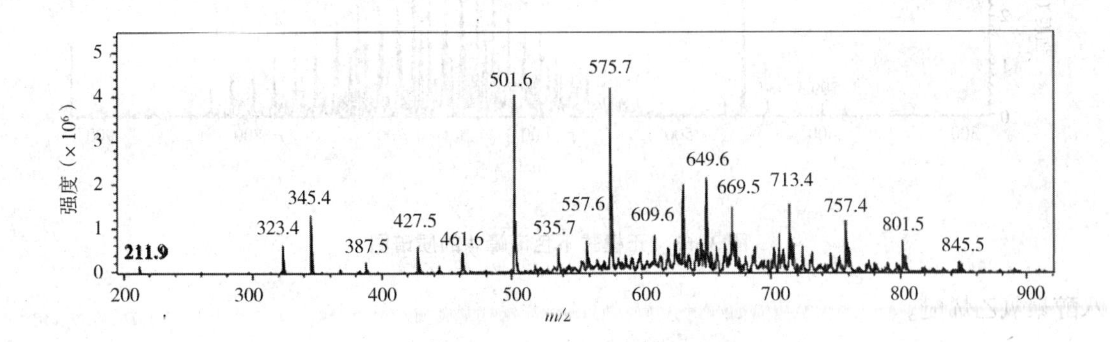

图 3-63 正模式下色谱峰 2 的质谱图

（3）色谱峰 3 的结构分析。色谱峰 3 的质谱结果见图 3-64，其主要质谱峰为 m/z=529.6、573.6、616.4、660.4，每个质谱峰依次相差 44，说明物质结构中含有多个聚氧乙烯醚单元。质谱峰 m/z=367.4、409.5、455.6 也是依次相差 44，且这组质谱数据与软脂酸单酯聚氧乙烯醚加合钠离子的质谱数据一致（256+44×n+23）。综合纺织染整助剂复配理论及质谱信息，推测色谱峰 3 对应组分中含有软脂酸单酯聚氧乙烯醚。

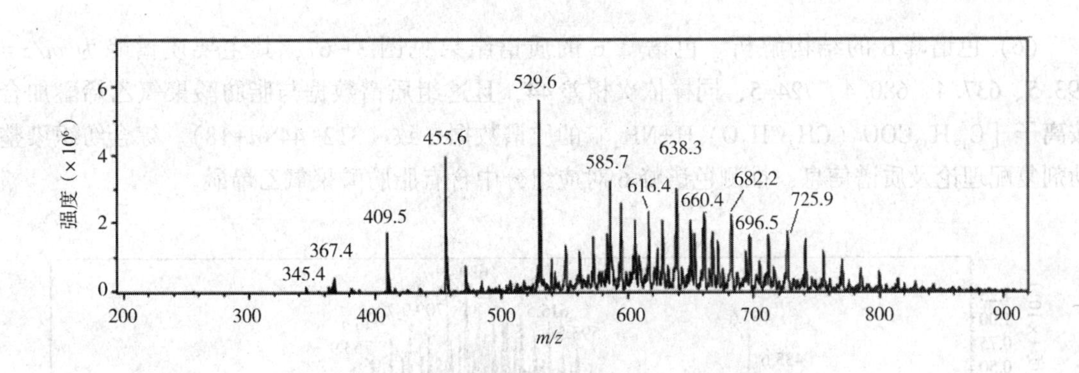

图 3-64 正模式下色谱峰 3 的质谱图

（4）色谱峰 4 的结构解析。色谱峰 4 的质谱结果见图 3-65，其主要质谱峰 m/z=453.5 符合山梨醇酐单硬脂酸酯的质谱数据（$M+Na^+=430+23=453$），m/z=672.5 符合山梨醇酐单硬脂酸酯聚氧乙烯醚（$M+5\times M_{乙氧基}+Na^+=430+5\times44+23=673$）。综合纺织染整助剂复配理论及质谱信息，推测色谱峰 4 对应组分中含有山梨醇酐单硬脂酸酯聚氧乙烯醚。

（5）色谱峰 5 的结构解析。色谱峰 5 的质谱结果见图 3-66，其主要质谱峰 m/z=638.6、682.4、726.2、769.9，依次相差 44，说明物质结构中含有多个聚氧乙烯醚单元，且这组质谱数据与十八醇聚氧乙烯醚加合铵离子［$C_{18}H_{27}(OCH_2CH_2)_nOH+NH_4$］$^+$的质谱数据一致（268+44×$n$+18）。综合纺织染整助剂复配理论及质谱信息，推测色谱峰 5 对应组分中含有十

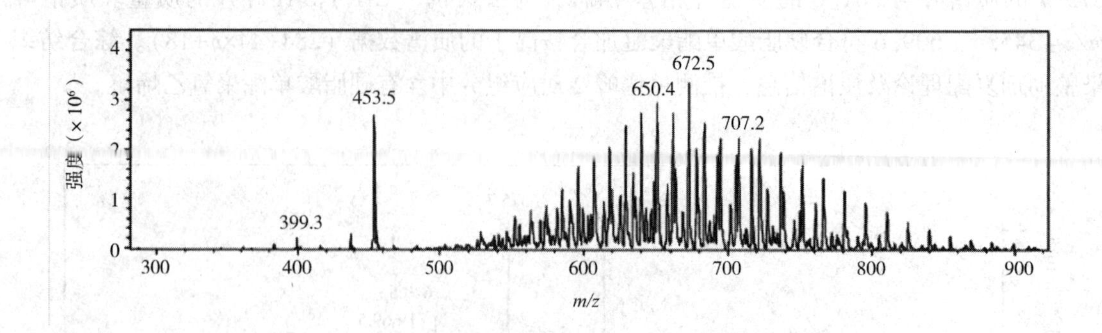

图 3-65　正模式下色谱峰 4 的质谱图

八醇聚氧乙烯醚。

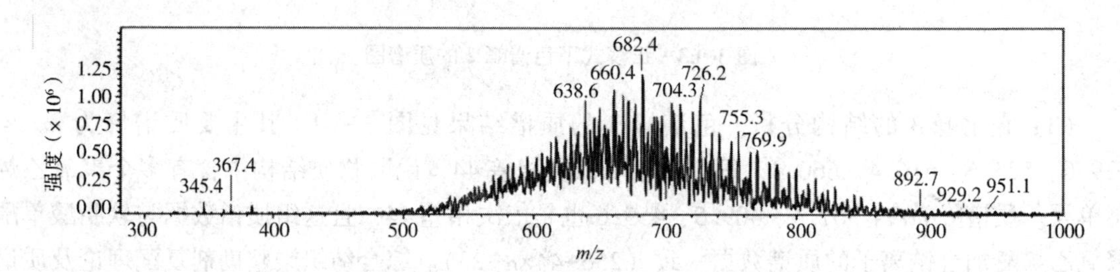

图 3-66　正模式下色谱峰 5 的质谱图

（6）色谱峰 6 的结构解析。色谱峰 6 的质谱结果见图 3-67，其主要质谱峰为 m/z = 593. 5、637. 4、680. 4、724. 5，同样依次相差 44，且这组质谱数据与脂肪酸聚氧乙烯醚加合铵离子［$C_{19}H_{39}COO(CH_2CH_2O)_nH+NH_4$］$^+$的质谱数据一致（$312+44\times n+18$）。综合纺织染整助剂复配理论及质谱信息，推测色谱峰 6 对应组分中含有脂肪酸聚氧乙烯醚。

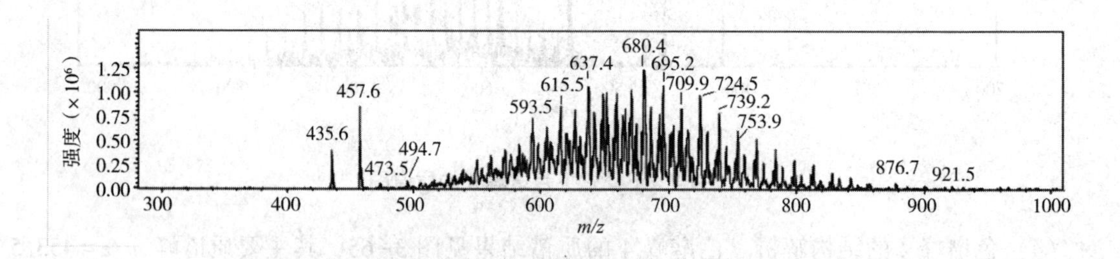

图 3-67　正模式下色谱峰 6 的质谱图

（7）色谱峰 7 的结构解析。色谱峰 7 的质谱结果见图 3-68，质谱数据 m/z=600. 5、644. 4、688. 3 依次相差 44。图 3-69 为 ESI 正模式下十二醇聚氧乙烯醚加合铵离子［$C_{12}H_{25}(OCH_2CH_2)_nOH+NH_4$］$^+$的质谱图，对比可知，色谱峰 7 的质谱数据与［$C_{12}H_{25}(OCH_2CH_2)_{10}OH+NH_4$］$^+$质谱数据 644. 4（图 3-69）一致。综合分析，推测色谱峰 7 对应组分中含有十二醇聚氧乙烯醚。

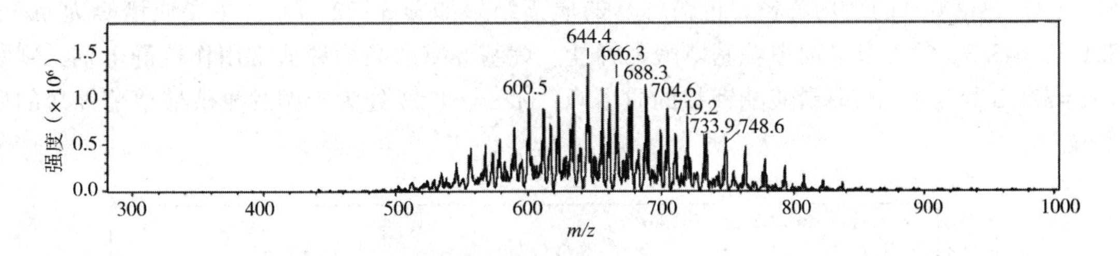

图 3-68　正模式下色谱峰 7 的质谱图

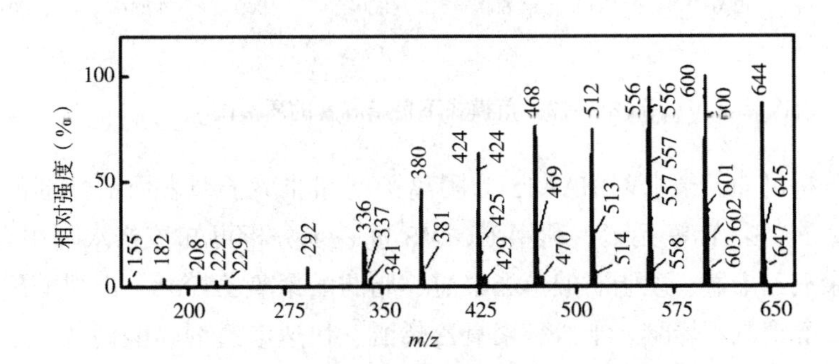

图 3-69　ESI 正模式下十二醇聚氧乙烯醚的质谱图

4. ESI 负检测模式下样品的 LC-MS 分析

在设定的液相分离条件下，样品在 ESI 负检测模式下分离得到 2 个色谱峰，分别记为 8 和 9，如图 3-70 所示。负检测模式下主要形成去质子化的分子离子［M-H］$^-$或者［M-Na］$^-$、［M-K］$^-$。

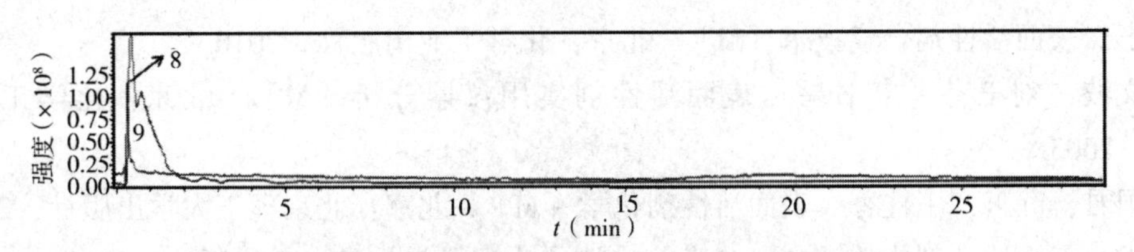

图 3-70　负模式下样品的液相色谱图

（1）色谱峰 8 的结构解析。色谱峰 8 的质谱结果见图 3-71，其主要质谱峰为 m/z = 421.3，根据纺织染整助剂知识，可判断该组分为快速渗透剂磺酸钠盐。

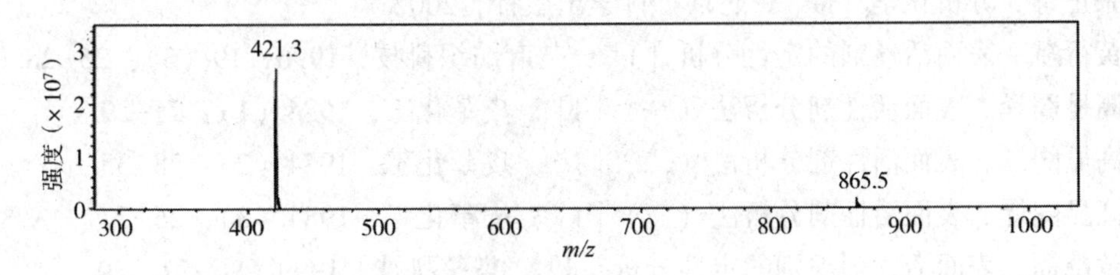

图 3-71　负模式下色谱峰 8 的质谱图

（2）色谱峰 9 的结构解析。色谱峰 9 的质谱结果如图 3-72 所示，主要质谱峰为 m/z=321.3、643.3。参考亲水剂中烷基磷酸酯钾盐、烷基醇醚磷酸酯钾盐常用作抗静电剂，判断 m/z=321.3 处为十六烷基磷酸酯钾盐的质谱峰；m/z=643.3 处为十四醇醚磷酸单酯钾盐的质谱峰。

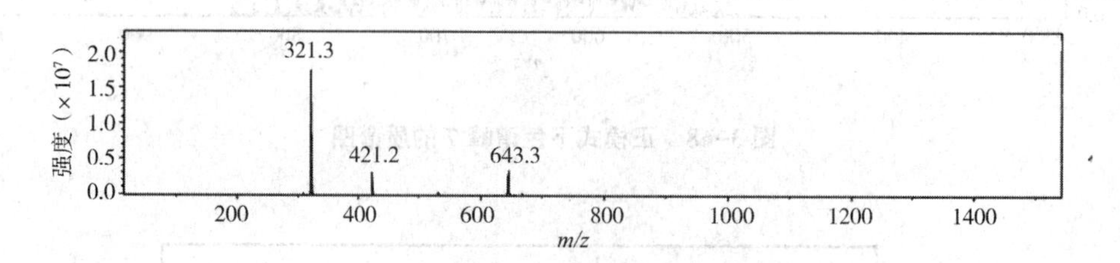

图 3-72 负模式下色谱峰 9 的质谱图

综合以上分析可知，亲水剂 HA-15 为阴离子型和非离子型表面活性剂的复配物，含有 C、O、Na、Si、P、S、K 等元素，利用 LC-MS 进一步分析可知该亲水剂中含有聚醚硅油、软脂肪酸单酯聚氧乙烯醚、硬脂肪酸单酯聚醚、脂肪酸聚氧乙烯醚、山梨醇酐单硬脂酸酯聚氧乙烯醚、十二醇聚氧乙烯醚、十八醇聚氧乙烯醚、快速渗透剂磺酸钠盐、十四醇醚硫酸酯钾盐和十六烷基单磷酸酯钾盐。

参考文献

[1] 时亮，隋欣．电感耦合等离子体—原子发射光谱法的应用［J］．化工技术与开发，2013，42（5）：17-21.
[2] 郭沁林．X 射线光电子能谱［J］．实验技术，2007，36（5）：405-410.
[3] 吕彤．表面活性剂合成技术［M］．北京：化学工业出版社，2016.
[4] 王文波，刘玉芬，申书昌．表面活性剂实用仪器分析［M］．北京：化学工业出版社，2003.
[5] 董国君，苏玉，王桂香．表面活性剂化学［M］．北京：北京理工大学出版社，2009.
[6] 金谷．表面活性剂化学［M］．2 版．合肥：中国科学技术大学出版社，2013.
[7] 董慧茹，王志华．复杂物质剖析技术［M］．2 版．北京：化学工业出版社，2015.
[8] 焦学瞬，张春霞，张宏忠．表面活性剂分析［M］．北京：化学工业出版社，2009.
[9] 朱明华，王坪．仪器分析［M］．4 版．北京：高等教育出版社，2008.
[10] 张正奇．分析化学［M］．北京：科学出版社，2002.
[11] 黄行斌．表面活性剂的定性分析［J］．苎麻纺织科技，1996，19（3）：25-28.
[12] 高显阁译．表面活性剂分析法（一）［J］．皮革化工，1984（1）：25-29.
[13] 高显阁译．表面活性剂分析法（二）［J］．皮革化工，1984（2）：28-35.
[14] 高显阁译．表面活性剂分析法（三）［J］．皮革化工，1984（3）：26-27.
[15] 黄茂福．表面活性剂类别的定性分析［J］．染整科技，1999：26-52，59.
[16] 马洁薇．表面活性剂配方产品的分析方法及其进展（I）——预试验及湿法分析［J］．日用化学工业，2007，37（1）：50-53.

[17] 马洁薇．表面活性剂配方产品的分析方法及其进展（Ⅱ）——分离技术［J］．日用化学工业，2007，37（2）：120-124.

[18] 马洁薇．表面活性剂配方产品的分析方法及其进展（Ⅲ）——光谱分析和应用实例［J］．日用化学工业，2007，37（3）：197-200，205.

[19] 张云川，卢洪．表面活性助剂的分析技术［J］．印染助剂，1996，13（5）：24-26.

[20] 钟海庆．仪器分析在表面活性剂分析中的应用［J］．精细化工，1986，3（4）：27-31.

[21] 马育，周光明．阳离子表面活性剂测定技术［J］．化工时刊，2005，19（8）：60-63.

[22] 董永春．纺织助剂化学与应用［M］．北京：中国纺织出版社，2007.

[23] 章杰．我国纺织染整助剂市场现状和发展趋势（一）［J］．精细与专用化学品，2002（15）：9-10.

[24] 王建平，朱逸生．化纤油剂剖析方法［J］．合成纤维，1999，28（5）：44-49.

[25] 陈亮．纺织染整助剂化学剖析的一般性方法和步骤［J］．宁波化工，2006（1）、（2）：25-34.

[26] 杜振霞，刘宏，张艳．纺织增稠剂结构分析［J］．印染助剂，2005，22（12）：36-38.

[27] 李立平，吕世静，李照，等．氨基硅油柔软剂的分析与配制［J］．印染助剂，1998，15（2）：30-32.

[28] 苑春莉，周围，解迎双．脂肪醇聚氧乙烯醚类非离子表面活性剂的质谱分析及色谱分离研究［J］．质谱学报，2013，34（4）：215-225.

[29] 申屠鲜艳，蒋可志，陆林光，等．氨基硅油柔软剂的分析［J］．印染，2006（9）：33-35.

[30] 王垄．匀染剂的研制［D］．天津：天津工业大学，2015.

[31] 韩磊．ES 纤维无纺布亲水整理和性能研究［D］．杭州：浙江理工大学，2017.

[32] 刘方方，曹亚琼，王超．化纤油剂的剖析方法［J］．印染助剂，2008，25（5）：40-44.

[33] 杨俊玲．冷堆专用净洗剂的组成与性能研究［J］．印染助剂，1998，15（1）：24-27.

[34] 温正如，申屠鲜艳，汪雪，等．常见纺织油剂的结构及组成分析［J］．金华职业技术学院学报，2010，10（3）：41-45.

[35] 王昌益，段惠，綦希瑛．有机化合物中卤素的快速微量测定方法——汞液滴定法［J］．化学通报，1962（4）：53-56.

[36] 张月平，王贵云．有机硅化合物中的硅定量分析［J］．河南石油，2003，17（6）：56-57.

[37] 郁向荣，沙逸仙．有机及高分子化合物中磷的快速微量测定：氧瓶分解法和钼蓝光度法的研究［J］．化学通报，1965（9）：45-51.

[38] 任静，刘刚，欧全宏，等．淀粉的红外光谱及其二维相关红外光谱的分析鉴定［J］．中国农学通报，2015，31（17）：58-64.

[39] 王强，高来宝，崔淼．新型毛纺油剂 FHS 的研制［J］．天津纺织工学院学报，2000，19（1）：43-46.

[40] 刘雁雁，董瑛，董朝红，等．净洗剂在纺织品工业中的应用［J］．染整技术，2007，29（11）：35-38.

[41] 周永元．纺织浆料学［M］．北京：中国纺织出版社，2004.

[42] 吕鹏，左清泉，李奇，等. 表面活性剂检测方法综述［J］. 日用化学工业. 2015，45（11）：643-647.
[43] EPTON S R. New method for the rapid titrimetric analysis of sodium alkyl sulfates and related compounds（J）. Trans Faraday，1948，44：226-230.
[44] 李之平，巩效牧，李庆莹. 用百里酚蓝—次甲基蓝混合指示剂测定阴离子表面活性剂［J］. 分析化学，1984，12（12）：1058-1061.
[45] 唐凯，俞稼镛. 阴离子表面活性剂的测定方法［J］. 兰州大学学报，2000，36（4）：61-65.
[46] 刘燕军，姜鹏飞，郑帼，等. 新型锦纶工业丝油剂的组成及结构剖析［J］. 天津工业大学学报，2015，34（4）：22-26，33.

第四章　纺织染整助剂的基本检测技术

第一节　纺织染整助剂基本物性的试验方法与标准

在现代纺织工业中，纺织品的化学加工是极其重要的组成部分，它不仅可以提高纺织品的质量，而且对纺织品具有修饰和美化作用。作为纺织品化学加工中不可或缺的辅助化学品，纺织染整助剂已广泛应用于纺织染整中的纺丝、纺纱、织造、预处理、染色、印花和后整理等多个环节，并已逐渐渗透于纺织印染加工行业的各个方面。

近年来，全世界染整助剂的产量和种类增长迅猛。各类纺织染整助剂的化学组成和结构各异，其基本物性、应用性能及应用工艺也不相同，关于纺织染整助剂的基本检测技术和标准也应运而生。为了更好地发挥纺织纺织染整助剂的应用价值，满足纺织品在加工过程中的各种不同要求，我们有必要对纺织染整助剂的含水量、含固量、密度、黏度、浊点、pH、离子性和液体产品易燃性等基本物性进行研究。

一、纺织染整助剂含水量的测定

随着生产技术的进步和科学研究的发展，对水分的分析已逐渐被列为各类物质理化分析的基本项目之一，成为检验各类物质的一项重要的质量指标。水分的存在将对产品的质量、活性、化学稳定性和保存期限等方面产生影响。因此，如何快速、准确地测定样品中的水分，是各类物质分析中共性的关键性问题。在实际生产和应用中，试样的形式多样，且试样中水分的存在形式也不单一，这都对水分的测定提出了新的要求。

样品中的水分大体上可分为游离水（自由水）和结合水（结晶水）两种。游离水是指通过分子间力形成的吸附水以及充满在毛细管或巨大孔隙中的毛细管水，这类水容易蒸发；而结合水是通过配位键进行结合，其结合力要比分子间力大，一般难以用蒸发的方法进行测量。

（一）含水量的测试方法

目前，含水量的测试方法主要有卡尔·费休滴定法、干燥失重法、蒸馏共沸法（甲苯法）、气相色谱法、近红外光谱法和微波吸收法等。

1. 卡尔·费休滴定法

卡尔·费休水分滴定法是由德国人卡尔·费休（Karl Fischer）于1935年提出的。卡尔·费休水分测定法是以甲醇、有机碱等为介质，以卡氏液为滴定液进行样品水分测量的一种方法。该方法测定水分的基本原理是基于在非水溶剂环境中（如有机碱、甲醇等），碘、二氧化硫和水之间发生的化学计量比反应，其反应式具体如下所示。

$CH_3OH+SO_2+RN \longrightarrow (RNH)SO_3CH_3$　（RN 为有机碱，例如吡啶）

$$[RNH]SO_3CH_3+I_2+H_2O+2RN \longrightarrow (RNH)SO_4CH_3+2(RNH)I$$

总反应式为：

$$CH_3OH+SO_2+H_2O+I_2+3RN \longrightarrow (RNH)SO_4CH_3+2(RNH)I$$

卡尔·费休水分滴定法包括库伦法和容量法两种方法。

（1）卡尔·费休库伦法。1959 年，Meyer 和 Beyd 将库伦法与卡尔·费休法联立起来，改变试剂的成分，用碘离子替代了碘单质，这是测量方法本质上的一次改进。库伦法的碘不是从滴定管加入，而是由含有碘离子的阳极电解液自发生电解反应产生，消耗的水和碘的物质的量之比为 1∶1，总碘量可通过电量根据法拉第定律计算而得，进一步计算即可得到水分的含量。库伦法可根据电解电量与碘之间的定量关系直接计算样品的水分含量，是一种直接测定方法，其电极反应如下：

阳极：

$$2I^- - 2e \longrightarrow I_2$$

阴极：

$$I_2+2e \longrightarrow 2I^-$$

$$2H^+ 2e \longrightarrow H_2\uparrow$$

库伦法所用的卡氏试剂主要由有机溶剂、二氧化硫、碘离子、甲醇和有机碱（通常为咪唑或吡啶）组成。该方法的优点是测定结果的精确度高、重现性好、检出限低、试剂消耗少和反应时间短等。另外，由于测定结果的精确度较高，容易因过于敏感而使得某些会有副反应的醛、酮等物质的测定较为困难，在测定这些物质时，需要一定的经验控制反应方向。

（2）卡尔·费休容量法。卡尔·费休容量法适用于检测水分含量在 1~100mg 范围内的样品水分含量。容量法的卡尔·费休试剂可分为单组分试剂和双组分试剂两种。与单组分试剂相比，双组分试剂的有效期更长，滴定的反应速率也更快。卡尔·费休容量法的主要优点是测试品种多，水分测量范围宽，测量结果的重复性较好，相对库伦法其通用性更好；其主要缺点是滴定剂的滴定度需要经常用纯水或水分标准物质校准，试剂消耗大，测定时间偏长。

2. 干燥失重法

（1）经典干燥失重法。经典干燥失重法是在常压或减压条件下干燥样品，然后测量样品干燥前后所减少的质量。失重部分主要是水，还可能包含极小量的有机溶剂。

样品测定之前要充分地混合均匀。对于较大的结晶，应捣碎成粒径较小的颗粒后再进行测定。经典干燥法一般是将已称重的样品在 105℃ 条件下干燥至恒重，然后通过减少的质量计算出样品的含水量。若被测样品在干燥温度以下熔化时，可将待测样品在低于熔点 5~10℃ 的条件下干燥至大部分水分去除后，再按照规定条件干燥。

传统干燥法对设备的要求不高。但当样品中含有结晶水时，尤其是当结晶水与化合物分子结合紧密时，测定的结果往往只是吸附水的含量，而不是样品中水分的总量，从而造成结果偏低。在干燥过程中挥发物亦被蒸发，这会造成测试结果偏高。此外，高温下烘干可能导致某些物质分解，从而造成测试结果偏高；而在较低温度下烘干又可能导致样品中的水分不能完全被蒸发，从而造成结果偏低。因此，加热温度的选择是该方法的一个技术难点。除此之外，样品的含水量也会受干燥时间的影响，若加热时间过长，不仅会影响水分检测的完整性，还有可能引起其他分解反应。

（2）热重分析法。热重法（Thermogravimetry，TG）是在程序控制温度下，测量物质的质量与温度关系的一种技术。热重法测量含水量的优点主要有分析时间短，所需样品量小，数据处理方便，获得的信息量大。然而，当分子中的结晶水与化合物分子结合紧密时，结晶水在化合物分解时才能释放出来，此时的水分测定结果易造成样品中不含结晶水的假象。

总体看来，干燥失重法测量水分含量的过程较为简单，测试结果的重现性较好，其缺点是容易受样品热稳定性的影响，以及样品中的易挥发成分造成的系统误差。

3. 蒸馏共沸法

蒸馏共沸法，又称甲苯法，它是将已称重的样品与甲苯混合蒸馏，样品中的水分与甲苯一同蒸馏出来，冷凝并收集馏出液。由于甲苯与水的密度不同，馏出液在有刻度的接收管中分层，使甲苯与水完全分离，然后根据馏出液中水的体积和样品质量计算出样品中水分的含量。

蒸馏共沸法优点是价格便宜，选择性好；缺点是精确度差，测量时间长，适用于含水量较大的样品的测定。

4. 气相色谱法

气相色谱法的基本原理是以惰性气体为流动相，样品气化后，利用待测物质之间的沸点、极性、吸附等性质的差异来实现混合物的分离和定量检测。采用气相色谱法测量水分时，通常要将样品溶解在一定的溶剂（如无水乙醇）中，以纯化水为对照，使用热导检测器检测样品中的含水量。

采用气相色谱法测定样品中的水分时，有外标法和内标法两种。可采用外标法进行，即首先制备水分含量不同的一系列标准溶液，以浓度和响应值绘制出工作曲线，然后再测定未知样品的水分。也可采用内标法进行，即以某种有机物质为内标，根据标准溶液中水分与内标的浓度和响应值之比绘制出工作曲线，然后再测定未知样品的水分。一般来说，外标法的测量过程较为简便，而内标法的测量精度更高。

气相色谱法的测量结果准确可靠，作为化学试剂的水分测量方法，与烘干法、甲苯法、减压干燥法一起被列入中国药典（2010 版）。然而，气相色谱法也存在着一些缺陷：仪器价格较为昂贵、对环境要求高、准备时间长、样品需要用有机溶剂溶解，而溶剂本身或多或少都含有一定的水分，因此对于水分含量低的样品，测量结果的准确性和重复性都不够理想。此外，测量结果的重现性还受溶剂种类的选择、溶解方式、溶解时间和空白溶剂中水分含量的测定等因素的影响。

5. 近红外光谱法

水分子中 O—H 键伸缩振动的合频峰在波数 $5150cm^{-1}$ 和 $8197cm^{-1}$ 附近，一级倍频峰在 $6993 \sim 7092cm^{-1}$ 范围内，且样品在这几个特征频率上的红外吸收强度，随其水分含量的增加而增大，因此可通过近红外光谱法测定样品中水分的含量。近红外光谱法适合于样品水分的在线测量和快速测量，但并不适用于高准确度水分的测定。

近红外光谱法广泛应用于包括化学试剂以及食品中的水分检测，该方法测量水分的优点是测量速度快，无损检测，可以实现在线测量；其缺点是测量结果的准确度容易受样品颜色、筛选波数、数据分析模型和标样的水分测量结果的影响，仅可以分析样品的表面信号，测量结果缺乏代表性。

6. 微波吸收法

微波法测定水分的原理是基于纯水的介电常数较大。例如，当微波频率为 10GHz 时，其介电常数约为60，远高于其他常见物质，因此，含水混合物的介电常数会随着其含水量的增加而增大。极性水分子在微波作用下极化，改变了微波电场的相位、频率和强度，因此可通过检测微波电场的相关变化来计算样品中的水分含量。

与近红外光谱法相比，微波的穿透能力强，属于深度检测，测定结果更具有代表性。微波法可以实现样品水分的无损检测和在线检测，测定速度快，抗干扰能力较强，受样品颜色、粒径等因素的影响小，但其需要用被测对象的标样进行校准，测量结果的精确度受温度、样品密度、标样中水分的含量范围及其精确度等因素的影响。

7. 其他测定方法

除上述六种方法外，样品中的水分还存在一些其他不常用的测定方法，如电容/电阻法、电解（磷酸）法、压差法、露点法、浊点法、结晶法和磷酸重量法等，本书不再一一介绍，读者可根据实际情况选择合适的测量方法。

（二）纺织染整助剂含水量的测定标准

在现有标准中，有关水分测定的标准非常多，其研究对象涵盖矿产、食品、化学制品、药物、土壤、石油、煤、烟草等多个领域。然而，有关纺织染整助剂含水量的检测，目前尚无专门的国家标准。我国工业和信息化部发布的化工行业标准 HG/T 4739—2014《纺织染整助剂　含水量的测定》，是我国第一个针对纺织染整助剂含水量测定的标准。

HG/T 4739—2014 规定了用卡尔·费休容量法测定纺织染整助剂中游离水或结晶水含量的通用方法。该标准适用于纺织染整助剂中大部分有机、无机固体和液体产品中游离水或结晶水含量的测定，但并不适用于强还原性及含酮、醛类物质和不溶于甲醇的物质含水量的测定。

1. HG/T 4739—2014 的试验方法

该方法的试验原理是基于存在于试样中的任何水分（包括游离水和结晶水）与已知滴定度的卡尔·费休试剂进行的定量反应，其反应式如下所示。

$$H_2O+I_2+SO_2+3RN \longrightarrow 2RN \cdot HI+RN \cdot SO_3$$

$$RN \cdot SO_3+CH_3OH \longrightarrow RN \cdot HSO_4CH_3$$

其具体试验方法如下：

（1）卡尔·费休试剂水当量的标定。测定水含量之前，需要先用水标准溶液标定试剂中的水当量。其具体步骤为：将一定体积（浸没电极 2~3mm）的无水甲醇加入反应瓶中，在持续搅拌下用卡尔·费休试剂滴定至读数稳定（持续 30s 读数不变）为止。此时，无需记录所耗用卡尔·费休试剂的体积。然后从进样口加入约 0.04g（精确至 0.0001g）的三级水于反应瓶中，用卡尔·费休试剂重新滴定至终点，并记录所耗用卡尔·费休试剂的体积。若以 T 表示卡尔·费休试剂的水当量的数值，单位以 mg/mL 计，则可以按照式（4-1）计算水当量的数值：

$$T=\frac{m_1 \times 1000}{V_1} \tag{4-1}$$

式中：m_1——水的质量的数值，g；

V_1——标定步骤所耗用的卡尔·费休试剂的体积，mL。

（2）试样的制备。对于块状、片状试样或带结晶水的晶体，必须先将样品进行粉碎和研磨之后才可进行含水量的测定。若试样为不均匀的液体，测定之前必须先进行充分的搅拌或摇匀。

（3）试样称样量的确定。试样的含水量不同，称量的质量也不相同。

①当试样的含水量（质量分数）低于1%时，称取5~10g（精确至0.0001g）的试样；

②当试样的含水量（质量分数）位于$1\% \leqslant X < 5\%$之间时，称取1~2g（精确至0.0001g）的试样；

③当试样的含水量（质量分数）位于$5\% \leqslant X < 10\%$之间时，称取0.5~1g（精确至0.0001g）的试样；

④当试样的含水量（质量分数）高于10%时，称取<0.5g（精确至0.0001g）的试样。

（4）含水量的测定。将一定体积（浸没电极2~3mm）的无水甲醇加入反应瓶中，在持续搅拌下用卡尔·费休试剂滴定至终点（持续30s读数不变）。此时，无需记录所耗用卡尔·费休试剂的体积。然后从进样口迅速将已称重的试样加入反应瓶中，搅拌溶解后，用卡尔·费休试剂重新滴定至终点，并记录所耗用的卡尔·费休试剂的体积。

平行测定两次，两次平行测定结果之差不大于平均值的5%。

（5）结果的表示与计算。若以X表示试样的含水量，以百分数计，则可按式（4-2）计算试样的含水量：

$$X = \frac{T \times V_2}{m_2 \times 10} \tag{4-2}$$

式中：m_2——试样的质量，g；

T——卡尔·费休试剂的水当量的数值，mg/mL；

V_2——滴定耗用的卡尔·费休试剂的体积，mL。

取两次平行测定的算术平均值，并按照GB/T 8170—2008修约至小数点后2位为最终测定结果。

2. HG/T 4739—2014在实施过程中存在的技术问题

（1）采用卡尔·费休容量法测定样品的含水量时，除考虑样品的溶解性外，还需要考虑样品的化学特性（如样品在测定过程中是否会发生副反应等）。某些氧化剂（如铬酸盐等）、还原剂（如硫代硫酸盐等）以及能与试液生成水的其他化合物（如含氧弱酸盐或碱性氧化物等），会因为在测定过程中发生氧化还原反应或酸碱中和反应而导致对测定结果有所干扰。HG/T 4739—2014中卡尔·费休试剂是以甲醇为溶剂，而醛、酮类物质由于可以与甲醇反应，形成缩醛和水，从而造成测定结果偏高，因此并不属于HG/T 4739—2014的测定范围。国家标准GB/T 606—2003《化学试剂　水分测定通用方法　卡尔·费休法》中明确规定，含有活泼羰基的样品水分测定应使用乙二醇甲醚配制的卡尔·费休试剂。

（2）采用直接进样方式时，测定结果容易受到环境湿度的影响，因此，测定环境须在干燥处进行，所用的仪器设备也应干燥，以降低空气中水分的入侵对测定结果的影响程度。另外，卡尔·费休试剂本身也极易与水反应，因此样品和试剂的贮存和使用过程中也应注意防水。

（3）HG/T 4739—2014并没有给出卡尔·费休试剂的配制方法和滴定度要求，实际上，卡尔·费休试剂的滴定度也会对测定精度产生影响。GB/T 606—2003给出的卡尔·费休试剂的配制方法为：量取670mL甲醇（或乙二醇甲醚），于1000mL干燥的磨口棕色瓶中，加入85g碘，盖紧瓶塞，振摇至碘全部溶解，加入270mL吡啶，摇匀，于冰水浴中冷却，缓慢通入二氧化硫，使增加的质量约为65g，盖紧瓶塞，摇匀，于暗处放置24h以上。使用前标定卡尔·费休试剂的滴定度。同时也指出：目前市场上有其他配方的卡尔·费休试剂出售，其中也包括不含吡啶的卡尔·费休试剂，使用者可依据样品性质选用。但应注意，选用后的测定结果应与按本标准规定配制的卡尔·费休试剂测定结果一致，如不一致，应以按本标准配制的卡尔·费休试剂测定结果为准。

实际测定中，可以根据试样含水量的多少来确定采用卡尔·费休试剂的滴定度：对于含水量较大的试样，卡尔·费休试剂的滴定度应选得大一些，这样可以在保证测定精度的前提下，加快测定速度；而对于含水量较小的试样，卡尔·费休试剂的滴定度应选得小一些，滴定管的最小分度应小一些，否则将产生较大的测定误差。

（4）在滴定过程中，为了保证碘和水分的化学计量比不变，在滴定过程中要有足够的有机碱和甲醇。在测量有机酸时，由于有机酸能与甲醇发生酯化反应，所以在不影响测定精度的前提下，滴定过程应快速并使用等物质的量的吡啶与甲醇为溶剂，以降低副反应的发生。

（5）在滴定过程中，搅拌对于测定结果的精确度是十分重要的，尤其是对于黏度较大的样品。为了得到较好的精确度，搅拌既要求充分且均匀，还要求磁力搅拌器的速度要保持一致，滴定池中的液面高度应大体一致。

（6）有研究表明，以甲醇为溶剂的卡尔·费休试剂的水当量每月下降率为22%，因此卡尔·费休试剂使用一段时间后应注意及时更换。盛放卡尔·费休试剂的试剂瓶口要安装干燥器，以防止试剂吸收空气中的水分而使试剂的滴定度下降从而造成严重的测定误差。

（7）采用卡尔·费休法测定含水率时，有时会出现提前到达滴定终点的现象，这会造成测定结果偏低，这种现象对于低含水量的样品影响更大。造成这种现象的原因主要是碘离子与空气中的氧气发生反应生成碘单质，而太阳光会促进该反应的进行，从而使试剂量减少，因此对试剂要采取避光措施。

二、纺织染整助剂含固量的测定

纺织染整助剂的含固量是指纺织染整助剂中固体质量占纺织染整助剂总质量的百分数。含固量是液体类纺织品整理剂生产和销售等方面的一个重要指标，它实际上反映的是纺织染整助剂黏度的参数。

近年来，行业内比较重视含固量的检测，因为它不但涉及产品品质的优劣，还涉及企业生产的成本、交易价格以及产品在市场的应用效果。除助剂领域外，常见检测含固量的产品还有胶水、牛奶、石墨烯、涂料、油漆、白乳胶、牙膏、隔膜和减水剂等。

（一）含固量的测定方法

1. 烘箱法

烘箱法是测定化学品含固量的一种常规检测方法，它是将一定质量的试样在一定温度下常压干燥一定时间，以加热后的试样质量与加热前试样质量的百分比表示含固量。有文献曾提出一种用烘箱法测定精练剂的含固量的快速检测方法，并指出精练剂的含固量通常要求在18%~20%。

下面介绍文献报道的一种烘箱法测定含固量的操作步骤，以供读者参考。将盛有待测试样的称量瓶（盖子稍微打开）置于温度为105～110℃的烘箱中保持2h后，将瓶盖盖紧，取出称量瓶，再冷却2h后，称量直至连续两次称量的结果<0.0003g，以最后一次测量值作为试样中的固体质量，最后用该数值除以试样质量即得试样的含固量。

2. 微波加热法

常规加热法是待测试样表面先受热，然后通过热传导和对流的方式逐步由表及里，需要一定时间。有文献指出这种常规加热方式测试过程较长，造成人力资源的浪费，并不适于实验室的快速准确操作，并探讨了用微波炉测定纺织品整理剂中含固量的方法和工艺，并通过大量试验证明微波法具有加热速度快、热效率高、加热均匀、清洁、操作简便等特征，特别适合实验室小批量试样含固量的测定。

3. 折射率法

在一定温度下，溶液的不同含固量对应着不同的折射率，因此可通过测定折射率来间接测定溶液的含固量。折射率法是测定试样含固量的一种快速检测法，它是利用折射原理测得的溶液糖度与其含固量呈一定的比例关系，通过阿尔贝折射仪和糖量仪等设备测定溶液的糖度，按照一定的比例系数折算出试样的含固量。但折射率法一般不适用于难于水洗试样的测定，否则会污染棱镜表面，造成测定结果不准确。

（二）纺织染整助剂含固量的测定标准

有关纺织染整助剂含固量的检测方法，目前尚无相应的国家标准。而鉴于实际应用的需要，中华人民共和国工业和信息化部发布了化工行业标准HG/T 4266—2011《纺织染整助剂含固量的测定》。

该标准规定了纺织染整助剂含固量的测定方法，适用于各类纺织染整助剂含固量的测定。该标准是一种重量分析法，它是将一定质量的试样在一定温度下常压干燥一定时间，以加热后的试样质量与加热前试样质量的百分比表示试样的含固量。其具体试验方法如下。

（1）将称量瓶于（105±2）℃的烘箱中放置1.5h后，再放置于干燥器中冷却30min，准确称量称量瓶的质量，其质量记为m_1。

（2）在上述称量瓶中加入1～2g（精确至0.0001g）纺织染整助剂的试样，试样的质量记为m。

（3）轻轻摇动称量瓶，使样品均匀地分布在称量瓶的底部。

（4）将称量瓶盖子稍打开，并将其置于（105±2）℃的烘箱中，打开鼓风机，保持3h后，盖严瓶盖，将其置于干燥器中冷却30min，称重，其质量记为m_2。

平行测定两次，两次平行测定结果之差不大于0.5%。

（5）结果计算。试样的含固量以质量分数表示，其计算公式如式（4-3）所示：

$$含固量=\frac{m_2-m_1}{m}\times 100\% \tag{4-3}$$

式中：m_2——称量瓶和试样在干燥后的质量，g；

m_1——称量瓶的质量，g；

m——试样的质量，g。

取两次平行测定结果的算术平均值，按照GB/T 8170—2008将结果修约至0.1%后即为测定结果。

三、纺织染整助剂密度的测定

密度的定义为规定温度下单位体积的物质的质量，它是物质重要的物理参数之一。

有关测定产品密度和相对密度的标准众多，而目前专门针对纺织染整助剂密度检测的国内外相关标准，有我国工业和信息化部发布的化工行业标准 HG/T 4435—2012《纺织染整助剂 密度的测定》。

HG/T 4435—2012 规定了用密度计法和给定体积称量法测定纺织染整助剂密度的方法。其中，密度计法适用于液体状的纺织染整助剂密度的测定，给定体积称量法不仅适用于粉状纺织染整助剂密度的测定，也适用于易被松散且颗粒不被破碎的块状或团状的纺织染整助剂密度的测定。

（一）液体密度的测定（密度计法）

在规定的条件下，用密度计在被测液体中达到平衡状态时所浸没的深度读出的数据，即为液体在该条件下的密度。

实际上，密度计的工作原理是以阿基米德定律为基础，即当密度计浸入液体中时，会排开一部分液体，同时又受到自下而上的浮力作用，当密度计所排开的液体重量等于密度计本身的重量时，密度计在液体中处于平衡状态，并漂浮于液体中，此时，根据密度计分度表的分度值，可推算出液体的密度值。当密度计的质量一定时，被测液体的密度越大，则密度计漂浮得越高，密度计浸入液体中的体积越小；反之，当被测液体的密度越小时，密度计浸入液体中的体积越大。

根据该标准，在干燥、清洁的量筒内注入液体试样，注入过程应避免产生气泡，否则将影响测试结果的准确性。将此量筒置于 20℃的恒温水浴中，待试样的温度恒定后，将清洁干燥的密度计慢慢地放入装有试样的量筒中，当密度计在被测液体中达到平衡状态时，读取密度计凹液面下缘的刻度，即为该试样在 20℃时的密度。

取不同的试样平行测定两次以上。

液体密度用 ρ 表示，单位为克每立方厘米（g/cm^3）。

从密度计上直接读取的数值即为该试样在 20℃时的密度，取平行测定结果的算术平均值，并按照 GB/T 8170—2008 的相关规定将结果修约至小数点后三位即为最终测定结果。

（二）粉体表观密度的测定（给定体积称量法）

在规定条件下，将粉体从一个具有规定形状的漏斗中漏下，装满一个已知容积的容器后，测定此粉体的质量，然后通过质量与体积的比值计算出该粉体在此条件下的密度。

标准中使用的防腐漏斗，漏斗下口内径为 42mm，内部要求光滑，不与粉体摩擦产生静电，可用不锈钢或其他合适的材料制成；圆柱形料罐，容量为（500±0.5）mL，可用不锈钢或其他合适的材料制成；使漏斗和圆柱形料罐对应定位的支架；不锈钢板：100mm×70mm；粉体表观密度测试仪，如图 4-1 所示。

圆柱形料罐使用前需要校准。将清洁、干净的料罐称重（精确至 0.01g）后，置于一个水平面上，并用煮沸、冷却至 20℃的蒸馏水充满料罐，轻轻敲打器壁以除去气泡。将不锈钢板称重后水平地置于料罐边缘上，缓慢移动不锈钢板使之通过水表面，在不锈钢板快要通过水表面时，再向料罐中加入 1~2mL 上述蒸馏水，并移动不锈钢板使之完全覆盖圆柱形料罐。用滤纸擦干露在

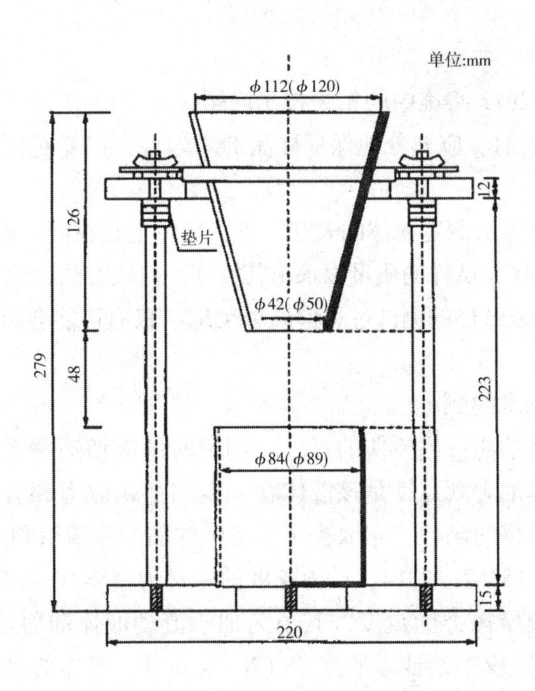

图 4-1　粉体表观密度测试仪

料罐外面及不锈钢板下面的水，然后称重，质量精确至 0.01g。料罐的容积 V（单位为 mL）可按照式（4-4）进行计算：

$$V = \frac{m_2 - (m_0 + m_1)}{\rho_0} \tag{4-4}$$

式中：m_0——空料罐的质量，g；

m_1——不锈钢板的质量，g；

m_2——充满水盖有不锈钢板的料罐的质量，g；

ρ_0——20℃时蒸馏水的密度，g/mL，其近似值为 1g/mL。

为了使团块松散，测量前应轻轻地摇动盛放试样的容器。

首先按照图 4-1 安装好粉体表观密度测定仪。准确称量（精确至 0.01g）圆柱形料罐的质量，并将漏斗固定在装置上，用不锈钢板按紧漏斗底部。

将粉状样品缓慢地倒入漏斗的 2/3 以上，然后快速地移开不锈钢板，此时，粉状样品自漏斗自由落下，当粉状样品从料罐中倒满溢出后，用不锈钢板小心地刮平，注意刮平前切勿移动料罐，将圆柱形料罐外壁擦拭干净。最后称量料罐和粉体的总质量，精确至 0.01g。

取不同的试样平行测定两次以上，测定结果的误差应不超过平均值的 5%。

粉体的表观密度用 ρ 表示，单位为克每毫升（g/mL），其计算公式具体如式（4-5）所示：

$$\rho = \frac{m_3 - m_0}{V} \tag{4-5}$$

式中：m_3——圆柱形料罐和粉状样品的总质量，g；

m_0——空圆柱形料罐的质量，g；

V——圆柱形料罐的容积，mL。

取平行测定结果的算术平均值为测定结果，并按照 GB/T 8170—2008 的相关规定进行修约，测试结果保留三位有效数字。

（三）HG/T 4435—2012 实施中的相关技术问题

（1）测定液体样品之前，应充分地保证样品的均匀性，以避免因样品均匀性问题影响检测结果的准确性。

（2）对于给定体积称量法测定粉体的表观密度，实际上是在同一温度下，用水标定圆柱形料罐的体积，然后测定同体积试样的质量以求出其密度。但该方法并没有恒温水浴等控温设备，当圆柱形料罐的校准过程或试样的测试过程偏离 20℃时，极有可能会影响测定结果的准确性。

四、纺织染整助剂黏度的测定

黏度是一种物理化学性质。当流体的黏度与测量时的剪切速率无关时，则认为流体为牛顿型流体。非牛顿型流体的表观黏度是该液体在一定的剪切应力和剪切速率下流动时的内摩擦特性，其数值是剪切速率的函数，它取决于仪器中样品的热滞后和流变滞后。

根据国家标准 GB/T 15357—2014，动力黏度的定义为液体在一定剪切应力下，一液层与另一液层做相对运动时内摩擦力的量度，其值为加于流动液体的剪切应力与剪切速率之比，单位为帕斯卡秒（Pa · s）或牛顿秒每平方米（$N \cdot s/m^2$）。流体的黏度可以用牛顿方程式即式（4-6）来表示：

$$\eta = \frac{\tau}{D} \tag{4-6}$$

式中：η——动力黏度；

τ——剪切应力；

D——剪切速率，$D = \frac{dv}{dZ}$；

v——一个液层相对于另一液层的速度；

Z——垂直于两液层的坐标。

黏度是液体的重要物理性质和技术指标之一，黏度的准确测定在纺织染整助剂领域具有重要的意义。

（一）黏度的测定方法

黏度的测定方法有很多，典型的传统测定方法主要有毛细管法、落球法、旋转法、振动法等。

1. 毛细管法

毛细管法测定黏度的理论基础是 Poiseulle 定律。测量一定体积的流体在重力作用下，以匀速层流状态流经毛细管所需的时间求运动黏度，其基本公式如式（4-7）所示：

$$v = \frac{100\pi d^4 ght}{128Vl} - \frac{E}{t^2} \tag{4-7}$$

式中：v——流体的运动黏度，mm^2/s；

d——毛细管的内径，cm；

l——毛细管的长度，cm；

h——平均有效液柱高度，cm；

V——流体流经毛细管的计时体积，cm^3；

g——重力加速度，cm/s^2；

t——体积为 V 的流体的流动时间，s；

E——动能系数。

对于相对测量，上述公式可简写为式（4-8）所示形式：

$$v = Ct - \frac{E}{t^2} \tag{4-8}$$

式中：C——用标准黏度液标定的黏度计常数，mm^2/s^2。

当 $E/t^2 \ll Ct$ 时，则上述公式又可简写为 $v = Ct$，即在一定温度下，当液体在直立的毛细管中，以完全湿润管壁的状态流动时，其运动黏度正比于流动时间。

国家标准 GB/T 10247—2008 提供了平开维奇黏度计（简称平氏黏度计）、坎农-芬斯克黏度计（简称芬氏黏度计）、乌别洛特黏度计（简称乌氏黏度计）和逆流型坎农-芬斯克黏度计（简称逆流黏度计）四种毛细管黏度计测定黏度的方法，测定时可根据实际情况进行选择。

2. 落球法

落球法是常温下测定液体黏度常用的方法。

（1）直落式。通过测量球在液体中匀速自由下落一定距离所需的时间求动力黏度，其公式如式（4-9）所示：

$$\eta = \frac{100d_1^2(\rho_0 - \rho)gt_1}{18l_1}f \tag{4-9}$$

式中：d_1——球的直径，cm；

ρ_0——球的密度，g/cm^3；

ρ——液体的密度，g/cm^3；

l_1——球的下落距离，cm；

t_1——球下落 l_1 距离所需时间，s；

f——对于管壁影响的修正系数，若以 D 代表试样管的内径（单位：cm），其公式表示如式（4-10）所示：

$$f = 1 - 2.104\frac{d_1}{D} + 2.09\left(\frac{d_1}{D}\right)^3 - 0.95\left(\frac{d_1}{D}\right)^5 \tag{4-10}$$

对于相对测量，动力黏度的计算公式可表示为式（4-11）：

$$\eta = K(\rho_0 - \rho)t_1 \tag{4-11}$$

式中：K——用标准液标定的球的常数，$mPa \cdot s \cdot cm^3/g$。

（2）滚落式。滚落式只适用于做相对测量，它是通过测量固体球在充满试样的倾斜管子中沿管壁滚动，下落一定距离所需的时间计算黏度。

落球法一般适用于高黏度的液体或聚合体在低剪切速率下的黏度测量。小球下落可以客观地反映大分子之间的相互作用状态，从而获得聚合物的静态黏度值。

3. 旋转法

旋转法是适用范围最广的液体黏度测量方法，它特别适合粗分散体系的黏度测量。旋转法测定黏度的原理为：使圆筒（圆锥）在流体中旋转或圆筒（圆锥）静止而使周围的流体旋转流动，流体的黏性扭矩将作用于圆筒（圆锥），流体的动力黏度与扭矩的关系可用式（4-12）表示：

$$\eta_1 = \frac{AM}{n_1} \tag{4-12}$$

式中：η_1——流体的动力黏度，Pa·s；

M——流体作用于圆筒（圆锥）的黏性扭矩，N·m；

n_1——圆筒（圆锥）的旋转速度，rad/s；

A——常数，m^{-3}。

当转速一定时，动力黏度仅与扭矩有关，其计算公式可简化为式（4-13）：

$$\eta_1 = K_1 \alpha \tag{4-13}$$

式中：K_1——黏度计常数，Pa·s；

α——黏度计示值。

当剪切速率一定时，流体的动力黏度仅与剪切应力有关，其计算公式为式（4-14）：

$$\eta_1 = \frac{\tau}{\dot{\gamma}} = \frac{Za}{\gamma} \tag{4-14}$$

式中：τ——作用于圆筒（圆锥）的剪切应力，Pa；

$\dot{\gamma}$——流体的剪切速率，s^{-1}；

Z——黏度计测量系统常数，Pa。

4. 振动法

低黏度（标准中指黏度值在1000mPa·s以下）液体的黏度测定大多采用振动法，其试验原理是用一定强度的磁脉冲激励测头使振动体振动，振动体置于被测流体中时，受流体黏性阻力作用振动将衰减，其衰减系数与流体的动力黏度和密度的关系可用式（4-15）表示：

$$\alpha_1 = K_2 \sqrt{\eta\rho} \tag{4-15}$$

式中：α_1——衰减系数，$mPa \cdot s \cdot g \cdot cm^{-3}$；

K_2——黏度计常数，$\sqrt{mPa \cdot s \cdot g \cdot cm^{-3}}$。

采用振动法测定液体黏度时，黏度测定受振动周期的影响。当振动周期很短时，液体可能会发生紊流流动而使得衰减振动异常，从而引起对数衰减率不为定值。一般来讲，液体的黏度越小，越容易发生紊流现象。

5. 其他测定方法

随着光学、图像、计算机和传感器等技术的不断进步，大大地推动了液体黏度测定技术的发展。有文献指出，对于液体黏度测量的研究目前主要集中在基于计算机系统的液体黏度快速测定、基于虚拟仪器的液体黏度快速测定和基于新型高精度黏度传感器的液体黏度快速测定三个方面。

（1）基于计算机系统的液体黏度快速测定。计算机具有强大的分析能力和处理能力，将其引入液体黏度的测定中，不仅可以有效地降低分析计算时间，缩短测试周期，提高工作效率，还可以克服人为操作造成的主观误差，从而提高测试精度。已有学者成功研制出了基于计算机系统的可控温微型毛细管黏度计，与其他黏度计测定仪相比，该黏度计具有测试速度快、体积小、精度高、易于操作等优点。

（2）基于虚拟仪器的液体黏度快速测定。虚拟仪器技术就是利用高性能的模块化硬件，结合高效灵活的软件来完成各种测试、测量和自动化的应用。将虚拟仪器技术应用到液体黏度的测量中，可以提高液体黏度测量的速度和精度，实现液体黏度的快速测量和在线测量。

（3）基于新型高精度黏度传感器的液体黏度快速测定。随着传感器技术的飞速发展，一些新型高精度黏度传感器也逐渐被应用至液体黏度的快速测定中，这在很大程度上简化了液体黏度的测量装置。

（二）纺织染整助剂黏度的测定标准

我国工业和信息化部发布的化工行业标准 HG/T 4443—2012《纺织染整助剂　粘度的测定》，是我国第一个针对纺织染整助剂黏度的测定标准。

黏度是表示流体内部相对运动时产生的阻力。HG/T 4443—2012 的试验原理是：采用带有同轴圆筒测量系统的旋转式黏度计测定流体性质时，转子在流体中旋转受到阻力产生反作用，并通过指针给出一个刻度读数。此数值与转子所受运动阻力成正比，刻度读数乘以转子因子就表示流体动力黏度的量值。

该标准规定了使用旋转黏度计法测定纺织染整助剂黏度的测定方法，该方法适用于牛顿流体或近似牛顿流体特征的纺织染整助剂黏度的测定。

依据该标准，相关试验内容如下：

（1）试样的准备。

①对于常规的液体纺织染整助剂样品，为了保证测定结果的准确性，在测定之前需将样品充分摇匀后再进行黏度的测定。

②固体纺织染整助剂样品，测定之前需根据实际情况配制成一定浓度的水溶液之后再进行黏度的测定。除非另有规定，该标准所用的水均为 GB/T 6682—2008 中规定的三级水。

（2）黏度的测定。在测定黏度之前，首先将试样在测定温度下充分恒温。然后，根据试样的黏度选择适宜的转子和转速，使读数在刻度盘的 20%~80%范围内。将已恒温的试样小心地置于测定容器中，要确保试样中完全没有气泡，直至液面达到锥形面部边缘，再将转子插入液体直到完全浸没为止。有仪器托架的安装托架。开启旋转黏度计，待指针在圆盘上稳定后，读取该指示数值。

对同一样品进行三次平行测定，三次平行测定结果与平均值的最大偏差不超过平均值的±1.5%。

（3）结果的计算。样品的动力黏度 η 按照式（4-16）进行计算：

$$\eta = F \times A \tag{4-16}$$

式中：η——试样的动力黏度，mPa · s；

F——转子因子；

A——黏度计刻度读数。

计算结果取三次平行测定结果的算术平均值，并按照 GB/T 8170—2008 修约至整数。

（三）黏度测定标准之间的相关性讨论

纺织染整助剂有很大一部分是属于表面活性剂类产品。在现行的国内法规中，除了 HG/T 4443—2012 之外，还有一些关于表面活性剂黏度测定的其他标准，如 GB/T 15357—2014《表面活性剂和洗涤剂　旋转粘度计测定液体产品的粘度和流动性质》、GB/T 5561—2012《表面活性剂　用旋转式粘度计测定粘度和流动性质的方法》和 GB/T 12028—2006 附录B（规范性附录）《羧甲基纤维素钠的粘度测定》等。其中，羧甲基纤维素钠是当今世界上适用范围最广、用量最大的纤维素之一，在印染工业中可用作上浆剂和印花糊状的保护胶体等，因此，本书一并讨论了羧甲基纤维素钠的黏度测定标准。

在黏度测定方面，虽然 HG/T 4443—2012、GB/T 15357—2014、GB/T 5561—2012 和 GB/T 12028—2006 的适用范围和研究内容有所差异，且 GB/T 15357—2014 和 GB/T 5561—2012 在研究制定时均参考了国际标准 ISO 6388：1989《表面活性剂　用旋转式黏度计测定流动性》，但这四个标准在方法的基本原理和技术路线上是基本一致的。即便如此，这四个标准在某些技术细节上仍存在一定的差异。例如，在结果表述方面，GB/T 15357—2014 指出了当电源频率不准时，黏度计的读数值需要用名义频率/实际频率加以修正，这是其与其他三个标准的不同之处。又如，温度是影响黏度测定结果的一个重要因素，在样品黏度测定前在测定温度下的恒温方面，GB/T 5561—2012 中并没有提及；GB/T 15357—2014 中指出“按照 GB/T 13173—2008 第 4 章规定，制备和保存均匀的实验室样品，在室温下静置 24h 以除去空气泡”，可见室温静置的目的是为了除去气泡，但在后面的黏度测定过程中，又提出“通过恒温水浴调节试样温度至选定的试验温度（通常为 23℃）”，即对于 23℃温度下黏度的测定，室温下的静置过程无疑也具有上述的恒温作用。HG/T 4443—2012 虽然指出试样在测定之前要在测定温度下充分恒温，但并没有给出具体的恒温时间；而 GB/T 12028—2006 附录 B（规范性附录）中提出“将试液（B. 4. 1）置于（25±0. 1）℃的恒温水浴（B. 3. 2）中，保持 20min，取出用水稀释至刻度，激烈摇动 1min，再置于恒温水浴中恒温 10min”，给出了具体的恒温时间，可行性更强。对于上述四个测定黏度的标准，诸如此类的差异还有很多，这里不再赘述。

五、表面活性剂纺织染整助剂浊点的测定

浊点是聚醚型非离子表面活性剂的一个重要特性，在非离子型表面活性剂的实际应用中发挥着重要作用。例如，对于含硅聚醚型非离子表面活性剂，在浊点以上具有消泡作用，而在浊点以下则起稳泡作用。非离子型表面活性剂是重要的的纺织染整助剂，提高其浊点可以提高高温染色时的匀染性和分散性。为了准确衡量和比较非离子型表面活性剂类纺织染整助剂的相关性能，有必要对其浊点加以研究和测定。

（一）浊点的基本概念

根据 GB/T 25799—2010《纺织染整助剂名词术语》，浊点（Cloud Temperature）的定义为某些非离子表面活性剂（如聚乙二醇型非离子表面活性剂）的水溶液，在温度升高时，溶液由均相变为非均相（即由清晰透明变为浑浊）时的温度。浊点又称浑浊温度。

聚乙二醇型非离子表面活性剂的亲水性，是由醚键结合中的氧原子与水结合形成氢键所致。聚乙二醇的链结构在无水状态下为锯齿形，如图 4-2（a）所示；而在水溶液中则呈曲折形，如图 4-2（b）所示。由图可知，在水溶液中，其疏水性的 CH_2 位于内侧，而亲水性的氧原子被置于链的外侧，因而链周围极易与水结合形成氢键。由于醚键与水分子的结合是氢键结合，而氢键的键能（29. 3kJ/mol）较低，结合力很弱，当水溶液加热时，随着湿度升高水分子的热运动增加，氢键被破坏，结合在醚基上的水分子脱离，致使表面活性剂在水中的溶解度下降而从水中析出，从而产生浑浊出现相分离。已呈浑浊的溶液，当温度下降至浊点以下时，溶液又恢复

至澄清透明状态。

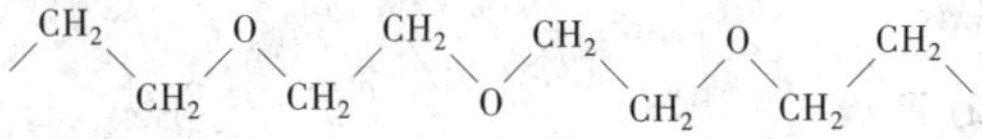

(a) 无水状态下

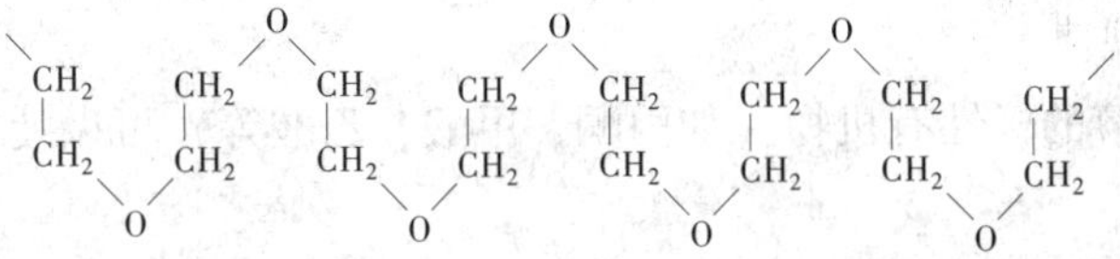

(b) 在水溶液中

图 4-2　聚乙二醇在无水状态和水溶液中的存在形式

(二) 浊点的影响因素

表面活性剂的浊点不仅与其分子结构有关，还受无机电解质、极性有机物、表面活性剂、聚合物等添加物质的影响。

1. 表面活性剂分子结构对浊点的影响

(1) 疏水基即碳数一定时，表面活性剂的浊点随着环氧乙烷加合数的增加而升高，但到100℃以上，上升非常缓慢。例如，疏水基为壬基酚，当环氧乙烷的摩尔加成数为 9 时，其2%的水溶液浊点为 50℃，而当摩尔加成数为 11 时，则浊点在 75℃以上。

(2) 亲水基即环氧乙烷加合数一定时，表面活性剂的浊点随着疏水基的碳原子增加而下降。

2. 非离子表面活性剂的浓度对浊点的影响

1997 年《精细石油化工》中发表的《聚醚型非离子表面活性剂的浊点及其影响因素》中指出，非离子表面活性剂的浊点与其浓度无关。2001 年，《化学通报》中发表的《非离子表面活性剂浊点的研究进展》中指出，随着非离子表面活性剂浓度的升高，其浊点先下降后上升，并从胶束层面解释了其影响机理。

3. 无机电解质对浊点的影响

有学者研究发现，Na^+、K^+、Cs^+、Rb^+和 NH_4^+等阳离子均不能与乙氧链形成络合物，却能与非离子表面活性剂的极性基争夺水分子，故而可以降低非离子表面活性剂的浊点；而其他阳离子可以与醚基络合，大大增强了极性基的亲水性，因而可以使非离子表面活性剂的浊点升高。

阴离子对聚氧乙烯型非离子表面活性剂的影响服从霍夫曼序列（Hofmeister Series，也称感胶离子序）。根据阴离子对水结构的影响，可将其分为可促进水分子通过氢键形成聚集体和可促使水分子聚集体解聚两大类。前者一般具有高电负性和低极化率，电荷密度较大，能产生强静电场，从而可以束缚更多的水分子，增大水的表面张力和黏度，促进水分子聚集体的形成，从而使浊点降低，其感胶离子数一般≤8，如 F^-、OH^-和 SO_4^{2-}等；而后者的感胶离子数一般≥11，电负性和极化率较高，体相中水分子聚集体容易解聚，起到盐溶作用，如 I^-、SCN^-等，随着其浓度的增大，当大部分或全部水分子聚集体变成自由水时，浊点出现一极大值，继续增大无机盐（一般为钠盐）浓度，由于无机盐的盐析作用，使得表面活性剂易缔合成更大的胶团，到一定程度后即分离出新相，从而使溶液的浊点降低。有文献指出，只有当电解质浓度大于一个临界最低浓度时，才能够表现出它们对浊点的作用，若低于此浓度，则浊点不受影响。

4. 极性有机物对浊点的影响

根据文献报道，表面活性剂的浊点与极性有机物的碳氢链长、极性基团以及溶解性都有关系，一般遵循以下规律。

（1）与水完全混溶的极性有机物（如丙酮、甲酸、乙酸等）可以使非离子表面活性剂的浊点升高；

（2）在水中部分溶解的极性有机物（如乙酸乙酯、乙酸甲酯、乙醚等）使非离子表面活性剂的浊点降低；

（3）同系物对浊点的影响程度与其疏水性烷基链长有关。一般情况下，一定温度下极性有机物的烷基链越长，使非离子表面活性剂的水溶液发生相分离所需的有机物浓度也就越低。

5. 表面活性剂对浊点的影响

一般情况下，在表面活性剂溶液中加入阴离子型表面活性剂或阳离子型表面活性剂都可以使其浊点显著升高，且不存在临界最低浓度，在浓度极低时就能产生影响。与离子型表面活性剂相比，外加两性表面活性剂则对表面活性剂溶液浊点的影响极小。

6. 聚合物对浊点的影响

聚合物分子量的大小也会对非离子表面活性剂的浊点产生影响。有文献报道小分子量的聚乙二醇可以使非离子表面活性剂浊点升高，而大相对分子质量的聚乙二醇则会使浊点降低。有学者阐述了产生此等影响的原因，指出长链聚乙二醇的无规则线团包裹在胶束周围，形成一种特殊的冠状内链胶束，聚合物的链长越长，其所产生的“桥梁”作用越明显，胶束碰撞的机会也就越多，从而导致浊点降低；而对于小分子量的聚乙二醇，由于其乙氧链较短，只能部分地覆盖在胶束界面，由于溶剂化作用和聚合物链的空间效应致使胶束之间的碰撞机会减少，从而引起非离子表面活性剂的浊点升高。

（三）浊点的测定方法和标准

目前，国内外关于浊点测定的方法标准众多，涉及的产品及领域包括石油产品综合、化工产品、燃料、橡胶和塑料用原料、食用油和脂肪、原油和塑料等。随着表面活性剂领域的飞速发展，国内外已发布了一系列关于表面活性剂浊点的测试标准，如美国材料与试验协会发布的 ASTM D2024—2009（2017）《非离子表面活性剂浊点试验方法》、法国标准化协会发布的 NF T73-403—2006《表面活性剂　从环氧乙烷凝聚中得到的非离子表面活性剂浊点的测定》和 NF T73-422—1986《表面活性剂　非离子混合物表面活性剂　浊点温度测定（浊点）》、德国标准化学会发布的 DIN EN 1890—2006《表面活性剂材料　用环氧乙烷冷凝的非离子表面活性剂浊点的测量》、英国标准学会发布的 BS EN 1890—2006《表面活性剂　由环氧乙烷凝缩获得的非离子表面活性剂浊点的测定》、欧洲标准化委员会发布的 EN 1890—2006《表面活性材料　用环氧乙烷冷凝的非离子表面活性剂浊点的测量》、韩国标准 KS M ISO 1065—2003《从环氧乙烷中得到的非离子表面活性剂和混合非离子表面活性剂　浊点的测定》以及国际标准化组织发布的 ISO 1065—1991《由环氧乙烷制得的非离子表面活性剂及混合的非离子表面活性剂　浊点的测定》等。我国现行的表面活性剂浊点的测定标准为 GB/T 5559—2010《环氧乙烷型及环氧乙烷—环氧丙烷嵌段聚合型非离子表面活性剂　浊点的测定》。

GB/T 5559—2010 等同采用国际标准 ISO 1065—1991 标准明确标明《由环氧乙烷制得的非离子表面活性剂及混合的非离子表面活性剂　浊点的测定》。该标准规定了 5 种测定非离子表面活性剂浊点的方法。方法 A、B 和 C 主要适用于由环氧乙烷与亲油物（如脂肪醇、脂肪酸、脂肪酸酯、脂肪胺和烷基酚等）缩合衍生的不含氧丙烯基的非离子表面活性剂浊点的测定；而方法 D 和方法 E 拟供方法 A、B、C 均不适用的产品，使用前需经各方协议后方可采用，这类产品包括混合非离子表面活性剂，如由环氧乙烷—环氧丙烷嵌段共聚物衍生的非离子表面活性剂。

实际应用中，选择方法 A、B 或 C，取决于被测产品水溶液变浑浊时的温度，方法 D 和 E 的选择则取决于被测产品的酸性水溶液变浑浊时的温度。需要注意的是，方法 E 并不适用于由脂肪酸或脂肪酸酯衍生的产品，只有在测定中被证实其浊点具有重现性时才能使用。该标准的主要技术内容如下。

1. 基本原理

将规定浓度的表面活性剂溶液，在测试条件下加热至液体完全不透明，冷却并不断搅拌，注意观察在不透明消失时的温度，即为该表面活性剂在此浓度时的浊点。

2. 试剂与溶液

（1）质量分数为 25%的二乙二醇丁醚［$C_4H_9O(CH_2)_2O(CH_2)_2OH$］溶液：该标准所用的二乙二醇丁醚纯度为化学纯，密度 ρ_{20} =（0.945±0.002）g/mL，折射率 n_D^{20} = 1.432±0.001，含水量要求<0.1%（质量分数）。需要注意的是，表面活性剂的浊点受杂质的影响，因此若含有不同量的杂质，会对测量结果产生影响。

（2）浓度 c=1.0mol/L 的盐酸溶液。

（3）钙—丁醇溶液：每升水溶液中含有 50g 正丁醇和 0.04g 钙离子（Ca^{2+}）。按照 GB/T 6367—2012 配制已知钙硬度的水。

注：除特殊规定外，本方法所用的试剂均为分析纯，所用的水为蒸馏水（或纯度相当的水）。

3. 仪器和设备

250mL 的锥形瓶，分度为 0.1℃的温度计（适合待测样品检测温度的范围），100mL 的量筒，1000mL 的烧杯（装有透明导热体，如乙二醇），20mL 的试管，由安全玻璃制成的安瓿（外罩丝网，外径×内径×高=14mm×12mm×120mm），分析天平，常规加热器，具有加热功能的磁力搅拌器。

4. 取样

表面活性剂实验室样品按照 GB/T 6372—2006 的规定制备和储存，即表面活性剂或洗涤剂的单一或混合粉状、浆状或液状产品按照不同的方法分样，分样样品采样后应尽可能快地进行分析或试验。若不能马上进行分析或试验，可按照分样的意图，将其立即放入密闭的玻璃塑料容器内贮存，并测定和记录样品的质量。

5. 方法的选用

（1）方法 A。若试样的水溶液在 10~90℃之间变浑浊，则在蒸馏水中测定浊点。

（2）方法 B。若试样的水溶液在低于 10℃时变浑浊或试样不能充分溶解于水时，则在质量分数为 25%的二乙二醇丁醚的水溶液中测定浊点。

需要注意的是，该方法不适用于不溶于质量分数为25%的二乙二醇丁醚水溶液的试样以及某些含环氧乙烷低的试样。

（3）方法C。若试样的水溶液在高于90℃时变浑浊，则需在密封安瓿内进行测定。使用密封安瓿可使操作在压力下进行，以达到比在大气压下溶液的沸点还要高的温度。

注：如有关各方同意，也可用氯化钠水溶液代替蒸馏水，按照方法A测定试样的浊点。但该方法灵敏度不高，并且在盐溶液中所得到的结果与用密封安瓿瓶法得到的结果之间也没有简单的相关性。

（4）方法D。若试样的酸性水溶液在10~90℃间变浑浊，则在浓度c为1.0moL/L的盐酸标准溶液中测定试样的浊点。

（5）方法E。若试样的酸性水溶液在高于90℃时变浑浊，则在每升含50g正丁醇及0.04g钙离子（Ca^{2+}）的水溶液中测定试样的浊点。

需要注意的是，对于某些纯度较高的环氧乙烷衍生物，溶解在电导率极低的蒸馏水中时，溶液在一定的温度下并不变浑浊，而仅可观察到澄清度略微减少，因此采用以上方法有可能得不到其浑浊温度。此时，可采用浓度为234mg/L的氯化钠水溶液代替蒸馏水测定试样的浊点。

6. 测定步骤

表面活性剂的浊点受其浓度的影响，因此在不同浓度下进行测定，得到的结果有可能不同。为了保证各实验室测定结果的可比性，有必要明确规定试样的测试浓度。

（1）方法A。准确称取0.5g（精确至0.01g）样品，并将其置于锥形瓶中，向锥形瓶中加入100mL蒸馏水，摇匀后，使试样完全溶解。取15mL此试样溶液至试管中，并插入温度计，然后将此试管置于烧杯中，加热，用温度计轻轻搅拌直至溶液完全呈浑浊状（溶液的温度应不超过浑浊温度10℃），停止加热，试管仍保留在烧杯中，用温度计轻轻搅拌溶液，使其慢慢冷却，记录浑浊消失时的温度。

用不同的试样平行测定二次，平行测定结果之间的差异不大于0.5℃。

（2）方法B。准确称取5g（精确至0.01g）样品，并将其置于锥形瓶中，向锥形瓶中加入45g二乙二醇丁醚溶液，摇匀后，使试样完全溶解。取15mL此试样溶液至试管中，并插入温度计，然后将此试管置于烧杯中，加热，用温度计轻轻搅拌直至溶液完全呈浑浊状（溶液的温度应不超过浑浊温度10℃），停止加热，试管仍保留在烧杯中，用温度计轻轻搅拌溶液，使其慢慢冷却，记录浑浊消失时的温度。

用不同的试样平行测定二次，平行测定结果之间的差异不大于0.5℃。

（3）方法C。在锥形瓶中依次加入0.5g（精确至0.01g）样品和100mL水，摇匀后，使试样完全溶解。用吸管吸取此试样溶液至安瓿中，使样液在安瓿中的深度约为40mm，用火将安瓿口封死，再用丝网罩住安瓿，移入装有导热体的烧杯中，安瓿上端略伸出烧杯。为防止因封口不好而产生的安瓿爆裂，在装置前应放置安全玻璃或透明塑料保护屏。测试装置如图4-3所示。

将温度计插入加热浴内的安瓿旁，打开磁搅拌器并加热，当安瓿内的溶液变浑浊时，停止加热，继续搅拌，使其冷却，记录浑浊完全消失时的温度。

用不同的试样，进行几次温度测定，直至得到至少两次结果之差不高于0.5℃。

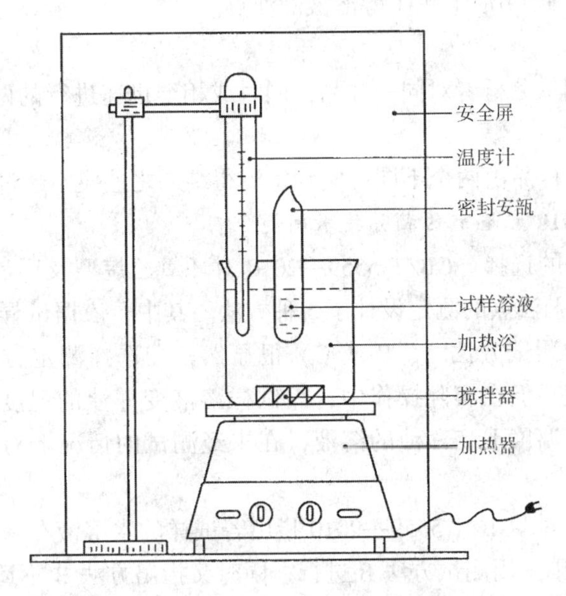

图 4-3　方法 C 的测试装置图

注：如有关各方同意，可在盐溶液中测定浊点。盐水测定法与方法 A 相似，但不用密封安瓿，它是将试样用 100mL 氯化钠水溶液（50g/L）溶解，完全溶解后，其他操作步骤同方法 A。

（4）方法 D。称取 1g（精确至 0.01g）试样，并将其置于锥形瓶中，然后向锥形瓶内加入 50mL 1.0mol/L 的盐酸水溶液，摇匀，试样完全溶解后，再加入 1.0mol/L 的盐酸水溶液，使溶液的最终体积为 100mL。

移取 15mL 上述溶液至试管中，并在试管内插入温度计，将该试管置于烧杯内，然后用加热器加热，同时用温度计不断搅拌直至溶液完全不透明为止。不透明性以模糊带状出现，然后聚结，溶液温度应不比不透明性出现时的温度超过 10℃。在不断搅拌下使其缓慢冷却，记录不透明带消失时的温度。

用不同的试样，进行几次温度测量，直至得到至少两次结果之差不高于 0.5℃。

（5）方法 E。称取试样 1g（精确至 0.01g），并将其置于锥形瓶中，然后加入 100mL 钙—丁醇水溶液，摇匀，并使试样完全溶解。移取 15mL 上述溶液至试管中，并在试管内插入温度计，将该试管置于烧杯内，然后用加热器加热，同时用温度计不断搅拌直至溶液完全不透明为止。不透明性以模糊带状出现，然后聚结，溶液温度应不比不透明性出现时的温度超过 10℃。在不断搅拌下使其缓慢冷却，记录不透明带消失时的温度。

用不同的试样平行测定二次，平行测定结果之间的差异不大于 0.5℃。

7. 分析结果的表述

将非离子表面活性剂溶液重新变清或变乳色的平均温度保留小数点后一位，单位为℃，平行测定结果之间的差异应不高于 0.5℃，取平行测定结果的算术平均值为最终测定结果，并在报告结果时说明测定时所用介质，即方法 A：5g/L 蒸馏水溶液的浊点；方法 B：100g/kg 二乙二醇丁醚溶液的浊点；方法 C：5g/L 溶液在密封安瓿内的浊点；方法 D：10g/L 1mol/L

盐酸溶液的浊点；方法 E：10g/L 钙丁醇溶液的浊点。

8. 重复性和再现性

（1）重复性。由同一分析者对同一样品，同时或相继迅速进行的两次测定结果之差应不超过 0.5℃。

（2）再现性。同一样品由两个不同的实验室测得结果之差应不超过 1℃。

9. GB/T 5559—2010 实施中的相关技术问题

（1）关于测试方法的选择。GB/T 5559—2010 对环氧乙烷型及环氧乙烷—环氧丙烷嵌段聚合型非离子表面活性剂浊点的测定设计了 5 种方法。其中，依据试样的水溶液变浑浊的温度不同，可选择相应的测试方法 A、B 或 C。很显然，在选择测定方法之前，首先要知道试样溶液变浑浊的温度。但在实际操作中，因试样溶液变浑浊的温度未知，尤其是对于那些在极低温度下或较高温度下变浑浊的溶液，在未经测试的情况下对测试方法做出判断是非常困难的。

（2）关于测试方法 B。GB/T 5559—2010 指出若试样的水溶液在低于 10℃时变浑浊或试样不能充分溶解于水，则采用测试方法 B 进行。同时又指出方法 B 不适用于不溶于质量分数为 25%的二乙二醇丁醚水溶液的试样以及某些含环氧乙烷低的试样。但实际操作中极有可能遇到这类试样，而标准中并没有明确指出上述试样的浊点应如何测定。

（3）关于浊点高于 100℃的非离子表面活性剂浊点的测定。对于常压下浊点高于 100℃的非离子表面活性剂，在常压下测量几乎是不可能的。GB/T 5559—2010 中测试方法 C 虽指出使用密封安瓿可使操作在压力下进行，以达到比在大气压下溶液的沸点还要高的温度，但这种方法可以达到的温度是十分有限的。若溶液尚未浑浊而先沸腾，势必会对测定过程带来很大的困难。且安瓿内的压力未知，而试样样品多样，这也给实际测定带来一定的影响。

六、纺织染整助剂 pH 的测定

现代纺织加工业已经显现出典型的化学处理加工的特征，各种纺织染整助剂的使用已成为纺织品加工的主要内容。随着纺织品生态安全性能概念的普及，纺织染整助剂的 pH 正逐渐成为一项重要的常规考核内容。pH 是衡量溶液酸碱性的尺度，在很多领域都需要控制溶液的酸碱性，这就需要知道溶液的 pH，纺织印染助剂的 pH 也会对其性能产生影响。例如，许多助剂的合成反应都需要在特定的 pH 下进行，否则不会得到预期的产物。

pH，也称氢离子浓度指数（Hydrogen Ion Concentration）或酸碱值，是溶液中氢离子活度的一种标度，也就是通常意义上溶液酸碱程度的衡量标准。pH 的定义为水溶液中氢离子活度的负对数，即 $pH=-\lg[H^+]$，其中 $[H^+]$ 为 $[H_3O^+]$ 的简写，指的是溶液中氢离子活度，单位为 mol/L。实际上氢离子的活度难以由试验准确测定，在稀溶液下氢离子的活度可近似按照浓度处理。

在标准大气压和温度下，pH=7 的水溶液呈中性，这是因为在标准大气压和温度下，水的离子积常数（即水自然电离出的氢氧根和氢离子浓度的乘积）始终是 1×10^{-14}，且这两种离子的浓度均为 1×10^{-7}mol/L；当 pH<7 时，则说明 H^+的浓度大于 OH^-的浓度，此时溶液呈酸性；当 pH>7 时，则说明 H^+的浓度小于 OH^-的浓度，此时溶液呈碱性。溶液的 pH 越小，则溶液的酸性越强；溶液的 pH 越大，溶液的碱性也就越强。

需要说明的是，在非水溶液或非标准温度和压力条件下，pH＝7 可能并不代表溶液呈中性，这需要通过计算该溶液在该条件下的电离常数来决定 pH 为中性的值。水的离子积常数随温度的变化而变化，水的电离过程为吸热过程，升高温度，平衡向电离方向移动，因此水的离子积常数随温度的升高而增大。例如，在 373K 时，水的离子积常数为 1×10^{-12}，在此条件下，pH＝6 时为中性溶液。

（一）pH 的测定方法

常见的 pH 的测定方法有 pH 指示剂法、pH 试纸法和 pH 计法三种。

1. pH 指示剂法

酸碱指示剂的颜色会根据溶液的 pH 不同而发生变化。pH 指示剂法是在待测溶液中加入酸碱指示剂，然后根据指示剂的颜色变化来判断溶液的 pH 的范围。例如，在酸性溶液中滴入石蕊试液，则石蕊试液将变红；而碱性溶液中滴入石蕊试液，则石蕊试液将变蓝（石蕊试液遇中性液体不变色）。又如，将无色酚酞溶液滴入酸性或中性溶液中，颜色不会变化；而将无色酚酞溶液滴入碱性溶液，溶液变红。

需要注意的是，在有色待测溶液中加入酸碱指示剂时，应选择能够产生明显色差的酸碱指示剂。

2. pH 试纸法

pH 试纸法，又称比色法，是一种粗略测定溶液 pH 的方法。常用的 pH 试纸有两种，一种是广泛 pH 试纸，其测定 pH 的范围为 1～14；另一种是精密 pH 试纸，它可以比较精确地测定一定范围的 pH。

pH 试纸法操作简便，一般是用干净的玻璃棒蘸取少量待测溶液于 pH 试纸上，片刻后观察试纸颜色，然后根据试纸的颜色并与标准比色卡作对照，就可以得到溶液的 pH。

3. pH 计法

pH 计法是使用 pH 计来测定溶液的 pH。pH 计是一种测量溶液 pH 的仪器，一般是以饱和甘汞电极或复合电极为参比电极，以玻璃电极为指示电极，与被测溶液组成原电池。原电池的两个电极间的电动势依据能斯特定律，既与电极的自身属性有关，还与溶液里的 H^+浓度有关，原电池的电动势与氢离子浓度之间存在对应关系，再用 pH 计测量工作电动势，由 pH 计直接读取溶液的 pH。

pH 计法的测定结果准确、测量速度快，受溶液色度、浊度、盐度、胶体物质、氧化剂以及还原剂等因素的干扰小。

（二）纺织印染助剂 pH 的测定标准

迄今为止，国际上尚无相应的纺织印染助剂 pH 测定的检测方法标准，我国化工行业标准 HG/T 4164—2010《纺织印染助剂　pH 值的测定》已获得中国工业和信息化部的批准并发布实施。该标准相关技术内容如下。

1. 适用范围和试验原理

将指示电极（玻璃电极）和参比电极（饱和甘汞电极）浸入纺织印染助剂的水溶液中，在电极之间产生电位差，该电位差与溶液的 pH 存在一定的对应关系，由此可得出溶液的 pH。

HG/T 4164—2010 规定了纺织染整助剂 pH 的测定方法。该标准适用于各类水溶性纺织染整助剂 pH 的测定。

2. 试剂

在测定溶液的 pH 之前，可用下列标准缓冲溶液标定 pH 计。

（1）0.05mol/L 的邻苯二甲酸氢钾溶液（HOOC · C_6H_4COOK）。15℃时，pH = 4.00；20℃时，pH = 4.00；25℃时，pH = 4.00；30℃时，pH = 4.01；35℃时，pH = 4.02。

（2）0.025mol/L 的混合磷酸盐溶液（RPO_4）。15℃时，pH = 6.90；20℃时，pH = 6.88；25℃时，pH = 6.86；30℃时，pH = 6.85；35℃时，pH = 6.84。

（3）0.05mol/L 的四硼酸钠溶液（$Na_2B_4O_7 \cdot 10H_2O$）。15℃时，pH = 9.33；20℃时，pH = 9.23；25℃时，pH = 9.18；30℃时，pH = 9.14；35℃时，pH = 9.10。

3. 仪器和设备

精密 pH 计：带有玻璃电极和甘汞电极或其他适宜的电极系统，精度为 0.01pH 单位；电子天平：精度为 0.01g；烧杯：150mL。

4. 测定程序

（1）试样溶液的制备。在烧杯中加入质量为 1g（精确至 0.01g）的纺织染整助剂试样，然后加水至试样与水的总质量为 100g，用玻璃棒不断搅拌使试样完全溶解，制成质量分数为 1%且分散均匀的待测试样溶液。

注：在用 pH 计测试前，建议先用广泛 pH 试纸粗略测定试样溶液的 pH。为了保护电极，对于酸碱性极强的纺织染整助剂，可采用 0.1%的试样溶液进行测定，也可根据相关方的要求，采用其他浓度的溶液进行测定。

（2）试样溶液 pH 的测定。选用与待测溶液 pH 相近的标准缓冲溶液，用两点法标定 pH 计；测定 pH 之前，先用蒸馏水冲洗电极，并用柔软的吸水纸擦干，然后立即将电极浸入第一份试样溶液中（深入液面下至少 1cm），小心摇动烧杯，以加速电极平衡，待 pH 计读数稳定后，记录试样溶液的 pH。另取一份试样溶液，按照上述方法进行平行测定。平行测定的 pH 之间的差值应不大于 0.1pH 单位，否则应重新称取试样再次进行测定，直至平行测定结果之差不大于 0.1pH 单位。并对不符合要求的测定进行分析和检查，以确定误差的来源。

测定过程中要确保试样、电极、蒸馏水和缓冲溶液的温度尽可能地相互接近，全部试验必须在相同的温度下进行，以降低温度对测定结果的影响。适宜的测试温度为（25±2）℃。

5. 结果表示

取两次平行测定结果的算术平均值，并按照 GB/T 8170—2008 将结果修约至 0.1pH 单位后即为最终测定结果。

6. HG/T 4164—2010 实施中的相关技术问题

纺织染整助剂 pH 的测试程序并不复杂，但为了保证测试结果的准确性，以下因素需要得到足够的重视。

（1）HG/T 4164—2010 采用 pH 计法测定纺织印染助剂的 pH，测量结果的准确度，首先取决于标准缓冲溶液 pH 标准值的准确度。因此，测定结果的准确度受标准缓冲溶液的制备和存储等因素的影响。标准缓冲溶液可按照国家标准 GB/T 27501—2011《pH 值测定用缓冲溶液制备方法》制备和保存。标准缓冲溶液最好新鲜配制，在抗化学腐蚀且密闭的容器中一般可保存 2~3 个月，若发现有浑浊、发霉或沉淀等现象时，不能继续使用。

（2）当纺织印染助剂溶液的 pH 大于 9 时，应注意碱误差问题，必要时另外选择合适的玻璃电极进行测定。有些电极反应速度较慢，尤其是在测定某些弱电解质（如水）时，必须将试样溶液轻摇均匀，待 pH 计读数平衡稳定后再进行读数，否则将影响测定结果的准确度。

（3）新使用或久未使用的玻璃电极应在水中浸泡一定时间后方可使用，以降低电阻，稳定其不对称电位。平时最好浸泡在水中，下次使用时可以很快平衡使用。玻璃电极切勿触及硬物，以免造成球膜的破损。有时破损后从外观上难以辨别，可借助放大镜仔细观察，或用不同的缓冲溶液核查其电极响应。有时即使尚未破损，但玻璃球膜内的溶液已浑浊，电极响应值不符合要求，此时也不可再使用。玻璃电极球泡中的缓冲液不应有气泡，应与内参比电极接触。玻璃电极应略高于甘汞电极，以免球膜与烧杯相碰。

（4）甘汞电极中应充满饱和氯化钾溶液，不得有气泡隔断溶液，盐桥中应保持有少量的氯化钾晶体，以保证氯化钾溶液饱和，但注意氯化钾晶体不可过多，以免堵塞陶瓷渗出孔。

（5）每次更换待测试样或标准缓冲溶液之前，都应用水或所换的标准缓冲溶液和待测溶液充分淋洗电极，然后用滤纸吸干，再进行测定。

七、纺织染整助剂离子性的测定

离子性是指不同原子间电子的得失性质。离子性是物质的一种基本特性，是研究分子结构和性能的重要指标之一，对了解和讨论各类化合物的性质递变规律和反应机制等有很大意义。例如，阴离子表面活性剂和阳离子表面活性剂之间会发生对抗反应，故而一般情况下阴离子表面活性剂与阳离子表面活性剂不同浴使用。因此，表面活性剂在应用时一般首先鉴别其离子性。随着纺织工业的不断发展，各类表面活性剂类助剂的用量也在不断增加。这就要求我们对生产中使用的表面活性剂类助剂进行定性分析，推测它的离子类型和特征，以便进一步有效地选择分离步骤或鉴别方法，从而更好地为生产服务。

（一）离子性的检测分析方法

表面活性剂离子性的检测方法很多，本书在其他章节已有详细介绍，总的来说，阴离子型表面活性剂离子性的鉴定方法主要有亚甲基蓝—氯仿试验、百里酚蓝试验、混合指示剂显色反应试验和红外光谱试验等；阳离子型表面活性剂离子性的鉴定方法主要有亚甲基蓝—氯仿试验、溴酚蓝试验和红外光谱试验等；非离子型表面活性剂的离子性鉴定方法主要有亚甲基蓝—氯仿试验、硫氰酸钴试验、磷钼酸钠试验、浊点试验、改良碘化钾试验、红外光谱试验和碘化铋钾（Dragendorff）显色剂薄层色谱试验等；两性表面活性剂在定性鉴别前，首要任务是将其与其他表面活性剂分离，否则很难判断是否为两性表面活性剂。详细内容可参考本书第三章第二节，这里不再一一介绍。

有文献结合实践经验，阐述了常用染料和助剂的检测步骤及要点，其中，常用染料和助剂的阴离子性采用亚甲基蓝—氯仿法进行检测，非离子性采用碘化铋钾（$KBiI_4$）-氯化钡试验进行测定，阳离子性则采用溴酚蓝法进行鉴定。

（二）纺织印染助剂离子性的测定标准

迄今为止，国内外关于离子性测定的检测方法标准非常有限，化工行业标准 HG/T 4267—2011《纺织印染助剂　离子性的测定》是主要的现行参考标准。该标准相关技术内容如下。

1. 适用范围

HG/T 4267—2011 规定了纺织染整助剂离子性的测定方法。该标准适用于纺织染整助剂中表面活性剂离子性的测定。

2. 试剂和材料

除非另有规定，该标准采用的试剂均为分析纯，测定所用的水应符合 GB/T 6682—2008 对三级水的规定。在没有注明其他要求时，试验中所用的溶液及制剂、制品等，均按照 GB/T 603—2002 的相关规定进行制备。

氯仿、*N*，*N*-二甲基甲酰胺（DMFa）、七水硫酸锌、浓硫酸、硫酸钠、次硝酸铋、碘化钾、氯化钡、乙酸、乙酸钠、乙酸溶液（0.2mol/L）、乙酸钠溶液（0.2mol/L）、溴酚蓝溶液（0.1%的无水乙醇溶液）、氢氧化钠溶液（0.5mol/L）、盐酸溶液（0.5mol/L）。

亚甲基蓝试剂：将 0.03g 亚甲基蓝、12g 浓硫酸和 50g 无水硫酸钠一起搅拌溶解后，再用水稀释至 1000mL。

溴酚蓝试剂：将 925mL 乙酸溶液（0.2mol/L）和 75mL 乙酸钠溶液（0.2mol/L）混匀后，再加入 20mL 0.1%的溴酚蓝溶液，混匀后再将上述混合溶液的 pH 调至 3.6~3.9。

碘化铋钾溶液：溶液（1）是在 7mL 乙酸中溶解 1.7g 次硝酸铋，并用水稀释至 100mL 制成的；溶液（2）是在 100mL 水中溶解 40g 碘化钾制成的；将溶液（1）和溶液（2）合并入 1000mL 的容量瓶中，再加入 200mL 乙酸，用水稀释至刻度。

氯化钡溶液：在 100mL 水中溶解 20g 氯化钡。

海明 1622（对-叔辛基苯氧基乙氧基乙基二甲基苄基氯化铵）溶液（0.004mol/L）：准确称取 1.79g 海明 1622，并将其溶解于约 100mL 水中，然后转移至 1000mL 的容量瓶中，并用水稀释至刻度。

十二烷基硫酸钠（K12）溶液（0.004mol/L）：准确称取 1.15g 十二烷基硫酸钠，并将其溶解于约 100mL 水中，然后转移至 1000mL 的容量瓶中，并用水稀释至刻度。

3. 检测仪器和设备

电子天平：精确度应达到 0.01g；具塞试管：100mL；玻璃烧杯：50mL。

4. 试样的准备

（1）一般性规定。

①对于常规的液体类纺织染整助剂的样品，可以按照该标准的规定直接进行离子性的测定或用水将其配制成浓度为 1%左右的溶液后再进行测试。

②对于固体类纺织染整助剂的样品，可用水将其配制成浓度为 0.01%~0.1%的溶液后再进行离子性的测试。

当样品的 pH 对测试结果有影响时，可先将其调节为中性后再进行离子性的测试。

（2）荧光增白剂类样品的处理。称取约 0.5g 荧光增白剂样品，加入 15mL 三氯甲烷和 15mL *N*，*N*-二甲基甲酰胺；增白剂样品溶解后，再加入约 30mL 的水，剧烈搅拌，静置，分层后取上层清液进行离子性的测试。

（3）涂层整理剂类样品的处理。称取约 0.5g 涂层整理剂类样品，加入约 50mL 水稀释样品并使样品分散均匀后，再加入 0.5mol/L 的氢氧化钠溶液以使溶液的 pH 达 11 以上，然后加入约 0.5g 七水硫酸锌，剧烈搅拌，静置分层后，过滤，取滤液进行离子性的测试。若第一次处理后滤液仍较浑浊，可重复调节 pH、加入七水硫酸锌、剧烈搅拌、静置分层和过滤步骤，直至滤液清澈。

5. 测试方法

纺织染整助剂离子性测定的常规方法主要有以下三种。

（1）阴离子性的测定（亚甲基蓝-氯仿法）。在具塞试管中加入约 5mL 氯仿和 10mL 亚甲基蓝试剂，然后逐滴加入待测试样的溶液，每加入 1 滴盖上塞子剧烈振摇，使原来上下两层的色调逐渐呈同一色调。继续滴加待测试样的溶液，充分振摇后静置，观察上下两层的溶液颜色。若下层溶液（氯仿层）呈现蓝色或色泽变深，而上层溶液的颜色变浅或几乎呈无色，则表明试样为阴离子性。

在上述具塞试管中再加入数滴 0.004mol/L 的海明 1622 溶液，盖上塞子剧烈振摇，若氯仿层蓝色消失或变浅，则进一步说明试样为阴离子性。

（2）阳离子性的测定（溴酚蓝法）。在玻璃烧杯中加入约 10mL 的溴酚蓝试剂，然后逐滴加入待测试样的溶液。若溶液呈现蓝紫色或蓝色，则说明试样为阳离子性。

在上述烧杯中再加入数滴 0.004mol/L 的十二烷基硫酸钠溶液，若试样溶液的蓝色消失或变浅，则进一步确定试样为阳离子性。

（3）非离子性的测定（碘化铋钾—氯化钡法）。在玻璃烧杯中加入约 5mL 的碘化铋钾溶液和约 5mL 的氯化钡溶液（碘化铋钾溶液与氯化钡的体积比为 1∶1），然后逐滴加入待测试样溶液，若有橙红色或砖红色沉淀生成，则说明试样为非离子性。

（4）辅助测试方法。在烧杯中加入一定量的待测试样，然后逐滴加入阳离子表面活性剂海明 1622 溶液，若体系呈现浑浊或有沉淀生成，则表明试样中存在阴离子表面活性剂；或者逐滴加入阴离子表面活性剂十二烷基硫酸钠浑溶液，若体系呈现浑浊或有沉淀生成，则表明试样中存在阳离子表面活性剂。该方法可作为纺织染整助剂离子性测定的辅助测试方法。

八、纺织染整助剂液体产品氧化性的测定

在纺织染整工艺中，可能存在着一些液体氧化性物质。液体氧化性物质一般是液体氧化物或氧化性固体的溶液，由于它们具有氧化性，当其与可燃物共存时，往往能够起到氧化剂的作用而促使可燃物燃烧或爆炸，从而造成火灾、爆炸等事故。出于对纺织染整工艺过程中，以及在原材料的生产、运输、使用和仓储等阶段的安全性考虑，我们有必要对纺织染整助剂液体产品的氧化性进行研究和检测。

（一）纺织染整助剂液体产品氧化性的测试标准

在国际标准分类中，化学品的氧化性主要涉及危险品防护、职业安全、工业卫生、化工产品、消防、工业油和分析化学等方面，例如，韩国标准 KS M 1071-7—2007《测量化学品氧化性（液体类）的指南》。在中国标准分类中，化学品的氧化性主要涉及标志、包装、运输、贮存综合、化学助剂基础标准与通用方法、消防综合和化学试剂综合等方面，例如，GA/T 536.6—2010《易燃易爆危险品　火灾危险性分级及试验方法　第 6 部分：液体氧化性物质分级试验方法》；而中国工业和信息化部发布的化工行业测定标准 HG/T 4451—2012《纺织染整助剂　液体产品氧化性的测定》是纺织染整助剂液体产品氧化性测试的针对性标准。

该标准的主要技术内容如下。

1. 适用范围和试验原理

HG/T 4451—2012 的试验原理是基于待测液态样品与一种可燃性物质（如纤维素丝）完全混合后，通过测定样品增加该可燃性物质的燃烧速度或燃烧强度的潜力或形成会发生自发着火的混合物的潜力来评估待测液态样品的氧化性。将待测液态样品与纤维素丝按照质量比为 1∶1 组成的混合物置于压力容器中进行加热，并确定压力上升的速率。需要注意的是，在某些条件下，可能产生由非物质的氧化性质引起的化学反应造成的压力上升（太高或太低）的情况，此时，为了澄清反应的性质，可能需要采用硅藻土等惰性物质来代替纤维素丝，重新进行试验。

HG/T 4451—2012 规定了纺织染整助剂液体产品氧化性的测定方法。该标准适用于纺织染整助剂液体产品的氧化性测定及类别判别。

2. 术语及定义

GB 19458《危险货物危险特性检验安全规范　通则》和联合国《关于危险货物运输的建议书　试验和标准手册》确立的以下术语和定义适用于该标准。

（1）氧化性物质（oxidizer）。本身未必燃烧，通常因释放出氧引起或促使其他物质燃烧的物质。

（2）液体氧化性（oxidability of liquids）。当液态物质与一种可燃物完全混合时，增加该可燃物质的燃烧速度或燃烧强度的潜力或者发生自发着火的潜力。

（3）干纤维素丝（cellulose）。纤维长度为 50～250μm、平均直径为 25μm 的干燥纤维素丝。

（4）检测混合物Ⅰ（mixture substance tested Ⅰ）。待测物质与干纤维素丝质量比为 1∶1 的混合物。

（5）标准混合物Ⅰ（mixture substance of reference Ⅰ）。50%高氯酸水溶液与干纤维素丝质量比为 1∶1 的混合物。

（6）标准混合物Ⅱ（mixture substance of reference Ⅱ）。40%氯酸钠水溶液与干纤维素丝质量比为 1∶1 的混合物。

（7）标准混合物Ⅲ（mixture substance of reference Ⅲ）。65%硝酸水溶液与干纤维素丝质量比为 1∶1 的混合物。

3. 试剂和材料

除非另有规定，该标准所用的试剂均为分析纯，所有用水均符合 GB/T 6682—中对三级水的规定。

50%的高氯酸溶液：在 400mL 水中缓慢地加入 576mL 高氯酸，冷却后，稀释至 1000mL；40%的氯酸钠溶液：在 60. 0g 水中溶解 40. 0g 氯酸钠；65%的硝酸溶液：市售试剂；干纤维素丝：将纤维长度为 50～250μm、平均直径为 25μm 的干纤维素丝做成厚度不大于 25mm 的纤维素丝层，并于 105℃温度下干燥 4h，然后置于干燥器内冷却后备用，干纤维素丝的含水量（按干重计）应小于 0. 5%，为保证纤维素丝的含水量小于 0. 5%，必要时可以延长干燥时间。

4. 仪器和设备

（1）系统压力容器。压力试验仪装置如图 4-4 所示，其参数要求参见标准原文。

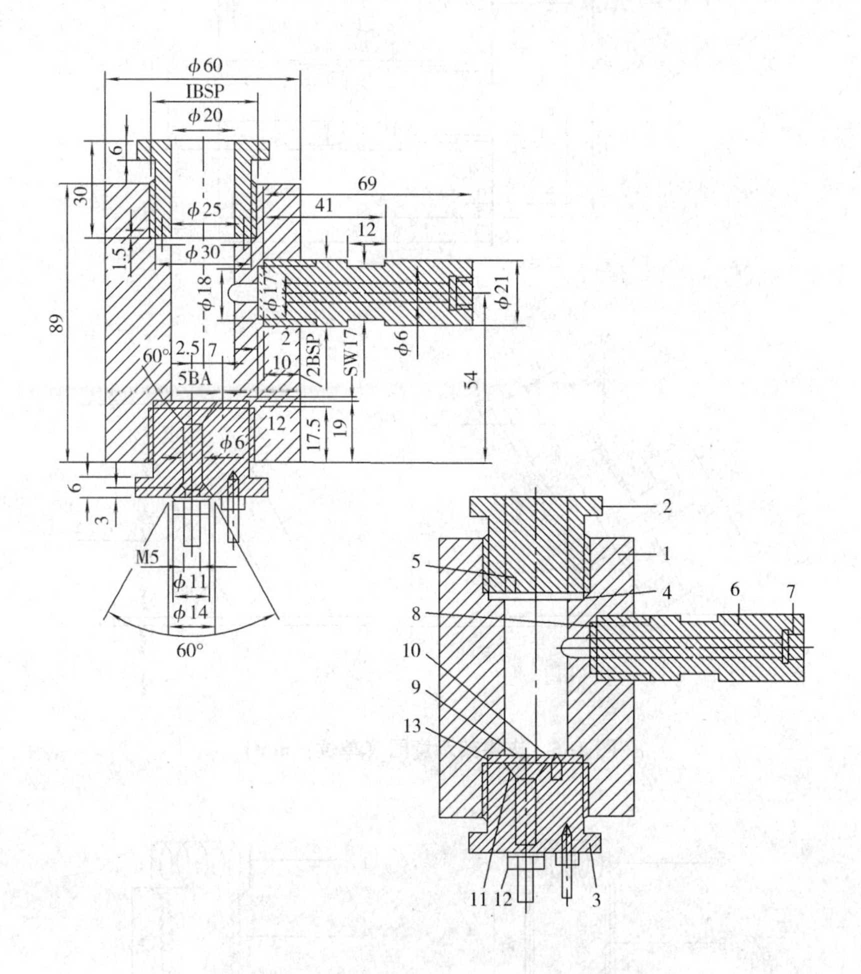

图 4-4　压力试验仪装置图（单位：mm）

1—压力容器体　2—防爆盘夹持塞　3—点火塞　4—软铅垫圈　5—防爆盘　6—侧臂　7—压力传感器螺纹　8—垫圈　9—绝缘电极　10—接地电极　11—绝缘体　12—钢锥体　13—垫圈变形槽

（2）支撑架。支撑架的示意如图 4-5 所示，其参数要求参见标准原文。

（3）点火系统。点火系统由点火线圈、绝缘体、电极和点火塞等部分构成，其参数要求参见标准原文。两种点火系统的示意如图 4-6 所示，测定时可根据实际情况进行选择。

5. 测定步骤

（1）将装有压力传感器和加热系统但无防爆盘的设备以点火塞一端朝下架好。

（2）在玻璃烧杯里加入 2.5g（精确至 0.1g）待测试液和 2.5g 干纤维素丝，并用玻璃棒搅拌混合。注意，为了测试安全，搅拌时应当在操作员和混合物之间放置一个安全屏蔽装置，若混合物在搅拌或装填时着火，即不需要继续试验。

（3）将上述混合物少量分批地加入压力容器中并轻轻拍打，以确保混合物堆积在点火线圈四周并且与之接触良好。注意，在装填过程中线圈不得扭曲，防爆盘放好后拧紧夹持塞。

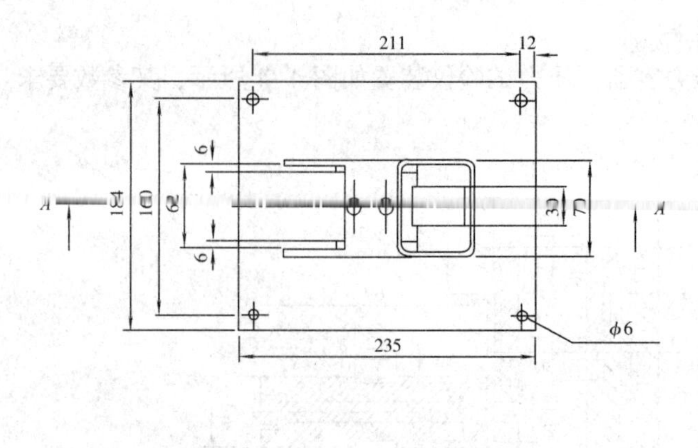

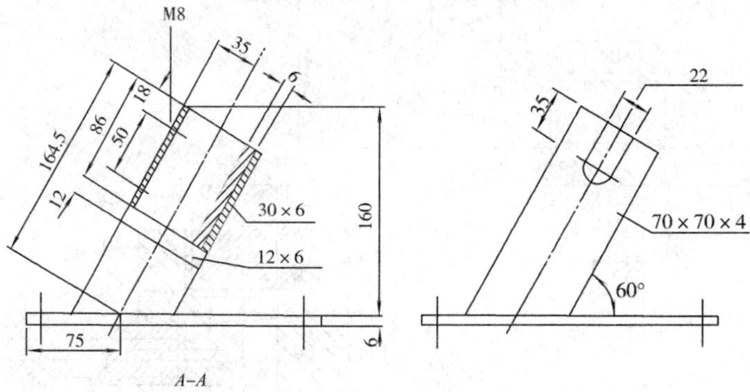

图 4-5　支撑架示意图（单位：mm）

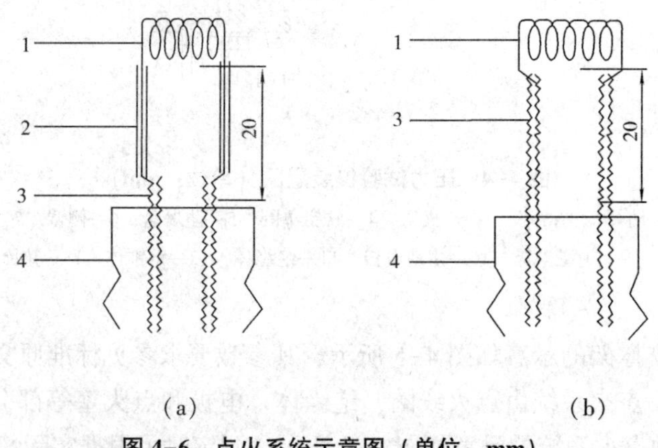

图 4-6　点火系统示意图（单位：mm）

1—点火线圈　2—绝缘体　3—电极　4—点火塞

（4）将装有混合物的压力容器转移至点火支撑架上，注意防爆盘朝上，并将其置于适当的防爆通风橱或点火室中。将电源接至点火塞外接头，开启压力传感器的信号记录系统，并通上 10A 的直流电流。从开始搅拌到接通电源的时间应当约为 10min。

（5）将混合物加热至防爆盘破裂或者至少过了 60s。若防爆盘没有破裂，应待混合物冷却后再小心地拆卸设备，并采取预防增压的措施。

（6）每种待测混合物和标准混合物都进行5次试验。记录压力从690kPa（表压）上升至2070kPa（表压）所需要的时间，以平均时间进行分类。

6. 类别判定

（1）氧化性判定。根据联合国《关于危险货物运输的建议书　试验和标准手册》中34.4.2.4.1的相关要求，若待测试样满足下列条件之一，则判定该纺织染整助剂液体为氧化性物质。

①检测混合物Ⅰ能够自发着火；

②检测混合物Ⅰ液体压力从690kPa（表压）上升至2070kPa（表压）所需的平均时间应等于或小于标准混合物Ⅲ的平均燃烧时间。

（2）包装类别判定。根据GB/T 15098—2008《危险货物运输包装类别划分方法》，危险货物包装根据其内装物的危险程度划分为第Ⅰ类包装（盛装具有较大危险性的货物）、第Ⅱ类包装（盛装具有中等危险性的货物）和第Ⅲ类包装（盛装具有较小危险性的货物）三种包装类别。按照该标准进行试验确定为GB 6944—2012中危险类别5.1项的氧化性液体和联合国《关于危险货物运输的建议书　试验和标准手册》中34.4.2.4.2的要求，根据氧化性试验结果，按照表4-1确定其包装类别。具有毒性、腐蚀性等其他危险性的物质，应满足联合国《关于危险货物运输的建议书　规章范本》第2.0.3节的要求。

表4-1　氧化性试验结果和包装类别

氧化性试验结果	包装类别
检测混合物Ⅰ进行试验时自发着火，或检测混合物Ⅰ的平均压力上升时间小于标准混合物Ⅰ的平均压力上升时间	Ⅰ类
检测混合物Ⅰ的平均压力上升时间等于或小于标准混合物Ⅱ的平均压力上升时间，且未符合Ⅰ类包装要求	Ⅱ类
检测混合物Ⅰ的平均压力上升时间等于或小于标准混合物Ⅲ的平均压力上升时间，且未符合Ⅰ类和Ⅱ类包装要求	Ⅲ类
检测混合物Ⅰ进行试验时，显示的压力上升小于2070kPa（表压），或显示的平均压力上升时间大于标准混合物Ⅲ的平均压力上升时间	非5.1项

（二）HG/T 4451—2012与GB/T 21620—2008的相关性

GB/T 21620—2008《危险品 液体氧化性试验方法》是由中国国家质量监督检验检疫总局、国家标准化管理委员会于2008年4月1日联合发布的中国国家标准，它规定了危险品液体的氧化性试验的仪器与设备、试验准备、试验步骤和类别判定等内容，适用于氧化性液体的危险特性试验。比较HG/T 4451—2012与GB/T 21620—2008，虽然两者的适用对象不同，但两者的技术原理和测试程序基本一致，且HG/T 4451—2012有GB/T 21620—2008的部分内容。从表面上看，GB/T 21620—2008的表述比较简洁，但在有些技术细节上，HG/T 4451—2012却交代的更为详尽。例如，对于试验用压力容器，GB/T 21620—2008仅表述为“见联合国《关于危险货物运输的建议书：试验和标准手册》”，并没有对其进行说明，而HG/T 4451—2012极为详尽地介绍了压力容器的关键部分的规格及其作用等内容，而事实上，压力容器对于氧化性试验的成败起着至关重要的作用。又如，HG/T 4451—2012 对于压力容器的支架也进行了极为详尽的介绍，而 GB/T 21620—2008 并不包含此部分内容。

另外，除上述内容外，HG/T 4451—2012 与 GB/T 21620—2008 在技术上也存在着一些差异。①HG/T 4451—2012 点火系统中的点火线圈的电阻为 3.85Ω/m，而 GB/T 21620—2008 中电阻为 0.85Ω/m，两者点火系统的其他参数完全相同；②在液体氧化性判定方面，HG/T 4451—2012 中判定条件之一是“检测混合物Ⅰ液体压力从 690kPa（表压）上升至 2070kPa（表压）所需的平均时间应等于或小于标准混合物Ⅲ（65%硝酸水溶液与干纤维素丝质量比为 1∶1 的混合物）的平均燃烧时间”，而 GB/T 21620 的判定条件是“检测混合物Ⅰ液体压力从 690kPa（表压）上升至 2070kPa（表压）所需的平均时间应等于或小于标准混合物Ⅰ（50%高氯酸水溶液与干纤维素丝质量比为 1∶1 的混合物）的平均燃烧时间”；③HG/T 4451—2012 的氧化性试验结果和包装类别见表 4-1，GB/T 21620—2008 的氧化性试验结果和包装类别见表 4-2。在这两个标准中，标准混合物Ⅰ、Ⅱ、Ⅲ完全相同。对照表 4-1 和表 4-2 可以看出，HG/T 4451—2012 和 GB/T 21620—2008 在氧化性试验结果和包装类别判别上也存在着较大的差异。

表 4-2 GB/T 21620—2008 中危险等级分类和包装类别

试验结果	包装类别
检测混合物Ⅰ进行试验时自发着火，或检测混合物Ⅰ的平均压力上升时间小于标准混合物Ⅱ的平均压力上升时间	Ⅰ类
检测混合物Ⅰ的平均压力上升时间等于或小于标准混合物Ⅲ的平均压力上升时间，且不能符合Ⅰ类包装要求	Ⅱ类
检测混合物Ⅰ的平均压力上升时间等于或小于标准混合物Ⅰ的平均压力上升时间，且未符合Ⅰ类和Ⅱ类包装要求	Ⅲ类

九、纺织染整助剂液体产品易燃性的测定

印染助剂行业所使用的危险化学品，按其危险特性可以分为七大类：急性毒性类、易燃液体类、腐蚀刺激类、氧化型类、致癌型类、致敏型类、致畸及突变效应型类。根据国家标准 GB 6944—2012《危险货物分类和品名编号》可知，易燃液体（Flammable Liquid）是指在其闪点温度（其闭杯试验闪点不高于 60℃，或其开杯试验闪点不高于 65.6℃）时放出易燃蒸气的液体或液体混合物，或是在溶液或悬浮液中含有固体的液体。易燃液体还包括在温度等于或高于其闪点的条件下提交运输的液体，或以液态在高温条件下运输或提交运输，并在温度等于或低于最高运输温度下放出易燃蒸气的物质。此外，易燃液体还包括液态退敏爆炸品。

易燃液体的危害是多方面的，它具有以下危险特性。

（1）高度易燃性：易燃液体的沸点较低，极易挥发出易燃蒸气，且其表面蒸气压较大，具有高度的易燃性；

（2）蒸气易爆性：由于易燃液体的易挥发性，使得存放易燃液体的环境中存在大量的易燃蒸气，当易燃蒸气与空气的混合物达到爆炸浓度范围时，遇火源即会发生爆炸，易燃液体的挥发性越强，发生爆炸的危险性也就越大；

（3）受压膨胀性：由于易燃液体的膨胀系数较大，当其储存于密闭容器中时，受热后在其本身体积膨胀的同时蒸气压也会相应增加，若超过了容器所能承受的最大压力限度，容器即会膨胀甚至爆裂；

（4）流动危险性：液体一般都具有流动性，当盛放易燃液体的容器在火场中爆裂后，易燃液体的流动性会造成火势的蔓延，从而增加了火灾危险性；

（5）流动摩擦带电性：一般情况下，易燃液体电导率很小，容易在流动中产生静电并积累，而当静电积累到一定程度后，就会发生放电现象，从而造成汽油等易燃液体着火；

（6）毒害性：易燃液体的蒸气或其本身大都具有毒害性，有的易燃液体还具有腐蚀性和刺激性；

（7）液体喷雾危险与喷雾爆炸：易燃液体在生产或运输过程中可形成云雾，而以雾滴形式存在的易燃液体在远低于其闪点的温度下即可传播火焰，发生燃烧爆炸。

因此，在纺织品染整及加工过程中，为了杜绝燃烧、爆炸等事故的发生，保护生命和物质财产的安全，在研究纺织染整助剂的基本物性时，我们有必要对其液体产品的易燃性进行研究和检测。

（一）纺织染整助剂液体产品易燃性的测定标准

我国工业和信息化部发布了关于纺织染整助剂液体产品易燃性的测定标准 HG/T 4452—2012《纺织染整助剂　液体产品易燃性的测定》，该标准主要技术内容如下。

1. 适用范围及原理

HG/T 4452—2012 规定了纺织染整助剂液体产品易燃性的测定方法，它是基于闭口杯闪点试验结果和持续燃烧试验结果的评估，以确定待测试样为易燃液体或非易燃液体。该标准适用于纺织染整助剂液体产品易燃性的测定。

2. 标准的术语及定义

（1）易燃液体：是指闭口杯试验闪点等于或低于60℃的易燃的液体、液体混合物或含有固体物质的液体，但不包括由于其危险特性已列入其他类别的液体。闪点高于 35℃且不持续燃烧的液体，不视为易燃液体。

（2）闭口杯闪点（Closed Cup Flash Point）：试样在规定条件下加热至其蒸气与空气的混合物接触火焰发生闪火时的最低温度。

3. 试验方法

（1）闭口杯闪点试验方法按照 GB/T 21615—2008《危险品　易燃液体闭杯闪点试验方法》的规定进行。

（2）持续燃烧试验方法按照 GB/T 21622—2008《危险品　易燃液体持续燃烧试验方法》的规定进行。

4. 结果判定

（1）若待测试样的闭口杯闪点不高于 35℃，则直接判定该试样为易燃液体，不需要进行持续燃烧试验；

（2）若待测试样的闭口杯闪点高于 60℃，则直接判定该试样为非易燃液体，不需要进行持续燃烧试验；

（3）若待测试样的闭口杯闪点高于 35℃，但不高于 60℃，则需要进行持续燃烧试验：若试验结果为持续燃烧，则判定该待测试样为易燃液体；若试验结果为不能持续燃烧，则判定该待测试样为非易燃液体。

（二）纺织染整助剂液体产品易燃性测试的相关技术问题

1. 样品含水量对闭杯闪点的影响

按照 HG/T 4452—2012 的要求，闭口杯闪点按照 GB/T 21615—2008 的规定进行测定。GB/T 21615—2008 的研究对象是易燃液体，对于含有未溶解的水或游离水的样品，水的存在会对闪点的测定结果产生影响。例如，在加热样品时，分散在样品中的水汽化形成水蒸气，水蒸气能够影响液体蒸气的浓度，有时会形成气泡覆盖在液面上，影响样品的正常汽化，延迟了闪火时间，从而造成测定结果偏高。因此，在进行闪点测试之前，需要先将试样中的水分离出来。有文献指出，无论是否混溶，含水量对混合物的闪点都有比较显著的影响，含水量越低，混合物的闪点就越接近待测物质的闪点；含水量越高，混合物的闪点越高。

GB/T 261—2008 指出，如果样品中含有未溶解的水，在样品混匀前应将水分离出来，因为水的存在会影响闪点的测定结果。但某些残渣燃料油和润滑剂中的游离水可能会分离不出来，在此情况下，在样品混匀前应用物理方法除去水。

2. 加热速率对闪点测定结果的影响

加热速率的高低可以直接影响闪点测定结果。加热速率越高，则样品在单位时间内生成的蒸气也就越多，这样蒸气扩散损失较少，混合气体能提前到达爆炸下限，从而造成测定结果偏低。因此，在闪点测定过程中，应严格按照标准要求控制好加热速度。实际上，不同的闪点测定标准虽然对加热速率的要求不同，但都对加热速率进行了严格的规定。

3. 大气压力对闪点测定结果的影响

试验环境大气压力也会对测定结果产生影响。GB/T 21615—2008 中并未提及大气压力对闪点测定结果的修正，但实际上，样品的蒸发速率在一定程度上受大气压力的影响。大气压力越低，样品的蒸发速度也就越快，这样，蒸气浓度容易达到爆炸下限，从而造成测定结果偏低；反之，则测得的闪点结果偏高。因此，在不同的大气压力下测得的闪点，有时其结果并不具有可比性。一些有关闪点测定的国内标准（如 GB/T 261—2008）和国外标准（如 ISO 2719：2016）中，已经提及了需要将在测试环境大气压力下测定的闪点修正至标准大气压（101.3kPa）下的闪点作为最终测定结果。

4. 点火次数对闪点测定结果的影响

点火次数也会直接影响闪点的测定结果。点火次数越多，打开杯盖时损失的可燃气体的蒸气量也就越多，从而导致测定结果偏高；反之，测定结果则偏低。因此，测定过程中应严格按照标准的要求进行点火，否则将会造成测定结果不准确。

5. 闭杯闪点试验的其他影响因素

除上述影响因素外，火焰直径、样品储存及试验位置、取样、试验仪器的操作性和精密度等因素也会对测定结果产生影响。

综上可知，闪点测定的影响因素较多，从待测试样的存储到测试结束，都要尽量消除一切可能影响测定结果的因素，从而使测试结果更加准确。

第二节 纺织染整助剂应用性能的试验方法与标准

一、概述

纺织染整助剂在纺织品的升级换代及其附加值的提升方面发挥着至关重要的作用，而我国在纺织染整助剂应用性能的试验方法及其标准化方面比较落后，与国外的差距较大，且与当前的贸易发展、环境保护和技术水平提升等均不相适应。因此，作为纺织品出口大国，制定一套完整的印染助剂标准体系，不断研究纺织加工中的前处理、染浴和后整理等环节所用助剂的应用性能的试验方法和标准，对提高纺织产品的品质和国际竞争力起着至关重要的作用。

2008 年 8 月，国家标准化管理委员会正式批复成立全国染料标准化技术委员会印染助剂分技术委员会（编号为 SAC/TC134/SC1）。同年 10 月 26 日，全国纺织印染业界的领导、专家、企业代表和媒体单位共 100 多人在杭州萧山隆重举行了全国染料标准化技术委员会印染助剂分技术委员会的揭牌仪式。从 2008 年起，全国染料标准化技术委员会印染助剂分技术委员会已陆续发布了一系列以纺织染整助剂应用性能为研究对象的国家标准和化工行业标准，印染助剂分会已批准发布的国家标准清单见表 4-3，已批准发布的行业标准清单见表 4-4。我国纺织染整助剂应用性能的标准化体系正在逐步形成。

表 4-3 印染助剂分会已批准发布的国家标准

序号	标准号	标准名称
1	GB/T 21884—2008	纺织印染助剂 螯合剂 螯合能力的测定
2	GB/T 21885—2008	纺织印染助剂 消泡剂 消泡效果的测定
3	GB/T 29599—2013	纺织染整助剂 化学需氧量（COD）的测定

注 标准持续更新中，表中所列标准有可能有增加或删减

表 4-4 印染助剂分会已批准发布的行业标准

序号	标准号	标准名称
1	HG/T 4261—2011	纺织染整助剂 涤用匀染剂 高温分散性的测定
2	HG/T 4262—2011	纺织染整助剂 涤用匀染剂 缓染性能的测定
3	HG/T 4263—2011	纺织染整助剂 涤用匀染剂 移染性能的测定
4	HG/T 4264—2011	纺织染整助剂 防水防油加工剂 防水性的测定（喷淋法）
5	HG/T 4265—2011	纺织染整助剂 防水防油加工剂 防油性的测定
6	HG/T 4268—2011	纺织染整助剂 棉用固色剂 固色效果的测定
7	HG/T 4436—2012	纺织染整助剂 涤用匀染剂 染色消色性的测定
8	HG/T 4438—2012	纺织染整助剂 还原清洗剂 清洗效果的测定
9	HG/T 4441—2012	纺织染整助剂 渗透剂

续表

序号	标准号	标准名称
10	HG/T 4444—2012	纺织染整助剂　阻燃剂　阻燃效果的测定
11	HG/T 4447—2012	纺织染整助剂　精练剂　通用试验方法
12	HG/T 4449—2012	纺织染整助剂　抗静电剂　通用试验方法
13	HG/T 4653—2014	纺织染整助剂　氨基树脂硬挺整理剂
14	HG/T 4654—2014	纺织染整助剂　螯合分散剂　螯合分散性的测定（过滤法）
15	HG/T 4655—2014	纺织染整助剂　涤用匀染剂
16	HG/T 4657—2014	纺织染整助剂　过氧化氢酶　酶活力的测定
17	HG/T 4658—2014	纺织染整助剂　含氢硅油中活泼氢含量的测定
18	HG/T 4660—2014	纺织染整助剂　棉用皂洗剂　皂洗效果的测定
19	HG/T 4730—2014	纺织染整助剂　锦纶固色剂　固色效果的测定
20	HG/T 4731. 1—2014	纺织染整助剂　锦纶匀染剂应用性能的测定　第 1 部分：缓染性
21	HG/T 4731. 2—2014	纺织染整助剂　锦纶匀染剂应用性能的测定　第 2 部分：移染性
22	HG/T 4731. 3—2014	纺织染整助剂　锦纶匀染剂应用性能的测定　第 3 部分：消色性
23	HG/T 4734—2014	纺织染整助剂　氨基硅油柔软剂　黄变性能的测定
24	HG/T 4735—2014	纺织染整助剂　抗紫外线整理剂　抗紫外线性能的测定
25	HG/T 4736—2014	纺织染整助剂　还原清洗剂　还原能力的测定
26	HG/T 4738—2014	纺织染整助剂　去油剂　去污力的测定
27	HG/T 4741—2014	纺织染整助剂　锦纶阻染剂　阻染效果的测定
28	HG/T 4916—2016	纺织染整助剂　双氧水稳定剂　对双氧水稳定性能的测定
29	HG/T 4917—2016	纺织染整助剂　氨基硅油柔软剂　亲水性能的测定
30	HG/T 4918—2016	纺织染整助剂　环氧硅油　环氧值的测定
31	HG/T 4919—2016	纺织染整助剂　渗透剂　耐碱渗透性的测定
32	HG/T 5078—2016	纺织染整助剂　防水防油整理剂　易去污性能的测定
33	HG/T 5079—2016	纺织染整助剂　吸湿排汗整理剂　吸湿速干性的测定
34	HG/T 5080—2016	纺织染整助剂　退浆剂　对淀粉浆料退浆效果的测定
35	HG/T 5082—2016	纺织染整助剂　除氧酶　除氧效果的测定

注　标准持续更新中，表中所列标准有可能有增加或删减。

二、前处理助剂应用性能的测定

（一）前处理助剂概述

染整前处理工序是整个印染生产过程中的基础工序，对保证染色、印花、后整理等后道工序的产品质量起着至关重要的作用。前处理助剂的合理开发和选用，是保证产品质量的关键，对于染整前处理突破性的变革发挥着举足轻重的作用。所谓前处理助剂（Pretreating Auxiliaries），就是指在纺织品前处理过程中所使用的助剂（引自于 GB/T 25799—2010《纺织染整助剂名词术语》）。

使用染整前处理助剂的目的是提高产品质量、降低纤维的降解、缩短加工流程、简化工艺流程、降低能耗。自20世纪50年代以来，我国印染的前处理工艺一直对减少污染和降低能耗进行着大量的研究，特别是进入21世纪以后提出了使用环保型助剂、节约型助剂、复合型助剂、低温前处理助剂等，各种印染前助理助剂层出不穷，得到了广泛的发展。

各前处理助剂应用性能的试验方法与标准很多，涵盖了精练剂、渗透剂、消泡剂、退浆助剂、双氧水稳定剂、除氧酶、油剂、去油剂等多种产品。本小节主要介绍了精练剂、渗透剂以及消泡剂等前处理助剂应用性能的试验方法和标准，其余类型前处理助剂的应用性能的测定可依据表4-3和表4-4查阅相关标准。

（二）精练剂应用性能的测定

根据GB/T 25799—2010《纺织染整助剂名词术语》，精练（Scouring；Boiling-off；Degumming）是指用物理或化学方法去除天然纤维棉、毛、麻、蚕丝等中的天然杂质、污垢、残余浆料或去除合成纤维中油污、浆料等的工艺过程。棉、麻纺织品精练称为煮练；丝织品的精练称为脱胶；羊毛纺织品通过洗毛、洗呢去除杂质。精练剂（Scouring Agent）是指用于纺织品精练的助剂。

1. 精练剂的作用机理及性能要求

精练过程包括渗透、膨化、皂化、分散、乳化、螯合以及脱色等作用，是一个非常复杂的物理化学过程。精练过程首先是在表面活性剂作用下，精练液和化学制剂向纤维内部渗透，使纤维及杂质膨化；纤维经充分润湿后，其天然杂质经过热效应以及化学品的皂化、乳化、萃取、分散等作用而被去除。精练剂的作用是帮助碱液渗透至纤维内部，促进棉籽壳、蛋白质和果胶等物质的分解，促进蜡状物的皂化，使已脱离纤维的杂质分散于精练液中，并防止这些杂质重新附着于纤维上。

目前工业上常用的精练剂一般由阴离子表面活性剂和非离子表面活性剂复配而成。概括来讲，精练剂应具备以下性能：①耐高温强碱性能；②能够使织物上的丝胶、棉蜡等共生物乳化分散；③能够使钙、镁等金属离子络合，使其成为水溶性的络合物从织物上去除，并防止分解物再次沉积至织物上；④符合环保型助剂的要求，毒性小，安全性高，生物降解性好，不含有环境激素，重金属和甲醛含量不得超过限定值；⑤能够降低溶液和织物的界面张力，使精练液快速地润湿织物；⑥在低温下能快速而均匀地润湿织物，在化学上具有耐碱稳定性。

作为提高纺织染整效果前处理工艺中极为重要的一道工序，精练可以使织物获得良好的外观和内在质量。精练剂的精练效果可以通过织物的毛效和白度进行表征。

随着印染工艺的发展，精练、漂白一步法等短流程前处理工艺的推广对精练剂提出了更高的要求。一方面，棉纤维的常规精练工艺温度一般高于95℃，浸渍精练液的烧碱浓度一般为40~60g/L，供应槽烧碱浓度高达100~150g/L，这就要求精练剂在这样的条件下不分解、不分层，具有耐碱稳定性和高温耐碱稳定性；另一方面，在适当的温度和烧碱浓度下，纤维素共生物可以快速分解，然而，若精练液对织物的渗透性不良，碱液不能与纤维表面充分接触，将极大地降低精练效果，从而对煮练织物的毛效和匀透性等产生严重影响，进而影响织物的印染质量。因此，除精练效果外，对精练剂的耐碱稳定性和润湿渗透性进行评估具有十分重要的实际意义。

2. 精练剂应用性能的测定方法和标准

化工行业标准 HG/T 4447—2012《纺织染整助剂　精练剂　通用试验方法》规定了纺织染整助剂中精练剂的通用试验方法，从标准层面规范了棉类纺织品在前处理加工中精练剂的渗透性、耐碱稳定性、毛细效应和白度等应用效果的测定方法。该标准的主要技术内容如下。

（1）试验原理。HG/T 4447—2012 的试验原理是将棉织物经精练剂等化学品处理后，通过测试织物的毛效、白度来表征精练剂的精练效果；同时测试精练剂的渗透性、耐碱稳定性等基本性能来表征精练剂的应用性能。

（2）试剂和材料。织物：未经前处理的棉纺织品坯布；标准棉帆布片：$32^{s}\times32^{s}$，符合 FZ/T 13002—2005《棉本色帆布》的相关规定；过氧化氢（≥30%）；氢氧化钠。

（3）仪器和设备。实验室用小型染色机；实验室用小型定型机；毛细效应测试仪：符合 FZ/T 01071—2008《纺织品　毛细效应试验方法》的相关规定；测色仪：符合 GB/T 6688—2008《染料　相对强度和色差的测定　仪器法》的相关规定；电子天平：感量 0.01g；秒表：精确至 0.1s；尖嘴镊子；高脚烧杯：直径 5.5cm，体积 150mL。

（4）试验步骤。精练剂首先按照 HG/T 4266—2011《纺织染整助剂　含固量的测定》规定的方法，采用烘箱法测定其含固量，然后换算为 20%的含固量进行以下试验。

①渗透性试验。将精练剂配制成 0.5%或 1.0%的水（或 NaOH）溶液，采用标准棉帆布计算沉降时间。在干净的 150mL 高脚烧杯中称取 0.50g 或 1.00g（精确到 0.01g）精练剂，用水（或一定浓度的 NaOH 溶液）稀释至 100g，搅拌均匀（注意精练剂溶液温度保持在 25℃），用镊子水平夹住标准棉帆布，轻轻地摆放在液面上（切记液面上不能有泡沫，若产生泡沫可以用纸轻轻地吸掉），放开帆布的同时，按下秒表，记录帆布从润湿到沉降至烧杯底部的时间。

重复测试 5 次，取其平均值作为测试结果，单位为 s。

按照上述方法，用常温清水配制精练剂水溶液，测试精练剂的清水渗透性。

按照上述方法，用一定浓度的 NaOH 溶液（10~60g/L，读者可根据使用要求自行确定）来配制精练剂溶液，测试精练剂的渗透性。

②耐碱稳定性试验。在干净的 150mL 高脚烧杯中称取 1.00g（精确至 0.01g）精练剂，用不同浓度的 NaOH 溶液稀释到 100g，搅拌均匀，观察溶液的外观状态。

若溶液呈现透明或淡蓝色透明，则表明精练剂的耐碱性很好；若溶液无凝聚物产生或油状物漂出，则表明此精练剂的耐碱稳定性好；若溶液中有凝聚物产生或油状物漂出，则表明此精练剂的耐碱稳定性差。

在精练剂的 NaOH 溶液温度保持在 25℃的条件下，按照上述步骤测试常温状态下精练剂的耐碱稳定性。

配制精练剂的碱溶液，在高脚烧杯中放入几粒玻璃珠或瓷粒，放上表面皿。在电炉上加热至煮沸，并缓慢煮沸 10min，分别观察精练剂的碱溶液在刚煮沸时、放置 30min 后其溶液外观是否有分层、漂油、颗粒和沉淀等状况，以确定精练剂的高温耐碱稳定性。

③精练效果实验。该实验中使用的工作溶液和精练工艺可参照表 4-5。

表 4-5 精练效果实验的工作溶液和精练工艺

精练剂类型	工作溶液	精练工艺
棉针织用精练剂	精练剂：1.0g/L； NaOH：2.0g/L； 过氧化氢（30%）：6.0g/L； 浴比：1∶15； 温度：98℃； 时间：40min	在浴比为1∶15的条件下，在配制好的精练剂的工作液中投入已称好的棉针织坯布，加热使工作液的温度以3.0℃/min的速率升温至98℃，保温40min后，取出布样，然后用90～95℃水清洗3次，再用室温水清洗2次，脱水，最后将其置于120℃的热空气中烘燥，烘干为止，回潮待测
棉机织用精练剂	精练剂：1.0g/L； NaOH：30.0g/L； 浴比：1∶15； 温度：98℃； 时间：60min	在浴比为1∶15的条件下，在配制好的精练剂的工作液中投入已称好的棉机织坯布，加热使工作液的温度以3.0℃/min的速率升温至98℃，保温60min后，取出布样，然后用90～95℃水清洗3次，再用室温水清洗2次，脱水，最后将其置于120℃的热空气中烘燥，烘干为止，回潮待测

（5）结果处理。将精练剂与精练处理后的织物测试以下一项或者多项性能。

①渗透性：按照渗透性试验方法，记录精练剂的渗透性；

②耐碱稳定性：按照耐碱稳定性试验方法，观察并记录精练剂的耐碱稳定性及高温耐碱稳定性；

③毛细效应：按照FZ/T 01071—2008《纺织品 毛细效应试验方法》执行；

④白度：按照GB/T 8424.2—2001《纺织品 色牢度试验 相对白度的仪器评定方法》执行，在测色仪上测定处理后织物的CIE白度。

（三）渗透剂应用性能的测定

在纤维的初加工以及上浆过程中，阴离子型和非离子型表面活性剂常被用作润湿剂和渗透剂，而阳离子型表面活性剂一般不用作润湿剂和渗透剂。由于润湿作用和渗透作用往往是同时进行的，因此纺织染整行业在实际应用时，常把具有润湿渗透作用的表面活性剂称为润湿渗透剂或简称为渗透剂。渗透剂是一类能使液体迅速而均匀地渗透至纤维内部的表面活性剂，在纺织印染工业中有着广泛地应用，其在前处理工序中发挥的作用尤为显著。

近年来，随着生产的发展，节约能耗、节时、高效、缩短工艺流程、稳定质量成为染整行业追求的共同目标，同时也对前处理助剂提出了更高的要求。高效渗透剂一般具备以下特征：①耐碱稳定性好，可以适应不同的工艺要求；②渗透性能优良；③乳化分散性强，净洗性能优越；④耐高温、耐硬水、耐氧化；⑤具有协同增效作用；⑥低泡，安全无毒。

在实际应用中，可通过耐碱性、润湿渗透性（沉降时间）、耐热性、精练效果（如毛效、白度等）对渗透剂的性能进行评价和优选。

1. 纺织染整加工中渗透剂的选择

用于纺织染整加工的渗透剂，通常为表面活性剂。为了加速液体的渗透过程，提高处理均匀性和生产效率，在纺织品的退浆、精练、漂白、染色与整理等工序所需的工作液中常常会加入少量的渗透剂。特别是在纺织品的精练加工中，渗透剂的作用尤为突出。然而，由于纺织染整的工艺条件各异，因此，需要依据不同的使用条件来选择不同的渗透剂。

（1）适用于弱酸性和弱碱性溶液的润湿渗透剂。润湿渗透剂在弱酸性和弱碱性以及中性溶液中应用较为普遍，如退浆、精练、漂白、染色、树脂整理等。阴离子表面活性剂中可用作渗透剂的有十二烷基硫酸酯钠盐、十二烷基苯基磺酸钠、磺化琥珀酸烷基酯（如渗透剂 OT 和渗透剂 T）、太古油和丁基萘磺酸钠等；非离子表面活性剂用作润湿渗透剂的主要为碳链为 $C_7 \sim C_9$ 的脂肪醇环氧乙烷缩合物、渗透剂 JFC 等。

（2）适用于强碱性溶液的润湿渗透剂。棉、麻或其混纺织物的煮练和丝光工序均在强碱性溶液中进行，因此，必须选用耐碱性渗透剂。煮练工序所用的渗透剂一般采用阴离子型和非离子型表面活性剂拼混，然后再与螯合物等其他物质复合而成，煮练用的渗透剂不仅要耐碱，而且要求耐高温。用于丝光的渗透剂可分为酚类（基本已淘汰）和非酚类两种，非酚类渗透剂一般采用 $C_6 \sim C_{10}$ 的低烷基磺酸盐或硫酸盐的阴离子型表面活性剂。然而这些阴离子丝光渗透剂单独使用时并不能充分发挥其效能，为了提高其渗透性，降低泡沫和黏度，实际使用时常将其与醇醚类化合物（如乙二醇单丁醚）、氨基醇类化合物、酸类化合物（如磺基苯二甲酸）、有机酰胺类化合物、磷酸酯类化合物（如磷酸二丁酯）以及蛋白质水解产物等溶剂混合使用。

（3）适用于强酸性溶液的渗透剂。由于羊毛本身具有耐酸性，因此，为了除去羊毛中掺杂的纤维素杂质，可以用低浓度硫酸溶液来处理羊毛，使纤维素杂质炭化分解后，再进行干燥处理，从而达到净化羊毛的目的，因此，需要选用耐强酸性的渗透剂。通常可以使用聚乙二醇型非离子渗透剂（如烷基苯酚环氧乙烷缩合物）或磺酸型阴离子渗透剂（如渗透剂 T）。

需要注意的是，在选用渗透剂时，除使用条件外，还应考虑渗透剂对生态环境的影响。

由于大多数前处理工艺都是在碱性条件下进行的，而某些渗透剂在碱溶液中可发生水解反应，其水解产物的性能与原助剂存在较大差异，因此，测定渗透剂的耐碱渗透性十分必要。

2. 渗透剂耐碱渗透性的测定方法和标准

我国工业和信息化部发布了关于渗透剂耐碱渗透性的测试方法标准 HG/T 4919—2016《纺织染整助剂　渗透剂　耐碱渗透性的测定》，用于规范渗透剂、精练剂等具有渗透性能的纺织染整助剂产品耐碱渗透性的测定。该标准主要技术内容如下。

（1）测试原理。HG/T 4919—2016 的测试原理是基于在一定浓度的 NaOH 溶液中溶解一定量的渗透剂，然后将标准棉帆布圆片小心放在测试液的液面上，记录标准棉帆布圆片从润湿到沉降至烧杯底部所需的时间，通过润湿与沉降时间来反映渗透剂对织物的渗透效果。

（2）试剂与材料。除非另有规定，仅使用确认为分析纯的试剂和 GB/T 6682—2008 规定的三级水。标准棉帆布圆片：ϕ35mm，符合 FZ/T 13002—2014 的相关要求；NaOH 溶液：50g/L，250g/L。

（3）仪器和设备。电子天平（感量 0.01g），恒温水浴锅［可于（25±1）℃控温］，高脚平底烧杯（ϕ5.5cm×9.5cm，150mL），秒表（分度值 0.1s），镊子。

（4）测试步骤。

①含固量的测定。按照 HG/T 4266—2011 的规定，采用烘箱法测定待测样品的含固量。

②工作液的配制。根据步骤①测得的样品含固量值换算，以质量分数 25% 为基准。在干净的 150mL 高脚平底烧杯中称取 1.0g（精确至 0.01g）待测样品，并加入一定浓度的 NaOH 溶液至总质量为 100g，搅拌均匀后，待用。

③耐碱渗透性的测定。将工作液置于（25±1）℃的恒温水浴锅中放置15min后，用镊子水平夹住标准棉帆布圆片，轻轻地放至液平面上。为避免影响试验结果，注意液面上不能有泡沫。松开镊子，同时按下秒表，记录标准棉帆布圆片从润湿到沉降至烧杯底部所需的时间，剔除异常实验数据。

根据试样的用途选择合适浓度的 NaOH 溶液。用于低碱浓度如煮练、冷轧堆等工艺的试样可选择 NaOH 溶液浓度为 50g/L，用于高碱浓度丝光工艺的试样可选择 NaOH 溶液浓度为 250g/L。

取5次有效测定结果的平均值作为测试结果，单位为秒（s）。

（5）渗透性效果评价。润湿与沉降时间越短，则说明待测试样对织物的润湿渗透效果越好；反之，润湿与沉降时间越长，则说明待测试样对织物的润湿渗透效果越差。

（四）消泡剂应用性能的测定

在纺织染整前处理工序中，各类织物在退浆、煮练、漂白和洗涤时，要求渗透性好、吸液均匀，能使退浆液、煮练液、漂白液和净洗剂等均匀地渗入纤维中。然而，一旦整理液起泡，纤维或织物难以充分浸透，影响染整质量。为了解决泡沫问题，一方面设计低泡性的配方，尽可能少用甚至不用具有起泡性的助剂；另一方面，可以通过加入前处理消泡剂，提高前处理效果。退浆、煮练工序碱性强，可选用耐碱性的聚醚型消泡剂。对于高温煮练工序，还要求消泡剂具有耐高温性。漂白工艺一般在酸性环境中进行，可选用耐酸性的有机硅消泡剂。

除印染前处理工序外，消泡剂在印染工艺的其他环节也有较多应用。例如，在染色工艺中，若染液中存在泡沫，织物上会形成色点、色斑和色泽不匀，严重影响产品质量。近年来，涤纶和化纤混纺的织物染色，常在高温和机械振动条件下进行，易产生泡沫，从而影响产品质量，因此需要加入染色消泡剂，使纤维表面能够均匀而又直接地接触染色介质，达到匀染的目的；织物印花时，浆料要避免泡沫，否则容易产生白点、斑点等瑕疵，或使织物花型颜色模糊或不匀，因此，需要加入消泡剂以保证产品质量；在织物的防皱整理、涂层整理以及各种功能性化学整理工序中，整理剂或工作液中含有表面活性剂，极易产生泡沫，影响产品的加工，因此，为了提高产品质量，可适当添加消泡剂；在静电植绒黏合、非织造布黏合以及叠层黏合等黏合工艺中，黏合剂中大多含有乳化剂，容易产生泡沫，若泡沫较多，则会影响黏合度，必须加入消泡剂，以改善工艺，提高产品质量。

根据国家标准 GB/T 25799—2010《纺织染整助剂名词术语》，消泡是指能够抑制和阻止泡沫的形成，或消除已形成的泡沫，或能显著降低泡沫持久性的过程，而消泡剂是指具有消泡作用的物质。一般消泡剂中含有破泡剂（消除已形成之泡沫，为暂时性消泡剂）和抑泡剂（抑制和阻止泡沫的产生，为永久性消泡剂）。

消泡剂应具有以下性质：①表面张力小；②消泡能力强、用量少、加入起泡体系中不能影响体系的基本性质；③渗透性强、扩散性好；④化学稳定性好，耐氧化和耐热性能优良；⑤安全性高。对于纺织行业而言，最常用的消泡剂有聚硅氧烷类消泡剂和有机类消泡剂（如聚醚类、油脂类、脂肪酸酯类）两大类，前者是通用型消泡剂。

1. 消泡剂消泡效果的测定方法和标准

起泡体系不同，所用的消泡剂也不同。消泡剂的性能评估一般可从消泡性能、抑泡性能、消泡速率、脱气性能、涂刷性能、相容性、储存稳定性、耐酸碱性、耐高温性等方面进行评估。其中，最重要的性能一般是消泡性能和抑泡性能。

消泡剂的消泡性能和抑泡性能的测试方法有很多，常见的测试方法有德国工业标准法、罗斯—迈尔斯法、搅拌法、高温分散法、循环鼓泡法、鼓气法、振荡法以及滴定法等。国内纺织行业常用的检测方法主要有通气鼓泡法、振荡摇瓶法、洗衣机法以及罗氏泡沫法等。

标准方面，国家质量监督检验检疫总局国家标准化管理委员会发布的关于纺织印染助剂中消泡剂消泡效果的测定方法标准 GB/T 21885—2008《纺织印染助剂　消泡剂　消泡效果的测定》，为纺织印染助剂中消泡剂消泡效果的测定提供了统一的方法依据。该标准的主要技术内容如下所示。

（1）试验原理与范围。GB/T 21885—2008 的试验原理是一定流速的气体通过一定量的测试溶液后，在容器中会形成泡沫。使用同一仪器进行测定，当气体的流速不变时，流动平衡时的泡沫高度 h 可以用于表征消泡剂的消泡性能和抑泡性能。GB/T 21885—2008 规定了纺织印染助剂中消泡剂消泡效果的测定方法，适用于纺织印染助剂中有机硅类、聚醚（酯）类及其他水性消泡剂消泡效果的测定。

（2）试验方法。试验方法包括动态消泡法测定消泡效果（仪器法）和振荡消泡法测定消泡效果（快速法）两种。

①动态消泡法测定消泡效果（仪器法）。将十二烷基苯磺酸钠溶液（质量分数为 0.5%）与 TX-10 溶液（质量分数为 0.5%）按照体积比 1∶1 进行混合，混合均匀后备用。实际测定时也可根据实际应用情况另行选择及配制发泡液。按消泡剂的活性含量计，根据需要配成不同浓度的消泡剂水溶液作为消泡液。

试验中所需的仪器设备包括：电子天平（精确度 0.1mg），烧杯（150mL），恒温水浴（0~100℃），玻璃转子流量计（0~0.600m^3/h），净化空气源（输出压力 0~1.0MPa），秒表，泡沫测试仪（图 4-7），耐温夹套玻璃试管的内径为 35mm，外径 55mm。

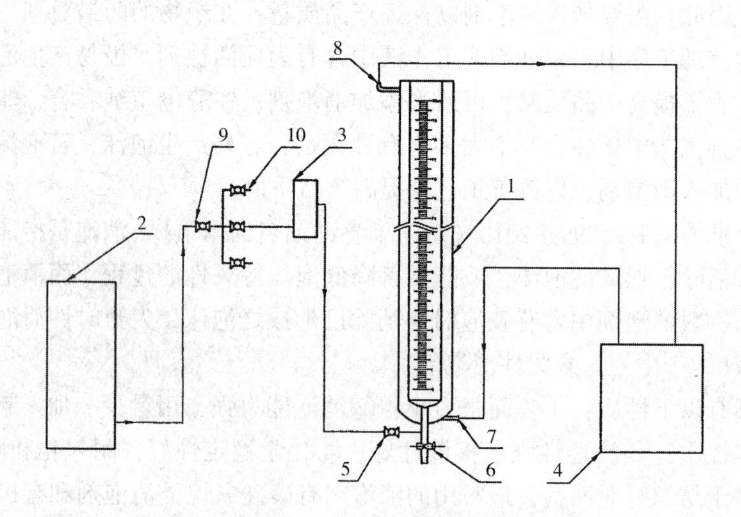

图 4-7　消泡效果测试仪器装置示意图

1—耐温夹套玻璃管　2—净化空气源　3—玻璃转子流量计　4—恒温水浴锅

5、6、9—玻璃考克　7—进水口　8—出水口　10—玻璃三通管

按照图 4-7 连接泡沫测试仪装置，打开恒温水浴锅，并将水浴锅设定至规定温度，接通泡沫测试仪夹套管进行循环回流，使夹套内温度达到规定温度时再开始测定。开启净化空气源，检查所有仪器运转正常后，关停净化空气源。为防止倒入发泡液时有泡沫产生，转子流量计和泡沫测试仪夹套管中不得有气体产生。

在 150mL 烧杯中加入一定量的消泡剂（精确至 0.0002g）和 100mL 配制好的发泡液，搅拌均匀后，将该混合液转移至泡沫测试仪的恒温夹套玻璃管中。打开净化空气源开关，使空气经过流量计（流速一般要求在 $0.1m^3/h$ 左右）通入泡沫测试仪，开始计时并观察记录起始泡沫高度 h_0，然后分别在 2min、5min、10min、15min 观察记录泡沫高度 h_1、h_2、h_3、h_4。测定时可根据需要增减观察泡沫高度的次数。重复测定 3 次，其结果之间的绝对差值不大于 10mm。同时在相同试验条件下做对比样品的试验。

实际测定时，可根据样品性质以及活性物含量等情况确定样品稀释、温度、测试时间、气体流速等试验条件。

以动态鼓气相同时间后产生的泡沫高度表示测试结果，结果数据精确至 1mm。泡沫高度值越小，则表示消泡剂的消泡效果越好；反之，则消泡剂的消泡效果越差。取 3 次测定结果的平均值作为最后测定结果。

②振荡消泡法测定消泡效果（快速法）。发泡液的配制同动态消泡法，在 150mL 烧杯中加入 5g（精确至 0.01g）样品和 100mL 水，充分搅拌均匀，配成消泡液。

所用仪器与设备主要有：电子天平（精确度 0.0001g），量筒（50mL），具塞量筒（100mL），单刻线移液管（1mL），烧杯（150mL），秒表（精确度 0.1s）。

在 100mL 具塞量筒中加入 50mL 发泡液和 1mL 消泡液，调整溶液温度至规定要求，盖上盖子，剧烈摇动 30 次，静置，同时开启秒表，记录泡沫量小于 5mL 时所需的时间。重复测定 3 次，3 次测定结果的绝对差值不得超过 2s。

以泡沫消除的时间来判定消泡性能的优劣：泡沫消除时间越短，则消泡剂的消泡效果越好；反之，则消泡剂的消泡效果越差。

由于消泡剂消泡效果测定时的影响因素较多，消泡剂的性能测试结果很大程度上依赖于测试条件、消泡剂的种类、消泡剂的浓度、消泡剂液滴的大小、消泡剂的加入方式、消泡剂的作用时间、搅拌时间以及强度等，因此，采用不同的测试方法得到的结果有可能相同，也有可能会得到不同甚至是截然相反的测试结论。在实际应用中，选择何种测试方法依赖于测试时间和破泡速率等因素，不同的消泡剂，其破泡速率也不同，测试时间主要取决于实际应用的情况。

2. 消泡剂其他性能的测定

根据实际应用的工序和所适用的环境，还需通过以下几个方面对消泡剂的性能进行评定。

（1）耐高温性（高温高压蒸煮试验）。在烧杯中加入一定量的消泡剂，用约 4 倍质量的水稀释均匀，并将其置于 130℃ 高压锅内进行蒸煮，当温度升至 130℃ 时开始计时，并在此高温高压下蒸煮 2h，然后冷却至室温，取出样品，观察样品是否分层、有无油滴漂浮以评定消泡剂的耐高温耐高压性能。

（2）水分散性。一边搅拌一边向盛有 10g 消泡剂的烧杯中分次缓慢地加入 90g 水，轻轻振荡，观察消泡剂在水中的分散情况。若迅速扩散，则水分散性为优良；若大部分分散得很慢，且有少量絮状物较难分散，则水分散性为中等；若消泡剂不易分散，且有絮状物较难消失，或烧杯壁有油状物，则水分散性为差。

（3）耐剪切性（抗高剪切性能测试）。搅拌下，将100mL样品用水稀释至500mL，然后将其分别加热至85℃和95℃，并于高速剪切机下以3000r/min剪切1h，停止剪切后，观察样品析油情况。

（4）根据实际情况，进行耐电解质、配伍性、耐酸碱性等性能的测定。

三、染浴助剂应用性能的测定

（一）染浴助剂概述

在纺织坯布的染色和印花过程中，为了让染色更加均匀，染料能得到最佳的利用率，在印染过程中需要使用染浴助剂才能得到最佳的效果。

染浴助剂包括印花助剂和染色助剂两大类。根据国家标准GB/T 25799—2010《纺织染整助剂名词术语》可知，在染色过程中，用于改善纤维及纤维制品的染色性能或使染色工艺顺利进行所使用的助剂称为染色助剂（Dyeing Auxiliaries）；在织物印花过程中，用于改进印花质量或使印花工艺顺利进行而使用的助剂称为印花助剂（Printing Auxiliaries）。

常见的印花助剂包括乳化剂、分散剂、增稠剂、黏合剂、交联剂以及其他印花助剂等，而染色助剂包括匀染剂、固色剂和分散剂等。目前我国已实施的染浴助剂应用性能的检测标准主要集中于匀染剂、固色剂、涂料印花增稠剂和阻染剂等，其中，以匀染剂和固色剂的检测标准居多。

（二）匀染剂应用性能的测定

对纤维或织物进行染色时，需要使染料分子均匀地分布于纤维表面，并使其向纤维内部扩散。当织物整个表面的颜色深度、色光和艳亮度都一致时，该染色可称为均匀染色。

各类染料用于纤维染色时，往往会出现染色不均匀的现象，如出现条花（盖染性很差）和染斑等。产生这种现象的原因较为复杂，一方面可能是纤维本身的物理、化学结构不均匀或染色前处理的不均匀性造成纤维对染料的吸附不均匀；另一方面也可能是纤维对染料的亲和力较大，染料在纤维素上的上染速率较快，且在纤维上的扩散系数较低，从而导致染料上色的不均匀性。此外，在纺织品实际染色加工中，常常需要几种染料进行拼色，而各染料之间的吸附性能和扩散性能的差异也会造成染色不匀或在连续染色时造成头尾色差。

解决染色不匀最常用且简单易行的方法是在染浴中加入适当的匀染剂。一方面，匀染剂在染色开始时就通过延缓染料的吸附速率、减缓上染速率使纤维表面均匀地吸附染料，从而提高染色的均匀性；另一方面，当出现染色不均匀时，匀染剂可以通过移染作用进行纠正，从而使染色更加均匀。阴离子染料一般使用阴离子型表面活性剂作为匀染剂，而阳离子染料一般使用阳离子型表面活性剂作为匀染剂。

匀染剂（Levelling Agent）是指能够使染料对纺织品进行均匀染色的物质，也可表述为在纤维纱线或织物的染色过程中，为促使染色均匀，不产生色条、色斑等疵点而添加的物质。匀染剂能够在不降低染色坚牢度的前提下，延缓染料上染纤维的速度（缓染），并能够使染料在纤维上从浓度高的位置经过染液向浓度低的位置转移（移染），从而避免出现深浅不均和色斑现象。

在纤维染色过程中，不同的纤维、染料、设备和染色工艺需要不同的匀染剂。按照匀染剂的化学结构可将匀染剂分为以下两类：

（1）亲纤维型匀染剂。这类匀染剂在化学结构上与染料具有相似的性质，对纤维具有亲和力，在染色过程中与染料对纤维发生竞染作用，优先与纤维结合并占据纤维上的染座，阻碍了染料与纤维的结合，减缓了染料的吸附速率。但匀染剂与纤维的结合力并没有染料分子强，随着染浴温度的升高，纤维上的匀染剂逐渐被染料所置换，最终使染料占据了染色座席，从而达到匀染的目的。亲纤维型匀染剂主要用于天然纤维、锦纶的染色过程中，这类匀染剂是含有酸性基团的阴离子型表面活性剂，如磺化油、高级脂肪醇硫酸钠盐等。用于毛、丝织品的苄基萘磺酸钠等匀染剂和用于腈纶染色过程的季铵盐类阳离子表面活性剂类匀染剂也属于亲纤维型匀染剂。

（2）亲染料型匀染剂。这类匀染剂对染料的亲和力大于染料对纤维的亲和力，在染料被纤维吸附之前，匀染剂优先与染料分子结合生成某种稳定的聚集体，随着染色过程的进行再逐渐将染料释放出来，从而减缓了染料分子与纤维分子的结合速度，达到匀染的效果。亲染料型匀染剂主要有脂肪醇聚氧乙烯醚和烷基苯酚聚氧乙烯醚等非离子型表面活性剂，某些阳离子型表面活性剂也可用作亲染料型匀染剂。

按照纤维类型的不同，匀染剂又可分为腈纶用匀染剂（如阴离子型匀染剂、阳离子型匀染剂、非离子型匀染剂和高分子型匀染剂）、锦纶用匀染剂（如聚合型匀染剂、阴离子型匀染剂和两性离子型匀染剂）、涤纶用匀染剂（如快速染色匀染剂、高温染色匀染剂、染色载体、热熔染色匀染剂和防泳移剂）、天然纤维用匀染剂（如棉、毛、丝等匀染剂）和混纺织物用匀染剂等。

1. 涤用匀染剂应用性能的测定

涤用匀染剂应用性能主要包括高温分散性、缓染性能、移染性能和染色消色性等几个方面。

（1）涤用匀染剂高温分散性的测定方法和标准。由于组成涤纶的聚酯高分子结构较为紧密，吸湿性差，疏水性较强，且具有热塑性，因此涤纶的染色性差，不能像其他纤维那样进行常压染色，涤纶一般采用分散染料在高温下进行染色。分散染料分子中不含水溶性基团，并能以微细的颗粒稳定地悬浮于分散液中。但染料的疏水性会导致较低的水溶性，这会给以水为介质的染色工艺带来困难。因此，为了进一步促进分散染料微粒子的悬浮扩散状态，保持染料分子的均匀分布，染液中往往需要加入具有优良分散性的匀染剂，以保证分散染料在高温下均匀染色。

涤纶染色时，若匀染剂的高温分散性能不佳，则分散染料与匀染剂的相互作用减弱。分散染料容易凝聚为大颗粒，乃至形成染料的聚集体，且分散染料有可能发生晶体增长，晶粒增长后，分散染料的高温分散稳定性降低，从而导致染色有瑕疵，给均匀染色带来诸多麻烦。因此，匀染剂的高温分散性能将直接影响到染色织物的质量好坏。

我国工业和信息化部发布的化工行业标准 HG/T 4261—2011《纺织染整助剂　涤用匀染剂　高温分散性的测定》，明确规定了涤用匀染剂高温分散性的试验方法。该标准的主要技术内容如下。

①试验原理及适用范围。HG/T 4261—2011 通过与不加涤用匀染剂的空白样级数对比来

表征涤用匀染剂的高温分散性，级数提高越多，表明涤用匀染剂的高温分散性越好。HG/T 4261—2011 适用于涤纶类纺织品染色加工中匀染剂高温分散性的测定。

②试剂和材料。分散染料：可选用分散红玉 S-2GFL 100%（C.I. 分散红 167），分散深蓝 HGL 200%（C.I. 分散蓝 79）；乙酸；中速定性滤纸。

③仪器和设备。实验室用小型染色机，真空泵，布氏漏斗（单轴釉质），吸滤瓶，真空表，真空控制阀，pH 计，秒表。真空过滤装置示意如图 4-8 所示。

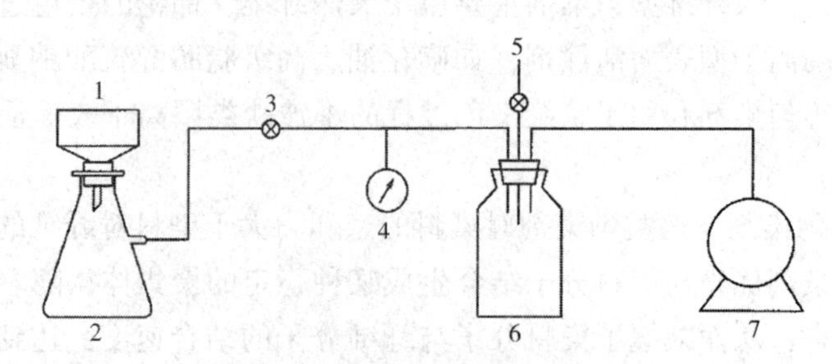

图 4-8 真空过滤装置示意图

1—布氏漏斗 2—吸滤瓶 3—控制阀 4—真空表 5—控制阀 6—缓冲瓶 7—真空泵

④试验步骤。涤用匀染剂首先按照 HG/T 4266—2011《纺织染整助剂 含固量的测定》测定其含固量，然后换算为 20%的含固量进行以下试验。分别配制涤用匀染剂 2.0g/L 和分散染料 0.5g/L（乙酸调 pH 为 5.0~5.5；液量：100mL）。同时配制一份不加涤用匀染剂的空白样进行对比试验。

将配制好的染液以 3.0℃/min 的速率升温至 130℃，并保持 30min，然后以 3.0℃/min 的速率降温至 90℃，准备过滤。

在布氏漏斗中叠放入两层中速定性滤纸，用 90℃的热水润湿并预热滤纸和布氏漏斗，打开真空泵，调节控制阀使真空度为（0.02±0.005）MPa，将 85~90℃的工作液转移至漏斗中进行过滤。当 10s 内漏斗中无液体滴下时，关掉真空泵，取出滤纸。将上层滤纸自然晾干后，进行评级。注意：取染液时应做好防护措施，防止烫伤。打开杯子时应注意，避免压力过大造成染液喷溅伤人。

⑤结果处理。评定滤纸上的残留染料颗粒凝聚情况，评级结果共分为 9 个等级依次为：5 级、4-5 级、4 级、3-4 级、3 级、2-3 级、2 级、1-2 级和 1 级，其中，1 级的高温分散性最差，5 级的高温分散性最好，各等级具体描述如下。

5 级——无染料颗粒凝聚；

4 级——微有染料颗粒；

3 级——有染料颗粒；

2 级——染料颗粒凝聚较明显；

1 级——染料颗粒凝聚极明显。

对比加入涤用匀染剂前后的高温分散性，加入涤用匀染剂后级数提升越多，表明该涤用匀染剂的高温分散性越好。

在实际应用中，分散染料不仅要求对涤纶的着色有鲜艳的色光、良好的染色牢度和分散性，而且必须在染色过程中具有足够的高温分散稳定性。高温分散稳定性是标志分散染料在高温染色状态下分散性能的一种参数。高温分散稳定性优良的分散染料，染色过程中分散剂能够保持吸附在其颗粒表面，染料不发生凝聚现象或重结晶。高温分散匀染剂的加入，有利于提高分散染料的高温分散稳定性。

分散染料的高温分散稳定性可按照国家标准 GB/T 5541—2017《分散染料　高温分散稳定性的测定　双层滤纸过滤法》，即采用双层滤纸过滤法进行测定。通过过滤时间和染料过滤残渣来测定分散染料的高温分散稳定性，可以为正确选择复配高温分散匀染剂提供理论依据。

有学者详细研究了高温分散匀染剂的匀染机理，指出亲纤维型匀染剂通过其对纤维的增塑作用来加快染料在纤维中的扩散，使染料的上染速率和解吸速率都增加，通过增强移染作用以达到匀染的目的；而亲染料型匀染剂则可以与染料形成缔合物，使染料分子聚集增大，减慢纤维对染料的吸附，降低其上染率，从而起到匀染作用，但这类匀染剂在高温时的分散性能可能较差。

（2）涤用匀染剂缓染性能的测定方法和标准。有学者指出，涤纶染色用匀染剂应具备溶解扩散性、缓染性和移染性等最基本的性能，这也是匀染剂在各类不同染色剂上能够使用的最基本要求。一般地，匀染剂的缓染性能是染色能否均匀的关键。

根据 GB/T 25799—2010《纺织染整助剂名词术语》，缓染（Retarding）是指在纺织品染色的初期阶段，具有降低染料染色速度的作用。缓染应不影响染色的吸尽平衡。我国工业和信息化部发布的关于涤用匀染剂缓染性能的测试标准 HG/T 4262—2011《纺织染整助剂　涤用匀染剂　缓染性能的测定》，规定了涤用匀染剂缓染性能的试验方法，适用于涤纶类纺织品染色加工中匀染剂的测定。该标准的主要技术内容如下。

①测试原理。通过不加涤用匀染剂的空白样与加入涤用匀染剂后染色织物的表现深度 K/S 值的差值来表征匀染剂的缓染性，K/S 值的差值越大，则表明该涤用匀染剂的缓染性能越好。

②试剂和材料。织物为经前处理后的涤纶织物，可采用符合 GB/T 7568.4—2002 规定的标准涤纶织物；分散染料：可选用分散黑 EX-SF 300%或分散黄棕 H2RFL 100%（C.I. 分散红 30）。

③仪器和设备。实验室用小型染色机，实验室用小型定型机，测色仪（符合 GB/T 6688—2008《染料　相对强度和色差的测定　仪器法》的相关规定，pH 计，电子天平（精度为 0.01g）。

④试验步骤。涤用匀染剂首先按照 HG/T 4266—2011《纺织染整助剂　含固量的测定》规定的方法测定其含固量，然后换算为 20%的含固量进行试验。分别配制涤用匀染剂 2.0g/L、分散染料 2.0%（owf），调节 pH 至 5.0~5.5。同时配制一份不加涤用匀染剂的空白样进行对比试验。

将涤纶织物投入配好的染液中，控制染色浴比为 1∶20。将染浴温度以 2.0℃/min 的速率升温至 80℃，然后以 0.8℃/min 的速率升温至 110℃，保温 10min，再以 3.0℃/min 的速率降温至 80℃，取出涤纶织物，涤纶织物经水洗、脱水后，置于 150℃的热空气中烘燥，直至烘干。

将以上步骤中得到的涤纶染色织物按照 GB/T 6529—2008《纺织品　调湿和试验用标准大气》规定的条件进行调湿，然后按照 GB/T 6688—2008《染料　相对强度和色差的测定仪器法》中规定的方法，用测色仪测定涤纶织物的表观深度 *K/S* 值。

（3）涤用匀染剂移染性能的测定方法和标准。在分散染料上染涤纶的过程中，分散染料与涤纶之间并不发生化学反应，而仅仅是分散染料在涤纶中的一种扩散作用。然而，涤纶分子结构的紧密性和其极为密致的表面结晶层等特点均对分散染料在涤纶中的扩散起到了阻滞作用，此时，匀染剂的移染性能可以弥补缓染性能在该方面的不足；另外，匀染剂的缓染作用一般发生于织物染色的初期阶段，而当染色温度达到 130℃的保温染色阶段后，染浴中的大部分染料已上染至涤纶的表面，此时，缓染作用已基本完成，而匀染剂的移染性能将进一步推进涤纶整体匀染的效果，故而在此阶段，匀染剂的移染性能就成为涤纶能否匀染的关键。因此，对于涤纶染色用匀染剂而言，除具有缓染性能外，还应具有较强的移染性能。

根据国家标准 GB/T 25799—2010《纺织染整助剂名词术语》可知，移染性（Migration Property）是指在纺织品染色过程中，纤维上的染料从浓度高的位置经过染液向浓度低的位置转移的能力。我国工业和信息化部发布的关于涤用匀染剂移染性能的测试标准 HG/T 4263—2011《纺织染整助剂　涤用匀染剂　移染性能的测定》，规定了涤用匀染剂移染性能的试验方法。该标准适用主要技术内容如下。

①试验原理。将相同规格、相同重量的色布和白布缝成组合试样，将其置于一定浓度的涤用匀染剂工作液中，并于 130℃条件下处理一定时间后，与不加涤用匀染剂的空白试样的移染率（移染后白布与色布的表观深度 *K/S* 值比值的百分数）对比来表征涤用匀染剂的移染性能。加入涤用匀染剂后试样的移染率提高越多，则说明该涤用匀染剂的移染性能越好。

②试剂和材料。织物是经前处理后的涤纶织物，可采用符合 GB/T 7568.4—2002 规定的标准涤纶织物；分散染料可选用分散红 FB 200%（C.I. 分散红 60）、分散蓝 2BLN 100%（C.I. 分散蓝 56）、分散黄 SE-3R 200%中的一种或者几种；乙酸。

③仪器和设备。实验室用小型染色机，实验室用小型定型机，测色仪（应符合 GB/T 6688—2008 的相关规定），pH 计，电子天平（精度为 0.01g）。

④试验步骤。该试验包含染色和移染两部分内容，相关试验流程见表 4-6。

表 4-6　涤用匀染剂移染性能测定的试验流程

试验步骤	试验内容
染色	a. 染液配制。分散染料：2.0%（owf）；pH（乙酸调）：5.0~5.5；染色浴比：1∶20。 b. 染色。将涤纶织物放入配制好的染液中，控制染色浴比为 1∶20。加热使染浴温度以 2.0℃/min 的速率升温至 80℃，然后以 0.8℃/min 的速率升温至 130℃，保温 40min，再以 3.0℃/min 的速率降温至 60℃后，取出染色织物，水洗。 c. 后处理。控制浴比为 1∶20，于 70℃温度下，将染色织物置于保险粉（2g/L）和 30%的 NaOH 溶液（3mL/L）中还原清洗 15min。取出染色织物，经充分水洗、脱水后，再将其置于 150℃的热空气中烘燥，烘干为止。

续表

试验步骤	试验内容
移染	a. 移染液配制。涤用匀染剂首先按照 HG/T 4266—2011《纺织染整助剂 含固量的测定》规定的方法测定其含固量，然后换算为20%的含固量进行试验。涤用匀染剂（2.0g/L），pH（乙酸调）：5.0~5.5；浴比：1∶20。同时配制一份不加涤用匀染剂的空白样进行对比试验。 b. 移染。将已染色的涤纶织物2.5g和相同规格、相同重量的白布2.5g沿一边缝合制成移染组合布样，并将此移染组合布样放入移染液中，控制移染浴比为1∶20，加热使移染浴温度以2.0℃/min的速率升至130℃，保温2h，然后以3.0℃/min速率降温至60℃。取出移染组合布样，经水洗、脱水后，置于150℃的热空气中烘燥，烘干为止。

⑤结果处理。将经移染步骤处理过的组合试样按照国家标准 GB/T 6529—2008《纺织品　调湿和试验用标准大气》规定的条件进行调湿，然后按照 GB/T 6688—2008《染料　相对强度和色差的测定　仪器法》规定的方法，用测色仪分别测定移染后白布和色布的 *K/S* 值。匀染剂的移染率用移染后白布 *K/S* 值与移染后色布 *K/S* 值的比值进行计算，具体计算公式如式（4-17）所示：

$$\text{移染率}=\frac{\text{移染后白布的}K/S\text{值}}{\text{移染后色布的}K/S\text{值}}\times 100\% \tag{4-17}$$

对比加入涤用匀染剂前后组合试样的移染率，加入涤用匀染剂后移染率提升越多，则说明该涤用匀染剂的移染性能越好。

（4）涤用匀染剂染色消色性的测定方法和标准。在分散染料上染涤纶的过程中，加入匀染剂后往往会出现“增色效应”或“消色效应”。“增色效应”是指加入匀染剂后织物的上色率增加，色泽变深；而“消色效应”则是指加入匀染剂后，织物的上色率下降，色泽变浅。不同的分散染料在加入同一种匀染剂后，可能会产生“增色效应”，也有可能会产生“消色效应”。因此，测定涤用匀染剂的染色消色性，在实际生产中具有积极的意义。目前，已有学者从分散染料的溶解度出发，采用聚合物薄膜袋法测定了分散黄 M-4G、分散红 3B 和分散蓝 2BLN 三种分散染料在匀染剂 GS 不同浓度时的溶解度、上染率和移染率，展示了匀染剂在分散染料染色中的“增色效应”和“消色效应”，并从染色理论上推论了产生这两种效应的原理。

我国工业和信息化部发布的关于涤用匀染剂染色消色性能试验方法的测定标准 HG/T 4436—2012《纺织染整助剂　涤用匀染剂　染色消色性的测定》，规范了分散染料染色加工中匀染剂染色消色性的测定方法，该标准主要技术内容如下。

①试验原理。通过在分散染料染色工作液中加入涤用匀染剂进行染色，以不加匀染剂的空白样为标样，用测色仪测定染色布的总色差 ΔE^*，以 ΔE^* 来表征涤用匀染剂的消色性能。在相同的染色条件下，ΔE^* 越小，则表明该涤用匀染剂染色消色性越小，反之则越大。

②试剂和材料。织物为经前处理后的涤纶织物，可采用符合 GB/T 7568.4—2002 规定的标准涤纶织物；分散染料可选用分散红 3B 100%（C.I. 分散红 60）、分散蓝 2BLN 100%（C.I. 分散蓝 56）、分散黄 SE-3R 200%、分散翠蓝 S-GL 180%（C.I. 分散蓝 60）、分散嫩黄 SF-6G 200%（C.I. 分散黄 61）等 5 种分散染料，测试时也可以根据实际情况自选染料；

乙酸。

③仪器和设备。实验室用小型染色机，实验室用小型定型机，测色仪（应符合 GB/T 6688—2008 的相关规定），pH 计（测量范围 0~14，精确至 0.01pH 单位），电子天平（精度为 0.01g）。

④试验步骤。涤用匀染剂首先按照 HG/T 4266—2011《纺织染整助剂　含固量的测定》规定的方法，采用烘箱法测定其含固量，然后换算为 20%的含固量进行试验。分别配制涤用匀染剂 1.0g/L，分散染料：0.5%（owf），乙酸调节 pH 至 5.0~5.5。同时配制一份不加涤用匀染剂的空白样进行对比试验。

分散染料的选用可参考配方 1（分散红 3B 100%：分散黄 SE-3R 200%：分散蓝 2BLN 100%=3：1：1）或配方 2（分散翠蓝 S-GL 180%：分散嫩黄 SF-6G 200%=1：1）。

将涤纶织物投入配制好的染液中，控制染色浴比为 1：20，加热使染浴温度以 2.0℃/min 的速率升温至 80℃，然后以 0.8℃/min 的速率升温至 130℃，保温 30min，再以 3.0℃/min 的速率降温至 60℃，取出染色布样，经水洗和脱水后，将其置于 160℃的热空气中进行烘焙，烘干为止。

⑤结果处理。将染色后的织物按照 GB/T 6529—2008 规定的条件进行调湿，并按照 GB/T 6688—2008 规定的方法，以不加匀染剂的空白样为标样，用测色仪测定染色织物的 ΔL^*、Δa^*、Δb^* 和 ΔE^*。

其中，近似均匀的 CIELAB 三位颜色空间由直角坐标 L^*、a^* 和 b^* 构成。其关系式如式（4-18）~式（4-20）所示。

$$\Delta L^* = L^*_{样} - L^*_{标} \tag{4-18}$$

$$\Delta a^* = a^*_{样} - a^*_{标} \tag{4-19}$$

$$\Delta b^* = b^*_{样} - b^*_{标} \tag{4-20}$$

ΔE^* 表示试样与标样的总色差；ΔL^* 为“+”，表示试样比标样偏白，ΔL^* 为“-”，表示试样比标样表示偏黑；Δa^* 为“+”，表示试样比标样表示偏红，Δa^* 为“-”，表示试样比标样偏绿；Δb^* 为“+”，表示试样比标样偏黄，Δb^* 为“-”，表示试样比标样偏蓝。

（5）涤纶染色工艺对匀染剂的其他性能要求。涤纶的半成品存在纱线、织物、散纤维等多种类型，这些涤纶均可采用高温高压工艺进行染色。然而，为了不影响染色的品质，不同类型的涤纶半成品必须使用符合各自特征的染色设备。如织物可根据实际情况采用松式浸染、平幅卷染以及经轴染色等多种形式进行染色；纱线主要以筒子或笼装绞纱的方式进行染色；散纤维虽也采用笼装方式进行染色，但在工具配置、设备附件以及挡车操作细节等方面与纱线染色存在着差异。不同染色设备运行方式各异，其对匀染剂的性能要求也不相同。因此，涤用匀染剂除满足高温分散性、缓染性、移染性以及染色消色性等基本性能外，根据实际工况还需具有低泡性、抗沉淀性和强渗透性等性能。

①低泡性能。涤纶织物采用溢流、喷射等喷嘴型的松式织物浸染机染色时，为了使染浴中未溶解的染料充分保持悬浮状态，织物在染色机中的运转速度较快，染浴受到剧烈搅动，在此条件下，染浴中的某些助剂和染料极易形成泡沫，这种现象在半充满式的染色机中最为明显。若泡沫不断增加，达到一定程度后就会使喷嘴形成泡沫性空吸，喷嘴压力下降，从而导致坯布停转，坯布停转后极易产生褶皱印、色花等染色疵病。因此，涤纶采用此类染色机染色时，要求匀染剂具有低泡性能。

②抗沉淀性能。高温高压卷染机对泡沫问题的要求并不突出。然而，此类染色机染色时，坯布转动而染液不动，且染色浴比较小，这就使得在相同的染色配方下，染液中的染料单位浓度一般比溢流、喷射类以及筒子纱、散纤维类染色机中的染料浓度要高，从而增加了悬浮态染料聚集和沉淀的发生概率。因此，涤纶采用高温高压卷染机染色时，要求匀染剂具有抗沉淀性和扩散性。

③强渗透性能。与溢流喷射类染色机不同，筒子纱、笼装绞纱、散纤维染色设备并不使用喷嘴，因而对泡沫问题以及抗沉淀性的要求并不突出。然而，涤纶在这类染色设备的染色浴中为全浸没，染色时转染液而不转纤维，且常染较厚的纤维叠堆层。因此，涤纶采用此类染色机染色时，除要求设备方面有充分的水流穿透能力外，同时要求匀染剂具有良好的渗透性能。

2. 锦纶用匀染剂应用性能的测定

为了得到良好的匀染性，锦纶染色时也常常需要加入匀染剂。一方面，匀染剂可以通过与染料和纤维的相互作用，使染料较缓慢地被纤维吸附，减缓染料的上染速率，从而减少因上染速度太快而引起的染色不均匀；另一方面，当产生染色不匀时，通过移染作用将上色较多部位的染料转移至上色较少的部位，从而使上染变得更为均匀。

锦纶染色时加入匀染剂的目的是为了辅助纤维对染料的吸收均匀和促进染料的迁移能力。性能优良的匀染剂可协助染色作业在短时间内获得良好的匀染及渗透作用，对提高生产效率有着重要的意义。我国工业和信息化部发布的锦纶匀染剂应用性能的测定标准 HG/T 4731.1~4731.3—2014《纺织染整助剂 锦纶匀染剂应用性能的测定》(2014) [合订本] 从缓染性、移染性以及消色性三个方面对锦纶匀染剂的应用性能进行了评定，综合这些性能可以基本鉴定出匀染剂性能的优劣。该标准的主要技术内容如下。

(1) 锦纶用匀染剂缓染性的测定。本部分为 HG/T 4731—2014 的第 1 部分，规定了锦纶用匀染剂缓染性能的试验方法，适用于锦纶类纺织品在染色加工过程中所用匀染剂缓染性能的测定。

①试验原理。通过不加锦纶匀染剂的空白样与加入匀染剂后锦纶染色织物的表观深度 K/S 值的差值 $\Delta K/S$ 值表征锦纶匀染剂的缓染性能。具体测试流程为在酸性染料染色工作液中加入锦纶匀染剂，在升温过程中的特定温度点取样，同时进行空白对比试验，然后测试取样织物的表观深度 K/S 值。

②试验和材料。织物为经前处理后的锦纶织物，也可采用符合 GB/T 7568.3—2008 规定的聚酰胺纤维标准贴衬织物；酸性染料：选用酸性大红 FGRS 200% (C.I. 酸性红 114) 或酸性棕 MBL 300% (C.I. 酸性棕 355)，也可根据实际情况自选染料；乙酸：用于调节 pH。

③仪器和设备。实验室用小型染色机，实验室用小型轧车，测色仪 (应符合 GB/T 6688—2008 的相关规定)，pH 计 (测量范围 0~14，精确至 0.01pH 单位)，电子天平 (精度为 0.001g)。

④试验步骤。锦纶用匀染剂首先按照 HG/T 4266—2011《纺织染整助剂 含固量的测定》规定的方法，采用烘箱法测定其含固量，然后换算为 30%的含固量进行试验。分别配制锦纶用匀染剂 1.0g/L、酸性染料 0.5% (owf，乙酸调节 pH 至 5.0~5.5)。同时配制一份不加锦纶用匀染剂的空白染液进行对比试验。

称取 (5.0±0.01) g 锦纶织物，将其置于配制好的染液中，控制染色浴比为 1∶20。加热使染浴温度以 1.5℃/min 的速率升温至 75℃，保温 10min，再以 3.0℃/min 的速率降温至

60℃。取出染色织物，用三级水冲洗两次后，再用流动水冲洗干净并挤压，最后置于 150℃ 的热空气中进行烘干。

将上述步骤中得到的锦纶染色织物按照 GB/T 6529—2008《纺织品　调湿和试验用标准大气》规定的条件进行调湿，然后按照 GB/T 6688—2008《染料　相对强度和色差的测定　仪器法》中规定的方法，用测色仪测定锦纶染色织物的表观深度 K/S 值。

⑤结果计算与表述。锦纶用匀染剂的缓染性以空白试样与加入锦纶匀染剂后染色织物的表观深度 K/S 值的差值 $\Delta K/S$ 值表示，若以 $K/S_{空白样}$ 表示空白染液染色织物的表观深度，$K/S_{加入锦纶匀染剂后织物}$ 表示加入锦纶用匀染剂后染色织物的表观深度，则 $\Delta K/S = K/S_{空白样} - K/S_{加入锦纶匀染剂后织物}$。$\Delta K/S$ 值越大，则说明该锦纶用匀染剂的缓染性能越好，反之则越差。

（2）锦纶用匀染剂移染性能的测定。本部分为 HG/T 4731—2014 的第 2 部分，规定了锦纶用匀染剂移染性能的试验方法，适用于锦纶类纺织品在染色加工过程中所用匀染剂移染性能的测定。

①试验原理。在一定浓度的锦纶匀染剂工作液中放入由相同规格、相同重量的色布和白布缝成的组合试样，在 100℃ 条件下处理一定时间后，锦纶匀染剂的移染性能以移染后白布与色布的表观深度 K/S 值比值的百分数（移染率）表征。

②试剂与材料。除非另有规定，仅使用确认为分析纯的试剂和 GB/T 6682—2008 规定的三级水。织物为经前处理后的锦纶织物，也可采用符合 GB/T 7568.3—2008 规定的聚酰胺纤维标准贴衬织物；酸性染料：酸性红 2BL 200%（C.I. 酸性红 336）、酸性黄 RXL 200%（C.I. 酸性黄 67）、酸性蓝 RL 200%（C.I. 酸性蓝 260），也可根据实际情况自选染料；乙酸：用于调节 pH。

③仪器与设备。实验室用小型染色机，实验室用小型定型机，测色仪（应符合 GB/T 6688—2008 的相关规定），pH 计（测量范围 1~14，精确至 0.01pH 单位），电子天平（精度为 0.001g）。

④试验步骤。该试验包含染色和移染两部分内容，相关试验流程见表 4-7。

表 4-7　锦纶用匀染剂移染性能测定的试验流程

试验步骤	试验内容
染色	a. 染液的配制。酸性染料：1.0%（owf）；pH（乙酸调）：5.0~5.5；染色浴比：1∶20 b. 染色。在配制好的染液中加入（5.0±0.01）g 锦纶织物，控制染色浴比为 1∶20。加热使染浴温度以 1.5℃/min 的速率升温至 100℃，保温 30min，然后以 3.0℃/min 的速率降温至 60℃。取出染色布样，用三级水冲洗两次后，再用流动水冲洗干净并挤压，最后将其置于 150℃ 的热空气中进行烘干
移染	a. 移染液的配制。锦纶用匀染剂首先按照 HG/T 4266—2011《纺织染整助剂　含固量的测定》规定的方法，采用烘箱法测定其含固量，然后换算为 30% 的含固量进行试验。锦纶用匀染剂（1.0g/L），pH（乙酸调）：5.0~5.5；浴比：1∶20 b. 移染。将染色步骤中得到的（2.5±0.01）g 锦纶染色织物与相同规格、相同重量的白布沿一边缝合组成移染组合布样，并将其置于配制好的移染液中，控制移染浴比为 1∶20。加热使移染浴温度以 1.5℃/min 的速率升温至 100℃，保温 30min，然后以 3.0℃/min 的速率降温至 60℃，取出组合布样，用三级水冲洗两次，再用流动水冲洗干净并挤压，最后将其置于 150℃ 的热空气中进行烘干。 c. 测试。将经移染步骤处理过的组合试样按照国家标准 GB/T 6529—2008 规定的条件进行调湿，然后按照 GB/T 6688—2008 规定的方法，用测色仪分别测定移染后白布和色布的 K/S 值

⑤结果计算与表述。锦纶用匀染剂的移染率用移染后白布 K/S 值与移染后色布 K/S 值的比值进行计算，具体计算公式如式（4-21）所示：

$$移染率（\%）=\frac{移染后白布的K/S值}{移染后色布的K/S值}\times100 \tag{4-21}$$

对比加入锦纶用匀染剂前后组合试样的移染率，加入锦纶用匀染剂后移染率提升越多，则说明该锦纶用匀染剂的移染性能越好，反之则越差。

（3）锦纶用匀染剂消色性的测定。本部分为 HG/T 4731—2014 的第 3 部分，规定了锦纶匀染剂消色性能的试验方法，适用于锦纶类纺织品在染色加工过程中匀染剂的消色性能的测定。

①测试原理。通过在酸性染料染色工作液中加入锦纶匀染剂进行染色，以不加匀染剂的空白样为标样，用测色仪测定染色布的总色差 ΔE^*，以 ΔE^* 来表征锦纶用匀染剂的消色性能。

②试剂与材料。织物为经前处理后的锦纶织物，也可选用符合 GB/T 7568.3—2008 规定的聚酰胺纤维标准贴衬织物；酸性染料：（Ⅰ）选用酸性橙 AGT 200%（C.I. 酸性橙 116）、酸性红玉 N-5BL 200%（C.I. 酸性红 299）、酸性军蓝 5R 120%（C.I. 酸性蓝 113）拼成绛红色，AGT∶N-5BL∶5R=1∶1∶1；（Ⅱ）酸性黑 168 200%（C.I. 酸性黑 168），也可根据实际情况自选染料；乙酸：用于调节 pH。

③仪器与设备。实验室用小型染色机，实验室用小型定型机，测色仪（应符合 GB/T 6688—2008 的相关规定），pH 计（测量范围 0~14，精确至 0.01pH 单位），电子天平（精度为 0.001g）。

④试验步骤。锦纶匀染剂首先按照 HG/T 4266—2011《纺织染整助剂　含固量的测定》规定的方法，采用烘箱法测定其含固量，然后换算为 30%的含固量进行试验。分别配制锦纶匀染剂 1.0g/L、酸性染料 0.25%（owf，乙酸调节 pH 至 5.0~5.5）。

在配好的染液中加入（5.0±0.01）g 锦纶织物，控制染色浴比为 1∶20。室温下加热使染浴温度以 1.5℃/min 的速率升温至 100℃，保温 30min，然后以 3.0℃/min 的速率降温至 60℃。取出染色布样，用三级水冲洗两次，再用流动水冲洗至干净并挤压，最后将其置于 150℃的热空气中烘干。

将上述步骤中得到的染色织物按照 GB/T 6529—2008 规定的条件进行调湿，并按照 GB/T 6688—2008 规定的方法，以不加匀染剂的空白样为标样，用测色仪测定染色织物的 ΔL^*、Δa^*、Δb^* 和 ΔE^*。关于 ΔL^*、Δa^*、Δb^* 和 ΔE^* 的代表意义，可参见本节 HG/T 4436—2012 的相关性内容。

⑤结果表述。在相同的染色条件下，ΔE^* 越小，则表明该锦纶匀染剂染色消色性越小，反之则越大。

3. 涤用匀染剂与锦纶用匀染剂应用性能测定的比较

涤纶与锦纶的分子结构不同，染色时这两者所用的染料以及染色工艺也有所差异。然而，无论是涤用匀染剂还是锦纶匀染剂，其作为匀染剂的基本条件是相通的，既可以使染料缓慢地被纤维吸附（具有缓染作用），当出现染色不均匀时，又能够使染料从深色部分向浅色部分移动（具有移染作用），而且不降低染色牢度。

对于匀染剂的同一应用性能（缓染性、移染性和消色性等），涤用匀染剂和锦纶用匀染剂的技术原理和测试程序基本是一致的。下面以缓染性为例进行说明。比较涤用匀染剂缓染性能与锦纶用匀染剂缓染性两者的测定流程可知，虽然两者的适用范围、染料以及染色工艺条件均不相同，但两者的技术原理均是通过加入匀染剂后织物的表观深度与空白样表观深度的差值 $\Delta K/S$ 对匀染剂的缓染性能进行表征；试验流程均为配制染液、染色、按照 GB/T 6529—2008 规定的条件进行调湿，然后按照 GB/T 6688—2008 规定的方法，用测色仪测定染色织物的表观深度 K/S 值。同时配制一份不加匀染剂的空白染液进行对比试验，最后计算表观深度的差值 $\Delta K/S$。$\Delta K/S$ 值越大，则说明匀染剂的缓染性能越好，反之则越差。可以看出，两者的技术原理和试验流程基本一致。

（三）固色剂应用性能的测定

纤维和织物染色后，虽然可以获得比较鲜艳的颜色，但染色牢度往往不能达到要求，特别是染色织物的耐湿处理及日晒色牢度较差。如直接染料结构中含有亲水性的磺酸基和羧酸基，故其湿处理牢度较差；活性染料与纤维之间虽然通过共价键进行结合，但若在染色或水洗过程中存在水解染料或对未键合的染料皂洗不充分时，也会使染色织物的耐湿处理色牢度降低；采用不溶性的硫化染料及偶氮染料染深色时，其耐湿摩擦色牢度也不理想。为了克服这些现象，提高色牢度，通常需要加入特殊的助剂进行固色处理。

广义上讲，凡是能够在印染过程中或在其后处理中提高染料色牢度的物质统称为固色剂，从这个定义出发，活性染料固色用的碱剂、媒染染料染羊毛时用的重铬酸盐、阳离子染料染蚕丝时在碱性或近中性条件中进行接枝交联用的接枝剂、化纤变性剂以及为提高染色牢度在后处理中用的化学制剂都可称为固色剂。

但在纺织染整助剂领域，固色剂是指在染料上染纤维前后为提高染色牢度而另外加入的辅助助剂。不加固色剂染料也能上染，但染色牢度较差。从这个定义上讲，在染色过程中创造必要条件使染料上染纤维或使染料能与纤维结合的物质不能称为固色剂，如活性染料染色用的碱剂、媒染染料染羊毛时用的重铬酸盐等。国家标准 GB/T 25799—2010 中指出，固色剂（Fixing Agent）是指对染料具有固着作用，可以提高染色织物耐湿处理色牢度的物质。

1. 固色剂的固色机理

由于各类染料在不同纤维和织物上的染色机理不同，其染色牢度也各异，因此，染色所用的固色剂及其固色机理也不相同。目前并没有一个统一的理论可以解释各种染料固色的机理。总结来说，各类染料固色剂的固色机理大致有以下几种。

（1）通过降低染料的水溶性来提高耐湿处理色牢度。含水溶性基团的染料湿处理后由于易溶于水从而造成其色牢度较差，提高其耐湿处理色牢度的方法就是降低其水溶性。如直接染料、活性染料用阳离子固色剂处理后，可以生成不溶性沉淀物质，从而提高其染色牢度。

（2）在纤维表面形成薄膜，阻止染料从纤维表面脱落，增加纤维表面的染料溶解的难度，从而提高其耐湿处理色牢度。如用防水整理剂和树脂整理剂处理后，可在纤维表面形成薄膜，通过降低染料在水洗时的溶解性来提高染色牢度。

（3）使用交联剂将染料与纤维进行交联，提高纤维表面与染料之间的亲和性，从而达到固着的目的。例如，直接交联染料（如 BASF 的 Basazol 染料等）使用交联剂处理后可以使染料与染料、染料与纤维之间形成交联，能够很大程度地提高染色牢度。

（4）通过金属盐处理使染料的光化稳定性提高，从而提高耐日晒色牢度和耐湿处理色牢度。

（5）纤维阳离子经变性处理后，可在纤维分子上引入阳离子的季铵基团，这既克服了染料染色时使用大量盐作为促染剂所造成的污染，提高了直接染料和活性染料的上染性能，还能提高染料的耐湿处理色牢度。

2. 棉用固色剂固色效果的测定方法和标准

随着人们环保意识的增强，环保型的天然纤维素纤维越来越受到青睐。棉纤维属于天然纤维素纤维，棉织物不仅具有良好的吸湿透气性、柔软的手感，而且保暖性好、有优异的服用性能和可降解回收利用等优点。成熟的棉纤维绝大部分由纤维素大分子堆砌而成，纤维素是一种多糖物质，分子间依靠分子引力、氢键、化学键等结合力相互联结，形成各种凝聚态。活性染料、还原染料、直接染料以及硫化染料等均可用于棉纤维的染色，但染料与纤维素之间作用力较弱以及染料利用率低等因素致使染料的上染率和染色牢度不够理想，需要用固色剂进行固色处理。国内外已开发出的棉用固色剂种类繁多，但是这些固色剂的固色牢度尤其是耐湿处理色牢度的性能达3级以上的非常有限。因此，建立合适的标准方法，对棉用固色剂的固色效果进行评估是十分必要的。

我国工业和信息化部发布实施了关于棉用固色剂固色效果的标准检测方法HG/T 4268—2011《纺织染整助剂　棉用固色剂　固色效果的测定》，该标准主要技术内容如下。

（1）适用范围及试验原理。HG/T 4268—2011规定了棉用固色剂固色效果的试验方法，适用于纤维素类纺织品固色处理用固色剂的测定。该标准选择色牢度较差的染料对棉织物染色、皂洗并进行固色处理，通过检测固色前后的色牢度和固色色变，来表征棉用固色剂的固色效果。固色后织物的色牢度提升越多，固色色变越小，则该固色剂的固色效果越好。

（2）试剂和材料。织物为经前处理后的全棉织物，可采用符合GB/T 7565—2011规定的标准棉织物；活性染料可选用活性翠蓝KN-G 100%（C.I. 活性蓝21）、活性红S-3B 200%（C.I. 活性红111）；硫酸钠；碳酸钠。

（3）仪器和设备。实验室用小型染色机，实验室用小型轧车，实验室用小型定型机，测色仪（应符合GB/T 6688—2008的相关规定），pH计，电子天平（精度为0.01g）。

（4）试验步骤。该试验可分为染色和棉用固色剂固色两部分，试验流程参见表4-8。

表4-8　棉用固色剂固色效果测定的试验流程

试验步骤	试验内容
染色	a. 染液配制。染料可选用活性翠蓝KN-G或活性红S-3B；染料用量（6%，owf），染色浴比为1∶10 b. 染色。在按步骤a配制好的染液中加入硫酸钠，直至硫酸钠的浓度为70g/L，加热使染液温度以3.0℃/min的速率升温至45℃后，将全棉织物投入染液中，染色20min，再加入碳酸钠至其浓度为20g/L，加热使染浴温度以1.0℃/min的速率升温至65℃，保温60min，染色结束 c. 后处理。在1∶50的浴比条件下，将染色织物进行如下水洗程序：首先用室温水洗5min，然后用95℃热水洗5min，再用室温水洗5min，染色织物脱水后，将其置于150℃的热空气中烘燥，烘干为止

续表

试验步骤	试验内容
棉用固色剂固色	a. 棉用固色剂首先按照 HG/T 4266—2011《纺织染整助剂　含固量的测定》规定的方法，采用烘箱法测定其含固量，然后换算为 20%的含固量进行试验 b. 浸渍固色。配制棉用固色剂（2%，owf），浴比为 1∶10，pH 值为 5.0~7.0。将染色步骤中得到的 10g 全棉染色织物投入至配制好的棉用固色剂工作液中，加热使工作液温度以 3.0℃/min 的速率升至 50℃，保温 20min，固色结束。将固色后的织物进行脱水处理后，再置于 150℃的热空气中烘燥，烘干为止 c. 浸轧固色。配制棉用固色剂（20g/L），pH 为 5.0~7.0。将染色步骤中得到的全棉染色织物浸轧规定浓度的棉用固色剂工作液，一浸一轧，轧液率为 60%~80%。将固色后织物置于 150℃的热空气中烘燥，烘干为止

（5）结果处理。

①固色色变。将固色前后织物按照 GB/T 6529—2008 规定的条件进行调湿，并按照 GB/T 6688—2008 规定的方法，以固色前的染色布为标样，用测色仪测定固色后色布的 ΔL^*、Δa^*、Δb^* 和 ΔE^*。ΔE^* 越大，则该固色剂的色变也就越大。

关于 ΔL^*、Δa^*、Δb^* 和 ΔE^* 的代表意义，可参见本节 HG/T 4436—2012 的相关性内容。

②固色牢度。将固色前后的织物测试以下一项或者多项色牢度：

a. 耐洗色牢度：按照 GB/T 3921—2008 进行测定；

b. 耐摩擦色牢度：按照 GB/T 3920—2008 进行测定；

c. 耐汗渍色牢度：按照 GB/T 3922—1995 进行测定；

d. 耐热压色牢度：按照 GB/T 6152—1997 进行测定；

e. 耐光色牢度：按照 GB/T 8427—2008 进行测定；

f. 耐氯化水色牢度：按照 GB/T 8433—1998 进行测定；

g. 其他色牢度：按照相关色牢度标准执行。

固色后织物的色牢度比固色前提升越多，则固色剂的固色效果越好。

3. 锦纶用固色剂固色效果的测定方法和标准

在实际生产中，锦纶大多采用酸性染料进行染色，其中，弱酸性染料色谱广、颜色鲜艳，在锦纶染色中占有重要地位。弱酸性染料除了借助于离子键与锦纶发生键合反应外，还可通过较强的范德瓦尔斯力和氢键上染锦纶。但弱酸性染料上染锦纶存在耐湿处理色牢度较差的缺点。为了提高锦纶染色织物的耐湿处理色牢度，可采用染色后固色处理进行改进，这对中、深色产品尤为重要。

为评价锦纶固色剂固色效果，我国工业和信息化部发布实施了锦纶固色剂固色效果的测试方法标准 HG/T 4730—2014《纺织染整助剂　锦纶固色剂　固色效果的测定》，该标准的主要技术内容如下。

（1）试验原理。基于采用色牢度较差的酸性染料对锦纶织物进行染色后，在规定的条件下清洗染色织物，再用固色剂进行固色处理，然后检测各项色牢度，以锦纶织物色牢度的提升级数来评价固色剂的固色效果。以未经固色处理的织物为参照样，色牢度提升级数越高，则表明该固色剂的固色效果越好。

（2）试剂和材料。织物采用 GB/T 7568.3—2008 规定的聚酰胺标准贴衬织物；酸性染料可选用天龙（Telon）红 M-CA、依索伦（Isolan）蓝 NHF-S（均为标准力份）；冰醋酸。

（3）仪器和设备。实验室用小样染色机，实验室用小型轧车，实验室用小型定型机，电热鼓风干燥箱（室温~300℃），测色仪（符合 GB/T 6688—2008 的规定），耐洗色牢度试验仪（符合 GB/T 3921—2008 的规定），耐汗渍色牢度试验仪（符合 GB/T 3922—1995 的规定），耐海水色牢度试验仪（符合 GB/T 5714—1997 的规定），pH 计（测量范围 0~14，精确至 0.01pH 单位），电子天平（感量为 0.01g）。

（4）试验步骤。试验可分为染色、锦纶固色剂的处理、浸渍法固色试验、浸轧法固色试验和防沾色效果试验，具体操作步骤和流程参见表 4-9。

表 4-9　锦纶用固色剂固色效果测定的试验流程

试验步骤	试验内容
染色	a. 将天龙（Telon）红 M-CA 和依索伦（Isolan）蓝 NHF-S 分别配制成 10g/L 的溶液 b. 向 150mL 的染杯中分别加入一定量的天龙（Telon）红 M-CA 和依索伦（Isolan）蓝 NHF-S 溶液，使染料用量为 5%（owf）；再向染杯中加入足量的水使得染色浴比为 1∶10，并用 0.3mL/L 的冰醋酸调节工作液的 pH 至 4.5 左右。将规定的聚酰胺织物投入染杯中，盖好染杯盖，将染杯置于染色小样机内进行染色 c. 启动染色机，使染浴温度以 1.0℃/min 的升温速率升温至 98℃，保温 60min，然后降温至 50℃，取出染色织物 d. 在浴比 1∶30 的条件下，将染色织物按如下水洗程序进行处理：室温水洗 5min，60~70℃热水洗 5min，室温水洗 5min e. 将水洗后的染色织物脱水后，置于 100℃的烘箱中烘 5min 注意：染色过程中应防止织物出现色花。若出现色花，应舍弃试样并重新安排染色
锦纶固色剂的处理	锦纶固色剂首先按照 HG/T 4266—2011《纺织染整助剂　含固量的测定》规定的方法，采用烘箱法测定其含固量，然后换算为 35%的含固量进行试验
浸渍法固色试验	a. 将含固量为 35%的锦纶固色剂配制成 10g/L 的溶液，备用 b. 向染杯内分别加入 20g、30g、40g（至少取 2 个用量）锦纶固色剂溶液，加水至 100mL，配成浓度分别为 2%、3%、4%（owf）的锦纶固色剂工作液，根据产品应用情况用冰醋酸调节工作液的 pH 至 4.5±0.5 c. 将 10g 染色的聚酰胺织物，分别投到盛有锦纶固色剂工作液的染杯中，控制浴比为 1∶10。以 2.0℃/min 的速率使工作液升温至 80℃，保温 20min。在浴比为 1∶30 的条件下，将固色后的织物用室温水清洗 3 次，每次清洗 5min，脱水后，再将其置于 100℃的烘箱中烘 5min。冷却后，按照 GB/T 6529—2008 规定的条件调湿 4h 后待测
浸轧法固色试验	配制 200mL 浓度为 30g/L、40g/L、50g/L（至少取 2 个用量）锦纶固色剂工作液。根据产品应用情况用冰醋酸调节工作液的 pH 至 4.5±0.5。取染色步骤中得到的 10g 染色聚酰胺织物，将其置于锦纶固色剂工作液中浸泡 5~10s，然后在轧车上轧液，使轧液率为（50±2）%。将浸轧后的织物置于 100℃的烘箱中烘 5min，然后在 150℃温度下定形处理 30s，冷却后，按照 GB/T 6529—2008 规定的条件进行调湿 4h，待测

续表

试验步骤	试验内容
防沾色效果试验	将锦纶固色剂、天龙（Telon）红 M-CA 和依索伦（Isolan）蓝 NHF-S 分别配制成 10g/L 的溶液；向染杯中分别加入上述染料溶液 3g，再分别加入 20g、30g、40g（至少取 2 个用量）锦纶固色剂溶液，加水至 100mL，配成染料浓度为 0.3%（owf），固色剂浓度分别为 2%、3%、4%（owf）的防沾色试验工作液。根据产品应用情况用冰醋酸调节工作液的 pH 至 4.5±0.5。取规定的聚酰胺织物 10g，分别投至上述工作液中，使浴比为 1∶10，盖好染杯盖，将染杯放入染色小样机内，以 2.0℃/min 的速率升温至 80℃，保温 20min，取出沾色织物。在浴比为 1∶30 的条件下，将沾色织物用室温水清洗 3 次，每次 5min。将水洗后的沾色织物进行脱水处理后，将其置于 100℃ 的烘箱中烘 5min，然后按照 GB/T 6529—2008 规定的条件调湿 4h，再放置 4h 后待测

（5）结果处理。

①固色色变。按照 GB/T 6688—2008 规定的方法，以固色前的染色布为标样，用测色仪测定固色后色布的 ΔE^*。ΔE^* 越大，则该固色剂的色变也就越大；反之，则色变越小。

②固色牢度。将固色后的织物测试以下一项或者多项色牢度，并用灰卡进行评级。

a. 耐洗色牢度：按照 GB/T 3921—2008 进行测定；

b. 耐汗渍色牢度：按照 GB/T 3922—1995 进行测定；

c. 耐水色牢度：按照 GB/T 5713—1997 进行测定；

d. 耐海水色牢度：按照 GB/T 5714—1997 进行测定；

e. 其他色牢度：按照其他国际通用的相关色牢度标准执行。

固色后织物的色牢度级别越高，则固色剂的固色效果越好；反之，则固色效果越差。

③防沾色效果。按照 GB/T 6688—2008 规定的方法，用计算机测色仪测定经防沾色试验处理后布样的颜色深度（最大吸收波长处的 *K/S* 值）。*K/S* 值越小，则表示该固色剂的防沾色效果越好；反之，则防沾色效果越差。

四、后整理助剂应用性能的测定

（一）后整理助剂概述

随着人们生活与消费水平的不断提高，人们对印染产品的穿着舒适感、美观程度及实用性的要求越来越高，对印染产品的质量、品种、风格以及功能性的要求也发生了日新月异的变化。为了满足市场竞争的需要，人们在追求新材料、新模式的同时，也一直在追求织物的后整理方面的开发，不断推出更方便、更环保、性能更加优良的后整理助剂及工艺，为纺织工业的繁荣发展增光添彩。

根据国家标准 GB/T 25799—2010，纺织染整领域的后整理（Finishing）是指染色和印花后，通过物理的、化学的或物理—化学加工改进织物外观与内在质量、改善织物手感、稳定形态、提高服用性能或赋予织物某种特殊功能，如防缩、防皱、阻燃、抗静电等功能的加工过程。后整理助剂（Finishing Agent）则是指后整理工艺过程中使用的助剂。从这个定义上讲，后整理助剂也包含功能整理助剂的内容。后整理助剂的种类繁多，作为范例，本文主要介绍柔软剂、皂洗剂和硬挺整理剂应用性能的测定。

（二）柔软剂应用性能的测定

随着人们生活水平的提高，人们对织物的柔软程度的要求也越来越高，如丝绸、针织、毛纺等织物都要求有柔软的手感；棉型或中长化纤混纺的织物，基本上都要求具有柔软、滑爽的风格特征；各种纤维的纺纱、织造过程中也都要求有柔软、平滑、抗静电的效果，纺织品的柔软处理已经成为提高产品质量及其附加值的重要手段。在纺织品加工过程中，织物经漂、染、印等多道工序处理后，由于受到各种机械力的作用，织物的组织结构和纤维的形态等发生了变化，天然纤维中蜡质、油脂以及合成纤维上的油剂等均被去除，因此手感往往比较粗糙，一般合成纤维的织物的手感更差，尤其是超细纤维织物；维尼纶、腈纶混纺的织物，印染加工中需高温处理，织物的手感一般较为硬挺；经阻燃、免烫等特殊整理的织物，加工过程由于采用了树脂、阻燃剂等聚合物，手感一般也较为粗糙。为了使织物具有滑爽、柔软、舒适的手感，就需要加入织物用柔软剂对其进行整理。此外在纺丝、纺纱、织造等过程中，为了避免织物损伤，提高织物的柔软性和可纺性，也常常需要加入织物用柔软剂。

柔软整理是印染加工过程中重要的后整理工序。织物用柔软剂有下列多方面的要求：①与其他助剂具有良好的相容性；②不泛黄、不色变，不影响织物的各项牢度；③耐高温性好，性质稳定；④低泡，对剪切力不敏感，不粘滚筒；⑤在浸染加工中均匀且不影响加工液的总吸尽率；⑥便于操作，易于计量，易被预稀释；⑦对人类与环境无害，生物降解性良好；⑧运输和储存性能优良；⑨性价比优良。

单一或两种产品根本不可能符合以上所有要求，实际应用中常常需要综合平衡各项因素对某种产品进行优选。

1. 氨基硅油柔软剂黄变性能的测定方法和标准

织物经有机硅类柔软剂整理后，在加热或烘焙过程中常常会出现泛黄的现象，且泛黄程度随氨基值的增大而增加，即使是手感最好的仲氨基硅油，其白度亦不理想。氨基硅油泛黄问题是由于氨基硅油柔软剂的氨基氧化分解形成发色基团造成的，而双氨基结构的协同作用会加速氧化反应的进行，促进发色基团的生成，因此氨基含量越高，泛黄现象越严重，而降低氨基含量，泛黄现象虽然降低，但织物的手感和柔软性也随之下降。为了既保证氨基硅油柔软剂具有优良的柔软性能，又要使其不泛黄或低泛黄，国内外学者展开了大量的研究，也取得了一定的成果。

泛黄问题是氨基硅油应用中的一个障碍，限制了其在白色和浅色织物上的应用。即使是对色织物进行柔软整理，往往也会导致色织物不能保持原有的色光或颜色，给染色和后整理带来极大的麻烦，甚至会带来严重的经济损失。因此，有必要对氨基硅油柔软剂的黄变性能进行评估。我国工业和信息化部发布的纺织染整助剂中氨基硅油柔软剂黄变性能测定的试验方法标准 HG/T 4734—2014《纺织染整助剂　氨基硅油柔软剂　黄变性能的测定》，用于纺织染整助剂中氨基硅油柔软剂黄变性能的测定，该标准的主要技术内容如下。

（1）测试原理。将织物用一定量的氨基硅油柔软剂进行整理，测试整理前、后织物的白度 $W_{前}$、$W_{后}$，通过 $W_{后}$ 与 $W_{前}$ 的差值 ΔW 来表征氨基硅油柔软剂的黄变性能。

（2）试剂与材料。织物为经前处理后棉或涤类织物，也可采用符合 GB/T 7568.4—2002 规定的聚酯标准贴衬织物或 GB/T 7568.2—2008 规定的棉标准贴衬织物。

（3）仪器与设备。实验室用小型轧车，实验室用小型定型机，实验室用小型脱水机，测色仪（符合 GB/T 6688—2008 的相关规定），恒温振荡水浴锅（控温范围 0~100℃，精确至 0.1℃），电子天平（感量 0.01g）。

（4）试验步骤。氨基硅油柔软剂首先按照 HG/T 4266—2011《纺织染整助剂　含固量的测定》规定的方法，采用烘箱法测定其含固量，然后换算为 20%的含固量进行试验。

①浸渍柔软工艺。配制 3%（owf）的氨基硅油柔软剂工作液，置于恒温振荡水浴锅中，调节振荡频率为 100 次/min，调节水浴锅温度使工作液温度保持于（40±1）℃。迅速将（5.0±0.01）g 织物投入至恒温工作液中，控制浴比为 1∶10，使织物与工作液保温振荡 30min，取出布样进行挤压或脱水后，将其置于实验室用小型定形机上焙烘（棉织物：160℃，1min；涤纶织物：170℃，1min）。

②浸轧柔软工艺。用水配制浓度为 30g/L 的氨基硅油柔软剂工作液，倒入实验室用小型轧车的轧槽中，将织物一浸一轧（保证轧液率为 60%~80%），然后将其置于实验室用小型定型机上焙烘（棉织物：160℃，1min；涤纶织物：170℃，1min）。

③织物白度测试。将整理前织物及经氨基硅油柔软剂整理后的织物按照 GB/T 6529—2008 的规定进行调湿，然后按照 GB/T 6688—2008 规定的方法，测试整理前后织物白度 $W_{前}$、$W_{后}$。

（5）结果计算与表述。氨基硅油柔软剂的黄变性能通过黄变值 ΔW 表征，其计算公式如式（4-22）所示：

$$\Delta W = W_{后} - W_{前} \tag{4-22}$$

ΔW 值越接近于零，则表示氨基硅油柔软剂的黄变越小；反之，则氨基硅油柔软剂的黄变越大。

2. 氨基硅油柔软剂亲水性能的测定方法和标准

从分子水平研究氨基硅油柔软剂的亲水性能可知，氨基硅油化合物的分子结构呈螺旋式的结构特征，疏水性的甲基紧紧环绕在硅氧烷主链的周围，使其具有极低的表面张力和优良的疏水性。当用氨基硅油柔软剂处理织物时，一小部分柔软剂分子渗透至纤维内部，大部分柔软剂分子附着在纤维的表面，从而使整理织物呈疏水性，穿着感觉闷热且难以洗涤。很多氨基硅油产品因乳液稳定性差，在储运和应用过程中经常出现“破乳漂油”现象。

亲水性是指纺织品经氨基硅油柔软剂整理前或后的吸湿时间。为了使棉、丝、麻等织物经整理后仍保持天然织物原有的亲水性，化纤织物整理后具有良好的亲水性、耐水洗性和手感，克服织物穿着时闷气、易带静电、起球、吸灰等缺点，我们有必要对氨基硅油柔软剂的亲水性能进行研究。我国工业和信息化部发布的纺织染整助剂中氨基硅油柔软剂亲水性能测定的试验方法标准 HG/T 4917—2016《纺织染整助剂　氨基硅油柔软剂　亲水性能的测定》，可用于纺织染整助剂中氨基硅油柔软剂亲水性能的测定。该标准主要技术内容如下。

（1）试验原理。织物经一定量氨基硅油柔软剂整理后，测试整理前后织物的吸湿时间 $t_{前}$、$t_{后}$，通过 $t_{后}$ 与 $t_{前}$ 的差值 Δt 来表征氨基硅油柔软剂的亲水性能。

（2）试剂与材料。织物为经前处理或染色后棉或涤纶织物，也可采用符合 GB/T 7568.2—2008 规定的标准棉贴衬织物。要求整理前织物的吸湿时间在 3.0~5.0s。

（3）仪器与设备。实验室用小型轧车，实验室用小型定型机，常温常压染样机，电子天平（感量 0.01g），秒表（分度值 0.01s），玻璃胶头滴管（76mm，容积 2mL，管口内径约为

2mm，每毫升水可滴 20 水滴），烧杯（250mL），锥形瓶（250mL）。

（4）试验步骤。氨基硅油柔软剂首先按照 HG/T 4266—2011《纺织染整助剂 含固量的测定》规定的方法，采用烘箱法测定其含固量，然后换算为 20%的含固量进行试验。

①浸渍柔软工艺。配制 3%（owf）的氨基硅油柔软剂工作液，倒入 250mL 的锥形瓶中，然后将此锥形瓶置于常温常压染样机中，调节振荡频率为 100 次/min，并使工作液温度保持于（40±2）℃，迅速将（5.0±0.01）g 织物投入恒温工作液中，控制工作液浴比为 1∶20，使织物与工作液保温振荡 30min，然后取出布样，经挤压或脱水后，将其置于实验室用小型定型机上焙烘（温度 170℃，时间 1min）。

②浸轧柔软工艺。用水配制浓度为 30.0g/L 的氨基硅油柔软剂工作液，倒入实验室用小型轧车的轧槽中，将（5.0±0.01）g 织物一浸一轧（保证棉织物轧液率 75%±5%、涤纶织物轧液率 65%±5%），然后将其置于实验室用小型定型机上焙烘（170℃，1min）。

③织物亲水性测试。将整理前织物及经氨基硅油柔软剂整理后织物按照 GB/T 6529—2008 的规定进行调湿，并在相同的条件下测试织物的亲水性。

将试样平放于 250mL 的烧杯口上，使其表面绷紧、没有折皱且试样没有结构性伸长。然后用胶头滴管在距离布面高度为 1cm 处以 45°方向滴下一滴水，并立即开始计时，直到水滴完全扩散并渗透变成一水印时（水滴不再反光，仅出现深色的湿印并不再扩散时）停止计时，即为织物的吸湿时间 t，单位为 s。移动布样，重复以上操作 10 次，不同测试点之间至少相距 5.0cm。注意胶头滴管头不能碰到织物。测试整理前或整理后织物的吸湿时间 $t_{前}$、$t_{后}$，取 10 次测试值的平均值为织物的吸湿性结果。

（5）结果处理。氨基硅油柔软剂的亲水性通过吸湿时间差 Δt 进行表征，单位为秒（s），其计算公式如式（4-23）所示：

$$\Delta t = t_{后} - t_{前} \tag{4-23}$$

Δt 值越小，则表示氨基硅油柔软剂的亲水性能越好；反之，则氨基硅油柔软剂的亲水性能越差。

3. 氨基硅油柔软剂的特性表征

氨基硅油柔软剂可广泛应用于各种纤维、纱线以及织物的柔软整理。它在赋予织物柔软手感的同时，还能通过使用弹性体改善织物的机械性能，使织物的折皱回复性和弹性也得到改善，被称为柔软剂之王。要全面检验氨基硅油柔软剂产品的品质比较复杂，尚没有通用的产品标准。除黄变性能、白度和亲水性能外，氨值和黏度可以从不同侧面反应氨基硅油柔软剂的特性，为选择不同氨基硅油柔软剂提供参考依据。

（1）氨值。氨基硅油柔软剂中，氨基的含量将直接影响整理织物的柔软整理效果。氨基含量越高，经其整理的织物弯曲刚度越低，织物的柔软性能越好；而氨值越低，被整理织物的白度越好。氨基含量常用氨值（中和 1g 氨基硅油柔软剂所需要的酸性物质的量，mmol/g）表示，氨基含量越高，氨值越大。氨基硅油柔软剂的总氨值可以参照化工行业标准 HG/T 4260—2011《纺织染整助剂　氨基硅油总氨值的测定》进行测定，用作织物柔软整理的氨基硅油的氨值一般在 0.2～0.6。需要说明的是，被整理织物的性能并不完全取决于氨值大小，还与氨基分布均匀与否以及氨基硅油的相对分子质量有关。

（2）黏度。对于氨基硅油柔软剂，其黏度与相对分子质量成正比。一般来说，氨基硅油柔软剂的相对分子质量越大，其在织物表面的成膜性越好，整理后织物的手感也就越柔软。若氨基硅油的黏度太低，则整理后织物不能获得足够的柔软度和光滑度；而黏度太高则难以制成微乳液。需要注意的是，经氨基硅油处理后的织物在烘干过程中可以发生交联反应，氨基硅油的初始相对分子质量与织物上成膜的氨基硅油的相对分子质量有可能不同，因此，可以通过调整烘干温度和选择合适的交联剂来改善织物的手感。

柔软整理后，织物的柔软性是纤维、纱线、织物的重要性能指标之一。对于织物柔软性的评价可分为主观判断与客观测试两种方法，主观判断法常见的有秩位法、分档评分法、绝对判断法以及语言意义评定法等；客观测试方法通过测量织物有关力学参数求得柔软性的评价值，常见的有 FAST 织物风格仪法、KES 织物风格仪法、圈状法、圆环法、针刺法以及喷嘴法等，其中前两种方法的应用较为广泛。

（三）皂洗剂应用性能的测定

织物在染色或印花后，其表面往往存在较多的未固着染料、水解染料、浆料和化学助剂等，这些物质若不去除干净，就会影响织物的色牢度、鲜艳度和手感等，因此必须用皂洗剂进行洗涤。皂洗剂（Soaping Agent），是指织物染色或印花后，用于去除织物上未固着的染料、水解染料、浆料、浮色，从而提高织物色牢度、色泽鲜艳度所使用的净洗剂（引自 GB/T 25799—2010）。在印染行业中，一般将用于印染前处理洗涤的助剂称为净洗剂，而将用于染色或印花后的洗涤称为皂洗剂，净洗剂和皂洗剂统称为洗涤剂。在皂洗过程中，皂洗剂、污垢（浮色、杂质、浆料等）和纤维表面之间经过润湿、渗透、吸附、增溶、乳化、分散、解析、起泡等一系列复杂的物理化学作用，并借助机械作用使污垢从纤维表面分离出来，最后将污垢洗净。另外，被净洗下来的污垢也有可能重新固积于纤维的表面。

纯棉及其混纺产品的皂洗工艺能够有效去除浮色，保证染色牢度，使色泽更为鲜艳，因此，皂洗工序是产品质量好坏的关键性步骤之一，而皂洗剂的皂洗效果是完成皂洗程序的关键。我国工业和信息化部发布的棉用皂洗剂皂洗效果的测试方法标准 HG/T 4660—2014《纺织染整助剂　棉用皂洗剂　皂洗效果的测定》，可用于规范纤维素纤维类纺织品皂洗处理用皂洗剂皂洗效果的测定。该标准的主要技术内容如下。

（1）试验原理。棉织物用色牢度较差的活性染料染色后，再用皂洗剂进行皂洗处理，最后检测染色织物的各项色牢度，以棉织物色牢度的提升级数评价皂洗效果。与未经皂洗剂处理的织物相比，色牢度提升级数越高，则表明皂洗剂的皂洗效果越好。在与皂洗处理相同的条件下，用水解染料对未染色的棉织物进行处理，根据棉织物的得色深度评价皂洗剂对棉织物的防沾色效果。织物得色越浅，则表明皂洗剂的防沾色能力越强。

（2）试剂与材料。织物采用 GB/T 7568.2—2008 规定的纯棉标准贴衬织物；活性染料：活性翠蓝 KN-G 100%（C.I. 活性蓝 21）、活性大红 KE-3B 100%（C.I. 活性红 120）；无水硫酸钠；碳酸钠。

（3）仪器与设备。实验室用小样染色机，实验室用小型轧车，实验室用小型定型机，电热鼓风干燥箱（室温~300℃），测色仪（符合 GB/T 6688—2008 的规定），耐摩擦色牢度试验仪（符合 GB/T 3920—2008 的规定），耐洗色牢度试验仪（符合 GB/T 3921—2008 的规定），耐汗渍色牢度仪（符合 GB/T 3922—1995 的规定），pH 计（精确至 0.01pH 单位，测量范围 0~14），电子天平（感量 0.01g）。

（4）试验步骤。棉用皂洗剂按照 HG/T 4266—2011《纺织染整助剂　含固量的测定》规定的方法，采用烘箱法测定其含固量，然后换算为30%的含固量进行以下试验。相关试验步骤和流程可参见表 4-10。

表 4-10　棉用皂洗剂皂洗效果测定的试验流程

试验步骤	试验内容
染色	a. 将活性翠蓝 KN-G 和活性大红 KE-3B 染料分别配制为 10g/L 的溶液 b. 将活性翠蓝 KN-G 和活性大红 KE-3B 溶液分别加入 150mL 染杯内，使染料用量为 6%（owf），再向染杯内加入水，使染色浴比为 1∶10，然后向染杯中依次加入无水硫酸钠 80g/L 和 GB/T 7568.2—2008 规定的纯棉标准贴衬织物，盖好染杯盖，将染杯置于染色小样机内 c. 启动染色机，以 2.0℃/min 的升温速率使染浴温度升温至 45℃，保温 20min d. 向染浴内加入碳酸钠 20g/L，然后将染浴温度以 2.0℃/min 的升温速率分别升温至 60℃（活性翠蓝 KN-G）和 85℃（活性大红 KE-3B），保温 60min 后，再降温至 50℃，取出染色织物 e. 在浴比为 1∶30 的条件下，将染色织物依次按照室温水洗 5min、95℃ 热水洗 5min、室温水洗 5min 的程序进行水洗。染色后的织物水洗后布面 pH 应为中性，以免影响皂洗工作液的 pH f. 水洗后的染色织物脱水后，再将其置于 100℃ 的烘箱中烘 5min，待用。染色过程中应防止织物出现色花，若有色花，舍弃该试样，并重新染色
浸渍法皂洗试验	a. 将棉用皂洗剂配制成 10g/L 的溶液，待用 b. 向染杯内分别加入 10g、15g、20g 上述棉用皂洗剂溶液（至少取两个用量），加水至溶液总质量为 100g，配制成 1g/L、1.5g/L 和 2.0g/L 的皂洗工作液 c. 取 10g 染色后的棉织物，分别投入盛有皂洗工作液的染杯中，使浴比为 1∶10 d. 加热使工作液以 3.0℃/min 的升温速率升温至 95℃，并在此温度下保温 20min e. 将皂洗后的织物以 1∶30 浴比室温水洗 3 次，每次水洗 5min。脱水后，再置于 100℃ 的烘箱中烘 5min，冷却，按照 GB/T 6529—2008 规定的条件进行调湿 4h f. 按照上述工艺条件，在皂洗工作液中加入 1~3g/L 的无水硫酸钠，重复步骤 a 至步骤 e，以评价棉用皂洗剂在无水硫酸钠存在条件下的皂洗效果（注：该项目为可选项，结合实际情况和需要决定是否进行测试）
浸轧法皂洗试验	a. 将棉用皂洗剂配制成 200mL 浓度依次为 10g/L、20g/L、30g/L（至少取两个用量）的皂洗工作液 b. 取 10g 染色后的棉织物，将其置于 50℃ 的皂洗工作液中浸泡（10±2）s，然后在轧车上轧液，使轧液率为 80%±2% c. 在浴比为 1∶30 的条件下，水洗浸轧后的织物，80℃ 热水洗 5min，室温水洗 5min。织物脱水后，将其置于 100℃ 的烘箱中烘 5min。冷却后，按照 GB/T 6529—2008 规定的条件进行调湿 4h d. 使用上述浸轧过的工作液，按照同样的方法对同种染色织物再进行连续浸轧皂洗，共皂洗 10 块织物，以评价皂洗剂皂洗效果的持续性（注：此项目为可选项，结合实际情况和需要决定是否进行测试） e. 按照上述工艺条件，在皂洗工作液中加入 1~3g/L 的无水硫酸钠，重复步骤 a 至步骤 d，以评价棉用皂洗剂在无水硫酸钠存在条件下的皂洗效果（注：该项目为可选项，结合实际情况和需要决定是否进行测试）

续表

试验步骤	试验内容
防沾色效果试验	a. 将棉用皂洗剂配制成 10g/L 的溶液，待用 b. 活性水解染料的配制，在染杯中加入 10g 活性翠蓝 KN-G 或活性大红 KE-3B 染料，然后加入185g 水，再加入 3g 烧碱，于 100℃温度下保温 60min，冷却后，再用 0.1mol/L 的稀盐酸中和至 pH为 7~8，最后定容至 500mL，待用 c. 向染杯内分别加入 15g、20g、25g 上述棉用皂洗剂溶液（至少取两个用量），再分别加入上述活性水解染料溶液，使染料浓度为 0.5%（owf），加水至 100g，配成浓度依次为 1.5g/L、2.0g/L 和2.5g/L 的皂洗剂防沾色试验工作液 d. 取 10g 染色后的棉织物，分别投入盛有棉用皂洗剂防沾色试验工作液的染杯中，使浴比为 1∶10 e. 加热使工作液温度以 3.0℃/min 的升温速率升温至 95℃，并在此温度下保温 20min 进行防沾色性能试验 f. 在浴比为 1∶30 的条件下，用室温水洗涤防沾色试验后的织物 3 次，每次 5min。织物脱水后，将其置于 100℃的烘箱中烘 5min。冷却后，按照 GB/T 6529—2008 规定的条件进行调湿 4h g. 按照上述工艺条件，在皂洗工作液中加入 1~3g/L 的无水硫酸钠，重复步骤 a~f，以评价棉用皂洗剂在无水硫酸钠存在条件下的防沾色效果（注：该项目为可选项，结合实际情况和需要决定是否进行测试）

（5）结果处理。

①皂洗色变。以未皂洗的染色布为标样，按照 GB/T 6688—2008 规定的方法用计算机测色仪测定皂洗后色布的色差 ΔE^*。ΔE^* 越大，则皂洗后织物的色变越大；反之，则色变越小。

②皂洗牢度。将皂洗后的织物测试以下一项或者多项色牢度，并用灰卡进行评级。

a. 耐洗色牢度：按照 GB/T 3921—2008 进行测定；

b. 耐汗渍色牢度：按照 GB/T 3922—1995 进行测定；

c. 耐摩擦色牢度：按照 GB/T 3920—2008 进行测定；

d. 其他色牢度：按照其他国际通用的相关色牢度标准执行。

皂洗后织物的色牢度提升级数越高，则皂洗剂的皂洗效果越好；反之，则皂洗效果越差。

③防沾色效果。按照 GB/T 6688—2008 规定的方法，用计算机测色仪测定经防沾色试验后的布样的颜色深度（最大吸收波长处的 K/S 值），K/S 值越小，则该皂洗剂的防沾色效果越好；反之，则防沾色效果越差。

由于皂洗工艺的不断更新，皂洗设备不同，染料和织物各异，适用于皂洗工艺要求的皂洗剂发展非常迅速，其品种也越加繁多。目前，印染领域中使用的皂洗剂可分为皂洗酶、一般性皂洗剂、酸性皂洗剂和防沾污皂洗剂。这几类皂洗剂的工艺、使用条件和要求均不相同，因此评估皂洗剂应用性能的检测方法也各不相同。有文献参考国家标准的检测方法，从试样准备、试验步骤和皂洗效果评定等方面，全面论述了皂洗剂皂洗染色织物的试验方法、洗涤油污呢绒的试验方法、酸性皂洗剂皂洗效果的试验方法、防沾污皂洗剂的皂洗效果和防沾污力的试验方法、皂洗剂在硬水中稳定性的测定方法、皂洗剂起泡性的测定方法等应用性能的测试方法，为开发和应用皂洗剂提供了参考依据。

（四）硬挺整理剂应用性能的测定

很多织物都对其面料的硬挺性有着严格的要求。织物的硬挺整理作为一种极为重要的整理风格，与丰满、滑爽统称为织物的三大基本风格，目前已广泛应用于装饰织物的后整理工艺中，其中以窗帘布、箱包布应用最为广泛。

硬挺整理（Stiffening Finish），是指使织物具有身骨、弹性和手感丰满而厚实的加工过程，对织物具有硬挺整理作用的物质称为硬挺剂（引自 GB/T 25799—2010）。在硬挺整理中，织物所用的硬挺剂主要为浆料，而浆料一般包括天然浆料（如小麦淀粉、玉米淀粉、动植物胶等）、改性浆料（如羧甲基纤维素改性浆料等）及合成浆料（如 PVA、聚丙烯酸酯、脲醛树脂等）三大类。

织物硬挺度作为织物单项手感值之一，是指织物抗弯曲变形的能力，简化条件下可用织物的弯曲性能指标进行描述，是考核织物服用性能的一项重要指标。我国工业和信息化部发布的化工行业标准 HG/T 4653—2014《纺织染整助剂　氨基树脂硬挺整理剂》，规定了纺织染整助剂中氨基树脂硬挺整理剂的要求、试验方法、检验规则以及标志、标签、包装、运输和贮存等内容，其中明确规定了氨基树脂硬挺整理剂硬挺度的测定方法。在现行的国内法规中，除了 HG/T 4653—2014 之外，还有一些关于织物硬挺度测定的其他标准，如 GB/T 7689. 4—2013《增强材料　机织物试验方法　第 4 部分：弯曲硬挺度的测定》、GB/T 7690. 4—2013《增强材料　纱线试验方法　第 4 部分：硬挺度的测定》、GB/T 31334. 3—2015《浸胶帆布试验方法　第 3 部分：硬挺度》等，本部分将分别介绍。

1. 氨基树脂硬挺整理剂硬挺度的测定方法与标准

HG/T4653—2014 是以符合 GB/T 7568. 4—2002 规定的标准聚酯织物为试验材料，通过弯曲长度 C 来表征硬挺度。

（1）仪器与设备。实验室用压染试验机（轧车），实验室用定型机，织物硬挺度测试仪（符合 GB/T 18318. 1—2009 的规定）。

（2）测试织物的制备。在 150mL 烧杯中加入 30g 样品（精确至 0. 01g）和约 50mL 水，溶解并搅拌均匀后，再加入 6g（精确至 0. 01g）质量浓度为 20%的氯化铵溶液，搅拌均匀后，将混合液转移至 1000mL 的容量瓶中，定容至刻度，使样品溶液浓度达到 30g/L，摇匀后备用。将测试织物一浸一轧，使轧液率在为 70%±5%，然后将浸轧后的织物于 180℃下焙烘 60s，冷却后，按照 GB/T 6529—2008 规定的条件回潮处理 24h。

（3）硬挺度测试方法。按照 GB/T 18318. 1—2009 的相关规定测试纺织品的弯曲长度 C，通过弯曲长度 C 表示硬挺度。

2. 机织物弯曲硬挺度的测定方法与标准

国家质量监督检验检疫总局、国家标准化管理委员会发布实施了用固定角弯曲计测定增强织物弯曲硬挺度的方法标准 GB/T 7689. 4—2013《增强材料　机织物试验方法　第 4 部分：弯曲硬挺度的测定》，该标准不适用于柔软的或有显著卷曲、扭转倾向的或磨损的织物。其主要技术内容如下。

（1）试验原理。测定时，首先将试样裁剪成矩形条，并将其放置于水平平台上，使其长度方向垂直于平台的前缘。沿试样长度方向移动试样，试样的伸出长度逐渐增加，在自重的作用下，这部分会缓慢下弯，当试样条的前端弯曲到与平台的延长面成 41. 5°的平面时，测量伸出部分的长度。然后根据试样的伸出长度和单位面积质量，计算出普通弯曲硬挺度。

（2）仪器设备。固定角弯曲计：固定角弯曲计及其构成如图 4-9 所示；模板：尺寸为

250mm×25mm；适当的裁剪工具。

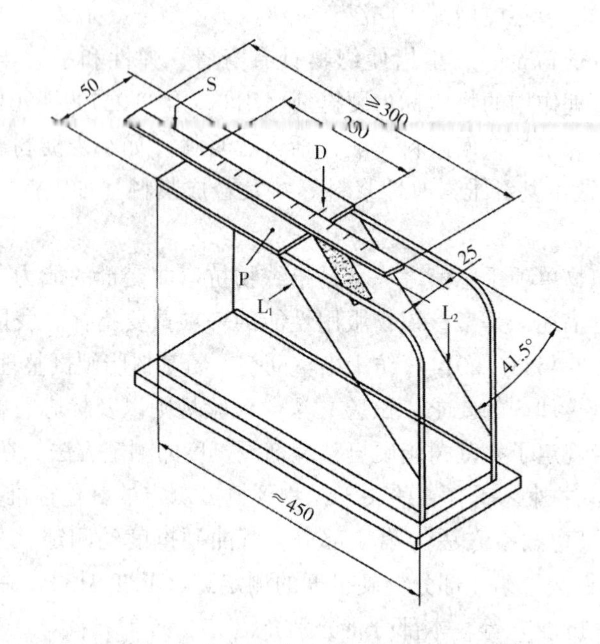

图 4-9 固定角弯曲计（单位：mm）

D—水平平台上的基准线 L_1—标识线 L_2—标识线 P—水平平台 S—滑尺

（3）试样准备。测定前，试样应按照 ISO 291—2008 规定的条件，即在（23±2）℃温度下，相对湿度（50±10）%的标准环境条件下调湿 6h 及以上，直至在 2h 间隔内每个试样的质量变化不超过初始质量的 0. 25%。测定步骤应在相同的环境中进行。

从被测织物上裁取长 250mm，宽 25mm 的矩形试样，在试样的长边平行和垂直于织物的经纱方向（称为纬向试样）各裁取 6 个试样，每个试样都要标记织物的正反面。

需要注意的是，应尽可能地使所有的经向试样都不含有相同的经纱，或纬向试样都不含有相同的纬纱；不应在织边、布端或有折痕和折叠的部分裁取试样；织物和试样应尽可能少地操作。

（4）测定步骤。

①将固定角弯曲计放置于水平的桌面上，把试样放在水平平台 P 上，使其一端和水平平台的前缘重合。把滑尺 S 放在试样上，使滑尺的零点和基准线 D 对齐。缓慢地向前推动滑尺，使试样伸出平台的边缘，试样在自重作用下向下弯曲，继续向前推动滑尺直到试样的前端到达标识线 L_1 和 L_2 组成的平面。若试样扭转，应使前端的中点和标识线对齐。

读出与准基准线 D 重合的滑尺 S 的读数（单位为 mm），该读数即为试样的伸出长度。

需要注意的是，在读数前，若滑尺的刻度线与基准线不平行，可通过微调滑尺的位置使其平行。

②按照同样的操作测试另外两个相同方向、相同表面的试样。重复操作测试同一方向、另一表面的试样。

③重复步骤①和步骤②，测试另一方向的试样。

（5）结果表示。分别按经向和纬向计算正反两个表面试样伸出长度的平均值 L，然后用该平均值，分别按照式（4-24）计算经向和纬向正反两个表面的普通弯曲硬挺度 G：

$$G=9.81\rho_A\left(\frac{L}{2}\right)^3 \tag{4-24}$$

式中：G——普通弯曲硬挺度，mN · m；

ρ_A——单位面积质量，按照 ISO 3374 进行测试，g/m²；

L——伸出长度平均值，m。

3. 纱线硬挺度的测定方法与标准

国家质量监督检验检疫总局、国家标准化管理委员会发布了无捻粗纱硬挺度的测定方法标准 GB/T 7690. 4—2013《增强材料　纱线试验方法　第 4 部分：硬挺度的测定》，该标准适用于各类增强材料无捻粗纱，但不适用于有捻结构纱硬挺度的测定。该标准主要技术内容如下。

（1）试验原理。将一定长度的试样在其中点悬挂起来，测量悬挂点下规定距离处试样两个悬置端间的距离。

（2）仪器设备。无捻粗纱控制退绕装置，如图 4-10 所示；无捻粗纱硬挺度仪：圆形截面的不锈钢钩子为悬挂点，在悬挂点下 60mm 处有一滑动标尺，如图 4-11 所示。

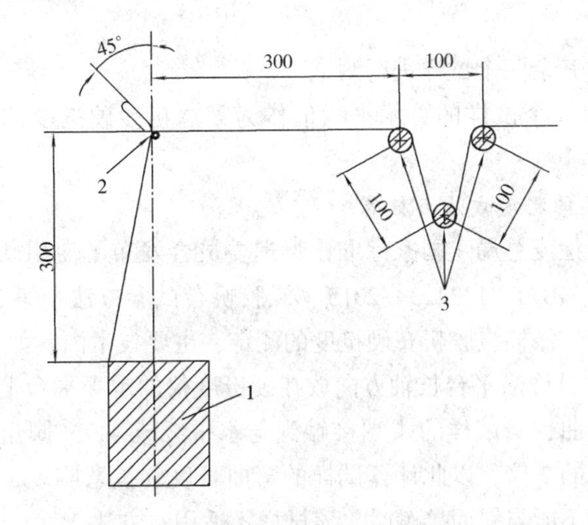

图 4-10　无捻粗纱控制退绕装置（单位：mm）

1—无捻粗纱管　2—陶瓷导纱钩　3—ϕ10 不锈钢辊

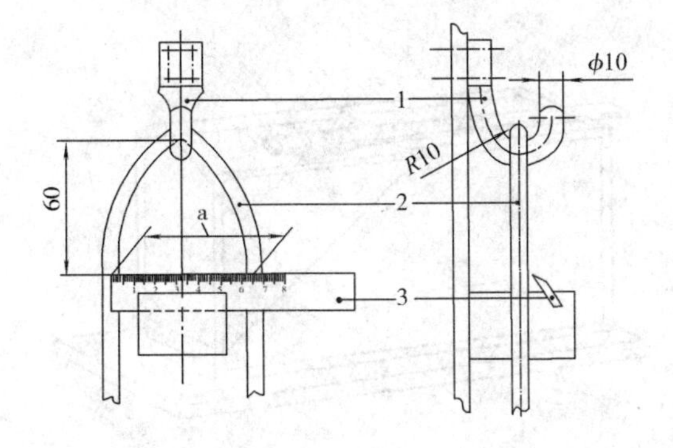

图 4-11　无捻粗纱硬挺度仪（单位：mm）

1—不锈钢钩　2—试样　3—滑动标尺

（3）试验步骤。

①将打开包装的无捻粗纱卷装按照 ISO 291—2008 规定的条件，即在温度为（23±2）℃、相对湿度为（50±10）%的标准环境中放置至少 6h。测定步骤应在相同的环境中进行。

②从卷装外层退出无捻粗纱，使之穿过退绕装置的陶瓷导纱钩，并绕过不锈钢辊，退绕速度约为 100mm/s，试样必须小心操作，不应受到太大的张力。

③先去掉卷装外层至少 10m 的纱线，然后再用利刀截取 5 个试样，每个试样长度为（500±5）mm。

④将试样中点悬挂在无捻粗纱硬挺度仪的钩子上，（30±5）s 后进行测试。

⑤站在钩子左侧试样端部的正对面（以避免任何视差），将滑动标尺的零点对准无捻粗纱的中心。

⑥站在钩子右侧试样端部的正对面（以避免任何视差），读出无捻粗纱两悬垂端部中心之间的距离，单位为毫米（mm）。

⑦只能在试样的悬垂端部中心和滑动标尺顶部的交叉点上读取数值，滑动标尺顶部距钩子顶部 60mm。

⑧用同样的方法对其余四个试样进行测试。

（4）结果表示。取 5 个试样的算术平均值作为无捻粗纱硬挺度的报告值，单位为毫米（mm）。

4. 浸胶帆布硬挺度的测定方法与标准

国家质量监督检验检疫总局、国家标准化管理委员会发布了使用硬挺度仪测定浸胶帆布硬挺度的试验方法标准 GB/T 31334.3—2015《浸胶帆布试验方法　第 3 部分：硬挺度》，适用于锦纶、涤纶、涤锦、涤棉浸胶帆布硬挺度的测定，主要技术内容如下。

（1）试验原理。将试样沿平台长轴方向放在硬挺度仪的水平平台上，推进试样使其伸出平台并在自重下自然弯曲，当试样的头端接触到与水平线成 41.5°倾角的斜面时，此时伸出长度等于试样弯曲长度的 2 倍，以此计算试样的弯曲长度和抗弯刚度，以抗弯刚度表征试样的硬挺度。当试样头端不能与斜面接触时，该试样不适用本方法。

（2）仪器设备。标准中使用的硬挺度仪如图 4-12 所示，其具体要求可参见 GB/T 31334.3—2015。

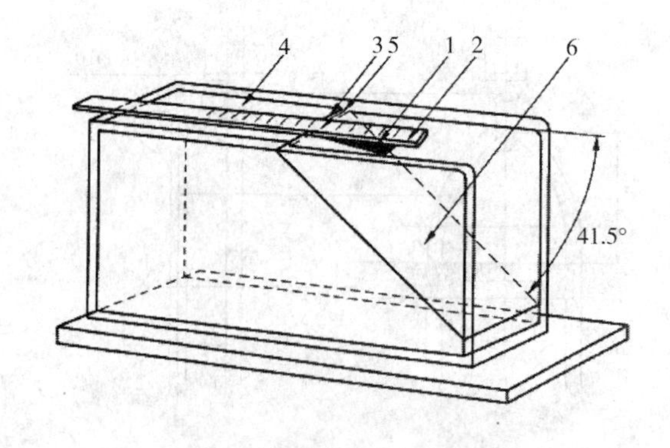

图 4-12　硬挺度仪原理示意图

1—试样　2—移动压板　3—标记线　4—平台　5—平台前缘　6—斜面

（3）试验通则。在整卷浸胶帆布离布头1m以上的位置，剪取一块长1m的布样，布面应平整，不应有可能影响试验结果的疵点。试验前，布样应平铺在水平台面上，在GB/T 6529—2008规定的标准大气环境中平衡至少24h。在距离布边至少100mm的两边位置和布样中间位置分别裁取1条试样，扯去试样两边边纱，使其有效尺寸为（25±1）mm×（400±1）mm。经向试样和纬向试样应分别制备，并分别取3条作为试验用样。

（4）试验步骤。

①按照标准GB/T 31334.3—2015中附录B给出的规则测定试样的单位面积质量。

②调整硬挺度仪处于水平状态。

③将试样置于测试平台上，试样的一端与平台的前缘重合。将移动压板放在试样上，移动压板的零刻度与平台上的标记线重合。

④以一定的速度向前移动压板和试样，使试样伸出平台的前缘，并在自重的作用下弯曲，直到试样的头端和斜面接触，记录移动压板的伸出长度。

⑤重复步骤③和步骤④，对同一试样的另一面进行试验。

⑥重复步骤③至步骤⑤，对同一试样的另一端的两面进行试验。

⑦记录试样两端和两面测量的伸出长度值，单位为厘米（cm），并修约至小数点后两位。

（5）结果计算与表示。取伸出长度的一半作为试样的弯曲长度，首先分别计算试样经向或纬向各4次试验弯曲长度的算术平均值作为该试样的弯曲长度；然后再分别计算经向或纬向3条试样弯曲长度的算术平均值，单位为厘米（cm），按照GB/T 8170—2008给出的规则修约至小数点后一位。按照式（4-25）计算经向或纬向的抗弯刚度，结果按GB/T 8170—2008给出的规则修约至小数点后三位。

$$G=m\times g\times C^3\times 10^{-6} \tag{4-25}$$

式中：G——抗弯刚度，mN·m；

m——试样的单位面积质量，g/m^2；

g——重力加速度，N/kg，采用的数值为9.81N/kg，修约至10N/kg；

C——经向或纬向3条试样的平均弯曲长度，cm。

5. 织物硬挺整理其他性能测试方法

硬挺整理后的织物，除测定硬挺度外，一般还可进行织物白度的测定和手感的评价。

（1）织物白度的测定。白度是表示物质表面白色的程度，是评判纺织品质量和外观的一个重要物理指标。织物硬挺整理后，整理过程中采用的化学制剂或整理工艺会对织物表面的白度产生一定的影响，因此，有必要对硬挺整理后织物的白度进行评估。

由于织物白度的影响因素很多，因此其测量方法和计算公式也较为多样。一般来说，纺织品的白度测定有两种方法：一种是以被测织物在某一波段内的反射率进行表征，如我国纺织行业使用的DSBD-1型数字白度仪和ZBD型白度仪即是以织物表面在457nm左右漫反射的辐亮度与同一辐照条件下完全漫反射体的辐亮度之比来表征白度；另一种方法是用色度计或色差仪测定被测织物的颜色三刺激值，依据白度公式计算白度值，如AATCC 110（76）白度公式、ASTM E313-73—2015白度公式等。合理的白度公式应取决于白色试样的目视评定和色度学测量的相符程度。有学者利用Datacolor SF600测色配色仪对14块白色织物的颜色进行了测试，并由20人组成的评定小组对其白度进行秩位评定，将织物白度目光评定的结果与

16 个白度公式的计算结果进行了比较和分析，结果表明 Croes 公式和 Tappi 白度计算公式与目光评定结果符合程度较好。

（2）织物手感的评价。织物经硬挺整理后，有的手感僵硬、发涩，有的则手感丰满、滑爽。织物手感是纺织品内在品质的反映，是服装面料设计的基础，是纺织贸易交易的衡量标准，是评价纺织品质量一种重要的方法。

目前，织物手感的基本评价方法主要有主观评定方法和客观评定方法两大类。

①主观评定方法。主观评定方法是通过手对织物的揉、挤、压、掐等方法将织物的力学性能反应给大脑，大脑感知后的心理反应即为织物的基本手感，如硬、滑、活络、丰满等。常用的主观评定方法有秩位评定法和分档评分法两种。

a. 秩位评定法。由数名专业检验人员按照各自的感觉效果对织物的手感水平做出判断，并依据判断水平由高到低进行排队，每件检验样品的排队顺序号即为该样品的秩位数，然后将不同检验员对同一织物的秩位数进行加合，即为该样品的总秩位数，依据总秩位数对织物手感水平的优劣进行评价和描述。总秩位数越小，则说明待测样品的手感越好。

b. 分档评分法。分档评分法是以选定的尺度对织物的滑糯感、挺括程度等某项手感的基本特性进行分档评分，最后将不同评价员的各基本特性评定值进行加合即得该项手感值。

主观评价法具有操作简便、分析速度快等优点，但是缺乏理论指导和定量描述，根据评价者的经验对手感优劣进行评定，结果与评价者的心理、文化素质等主观因素有关，无法排除主观任意性，其评价过程存在很大的不稳定性。

②客观评定方法。织物手感的客观评价法，也称手感计量法，是指利用仪器测试织物力学特性值，然后通过数理方法等得到织物的综合手感值。根据各评价系统测试指标的不同，客观评价法可分为以下两种。

a. 综合（或单项）力学量测试法。该系列可归结为两类，一类是通过抽拔过程得到位移与抽拔负荷之间的关系曲线，从曲线图上得到表现织物力学特性的特征值再现手感值，如圆环法、喷嘴法、槽孔法、FG100 风格仪、圈状法、针刺法、戒指简易法等；另一类基于传感原理，以人造手指法为代表，通过人造手指来回运动摩擦织物后将采集的电信号传递到特定系统，然后转换为手感值信息。

b. 多项力学量测试法。该系列方法通过测试织物的多项物理力学指标值，应用数理统计方法或神经网络等人工智能信息处理方法或数形结合等，处理单项指标值以得到基本手感值和综合手感值。该系列方法主要包括 FAST 法、KES-F 法、YG821 法、INSTRON 法等。

参考文献

[1] 高桂丽，李大勇，石德全. 液体黏度测定方法及装置研究现状与发展趋势简述［J］. 化工自动化及仪表，2006，33（2）：65-70.
[2] 谷喜风，王海峰，刘百军，等. 化学试剂水分测量方法研究进展［J］. 化学试剂，2014，36（7）：623-628.
[3] 王晨，许明哲，王立新，等. 几种卡尔费休氏水分测定法［J］. 药物分析杂志，2008，28（12）：2145-2148.
[4] 吕辉，梁秀丽，王爱萍，等. 液体密度测定方法及标准应用［J］. 山东化工，2016，45（6）：49-51.
[5] 黄鸣，彭金辉，杨晶晶. 微波快速测量高炉喷吹煤粉水分的新方法［J］. 云南冶金，2007，36（2）：

91-94.
[6] 孟蓉，尚汝田．卡尔·费休法测定水分的发展及其在某些领域中的应用［J］．化学试剂，2001，23（1）：39-41，50.
[7] 金福林，唐增荣．常用染料助剂的检测与分析［J］．印染助剂，2005，22（11）：39-42.
[8] 史建公．判断化学键离子性的一种简单方法［J］．化学通报，1995（6）：63-65.
[9] 黄茂福．前处理与前处理助剂发展动态的综述（上）［J］．染整技术，1997，19（5）：12-17.
[10] 黄茂福．前处理与前处理助剂发展动态的综述（下）［J］．染整技术，1997，19（6）：11-14.
[11] 黄茂福．染整前处理助剂综述［J］．印染助剂，1990，7（4）：17-20.
[12] 王慎敏，王志远．纺织染整助剂——性能·制备·应用［M］．北京：化学工业出版社，2012.
[13] 马千里．液体氧化性物质火灾危险性分级试验方法研究［D］．西安：西安科技大学，2008.
[14] 孙维生．易燃液体的危害及其防治［J］．职业卫生与应急救援，2007，25（4）：196-197.
[15] 郭璐，张金梅，张宏哲．敏感条件对闪点测试过程的影响规律分析［J］．中国公共安全：学术版，2011（3）：63-66.
[16] 徐颖，张勇．测量玻璃化转变温度的几种热分析技术［J］．分析仪器，2010（3）：57-60.
[17] 李健丰，徐亚娟．测试方法对聚合物玻璃化温度的影响［J］．塑料科技，2009，37（2）：65-67.
[18] 陈红梅．乳液聚合物类纺织染整助剂 T_g 测试的影响因素探讨［J］．印染助剂，2013，30（8）：46-50.
[19] 张霞，王从科，郑素萍，等．玻璃化转变温度测试方法对测试结果的影响［J］．工程塑料应用，2012，40（7）：68-70.
[20] 杨国腾，于艳华，杜永强．聚合物基复合材料玻璃化转变温度测量方法的研究［J］．测控技术，2013，32（增刊）：346-348.
[21] 叶树明，蒋凯，蒋春跃，等．高压环境中聚合物玻璃化转变温度的测量方法［J］．高分子材料科学与工程，2010，26（2）：160-162.
[22] 李兆丰，顾正彪，洪雁．食品体系中玻璃化转变温度的测定方法及其比较［J］．冷饮与速冻食品工业，2005，11（1）：31-34.
[23] 徐谷仓．环保型助剂确保染整行业的可持续发展［J］．印染助剂，2006，23（3）：1-6.
[24] 陈荣圻．印染助剂发展回顾和发展方向探讨［J］．化工技术经济，2006，24（12）：19-36，48.
[25] 于鲁晋，周强，黄中权，等．锦纶染色均匀剂的匀染性［J］．印染助剂，2008，25（7）：31-34.
[26] 张治国，尹红，陈志荣．酸性染料常用匀染剂研究进展［J］．纺织学报，2005，26（4）：134-136.
[27] 汪小勇，王爱兵．涤纶高温分散匀染剂研究进展［J］．四川纺织科技，2003（5）：7-9.
[28] 吴圳燚，谢伟德．涤纶染色高温匀染剂的性能解析［J］．印染技术，2011（10）：48-49.
[29] 张治国，尹红，陈志荣．分散/活性染料用匀染剂研究进展［J］．纺织学报，2005，26（3）：142-144.
[30] 李琴．匀染剂在分散染料染色中的“增色效应”与“消色效应”［J］．印染助剂，2000，17（1）：9-12.
[31] 俞冬晴，贺江平．新型活性染料染锦纶匀染剂的研制［J］．染料与染色，2011，48（2）：51-53.
[32] 钱琴芳，张建芳．锦纶匀染剂 NL 的应用研究［J］．江苏丝绸，2005（5）：4-6.
[33] 于鲁晋．助剂与酸性染料的相互作用及对锦纶染色的影响［D］．苏州：苏州大学，2008.
[34] 黄桂珍，何丽清，薛桂萍，等．酸性染料染锦纶用匀染剂性能检验方法探讨［J］．化纤与纺织技术，2012，41（1）：13-16，21.
[35] 唐增荣．固色剂的研制与应用探讨［J］．印染助剂，2006，23（3）：15-17.
[36] 余义开，张跃军．棉用聚合物型固色剂的研究进展［J］．纺织学报，2010，31（11）：145-150.
[37] 刘元军，王雪燕，申国栋．固色剂及其应用进展［J］．染整技术，2012，34（10）：1-6.
[38] 宋雪晶，刘林泉，刘晶如．固色剂的研究进展及展望［J］．广东化工，2011，38（4）：37-38，48.
[39] 黄茂福．纺织染整助剂的基本特性、检测与应用（四）固色剂［J］．染整科技，1997（2）：39-51.

[40] 王玉祥，余遵盛，曾骏．锦纶酸性染色用固色剂 AFN［J］．印染，2016（5）：35-37.

[41] 王蕊，郝龙云．锦纶织物酸性染料染色后的固色处理［J］．印染助剂，2010，27（6）：29-31，35.

[42] 潘书真．酸性染料固色剂种类及应用［J］．丝绸，1996（9）：30-31.

[43] SIMON BIGGS，JOSEPH SELB，FRANCOISE CANDAU. Copolymers of acrylamide/N - alkylacrylmide in aqueous solution the effects of hydrolysis on hydrophobic interactions［J］. Polymer，1993，34（3）：580-591.

[44] 唐增荣．染整前处理助剂合理应用—前处理助剂种类、选用、检测及环保与降耗［C］．中国印染行业协会．法国国际检验局第七届全国印染行业新材料、新技术、新工艺、新产品论文集．上海，2008.

[45] 唐育民．精练剂的演变及前处理清洁生产的必然性［J］．印染助剂，2006，23（9）：1-4.

[46] 王芸，吴飞，曹治平．消泡剂的研究现状与展望［J］．化学工程师，2008（9）：26-28.

[47] 葛成灿，王源升，余红伟，等．泡沫及消泡剂的研究进展［J］．材料开发与应用，2010，25（6）：81-85.

[48] 洪仲秋．消泡剂在纺织生产中的应用概述［J］．棉纺织技术，2004，32（6）：347-350.

[49] 杨栋梁．三十年我国整理技术的回顾与展望［J］．印染，2005（9）：31-37.

[50] 张治国，尹红，陈志荣．织物用柔软剂研究进展［J］．纺织学报，2005，26（5）：128-131.

[51] 张洪涛，陈敏，吕睿．氨基聚硅酮微乳液柔软剂防黄变的研究［J］．印染助剂，2002，19（3）：6-8.

[52] 张晓红，黄小军．新型低黄变改性氨基硅油柔软剂的合成及应用［J］．印染助剂，2005，22（2）：7-10.

[53] 刘燕军．氨基硅油柔软剂［J］．纺织学报，1999，20（6）：374-376.

[54] 万震，毛志平．新型亲水性有机硅柔软剂的研究进展［J］．丝绸，2003（1）：39-41.

[55] 郭世志．亲水性有机硅柔软剂［J］．纺织标准与质量，2002（6）：26-27.

[56] 唐增荣．皂洗剂的应用性能测试方法［J］．印染助剂，2010，27（4）：36-38.

[57] 唐增荣．皂洗剂的发展过程［C］．浙江省纺织染整助剂情报站．“皇马杯”2014 年浙江省纺织印染助剂情报网第 24 届年会论文集．浙江省上虞市，2014.

[58] 张利强．窗帘用涤纶机织物的后整理研究［D］．上海：东华大学，2009.

[59] 季峥，赵龙，宋慧悦．硬挺剂的研制与应用［J］．辽宁化工，2004，33（4）：222-224.

[60] 刘志红，田慧敏，石风俊，等．织物白度表征方法的研究［J］．中原工学院学报，2007，18（3）：48-51，55.

[61] 胡吉永．织物手感评价方法的特点［J］．现代纺织技术，2006（1）：51-54.

[62] 何晋浙．ICP-AES 法在元素分析测试中的应用技术［J］．浙江工业大学学报，2006，34（1）：48-50.

[63] 周栋梁，朱谱新．精练剂的润湿渗透性和复配［J］．纺织科技发展，2006（4）：15-18.

[64] 黄燕萍，狄群英．耐碱渗透剂 ND-96 的研制［J］．印染助剂，2004，21（2）：23-26.

[65] 刘昭雪．高效精练渗透剂性能分析［J］．染整技术，2009，31（11）：38-39，54.

[66] 夏建明，陈晓玉，李纪亮．纺织印染消泡剂的研制、性能与应用［J］．浙江纺织服装职业技术学院学报，2008（2）：13-18.

[67] 孙少云，李俊峰．氨基硅油柔软剂的开发应用研究［J］．纺织导报，2007（12）：80-82，85.

[68] 师琅，章玉铭，孙润军．毛巾类织物柔软性测试方法［J］．西安工程大学学报，2013，27（3）：319-324.

[69] 顾玉兰．常用印染助剂的快速检测［J］．印染，2010（11）：38-41.

[70] 莫小刚，刘尚营．非离子表面活性剂浊点的研究进展［J］．化学通报，2001（8）：483-487.

[71] 房秀敏．聚醚型非离子表面活性剂的浊点及其影响因素［J］．精细石油化工，1997（2）：1-4.

[72] 余扬，蒋春兰．微波炉测定含固量的方法探讨［J］．印染助剂，2002，19（3）：51-43，45.

[73] 蒋萍初，田亮．非离子表面活性剂浊点的测点及其影响因素的研究［J］．上海师范大学学报：自然科

学版，1995，24（1）：43-49.
[74] 吕彤．表面活性剂合成技术［M］．北京：化学工业出版社，2016.
[75] 陈荣圻．前处理助剂的生态问题探讨（一）［J］．上海染料，2001，29（6）：36-42.
[76] 陈荣圻．前处理助剂的生态问题探讨（二）［J］．印染，2001（9）：44-49.
[77] 陈荣圻．前处理助剂的发展与复配技术（二）［J］．印染助剂，1993，10（3）：33-36.
[78] 马双平，周芬，朱华雄．折射率法快速测聚羧酸系减水剂含固量［J］．建材世界，2014，35（3）：13-16，22.

第五章　染化料助剂的生态安全问题及其检测技术

第一节　染化料助剂的生态安全问题

染化料助剂，主要包括染料、颜料和染整助剂，是纺织品加工工业的基础原料。在纺织品生产和加工过程中离不开染化料助剂，早期人们对染化料助剂的开发首先考虑如何达到功效，很少考虑其对人体健康的影响。随着生活水平和环境意识的提高，染化料助剂的选择原则逐渐倾向于在对人体产生尽可能少的毒副作用和保证人体健康的前提下，再研究发挥助剂的最佳功效。

作为纺织品加工不可或缺的组成部分，染化料助剂给生态环境和人体健康带来的负面影响的确是不容忽视的。它们都是纺织品有害物质的源头，纺织品有害物质的存在与否或其残留量是否超标，与所使用的染化料助剂及相应的应用工艺直接相关，对染化料助剂有害物质的控制直接关系到纺织品生态指标的符合性要求。同时，纺织工业废水中含有大量的纺织助剂，化学耗氧量和生物需氧量很高，不易被生物降解，对环境造成危害。

纺织染料和印染助剂的生态影响和毒素危害来源主要有：生产染料和印染助剂的原材料、染料和印染助剂本身、染料和印染助剂使用过程中所产生的污染物等。因此，已有不少国家和组织（特别是欧盟）对各种纺织印染助剂进行了细致的毒理学研究，并颁布了有害物质的禁用和限用法规。据粗略的市场统计，目前国际上禁用和限用的纺织助剂已超过了 18 类近 3000 个品种。

纺织品染化料助剂生态安全的问题是伴随着纺织工业的发展而产生并逐步被重视起来的，而欧盟《化学品的注册、评估、授权和限制》法规（Registration，Evaluation，Authorization and Restriction of Chemicals，简称 REACH 法规）的颁布实施，把纺织品染化料助剂生态安全的问题推向了新的高度。

2006 年 12 月 18 日，欧洲议会和欧盟理事会共同发布第 1907/2006 号法令，正式公布 REACH 法规，规定所有在欧盟生产或进入欧盟市场的化学品均须进行注册、评估，并根据评估结果确定其销售和使用是否需被限制或需经授权。该法规与染化料助剂生态安全问题密切相关的有两个部分即 REACH 法规附录 XVⅡ和附录 XIV。

早在 1976 年 7 月，当时的欧州经济共同体就发布了指令 76/769/EEC《关于限制某些有害物质和制剂的销售和使用的规定》，100 多种有害物质被要求不得存在于包括纺织产品在内的最终产品中。该指令被先后修订了 50 多次，不断加入新的限用物质。而目前几乎所有与纺织品生态安全性能有关的禁用或限用化学物质的规定都来自于该指令及其后续的历次修订。根据 1907/2006 号法令，欧盟指令 76/769/EEC 被作为附件 XVⅡ并入 REACH，成为 REACH

法规的一部分，使其法律效力得到进一步的提高。

与此同时，REACH 法规要求对具有一定危险特性并引起人们高度重视的化学物质的生产和进口进行授权。根据 REACH 法规 57 条，满足以下一种或一种以上的危险特性的物质，可被确定为高关注度物质（Substance of Very High Concern，简称 SVHC），即：第 1 类和第 2 类致癌、致畸、具有生殖毒性的物质，即 CMR1/2 类物质；持久性、生物累积性和毒性的物质，即 PBT 物质；高持久性、高生物累积性的物质，即 vPvB 物质；具有内分泌干扰特性，或具持久性、生物累积性和毒性，或具高持久性、高生物累积性但又不属于 PBT 物质和 vPvB 物质的范畴，同时有科学证据证明对人类或环境引起严重影响的物质。需要取得授权的物质是从上述高度关注物质 SVHC 中优先选取的一些物质，被列入 REACH 法规附件 XIV 中。自 REACH 法规正式实施以来，SVHC 物质清单不断扩充，目前已包括 190 多种无机和有机化学物质。据统计，其中涉及染料及其中间体和纺织助剂化学品的数量占接近一半。

2018 年 10 月 12 日，欧盟委员会又发布法规（EU）2018/1513，对欧盟 REACH 法规（EC）No. 1907/2006 附录 XVⅡ中被归类为致癌、致基因突变、致生殖毒性（CMR）1A 类和 1B 类中涉及服装及相关配饰、直接接触皮肤的纺织品和鞋类产品的限制物质清单做出规定。根据该规定，这些物质将会增加到附录 XVⅡ第 72 条，同时会新增附录Ⅻ，并于 2020 年 11 月 1 日起实施。根据此次最终发布的针对 REACH 法规附件 XVⅡ的修订结果，被列入限制在服饰和鞋类产品上使用的 CMR 物质只有 33 种（类）。其中包括染料及致癌芳香胺的盐 7 种，苯及多环芳烃 9 种，重金属及其盐、含氯苯、邻苯二甲酸酯、酰胺和甲醛等 17 种。

随着欧盟 REACH 法规的实施，以欧盟为代表的针对化学品的安全使用和消费品（含纺织产品）中有害物质控制的法规体系已经成为全球普遍采用的生态安全质量要求；对纺织化学品，也已经从过去的对其质量、性能和价格的考量，转移到更多地关注其安全性和可能带来的生态影响，并对国际贸易产生重大影响。

第二节　纺织用染化料助剂生态安全测试项目及其检测技术

染化料助剂的生态安全性已成为影响纺织品生态性能的重要因素，纺织品的生态要求即是对染料和助剂的安全和生态要求，在纺织品加工过程中，染料及纺织助剂含有的各类有害物质往往会向纺织品中转移。其中，如致癌芳香胺、重金属元素、甲醛等已经被世界卫生组织确定为对人类健康和环境具有重要影响的有害物质。国际上许多国家和组织对化学品的生态安全性做了系列研究工作，并颁布有害物质禁用和限用法规，如 Oeko—Tex 标准 100 中规定了甲醛、重金属、杀虫剂、氯化苯酚、邻苯二甲酸酯、有机锡化合物、致癌染料、致敏染料、氯化苯和氯化甲苯、多环芳烃、阻燃产品、残余溶剂、残余表面活性剂、全氟化合物、紫外稳定剂、有机挥发物等 20 余个类别共计 170 余种有害物质的限量要求。目前，以欧盟为主的针对纺织产品生态安全性能要求的法律法规、标准和符合性评定程序已经相当完整，涉及的监控项目已多达几十个，包括禁用偶氮染料（Azo）、致敏性分散染料、致癌染料、甲醛含量、五氯苯酚及四氯苯酚（PCP 和 TeCP）、pH、杀虫剂、重金属、邻苯基苯酚（OPP）、有机锡化合物、镍释放量、邻苯二甲酸酯增塑剂、烷基酚（AP）及烷基酚聚氧乙烯醚

(APEO)、全氟辛烷磺酰基化合物（PFOS）、有机氯载体（氯苯和氯甲苯）、六价铬（CrⅥ）、短链氯化石蜡（SCCP）、富马酸二甲酯（DMFu）、含溴阻燃剂、气味、总铅（Pb）和总镉（Cd）、多环芳烃（PAHs）、多氯联苯化合物（PCBs）、高度关注物质（SVHC）等。

一、国内外生态安全检测技术标准化情况

1994年7月14日，德国政府颁布《食品和日用消费品法（第二修正案）》，在世界上第一次提出在纺织和部分日用消费品上禁止使用某些可能还原出致癌芳香胺的偶氮染料后，在国际纺织品服装贸易领域，生态纺织品的理念迅速扩展，世界上多个国家迅速做出反应，各种立法和标准化进程纷纷启动。面对这一发展态势，中国的业内专家敏锐地感觉到这其中对中国纺织业可能会带来的冲击和长远影响。但当时面临的困难是，虽然德国政府颁布了这个法令，但相应的检测方法标准还在研究制定之中，并未同步推出。为此，国家标准化管理部门紧急立项，由上海市纺织科学研究院承担了对纺织品上禁用偶氮染料检测方法标准的研究制定工作。1997年底，国家标准《纺织品 禁用偶氮染料的测定》通过审定，1998年4月发布实施，而此时，德国的官方检测方法也刚刚发布。由于在该标准的研究制定过程中，中国与德国官方检测方法研究的承担机构保持着密切的沟通，两国检测方法的原理和主要技术条件也因此基本保持一致。2002年，欧盟正式发布指令2002/61/EC，对欧盟指令76/769/EEC进行修订，正式在全欧盟范围内在纺织品上禁止使用某些可能还原出致癌芳香胺的偶氮染料。自此，全球以欧盟为代表的围绕纺织品生态安全问题的有害物质禁用或限用的法规和标准，即通常所称的绿色贸易壁垒开始迅猛发展，涉嫌的化学物质不断增多，要求也越来越严格。面对这样的发展趋势，中国的纺织业选择了自我提升而不是被动应对的策略，而标准化则是取得突破的有效抓手。目前中国国家强制性标准GB 18401—2003《国家纺织产品基本安全技术规范》在2002年开始起草，一大批与纺织品生态安全性有关的检测方法中国国家标准的制修订计划也是在这一年正式下达的。

随着欧盟REACH法规的正式实施，国际社会在有关生态纺织品的立法方面已经进入相对成熟的阶段，许多被列入监控范围的项目和要求已逐渐趋于统一，各种配套的检测方法也已逐渐完善并形成系列化。

相对而言，中国在有关生态纺织品检测技术的标准化方面已经走在世界前列，所形成的纺织品生态安全性能检测方法标准系列是目前世界上涵盖范围最广的测试方法标准系列，所采用的技术手段也是最先进可靠的。

与此同时，中国的染料行业也在有害物质控制的规范和标准化方面做出了不可或缺的贡献，分别从2004年和2006年开始实施的国家强制性标准GB 19601—2013《染料产品中23种有害芳香胺的限量及测定》和GB 20814—2014《染料产品中10种重金属元素的限量及测定》，从源头上为中国印染行业降低误用有害染料的风险发挥了巨大作用。作为相关行业，中国的皮革行业也在有害染化料助剂的限制使用和残留量控制的法规和标准化方面进行了持续的推进。中国出入境检验检疫系统也在加强对出入境纺织品服装的质量和生态安全性能的监管方面，通过持续的研发，形成了完善的SN检测技术标准化体系。

到目前为止，在中国，涵盖整个纺织服装供应链的有害物质检测方法标准系列化“防护网”已经基本形成，且还在不断地完善和扩展之中。表5-1给出了涉及纺织品服装、染料、

印染助剂、皮革和出入境检验检疫等纺织服装供应链不同环节及领域的有害物质检测技术标准化的发展现状。纺织染整助剂中有害物质的检测技术将在后续章节中着重介绍。

表 5-1　中国纺织服装供应链上有害物质检测方法标准

测试物质	标准号	标准名称
23 种芳香胺	GB/T 17592—2011	纺织品　禁用偶氮染料的测定
	SN/T 1045.1—2010	进出口染色纺织品和皮革制品中禁用偶氮染料的测定　第 1 部分：液相色谱法
	SN/T 1045.2—2010	进出口染色纺织品和皮革制品中禁用偶氮染料的测定　第 2 部分：气相色谱/质谱法
	SN/T 1045.3—2010	进出口染色纺织品和皮革制品中禁用偶氮染料的测定　第 3 部分：气相色谱法
	GB/T 19942—2005	皮革和毛皮　化学试验　禁用偶氮染料的测定
	GB 19601—2013	染料产品中 23 种有害芳香胺的限量及测定
	SN/T 3786.1—2014	进出口纺织品中禁用偶氮染料快速筛选方法　第 1 部分：气相色谱—质谱法
4-氨基偶氮苯	GB/T 23344—2009	纺织品 4-氨基偶氮苯的测定
	GB/T 24101—2018	染料产品中 4-氨基偶氮苯的限量及测定
致癌染料	GB/T 20382—2006	纺织品　致癌染料的测定
	GB/T 30399—2013	皮革和毛皮　化学试验　致癌染料的测定
	SN/T 3227—2012	进出口纺织品中 9 种致癌染料的测定　液相色谱—串联质谱法
致敏染料	GB/T 20383—2006	纺织品　致敏性分散染料的测定
	GB/T 30398—2013	皮革和毛皮　化学试验　致敏性分散染料的测定
pH	GB/T 7573—2009	纺织品　水萃取液 pH 值的测定
	SN/T 1523—2005	纺织品　表面 pH 值的测定
	QB/T 1277—2012	毛皮　化学试验 pH 的测定
	QB/T 2724—2018	皮革　化学试验 pH 的测定
	GB/T 2390—2013	染料 pH 值的测定
	HG/T 4164—2010	纺织染整助剂 pH 值的测定
	FZ/T 10014—2011	纺织上浆用聚丙烯酸类浆料试验方法 pH 值测定
甲醛	GB/T 2912.1—2009	纺织品　甲醛的测定　第 1 部分：游离和水解的甲醛（水萃取法）
	GB/T 2912.2—2009	纺织品　甲醛的测定　第 2 部分：释放的甲醛（蒸汽吸收法）
	GB/T 2912.3—2009	纺织品　甲醛的测定　第 3 部分：高效液相色谱法
	SN/T 2195—2008	纺织品中释放甲醛的测定　无破损法
	SN/T 3310—2012	进出口纺织品　甲醛的测定　气相色谱法
	GB/T 19941—2005	皮革和毛皮　化学试验　甲醛含量的测定

续表

测试物质	标准号	标准名称
甲醛	GB/T 23973—2018	染料产品中甲醛的测定
	HG/T 4446—2012	纺织染整助剂　固色剂中甲醛含量的测定
	GB/T 29493.5—2013	纺织染整助剂中有害物质的测定 第5部分：乳液聚合物中游离甲醛含量的测定
	GB/T 27593—2011	纺织染整助剂　氨基树脂整理剂中游离甲醛含量的测定
	QB/T 4201—2011	皮革化学品　树脂中甲醛含量的测定
烷基酚及烷基酚聚氧乙烯醚	GB/T 23322—2018	纺织品　表面活性剂的测定　烷基酚和烷基酚聚氧乙烯醚
	SN/T 2583—2010	进出口纺织品及皮革制品中烷基酚类化合物残留量的测定　气相色谱—质谱法
	SN/T 1850.2—2006	纺织品中烷基苯酚类及烷基苯酚聚氧乙烯醚类的测定　第2部分：高效液相色谱—质谱法
	SN/T 1850.3—2010	纺织品中烷基苯酚类及烷基苯酚聚氧乙烯醚类的测定　第3部分：正相高效液相色谱法和液相色谱—串联质谱法
	SN/T 3255—2012	水洗羽绒羽毛中烷基苯酚类及烷基苯酚聚氧乙烯醚类化合物的测定
	GB/T 23972—2009	纺织染整助剂中烷基苯酚及烷基苯酚聚氧乙烯醚的测定　高效液相色谱/质谱法
含氯苯酚	GB/T 18414.1—2006	纺织品　含氯苯酚的测定　第1部分：气相色谱—质谱法
	GB/T 18414.2—2006	纺织品　含氯苯酚的测定　第2部分：气相色谱法
	GB/T 22808—2008	皮革和毛皮　化学试验　五氯苯酚含量的测定
	GB/T 24166—2009	染料产品中含氯苯酚的测定
邻苯基苯酚	GB/T 23974—2009	染料产品中邻苯基苯酚的测定
	GB/T 20386—2006	纺织品　邻苯基苯酚的测定
全氟辛烷磺酰基化合物/全氟辛酸	GB/T 31126—2014	纺织品　全氟辛烷磺酰基化合物和全氟羧酸的测定
	GB/T 29493.2—2013	纺织染整助剂中有害物质的测定　第2部分：全氟辛烷磺酰基化合物（PFOS）和全氟辛酸（PFOA）的测定　高效液相色谱—质谱法
	SN/T 3694.9—2013	进出口工业品中全氟烷基化合物测定　第9部分：纺织品　液相色谱—串联质谱法
重金属	GB/T 17593.1—2006	纺织品　重金属的测定　第1部分：原子吸收分光光度法
	GB/T 17593.2—2007	纺织品　重金属的测定　第2部分：电感耦合等离子体原子发射光谱法
	SN/T 3339—2012	进出口纺织品中重金属总量的测定　电感耦合等离子体发射光谱法
	GB/T 30157—2013	纺织品　总铅和总镉含量的测定
	SN/T 4022—2014	进出口纺织品　痕量铅的测定　纳米二氧化钛富集—电感耦合等离子体发射光谱法

续表

测试物质	标准号	标准名称
重金属	GB 20814—2014	染料产品中重金属元素的限量及测定
	GB 21550—2008	聚氯乙烯人造革有害物质限量 第5.4节　可溶性重金属含量的测定
	GB/T 22930—2008	皮革和毛皮　化学试验　重金属含量的测定
	QB/T 1275—2012	毛皮　化学实验　氧化铬（Cr_2O_3）的测定
	GB/T 34673—2017	纺织染整助剂产品中9种重金属含量的测定
六价铬	GB/T 17593.3—2006	纺织品　重金属的测定　第3部分：六价铬　分光光度法
	GB/T 22807—2008	皮革和毛皮　化学试验　六价铬含量的测定
	SN/T 0704—2015	进出口皮革及皮革制品中六价铬含量测定　分光光度法
	GB/T 33093—2016	纺织染整助剂产品中六价铬含量的测定
砷、汞	GB/T 17593.4—2006	纺织品　重金属的测定　第4部分：砷、汞原子荧光分光光度法
镍释放	GB/T 30158—2013	纺织制品附件镍释放量的测定
	GB/T 30156—2013	纺织制品涂层附件腐蚀和磨损的方法
	SN/T 3340—2012	与皮肤接触服装附件镍释放检测方法
杀虫剂/农药	GB/T 18412.1—2006	纺织品　农药残留量的测定　第1部分：77种农药
	GB/T 18412.2—2006	纺织品　农药残留量的测定　第2部分：有机氯农药
	GB/T 18412.3—2006	纺织品　农药残留量的测定　第3部分：有机磷农药
	GB/T 18412.4—2006	纺织品　农药残留量的测定　第4部分：拟除虫菊酯农药
	GB/T 18412.5—2008	纺织品　农药残留量的测定　第5部分：有机氮农药
	GB/T 18412.6—2006	纺织品　农药残留量的测定　第6部分：苯氧羧酸类农药
	GB/T 18412.7—2006	纺织品　农药残留量的测定　第7部分：毒杀芬
	SN/T 2461—2010	纺织品中苯氧羧酸类农药残留量的测定　液相色谱-串联质谱法
	SN/T 1837—2006	进出口纺织品　硫丹、丙溴磷残留量的测定　气相色谱—串联质谱法
	SN/T 3788—2014	进出口纺织品中四种有机氯农药的测定　气相色谱法
	SN/T 3906—2014	进出口纺织品中Kelevan的检测方法　液相色谱—串联质谱法
	SN/T 1766.1—2006	含脂羊毛中农药残留量的测定　第1部分：有机磷农药的测定　气相色谱法
	SN/T 1766.2—2006	含脂羊毛中农药残留量的测定　第2部分：有机氯和拟合成除虫菊酯农药的测定　气相色谱法
	SN/T 1766.3—2006	含脂羊毛中农药残留量的测定　第3部分：除虫脲和杀铃脲的测定 高效液相色谱法
短链氯化石蜡	SN/T 4083—2014	进出口纺织品短链氯化石蜡的测定
	SN/T 2570—2010	皮革中短链氯化石蜡残留量检测方法　气相色谱法

续表

测试物质	标准号	标准名称
邻苯二甲酸酯	GB/T 20388—2016	纺织品　邻苯二甲酸酯的测定　四氢呋喃法
	GB/T 22931—2008	皮革和毛皮　化学试验　增塑剂的测定
	SN/T 3995—2014	进出口纺织品　邻苯二甲酸酯的定量分析方法
	GB/T 24168—2009	纺织染整助剂产品中邻苯二甲酸酯的测定
	SN/T 4006—2013	皮革制品中邻苯二甲酸酯的测定方法
有机锡化合物	GB/T 20385—2006	纺织品　有机锡化合物的测定
	GB/T 22932—2008	皮革和毛皮　化学试验　有机锡化合物的测定
	GB/T 29493.3—2013	纺织染整助剂中有害物质的测定　第3部分：有机锡化合物的测定　气相色谱-质谱法
	SN/T 3706—2013	进出口纺织品中有机锡化合物的测定方法　气相色谱-质谱法
氯苯/氯化甲苯	GB/T 20384—2006	纺织品　氯化苯和氯化甲苯残留量的测定
	GB/T 24167—2009	染料产品中氯化甲苯的测定
	GB/T 24164—2009	染料产品中多氯苯的测定
多氯联苯	GB/T 20387—2006	纺织品　多氯联苯的测定
	GB/T 24165—2009	染料产品中多氯联苯的测定
	SN/T 2463—2010	纺织品中多氯联苯的测定方法　气相色谱法
阻燃剂	GB/T 24279.1—2018	纺织品　某些阻燃剂的测定　第1部分：溴系阻燃剂
	SN/T 1851—2006	纺织品中阻燃整理剂的检测方法　气相色谱—质谱法
	SN/T 3787—2014	进出口纺织品中三-（1-氮杂环丙基）氧化膦和5种磷酸酯类阻燃剂的测定　液相色谱-串联质谱法
	SN/T 3508—2013	进出口纺织品中六溴环十二烷的测定　液相色谱—质谱/质谱法
	SN/T 3228—2012	进出口纺织品中有机磷阻燃剂的检测方法
	GB/T 29493.1—2013	纺织染整助剂中有害物质的测定　第1部分：多溴联苯和多溴二苯醚的测定　气相色谱—质谱法
有机挥发物	GB/T 24281—2009	纺织品　有机挥发物的测定　气相色谱—质谱法
	SN/T 3778—2014	纺织品　挥发性有机化合物释放量试验方法　小型释放舱法
	QB/T 1273—2012	毛皮　化学试验　挥发物的测定
	QB/T 2717—2018	皮革　化学试验　挥发物的测定
多环芳烃	GB/T 28189—2011	纺织品　多环芳烃的测定
	GB/T 29493.4—2013	纺织染整助剂中有害物质的测定　第4部分：稠环芳烃化合物（PAHs）的测定　气相色谱—质谱法
	SN/T 3338—2012	进出口纺织品中多环芳烃残留量检测方法

续表

测试物质	标准号	标准名称
富马酸二甲酯	GB/T 28190—2011	纺织品 富马酸二甲酯的测定
	GB/T 26702—2011	皮革和毛皮 化学试验 富马酸二甲酯含量的测定
	HG/T 4445—2012	纺织染整助剂 富马酸二甲酯的测定
其他	SN/T 3333—2012	进出口纺织品中“蓝色素”的测定 高效液相色谱法
	GB/T 23345—2007	纺织品 分散黄 23 和分散橙 149 染料的测定
	SN/T 3785—2014	进出口纺织品中 4，4′-二氨基二苯甲烷的测定
	SN/T 3784—2014	进出口纺织品中 2，4-二硝基甲苯的测定 气相色谱—质谱法
	SN/T 2844—2011	纺织品丙烯酰胺检测方法
	SN/T 3587—2016	进出口纺织品酰胺类有机溶剂残留量的测定 气相色谱—质谱法
	SN/T 3332—2012	进出口纺织服装中聚氯乙烯的定性鉴别方法
	SN/T 3225. 1—2012	纺织品 三氯生的测定 第 1 部分：高效液相色谱法
	SN/T 3225. 2—2012	纺织品 三氯生的测定 第 2 部分：气相色谱法
	SN/T 3225. 3—2012	纺织品 三氯生的测定 第 3 部分：气相色谱—质谱法
	SN/T 3225. 4—2012	纺织品 三氯生的测定 第 4 部分：气相色谱/串联质谱法
	SN/T 3781—2014	进出口纺织品 α-溴代肉桂醛测定 气相色谱—质谱法
	GB/T 29493. 6—2013	纺织染整助剂中有害物质的测定 第 6 部分：聚氨酯预聚物中异氰酸酯基含量的测定
	GB/T 29493. 7—2013	纺织染整助剂中有害物质的测定 第 7 部分：聚氨酯涂层整理剂中二异氰酸酯单体的测定
	GB/T 29493. 8—2013	纺织染整助剂中有害物质的测定 第 8 部分：聚丙烯酸酯类产品中残留单体的测定
	GB/T 29493. 9—2014	纺织染整助剂中有害物质的测定 第 9 部分：丙烯酰胺的测定
	HG/T 4450—2012	纺织染整助剂 树脂整理剂中游离乙二醛的测定
	FZ/T 10017—2011	纺织上浆用聚丙烯酸类浆料试验方法 残留单体含量测定
	GB/T 4615—2013	聚氯乙烯 残留氯乙烯单体的测定 气相色谱法
	GB/T 29598—2013	荧光增白剂中三嗪类杂质的限量与测定
	GB/T 31531—2015	染料及纺织染整助剂产品中喹啉的测定
	HG/T 5255—2017	纺织染整助剂 柔软整理剂类产品中硫酸二甲酯的测定
	HG/T 5351—2018	纺织染整助剂 *N*，*N*-二甲基甲酰胺的测定

二、禁用偶氮染料

偶氮染料是指含 1 个或 1 个以上的偶氮基—N ═N—与其连接部分至少含 1 个芳香族结构的染料，是印染企业在对布料及纺织品或塑料制品进行染色加工时使用的一种化学制剂。

偶氮染料从其化学结构上讲是目前商品化染料产品中最大的一类染料，涉及直接、酸性、分散、活性、碱性、媒染和溶剂染料及有机颜料和部分色基，总数达1300多种，约占商品化染料总数的2/3。除极个别的偶氮染料已被证明具有致癌性之外，绝大部分的偶氮染料并无直接的致癌性。而这里所指的禁用偶氮染料是指在纺织品或皮革制品上在规定的还原条件下，可还原裂解出一种或多种具有致癌性的芳香胺的偶氮染料，而这些芳香胺必须是在偶氮染料的合成中作为重氮组分才有可能被还原裂解出来。

研究表明，有24种芳香胺具有致癌性，其中4种为对人体致癌，20种为对动物致癌。因此，只有当某一偶氮染料在规定的条件下还原裂解出这24种芳香胺（表5-2）中的任何一种或多种时，才被认定为禁用偶氮染料。

纺织品中的致癌芳香胺主要是指可从染料还原裂解出的致癌芳香胺。而纺织化学品中夹带的游离状态化合物，包括未反应中间体、副反应产物以及非法添加物等，在一般或特定条件下也会残留或分解出致癌芳香胺，这部分致癌芳香胺暂不在本书的讨论范围之内。

表5-2　24种致癌芳香胺相关信息

序号	中文名称	英文名称	CAS No.
1	4-氨基联苯	4-aminobiphenyl	92-67-1
2	联苯胺	benzidine	92-87-5
3	4-氯邻甲苯胺	4-chloro-o-toluidine	95-69-2
4	2-萘胺	2-naphthylamine	91-59-8
5	邻氨基偶氮甲苯	o-aminoazotoluene	97-56-3
6	2-氨基-4-硝基甲苯	5-nitro-o-toluidine	99-55-8
7	对氯苯胺	p-chloroaniline	106-47-8
8	2，4-二氨基苯甲醚	2，4-diaminoanisole	615-05-4
9	4，4'-二氨基二苯甲烷	4，4'-diaminodiphenylmethane	101-77-9
10	3，3'-二氯联苯胺	3，3'-dichlorobenzidine	91-94-1
11	3，3'-二甲氧基联苯胺	3，3'-dimethoxybenzidine	119-90-4
12	3，3'-二甲基联苯胺	3，3'-dimethylbenzidine	119-93-7
13	3，3'-二甲基-4，4'-二氨基二苯甲烷	3，3'-dimethyl-4，4'-diaminobiphenylmethane	838-88-0
14	2-甲氧基-5-甲基苯胺	p-cresidine	120-71-8
15	4，4'-亚甲基-二-（2-氯苯胺）	4，4'-methylene-bis-（2-chloroaniline）	101-14-4
16	4，4'-二氨基二苯醚	4，4'-oxydianiline	101-80-4
17	4，4'-二氨基二苯硫醚	4，4'-thiodianiline	139-65-1
18	邻甲苯胺	o-toluidine	95-53-4
19	2，4-二氨基甲苯	2，4-toluylenediamine	95-80-7
20	2，4，5-三甲基苯胺	2，4，5-trimethylaniline	137-17-7
21	邻氨基苯甲醚	o-anisidine	90-04-0
22	2，4-二甲基苯胺	2，4-xylidine	95-68-1
23	2，6-二甲基苯胺	2，6-xylidine	87-62-7
24	4-氨基偶氮苯	4-aminoazobenzene	60-09-3

致癌芳香胺的检测方法涵盖了化学显色法、气相色谱法、气相色谱—质谱法和液相色谱法等多种仪器分析方法。由于样品材料的不同，因此各检测方法之间也有所区别。同时也因为致癌芳香胺结构多样，样品中往往含有多种非禁用的芳香胺异构体可能导致检测结果的假阳性出现，所以，必须采用最合适的仪器分析方法，甚至需要采用多种仪器分析方法进行确认，才能够保证检测结果的准确性。目前业内致癌芳香胺的主要仪器分析方法是气相色谱—质谱联用法（GC-MS 法）。而在欧盟标准 ISO 14362-1：2017《纺织品　从偶氮着色剂衍化的某些芳香胺的测定方法　第 1 部分　通过/不通过萃取法获得使用某些偶氮着色剂的检测》和 ISO 14362-3：2017《纺织品　从偶氮着色剂衍化的某些芳香胺的测定方法　第 3 部分：可能释放 4-氨基偶氮苯的偶氮着色剂的检测》中除 GC-MS 法外，还规定了薄层色谱分析法（TLC）、高效液相色谱法（HPLC）、液相色谱—质谱联用法（HPLC-MS/MS）和毛细管电泳法（CE）等。

现阶段测定染料中致癌芳香胺的国家标准主要有 GB 19601—2013《染料产品中 23 种有害芳香胺的限量及测定》和 GB/T 24101—2018《染料产品中 4-氨基偶氮苯的限量及测定》，分别规定了染料产品中 23 种致癌芳香胺和另外一种特殊的芳香胺 4-氨基偶氮苯的测试方法。化工行业标准 HG/T 4963. 1—2016《涂料印花色浆产品中有害物质的测定　第 1 部分：23 种有害芳香胺的测定　气相色谱—质谱法》则是针对各类型涂料印花色浆产品中致癌芳香胺的测定方法，但其主要技术参数与 GB 19601—2013 基本一致，此处将不再重复阐述。

（一）23 种致癌芳香胺的测定

相关标准 GB 19601—2013 的主要技术内容如下所示：

1. 试验原理

染料样品在柠檬酸盐缓冲溶液（pH = 6. 0）介质中用连二亚硫酸钠还原分解，用有机溶剂直接萃取裂解溶液中的芳香胺，浓缩后，用气相色谱—质谱联用仪等方法进行检测。

2. 试验方法

称取 0. 2g（准确至 0. 002g）试样，置于带磨口的锥形瓶中（非水溶性染料在试样处理前可以加入几毫升丙酮，使其均匀分散在缓冲溶液中）。加入 24mL 柠檬酸盐缓冲溶液（柠檬酸/氢氧化钠缓冲溶液，pH = 6，浓度为 0. 06mol/L）及内标物（表 5-3）。放入（70±2）℃的水浴锅内预热至少 15min，不停地摇动，使试样尽量完全溶解；随后向锥形瓶中加入 6. 0mL 连二亚硫酸钠溶液（浓度为 200mg/mL，每天新鲜配置）使偶氮基团还原裂解。然后再次放入（70±2）℃水浴锅内保持 30min，不停地摇动，使其充分还原，还原后取出，用冷水使其快速降至室温，用无水碳酸钠溶液调节 pH 至 8～9。在分液漏斗中用三氯甲烷将样液萃取 3 次，在第 1 次萃取液中加入几滴冰醋酸酸化。合并 3 次萃取液，在旋转蒸发仪上浓缩后定容至容量瓶中（具体步骤为：在旋转蒸发仪上浓缩至体积约 1mL。用吸管将浓缩后的液体吸入 10mL 容量瓶，用三氯甲烷反复冲洗烧瓶，洗液并入容量瓶中，用三氯甲烷定容至刻度，此溶液为样品溶液），用于色谱分析。可用的色谱条件见表 5-4。下列参数已经成功地被用于测试。

表 5-3 致癌芳香胺内标物名称及相关信息

序号	中文名称	英文名称	CAS No.	定量离子	定性离子
1	萘	Naphthalene	91-20-3	128	127，129，102
2	蒽	Anthracene	120-12-7	178	176，179，89

表 5-4 致癌芳香胺测试 GC-MS 仪器分析条件

参数	操作条件		
色谱柱	50%苯基甲基聚硅氧烷固定相的毛细管柱 如 DB-17MS，30m×0.25mm×0.25μm，或相当者		
柱温	升温速度（℃/min）	温度（℃）	保持时间（min）
	—	80	3
	5	180	8
	15	250	0
	3	280	10
进样口温度（℃）	300		
载气	氦气（99.999%）		
流量（mL/min）	1.0		
进样体积（μL）	1.0		
进样方式	无分流进样		
离子源温度（℃）	230		
四级杆温度（℃）	150		

分析时，根据样液中被测物含量的情况，选定浓度相近的标准工作溶液进行测定。标准工作溶液和待测液中的致癌芳香胺的响应值均在仪器检测的线性范围内。所得的气相色谱—质谱总离子图通过特征离子峰进行目标化合物的定性，使用峰面积内标法进行定量。定性和定量离子信息见表 5-5。必要时可采用其他分析方法进行目标化合物的确认。计算时，根据每个胺的峰面积和试样的质量计算胺的含量 w_i（mg/kg），计算公式如式（5-1）所示：

$$w_i = \frac{r_s m_s}{r_i m_i} \tag{5-1}$$

式中：r_i——样品溶液中致癌芳香胺与内标物的响应之比；

m_s——混合标准溶液中标样的质量 μg；

r_s——混合标准溶液中致癌芳香胺与内标物响应之比；

m_i——试样的质量，g。

由于该标准对染料等产品中的各种致癌芳香胺的含量（质量分数）有一个限量要求，所以对染料制品中的液状染料、涂料色浆等的致癌芳香胺应按其固含量折算。

表 5-5　23 种致癌芳香胺的定性、定量离子信息

序号	中文名称	定量离子	定性离子
1	4-氨基联苯	169	115，168
2	联苯胺	184	92，156
3	4-氯邻甲苯胺	141	106，77
4	2-萘胺	143	115，116
5	邻氨基偶氮甲苯	—	—
6	2-氨基-4-硝基甲苯	—	—
7	对氯苯胺	127	129，65
8	2，4-二氨基苯甲醚	123	138，95
9	4，4'-二氨基二苯甲烷	198	197，106
10	3，3'-二氯联苯胺	252	254，253
11	3，3'-二甲氧基联苯胺	244	201，158
12	3，3'-二甲基联苯胺	212	106，213
13	3，3'-二甲基-4，4'-二氨基二苯甲烷	226	211，120
14	2-甲氧基-5-甲基苯胺	122	137，94
15	4，4'-亚甲基-二-（2-氯苯胺）	231	266，195
16	4，4'-二氨基二苯醚	200	108，171
17	4，4' 二氨基二苯硫醚	216	184，80
18	邻甲苯胺	106	107，77
19	2，4-二氨基甲苯	122	121，94
20	2，4，5-三甲基苯胺	120	135，134
21	邻氨基苯甲醚	108	80，123
22	2，4-二甲基苯胺	121	120，106
23	2，6-二甲基苯胺	121	120，106

注　1. 2-氨基-4 硝基甲苯经本方法处理后分解为 2，4-二氨基甲苯，邻氨基偶氮甲苯分解为邻甲苯胺和 2，5-二氨基甲苯。

2. 可根据不同的仪器设备和样品基质情况，选择适宜的定量离子。

3. 相关技术问题

（1）柠檬酸缓冲溶液的使用。标准中使用的柠檬酸缓冲溶液未明确指出是否需要提前进行预热。标准中提及样品加入缓冲溶液后需 70℃水浴预热 15min，如果将室温的缓冲溶液加入试样中，试样溶液与水浴之间的温差，会导致实际的样品平衡预热时间不足，进而影响样品的还原裂解。因此，对于缓冲溶液的使用，可以选择两种方式操作，一种是提前进行预热，避免温差的影响；另一种是适当延长试样溶液的预热时间，防止时间不足。

（2）还原裂解时间的控制。还原裂解过程应对反应时间进行严格控制，防止某些禁用偶氮染料的过度还原，影响检测结果。同时标准中提到“用冷水使其迅速降至室温”说法比较笼统，“迅速”未做出明确的时间规定，建议在 2min 中内冷却至室温，防止过度还原反应的

发生。

（3）旋蒸条件的控制。有些芳香胺的稳定性很差，如2，4-二氨基甲苯和2，4-二氨基苯甲醚容易挥发，若旋蒸条件控制不当或前处理时间过长，很可能会造成这两种物质的大量损失而在仪器上无法检出，甚至出现假阴性的结果。

（4）标准溶液的溶剂体系问题。标准中配制标准溶液的溶剂为三氯甲烷，而试样最终的体系是乙醚和乙酸乙酯的混合溶液，这种溶液体系的不一致性，可能会对结果的分析造成偏差。

（二）4-氨基偶氮苯的测定

GB 19601—2013 虽然给出了染料产品中禁用23种致癌芳香胺的检测方法，但并不适用于4-氨基偶氮苯的检测，而GB 24101—2018《染料产品中4-氨基偶氮苯的限量及测定》填补了相关检测标准的空白，其主要技术内容如下（此处只介绍GC-MS法，HPLC法详见标准）。

1. 试验原理

染料样品在弱碱性介质中用连二亚硫酸钠还原裂解，通过控制裂解温度与裂解时间使4-氨基偶氮苯的偶氮键不断裂，用溶剂萃取裂解溶液中的4-氨基偶氮苯，浓缩后，用气相色谱—质谱联用仪（GC-MS）进行检测，特征离子外标法定量。

2. 试验方法

准确称取约0.1g样品（液体样品取1mL）于提取器中（若样品不易溶解，可先加入几毫升丙酮；若是液体样品，应提前搅拌均匀，取1mL试样进行试验），加入7gNaCl，再加入9mL NaOH溶液（浓度为20g/L），充分浸润溶解摇匀后，加入0.2g保险粉，充分振荡溶解。于（40±2）℃水浴中保持30min，间歇摇动提取器，使样品裂解。冷却至室温后，用无水乙醚分3次萃取，每次10mL（若萃取时难于分层、分离，可将溶液转移至磨口具塞离心管进行离心），合并萃取液于50mL烧杯，加入约0.5mL乙酸乙酯，加入约0.5g无水亚硫酸钠（抗氧剂）和无水硫酸钠（干燥剂），于红外灯下加热挥发乙醚，最终用乙酸乙酯定容至1.0mL，用于GC-MS分析。

分析时，将4-氨基偶氮苯标准物质配制成不同浓度水平的标准工作溶液，根据试样中被测物质的含量情况，选取相近浓度的标准工作溶液进行测定。按照表5-6给出的色谱条件分别对试样溶液和标准工作溶液进行测定，所得的气相色谱—质谱总离子图通过特征离子峰（表5-7）进行目标化合物的定性，使用外标法定量。试样中4-氨基偶氮苯的含量 w（mg/kg）按照式（5-2）所示计算：

$$w = \frac{A\rho V}{A_s m} \tag{5-2}$$

式中：A——试样溶液中4-氨基偶氮苯目标离子的峰面积；

A_s——标准溶液中4-氨基偶氮苯目标离子的峰面积；

ρ——标准溶液中4-氨基偶氮苯相当的质量浓度，μg/mL；

V——试样溶液最终定容体积，mL；

m——试样的质量，g。

表 5-6 GC-MS 仪器分析条件

参数	操作条件		
色谱柱	50%苯基甲基聚硅氧烷固定相的毛细管柱 如 DB-17MS，30m×0.25mm×0.25μm，或相当者		
柱温	升温速度（℃/min）	温度（℃）	保持时间（min）
	—	80	2
	5	150	0
	8	260	0
	30	280	10
进样口温度（℃）	300		
传输线温度（℃）	280		
载气	氦气（99.999%）		
流量（mL/min）	1.0		
进样体积（μL）	1.0		
进样方式	无分流进样		
离子源温度（℃）	230		
四级杆温度（℃）	150		

表 5-7 4-氨基偶氮苯相关信息

中文名称	英文名称	CAS No.	定量离子	定性离子
4-氨基偶氮苯	*p*-aminoazobenzene	60-09-3	197	92，120，77

3. 相关技术问题

（1）偶氮染料中，以 4-氨基偶氮苯作为中间体的并不多见，在纺织品上使用的可分解出 4-氨基偶氮苯的禁用偶氮染料主要是酸性染料，但其中大部分在国内外早已不再生产（表 5-8）。

表 5-8 可分解出 4-氨基偶氮苯的禁用染料

染料索引号（结构号）	商品名称	分子结构式	CAS No.
C.I. 酸性红 73（27290）	酸性大红 GR	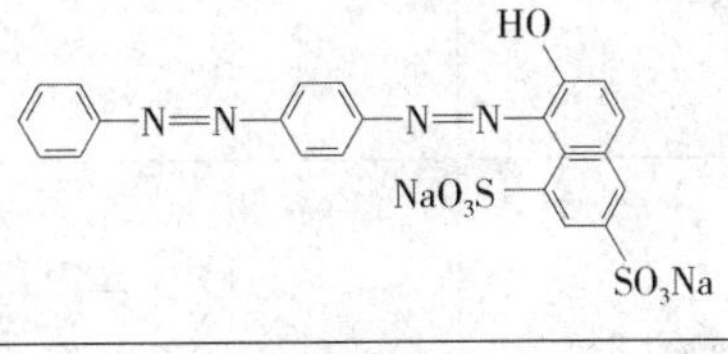 HO; N=N; N=N; NaO_3S; SO_3Na	5413-75-2
C.I. 酸性红 116**（26660）	—	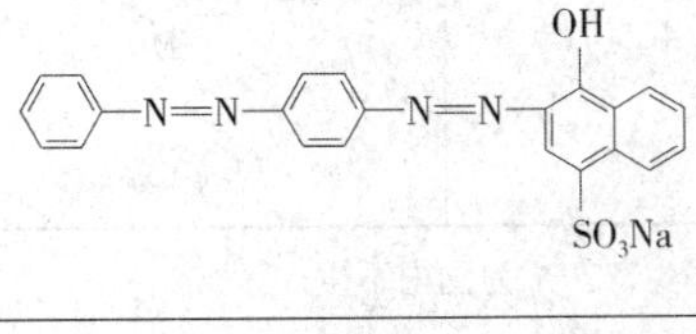 OH; N=N; N=N; SO_3Na	6245-62-1

续表

染料索引号（结构号）	商品名称	分子结构式	CAS No.
C. I. 酸性红 150[**]（27190）	—	HO, SO_3Na, N=N, N=N, SO_3Na	6226-78-4
C. I. 酸性红 350[**]（26207）	—	N=N, N=N, N, C_2H_5, CH_2, SO_3Na	—
C. I. 酸性绿 33[**]（33545）	—	OH NH_2, N=N, N=N, N=N, NO_2, NaO_3S, SO_3Na	6487-06-5
C. I. 分散黄 7（26090）	分散黄 5R	N=N, N=N, OH, CH_3	6300-37-4
C. I. 分散黄 23（26100）	分散黄 RGFL	N=N, N=N, OH	6250-22-3
C. I. 分散黄 56（216550）	分散金黄 GG	N=N, N=N, OH, O, N, H	54077-16-6
	分散黄 3R	N=N, N=N, NH, C=O	—
C. I. 分散橙 70[**]	—	N=N, N=N, CH_3, N, N	61968-40-9
C. I. 分散橙 149[*]	Terasil Golden Yellow 2RS	N=N, N=N, CH_3, HO, N, O, $CHCH_2CH_2O—CH$, CH_3, CH_3	151126-94-2
C. I. 分散红 151[*]（26130）	Terasil Red 4GN	N=N, N=N, HO, $SO_2—N$, CH_3, $CH_2CH_2OCOCH_3$	61968-47-6

注　表中带 ** 为国内外不生产，* 为国内不生产。

（2）关于还原裂解过程。与23种致癌芳香胺的测试方法相比，在检测4-氨基偶氮苯时，还原裂解时反应液的pH、还原剂用量、反应温度和时间等重要条件都有显著的不同，总体上条件更为缓和，目的是确保还原出的4-氨基偶氮苯不会被进一步还原。鉴于4-氨基偶氮苯的稳定性很差，国际标准ISO 14362-3：2017就强调，裂解产物溶液的浓缩须在可控的条件下进行，否则会造成4-氨基偶氮苯量的损失。还原条件的改变完全可能导致所希望的部分还原反应概率降低。所针对的分析目标4-氨基偶氮苯的回收率降低，甚至无法检出。此外，还原前的样品预处理方式，例如，是否进行萃取、如何萃取以及还原后的液-液萃取、浓缩等操作条件的任何改变都会导致最终测试结果的改变。

大量的验证试验表明，还原剂的比例和还原剂的存放时间对染料定量结果有决定性的影响。因此，还原裂解必须严格按照标准所规定的条件（如时间、温度和数量等）进行，特别是在液—液萃取过程中（如水和有机相的分离），以避免4-氨基偶氮苯的偶氮键进一步反应。

（3）关于乙醚的使用。乙醚是一种用途非常广泛的有机溶剂，与空气隔绝时相当稳定。但是，在空气的作用下能氧化成过氧化物、醛和乙酸，暴露于光线下能促进其氧化。当乙醚中含有过氧化物时，在蒸发后所分离残留的过氧化物加热到100℃以上时会引起爆炸，存在很大的安全隐患。因此对于长期储存的乙醚试剂，建议用氯化亚铁还原处理并蒸馏后使用。目前，在纺织品检测方法标准中已经普遍使用叔丁基甲醚等溶剂代替乙醚作为萃取溶剂。

（4）关于溶剂更换。尽量避免更换溶剂，因为在分析过程中，由于协同效应，可能引起被分析物的严重损失。

（5）苯胺和1，4-苯二胺与4-氨基偶氮苯的内在联系。染料还原裂解出的4-氨基偶氮苯经进一步还原后可产生苯胺和1，4-苯二胺，但这两种芳香胺并不一定来自于4-氨基偶氮苯。有不少染料，特别是许多用于皮革的染料，可还原裂解出苯胺和（或）1，4-苯二胺，但它们实际上都分别来自于不同的染料化学结构，与4-氨基偶氮苯无关。此外，从理论上讲，4-氨基偶氮苯分解成苯胺和1，4-苯二胺是等物质的量反应，但在检测的实践中发现，在按常规条件进行禁用偶氮染料检测时，如果样品中含有可分解出4-氨基偶氮苯的偶氮染料，所检出的苯胺和1，4-苯二胺的浓度并不匹配，甚至在更多的情况下只检出苯胺而未能检出1，4-苯二胺。这与1，4-苯二胺的稳定性和在萃取剂中的溶解度有关。有研究称，由于还原反应是在水溶液中进行的，而还原产生的芳香胺上的氨基可与水形成氢键，使其在水中的溶解度提高。当用有机溶剂从水相中对芳香胺进行液—液萃取时，1，4-苯二胺因拥有2个氨基而与水形成较强的氢键，不易被有机溶剂萃取出来，造成最终检测结果中1，4-苯二胺的浓度很低甚至无法检出。建议只用常规方法进行检测，且检出苯胺浓度大于10mg/kg时，就应考虑采用专用的方法单独进行4-氨基偶氮苯检测，而不是一定要等苯胺和1，4-苯二胺被同时检出才进行确认检测。

（三）芳香胺测定的其他仪器分析技术

在染料的禁用芳香胺检测中，由于样品基体多样，杂质成分繁多，分析设备的局限性，把杂质、干扰物和同分异构体误报假阳性结果的情况也经常发生。为避免此类问题，采用两种或两种以上的色谱方法进行结果的确认是非常必要的。目前使用最广泛的是气相色谱—质谱联用法（GC-MS）定性分析，高效液相色谱法（HPLC）定量确认。但是对于一些基体比较复杂的样品，即使采用 GC-MS 和/或 HPLC 也无法准确地定性定量。因此，近些年来，液相色谱—串联质谱法（HPLC-MS/MS）也开始广泛应用于致癌芳香胺的测试分析中。该方法能有效排除假阳性结果，将检测的目标物致癌芳香胺与 HPLC 或者 GC-MS 都无法分开的干扰性物质分开。本书中仅列举出的 HPLC 和 HPLC-MS/MS 的色谱分析条件，其他仪器分析条件不再一一赘述，测试人员可以通过查询相关标准，进行了解。

由于测试结果取决于所使用的仪器，因此不可能给出色谱分析的普遍参数。采用下列操作条件被证明是有效的。参数条件引自于 ISO 14362-1：2017，高效液相色谱法参数条件参见表 5-9，HPLC-MS/MS 测试参数条件参见表 5-10。

表 5-9　高效液相色谱法参数条件

<table>
<tr><th>参数</th><th colspan="4">操作条件</th></tr>
<tr><td>流动相 1</td><td colspan="4">甲醇</td></tr>
<tr><td>流动相 2</td><td colspan="4">称 0.68g 磷酸二氢钾溶于 1000mL 水中，随后加 150mL 甲醇</td></tr>
<tr><td>色谱柱</td><td colspan="4">Zorbax Eclipse XDB C18，3.5μm×150mm×4.6mm</td></tr>
<tr><td>流速（mL/min）</td><td colspan="4">0.6~1.5</td></tr>
<tr><td>柱温（℃）</td><td colspan="4">32</td></tr>
<tr><td>进样体积（μL）</td><td colspan="4">5</td></tr>
<tr><td>检测器</td><td colspan="4">DAD</td></tr>
<tr><td>检测波长（nm）</td><td colspan="4">240，280，305，380</td></tr>
<tr><td rowspan="10">梯度</td><td>时间（min）</td><td>流动相 1（%）</td><td>流动相 2（%）</td><td>流速（mL/min）</td></tr>
<tr><td>0</td><td>10</td><td>90</td><td>0.6</td></tr>
<tr><td>22.5</td><td>55</td><td>45</td><td>0.6</td></tr>
<tr><td>27.5</td><td>100</td><td>0</td><td>0.6</td></tr>
<tr><td>28.5</td><td>100</td><td>0</td><td>0.95</td></tr>
<tr><td>28.51</td><td>100</td><td>0</td><td>2.0</td></tr>
<tr><td>29.00</td><td>100</td><td>0</td><td>2.0</td></tr>
<tr><td>29.01</td><td>10</td><td>90</td><td>2.0</td></tr>
<tr><td>31.00</td><td>10</td><td>90</td><td>0.6</td></tr>
<tr><td>35.00</td><td>10</td><td>90</td><td>0.6</td></tr>
</table>

表 5-10　高效液相色谱—质谱仪参数

参数	操作条件
流动相 1	乙腈
流动相 2	5mmol 乙酸铵水溶液，pH＝3.0
色谱柱	Zorbax Eclipse XDB C18，3.5μm×50mm×2.1mm

续表

参数	操作条件			
梯度	时间（min）	流动相 1（%）	流动相 2（%）	流速（mL/min）
	0	10	90	0.3
	1.5	20	45	0.3
	6.0	90	0	0.3
柱温（℃）	40			
进样体积（μL）	2.0			
采集模式	多反应监测模式（MRM）			
电喷雾气	氮气			
离子源	API，正离子模式			

由于多反应监测 MRM 技术能让洗脱液混合物分离，使得所有的离子都能被观察到，因此无需要求芳香胺达到基线分离。但是色谱峰的重叠会导致芳香胺在离子化过程中的相互抑制。通过优化流动相组成与梯度洗脱程序、流速等色谱参数，可以有效地减少色谱峰的重叠，从而减少芳香胺之间的相互影响，提高特征离子峰的强度，保证定量结果的准确性。表 5-11 给出了一些致癌芳香胺及其同分异构体 MRM 参数供参考。

表 5-11　致癌芳香胺及同分异构体的 MRM 质谱分析参数

序号	中文名称	母离子（Q_1）	子离子（Q_3）
1	4-氨基联苯	170	152，77
2	联苯胺	185	167，115
3	4-氯邻甲苯胺	142	106，89
4	2-萘胺	144	127，77
	1-萘胺*	144	127，115
5	邻氨基偶氮甲苯	226	91，65
6	2-氨基-4-硝基甲苯	153	107，89
7	对氯苯胺	128	93，75
	邻氯苯胺*	128	102，78
	间氯苯胺*	128	111，938
8	2，4-二氨基苯甲醚	139	124，108
	3，4-二氨基苯甲醚*	139	122，95
9	4，4′-二氨基二苯甲烷	199	109，77
	3，3′-二氨基二苯甲烷*	199	182，106
10	3，3′-二氯联苯胺	253	217，182
11	3，3′-二甲氧基联苯胺	245	187，230，213
12	3，3′-二甲基联苯胺	213	180，198

续表

序号	中文名称	母离子（Q_1）	子离子（Q_3）
13	3，3′-二甲基-4，4′-二氨基二苯甲烷	227	120，77，180
14	2-甲氧基-5-甲基苯胺	138	123，77
	2-甲氧基-6-甲基苯胺*	138	108，78
	2-甲氧基-4-甲基苯胺*	138	122，106
	4-甲氧基-2-甲基苯胺*	138	123，77
15	4，4′-亚甲基-二-（2-氯苯胺）	267	231，140
16	4，4′-二氨基二苯醚	201	108，80
17	4，4′二氨基二苯硫醚	217	124，80，139
18	邻甲苯胺	108	91，65
	间甲苯胺*	108	93，66
	对甲苯胺*	108	93，65
19	2，4-二氨基甲苯	123	77，108
	2，3-二氨基甲苯*	123	106，77
	2，5-二氨基甲苯*	121	94，77
	2，6-二氨基甲苯*	123	108，81
	3，4-二氨基甲苯*	123	108，79
20	2，4，5-三甲基苯胺	136	91，121
21	邻氨基苯甲醚	124	109，80
	对氨基苯甲醚*	124	109，77
22/23	2，4-二甲基苯胺	122	77，51
	2，6-二甲基苯胺	122	105，77
	2，3-二甲基苯胺*	122	106，79
	2，5-二甲基苯胺*	122	106，77
	3，4-二甲基苯胺*	122	107，103
	3，5-二甲基苯胺*	122	107，77
24	4-氨基偶氮苯	198	105，77，51

注　*是致癌芳香胺的同分异构体。

三、含氯苯酚

含氯苯酚类化合物是在农药、医药和合成材料中广泛使用的重要化工原材料。由于含氯苯酚类化合物毒性较大，对生物体具有很强的毒害作用，并且能够在生物体内聚集，难以代谢，造成生物体的中毒症状。因此，国际上已将含氯苯酚类化合物定义为环境激素，严格控制其在工业生产中向环境的排放。

研究表明，染料产品本身在生产过程中极可能有含氯苯酚的残留或污染，进而影响到纺织品的生态安全。例如，活性艳蓝 KE-GN（C.I. 活性蓝 198）、直接耐晒蓝 BL（C.I. 直接蓝

106)、直接耐晒蓝 FFRL（C.I. 直接蓝 108）和永固紫 RL（C.I. 颜料紫 23）等是以五氯苯酚（PCP）作为原料，得到四氯苯醌后与各种芳胺生成三苯并二噁染料。如果染料在后处理过程中没有将五氯苯酚除尽，便令残留于成品中。而 2，3，5，6-四氯苯酚（TeCP）一般作为五氯苯酚生产过程中的副产物，也会与五氯苯酚一起出现在产品中。如果能够有效地测定并控制染料产品中的含氯苯酚类物质含量，对于检测和探索纺织品中此类有害物质的来源会有很大的帮助。

在纺织行业标准方法中，检测的含氯苯酚多为四氯苯酚和五氯苯酚，一是由于四氯苯酚和五氯苯酚属于含氯苯酚中毒性和环境危害性较大的品类；二是因为各类产品中检出较多的主要是四氯苯酚和五氯苯酚。纺织染整助剂中此类物质的存在，会在后续的纺织品染整过程中转移至终端消费品中，对人体造成伤害，甚至随着印染废水的排放，也会对环境产生不良影响。因此，必须对纺织染整助剂中此类化合物进行严格控制。

无论哪一种纺织染整助剂，含氯苯酚检测方法都需要用到气相色谱或液相色谱，对于较难定性或基质干扰较大的产品，需要用到气相色谱—质谱联用系统。

在样品前处理方面，由于含氯苯酚类物质的分子上含有多个氯原子和一个羟基，在气相色谱分离过程中对羟基与色谱柱的键合相存在较强的亲和力，使得色谱峰出现拖尾现象，长时间使用会导致柱效下降。目前的解决办法通常是使用衍生的办法对其进行处理。例如，使用乙酸酐等酸酐作为衍生剂，将含氯苯酚衍生为含氯苯酚乙酸酯，降低样品中含氯苯酚化合物的极性，保护色谱系统，同时提高分离效果。经测试，含氯苯酚经衍生后生成的含氯苯酚乙酸酯类物质在有机溶剂中的溶解性要好于在无机相中的溶解性。此外，在乙酰化的过程中，氯化酚的盐和酯类也会参加反应，最终得到的应是其本身及其盐和酯的总量。

国家标准 GB/T 24166—2009《染料产品中含氯苯酚的测定》，规定了染料产品中含氯苯酚的测定方法，其主要技术内容如下。

（一）试验原理和范围

用碳酸钾溶液提取试样中的含氯苯酚，提取液经乙酸酐乙酰化后用正己烷萃取其中的含氯苯酚乙酸酯，而后用气相色谱—质谱联用仪（GC-MS）或配有电子捕获检测器的气相色谱仪（GC-ECD）对萃取物进行测定，外标法定量。该标准适用于各类型的商品染料、染料制品、染料中间体和纺织染整助剂。

（二）试验方法

称取 1g（精确至 0.0001g）样品，置于提取器中，准确加入 30.0mL 碳酸钾溶液，充分振荡并在超声波发生器中萃取 20min。抽滤后，固体部分用碳酸钾溶液洗涤，合并。将滤液置于分液漏斗中，加入 2mL 乙酸酐，振摇 2min；加入 10mL 正己烷，振摇 2min，静置分层，弃去下层。取上层正己烷相加入 50mL 硫酸钠溶液，振摇 2min 后弃去下层。将正己烷相转移至离心管中，加入少许无水硫酸钠，振摇几分钟，离心取上层清液进行色谱分析。

根据需要用碳酸钾溶液将适量的标准储备溶液稀释成适当浓度的混合工作溶液。分别移取上述混合工作溶液，按照试样乙酰化步骤进行处理，制备分析曲线。根据样液中被测物含量的情况，选定浓度相近的乙酰化的混合标准工作溶液，按照表 5-12 的气相色谱—质谱联用（GC-MS）仪器分析条件或表 5-13 的气相色谱分析条件，分别对乙酰化的标准工作溶液和乙酰化的样液等体积穿插进样测定。混合标准工作溶液和被测样液中五氯苯酚乙酸酯和 2，3，5，6-四氯苯酚乙酸酯的响应值均在仪器的线性范围内。

表 5-12　GC-MS 仪器分析条件

参数	操作条件		
色谱柱	5%苯基甲基聚硅氧烷固定相的毛细管柱 如 DB-5MS，30m×0.25mm×0.25μm，或相当者		
柱温	升温速度（℃/min）	温度（℃）	保持时间（min）
	—	150	2
	10	260	5
进样口温度（℃）	300		
载气	氦气（99.999%）		
流量（mL/min）	1.0		
进样体积（μL）	0.2		
进样方式	无分流进样		
离子源温度（℃）	230		
四级杆温度（℃）	150		

表 5-13　GC-ECD 仪器分析条件

参数	操作条件		
色谱柱	5%苯基甲基聚硅氧烷固定相的毛细管柱 如 DB-5，30m×0.25mm×0.25μm，或相当者		
柱温	升温速度（℃/min）	温度（℃）	保持时间（min）
	—	150	2
	10	260	5
进样口温度（℃）	300		
检测器温度（℃）	300		
载气	氦气（99.999%）		
流量（mL/min）	1.0		
进样体积（μL）	0.2		
进样方式	无分流进样		
尾吹气流量（mL/min）	60		

采用 GC-MS 进行仪器分析时，如果样液与混合工作溶液的选择离子色谱图中，在相同的相对保留时间处有色谱峰出现，则根据表 5-14 中的选择离子的种类及其丰度比进行确认。试样中含氯苯酚 w_i 的含量（mg/kg）按照式（5-3）计算：

$$w_i = \frac{A_i \rho_i V}{A_{is} m} \tag{5-3}$$

式中：A_i——样液中含氯苯酚 i 目标离子的峰面积；

ρ_i——标准溶液中含氯苯酚 i 相当的浓度，μg/mL；

V——样液最终定容体积，mL；

A_{is}——标准溶液中含氯苯酚 i 目标离子的峰面积；

m——试样的质量，g。

采用 GC-ECD 进行仪器分析时，根据相对保留时间进行定性，外标法定量。试样中含氯苯酚 w_i 的含量（mg/kg）按照式（5-4）计算：

$$w_i = \frac{h_i \rho_i V}{h_{is} m} \tag{5-4}$$

式中：h_i——样液中含氯苯酚 i 峰高数值；

ρ_i——标准溶液中含氯苯酚 i 相当的浓度，μg/mL；

V——样液最终定容体积，mL；

h_{is}——标准溶液中含氯苯酚 i 峰高数值；

m——试样的质量，g。

表 5-14 含氯苯酚乙酸酯定量和定性选择离子

名称	定量离子	定性离子	丰度比
2，3，5，6-四氯苯酚乙酸酯	232	230，234，272	100：77：50：23
五氯苯酚乙酸酯	266	264，268，308	100：62：64：14

（三）相关技术问题

1. 其他含氯苯酚的测定

GB/T 24166—2009 的适用范围中只列出了五氯苯酚和 2，3，5，6-四氯苯酚及其各自的盐和酯，但是在 Oeko-Tex 标准 100（2019 版）中同时对一氯苯酚、二氯苯酚、三氯苯酚、2，3，4，5-四氯苯酚和 2，3，4，6-四氯苯酚均做出了要求，涵盖了所有的含氯苯酚化合物，共计 19 种（表 5-15）。理论上讲，该标准试验方法对其他氯酚类的测试仍然适用，但检出限和回收率等技术指标需要进一步确认。

表 5-15 Oeko-Tex 标准 100（2019 版）中涉及到的含氯苯酚

序号	英文简称	CAS No.
2-一氯苯酚	2-MoCP	95-57-8
3-一氯苯酚	3-MoCP	108-43-0
4-一氯苯酚	4-MoCP	106-48-9
2，3-二氯苯酚	2，3-DiCP	576-24-9
2，4-二氯苯酚	2，4-DiCP	120-83-2
2，5-二氯苯酚	2，5-DiCP	583-78-8
2，6-二氯苯酚	2，6-DiCP	87-65-0
3，4-二氯苯酚	3，4-DiCP	95-77-2
3，5-二氯苯酚	3，5-DiCP	591-35-5
2，3，4-三氯苯酚	2，3，4-TriCP	15950-60-0

续表

序号	英文简称	CAS No.
2，3，5-三氯苯酚	2，3，5-TriCP	933-78-8
2，3，6-三氯苯酚	2，3，6-TriCP	933-75-5
2，4，5-三氯苯酚	2，4，5-TriCP	95-95-4
2，4，6-三氯苯酚	2，4，6-TriCP	88-06-2
3，4，5-三氯苯酚	3，4，5-TriCP	609-19-8
2，3，5，6-四氯苯酚	2，3，5，6-TeCP	935-95-5
2，3，4，6-四氯苯酚	2，3，4，6-TeCP	58-90-2
2，3，4，5-四氯苯酚	2，3，5，6-TeCP	4901-51-3
五氯苯酚	PCP	87-86-5

2. 试样的提取方法

含氯苯酚常用的提取方法主要有两种，一种是超声萃取法，即该标准中规定的试验方法；另一种是水蒸气蒸馏法，即先向样品中加酸（如硫酸），使含氯苯酚及其盐类都转化成含氯苯酚，经水蒸气蒸馏后，采用碳酸钾收集蒸馏液，然后通过乙酸酐衍生，加入有机溶剂提取。在标准 ISO 17070：2015《皮革　化学试验　四氯苯酚、三氯苯酚、二氯苯酚、一氯苯酚—同分异构体和五氯苯酚的测定》标准中，就规定了采用水蒸气蒸馏法对 19 种含氯苯酚进行测试的方法。

3. 仪器分析方法的选择

GB/T 24166—2009 标准中规定了 GC-MS 和 GC-ECD 两种方法，由于采用的是相同的样品预处理方法，无论最终采用 GC-MS 还是 GC-ECD 方法进行定性和定量分析，其结果都具有可比性。相对而言，GC-MS 在目标物的定性方面更具优势，而 GC-ECD 由于对含有卤素类电负性较强官能团的化合物灵敏度较高，更有利于定量分析。

四、邻苯基苯酚

邻苯基苯酚作为染色载体或匀染剂使用已经十分少见。但考虑到 Oeko-Tex 标准 100 和 GB/T 18885—2009《生态纺织品技术要求》对该项目的限制要求，继中国国家标准 GB/T 20386—2006《纺织品　邻苯基苯酚的测定》发布后，染料及纺织助剂产品中邻苯基苯酚的测定标准 GB/T 23974—2009《染料产品中邻苯基苯酚的测定》也已颁布实施，其主要技术内容如下。

（一）试验原理和范围

染料样品经正己烷超声波提取，提取液定容后，用气相色谱—质量选择检测器（GC-MS）对萃取物进行测定，特征离子外标法定量。该标准适用于各类型的商品染料、染料制品、染料中间体和纺织染整助剂。

（二）试验方法

称取 1g（精确至 0.0001g）样品于提取器中，加入 10mL 正己烷，摇匀。超声波萃取 20min。过膜后色谱分析。若样品为水溶性，必要时可先在样品中加几毫升水，振荡均匀后再加入正己烷进行萃取；若样品经超声波萃取后浑浊，可采用离心方式，至分层后取上层清液进行分析。称取适量邻苯基苯酚标准品，用正己烷溶解并配制标准储备溶液；根据需要用正己烷稀释标准储备溶液成适当浓度的标准工作溶液。检测时，根据样液中被测物含量的情况，选定浓度相近标准工作溶液，按照表5-16中提到的GC-MS分析条件，分别对标准工作溶液和样液测定，根据表5-17中的选择离子的种类及其丰度比进行确认。试样中邻苯基苯酚的含量（mg/kg）按照式（5-5）计算：

$$w = \frac{A\rho V}{A_s m} \tag{5-5}$$

式中：A——样液中邻苯基苯酚目标离子的峰面积；

ρ——标准溶液中邻苯基苯酚相当的浓度，μg/mL；

V——样液最终定容体积，mL；

A_s——标准溶液中邻苯基苯酚目标离子的峰面积；

m——试样的质量，g。

表5-16　GC-MS仪器分析条件

参数	操作条件		
色谱柱	5%苯基甲基聚硅氧烷固定相的毛细管柱 如DB-5MS，30m×0.25mm×0.25μm，或相当者		
柱温	升温速度（℃/min）	温度（℃）	保持时间（min）
	—	100	2
	20	280	10
进样口温度（℃）	300		
载气	氦气（99.999%）		
流量（mL/min）	1.0		
进样体积（μL）	1.0		
进样方式	无分流进样		
扫描范围（amu）	20~550		
离子源温度（℃）	230		
四级杆温度（℃）	150		

表5-17　邻苯基苯酚的定量和定性选择离子

名称	定量离子	定性离子	丰度比
邻苯基苯酚	170	151，141，169	100：30：41：83

（三）相关技术问题

1. 关于试验方法

目前，邻苯基苯酚有两种测定方法，一种是GB/T 23974—2009标准中介绍的通过正己烷提取，直接测定邻苯基苯酚含量的方法；另一种方法则是通过乙酸酐衍生后，测定邻苯基苯酚乙酸酯后再推算到邻苯基苯酚的含量。该方法基本与含氯苯酚的测定方法原理一致。但是，目前乙酰化方法无官方的标准作为依据，仅在 GB/T 20386—2006《纺织品 邻苯基苯酚的测定》中有所提及。在 GB/T 20386—2006 中采用衍生化的思路主要是考虑到会有少量的邻苯基苯酚盐及其酯与邻苯基苯酚同时存在。显然，当有邻苯基苯酚盐或酯同时存在时，采用乙酰化的方法所得的测试结果与直接萃取法测试结果将会不同。不过，从理论上讲，随着环境的变化，邻苯基苯酚及其盐和酯在某些情况下会发生相互转化。从严格意义上讲，测定时包含邻苯基苯酚的盐和酯将使产品的安全性更有保障。

2. 邻苯基苯酚与氯化苯酚的同时测定

根据 Oeko-Tex 标准 100 测试程序，纺织材料上的含氯苯酚和邻苯基苯酚可以同时用同一预处理方法进行提取，而且检测仪器可以采用气相色谱—质谱检测器法或气相色谱—电子捕获检测器。同理，染料及纺织助剂中的邻苯基苯酚也可以与含氯苯酚一起进行提取和分析。事实上，如果样品预处理条件和色谱分析条件选择得当，两种物质的同时测定是可行的。

五、烷基苯酚及烷基苯酚聚氧乙烯醚

烷基酚聚氧乙烯醚（APEO）具有良好的润湿性、渗透性和去污力，在脱脂方面有其他助剂不可替代的性能，因此广泛应用于纺织行业。它由烷基酚（AP）和环氧乙烷通过开环加成反应制得，由支链 α-烯烃和苯酚反应制得的烷基酚是 APEO 的原料。

由于 APEO 具有良好的表面活性，低的表面张力，优异的乳化、润湿、分散、增溶、去污、匀染等能力，其应用面广。涉及的纺织印染助剂很多，包括纺织油剂、前处理剂（净洗剂、皂洗剂、去油剂、渗透剂、润湿剂、精练剂、生物酶制剂等）、染色助剂（高温匀染剂、分散剂、移染修补剂、载体、消泡剂、扎染助剂等）、印花助剂（黏合剂、增稠剂等）、后整理剂（软片、有机硅柔软剂、防水剂、浆料、涂层胶等）、其他助剂（和毛油、金属清洗剂、皮革脱脂剂、加脂剂、皮革整理剂、真丝脱胶剂、羽绒脱脂剂等）。初步估算，涉及的助剂产品不少于纺织染整助剂的 1/3，涉及的助剂数量不会低于纺织印染助剂的 1/2，因此要充分重视它对纺织印染助剂的影响。

APEO 的分解产物 AP 是一种具有广泛用途的精细化工原料，除可用于生产非离子表面活性剂外，还可用于生产油溶性酚醛树脂、橡胶硫化剂、印刷油墨、涂料以及配制绝缘清漆、防锈剂等化学物质，其中辛基酚能生产增塑剂、热稳定剂、光稳定剂，因此被广泛用于制造奶瓶、罐头盒、食品包装袋等的内壁涂层。但辛基酚一方面可通过水体或生物富集，经生物链进入机体；另一方面可通过被污染的食物进入生物体内。

烷基酚及其聚氧乙烯醚是国际市场上被限制使用的 70 种环境荷尔蒙之一，由于其较难生物降解，在欧盟等多个国家和地区已被禁止使用。我国的环保部门在十几年前就已经发布相关标准对消费品中的烷基酚及其聚氧乙烯醚进行限制。

国家标准 GB/T 23972—2009《纺织染整助剂中烷基苯酚及烷基苯酚聚氧乙烯醚的测定 高效液相色谱—质谱法》作为检测纺织染整助剂产品中烷基酚聚氧乙烯醚物质的标准方法，具有很好的检测灵敏度和方法重现性，可以作为检测该类产品的首选方法。该标准的主要技术内容如下。

（一）试验原理和范围

样品以甲醇为溶剂，采用超声波振荡法溶解纺织染整助剂产品中的烷基苯酚和烷基苯酚聚氧乙烯醚，经滤膜过滤后采用高效液相色谱—质谱法，通过选定特征离子中的多个碎片离子提取并加和，用峰面积外标法测定 AP 和 APEO 含量。该标准适用于纺织染整助剂中烷基苯酚和烷基苯酚聚氧乙烯醚的含量测定。

（二）试验方法

称取 1g 试样于容量瓶中，加入甲醇定容到刻线，密闭。置于超声波中提取约 30min。若样液经过超声波萃取后浑浊，需要滤膜过滤。用甲醇将标准物质溶解并根据需要稀释成适当浓度的混合标准工作溶液。根据样液中被测物含量的情况，选定浓度相近的混合标准工作溶液，按照表 5-18 的高效液相色谱—质谱分析条件，对试样进行全扫描分析，然后与标准溶液的保留时间和选择离子（表 5-19）进行比照确认，通过选定特征离子中的多个碎片离子提取并加和，用峰面积外标法计算 AP 和 APEO 的含量。试样中烷基苯酚或烷基苯酚聚氧乙烯醚的含量 w_i（mg/kg）按照式（5-6）计算：

$$w_i = \frac{A_i \rho_i V}{A_s m} \tag{5-6}$$

式中：A_i——试样中烷基苯酚或烷基苯酚聚氧乙烯醚的峰面积；

ρ_i——标准溶液中烷基苯酚或烷基苯酚聚氧乙烯醚的浓度，μg/mL；

V——试样溶液的最终定容体积，mL；

A_s——标准溶液中基苯酚或烷基苯酚聚氧乙烯醚的峰面积；

m——试样的质量，g。

表 5-18　HPLC-MS/MS 仪器分析条件

参数	条件		
色谱柱	C_{18} 柱，2.1mm×150mm×3.5μm，或相当者		
流动相 A	甲醇		
流动相 B	乙酸铵溶液（0.5g/L）		
流速（mL/min）	0.3		
柱温（℃）	40		
进样量（μL）	10		
梯度洗脱程序	时间（min）	流动相 A（%）	流动相 B（%）
	0	85	15
	20	98	2
	25	98	2
	26	85	15
	30	85	15
离子源方式	电喷雾离子化电离源（ESI）		
采集模式	负离子模式（AP），正离子模式（APEO）		
质量扫描范围（m/z）	100~1200		
扫描方式	一级，SIM 或 EIC 模式		

表 5-19 化合物及选择离子信息

名称	CAS No.	选择离子
辛基苯酚	140-66-9	205 ［M-H］$^-$
壬基苯酚	9002-93-1	219 ［M-H］$^-$
辛基苯酚聚氧乙烯醚	25154-52-3	312，356，400，444，488，532，576，620，664，708，752，796，840，884，928，972 ［$M+NH_4$］$^+$
壬基苯酚聚氧乙烯醚	9016-45-9	326，370，414，458，502，546，590，634，678，722，766，810，854，898，942，986 ［$M+NH_4$］$^+$

六、阻燃剂

纺织品的阻燃整理有两种方式：一种是添加型，即将阻燃剂与纺丝原液混合，或将阻燃剂加到聚合物中再纺丝，使纺出的丝具有阻燃性能；另一种是后整理型，即在纤维或织物上进行阻燃整理。一般用作阻燃剂的化合物通常有：含磷化合物、含磷和氮化合物、铵盐、金属盐、硼酸及其化合物、金属氧化物（尤其是锑的三氧化物）、含卤素的化合物（六溴环十二烷或含氯化合物）、含硫化合物、六氟锆酸钾、六氟钛酸钾以及易形成支架的膨胀含碳化合物。目前应用最广泛的有氯系、溴系、磷及卤化磷系、无机系阻燃剂等。比如：

四羟甲基氯化膦（简称 THPC）是棉、涤、涤/棉等织物的耐久性阻燃剂，在较高温度下分解出三羟甲基氯化膦、甲醛和氯化氢，后两者会生成双氯甲醚。因此，经该阻燃剂处理后，织物上的甲醛含量较高。

N-羟甲基二甲基膦酸丙烯酰胺（简称 NMPPA）是纤维素纤维用主要阻燃剂之一，具有有效的阻燃作用。与 THPC 一样，NMPPA 也必须添加三羟甲基三聚氰胺（简称 TMM）和六羟甲基三聚氰胺（简称 HMM），因而也存在甲醛问题。

六溴环十二烷（简称 HBCDD）属添加型阻燃剂，可用于聚苯乙烯泡沫塑料、聚乙烯、聚丙烯、聚碳酸酯和不饱和聚酯，也是聚丙烯纤维的专用阻燃剂。HBCDD 的阻燃机理主要是遇热分解，在 170℃以上时开始释放出 HBr，使纤维裂解生成的可燃性气体得到稀释，延缓燃烧。目前，欧盟风险评估的人类健康和环境部分的结论显示，HBCDD 对人类健康（生存、生长以及相关肝脏与生殖腺体）不产生影响。但该产品已被列入 2001 年 5 月 23 日由 90 个国家签署的《斯德哥尔摩公约》中关于持久性有机污染物（POPs）的清单。

十溴二苯醚与三氧化二锑具有协同效应，广泛用于涤纶、锦纶和涤棉混纺织物的阻燃整理。由于对纺织品和塑料制品的环保要求不断提高，欧盟不断出台法规限用多溴二苯醚。多溴二苯醚是指一溴到十溴二苯醚的 10 种化学物质。事实上，作为商品应用的只有五溴二苯醚、八溴二苯醚和十溴二苯醚。前两者已被欧盟法规限制使用，而真正应用于纺织品和塑料制品且具有有效阻燃作用的是十溴二苯醚。

四溴双酚 A 系列阻燃剂是由双酚 A 在乙醇中于室温下溴化制得。四溴双酚 A 的羟基被 2，3-二溴丙基取代后得到四溴双酚二-（2，3-二溴丙基）醚，俗称八溴醚。八溴醚主要用于聚烯烃、聚苯乙烯和 ABS 的阻燃整理，尤其适用于聚丙烯，也适用于丙纶、涤纶和棉纤维的阻燃整理。

三-（2，3-二溴丙基）异三聚氰酸酯，主要用于棉织物耐久性阻燃整理。

卤代磷酸酯类阻燃剂的分子中既有磷，又有卤素，主要用作塑料添加剂，也可用于纤维阻燃整理。

过渡金属络合物阻燃整理是目前羊毛织物普遍应用的方法之一，主要是钛、锆和铌的络合物，阻燃剂为氟钛酸钾、氟锆酸钾和氟铌酸钾。

阻燃剂的安全和生态评估主要是它们的安全性和生物可降解性。安全性包含阻燃剂本身及阻燃整理过程和燃烧时所产生物质的急性毒性、致癌性，对皮肤的刺激性、致变异性和对水生物的毒性。目前主要考核阻燃剂本身，但近年来生物降解性受到重视。生物降解性差的化合物会积聚起来，对环境造成严重影响。

为了减少和/或避免有害化学品对人类健康和环境的不利影响，世界主要国家和地区在最近十年来纷纷加强了对化学品生产、使用和处置的管理。在这一方面，欧洲出台了一系列法律法规对化学品加以规范和引导。美国也加强了对化学品风险的控制。国内外涉及阻燃剂的针对有毒化学品风险管理的一些法律法规见表5-20。

表5-20 阻燃剂的限用/禁用法规及标准

法规	限制物质
欧盟REACH法规EC1907/2006附录XVII	多氯三联苯、短链氯化石蜡（C_{10}~C_{13}）、十溴二苯醚、八溴二苯醚、三-（吖丙啶基）氧化膦、磷酸三（2，3-二溴丙基）酯、多溴联苯、砷化合物
德国《关于有害物质的技术法规》TRGS905	多溴联苯、五溴二苯醚、八溴二苯醚
加拿大禁止特定有毒物质法规SOR/2012-285	短链氯化石蜡（C_{10}~C_{13}）
REACH法规SVHC高度关注物质	硼酸、无水四硼酸钠、七水合硼酸钠、三氧化二硼、六溴环十二烷、十溴二苯醚、短链氯化石蜡（C10~13）、磷酸三（2-氯乙基）酯等
美国密歇根州、加利福尼亚州、缅因州、夏威夷州、纽约州法令	磷酸三（1，3-二氯-2-丙基）酯、磷酸三（2，3-二氯丙基）酯、磷酸三（2-氯丙基）酯、五溴二苯醚、八溴二苯醚、十溴二苯醚
欧盟关于玩具安全的第2009/48/EC号令（TSD）	磷酸三（2-氯乙基）酯、磷酸三（2-氯丙基）酯、磷酸三（1，3-二氯-2-丙基）酯
Oeko-Tex标准100（2019版）	多溴联苯、多溴二苯醚、三-（吖丙啶基）氧化膦、2，2-双（溴甲基）-1，3-丙二醇、磷酸三（1，3-二氯-2-丙基）酯、磷酸三（2，3-二溴丙基）酯、磷酸三-（2-氯乙基）酯、磷酸三（二甲苯）酯、二-（2，3-二溴丙基）磷酸酯、邻磷酸三甲酚酯、六溴环十二烷、四溴双酚A、硼酸、三氧化二硼、无水四硼酸钠、八硼酸钠、三氧化二锑、五氧化二锑、短链氯化石蜡、中链氯化石蜡
美国服装与鞋业协会（AAFA）的受限物质（RSL）清单	磷酸三（2，3-二溴丙基）酯、多溴联苯、五溴联苯醚、八溴联苯醚、磷酸三（2-氯乙基）酯、短链氯化石蜡、二（2，3-二溴丙基）磷酸酯、三-（吖丙啶基）氧化膦、十溴二苯醚
生态纺织品技术要求GB/T 18885—2009	多溴联苯、磷酸三（2，3-二溴丙基）酯、三-（吖丙啶基）氧化膦、五溴二苯醚、八溴二苯醚

通用的禁用阻燃剂的提取方法有超声萃取法、微波辅助萃取法、索氏萃取法等。有文献报道称，对有机膦阻燃剂萃取采用超声萃取法时，丙酮的萃取效果最好，其余溶剂的萃取效果均相差较大。采用索氏萃取法时，甲醇的萃取效果最好，丙酮萃取效果与甲醇相差不大，其余溶剂则相差较大。分别采用这三种萃取方法进行处理时，在使用最佳溶剂的前提下，萃取效果基本一致。索氏萃取法检测通量，难以满足大批量检测工作的需要；而超声萃取法和微波辅助萃取法均能满足大批量检测的要求，但超声萃取法更为方便。鉴于阻燃剂种类繁多，性质也各不相同，因此选择最优的提取条件尤为重要。

目前，禁用阻燃剂的检测技术有气相色谱—电子捕获检测器法（GC-ECD）、气相色谱—氮磷检测器法（GC-NPD）、气相色谱—质谱联用法（GC-MS）、高效液相色谱—紫外二极管阵列检测器法（HPLC-DAD）、高效液相色谱—质谱联用法（HPLC-MS/MS）。采用 GC-ECD 分析时，分析的灵敏度高，但是由于 ECD 检测方式对所有电负性物质都有响应信号，所以选择性较差，干扰物质较多，目前较少使用。

国家标准 GB/T 29493. 1—2013《纺织染整助剂中有害物质的测定　第 1 部分：多溴联苯和多溴二苯醚的测定　气相色谱—质谱法》就是与纺织染整助剂中阻燃剂相关的检测方法标准，其主要技术内容如下。

（一）试验原理和范围

以甲苯作为萃取剂，试样经超声波萃取，萃取液用气相色谱—质谱仪进行分析。本部分适用于纺织染整助剂中多溴联苯和多溴二苯醚的测定。

（二）试验方法

称取 0. 2g 试样于 50mL 螺旋试管中，准确加入 10mL 色谱纯的甲苯，拧紧后置于超声波水浴中，超声 30min。静置，加入少量无水硫酸钠，直至甲苯层澄清。如果出现乳化或不可分层现象，可采用离心、冷藏过夜或加入少量甲醇等方法进行破乳处理。移取甲苯层溶液，采用表 5-21 给出的 GC-MS 参数条件进行分析。分析时，根据样液中被测物含量的情况，选定浓度相近的标准工作溶液。经过确证分析被测物离子流图中色谱峰的保留时间与标准物质一致，根据定量选择离子色谱峰面积用外标法定量。多溴联苯和多溴二苯醚的定量选择离子和定性离子参见表 5-22。试样中多溴联苯和多溴二苯醚的含量 w（mg/kg）按照式（5-7）计算：

$$w = \frac{A \times \rho \times V}{A_s \times m} \times F \tag{5-7}$$

式中：A——试样溶液中多溴联苯和多溴二苯醚的峰面积；

A_s——标准溶液中多溴联苯和多溴二苯醚的峰面积；

ρ——标准溶液中多溴联苯和多溴二苯醚的浓度，μg/mL；

V——萃取溶剂体积，mL；

m——最终样液代表的试样量，g；

F——稀释因子。

表 5-21　禁用阻燃剂 GC-MS 仪器分析条件

参数	操作条件		
色谱柱	5%苯基-甲基聚硅氧烷固定相的毛细管柱， 如 DB-5HT，150m×0.25mm×0.1μm，或相当者		
柱温	升温速度（℃/min）	温度（℃）	保持时间（min）
	—	90	1
	20	340	3
	15	250	0
	3	280	10
进样口温度（℃）	280		
载气	氦气（99.999%）		
流量（mL/min）	1.8		
进样体积（μL）	1.0		
进样方式	脉冲不无分流进样		
离子源温度（℃）	230		
四级杆温度（℃）	150		
数据采集方式	选择离子检测方式 SIM/全扫描方式 SCAN （八溴联苯、九溴联苯、十溴联苯、八溴二苯醚、九溴二苯醚和十溴二苯醚采用 SIM 方式，其他组分采用 SCAN 方式）		

表 5-22　多溴联苯和多溴二苯醚的定量选择离子和定性离子

化学名称	定量离子	定性离子	丰度比
一溴联苯	232	234，152，232	94：128：100
二溴联苯	312	310，314，312	52：49：100
三溴联苯	390	388，392，390	104：32：100
四溴联苯	310	308，468，310	50：44：100
五溴联苯	388	546，386，388	46：35：100
六溴联苯	468	628，466，468	112：69：100
七溴联苯	546	544，705，546	21：41：100
八溴联苯	626	624，628，626	42：128：100
九溴联苯	703	701，706，703	67：105：100
十溴联苯	783	782，785，783	78：84：100
一溴二苯醚	248	250，168，248	87：16：100
二溴二苯醚	328	330，326，328	49：51：100
三溴二苯醚	406	408，404，406	91：32：100
四溴二苯醚	326	484，324，326	31：64：100

续表

化学名称	定量离子	定性离子	丰度比
五溴二苯醚	404	562，402，404	35：35：100
六溴二苯醚	484	644，482，484	53：68：100
七溴二苯醚	562	721，560，562	51：55：100
八溴二苯醚	642	644，640，642	76：78：100
九溴二苯醚	720	718，722，720	62：98：100
十溴二苯醚	800	960，797，800	61：91：100

（三）相关技术问题

1. 测试结果的确认

由于 GC-MS 进样口温度较高，可能会导致十溴二苯醚降解为九溴二苯醚或八溴二苯醚等，因此建议采用其他仪器分析手段加以验证和确认，比如 HPLC 法或 HPLC-MS/MS 法。

2. 其他阻燃剂的测试方法

正如前文所述，当前法规以及行业内所关注的阻燃剂除多溴联苯（PBBs）和多溴二苯醚（PBDEs）外，还有三（1-吖丙啶基）氧化磷（TEPA）、三（2-氯乙基）磷酸酯（TCEP）、三（2，3-二溴丙基）磷酸酯（TRIS）、二（2，3-二溴丙基）磷酸酯（BIS）、三（1，3-二氯异丙基）磷酸酯（TDCP）、四溴双酚 A（TBBPA）、六溴环十二烷（HBCDD）等。为提升标准的适用性，近期标准起草单位已经开始着手对此标准进行修订，扩大标准对相应有害物质的覆盖范围。鉴于修订版的标准还未正式批准发布，下面仅就其主要修订内容进行介绍：扩展了标准测定的有害物质，萃取溶剂由甲苯调整为四氢呋喃；调整了部分 GC-MS 法测定 PBBs 和 PBDEs 的定性离子，增加了 GC-MS 法测定 PBBs 和 PBDEs 定性离子的丰度比；增加了液相色谱—质谱联用法（HPLC-MS/MS）对 TEPA、TCEP、TRIS、BIS、TDCP、TBBPA、HBCDD、BBMP 的测定条件。

七、全氟类化合物（PFCs）

全氟类化合物是指有机化合物中碳氢键全部转化为碳氟键的一类物质。由于碳氟键具有极强的键能，使得这类化合物具有超强的稳定性。也正因如此，全氟类化合物在生物体内的蓄积水平远高于有机氯农药和二噁英等已知的持久性有机污染物，有的甚至高出数百倍至数千倍。全氟类化合物的毒性表现在其生殖毒性、诱变毒性、发育毒性、神经毒性、免疫毒性等多种毒性，对人体全身多处脏器均有较大的损害，目前已被国际环保组织定义为重要的环境污染物。

含全氟辛烷磺酰基化合物（PFOS）和全氟辛酸（PFOA）的含氟整理剂是目前最有效的纺织品防水、防油、防污（俗称“三防”）整理剂，因此含氟高档“三防”整理剂有着广泛的市场需求，也是众多纺织印染助剂生产企业的重要产品之一。然而，含氟“三防”整理剂中存在的 PFOS 和 PFOA 通过纺织染整工序转移至纺织品上，会对人体健康和环境产生持久的危害。

从 2001 年起，世界各国纷纷对全氟辛烷磺酰基化合物 PFOS 及其相关化学品进行预警评估以及不同程度的限制和规定。早在 2001 年，PFOS 就被列入美国环保署（USEPA）持久性污染物的黑名单，随后《优先采取行动的化学品》和《远距离跨境空气污染公约持久性有机污染物议定书》也将 PFOS 添加到其中。2003 年英国环境署编写的环境风险评估、2004 年加拿大环境部和卫生部发布 PFOS 及其盐类和前体评估草案也纷纷做出对 PFOS 的风险预警。2006 年 10 月 25 日，欧盟通过决议限制使用及销售含 PFOS 以及相关氟化学品的成品和半成品；不得销售以 PFOS 为构成物质或要素、浓度或质量等于或超过 0.005%的物质；不得销售含 PFOS 浓度或质量等于或超过 0.1%的成品、半成品及零件。2006 年 12 月 27 日，指令正式公布并同时生效。美国、加拿大、瑞典等也颁布了相关法规，禁止 PFOS 及其相关化学品在某些领域的使用，2006 年 11 月 6 日，联合国环境规划署（UNEP）持续性有机污染物审查委员会第二次会议通过将 PFOS 列入斯德哥尔摩公约的提案。

由于目前还没有较好产品替代全氟化合物的使用，因此，染料助剂中全氟类化合物的检测显得尤其必要。

全氟类化合物的样品处理技术有以下几种，包括：固相萃取法、固相微萃取法、液—液萃法、液—固萃取法、加速溶剂萃取法、超声萃取法、衍生化法等。目前，无论是纺织品还是纺织染整助剂等产品中，主要使用的是超声萃取法的提取方式。仪器分析方法主要采用的是高效液相色谱—质谱联用法。

国家标准 GB/T 29493.2—2013《纺织染整助剂中有害物质的测定　第 2 部分：全氟辛烷磺酰基化合物（PFOS）和全氟辛酸（PFOA）的测定　高效液相色谱—质谱法》规定了纺织染整助剂中 PFOS 和 PFOA 的分析方法，该标准主要技术内容如下。

（一）试验原理

样品采用甲醇溶剂，超声波提取试样中的 PFOS 和 PFOA，以高效液相色谱—质谱联用仪（HPLC-MS/MS）测定和确证，外标法定量。

（二）试验方法

称取 1g 试样于 50mL 提取器（由硬质玻璃制成，管状，有密闭塞）中，加入 10mL 甲醇（色谱纯），加塞密闭。将提取器置于（70±5）℃超声波浴中提取（30±2）min 后，冷却到室温。过滤后，用甲醇稀释 10 倍，进行 HPLC-MS/MS 分析。仪器分析条件参见表 5-23。用甲醇溶解全氟辛基磺酸钾标准品和全氟辛酸标准品配制成工作溶液范围为 0.25~4.0μg/L（可根据需要进行适当调整）的工作曲线。相关的标准物质信息参见表 5-24。结果确证时，通过比较试样溶液与标准工作溶液的保留时间以及定性分析质谱中两个离子对，通过比较试样与标样在定量离子对的色谱峰面积进行定量分析。PFOS 和 PFOA 电喷雾离子源参考条件见表 5-25。样品中 PFOS 和 PFOA 含量以 w 计，单位为 mg/kg，按式（5-8）进行计算：

$$w = \frac{\rho \times A \times V \times F}{m \times A_s \times 1000} \tag{5-8}$$

式中：A——样品溶液中全氟辛基磺酸钾和全氟辛酸的峰面积；

A_s——标准溶液中全氟辛基磺酸钾和全氟辛酸的峰面积；

ρ——标准溶液全氟辛基磺酸钾和全氟辛酸的质量浓度，μg/mL；

V——样品提取所用甲醇的总体积，mL；

m——试样质量，g；

F——稀释因子。

表 5-23 PFOS 和 PFOA 的 HPLC-MS/MS 的分析条件

参数	操作条件		
色谱柱	C18 柱，2.1mm×150mm×3.5μm，或相当者		
流动相 A	二级水		
流动相 B	甲醇		
流速（mL/min）	0.3		
柱温（℃）	40		
进样量（μL）	10		
梯度洗脱程序	时间（min）	流动相 A（%）	流动相 B（%）
	0	80	20
	3	20	80
	10	20	80
	11	80	20
	15	80	20
离子源	电喷雾离子化电离源（ESI），负离子模式		
扫描方式	多反应监测（MRM）		

表 5-24 全氟辛基磺酸钾和全氟辛酸标准品信息

中文名称	简称	CAS No.
全氟辛基磺酸钾	PFOS	2795-39-3
全氟辛酸	PFOA	335-67-1

表 5-25 PFOS 和 PFOA 电喷雾离子源参考条件

化合物	离子对（m/z）	去簇电压（DP，V）	聚集电压（FP，V）	入口电压（EP，V）	碰撞气能量（CE，V）	碰撞室出口电压（CXP，V）
PFOS	498.9/79.8*	-60	-400	-9	-95	-10
	498.9/98.9	-30	-400	-9	-70	-10
PFOA	413.0/369.0*	-20	-170	-5	-18	-25
	413.0/168.9	-20	-170	-5	-25	-10

注 *为定量离子对

（三）相关技术问题

1. 关于测试的全氟化合物种类

自2009年以来，对全氟和多氟烷基化合物的限制要求越来越高，限制品种也越来越多。表5-26列出了近十年REACH法规SVHC候选清单的全氟烷基化合物，表5-27列出了Oeko-Tex标准100中PFCs的限制品种。由表5-26和表5-27可知，近十年全氟和多氟烷基化合物限制品种已增至33种。而GB/T 29493.2—2013中仅规定了PFOS和PFOA的测试方法，需及时更新该标准技术内容和涵盖范围。

表5-26 REACH法规SVHC候选清单的全氟烷基化合物

序号	全氟烷基化合物名称	批号	公布时间
1	全氟十一烷酸	第8批	2012-12-19
2	全氟十二烷酸	第8批	2012-12-19
3	全氟十三烷酸	第8批	2012-12-19
4	全氟十四烷酸	第8批	2012-12-19
5	全氟辛酸	第9批	2013-06-20
6	全氟辛酸铵	第9批	2013-06-20
7	全氟壬酸及其钠盐和铵盐	第14批	2015-12-17
8	全氟癸酸及其钠盐和铵盐	第16批	2017-01-12
9	全氟己基磺酸及其盐	第17批	2017-07-07

表5-27 Oeko-Tex标准100中限制的全氟类化合物

序号	全氟烷基化合物名称	英文简称	CAS No.
1	全氟辛烷磺酸及其盐	PFOS	1763-23-1等
2	全氟辛烷磺酰胺	PFOSA	754-91-6
3	全氟辛烷磺酰氟	PFOSF/POSF	307-35-7
4	N-甲基全氟辛烷磺酰胺	N-Me-FOSA	31506-32-8
5	N-乙基全氟辛烷磺酰胺	N-Et-FOSA	4151-50-2
6	N-甲基全氟辛烷磺酰胺乙醇	N-Me-FOSE	24448-09-7
7	N-乙基全氟辛烷磺酰胺乙醇	N-Et-FOSE	1691-99-2
8	全氟庚酸及其盐	PFHpA	375-85-9等
9	全氟辛酸及其盐	PFOA	335-67-1等
10	全氟壬酸及其盐	PFNA	375-95-1等
11	全氟癸酸及其盐	PFDA	335-76-2等
12	全氟十一烷酸及其盐	PFUdA	2058-94-8等
13	全氟十二烷酸及其盐	PFDoA	307-55-1等
14	全氟十三烷酸及其盐	PFTrDA	72629-94-8等
15	全氟十四烷酸及其盐	PFTeDA	376-06-7等

续表

序号	全氟烷基化合物名称	英文简称	CAS No.
16	全氟丁酸及其盐	PFBA	375-22-4 等
17	全氟戊酸及其盐	PFPeA	2706-90-3 等
18	全氟己酸及其盐	PFHxA	307-24-4 等
19	全氟-3，7-二（二氟甲基）辛酸及其盐	PF-3，7-DMOA	172155-07-6 等
20	全氟丁烷磺酸及其盐	PFBS	375-73-5，59933-66-3 等
21	全氟己烷磺酸及其盐	PFHxS	355-46-4 等
22	全氟庚烷磺酸及其盐	PFHpS	375-92-8 等
23	二十一氟癸烷磺酸及其盐	PFDS	335-77-3，67906-42-7 等
24	7H-全氟庚酸及其盐	7HPFHpA	1546-95-8 等
25	2H，2H，3H，3H-全氟十一烷酸及其盐	4HPFUnA	34598-33-9 等
26	1H，1H，2H，2H-全氟辛烷磺酸及其盐	1H，1H，2H，2H-PFOS	27619-97-2 等
27	1H，1H，2H，2H-全氟-1-己醇	4：2 FTOH	2043-47-2
28	1H，1H，2H，2H-全氟-1-辛醇	6：2 FTOH	647-42-7
29	1H，1H，2H，2H-全氟-1-癸醇	8：2 FTOH	678-39-7
30	1H，1H，2H，2H-全氟-1-十二烷醇	10：2 FTOH	865-86-1
31	1H，1H，2H，2H-全氟辛基丙烯酸酯	6：2 FTA	17527-29-6
32	1H，1H，2H，2H-全氟癸基丙烯酸酯	8：2 FTA	27905-45-9
33	1H，1H，2H，2H-全氟十二烷基丙烯酸酯	10：2 FTA	17741-60-5

2. 异构体与标准物质

由于PFOS类化合物众多，且很多PFOS类化合物同时存在不同支链长度的异构体，目前生产全氟烷基链化合物的方法主要有两种：电化学氟化物法和调聚反应。这两种方法产生的异构体差别很大。电化学法产生的支链异构体较多，直链PFOS大约为70%，而调聚反应产物超过98%是直链的。所以虽然很多生产厂家都宣称可以提供PFOS标准物质，但是提供的标准物通常不是纯净物，而是含有不同支链的异构体的混合物，而且很多全氟烷基化合物目前仍没有标样。在已发表的论文中，PFOS纯度从86%至98%不等，有些甚至没有报道。当用混合标样定量时，杂质可以引起负偏差。虽然在检测时，可以通过控制色谱条件使所有异构体一起流出色谱柱，从而在检测器上出现单峰，但只有实际样品中各PFOS异构体的相对量与标准物质中一致，才不会出现较大的系统偏差。标准物质的异构体含量分布往往不一致，这也必将给检测带来一定困难，特别是涉及痕量PFOS类物质的检测。此外，分析PFOS类物质时，通常用母离子 $m/z=499$ 和子离子 $m/z=99$ 的离子对碎片转换来进行定量，但并不是所有PFOS异构体都能产生碎片为 $m/z=99$ 的子离子。因此，如果使用不纯标准物质，所产生的总偏差将会是不同异构体离子效率与碎片模式之和，这种偏差往往难以进行定量，从而给分析结果带来较大的不确定性。所以完善标准物质是分析PFOS类物质一个亟待解决的问题。

3. 基体效应对定性定量的影响

在使用HPLC-MS/MS方法对全氟类化合物进行分析测试时，基体效应是目前定量检测中不可忽视的一个问题。在采用 HPLC-ESI-MS/MS 进行 PFOS 类化合物的定性定量分析时，经过电喷雾口同流出的基体组分可能会抑制或增强离子化，因而必须控制这种基体干扰效应以获得最大的准确性。基体匹配标准物有可能是一种有效的控制方法，但实际可操作性很小，原因是很难找到合适的基体；标准加入定量法是常用的一种方法，但这需要做深入的研究。这种方法的缺点是对仪器性能要求较高，并且会增加样品准备时间。目前已发表的各类文献中的样品处理方法并没有包含进一步的净化步骤，所以复杂基体样品可能出现较大的基体干扰效应，从而很可能抑制离子化效率。因此，对提取液进行净化，选择性去除杂质干扰十分必要。同位素标记的内标是一个比较合适的消除基体干扰的方法，但存在灵敏度有可能因为内标的存在而下降的问题。这可通过限制内标使用量，来控制灵敏度的下降。

4. 其他问题

在试验过程中，应考虑全氟类化合物在某些材质中的吸附效应（如玻璃器皿）；可能的污染，如剪样过程中使用经过镀层处理的金属剪刀，以及液质分析过程中色谱管路的污染。为避免不必要的交叉污染，每次进样量不宜超过 10ng，高浓度的样品或标准样品进样后，应该穿插空白样等。

八、有机氯载体

载体染色工艺是聚酯纤维纯纺及混纺产品常用的染色工艺。聚酯纤维由于其超分子结构相当紧密，且链段上无活性基团，用分散染料染色时，必须在一定的压力下，在高于其玻璃化温度几十度的温度下（已高于水的沸点）下染色，即高温高压染色。高温高压染色不仅能耗高，而且对设备也有特殊要求。同时，由于是间隙性染色工艺，不利于控制产品的质量。采用载体染色工艺有助于分散染料在常压沸染条件下对聚酯纤维进行染色。某些廉价的含氯芳香族化合物，如三氯苯、二氯甲苯是高效的染色载体。在染色过程中加入染色载体，可使纤维结构膨化，有利于染料的渗透。但研究表明，某些含氯芳香族化合物会影响人的中枢神经系统，引起皮肤过敏并刺激皮肤和黏膜，对人体有潜在的致畸和致癌性。由于含氯芳香族化合物十分稳定，在自然条件下不易分解，对环境也十分有害。

根据欧盟指令 761769/EEC，各成员国必须以法律、法规或行政规定的形式限制某些危险物质及制剂的使用和销售，凡被列入优先控制“黑名单”的物质将不允许存在于任何最终产品中。在这份“黑名单”中，绝大部分含氯有机载体（包括多种氯苯和氯甲苯）都被列于其中。此外，根据欧共体生态标签（Eco-Label）的生态纺织品标准，纺织产品中同样不得使用任何含氯有机载体。而根据 2019 年版的 Oeko-Tex 标准 100 标签中规定，对所有 4 种类别的纺织产品中含氯有机氯载体的总量要求都不得超过 1.0mg/kg。我国的推荐性国家标准 GB/T 18885—2009《生态纺织品技术规范》参照采用 2002 年版的 Oeko-Tex 标准 100，对含氯有机载体含量的限定值也规定为 1.0mg/kg。

含氯有机载体涉及一系列含氯苯和含氯甲苯化合物，从理论上讲应有 30 多种（含异构体），但实际存在的仅 20 多种，其中的四氯甲苯实际是对氯三氯甲苯，而理论上的三种四氯甲苯异构体并不存在。因此实际列入监控检测范围的共有 23 种涉嫌含氯有机载体（表 5-28）。

表 5-28　列入监控范围的 23 种涉嫌含氯有机载体

序号	含氯有机载体名称	CAS No.	分子式	相对分子质量
1	2-氯甲苯（邻氯甲苯）	95-49-8	C_7H_7Cl	126.58
2	3-氯甲苯（间氯甲苯）	108-41-8	C_7H_7Cl	126.58
3	4-氯甲苯（对氯甲苯）	106-43-4	C_7H_7Cl	126.58
4	2，3-二氯甲苯	32768-54-0	$C_7H_6Cl_2$	161.03
5	2，4-二氯甲苯	95-73-8	$C_7H_6Cl_2$	161.03
6	2，5-二氯甲苯	19398-61-9	$C_7H_6Cl_2$	161.03
7	2，6-二氯甲苯	118-69-4	$C_7H_6Cl_2$	161.03
8	3，4-二氯甲苯	95-75-0	$C_7H_6Cl_2$	161.03
9	2，3，6-三氯甲苯	2077-46-5	$C_7H_5Cl_3$	195.48
10	2，4，5-三氯甲苯	6639-30-1	$C_7H_5Cl_3$	195.48
11	四氯甲苯	5216-25-1	$C_7H_4Cl_4$	229.92
12	2，3，4，5，6-五氯甲苯	877-11-2	$C_7H_3Cl_5$	263.36
13	1，2-二氯苯	95-50-1	$C_6H_4Cl_2$	147.00
14	1，3-二氯苯	541-73-1	$C_6H_4Cl_2$	147.00
15	1，4-二氯苯	106-46-7	$C_6H_4Cl_2$	147.00
16	1，2，3-三氯苯	87-61-6	$C_6H_3Cl_3$	181.45
17	1，2，4-三氯苯	120-82-1	$C_6H_3Cl_3$	181.45
18	1，3，5-三氯苯	108-70-3	$C_6H_3Cl_3$	181.45
19	1，2，3，4-四氯苯	634-66-2	$C_6H_2Cl_4$	215.89
20	1，2，3，5-四氯苯	634-90-2	$C_6H_2Cl_4$	215.89
21	1，2，4，5-四氯苯	95-94-3	$C_6H_2Cl_4$	215.89
22	五氯苯	608-93-5	C_6HCl_5	250.34
23	六氯苯	118-74-1	C_6Cl_6	284.78

研究表明，纯聚酯或聚酯与其他纤维的混纺产品上残留的含氯有机载体可以很容易地被二氯甲烷所萃取，而萃取液中可能存在的含氯有机载体能方便地通过 GC-ECD 或 GC-MS 技术进行定性和定量分析，不需要任何如衍生化等化学预处理过程。相同的原理条件下，纺织染整助剂中有机氯载体的分析方法也可以照此执行。

国家标准 GB/T 24164—2009《染料产品中多氯苯的测定》和 GB/T 24167—2009《染料产品中氯化甲苯的测定》规定了染料产品中有机氯载体的测试方法，适用于各类剂型的商品染料、染料制品、染料中间体和纺织染整助剂。这两个标准虽然测试的对象有所不同，但在预处理条件上完全一致，仪器分析方法参数上略有差异，因此，以下不再对两个标准进行重复介绍，仅对标准中的主要技术内容介绍如下。

（一）试验原理

用正己烷在超声波浴中萃取试样中的多氯苯和多氯联苯，而后用气相色谱—质谱法（GC-MS）或气相色谱—电子捕获检测器法（GC-ECD）对萃取物进行测定，外标法定量。

（二）试验方法

称取 1g（精确至 0.001g）样品置于提取器中，准确加入 10.0mL 正己烷，于超声波（工作频率 40kHz）浴中萃取 20min。过滤后（用 0.45μg 聚四氯乙烯薄膜过滤头将萃取液注射至 2mL 的小样品瓶中），供色谱分析。如样品为水溶性，必要时可先在样品中加入 2mL 水，振荡均匀后再加入 10.0mL 正己烷；如样品经超声波萃取后浑浊，可使用离心设备离心 5min，待分层后取上层清液进行分析。检测时，根据试样中被测物的含量的情况，按照表 5-29 或表 5-30 的仪器分析条件对试样溶液和标准溶液进行测定，选取浓度相近的混合标准溶液进行测定。结果确认时，GC-MS 法通过总离子流图特征离子峰面积外标法定量，特征离子信息参见表 5-31；气相色谱图通过峰高外标法定量。

表 5-29　GC-MS 分析条件

参数	操作条件		
色谱柱	50%苯基甲基聚硅氧烷固定相的毛细管柱，如 DB-17MS，30m×0.25mm×0.25μm，或相当者		
GB/T 24164 柱温	升温速度（℃/min）	温度（℃）	保持时间（min）
	—	100	2
	10	180	0
	50	280	5
GB/T 24167 柱温	—	100	2
	10	180	10
	20	280	5
进样口温度（℃）	320		
载气	氦气（99.999%）		
流量（mL/min）	1.0		
进样体积（μL）	0.2		
进样方式	无分流进样		
离子源温度（℃）	230		
四级杆温度（℃）	150		
数据采集方式	选择离子检测方式 SIM		

表 5-30　气相色谱分析条件

参数	操作条件		
色谱柱	50%苯基甲基聚硅氧烷固定相的毛细管柱，如 DB-17MS，30m×0.25mm×0.25μm，或相当者		
GB/T 24164—2009 柱温	升温速度（℃/min）	温度（℃）	保持时间（min）
	—	100	2
	10	180	0
	50	280	5

续表

参数	操作条件		
GB/T 24167—2009 柱温	—	100	2
	10	180	10
	20	280	5
进样口温度（℃）	320		
检测器温度（℃）	300		
载气	氦气（99.999%）		
流量（mL/min）	1.0		
进样体积（μL）	0.2		
进样方式	无分流进样		
尾吹气	氮气		
尾吹气流量	60mL/min（GB/T 24164—2009）。30mL/min（GB/T 24167—2009）		

表 5-31　多氯苯和多氯甲苯定量、定性离子信息

序号	多氯苯名称	特征碎片离子（amu）	
		目标离子	特征离子
1	1，2-二氯苯	146	148，111
2	1，3-二氯苯	146	148，111
3	1，4-二氯苯	146	148，111
4	1，2，3-三氯苯	180	182，145
5	1，2，4-三氯苯	180	182，145
6	1，3，5-三氯苯	180	182，145
7	1，2，3，5-四氯苯	216	214，218
8	1，2，4，5-四氯苯	216	214，218
9	1，2，3，4-四氯苯	216	214，218
10	五氯苯	250	252，215
11	六氯苯	284	286，282
12	2-氯甲苯	91	126，63
13	3-氯甲苯	91	126，63
14	4-氯甲苯	91	126，63
15	2，3-二氯甲苯	125	160，89
16	2，4-二氯甲苯	125	160，89
17	2，5-二氯甲苯	125	160，89
18	2，6-二氯甲苯	125	160，89
19	3，4-二氯甲苯	125	160，89

续表

序号	多氯苯名称	特征碎片离子（amu）	
		目标离子	特征离子
20	2，3，6-三氯甲苯	159	194，123
21	2，4，5-三氯甲苯	159	194，123
22	2，3，4，5，6-五氯甲苯	229	264，193

（1）GC-MS的结果计算。试样中多氯苯 w_i 的含量（mg/kg）按照式（5-9）计算：

$$w_i = \frac{A_i \rho_i V}{A_{is} m} \tag{5-9}$$

式中：A_i——样液中多氯苯或多氯甲苯 i 目标离子的峰面积；

ρ_i——标准溶液中多氯苯或多氯甲苯 i 相当的浓度，μg/mL；

V——样液最终定容体积，mL；

A_{is}——标准溶液中多氯苯或多氯甲苯 i 目标离子的峰面积；

m——试样的质量，g。

（2）GC-ECD的结果计算。试样中多氯苯或多氯甲苯 w_i 的含量（mg/kg）按照式（5-10）计算：

$$w_i = \frac{h_i \rho_i V}{h_{is} m} \tag{5-10}$$

式中：h_i——样液中多氯苯或多氯甲苯 i 峰高数值；

ρ_i——标准溶液中多氯苯或多氯甲苯 i 相当的浓度，μg/mL；

V——样液最终定容体积，mL；

h_{is}——标准溶液中多氯苯或多氯甲苯 i 峰高数值；

m——试样的质量，g。

（三）相关技术问题

1. 样品前处理的萃取溶剂

目前针对于纺织品或者皮革等产品测试多选择二氯甲烷作为萃取溶剂，含氯有机载体在聚酯染色工艺中所起的作用仅是在降低聚酯纤维的玻璃化温度和在分子链解冻的情况下进一步疏松和膨化纤维的超分子结构，使分散染料可以在相对较低的温度下进入纤维内部而使纤维上染。在此过程中，含氯有机载体并未发生化学反应，因而极易被溶剂二氯甲烷所萃取。而在染料助剂测试标准中，采用的是正己烷作为提取溶剂，两种溶剂在提取效果上是否存在差异，还需要进一步验证。

2. 样液的净化

由于染料助剂在有机试剂中良好的溶解性能，往往将染料助剂的颜色带入萃取液中，对后续的色谱分析造成干扰。因此，在某些情况下，如果萃取液颜色很深时，必须使用净化预处理以除去这些可能的干扰。硅酸镁载体（Floisil PR，60/100）已被证明是一种有效的吸附净化剂，且不会影响含氯有机载体的回收率。

3. 氯化苯的同时测定

目前的技术条件下，氯苯和氯甲苯的同时分析测试是完全可行的。国家标准 GB/T 20384—

2006《纺织品　氯化苯和氯化甲苯残留量的测定》就实现了采用DB-5MS（30m×0.5mm×0.25μm）石英毛细管柱，通过合适的程序升温方式，将23种含氯有机载体与其他杂质峰实现有效的分离。当然，使用GB/T 20384—2006仪器方法（气相色谱—质谱检测器）有少量的含氯有机载体因同分异构体的化学结构过于相近而无法分离。不过借助于质谱检测器，加上所需的检测结果为各种含氯有机载体的总量，最终检测结果的准确性并不受影响。目前第三方检测机构基本上都采用与此方法相近的参数条件。

对于部分氯化苯和氯化甲苯的分离问题，已有相关的文献资料报道，相关技术参数有：色谱柱：DB-23（30m×0.5mm×0.25μm）；进样口温度：250℃；柱温：50℃（初始温度），以10℃/min升温至250℃（保持5min）；载气：氦气；柱流量：1mL/min；进样量：1μL；分流比：1∶1；色谱—质谱接口温度：250℃；离子源温度：230℃；四级杆温度：150℃；离子化方式：EI；离子化能量：70eV；数据采集模式：SIM。

九、邻苯二甲酸酯类增塑剂

邻苯二甲酸酯（又名酞酸酯，Phthalates）是一类化合物的总称，一般为无色油状黏稠液体，难溶于水，易溶于有机溶剂，常温不易挥发，成本较低，品种多，产量大。它是从萘和邻二甲苯催化氧化生成邻苯二甲酸酐，再和相应醇通过酯化反应而合成的。邻苯二甲酸酯用于印花和涂料，可赋予涂膜柔韧性，提高附着力和抗冲击强度。邻苯二甲酸酯也可用于橡胶、润滑油、黏合剂、高分子助剂、印刷油墨用软化剂及电容器油等。在纺织印染助剂中作为复配组分，也可作为染色载体。在高温下，由于相对分子质量小而将染料和水同时带入纤维内部，使其间距增大，同时把染料从表面带到纤维内部，由此增强染料在纤维中的扩散能力，并增进移染效果。作为染色载体，邻苯二甲酸酯使分散染料在常压下染色，以便涤毛混纺织物用分散/酸性染料同浴染色。美国专利（3632293）中也对邻苯二甲酸酯在染料上染过程中的作用有详细说明。

国际上从20世纪70年代初开始对邻苯二甲酸酯污染物进行研究。80年代初，美国环境保护部门通过研究发现，邻苯二甲酸酯可以引发肝组织癌变，扰乱内分泌系统，这一发现引起人们的广泛关注。随着各国环保意识的增强，医药、食品、日用品的包装，带有印花涂层的纺织产品和玩具等塑料制品对增塑剂提出了更高的要求，有关增塑剂的环保法规也相继出台。

研究表明，邻苯二甲酸酯含有较弱的雌激素成分，可影响生物体的内分泌，是一类环境激素。它能通过呼吸、饮食和皮肤接触进入人体，对人体健康造成危害。长期接触邻苯二甲酸酯对外周神经系统有损伤作用，可引起多发性神经炎和感觉迟钝、麻木等症状，对中枢神经系统也有抑制和麻醉作用。邻苯二甲酸酯的结构与内源性雌激素有一定的相似性，进入人体后，与相应的激素受体结合，产生与激素相同的作用，干扰血液中激素正常水平的维持，从而影响生殖和发育行为。长期接触环境激素可对人体造成慢性危害，主要表现为对人和动物的生殖毒性，胎儿受母体激素影响极大，导致男性胎儿易出现尿道下裂、睾丸停止发育、小阴茎、精子数量减少、睾丸癌、前列腺癌等症状。女性胎儿易出现子宫内膜症、阴道癌、子宫癌、卵巢癌、乳房癌等症状。邻苯二甲酸酯急性毒性不明显，但动物实验表明其具有致畸、致突变和致癌作用。

在REACH法规中，76/769/EEC号指令被作为附录17列于其中，而第51和52条就是关于对邻苯二甲酸酯的要求。根据要求，在玩具和儿童护理用品中3种邻苯二甲酸酯［邻苯二甲酸二（2-乙基）已酯（DEHP）、邻苯二甲酸二丁酯（DBP）和邻苯二甲酸丁基苄酯（BBP）］含量不得超过0.1%，在儿童可以放入口中的玩具和儿童护理用品中另3种邻苯二甲酸酯［邻苯二甲酸二异壬酯（DIDP）、邻苯二甲酸二异癸酯（DIDP）和邻苯二甲酸二正辛酯（DNOP）］含量也不得超过0.1%。美国环境保护署（EPA）在1997年提出了70种属环境激素的化学物质，其中8种是邻苯二甲酸酯类增塑剂，分别是邻苯二甲酸二（2-乙基）己酯（DEHP）、邻苯二甲酸丁基苄酯（BBP）、邻苯二甲酸二丁酯（DBP）、邻苯二甲酸双正戊酯（DNPP）、邻苯二甲酸二己酯（DHP）、邻苯二甲酸二丙酯（DPRP）、邻苯二甲酸二环己酯（DCHP）和邻苯二甲酸二乙酯（DEP）。Oeko-Tex标准100的2019年版中规定21种邻苯二甲酸酯类物质的要求，并给出了21种物质总和的限量要求即为0.025%。REACH法规的欧洲化学品管理署（ECHA）于2008年开始将有害化学品列入高度关注物质（SVHC）清单中。从2008年的第一批中邻苯二甲酸酯被列入其中，截止到目前已有多种邻苯二甲酸酯物质被加入。由此可见，各国都有立法限用邻苯二甲酸酯增塑剂，而我国至今还没有限用邻苯二甲酸酯的法规。

有文献报道过的邻苯二甲酸酯类物质测试方法有分光光度法、荧光光度法、GC法、HPLC法、GC-MS法、HPLC-MS法等。由于增塑剂在结构上存在着高度相似性，定性和定量能力均较弱的分光光度法实用价值不大；荧光光度法虽定量能力较强，但定性能力差，很难分辨出复杂样品中使用了哪一种或几种增塑剂，且抗干扰能力极差，意义不大；GC法、HPLC法为目前的主流方法，先分离后检测的色谱技术在定性定量水平上均远高于前述几种方法，基本可以满足常规检测要求；不过，但随着研究的不断深入，对增塑剂检测水平的要求不断提高，兼具GC、HPLC的高分离能力和MS的高灵敏度检测能力的仪器联用方法GC-MS、HPLC-MS，应用日益广泛。

对于邻苯二甲酸酯类物质的检测，气相色谱仪的检测器应用较多的是氢火焰离子化检测器（FID）和质谱检测器（MSD），其中MSD最为普遍。质谱仪则具有灵敏度高、定性能力强的特点，尤其是采用选择离子监测（SIM）扫描模式更是提高了灵敏度，降低了检出限，尤其适用于痕量分析。国家推荐性标准GB/T 24168—2009《纺织染整助剂产品中邻苯二甲酸酯的测定》就是采用GC-MSD的方法对纺织染整助剂中的邻苯二甲酸酯进行分析，适用于各类剂型的纺织染整助剂的检测，其主要技术内容如下。

（一）试验原理

用三氯甲烷或其他适宜的溶剂在超声波浴中萃取试样中的邻苯二甲酸二丁酯（DBP）、邻苯二甲酸丁苄酯（BBP）、邻苯二甲酸二（2-乙基己基）酯（DEHP）、邻苯二甲酸二辛酯（DOP）、邻苯二甲酸二异壬酯（DINP）、邻苯二甲酸二异癸酯（DIDP），而后用气相色谱—质量选择器（GC-MSD）对萃取物进行测定，特征离子外标法定量。

（二）试验方法

称取1g样品，精确至0.1mg置于提取器中，并准确加入10.0mL三氯甲烷或其他适宜的萃取剂，摇匀，置于超声波浴中萃取20min，保证萃取完全。过膜后（用0.45μm聚四氯乙烯薄膜过滤头将萃取液注射过滤至2mL的小样品瓶中），色谱分析。如样品为水溶性，必要时可先在样品中加入2mL水，振荡均匀后再加入10.0mL三氯甲烷或其他适宜的萃取剂；如样品经超声波萃取后浑浊，可使用离心方式，离心至分层后取上层清液，采用表5-32中给出的GC-MSD的色谱条件进行分析。检测时，用三氯甲烷把将6种邻苯二甲酸酯标准品溶解，配制成一系列水平的工作溶液，通过保留时间和特征离子（表5-33）对目标化合物进行定性，然后通过特征离子峰面积外标法定量。试样中邻苯二甲酸酯的含量 w_i（mg/kg）按照式（5-11）计算：

$$w_i = \frac{A_i \times \rho_i \times V}{A_s \times m} \tag{5-11}$$

式中：A_i——试样溶液中邻苯二甲酸酯的峰面积；

A_s——标准溶液中邻苯二甲酸酯的峰面积；

ρ_i——标准溶液中邻苯二甲酸酯的浓度，μg/mL；

V——萃取溶剂体积，mL；

m——最终样液代表的试样量，g。

表5-32 气相色谱—质谱仪器分析条件

参数	操作条件		
毛细管色谱柱	5%苯基—甲基聚硅氧烷固定相的毛细管柱 如DB-5MS，150m×0.25mm×0.1μm或相当者		
柱温	升温速度（℃/min）	温度（℃）	保持时间（min）
	—	180	2
	10	280	10
进样口温度（℃）	320		
载气	氦气（99.999%）		
流量（mL/min）	1.8		
进样体积（μL）	1		
进样方式	无分流进样		
离子源温度（℃）	230		
四级杆温度（℃）	150		
扫描范围（amu）	20~550		

表5-33 邻苯二甲酸酯的定量选择离子和定性离子

化学名称	简称	CAS No.	定量离子	定性离子	丰度比
邻苯二甲酸二丁酯	DBP	84-74-2	149	150，205	100：9：6
邻苯二甲酸丁苄酯	BBP	85-68-7	149	150，206	100：12：31
邻苯二甲酸二（2-乙基己基）酯	DEHP	117-81-7	149	150，167	100：11：36
邻苯二甲酸二正辛酯	DNOP	117-84-0	279	390，261	100：3：20
邻苯二甲酸二异壬酯	DINP	28553-12-0	293	418，347	100：2：6
邻苯二甲酸二异癸酯	DIDP	26761-40-0	307	446，321	100：5：8

（三）相关技术问题

由于 DBP、BBP、DEHP 具有较好的色谱分离效果，在选择定量离子和定性离子时可不考虑其交叉共有特征离子，即首先通过全扫描方式（SCAN）做出总离子流图，然后根据其质谱图中的碎片离子，选择丰度相对较高、质量较大的碎片离子进行选择即可。但对 DINP 和 DNOP，由于其均为有多种异构体的混合物，色谱出峰较多且相互交叉，不能完全分离。与此同时，DINP 与 DNOP 也不能完全分离，如果不考虑其交叉共有特征离子而简单按上述分析方法进行选择，将导致较大的定量偏差和定性不准确。因此，对于 DINP、DNOP 和 DIDP 的测定和阳性结果的确证，需根据 DINP、DNOP 和 DIDP 的质谱碎片离子，选择其各自独有的特征离子进行定量和定性测定。

十、有机锡化合物

有机锡（Organotin）化合物属于金属有机化合物，是由锡和碳元素直接结合形成。有机锡化合物用途广泛，在催化剂（二丁基锡、辛酸亚锡）、稳定剂（如二甲基锡、二辛基锡、四苯基锡）、农用杀虫剂、杀菌剂（如二丁基锡、三丁基锡、三苯基锡）及日常用品的涂料和防霉剂等产品中被广泛使用。研究表明，有机锡化合物的毒性要比无机锡化合物大得多。常用的有机锡化合物为三丁基锡（TBT）、二丁基锡（DBT）和一丁基锡（MBT），它们可以作为防腐剂、杀菌剂，以增强衣物防汗渍气味以及防真菌的效能；还经常用作 PVC 热稳定剂的中间物质。有机锡作为环境激素，是一种毒性极强的重金属化合物。例如，人体通过皮肤吸收有机锡化合物之后，神经免疫系统和肝脏功能会受到不同程度的损害，甚至会导致荷尔蒙的改变，造成生殖障碍。此外，研究还表明，有机锡化合物对肝脏和肾脏具有潜在危害，对生化过程（如造血机制）具有潜在破坏，对酶系统具有潜在破坏。

对于有机锡化合物的限制，欧盟之前已先后发布过 89/677/EEC、1999/51/EC 和 2002/62/EC，规定有机锡化合物用作游离缔合涂料中的生物杀灭剂时，不能在市场上销售。2009 年 5 月 28 日，欧盟通过了决议 2009/425/EC，进一步限制对有机锡化合物的使用。此次修订是在原有 76/769/EEC 指令附录 I 第 21 条的基础上，增加了以下条款的内容。

（1）2010 年 7 月 1 日起，物品中不得使用锡含量超过 0.1%（质量分数）的三取代有机锡化合物，如三丁基锡（TBT）和三苯基锡（TPT）。

（2）2012 年 1 月 1 日起，向公众供应的混合物或物品中不得使用锡含量超过 0.1%（质量分数）的 DBT 化合物。

（3）2012 年 1 月 1 日起，向公众供应或由公众使用的与皮肤接触的纺织品、手套、儿童护理用品、女性保洁产品、尿布等物品中，不得使用锡含量超过 0.1%（质量分数）的 DOT 化合物。在此之前，欧盟委员会指令 89/677/EEC、1999/51/EC 和 2002/62/EC 都并未直接涉及纺织及其他日用消费品，而 2009/425/EC 的实施进一步拓宽了有机锡化合物的限用范围，包括纺织品、卫生用品等。在 2019 版 Oeko-Tex 标准 100 也对不同纺织品中的有机锡含量做出了更严格的限量要求（表 5-34）。

表 5-34　2019 版 Oeko-Tex 标准 100 中有机锡化合物的限量

名称	简称	产品类别（mg/kg）			
		婴幼儿	直接接触皮肤	非直接接触皮肤	装饰材料
三丁基锡	TBT	<0.5	<0.5	<0.5	<0.5
三苯基锡	TPhT	<0.5	<0.5	<0.5	<0.5
二丁基锡	DBT	<0.5	<0.5	<0.5	<0.5
二甲基锡	DMT	<0.5	<0.5	<0.5	<0.5
二辛基锡	DOT	<0.5	<0.5	<0.5	<0.5
二苯基锡	DPhT	<0.5	<0.5	<0.5	<0.5
二丙基锡	DPT	<0.5	<0.5	<0.5	<0.5
一甲基锡	MBT	<0.5	<0.5	<0.5	<0.5
一丁基锡	MDT	<0.5	<0.5	<0.5	<0.5
一辛基锡	MOT	<0.5	<0.5	<0.5	<0.5
一苯基锡	MPhT	<0.5	<0.5	<0.5	<0.5
四丁基锡	TeBT	<0.5	<0.5	<0.5	<0.5
四乙基锡	TeET	<0.5	<0.5	<0.5	<0.5
三环乙基锡	TCyHT	<0.5	<0.5	<0.5	<0.5
三甲基锡	TMT	<0.5	<0.5	<0.5	<0.5
三辛基锡	TOT	<0.5	<0.5	<0.5	<0.5
三丙基锡	TPT	<0.5	<0.5	<0.5	<0.5

色谱分析技术已被广泛应用于有机金属化合物的分析，其中也包括有机锡化合物。可用气相色谱法分析的有机金属化合物包括铍（Be）、ⅢA 族、IVA 族、VA 族、IIB 族元素的烷基、芳基、乙烯基和硅烷基化合物，有机硅化合物（硅烷、氯烷基和氯芳基硅烷等），过渡金属、金属茂及其取代衍生物的羰基、芳羰基络合物。大多数有机金属化合物的稳定性较差，较易发生热解、水解、氧化或光氧化降解以及催化降解等。所以，在气相色谱分析的每个环节都要特别注意，包括取样、进样方式、色谱柱的选择以及衍生化等。

色谱柱的选择是有机金属化合物气相色谱分析成败的关键，一般不能用有金属内表面的进样系统和色谱柱。有些有机金属化合物进入色谱柱后会造成色谱柱性能的明显降低，可能引起固定相的催化降解、金属有机化合物与固定液的化学键合或柱内金属分解产物的集聚。一旦色谱柱出现上述情况，可用三氟乙酰丙酮等试剂的蒸气连续吹扫色谱柱，以除去金属或氧化物的沉淀使色谱柱再生。

早期分析有机金属化合物常用的检测器为热导检测器（TCD）和火焰离子化检测器（FID），当被测物浓度高于1%时，都能给出令人满意的灵敏度。但在纺织染整助剂检测中，对检测灵敏度的要求更高，采用电子捕获检测器或元素选择性检测器，如原子发射光谱检测器（AED）就比较合适，而目前已经普遍配备的质谱检测器（MSD）则更为理想。有机金属化合物在色谱柱上的分离并无太大的障碍，除非是结构非常接近的异构体。

有机锡化合物的主要类型有四烃基锡化合物（R_4Sn）、三烃基锡化合物（R_3SnX）、二烃基锡化合物（R_2SnX_2）、一烃基锡化合物（$RSnX_3$）。有机锡类似于有机铅，但稳定性更好。虽然用气相色谱可以直接分析氯化烷基锡的有机溶剂萃取物，但更常见的是将其转化为烷基衍生物或氢化衍生物后再用气相色谱进行分析。有机锡化合物的气相色谱分析对色谱柱的固定液并无特殊要求，但要避免使用金属材料的色谱柱。

对于有机锡化合物的检测，国内检测标准中普遍使用的是气相色谱—质谱联用仪（GC-MS）和配有610nm滤光片的火焰光度检测器（FPD）。比较而言，GC-MS法在国内的检测部门的应用较其他仪器普及，且分析简便、准确。以国家推荐性标准GB/T 29493.3—2013《纺织染整助剂中有害物质的测定　第3部分：有机锡化合物的测定　气相色谱—质谱法》为例，该标准主要技术内容如下。

（一）试验原理和范围

用乙醇超声波提取试样，以四乙基硼酸钠为衍生化试剂，正己烷为萃取剂，直接萃取衍生化提取液。萃取液用气相色谱—质谱联用仪（GC-MS）测定，内标法定量。该标准适用于各类剂型的纺织染整助剂。

（二）试验方法

准确称取2.00g试样，置于50mL螺盖试管中，依次加入20mL乙醇溶液、100μL二乙基二硫代甲酸钠溶液和200μL 1μg/mL有机锡内标溶液，并确保试样完全浸没在溶液中，室温下在超声波发生器中提取1h。将提取液转移至另一个试管中，残渣加入20mL乙醇、100μL二乙基硫代甲酸钠溶液和200μL 1μg/mL有机锡内标溶液，重复提取1h，合并提取液。移取上述10mL提取液置于螺盖试管中，加入10mL醋酸缓冲溶液，用冰醋酸调节pH至4.5，加入5mL正已烷和300μL衍生化试剂，在300r/min的转速下振摇30min，加入少量的无水硫酸钠，静置，直至上层正已烷澄清。取正已烷层供气相色谱—质谱仪分析。如果上述过程中出现乳化或不分层现象，可采用离心、冷藏过夜等方法进行处理。按照表5-35中的有机锡标准品折算系数，用乙醇溶解标准品配制储备溶液。检测时，根据需要用乙醇将适量的标准储备溶液稀释成适当浓度的混合工作溶液，准确移取一系列一定体积的混合溶液，按照上述试样衍生化步骤进行处理，制备分析曲线。分析时，按照表5-36中色谱条件分析试样和标准工作溶液，确认相同保留时间，同时根据表5-37中的定量和定性离子对其进行确认，然后根据定量离子的色谱峰面积用内标法定量。试样中有机锡阳离子含量以w_i计（mg/kg），按照式（5-12）计算：

$$w_i = \frac{A_s \times A_{ic} \times \rho \times V}{A_c \times A_{is} \times 1000 \times m} \times 4 \times F \tag{5-12}$$

式中：A_s——样液中衍生化有机锡的峰面积；

A_c——标准工作液中衍生化有机锡的峰面积；

A_{is}——样液中衍生化有机锡内标的峰面积；

A_{ic}——标准工作液中衍生化有机锡内标的峰面积；

ρ——标准工作液中相当有机锡阳离子的浓度，μg/L；

V——萃取液体积，mL；

m——试样的质量，g；

F——稀释因子。

表 5-35 有机锡阳离子性对于有机锡化合物称量的折算系数

物质	称量折算系数①	应称样质量（mg）②	溶液③
三氯一丁基锡	0.632	160.5	A
二氯二丁基锡	0.767	130.4	A
氯化三丁基锡	0.891	112.2	A
三氯一庚基锡	0.672	148.8	B
二氯二庚基锡	0.817	122.4	B
三丙基锡	0.875	114.3	B

① 称量折算系数=有机锡阳离子摩尔质量/有机锡化合物摩尔质量。

② 100mg 有机锡阳离子对应的有机锡化合物质量。

③ A 为多组分标准甲醇溶液，B 为内标甲醇溶液。

表 5-36 GC-MS 仪器分析条件

参数	操作条件		
色谱柱	DB-5 石英毛细管柱，30m×0.25mm×0.25μm，或相当者		
柱温	升温速度（℃/min）	温度（℃）	保持时间（min）
	—	60	1
	5	260	3
	20	280	5
进样口温度（℃）	270		
载气	氦气（99.999%）		
流量（mL/min）	1.0		
进样体积（μL）	1		
进样方式	无分流进样		
离子源温度（℃）	230		
四级杆温度（℃）	150		
数据采集模式	选择离子检测方式 SIM		

表 5-37 有机锡的定性离子和定量选择离子

衍生化名称	定量离子	定性离子
一庚基锡（内标）	277	121，177，179
一丁基锡	179	177，121，235
二庚基锡（内标）	347	179，249，277
二丁基锡	263	151，179，207
三丙基锡（内标）	193	163，207，249
三丁基锡	291	121，177，263

（三）相关技术问题

按照 2019 版 Oeko-Tex 标准 100 中的规定，有机锡化合物已达到 17 种。虽然标准中没有给出相关的检测方法，但是由于有机锡物质性质相近，可以考虑采用现有的技术条件进行分析测试。

有机锡化合物的同位素簇是由 10 种天然锡的同位素组成，其丰度及相对丰度参见表 5-38。用 GC-MS 分析时，每一个含锡的碎片离子都会分裂成一组涉及锡的同位素簇。由于锡元素存在 10 个同位素，在有机锡衍生化物质谱分析的碎片离子中，这些同位素峰的相对丰度比等重要信息，在 ISO 17353《水质　选定有机锡化合物的测定　气相色谱分析法》中给出了详尽的说明，可作为参考。

表 5-38　天然锡同位素的质量和丰度

质量（amu）	丰度（%）	相对丰度（%）	质量（amu）	丰度（%）	相对丰度（%）
112	0.95	2.88	118*	24.01	72.82
114	0.65	1.97	119	8.58	26.02
115	0.34	1.03	120	32.97	100.00
116*	14.24	43.19	122*	4.71	14.29
117	7.57	22.96	124	5.98	18.14

注　* 代表这些同位素更适合用于质谱检测。

十一、多环芳烃

随着因所含多环芳烃化合物含量超标而被要求召回事件的多次发生，有关多环芳烃的生态毒性和质量监控问题逐渐引起人们的广泛关注。

多环芳烃化合物（Polycyclic Aromatic Hydrocarbons，简称 PAHs），是部分有机物质高温分解后释放出的一类化合物，多达几百种。经研究发现，多环芳烃广泛存在于煤炭的不完全燃烧物、原油、木馏油、煤焦油和煤等自然界的物质中。陆地、水生植物和微生物的生物合成，森林、草原的天然火灾，火山活动等自然现象也能产生多环芳烃化合物。另外，一些人为因素也会使环境中产生多环芳烃化合物，如机动车辆排放的尾气，使用过的电动机润滑油，香烟的烟雾及炭烧烤的烟雾等。目前，在大气、河流、湖泊、海洋、地下水、土壤和沉积物中都发现了多环芳烃化合物的污染。

多环芳烃是由两个或两个以上的苯环连接在一起的碳氢化合物，纯品通常为无色、白色或淡黄绿色的有微弱芳香味的固体，大多为高熔点、高沸点、低蒸气压，且水溶性随分子量的增大而降低，能溶于多数有机溶剂。PAHs 基本上是化学惰性物质，通过碳氢化合物的不完全燃烧而形成，也会在石油裂解过程中产生。一些多环芳烃化合物也应用于医药品制造、染料、塑料（软质 PVC 玩具）、杀虫剂、橡胶（工具手柄和装饰品）、油漆等。美国环境保护署（Environmental Protection Agency，简称 EPA 或 USEDA）已经发现，在国家优先目录（National Priorities List）的 1430 种化合物中至少有 600 种为多环芳烃类化合物，其中有 16 种化合物于 1979 年被美国环境保护署（USEPA）明确列入管制范围。

纺织品上带 PVC 的胶印和印花，化纤生产过程会使用含有多环芳烃的矿物油，特别是循环使用劣质的矿物油作为针织机油（润滑油、乳化剂），使用以含多环芳烃的炭黑为基础的着色剂（染料、颜料），都可能是纺织品中多环芳烃。此外，某些多环芳烃可用于染料、杀虫剂的生产，尤其是萘。萘主要被用作许多化合物的前体。萘的磺化物，萘磺酸及其磺酸盐用途很广：氨基萘磺酸盐是制备许多合成染料的中间体；萘磺酸也可合成1-萘酚和2-萘酚，主要被用于许多染料的前体、颜料、橡胶加工助剂、药物和其他化合物的合成。同时，烷基萘磺酸盐作为阴离子型表面活性剂，在水介质中可以有效分散胶体系统，其最大的商业用途之一就是在纺织行业中利用其润湿性能和消泡性能进行漂白和染色操作；也可被用于甲基磺酸萘的聚合，该聚合物可作为橡胶、染料的分散剂及用于皮革工业，作皮革助染剂、印染助剂。因此，经过纤维的生产、织造、印染、后整理等多道工艺程序后，作为原料的萘有可能因加工工艺的不完善而残留在纺织品中。作为染料分散剂的萘磺酸缩聚物或制革工业中合成鞣革剂所残留的杂质，萘也可能在纺织品和皮革中被发现。

多环芳烃化合物提取方法主要有索氏提取法、超声提取法、微波萃取法、快速溶剂萃取法等，净化主要采用固相萃取技术。测定方法主要有高效液相色谱法、气相色谱法和气相色谱—质谱联用分析方法等。目前，国际上并无针对纺织染整助剂中多环芳烃的相关检测标准，国家标准 GB/T 29493.4—2013《纺织染整助剂中有害物质的测定　第4部分：稠环芳烃化合物（PAHs）的测定　气相色谱—质谱法》是相关检测的重要参考，该标准主要技术内容如下。

（一）试验原理

采用甲苯对试样中的稠环芳烃化合物进行超声提取，用气相色谱一质谱联用仪（GC-MS）进行分离和检测，内标法定量。

（二）试验方法

称取0.50g试样，置于提取器中，准确加入20mL甲苯和一定浓度的稠环芳烃内标化合物混合标准溶液，置于提取器中，在（60±5）℃下超声波浴中提取（60±5）min后，冷却到室温。过滤后用表5-39气相色谱—质谱分析条件，对试样溶液和标准溶液进行测定，选取浓度相近的混合标准溶液进行测定。结果确认时，通过比较试样与标样的保留时间及组分的质谱图进行定性。根据混合标准工作溶液中稠环芳烃化合物和内标化合物的峰面积值，用内标法计算定量。特征离子信息参见表5-40。试样中稠环芳烃化合物 w 的含量（mg/kg）按照式（5-13）计算：

$$w = \frac{A_s \times A_{ic} \times \rho \times V \times F}{A_c \times A_{is} \times 1000 \times m} \tag{5-13}$$

式中：A_s——样液中稠环芳烃化合物的峰面积；

A_c——标准工作液中稠环芳烃化合物的峰面积；

A_{is}——样液中稠环芳烃内标化合物的峰面积；

A_{ic}——标准工作液中稠环芳烃内标化合物的峰面积；

ρ——标准工作液中稠环芳烃化合物的浓度，μg/L；

V——萃取液体积，mL；

m——试样的质量，g；

F——稀释因子。

表 5-39　气相色谱—质谱仪器分析条件

参数	操作条件		
色谱柱	DB-5MS，30m×0.25mm×0.25μm，或相当者		
柱温	升温速度（℃/min）	温度（℃）	保持时间（min）
	—	60	2
	20	140	0
	10	320	5
进样口温度（℃）	270		
载气	氦气（99.999%）		
流量（mL/min）	1.0		
进样体积（μL）	0.2		
进样方式	无分流进样		
离子源温度（℃）	230		
四级杆温度（℃）	150		
数据采集方式	选择离子检测方式 SIM		

表 5-40　稠环芳烃的定量、定性离子信息

序号	化合物名称	CAS No.	特征碎片离子（amu）	
			定量离子	定性离子
1*	氘代萘（萘-D8）	1146-65-2	136	137，134，108
1	萘	91-20-3	128	129，127，102
2*	氘代芘（芘-D10）	1718-52-1	212	212，208，213
2	苊烯	208-96-8	152	151，153，126
3	1，2-二氢苊	83-32-9	153	154，152，126
3*	十二氘代苯并［a］芘	63466-71-7	264	260，265，132
4	芴	86-73-7	166	165，139，115
5	苯并［a］蒽	56-55-3	228	226，229，114
6	䓛	218-01-9	228	226，229，114
7	苯并［b］荧蒽	205-99-2	252	250，126，113
8	菲	85-01-8	178	176，179，152
9	蒽	120-12-7	178	176，179，152
10	荧蒽	206-44-0	201	202，203，101
11	芘	129-00-0	202	200，203，101
12	苯并［a］芘	50-32-8	252	250，126，113
13	茚并［1，2，3-cd］芘	193-39-5	276	277，138，137
14	二苯并［a，h］蒽	53-70-3	278	276，279，139
15	苯并［ghi］苝	191-24-2	276	277，138，137

注　*为内标化合物。

十二、多氯联苯

多氯联苯是一类典型的持久性有机污染物，是一组由多个氯原子取代联苯分子中氢原子而形成的氯代芳烃类化合物。根据氯原子取代数和取代位置的不同共有 209 种同类物。多氯联苯具有很高的生物体蓄积性，难以生物降解，对生物体的内分泌系统有很大的破坏作用，对生态环境和水生物有很大的危害性，它的毒性主要表现在影响皮肤、神经、肝脏、破坏钙的代谢，导致骨骼、牙齿的损害，并有慢性致癌和致遗传变异等可能性，被国际癌症研究机构认定为可能对人体致癌的物质。《关于持久性有机污染物的斯德哥尔摩公约》规定的 12 种持久性有机污染物以及 EPA 提出的 70 种环境激素，多氯联苯与多氯二噁英和多氯苯并呋喃一起被列入其中。为此，国际上对其严格限制或禁止使用，欧盟指令 76/769/EEC 的“黑名单”中多氯联苯（PCB）榜上有名。欧盟禁止使用 PCB 含量超过 0.01%（质量分数）的多氯联苯及其制剂（一氯和二氯联苯除外）；德国禁止销售三氯以上的多氯联苯含量高于 50mgkg 的制品；美国禁止生产、加工销售和使用多氯联苯含量高于 25mg/kg 的制品；日本和瑞士也禁止生产、销售和使用多氯联苯。Okeo-Tex 标准 100 的 1992 年首版已将 PCB 列为不可检出。我国也很早就认识了多氯联苯的危害性，自 20 世纪 70 年代陆续颁发有关管理规定，80 年代初规定停止生产多氯联苯。但是多氯联苯仍然侵害着人类，一些地区还出现多氯联苯外泄，非法焚烧和填埋多氯联苯废弃物的现象。

多氯联苯过去用于制造电力电容器、变压器的绝缘电介质、配制润滑油和车床切削油，在农药、油漆、油墨、复印纸、胶黏剂和塑料增塑剂中有一定用处。它在染料和助剂工业中从不使用，但在有些染料和助剂制造和使用过程中会作为副产物而产生。例如，用多氯苯作为溶剂，有铜及铜化合物作催化剂或反应剂，于高温下会产生多氯联苯。某些还原染料、蒽醌和酞菁结构的染料和颜料、杂环结构的荧光增白剂在制造过程中因多氯苯溶剂引起而产生多氯联苯。例如，铜酞菁在三氯苯作为溶剂，有铜盐存在时，于 200℃高温下，反复使用的三氯苯生成不同氯代的多氯联苯存在于产品中。

双氯联苯胺（DCB）合成的黄色和橙色的有机染料，在高温下发生分解也有可能产生多氯联苯。PCBs 在染料产品中的含量虽然很少，但是由于染料是作为生产纺织品的重要原料，如果其中含有 PCBs 并且被带入纺织品中去，必将对人体健康造成危害，所以，控制染料产品中的 PCBs 含量是很有必要的。

对于染料产品中多氯联苯含量的测定，目前常用的提取方法有索氏提取法、超声波萃取法、微波辅助法等。索氏提取法应用最为广泛，但由于萃取时间过长，从基质中萃取出杂质较多，从而影响检测器的测定，延长分析时间。超声萃取法最大的优点是萃取速度快，操作简单，是目前应用比较普遍的方法。微波辅助萃取法快速、溶剂用量少、重现性高、副反应少，但设备投入成本较大，维护成本高。

现阶段最常用的分析仪器方法有气相色谱—质谱法、气相色谱法、高效液相色谱法。气相色谱法配备高选择性、高灵敏度的 ECD 检测器，相较于其他检查器，具有选择性好、灵敏度高、检测限低等优点。但随着色谱条件的进步，气相色谱—质谱法的应用更为普遍。国家标准 GB/T 24165—2009《染料产品中多氯联苯的测定》便是采用 GC-MS 和 GC-ECD 对商品染料、染料制品、染料中间体和纺织染整助剂进行测定。其主要技术内容如下。

（一）试验原理

用正己烷在超声波浴中萃取试样中的多氯联苯，而后用气相色谱—质谱法（GC-MS）对萃取物进行全扫描（SCAN）和选择离子检测（SIM）测定，或用气相色谱—电子捕获检测器法（GC-ECD）对萃取物进行测定。全扫描的总离子流图用于定性，特征离子外标法定量；气相色谱图采用外标法定量。

（二）试验方法

称取1g样品置于提取器中，加入10mL正己烷，于超声波水浴中萃取20min，用0.45μm聚四氯乙烯薄膜过滤头将萃取液注射过滤至2mL的小样品瓶中，用于色谱分析。如果样品为水溶性，必要时可先在样品中加入几毫升水，均匀后再加入正己烷。如果样品经超声波萃取后浑浊，可通过离心的方式进行沉降。用正己烷将表5-41和表5-42中所列出的含有不同氯原子数的多氯联苯配制成单一储备浓度溶液，根据需要配制成不同水平系列的工作曲线，采用表5-43和表5-44给出的气相色谱—质谱仪器操作条件和气相色谱法—电子捕获检测器条件进行检测。结果确认时，GC-MS法通过总离子流图特征离子峰面积外标法定量，特征离子信息参见表5-45；GC-ECD通过峰高外标法定量。GC-MS法检测时先进行选择离子检测，如果样品中有目标离子和特征离子检出，需通过全扫描的总离子流图进行定性。

（1）GC-MS的结果计算。试样中多氯联苯 w_i 的含量（mg/kg）按照式（5-14）计算：

$$w_i = \frac{A_i \rho_i V}{A_{is} m} \tag{5-14}$$

式中：A_i——样液中多氯联苯 i 目标离子的峰面积；

ρ_i——标准溶液中多氯联苯 i 相当的浓度，μg/mL；

V——样液最终定容体积，mL；

A_{is}——标准溶液中多氯联苯 i 目标离子的峰面积；

m——试样的质量，g。

（2）GC-ECD的结果计算。试样中多氯联苯 w_i 的含量（mg/kg）按照式（5-15）计算：

$$w_i = \frac{h_i \rho_i V}{h_{is} m} \tag{5-15}$$

式中：h_i——样液中多氯联苯 i 峰高数值；

ρ_i——标准溶液中多氯联苯 i 相当的浓度，μg/mL；

V——样液最终定容体积，mL；

h_{is}——标准溶液中多氯联苯 i 峰高数值；

m——试样的质量，g。

表5-41　气相色谱—质谱仪测试多氯联苯种类Ⅰ

序号	名称	含氯原子数目	IUPAC编号	分子式	特征碎片离子（amu）	
					定量离子	定性离子
1	一氯联苯	1	PCB1~PCB3	$C_{12}H_9Cl$	188	190，152
2	二氯联苯	2	PCB4~PCB15	$C_{12}H_8Cl_2$	222	224，152
3	三氯联苯	3	PCB16~PCB39	$C_{12}H_7Cl_3$	256	258，150

续表

序号	名称	含氯原子数目	IUPAC 编号	分子式	特征碎片离子（amu）	
					定量离子	定性离子
4	四氯联苯	4	PCB40~PCB81	$C_{12}H_6Cl_4$	292	290，220
5	五氯联苯	5	PCB82~PCB127	$C_{12}H_5Cl_5$	326	328，254
6	六氯联苯	6	PCB128~PCB169	$C_{12}H_4Cl_6$	360	362，290
7	七氯联苯	7	PCB170~PCB193	$C_{12}H_3Cl_7$	394	396，324
8	八氯联苯	8	PCB194~PCB205	$C_{12}H_2Cl_8$	430	428，358
9	九氯联苯	9	PCB206~PCB208	$C_{12}HCl_9$	464	462，392
10	十氯联苯	10	PCB209	$C_{12}Cl_{10}$	498	428，356

表 5-42 气相色谱法—电子捕获检测器测试多氯联苯种类Ⅱ

序号	IUPAC 编号	多氯联苯名称	CAS No.	分子式	相对分子质量
1	PCB28	2，4，4′-三氯联苯	7012-37-5	$C_{12}H_7Cl_3$	257.54
2	PCB52	2，2′，5，5′-四氯联苯	35693-99-3	$C_{12}H_6Cl_4$	291.99
3	PCB101	2，2′，4，5，5′-五氯联苯	37680-73-2	$C_{12}H_5Cl_5$	326.43
4	PCB118	2，3′，4，4′，5-五氯联苯	31508-00-6	$C_{12}H_5Cl_5$	326.43
5	PCB138	2，2′，3，4，4′，5′-六氯联苯	35065-28-2	$C_{12}H_4Cl_6$	360.88
6	PCB153	2，2′，4，4′，5，5′-六氯联苯	35065-27-1	$C_{12}H_4Cl_6$	360.88
7	PCB180	2，2′，3，4，4′，5，5′-七氯联苯	35065-29-3	$C_{12}H_3Cl_7$	395.32

表 5-43 气相色谱—质谱仪器分析条件

参数	操作条件		
色谱柱	5%苯基甲基聚硅氧烷固定相的毛细管柱，如 DB-5MS，30m×0.25mm×0.25μm，或相当者		
柱温	升温速度（℃/min）	温度（℃）	保持时间（min）
	—	180	2
	10	280	10
载气	氦气（99.999%）		
流量（mL/min）	1.0		
进样体积（μL）	0.2		
进样方式	无分流进样		
离子源温度（℃）	230		
四级杆温度（℃）	150		
扫描范围（amu）	20~50		
离子源电压（eV）	70		

表 5-44　气相色谱仪器分析条件

参数	操作条件		
色谱柱	5%苯基甲基聚硅氧烷固定相的毛细管柱，如 DB-5MS，30m×0.25mm×0.25μm，或相当者		
柱温	升温速度（℃/min）	温度（℃）	保持时间（min）
	—	180	2
	10	280	10
进样口温度（℃）	320		
检测器温度（℃）	320		
载气	氮气（99.999%）		
流量（mL/min）	1.0		
进样体积（μL）	0.2		
进样方式	无分流进样		
尾吹气	氮气		
尾吹气流量（mL/min）	60		

十三、富马酸二甲酯

富马酸二甲酯（Dimethyl Fumarate，DMF），又称反丁烯二酸二甲酯，是一种气氛型防腐防霉剂。作为新型防霉剂，本身具有低毒高效、广谱抗菌、持久稳定等特点。近年来曾被广泛应用于食品、粮食、饲料、烟草、皮革、纺织品等的防腐防霉及保鲜处理。

由于皮革及其制品中含有大量的胶原蛋白，为霉菌生长提供了丰富的营养源，因此在皮革生产加工过程中添加含有 DMF 的防霉剂或使用 DMF 与硫酸钠、明矾等复合而成的腌制剂腌制带毛生皮，能起到防霉防腐的作用。此外，将含有 DMF 的防潮袋置于皮鞋、家具、服装的包装内，可防止产品在运输和储存过程中发霉。

然而，随着人们对 DMF 的不断了解和深入研究，发现它属于微毒性、慢积累型化合物。由于 DMF 在常温下容易升华且具有熏蒸性，与皮肤接触后易引起过敏、湿疹、灼伤等症状；严重时会导致咽喉肿痛、呕吐和腹痛等后果。同时 DMF 水解后生成甲醇，大量摄入对眼睛的刺激较大。进入体内对人体内脏、肠道会产生腐蚀性损害，尤其是对儿童的成长发育会造成严重危害。有研究表明，DMF 还有引起细胞氧化损伤和 T 细胞凋亡等毒性。因此，DMF 的生产及应用在世界范围内引起广泛关注。

欧盟于 2012 年颁布（EU）No. 412/2012，全欧限制富马酸二甲酯。欧盟市场上流通的产品或产品零件中 DMF 的含量应不超过 0.1mg/kg。美国服装鞋类协会也将 DMF 列入了禁用物质范畴。中国与欧盟规定一致，任何产品及其部件中的 DMF 都不得超过 0.1mg/kg。

富马酸二甲酯易溶于有机溶剂，所以一般选择乙酸乙酯、甲醇、丙酮和乙腈等有机溶剂来提取，提取的方式有超声波辅助提取、旋涡振荡提取和超声振荡提取等。由于富马酸二甲酯具有升华特性，所以样品经溶剂提取后，浓缩步骤的回收率至关重要。

富马酸二甲酯的检测主要采用外标法定量，仪器分析方法主要有有高效液相色谱法（HPLC）、气相色谱法（GC）、气相色谱—质谱联用法（GC-MS）、热脱附/气相色谱—质谱联用法（ATD/GC-MS）、气相色谱—串联质谱法（GC-MS/MS）等。无论是纺织品、皮革还是纺织染整助剂均普遍采用乙酸乙酯超声提取，气相色谱—质谱联用法（GC-MS）分析。化工行业标准 HG/T 4445—2012《纺织染整助剂富马酸二甲酯的测定》，就规定了类似的分析方法，其主要技术内容如下。

（一）试验原理

以乙酸乙酯为溶剂，采用超声波萃取器提取纺织染整助剂产品中的富马酸二甲酯，提取液用气相色谱—质谱仪进行定性、定量分析，用外标法测定提取液中富马酸二甲酯的含量。

（二）试验方法

称取 1g（精确至 0.0001g）样品于提取器中，加入 10.0mL 乙酸乙酯，于超声波浴中常温萃取 30min。过膜后，色谱分析。如样品经超声波萃取后浑浊，可采用离心方式，至分层后取上层清液进行分析。用乙酸乙酯溶解富马酸二甲酯标准物质配制成标准储备溶液，根据需要用乙酸乙酯稀释标准储备溶液配制成适当浓度的标准工作溶液。按照表 5-45 中所列出的色谱条件对富马酸二甲酯标准工作溶液及样品提取液进行分析，以色谱峰的保留时间并参照表 5-46 中富马酸二甲酯的定性、定量离子进行分析，外标法定量。如果试样提取液的检测响应值超出仪器的线性范围，可适当稀释后测定。试样中富马酸二甲酯的含量（mg/kg）按照式（5-16）计算：

$$X = \frac{cAV}{A_s m}F \tag{5-16}$$

式中：c——标准工作溶液中富马酸二甲酯的浓度，μg/mL；

A——样液中富马酸二甲酯目标离子的峰面积；

V——试样提取液的体积，mL；

A_s——标准工作溶液中富马酸二甲酯目标离子的峰面积；

m——试样的质量，g；

F——稀释因子。

表 5-45　GC-MS 仪器分析条件

参数	操作条件		
毛细管色谱柱	DB-5MS，30m×0.25mm×0.25μm，或相当者		
柱温	升温速度（℃/min）	温度（℃）	保持时间（min）
	—	50	1
	10	150	3
	20	220	3
进样口温度（℃）	150		
质谱接口温度（℃）	280		
载气	氦气（99.999%）		
流量（mL/min）	1.0		

续表

参数	操作条件
进样体积（μL）	1.0
进样方式	无分流进样
离子源温度（℃）	230
四级杆温度（℃）	150
扫描方式	全扫描（SCAN）和选择离子扫描（SIM）同时进行

表 5-46　富马酸二甲酯的保留时间、定性离子和定量离子

化合物名称	保留时间（min）	特征碎片离子		丰度比
		定量离子	定性离子	
富马酸二甲酯	6.50	113	85，59	100：60：30

（三）相关技术问题

由于染整助剂样品基质复杂，在较低的浓度下测定容易出现假阴性结果。而与外标法相比，内标法受色谱条件和样品复杂基质影响较小，可更好地实现对富马酸二甲酯含量的准确测定，因此在使用此方法时，建议采用内标法。另外，富马酸二甲酯属于易挥发性物质，待测样品的合理储存和及时测试也很重要。

十四、甲醛

甲醛对人类健康的危害早已引起人们的重视，并有大量的文献报道。甲醛本身没有致癌性、致变异性和致畸性，但甲醛是一种反应性很强的化合物，在氨基酸和蛋白质等生物细胞中，会与含氮化合物反应生成 *N*-羟甲基化合物，是某些代谢物的变异物，从而导致诱变致癌。

甲醛是一类强刺激性物质，对人的眼睛和呼吸系统有刺激作用，人体接触甲醛后会发生皮肤过敏。但一旦停止接触，症状会很快消失。甲醛在人体内不会积聚，半衰期约为 1.5min，很快转化为甲酸继而形成 CO_2 排出体外。总之，甲醛是一类有毒的化学物质。

在日常生活中，甲醛来源最多的是纺织品、服装、建筑涂料和木器家具中的黏合剂。纺织品在使用过程中，由于摩擦、汗水和皮脂等作用，难免有部分含甲醛整理剂渗入皮肤而产生毒害的可能性，尤其是婴幼儿的服装，除了与皮肤接触，甚至放入口中。所以，化学整理服装面料上的甲醛对人体危害尤为严重。

甲醛由于具有很大的化学活泼性，广泛应用于各行业助剂中。根据助剂产品的不同，大致有 3 种应用方式：

（1）与氨基化合物反应形成 *N*-羟甲基（$N-CH_2OH$），藉此与纤维素纤维反应形成耐久型整理剂；

（2）利用 $N-CH_2OH$ 的活泼羟基与磷酸或硫酸生成亚甲基（$-CH_2-$）磷酸酯或硫酸酯；

（3）以甲醛为缩合剂，与芳香烃类磺酸盐缩聚为高分子聚合物。

在纺织印染助剂中，利用甲醛作为反应剂旨在提高整理剂在织物上的耐久性，如耐久免烫树脂整理剂、阻燃剂、固色剂、柔软剂、黏合剂等，以甲撑磷酸酯为代表的螯合剂、氧漂稳定剂，除垢剂等，以甲撑萘系芳香衍生物聚合物为代表的分散剂等。

关于化学品中甲醛含量的测定，比较成熟的分析方法有碘量法、乙酰丙酮分光光度法、AHMT 分光光度法以及液相色谱法等。由于不同种类的纺织染整助剂产品成分及理化性质方面的差异以及不同的应用目的，需要采用不同的方法对其中的甲醛进行检测。目前已经颁布实施的染化料助剂中甲醛检测的现行方法标准有 GB/T 23973—2018《染料产品中甲醛的测定》、GB/T 27593—2011《纺织染整助剂氨基树脂整理剂中游离甲醛含量的测定》、HG/T 4446—2012《纺织染整助剂　固色剂中甲醛含量的测定》和 GB/T 29493. 5—2013《纺织染整助剂中有害物质的测定　第 5 部分：乳液聚合物中游离甲醛含量的测定》四项。

（一）染料产品中甲醛的测定

国家标准 GB/T 23973—2018 规定了两种测试方法：分光光度计法和液相色谱法，主要技术内容如下：

1. 试验原理

分光光度计法：将样品中的游离甲醛通过蒸馏制备成水溶液，与乙酰丙酮显色，用分光光度计比色法测定。

液相色谱法：用乙腈水溶液萃取染料中的游离甲醛，与 2，4-二硝基苯肼（DNPH）进行衍生后，采用高效液相色谱在反相 C_{18} 柱上进行分离，采用紫外检测器检测，外标法定量。

2. 试验方法

分光光度计法：称取 2g 试样，加入 250mL 水将其溶解，摇匀。采用水蒸气蒸馏法，进行加热蒸馏，收集馏分约 200mL 后，停止蒸馏，定容至 250mL 容量瓶中。取 5mL 上述定容液加入 5mL 乙酰丙酮溶液，摇匀后，置于（40±2）℃的水浴中，放置 30min 显色，取出，冷却至室温，以 5mL 水加入 5mL 乙酰丙酮溶液作为参比溶液，用 10mm 的比色皿于 412nm 处测定样品溶液的吸光度。将购买到的市售甲醛标准溶液用水稀释成不同系列浓度的标准工作溶液。按照样品处理方法，进行显色处理及吸光度分析。以吸光度为纵坐标，甲醛质量浓度为纵坐标，制备标准工作曲线。此曲线用于所有测量数值，如果试验样品中甲醛含量高于测试范围，需稀释样品溶液。

液相色谱法：称取 1g 试样（精确到 0. 001g）到 100mL 容量瓶中，加入水稀释定容，盖上塞子，超声振荡 45min，取出，冷却至室温备用，此为试样溶液 a。移取 2. 0mL 试样溶液 a 于 10mL 棕色容量瓶中，加入 2. 0mL 的 DNPH 衍生化试剂，用乙腈水溶液定容至刻度，摇匀。于 60℃下衍生 45min，取出，冷却至室温，此为试样溶液 b。根据实验设备不同，选择最佳的分析条件，以保留时间定性，以色谱峰面积定量。以浓度（μg/mL）为横坐标，以 2，4-二硝基苯腙的峰面积为纵坐标制作标准工作曲线。若试样中甲醛含量超出检测范围，可调整稀释倍数，重新进行衍生化反应后再进行分析。

染料产品中甲醛的含量以质量分数 w1（mg/kg）计，按照式（5-17）计算：

$$w_1 = \frac{cV}{m_1} \tag{5-17}$$

式中：c——由标准工作曲线中读取的甲醛浓度，μg/mL；

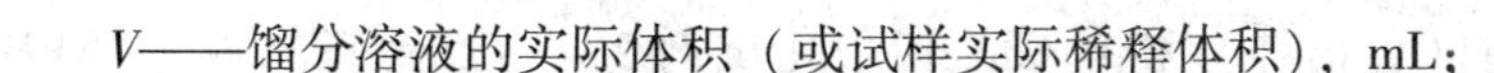

V——馏分溶液的实际体积（或试样实际稀释体积），mL；

m_1——试样的质量，g。

3. 测试过程中的技术问题

一些非水溶性染料（例如分散染料、还原染料等）蒸馏后，馏分会带有微量的染料成分而显现颜色，可用适量甲苯溶液萃取，将颜色去除后再进行仪器测定。

甲醛与乙酰丙酮反应后溶液呈黄色，该颜色如果直接暴露在阳光下一段时间后会引起部分褪色。因此如果在显色后不能及时进行测定（如超过 1h），且又有强烈的阳光照射的情况下，应对比色管采取保护措施，如用不含甲醛的遮盖物进行遮盖。如果无阳光的直接照射，显现的颜色通常是稳定的。

（二）纺织染整助剂氨基树脂整理剂中游离甲醛含量的测定

国家标准 GB/T 27593—2011 的主要技术内容如下。

1. 试验原理和范围

试样中的游离甲醛、半缩醛与过量的亚硫酸钠溶液在 0℃反应，生成羟甲基磺酸盐。用碘溶液滴定过量的亚硫酸钠后，用碳酸钠溶液使羟甲基磺酸盐分解，再用碘溶液滴定分解得到的亚硫酸钠。由消耗碘液的体积计算得游离甲醛含量。该标准适用于用尿素、三聚氰胺与甲醛、乙二醛、乙二胺等合成的氨基树脂整理剂中游离甲醛含量的测定。

2. 试验方法

称取 1g 试样，置于碘量瓶中，加入 150mL 有硼酸缓冲溶液、10g 冰沫及冰水混合物组成的混合溶液中。将碘量瓶置于冰浴中，在持续的磁力搅拌下，用滴定管加入 2mL 亚硫酸钠溶液，继续搅拌 15min，再加入 10mL 乙酸溶液和几滴淀粉溶液，用碘标准滴定溶液滴定至出现灰蓝色或紫色并稳定至少 10s。加入 30mL 碳酸钠溶液，用碘标准滴定溶液滴定反应释放出来的亚硫酸钠，直至出现蓝色，并至少稳定 1min，记录滴定释放出的亚硫酸钠所消耗的碘标准溶液的体积。试样中甲醛的含量以 w（%）计，按照式（5-18）计算：

$$w = \frac{V \times 1.5 \times 0.001 \times f}{m} \times 100\% \tag{5-18}$$

式中：V——滴定释放出来的亚硫酸钠所消耗的碘标准滴定溶液的体积，mL；

f——校正因子，为碘标准滴定溶液标定后的实际浓度与标称浓度（0.05mol/L）之比；

1.5——相当于 1.00mL 的 $c(I_2)$ = 0.05mol/L 碘标准滴定溶液中甲醛的质量，mg/mL；

0.001——转换系数；

m——试样质量，g。

（三）纺织染整助剂乳液聚合物中游离甲醛含量的测定

相关国家标准 GB/T 29493.5—2013 的主要技术内容如下。

1. 试验原理

样品中的甲醛可以与衍生化试剂 2，4-二硝基苯肼反应生成具有紫外吸收的 2，4-二硝基苯腙。用高效液相色谱法在 353nm 下用紫外检测器或二极管阵列检测器检测，对照标准工作曲线，计算出样品中甲醛的含量。

2. 试验方法

称取乳液聚合物试样（1±0.1）g 置于具塞碘量瓶中，加入 100mL 水，溶解摇匀。移取

5mL 溶解液，加入 4mL 乙腈（色谱纯）和 0.6mL 衍生化试剂 2，4-二硝基苯肼（DNPH）（浓度为 3g/L，0.3g 溶于 100mL 85%正磷酸），用七水硫酸锌溶液（浓度为 100g/L）定容至 10mL 容量瓶中，于（25±5）℃下反应至少 1h，过滤后用高效液相色谱进行分析。主要色谱条件为：色谱柱：反向 C18 柱，250mm×4.6mm×5μm 或相当者；流动相：乙腈：水 = 65：35；流速：1.0mL/min；柱温：常温；紫外检测器：波长 353nm；进样量：20μL。

分析时，以甲醛浓度（μg/10mL）为横坐标，2，4-二硝基苯腙的峰面积为纵坐标，绘制标准工作曲线。结果确证时，以保留时间定性，以色谱峰面积定量。本部分适用的甲醛检测范围为 8～200mg/kg，若试样中的甲醛含量超出上述范围，适当稀释后在进行分析。样品中游离甲醛的含量用 w（mg/kg）计，按照式（5-19）进行计算：

$$w = \frac{\rho_s \times F}{m} \tag{5-19}$$

式中：ρ_s——由标准工作曲线中读出的甲醛浓度，μg/10mL；

F——稀释倍数；

m——试样质量，g。

（四）纺织染整助剂固色剂中甲醛含量的测定

相关化工标准 HG/T 4446—2012 的主要技术内容如下。

1. 试验原理

甲醛与 4-氨基-3-联氨-5-巯基-1，2，4-三氮杂茂（AHMT）在碱性条件下缩合，然后经高碘酸钾氧化成 6-巯基-5-三氮杂茂［4，3-*b*］-*S*-四氮杂苯紫色化合物，其色泽深浅与甲醛含量成正比。用分光光度计测定反应液的吸光度，对照标准工作曲线，计算出样品中游离甲醛的含量。标准适用于固色剂中游离甲醛的测定。

2. 试验方法

准确称取一定质量的样品至具塞锥形瓶中，加入一定体积的水，盖上瓶塞，振荡摇匀。称样量与水的体积根据样品中甲醛的含量估计称量或量取，以使其浓度落在线性范围内为准。若无法得知样品甲醛的估计含量，则称取样品 0.25g，加 250mL 水进行测试。移取上述 10mL 样品溶液于 25mL 容量瓶中，加入 2.0mL 的 EDTA-KOH 溶液和 2.0mL 的 AHMT 溶液，上下颠倒 3 次混匀后，置于 30℃的水浴中保温（25±1）min，再加入 0.6mL KIO_4 溶液，上下颠倒 30 次混匀，于室温下放置（5±1）min，以空白溶液为参比，用紫外分光光度计在 550nm 波长下进行测定。移取一定体积的甲醛标准工作溶液，参照样品的处理步骤，制备标准工作溶液，以吸光度为纵坐标，甲醛浓度为横坐标，制作标准工作曲线。固色剂中甲醛的含量以 X（mg/kg）计，按照式（5-20）计算：

$$X = \frac{cV}{m} \tag{5-20}$$

式中：c——由标准工作曲线中读出的甲醛浓度，μg/10mL；

V——样品溶液的稀释体积；

m——试样质量，g。

十五、重金属

某些重金属在被人体吸收后，在肝、骨骼、心及脑中积累，当浓度达到一定程度后，便会对人体健康造成损害。例如，铅可导致骨骼中的钙流失，严重的可损伤肝脏甚至神经系统；镉可导致肾脏疾病；镍可造成皮肤过敏甚至导致肺癌；钴可导致皮肤病和心脏病；锑可导致慢性中毒；铬可导致血液疾病和癌症等。因为儿童对重金属有较高的吸收能力，重金属对儿童的健康危害尤其严重。

染色产品上有害重金属的重要来源主要是织物加工过程中所使用的染料及助剂，大部分来源于纺织品后加工期，如各种金属络合染料、媒介染料、酞菁结构染料、固色剂、催化剂、阻燃剂、后整理剂等以及用于软化硬水、退浆精练、漂白、印花等工序的各种金属络合剂等，部分防霉抗菌防臭织物用 Hg、Cr 和 Cu 等处理也会带来重金属污染。

染整助剂作为纺织品加工中使用的基础原料，一方面可能导致纺织品相关产品中重金属超标；另一方面加工中直接排放，可能导致环境重金属污染。因此，控制用于染色的染料或助剂产品中有害重金属的含量，既可从源头上减少重金属元素在加工过程中被带入纺织产品的可能性，又有利于环境的保护。

国内外相关的法规和标准也将某些重金属列入生态纺织品或染化料助剂产品的质量监控范围，如欧盟的生态产品标签 Eco-label 标准、国际染料制造工业生态毒理研究协会（简称 ETAD）的有关规定、Oeko-Tex 标准 100 和国家标准 GB/T 18885—2009《生态纺织品技术要求》等。

目前，重金属的分析方法主要包括原子吸收光谱法（简称 AAS）、原子荧光光谱法（简称 AFS）、电感耦合等离子体发射光谱法（简称 ICP-OES）和电感耦合等离子体质谱法（简称 ICP-MS）。

在纺织印染领域，国家标准 GB 20814—2014《染料产品中重金属元素的限量及测定》对染料产品中经常可能存在的 12 种重金属元素的限量及检测方法进行了规定，该标准适用于各种剂型的商品染料，对液状染料、涂料色浆等产品的重金属元素的检测。国家标准 GB/T 34673—2017《纺织染整助剂产品中 9 种重金属含量的测定》则规定了用于染整助剂中重金属总量的检测方法；而国家标准 GB/T 33093—2016《纺织染整助剂产品中六价铬含量的测定》是针对纺织染整助剂产品中六价铬测试的特殊方法标准。

（一）染料中重金属的测定

相关国家标准 GB 20814—2014 的主要技术内容如下。

1. 试验原理

染料样品经混酸消解后制备成水溶液，用原子吸收光谱仪测定该溶液中各种重金属的含量。该标准中介绍了两种试样的前处理方式：微波消解法和湿法消解法。

2. 试验方法

微波消解法的主要条件有：将一定质量的染料样品（约 0.1～0.5g），置于消解内罐中，加入几毫升浓硝酸和过氧化氢。室温下，静置过夜或将消解内罐盖上内罐盖，在配套的加热板上于 80～100℃下预加热 20min，使样品和浓硫酸及双氧水初步反应完全（至不再明显地冒烟或冒泡），冷却至室温。然后将容器封闭，置于微波消解仪内，并按照微波消解仪的操作规程（表 5-47）进行消解。消解完成，待容器冷却至室温后，打开容器。待配制样液测定溶液。同时，按照相同方法制备空白溶液，测定时作为空白参比溶液。

湿法消解法的主要条件有：将一定质量的样品，置于 150mL 锥形瓶中，加入几毫升盐酸和硝酸，将锥形瓶放在加热器上缓慢加热，直至黄烟基本消失，稍冷后加入几毫升混酸（高氯酸：硝酸=1：3），在加热器上大火加热，至试样完全消解而得到无色或微黄透明的溶液；稍冷后加入适量的去离子水，加热至沸并进而冒白烟，再保持数分钟以驱除残余的混酸，然后冷却到室温。待配制样品测定溶液。同时按照相同方法制备空白溶液，测定时作为空白参比溶液。

可向法定（SI）计量单位购买各重金属标准溶液，并配置成不同浓度的标准工作溶液。检测时，按原子吸收光谱仪的操作规程，将仪器调至正常工作状态，根据表5-48给出的条件，依次测定和绘制待测元素的标准工作曲线，测定空白参比溶液的吸光度及染料试样溶液的吸光度，计算染料试样中重金属的含量。

表5-47 微波消解仪参考参数

阶段	温度（℃）	压力（MPa）	保持时间（min）
1	100	2.0	2.0
2	130	3.0	2.0
3	160	3.5	3.0
4	190	4.0	3.0
5	220	4.5	5.0

表5-48 各重金属元素的测定方法及参考吸收波长

序号	元素名称	符号	测试方法	吸收波长（nm）
1	砷	As	氢化物法	193.7
2	镉	Cd	火焰法	228.8
3	钴	Co	火焰法	240.7
4	铬	Cr	火焰法	357.9
5	铜	Cu	火焰法	324.7
6	铁	Fe	火焰法	248.3
7	汞	Hg	氢化物法	253.7
8	锰	Mn	火焰法	279.5
9	镍	Ni	火焰法	232.0
10	铅	Pb	火焰法	283.3
11	锑	Sb	氢化物法	217.6
12	锌	Zn	火焰法	213.9

3. 测试中的相关技术问题

在重金属测试中，区分清楚重金属总量和可萃取量的概念十分重要。在染料产品中，许多金属络合染料中的金属元素是以化学键与其他基团牢固结合而稳定存在的，在使用过程中并不会轻易地被离析出来而对人体健康与环境造成损害。以游离状态存在于染料产品中的有害重金属杂质随之被带到染色产品上，并残留在纺织品上，这部分重金属通常是纺织品可萃取重金属的主要来源。例如，GB/T 17593.1~4 系列就是专门针对纺织品中可萃取重金属的测试标准，而本部分提到的测试指的是染料助剂产品重金属总量的检测，需要加以区别。

GB 20814—2014 虽然是目前较为通用的测试方法，但该方法在分析上比较烦琐，测定过程耗时长。随着仪器检测手段的进步，ICP-OES 法已经是近年来使用较为广泛的元素分析技术，具有速度快、精度高、准确性好、检出限低等优点，目前已经广泛用于环境、食品及纺织品等化学分析中。而且，已有多篇文献对采用 ICP-OES 法测试染料中重金属进行了研究，研究表明，该方法具有较好的线性范围、灵敏度、回收率和准确度，并且操作方便快捷，为大批量、高准确性检测染料中重金属提供了可参考的方法。

（二）纺织染整助剂中重金属的测定

相关国家标准 GB/T 34673—2017 的主要技术内容如下。

1. 试验原理

样品通过酸消解后，用 ICP-OES 法在相应波长下测定消解液中各重金属元素的发射强度，对照标准工作曲线后确定各重金属元素的浓度，并计算出试样中消解重金属的总含量。该标准主要适用于各类纺织染整助剂中重金属总量的测试。

2. 试验方法

称取一定质量的试样（约 0.20~0.25g）置于微波消解罐中，加入适当体积的硫酸、过氧化氢和氟硼酸，在（195±5）℃的条件下消解 20min，消解结束后，转移消解液至合适体积的容量瓶，用水定容。可根据不用的仪器类型及型号对消解时间和温度稍作调整。取各元素标准溶液配制成系列不同浓度工作溶液，分析时，按照浓度由低到高的顺序测定系列工作溶液中各待测元素的光谱强度，以光谱强度为纵坐标，元素浓度为横坐标，绘制标准工作曲线。相同条件下，测定样液中各待测元素的光谱强度，从标准工作曲线上计算出各待测元素的浓度。由于测试结果取决于所使用的仪器，因此不可能给出光谱分析的普遍参数。采用表 5-49 的参数已被证明对测试是合适的。

表 5-49　ICP-OES 仪器工作条件

功率（kW）	1.2	仪器稳定延时（s）	15
等离子气流量（L/min）	15	进样延时（s）	30
辅助气流量（L/min）	1.5	泵速（r/min）	15
雾化气流量（L/min）	0.75	清洗时间（s）	20

试样中重金属的含量以 X 计，单位以毫克每千克（mg/kg）表示，按式（5-21）计算：

$$X = \frac{F \times (C_1 - C_0) \times V}{m} \tag{5-21}$$

式中：C_1——消解液中重金属元素浓度的数值，μg/mL；

C_0——空白溶液中重金属元素浓度的数值，μg/mL；

V——溶液体积的数值，mL；

m——称量试样的质量，g；

F——溶液稀释倍数。

3. 标准测试过程中的技术问题

染整助剂有溶液、乳液和悬浊液等形态，测试过程中样品的均匀性、稳定性对测试结果有明显影响，尤其是在选择消解用酸时应根据样品的物性，进行合理的选择。

考虑到多种染整助剂均为有机物，在样品的消解过程中，有氢氟酸的加入。氢氟酸具有极强的腐蚀性，能强烈腐蚀金属、玻璃和含硅的物体，如吸入蒸气或接触皮肤会造成难以治愈的灼伤。因此，操作人员在使用过程中要尤为慎重，做好安全防护措施和治疗措施，以便造成不必要的伤害。

（三）六价铬的测定

虽然 GB 20814—2014 和 GB/T 34673—2017 是通用的染料助剂检测标准，但是在检测方法中均未提到关于六价铬含量的测定。现在纺织品染色过程中常使用铬酸钾作为氧化剂和媒染剂，从而导致纺织品上可能残留有六价铬。六价铬是很容易被人体吸收的，它可通过消化道、呼吸道、皮肤及黏膜侵入人体。因其强氧化作用，进入人体后与血液中铁结合，使人慢性中毒，造成不可逆转的损害。基于上述这些危害，对六价铬含量的检测是重金属检测中必不可少的内容。

目前，六价铬的仪器检测方法有紫外—可见分光光度法（简称 UV-VIS）、高效液相色谱法（简称 HPLC）、原子荧光光谱法（简称 AFS）、离子色谱柱后衍生法（简称 IC-UV）和电感耦合等离子体质谱法（ICP-MS 法）等。

紫外分光光度计法测定六价铬的含量是采用二苯卡巴肼（简称 DPC）作为衍生化试剂，利用酸性条件下六价铬的强氧化性，使二苯卡巴肼被氧化为二苯卡巴腙，该物质立即与新还原出的三价铬形成粉红色的络合物，并在 540nm 波长处具有最大吸收。但是由于一些染料助剂本身就具备有颜色，因此在萃取后导致萃取液带色，从而对比色造成干扰，尤其是较深的颜色（黑色、红色）干扰最明显，导致假阳性的测试结果。因此，采用分光光度法检测六价铬时，萃取液的脱色处理是测试的关键。

随着检测技术的完善，使用离子色谱法（IC）进行六价铬检测也日益普遍。其实从工作原理上离子色谱法与高效液相色谱法（HPLC）是相同的，而不同之处在于 IC 的流动相及所用的离子交换色谱柱，更适合于无机离子的分离。采用常规的阴离子交换色谱柱，很容易实现六价铬离子与染料等杂质的分离，然后采用电导检测器（TDS）进行直接检测，或利用柱后衍生仪进行衍生化处理后再采用紫外或二级管阵列检测器（又称 DAD 检测器）进行检测，实现六价铬的准确定性及定量。有文献研究指出，采用紫外或 DAD 检测器对衍生物检测时，灵敏度比 TDS 对六价铬离子的更高，因此采用阴离子交换柱分离、柱后 DPC 衍生化、紫外或 DAD 检测器检测的方式是目前常规 IC 分析样品中六价铬的首选。

在欧洲标准 BS EN 71-3：2013+A_3：2018 中，电感耦合等离子体内质谱法（ICP-MS）也被用于六价铬的检测，同时与离子色谱（IC）或 HPLC 联用后。先用色谱柱对六价铬离子进行分离，然后采用 ICP-MS 检测，以铬元素自然丰度比 $^{52}Cr/^{53}Cr=8.8$ 和色谱峰保留时间进行定性，以 $m/z=52$（^{52}Cr）的峰面积进行定量，可以达到极低检出限的要求。有文献指出，采用 HPLC-ICP-MS 对皮革中六价铬含量进行检测时，方法检测限可达到 1μg/kg，表现出极高的灵敏度。然而，由于 ICP-MS 价格昂贵，该检测仪器目前在行业内普及率较低，因此推广实施难度较大。同时，采用常规的 UV-VIS、HPLC 或 IC 检测六价铬的灵敏度可以满足目前标准及法规的要求，故此ICP-MS暂时不会成为六价铬检测的首选仪器。

国家标准GB/T 33093—2016就规定了采用高效液相色谱法（简称HPLC）对纺织染整助剂产品中六价铬含量进行测试方法，其主要技术内容如下。

1. 试验原理

纺织染整助剂中的六价铬经缓冲溶液溶解，通过显色反应生成的萃取液经过滤后采用配有紫外检测器或二极管阵列检测器的液相色谱仪进行测定，使用外标法进行定量。

2. 试验方法

称取1g样品于锥形瓶中，加入已经排去空气且经过氮气脱氧的缓冲溶液中（三水磷酸氢二钾溶液，pH=8.0±0.1），盖好塞子，置于超声波中室温提取至少30min；提取结束后，将提取液通过C18柱进行净化洗脱。移取一定体积洗脱液，加入磷酸溶液（浓度为1.197g/L）和1，5-二苯卡巴肼溶液（浓度为1g/100mL丙酮），用缓冲溶液定容后在室温下静置（15±5）min，经滤膜过滤后，进行仪器分析。

分别移取不同体积的标准溶液（市售购买）配制成一系列的六价铬标准工作溶液，按照样品的显色过程进行处理，用于样品的分析校正。分析测定时，采用表5-50给出的液相色谱条件进行分析，并根据色谱峰面积用外标法定量。试样中六价铬的含量以X计，单位mg/kg，计算公式（5-22）如下：

$$X = \frac{A \times c \times V \times F}{A_s \times m} \tag{5-22}$$

式中：A——样液中六价铬的峰面积（或峰高）；

c——标准工作溶液中六价铬的浓度，μg/mL；

V——样液的最终定容体积，mL；

F——样品的稀释倍数；

A_s——标准工作溶液中六价格的峰面积（或峰高）；

m——最终样液代表的试样量，g。

表5-50　液相色谱参数条件

参数	操作条件
色谱柱	C18柱，5.0μm×4.6mm（内径）×250mm，或者相当者
流动相	甲醇：0.07%磷酸=30：70，等梯度洗脱
流速（mL/min）	1.0
柱温（℃）	30
进样量（μL）	10
检测波长（nm）	540

由于染料助剂样品的基体比较复杂，经常会含有高浓度杂质或颜色，这些都可能会给测试带来假阳性。如何有效消除干扰、保证数据的可靠性，是测试人员需要着重考虑的问题。液相色谱（HPLC）的色谱柱可以实现目标物和杂质的分离，从而有效消除杂质的干扰。因此选择合适的色谱柱及建立合适的洗脱条件，实现萃取液中的干扰物与六价铬与二苯卡巴肼

衍生物有效分离，对分析结果的准确性十分重要。

十六、致敏性分散染料

致敏性分散染料是指某些会引起人体或动物的皮肤、黏膜或呼吸道过敏的染料。染料的致敏性并非其必然的特性而仅是毒理学的一个内容。按染料直接接触人体发生过敏性接触皮炎发病率和皮肤接触试验情况将染料的致敏性按其致敏程度分为7类：强致敏性染料，即直接接触的病人发病率高，皮肤接触试验呈阳性；较强致敏性染料，即有多起过敏性病例和多起皮肤接触试验呈阳性；稍强致敏性染料，即发现多起过敏性病例及多起皮肤接触试验呈阳性；一般致敏性染料，即发现过敏性病例较少；轻微致敏性染料，即仅发现一起过敏性病例或较少皮肤接触成阳性；很轻微致敏性染料，即仅有一起皮肤接触试验呈阳性；无致敏性的染料。

据资料介绍，目前市场上初步确认的致敏性染料有27种（不包括部分对人体具有吸入性过敏和接触性过敏反应的活性染料），其中分散染料26种，酸性染料1种。在这27种染料中，有20种致敏性分散染料被Oeko-Tex标准100列为生态纺织品的监控项目（表5-51）。据分析，这20种染料主要用于聚酯、聚酰胺和醋酯纤维的染色，其中有17种为早期用于醋酯纤维的分散染料。

表5-51 致敏性分散染料类别

序号	染料名称	英文名称	分子式索引号	CAS No.
1	分散蓝1	C. I. Disperse Blue 1	C. I. 64 500	2475-45-8
2	分散蓝3	C. I. Disperse Blue 3	C. I. 61 505	2475-46-9
3	分散蓝7	C. I. Disperse Blue 7	C. I. 62 500	3179-90-6
4	分散蓝26	C. I. Disperse Blue 26	C. I. 63 305	3860-63-7
5	分散蓝35	C. I. Disperse Blue 35	—	12222-75-2
6	分散蓝102	C. I. Disperse Blue 102	—	12222-97-8
7	分散蓝106	C. I. Disperse Blue 106	—	12223-01-7
8	分散蓝124	C. I. Disperse Blue 124	—	61951-51-7
9	分散棕1	C. I. Disperse Brown 1	—	23355-64-8
10	分散橙1	C. I. Disperse Orange 1	C. I. 11 080	2581-69-3
11	分散橙3	C. I. Disperse Orange 3	C. I. 11 005	730-40-5
12	分散橙37/76	C. I. Disperse Orange 37/76	C. I. 11 132	13301-61-6
13	分散红1	C. I. Disperse Red 1	C. I. 11 110	2872-52-8
14	分散红11	C. I. Disperse Red 11	C. I. 62 015	2872-48-2
15	分散红17	C. I. Disperse Red 17	C. I. 11 210	3179-89-3
16	分散黄1	C. I. Disperse Yellow 1	C. I. 10 345	119-15-3
17	分散黄3	C. I. Disperse Yellow 3	C. I. 11 855	2832-40-8
18	分散黄9	C. I. Disperse Yellow 9	C. I. 10 375	6373-73-5
19	分散黄39	C. I. Disperse Yellow 39	—	12236-29-2
20	分散黄49	C. I. Disperse Yellow 49	—	54824-37-2

关于染化料中致敏性分散染料的检测，目前国内外尚无统一的完全对应的检测方法标准。国际上通用的纺织品致敏性分散染料的检测方法大都采用 DIN 54231：2005《纺织品 分散染料的检测》所规定的方法，但该标准方法中只涵盖了 9 种致敏性分散染料的检测。鉴于目前还没有专门针对染化料中致敏性分散染料的测试标准出台，建议参考采用 DIN 54231：2005 检测方法用甲醇（或四氢呋喃）作为提取溶剂，对染化料样品进行预处理分析，经超声波提取后，用 HPLC-DAD 或 HPLC-MS/MS 技术进行分析。

经研究表明，HPLC 分析技术可以十分有效地用于分散染料的分离分析，但是，由于分析目标为 20 种分散染料，比德国标准多了 11 种，技术难度有所增加。此时若只依靠 HPLC-DAD 实现一次性分离是不可能实现的。不过在 HPLC 分离研究的基础上，将 20 种分散染料分成两组进行分析（表 5-52 和表 5-53），有效地解决了分离困难的问题，并且成功地完成这 20 种分散染料的定性和定量检测，为普通实验室进行此项检测供了便利条件。由于色谱分析条件的选择和结果取决于所使用的仪器，因此不可能给出色谱分析的普遍参数，而只是给出了本方法研究中所采用的仪器和参数条件（表 5-54）。

表 5-52 A 组分散染料 HPLC-DAD 方法的保留时间

出峰序号	保留时间（min）	染料名称	检测波长（nm）
1	5.224	分散蓝 1	640
2	10.501	分散红 11	570
3	14.722	分散黄 9	420
4	21.041	分散蓝 106	640
5	23.946	分散橙 3	420
6	24.745	分散黄 3	420
7	26.255	分散棕 1	450
8	29.328	分散红 1	450
9	31.072	分散蓝 35	640
10	33.990	分散蓝 124	570
11	44.066	分散橙 37/76	420
12	51.173	分散橙 1	420

表 5-53 B 组分散染料 HPLC-DAD 方法的保留时间

出峰序号	保留时间（min）	染料名称	检测波长（nm）
1	6.269	分散蓝 7	640
2	10.109	分散蓝 3	640
3	12.311	分散蓝 102	640
4	13.544	分散黄 1	420

续表

出峰序号	保留时间（min）	染料名称	检测波长（nm）
5	17.270	分散红 17	450
6	25.780	分散黄 39	420
7	39.547	分散蓝 26	640
8	33.152	分散黄 49	450

表 5-54 HPLC-DAD 的分析条件

参数	操作条件		
色谱柱	C_{18} 柱，4.6mm×250mm×3.5μm 或相当者		
流动相	A：B=10mmol 醋酸铵溶液：乙腈		
流速（mL/min）	1		
柱温（℃）	40		
进样量（μL）	5		
梯度洗脱程序	时间（min）	流动相 A（%）	流动相 B（%）
	0	60	40
	7	40	60
	17	2	98
	24	2	98
	30	60	40
定量波长（nm）	450，420，640，570		

HPLC-DAD 技术虽然应用普遍，但只有在目标物被完全分离的前提下，才能准确定量。当有干扰存在时，就显得有些不足。比如，当有分散橙 61 存在的情况下，分散橙 37/76 的检出就会受到干扰，无法准确定性和定量。随着色谱技术的进步，HPLC-MS/MS 联用分析技术已经成为目前用于致敏性分散染料检测更理想的手段。HPLC-MS/MS 联用技术比 HPLC-DAD 技术更适合于极性染料分析，可以一次性对 20 种染料进行测定，即使个别染料的色谱峰未能得到充分分离，也可以借助 MS 技术准确地对不同染料进行定性和定量分析。由于 HPLC-MS/MS 检测技术的灵敏度较高，因此常常有必要将萃取液稀释后再上仪器分析。表 5-55 和表 5-56 给出了已经成功用于致敏性染料测试的仪器条件和离子参数，供读者参考。

表 5-55 HPLC-MS/MS 的分析条件

参数	操作条件
色谱柱	C_{18} 柱，2.1mm×150mm×3.5μm 或相当者
流动相	A：B=10mmol 醋酸铵溶液：乙腈
流速（mL/min）	0.3
柱温（℃）	40

续表

参数	操作条件		
进样量（μL）	5		
梯度洗脱程序	时间（min）	流动相 A（%）	流动相 B（%）
	0	60	40
	7	40	60
	17	2	98
	24	2	98
	30	60	40
离子源	电喷雾离子化电离源（ESI）		
扫描方式	多反应监测（MRM）		

表 5-56　HPLC-MS/MS 的离子对参数

序号	染料名称	选择离子	
		母离子（Q1）	子离子（Q3）
1	分散蓝 1	268.1	240.1，140.0
2	分散蓝 3	297.1	252.0，235.2
3	分散蓝 7	359.1	283.0，314.1
4	分散蓝 26	299.1	284.2，267.1
5	分散蓝 35	285.0	269.9
		299.0	284.2，267.1
6	分散蓝 102	366.1	207.9，147.2
7	分散蓝 106	336.1	178.1，118.2
8	分散蓝 124	378.1	220.1，160.1
9	分散棕 1	433.0	153.1，197.1
10	分散橙 1	319.2	169.2，181.1
11	分散橙 3	243.1	150.0，92.0
12	分散橙 37/76	392.1	351.0，133.1
13	分散红 1	315.2	134.0，255.2
14	分散红 11	269.1	254.0，226.2
15	分散红 17	345.1	164.1，177.1
16	分散黄 1	274.3	226.0，242.0
17	分散黄 3	270.1	107.1，108.2
18	分散黄 9	273.3	243.9，165.9
19	分散黄 39	265.2	249.2，120.1
20	分散黄 49	375.2	238.1，208.1

虽然分散染料的分子结构比较简单，但是其产品组成十分复杂，既有合成反应的目标产物，又含有目标产物的异构体，还有未反应的中间体以及加入的大量分散剂及其他助剂，包括部分标准样品也是如此。因此，要在色谱柱上获得令人满意的分离效果会有相当大的技术难度，有时会有严重的拖尾现象。同时，在对色谱分析所获得的色谱图进行定量分析时，确认目标峰时必须十分慎重，不然往往会因疏忽而做出错误的判断。以分散蓝26、分散蓝35和分散蓝56为例，前两个染料属限用染料而后者不属于限用范围，但三者取代合成反应的中间体均为二羟基二氨基蒽醌的多种异构体混合物。当反应结束时，产物中不仅含有目标产物，而且仍可能含有大量的未反应的相同中间体（异构体混合物），加上加入的分散剂和助剂，所得色谱图就更复杂，缺乏经验者往往容易误判，如果样品萃取物中含有多种染料和助剂，则分析难度更大。因而，如何找准目标产物（主体成分）的出峰位置就显得十分重要。再比如，分散蓝124随着时间延长会水解成分散蓝106，导致在定量时目标物分散蓝106的含量增加，因此需定期核查分散蓝124的浓度，以防结果出现偏差。

十七、致癌染料

染料作为一种重要的工业原材料，广泛应用于人们日常使用的各种消费品生产，包括服装、鞋帽、食品包装、化妆品等。正因如此，也使得染料本身的安全性受到了前所未有的关注，其中就包括染料的致癌性。

致癌染料根据划分原则的不同可以分为两类。一类是在模仿人体汗液的环境下，经过还原裂解后能够产生具有致癌作用的芳香胺，此类染料均为偶氮染料，其致癌作用的产生源于结构中含有的致癌芳香胺；另一类是不经还原裂解或者其他任何的反应过程，其本身就对人体具有直接致癌作用，长时间与人体直接接触后会引起癌变。裂解后产生可致癌芳香胺的染料通常称为禁用偶氮染料，在前文中已经做了详细介绍，不再赘述。本部分仅讨论本身就具有致癌性的染料。

致癌染料虽然从20世纪90年代以来已被关注多年，相应结构的染料品种已经不再单独作为商品进行销售和应用，由于染料别名众多，使用者无法根据名称对其进行甄别，使得致癌染料在市场上仍然存在。而且，有一些染料产品中虽然本身并不是致癌染料，但由于其结构和生产工艺与某种致癌染料极其类似，在生产过程中，经过一些副反应或者原材料中夹带的一些杂质参与反应，导致生产出的产品中会含有少量的致癌染料。

对于致癌染料的限量要求和检测都主要集中在纺织品领域。欧盟生态纺织品标签Eco-Label（欧盟2002/371/EC决议）中明确禁止销售和使用表5-57中的9种致癌染料，这是国外最早在正式法规文件中对致癌染料进行限制使用的规定。引自Oeko-Tex标准100的国家标准GB/T 18885—2009《生态纺织品技术要求》中也明确规定，不得使用这9种致癌染料。

表5-57 致癌染料信息

编号	染料名称	C. I. 通用名	CAS No.
1	C. I. 酸性红26	C. I. Acid Red 26	3761-53-3
2	C. I. 碱性红9	C. I. Basic Red 9	25620-78-4
3	C. I. 碱性紫14	C. I. Basic Violet 14	632-99-5

续表

编号	染料名称	C. I. 通用名	CAS No.
4	C. I. 直接黑 38	C. I. Direct Black 38	1937-37-7
5	C. I. 直接红 28	C. I. Direct Red 28	573-58-0
6	C. I. 直接蓝 6	C. I. Direct Blue 6	2602-46-2
7	C. I. 分散蓝 1	C. I. Disperse Blue 1	2475-45-8
8	C. I. 分散黄 3	C. I. Disperse Yellow 3	2832-40-8
9	C. I. 分散橙 11	C. I. Disperse Orange 11	82-28-0

目前，国内外关于致癌染料的检测方法仍然局限在纺织品领域，染料产品中关于致癌染料检测目前仍然没有专门的标准，染料产品中致癌染料的检测多参照纺织品的检测方法。

样品前处理方面，纺织品大多选用甲醇提取的方式，而染化料样品可以直接采用适当的溶剂溶解。染料与纺织品的基体有着本质上的不同。纺织品的基体都是纤维成分，虽然有棉、毛、化纤等区别，但总体来说对分析造成干扰的化学成分有限。而染料产品中大部分含有无机盐、助剂等，还有大量的其他染料（非致癌染料）成分。要想从如此众多的化合物中将致癌染料分离出来是十分困难的。样品中如果含有致癌染料的浓度很低，会对检测方法的灵敏度有更高的要求，如果浓度过高，又会对检测仪器系统造成污染，而且干扰也会明显加大。

仪器分析方法目前主要有高效液相色谱法（HPLC-DAD）和液质联用串联质谱法（HPLC-MS/MS）两种。HPLC-DAD 方法的优点是比较方便，仪器维护成本较低，可以用特征光谱对致癌染料进行定性。缺点是灵敏度低（较可变波长检测器和质谱检测器都要差大约一个数量级），容易受样品中其他有机组分的干扰。HPLC-MS/MS 法的优点是能够准确定性，灵敏度相对较高，缺点是仪器维护成本高，操作烦琐，对流动相有特殊要求。如何平衡各自的优缺点，以满足实际检测的需要，是开发人员需要考虑的问题。

由于分离的局限性，HPLC—DAD 是无法让 9 种致癌染料实现一次性分离的。故将 9 种致癌染料分成两组进行分析，一组是：C. I. 分散黄 3、C. I. 分散蓝 1、C. I. 直接黑 38、C. I. 酸性红 26 和 C. I. 碱性红 9；另一组是：C. I. 碱性紫 14、C. I. 分散橙 11、C. I. 直接 28 和 C. I. 直接蓝 6。由于色谱分析条件的选择和结果取决于所使用的仪器，因此不可能给出色谱分析的普遍参数，表 5-58 给出的高效液相色谱法（HPLC—DAD）的色谱参数被证明是可行的，供读者参考。

表 5-58　致癌染料的色谱条件

参数	操作条件
色谱柱	C_{18} 柱，4.6mm×250mm×5μm，或相当者
流动相 A	磷酸二氢四丁基铵溶液，0.0025mol/L
流动相 B	乙腈
流速（mL/min）	0.6

续表

参数	操作条件		
柱温（℃）	50		
进样量（μL）	20		
检测波长（nm）	200~700		
定量波长（nm）	400，500，540，590，640		
梯度洗脱程序	时间（min）	流动相 A（%）	流动相 B（%）
	0	80	20
	35	0	100
	40	0	100
	45	80	80
	55	80	80

HPLC-DAD 技术虽然是目前纺织品检测领域测试致癌染料较为普遍的方法，但是，由于染料中常含有合成中间体、同分异构体和分散剂等，成分复杂，对检测方法的选择性和抗干扰能力要求较高，此时 HPLC-DAD 法已经无法实现目标物的有效分离和准确定量。而高效液相色谱—串联质谱联用（HPLC-MS/MS）技术恰好弥补了这些不足，克服了 HPLC 法在检测中的假阳性现象，并具有较高的检测灵敏度。表 5-59 和表 5-60 给出了已经成功用于致癌染料测试 HPLC-MS/MS 法的仪器条件和离子参数，供读者参考。

表 5-59　9 种致癌染料的色谱条件

参数	操作条件		
色谱柱	C18 柱，2.1mm×150mm×3.5μm，或相当者		
流动相 A	5mmol/L 乙酸铵溶液		
流动相 B	乙腈		
流速（mL/min）	0.25		
柱温（℃）	40		
进样量（μL）	20		
梯度洗脱程序	时间（min）	流动相 A（%）	流动相 B（%）
	0	95	5
	25	5	95
	32	5	95
	32.5	95	5
	36	95	5
离子源	电喷雾离子化电离源（ESI）		
扫描方式	多反应监测（MRM）		

表 5-60　HPLC-MS/MS 的离子对参数

序号	染料名称	采集模式	选择离子	
			（母离子）Q1	（子离子）Q3
1	C. I. 酸性红 26	负离子模式	270. 064	107. 0，108. 2
2	C. I. 碱性红 9	正离子模式	288. 102	195. 2，151. 3
3	C. I. 碱性紫 14	正离子模式	302. 175	209. 3，195. 2
4	C. I. 直接黑 38	负离子模式	736. 236	672. 4，357. 1
5	C. I. 直接红 28	负离子模式	651. 161	81. 0，151. 9
6	C. I. 直接蓝 6	负离子模式	421. 077	249. 0，185. 1
			442. 182	249. 0
7	C. I. 分散蓝 1	正离子模式	269. 056	107. 1，161. 2
8	C. I. 分散黄 3	正离子模式	270. 064	107. 0，108. 2
9	C. I. 分散橙 11	正离子模式	238. 007	165. 2，167. 2

如果采用表 5-59 中所列的色谱条件对 C. I. 直接黑 38、C. I. 酸性红 26、C. I. 直接 28 和 C. I. 直接蓝 6 检测时无法达到很好的灵敏度，可采用表 5-61 给出的替代色谱条件对以上 4 种致癌染料进行分离测试，以下条件被证明是有效的。

表 5-61　替代色谱条件

参数	操作条件		
色谱柱	C18 柱，2. 1mm×150mm×3. 5μm，或相当者		
流动相 A	氨水（0. 1%）		
流动相 B	乙腈（含有 0. 1%氨水）		
流速（mL/min）	0. 25		
柱温（℃）	40		
进样量（μL）	20		
梯度洗脱程序	时间（min）	流动相 A（%）	流动相 B（%）
	0	90	10
	4. 5	0	100
	7. 5	0	100
	7. 7	90	10
	10. 0	90	10

截止到 2019 年，Oeko-Tex 标准 100 对纺织品中致癌染料的数量已经增至 18 种（增加的 9 种致癌染料和涂料见表 5-62），而国内对致癌染料的限量标准 GB/T 18885—2009，检测方法标准 GB/T 20382—2006 还仍旧停滞在 10 年前，而且仅停留在对这 9 种致癌染料的限量要求。由此可见，现有国家标准的及时性和时效性已经无法与国际接轨，因此，标准的更新与跟进是未来需要着重关注的主要内容。

表 5-62　2019 版的 Oeko-Tex 标准 100 中增加致癌染料种类

编号	染料名称	C. I. 通用名	CAS No.
1	C. I. 酸性红 114	C. I. Acid Red 114	6459-94-5
2	C. I. 碱性蓝 26	C. I. Basic Blue 26 （with≥0. 1%Michler'sketoneorbase）	2500 56 5
3	C. I. 碱性紫 3	C. I. Basic Violet 3 （with≥0. 1%Michler'sketoneorbase）	548-62-9
4	C. I. 直接棕 95	C. I. Direct Brown 95	2429-74-5
5	C. I. 直接蓝 15	C. I. Direct Blue 15	6459-94-5
6	C. I. 颜料红 104	C. I. Pigment Red 104	12656-85-8
7	C. I. 颜料黄 34	C. I. Pigment Yellow 34	1344-37-2
8	C. I. 溶剂黄 1	C. I. Solvent Yellow 1 （4-Aminoazobenzene/4-氨基偶氮苯）	60-09-3
9	C. I. 溶剂黄 3	C. I. Solvent Yellow 3 （*o*-Aminoazotoluene/邻氨基偶氮甲苯）	97-56-3

十八、短链氯化石蜡

氯化石蜡（CPs）是石蜡烃氯化衍生物。氯化烷烃根据碳链长度可分为短链氯代烷烃 C_{10-13}（SCCPs），中链氯代烷烃 C_{14-17}（MCCPs），长链氯代烷烃 C_{28}～C_{30}（LCCPs）。这几类化合物根据氯的含量可分类为 40%～50%，50%～60%，60%～70%。本书主要介绍 SCCPs，MCCPs 和 LCCPs 不再详细展开。

SCCPs 是正构烷烃经氯化制得，其碳链长度为 10～13 个碳原子，而且以重量计，氯化程度在 48%以上。SCCPs 是一组合成的混合物，随着含氯量的递增，产品性能由增塑性逐步向阻燃性过渡。在纺织品加工过程中，短链氯化石蜡主要作为纺织品的阻燃剂、表面处理剂以及涂层织物的增塑剂和加脂剂等，以改善纺织品的使用性能。但它在生产、使用等过程中不可避免地被释放到环境中去，导致其分布在各种环境介质中，给生态环境带来相当大的风险，并有可能威胁人体健康。

SCCPs 因具有远距离环境迁移能力、生态毒性、持久性和生物蓄积性等特性，是一种持久性有机污染物（POPs），受到国际社会的广泛关注，被欧盟 REACH 法规列为高度关注物质（SVHC），国际纺织品标准 Oeko-Tex 标准 100 也将其列入限制使用物质。

样品中 SCCPs 的提取方法主要包括液—液萃取法、索氏提取法、加速溶剂萃取法、固相萃取法、微波辅助萃取法等方法。在仪器分析方法上，SCCPs 各同系物组分的物理化学性质比较相近，色谱不能使其完全分离。SCCPs 呈现出共流色谱峰，并且只能对 SCCPs 同系物组分定量，不能对异构体定量。目前，SCCPs 的分析主要是采用配备不同检测器的气相色谱法进行测定，包括气相色谱—氢火焰检测器法（GC-FID）、气相色谱—电子捕获负离子源质谱法（GC-ECNI-MS）、气相色谱—电子轰击质谱法（GC-EI-MS）、气相色谱—电子捕获检测器法（GC-ECD）。

尽管目前国内外尚无有关纺织染整助剂产品中 SCCPs 的测定方法面世，但由全国染料标准化技术委员会印染助剂分技术委员会起草的国家推荐性标准《纺织染助剂产品中短链氯化石蜡的测定》已经通过审定，该标准的主要技术内容如下。

（一）试验原理

采用正已烷振荡提取试样，提取液净化定容后，经过钯催化脱氯，短链氯化石蜡变成 C_{10}～C_{13} 正构烷烃，用气相色谱法进行检测，以含氯量 55.5%的短链氯化石蜡标准品外标法定量。必要时，选用配有电子捕获检测器的气相色谱仪或负化学源的气质联用仪进行定性确证。该方法适用于纺织染整助剂中短链氯化石蜡含量的测定。

（二）试验方法

称取 1.0g 试样于 50mL 具塞离心管中，加入 20mL 正已烷，用振荡器在常温下-260r/min 振荡提取 30min，提取液用离心机在 3000r/min 下离心 5min，静置，取 10mL 上层正已烷溶液转移至另一离心管中，在 40℃下氮吹蒸发浓缩至约 2mL，浓缩液待净化。

浓缩液加 5mL 浓硫酸进行磺化至溶液透明，磺化溶液在 3000r/min 下离心 5min。取 1mL 磺化后的上层溶液转移至已预活化的固相萃取小柱，先用 2mL 正已烷淋洗，弃去淋洗液，再用 5mL 的洗脱溶液（正已烷/二氯甲烷，5∶5，体积比）洗脱，收集洗脱液，经氮吹仪浓缩至干，用 1mL 正已烷定容，复溶，混匀待测。

气相色谱分析条件参见表 5-63。

表 5-63　气相色谱分析条件

参数	操作条件		
色谱柱	HP-5，30m×0.25mm×0.25μm，或相当者		
柱温	升温速度（℃/min）	温度（℃）	保持时间（min）
	—	50	3
	10	240	4
进样口温度（℃）	280（采用氯化钯衬管）		
检测器温度（℃）	280		
载气	氢气（纯度≥99.999%）		
流量（mL/min）	1.0		
燃烧气（mL/min）	氢气（30）		
空气助燃气（mL/min）	300		
进样体积（μL）	1		
进样方式	无分流进样		

按照气相色谱条件对正构烷烃混标工作溶液进样测定，C_{10}～C_{13} 正构烷烃标准品的参考色谱图见图 5-1。

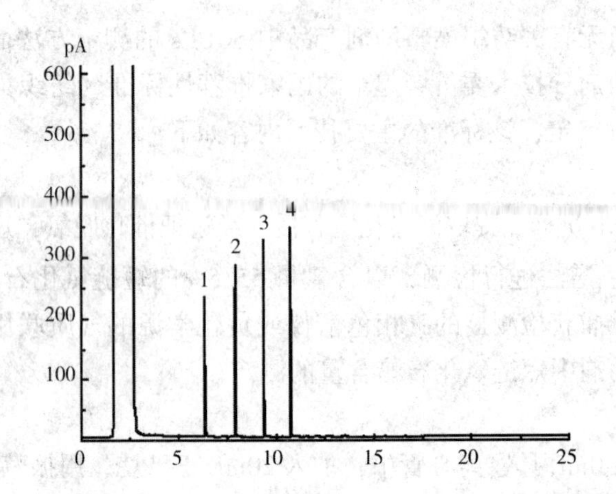

（峰 1—$C_{10}H_{22}$，峰 2—$C_{11}H_{24}$，峰 3—$C_{12}H_{26}$，峰 4—$C_{13}H_{28}$）

图 5-1　C_{10} ~ C_{13} 正构烷烃标准的参考色谱图

以正构烷烃标准的浓度为横坐标，峰面积为纵坐标绘制 C_{10} ~ C_{13} 四条标准工作曲线，外标法定量，计算结果以含氯量 55.5%的短链氯化石蜡表示。试样中短链氯化石蜡的含量 X 按式（5-23）计算：

$$X = \frac{\sum_{i=10}^{13} C_{xi} V}{0.461m} \tag{5-23}$$

式中：X——试样中短链氯化石蜡的含量，mg/kg；

C_{xi}——试样溶液转化的正构烷烃浓度，μg/mL；

V——最终定容体积，mL；

m——样品重量，g；

0.461——含氯量 z=55.5%短链氯化石蜡的转化因子 k，计算公式（5-24）如下：

$$k = 1 - z + \frac{z}{35.5} \tag{5-24}$$

由于短链氯化石蜡含有大量的卤族元素，在电子捕获检测器上的响应极高，且可排除其他一些不含卤族元素化合物的干扰，而负化学源气质联用仪可以选择短链氯化石蜡的特征离子扫描，具有高选择性。采用配有电子捕获检测器的气相色谱仪（GC-ECD）或负化学源的气质联用仪（GC-NCI-MS），根据保留时间和共流出峰的形状可对钯催化氢火焰气相色谱分析的检测结果作进一步的定性确证分析。表 5-64 和表 5-65 分别给出了 GC-ECD 和 GC-NCI-MS 分析条件。

表 5-64　GC-ECD 分析条件

参数	操作条件		
色谱柱	DB-5，30m×0.25mm×0.25μm，或相当者		
柱温	升温速度（℃/min）	温度（℃）	保持时间（min）
	—	70	1
	20	240	0
	10	300	8

续表

参数	操作条件
进样口温度（℃）	300
检测器温度（℃）	300
载气	氦气（纯度≥99.999%）
流量（mL/min）	1.0
进样体积（μL）	1
进样方式	无分流进样

表 5-65　GC-NCI-MS 分析条件

参数	操作条件		
色谱柱	DB-5，30m×0.25mm×0.25μm，或相当者		
柱温	升温速度（℃/min）	温度（℃）	保持时间（min）
	—	60	0
	20	300	12
进样口温度（℃）	280		
离子源温度（℃）	150		
载气	氦气（纯度≥99.999%）		
流量（mL/min）	1.0		
进样体积（μL）	1		
进样方式	无分流进样		
定性选择离子	278，313，327，341，347，361，375，381，389，395，409，417，423，431，445，459，479		

（三）检测过程中需要注意的技术问题

在样品提取液中，通常会有大量的共提物，主要是一些脂肪、有机氯化合物（如有机氯农药、多氯联苯等），这些物质会对 SCCPs 的分析检测造成严重的干扰，影响结果的准确性，因此最大程度地对样品提取液进行净化是 SCCPs 分析中一个至关重要的步骤。

SCCPs 结构复杂，在仪器上产生共同流出的色谱峰，不能被完全分离，不同的分析方法会不同程度地受到含氯量的影响或 MCCPs 的干扰，导致各个实验室之间的数据可比性较差。这些问题都对 SCCPs 的分析方法提出了更高的要求。

十九、染化料助剂中其他化学物质的测定

除上述纺织染助剂中主要有害物质的测定方法之外，目前国家推荐性标准和行业标准还规定了纺织染整助剂中部分其他化学物质的检测方法，例如：GB/T 29493.6—2013《纺织染整助剂中有害物质的测定　第 6 部分：聚氨酯预聚物中异氰酸酯基含量的测定》、GB/T

29493.7—2013《纺织染整助剂中有害物质的测定　第7部分：聚氨酯涂层整理剂中二异氰酸酯单体的测定》、GB/T 29493.8—2013《纺织染整助剂中有害物质的测定　第8部分：聚丙烯酸酯类产品中残留单体的测定》、GB/T 29493.9—2014《纺织染整助剂中有害物质的测定　第8部分：丙烯酰胺的测定》、HG/T 4450—2012《纺织染整助剂树脂整理剂中游离乙二醛的测定》、GB/T 31531—2010《染料及纺织染整助剂中喹啉的测定》。

（一）聚氨酯预聚物中异氰酸酯基含量的测定

相关国家推荐标准GB/T 29493.6—2013的主要技术内容如下。

1. 试验原理

聚氨酯预聚物与过量的二正丁胺反应。过量的二正丁胺用盐酸标准溶液滴定，以溴酚蓝做指示剂显示滴定终点。反应式如下：

$$R-NCO+(C_4H_9)_2NH \longrightarrow RNHCON(C_4H_9)_2$$

$$(C_4H_9)_2NH+HCl \longrightarrow (C_4H_9)_2NH\cdot HCl$$

本方法适用于甲苯二异氰酸酯（TDI）、二苯基甲烷二异氰酸酯（MDI）等二异氰酸酯单体合成的聚氨酯预聚物中异氰酸酯基含量的测试。

2. 试验方法

根据异氰酸酯基含量确定称样量，若不能估计异氰酸酯基的含量则称取3.5g样品进行预试。称取一定量的试样于具塞锥形瓶中，加入25mL甲苯，如需要可稍微加热使样品溶解，待冷却后，加入20mL二正丁胺溶液（浓度为2mol/L），密封振摇15min。然后加入150mL乙醇，滴入溴酚蓝指示剂4~6滴，用1mol/L的盐酸标准溶液滴至溶液由蓝色变为黄色，并维持15s不褪色。若滴定过程中出现分层，可再加入适量乙醇。

样品中异氰酸酯基含量以质量分数w（%）计，按照式（5-25）计算：

$$w=\frac{(V_1-V_2)\times c}{m}\times 4.2 \tag{5-25}$$

式中：V_1——空白试验消耗盐酸标准溶液的体积，mL；

V_2——样品滴定消耗盐酸标准溶液的体积，mL；

c——盐酸标准溶液的摩尔浓度，mol/L；

m——样品的质量，g；

4.2——NCO的当量值，42.02mg/mmol，将g变为mg，再乘以100。

（二）聚氨酯涂层整理剂中二异氰酸酯单体的测定

相关国家推荐标准GB/T 29493.7—2013的主要技术内容如下。

1. 试验原理

以正十四烷为内标物，用气相色谱法测定异氰酸酯树脂中的二异氰酸酯单体含量。当二异氰酸酯单体的挥发性较低时，以蒽为内标物。该方法适用于由甲苯二异氰酸酯（TDI）、六亚甲基二异氰酸酯（HDI）、二苯基甲烷二异氰酸酯（MDI）、异氟尔酮二异氰酸酯（IPDI）以及其他类型的异氰酸酯单体合成的，用做涂层材料的聚氨酯树脂或其制备的溶液中二异氰酸酯单体含量的测定。

2. 试验方法

称取试样置于锥形瓶中，加入10mL内标溶液后，加入约25mL乙酸乙酯，充分振荡摇匀使样品溶解。按照表5-59~表5-61给出的气相色谱条件进行测定。二异氰酸酯单体的含量以质量分数 w_{DI}（%）表示，按式（5-26）计算：

$$w_{DI}=\frac{m_1\times A_2\times f}{m_2\times A_1} \tag{5-26}$$

式中：m_1——测试液中内标物的质量，g；

m_2——试样的质量，g；

A_2——测试液中二异氰酸酯单体的峰面积；

A_1——测试液中内标物的峰面积；

f——相对校正因子。

推荐采用下列分析色谱条件，见表5-66~表5-68，也可采用与推荐的色谱柱和测试/操作条件相当或更合适的测试条件。

表5-66　HDI和TDI分析色谱条件

参数	操作条件	
色谱柱	苯甲基硅树脂石英毛细管柱（15m×0.32mm×0.25μm），或相当者	
温度	柱温（℃）	125
	进样口（℃）	130
	检测器（℃）	250
载气	氮气	纯度≥99.999%
	流速（mL/min）	4
检测器燃气	氢气（mL/min）	35
	空气（mL/min）	400
	氮气（mL/min）	25
氮气吹扫（mL/min）	25	
进样体积（μL）	1	
进样方式	分流进样	

表5-67　IPDI分析色谱条件

参数	操作条件	
色谱柱	苯甲基硅树脂石英毛细管柱，15m×0.32mm×0.25μm，或相当者	
温度	柱温（℃）	160
	进样口（℃）	140
	检测器（℃）	250
载气	氮气	纯度≥99.999%
	流速（mL/min）	6
检测器燃气	氢气（mL/min）	35
	空气（mL/min）	400

续表

参数	操作条件
氮气吹扫（mL/min）	25
进样体积（μL）	1
进样方式	分流进样

表 5-68　MDI 分析色谱条件

参数	操作条件	
色谱柱	苯甲基硅树脂石英毛细管柱，15m×0.32mm×0.25μm，或相当者	
温度	柱温（℃）	200
	进样口（℃）	160
	检测器（℃）	250
载气	氮气	纯度≥99.999%
	流速（mL/min）	6
检测器燃气	氢气（mL/min）	35
	空气（mL/min）	400
氮气吹扫（mL/min）	25	
进样体积（μL）	1	
进样方式	分流进样	

（三）聚丙烯酸酯类产品中残留单体的测定

相关国家的标准 GB/T 29493.8—2013 的主要技术内容如下。

1. 试验原理

在试样溶液中加入过量的溴酸钾—溴化钾溶液，在酸性介质中溴酸钾和溴化钾反应生成的溴和试样中的双键发生加成反应。反应完成后，加入过量的碘化钾还原未反应的溴而生成碘，最后用硫代硫酸钠标准溶液滴定析出的碘。

$$KBrO_3+5KBr+6HCl \longrightarrow 3Br_2+6KCl+3H_2O$$

$$CH_2=CHCOOR+Br_2 \longrightarrow CH_2BrCHBrCOOR$$

$$Br_2+2KI \longrightarrow 2KBr+I_2$$

$$I_2+2Na_2S_2O_3 \longrightarrow Na_2S_4O_6+2NaI$$

本方法适用于聚丙烯酸酯类涂层整理剂、黏合剂等产品中残留单体的含量的测定。

2. 试验方法

称取约 0.5g 样品置于装有 30mL 的十二烷基硫酸钠溶液的碘量瓶中，再加入 30mL 水，摇匀，用移液管准确加入 25mL 的溴酸钾—溴化钾溶液，沿瓶壁慢慢加入 10mL 盐酸溶液，摇匀，水封。于暗处放置 30min 后加入碘化钾溶液 10mL，立即用 0.1mol/L 硫代硫酸钠标准溶液滴定，近终点时再加入 2mL 淀粉指示剂溶液，然后继续滴定至棕色完全消失为终点。试样中残留单体的含量以溴值 w 计，按照式（5-27）计算：

$$w=\frac{(V_0-V_1)\times c\times 0.0799}{m}\times 100\% \qquad (5-27)$$

式中：V_0——空白试样消耗 $Na_2S_2O_2$ 标准溶液的体积，mL；

V_1——样品消耗 $Na_2S_2O_2$ 标准溶液的体积，mL；

c——$Na_2S_2O_2$ 标准溶液的摩尔浓度，mol/L；

m——样品重量，g；

0.0799——每毫摩尔溴的克数。

（四）丙烯酰胺的测定

GB/T 29493.9—2014 的主要技术内容如下。

1. 试验原理

纺织染整助剂中的丙烯酰胺经水等溶剂提取，提取液经过过滤后采用配有二极管阵列检测器或紫外检测器的高效液相色谱仪进行测定，外标法定量。本方法适用于各种纺织染整助剂中丙烯酰胺的测定。

2. 试验方法

称取均质样品 0.5g 置于 50mL 离心管中，加入 19.5mL 水和 10mL 正己烷，密封离心管，漩涡混合 5min，超声 20min，然后于 4000r/min 下离心 10min，提取下层水溶液过滤。必要时，用固相萃取柱净化。滤液用于表 5-69 中列出的 HPLC-DAD 色谱条件分析。

表 5-69　丙烯酰胺 HPLC-DAD 色谱条件

参数	技术条件	
色谱柱	C18 柱，4.6mm×150mm×5μm，或相当者	
流动相	甲醇：水=5：95	乙腈：10mmol/L 甲醇溶液=30：70
流速（mL/min）	0.5	0.15
柱温（℃）	30	
进样量（μL）	20	
检测波长（nm）	202	

以标准工作溶液中丙烯酰胺的浓度为横坐标，对应色谱法面积为纵坐标绘制工作曲线，样品中丙烯酰胺的含量 X（mg/kg）按照式（5-28）进行计算：

$$X=\frac{c\times V}{m} \qquad (5-28)$$

式中：c——样液中丙烯酰胺的浓度，mg/L；

V——提取液的体积，mL；

m——样品重量，g。

（五）树脂整理剂中游离乙二醛的测定

我国化工行业推荐标准 HG/T 4450—2012 的主要技术内容如下。

1. 试验原理

提取样品中乙二醛，用乙酸溶液溶解后，与 HMBT（2-肼基-2，3-二氢-3-甲基苯并噻唑盐酸盐）在乙酸溶液中反应，生成一种黄色染料产物，根据分光光度法测定其含量。本部分适用于纺织染整助剂树脂整理剂中游离乙二醛含量的测定。

2. 试验方法

称取适量的树脂整理剂试样，用去离子水稀释定容至100mL，摇匀备用。取2mL萃取液于25mL容量瓶中，加入5mL HMBT溶液，在80℃水浴中反应5min，用冰水冷却10min，室温放置15min，用乙酸溶液定容后，以水作为参比，在405nm下测定其吸光度。按照样品衍生化步骤制备标准工作溶液，绘制浓度—吸光度溶液。样品中乙二醛含量 c（mg/kg）按照式（5-29）计算：

$$c=\frac{c_s \times V \times 50}{m} \tag{5-29}$$

式中：C_s——标准工作曲线中读出的乙二醛浓度，mg/L；

V——定容体积，mL；

50——换算因子（即总萃取液与实际测试取液量的换算倍数）；

m——试样质量，g。

（六）染料及纺织染整助剂中喹啉的测定

国家推荐标准GB/T 31531—2010的主要技术内容如下。

1. 试验原理

试样在水溶液中经过有机溶剂萃取，萃取出其中游离的喹啉，采用气相色谱法进行检测，峰面积外标法定量。该标准适用于各类剂型的染料、染料制品、染料染整助剂。

2. 试验方法

称取0.5g样品置于50mL具塞比色管中，加入20mL水，剧烈振摇至溶解或通过超声提取辅助溶解。然后用移液管加入20mL乙酸乙酯，充分振摇至水相和有机相溶剂充分混合，静置分层（必要时可采用离心方式）。取上层清液按照表5-70给出的色谱条件进行分析，用峰面积外标法定量。

表5-70 色谱分析条件

参数	操作条件		
色谱柱	100%甲基聚硅氧烷毛细管柱（30m×0.32mm×1.0μm），或相当者		
柱温	升温速度（℃/min）	温度（℃）	保持时间（min）
	—	160	13
	30	280	1
检测器温度（℃）	300		
汽化室温度（℃）	280		
载气	氮气（纯度≥99.999%）		
燃烧气流量（mL/min）	氢气（30）		
助燃气流量（mL/min）	空气（300）		
补燃气流量（mL/min）	氮气（20）		
分流比	10∶1		
进样体积（μL）	1		

样品中喹啉的含量 w（mg/kg）按照下式（5-30）计算：

$$w=\frac{A_i \times c_s \times V_i}{A_s \times m_i} \tag{5-30}$$

式中：A_i——样品中喹啉的峰面积；

c_s——所有工作曲线中喹啉的浓度，mg/mL；

V_i——样品溶液的体积，mL；

A_s——标准工作溶液中喹啉的峰面积；

m_i——样品的质量，g。

（七）柔软整理剂类产品中硫酸二甲酯的测定

我国化工行业推荐标准 HG/T 5255—2017 的主要技术内容如下。

1. 试验原理

样品中的硫酸二甲酯经乙酸乙酯超声提取后，提取液过滤，用气相色谱—质谱（GC-MS）检测，以外标法定量。本标准适用于各类柔软整理剂类纺织染整助剂产品中硫酸二甲酯的测定。

2. 试验方法

称取 0.5g 样品，置于锥形瓶中，加入 50mL 乙酸乙酯，于超声波发生器中提取 10min，提取液经过滤后，用表 5-71 中给出的气相色谱—质谱（GC-MS）分析条件测定。检测时，根据样液中硫酸二甲酯的含量选取 3 种或以上浓度相近的标准工作溶液，根据硫酸二甲酯的特征离子碎片及其丰度比（表 5-72）对其进行确证。样品中硫酸二甲酯的含量 X（mg/kg）按照式（5-31）计算：

$$X=\frac{(A_s-A_0)c_s V}{A_c m} \tag{5-31}$$

式中：A_s——样液中硫酸二甲酯的峰面积（或峰高）；

A_0——空白样液中硫酸二甲酯的峰面积（或峰高）；

c_s——标准工作曲线中硫酸二甲酯的浓度，mg/mL；

V——萃取液的体积，mL；

A_c——标准工作溶液中硫酸二甲酯的峰面积（或峰高）；

m——样品的质量，g。

表 5-71　GC-MS 仪器分析条件

参数	操作条件		
色谱柱	DB-624，30m×0.25mm×0.25μm，或相当者		
柱温	升温速度（℃/min）	温度（℃）	保持时间（min）
	—	70	0
	20	260	5
进样口温度（℃）	250		
载气	氦气（99.999%）		

续表

参数	操作条件
流量（mL/min）	1.0
进样体积（μL）	0.2
进样方式	不分流进样
离子源温度（℃）	230
四级杆温度（℃）	150
数据采集模式	选择离子扫描（SIM）或全扫描（SCAN）
溶剂延迟时间（min）	3

表 5-72 硫酸二甲酯的定性离子和定量离子

化合物名称	CAS No.	特征碎片离子		丰度比
		定量	定性	
硫酸二甲酯	77-78-1	95	66，79	100∶28∶14

参考文献

[1] 钟雪莲，陆佳英，胡燕琴．HPLC-MS/MS 法检测分离皮革和纺织品中有害芳香胺及其同分异构体［J］．中国纤检，2015（12）：68-71.

[2] 季浩，朴克壮，刘春成．气相色谱-质谱联用法测定染料中的 4-氨基偶氮苯［J］．染料与染色，2010，47（4）：54-57.

[3] 王建平，陈荣圻，等．REACH 法规与生态纺织品［M］．北京：中国纺织出版社，2009.

[4] 王建平．纺织品上 4-氨基偶氮苯问题的由来及其检测［J］．染整技术，2013，35（5）：5-9.

[5] 季浩，沈日炯．染料中含氯苯酚的测定［J］．染料与染色，2012，49（2）：58-61.

[6] 姜瑞妹．烷基酚聚氧乙烯醚的检测技术及其应用研究［D］．杭州：浙江理工大学，2014.

[7] 李丽，杨锦飞．阻燃剂的限制法规及发展趋势［J］．塑料助剂，2014（2）：16-20.

[8] 章杰，张晓琴．近 10 年禁用含氟整理剂的新法规、新替代品和新问题（续一）［J］．印染助剂，2018，35（2）：8-14.

[9] 王建平，冯可儿，等．纺织品上有机氯载体的检测方法研究［J］．印染，2004（13）：31-35.

[10] 卫敏．气质联用法测定纺织助剂中有机氯载体的含量［J］．质量技术监督研究，2011（1）：7-11.

[11] 陈如，蒋晓琪，王建平．邻苯二甲酸酯及其生态毒性［J］．印染助剂，2010，27（9）：52-56.

[12] 吴达峰，吴穗生，杨梅．消费品中多环芳烃的来源概述［J］．化纤与纺织技术，2017，46（4）：45-48.

[13] 季浩，沈日炯．染料中痕量多氯联苯的气相色谱—质谱联用分析［J］．染料与染色，2010，47（2）：54-56.

[14] 张慧洁，张晓镭，等．富马酸二甲酯相关检测的研究进展［J］．皮革与化工，2013，30（3）：24-28.

[15] 陈荣圻．纺织印染助剂中的甲醛隐患及其替代研究进展（一）［J］．印染，2013（12）：48-52.

[16] 王建平．中国纺织服装绿色供应链中的生态安全检测技术标准化［J］．印染，2015，41（11）：46-51.

第六章 纺织用染化料助剂生态安全问题的对策及发展趋势

第一节 供应链管理与纺织用染化料助剂生态安全评价体系的建立

一、纺织服装业绿色供应链管理及其面临的挑战

众所周知，随着人们对生态和环境问题的日益关注、消费者环境和自我保护意识的增强、可持续发展战略的深入人心、国际市场竞争的不断加剧，以生态和“绿色”为中心内容的贸易技术壁垒正在逐渐取代传统的关税或配额、许可证等非关税贸易壁垒而成为国际纺织品服装贸易中最重要的贸易壁垒。绿色贸易壁垒的主要特征，就是要对有毒有害物质的使用实行严格和有效的管控。

从20世纪90年代初开始，世界上一些工业发达国家，特别是欧盟一些国家纷纷制定了一系列的法律法规，对纺织和日用消费品上可能存在的有害物质进行严格的控制，并实行严格的市场准入机制，禁止生产和销售涉嫌的产品，对进口纺织品规定必须经过严格的检测，并提供有效的检测报告或证书。与此同时，各种具有符合性评定程序特征的生态纺织品标志认证也开始进入纺织品服装国际贸易领域。

在法规方面，欧盟于1976年7月27日发布欧盟指令76/769/EEC——《某些危险物质和制剂的销售和使用的限制》（Restrictions on the Marketing and Use of Certain Dangerous Substances and Preparations），规定被列入控制范围的130多种有害化学物质不得存在于任何最终产品中。在随后的四十几年中，该指令被反复修订和补充，所涉及的范围不断扩大，并且这种修订和完善将随着人们对有害化学物质的认识的不断加深而不断进行。目前有关生态纺织品的监控检测项目的绝大部分来源于该欧盟指令。随着2006年欧盟REACH法规的颁布实施，该指令的内容作为REACH法规的附录XVⅡ，法律效力得到进一步加强。2018年10月12日，欧盟委员会又发布法规（EU）2018/1513，对欧盟REACH法规（EC）No. 1907/2006附录XVⅡ中被归类为致癌、致基因突变、致生殖毒性（CMR）1A类和1B类中涉及服装及相关配饰、直接接触皮肤的纺织品和鞋类产品的限制物质清单做出规定，增加了附录XVⅡ第72条，同时新增附件12，并于2020年11月1日起实施。

在生态纺织品的评定领域，目前国际上主要存在两大派系，一是以欧盟生态标签Eco-Label为代表的全生态概念，列入其监控范围的有三部分内容，包括纺织原料的生产加工和纺织初加工使用的化学品及三废排放；纺织印染及后整理加工中化学品的使用；最终产品的应用性能。二是以Oeko-Tex标准100为代表的有限生态概念，即仅从消费者在使用和穿着纺织

品服装时是否有可能受到有害物质的伤害来评价产品的安全性。尽管 Eco-Label 仍未能全面有效地从源头上把好关，但限于目前的生产力发展水平，对绝大多数产品而言，要获得 Eco-Label 标签认证仍会有很多困难。相对而言，由于 Oeko-Tex 标准 100 只把住“出口”关，在操作上就会容易得多，但代价是纺织品服装生产商作为染化料助剂的应用者将始终处于被动的地位，而在造成实际损害之前难以对供应商做出合理的选择。

中国已经成为 WTO 的正式成员，中国入世为中国纺织业平等参与国际竞争提供良好的机遇，同时也面临严峻的挑战。这种挑战就来源于正在愈演愈烈的生态或“绿色”壁垒。事实上，作为一种市场准入的前提，进入国际市场的纺织品服装能否满足生态或“绿色”要求正在成为能否获得订单的先决条件，生态（或称“绿色”、环保、安全）型纺织品将主宰未来的国际纺织品服装贸易市场。

为应对这种挑战，建立纺织服装业的绿色供应链管理体系，是十分必要和紧迫的任务。纺织服装业的绿色供应链管理涉及纤维原料、染化料助剂、生产加工、对内对外贸易以及内部质量监控、市场质量监管、出入境监督抽查等多个环节。

中国纺织服装业绿色供应链管理的形成和完善也遵循一般的发展规律，即先对末端的贸易环节进行监管，再逐渐向上游产业推进，从而形成全产业链的绿色供应链管理。这个过程非常艰苦，下游产业，特别是直接面对绿色贸易壁垒的出口商或供应商，也承担了许多原本不应由其承担的责任和经济损失。

从纺织服装供应链看，有害物质的误用或滥用主要发生在纺、织、染以及后整理等生产和加工环节，而后序直接面对这些绿色贸易壁垒的成衣出口加工或贸易的企业对此却知之甚少。一旦发生因检测不合格而被买家拒收、退货或销毁的情形，企业不仅面临直接的声誉和经济损失，甚至没有向上追索的能力。而要从根本上杜绝有毒有害物质被误用或滥用，最有效的办法还是从源头上加强监控。

纺织品上有害物质的存在与否以及残留量是否超标与所使用的染化料助剂及相应的生产工艺直接有关。因此，若能对纺织用染化料助剂中的有害物质加以控制，则能有效地从源头上避免被列入禁用或限用范围的有害化学物质被带入最终的纺织品或服装成品中。但问题是，目前绝大部分相关的法律法规、标准和符合性评定程序所针对的对象是纺织品、服装和日用消费品等直接面向市场的最终产品，国内也仅仅只是针对染料中的禁用偶氮染料和重金属元素等有限的几个项目做出了规定，而对于染化料助剂其他有害物质并无考核和评价其安全性的项目和限定值。由此而造成的结果是：将可能误用有害化学物质的风险转移到了对此并无很深的相关专业知识的染化料助剂使用者身上，而染化料助剂供应商则成了间接的风险承担者，甚至不承担任何责任。这种责任的倒置和前后脱节，是目前部分纺织品或消费品生产商直到其产品因有害物质含量超标而造成出口受阻时仍然茫然无知的主要原因。

解决上述问题的有效办法是从源头开始在各个环节对可能产生问题的有害物质及含量加以严格的控制。但由于纺织用的染化料助剂不仅在品种上不计其数，而且其化学组分、化学结构类别、化学性质、化学合成或生产工艺、最终用途、应用工艺、应用性能等也是千差万别，很难制定出一个统一的或是基本统一的安全性评价方法和标准。如：同样的染料或助剂，由于应用对象的不同、用量的不同、应用工艺的不同或是最终产品分类的不同，完全有可能得到最终产品合格与不合格两种截然不同的结果。还有，有的染化料助剂可能含有少量有害化学物质或为应用工艺的需要而必须含有某些作为中间体的有害化学物质，但按规定的应用工艺施用到纺织产品上后，其根本不会有残留或者残留量完全能够符合生态安全的要求。再者，对某一确定的染料或助剂而言，其化学组成、化学结构及合成或生产工艺是相对确定的，其可能含有的有害化学物质也应是已知的或相对单一的，对其进行监控的项目自然也比较单一，而且有可能与其他的染料或助剂完全不同。因此，若直接对染化料助剂制定统一的安全性评价标准，在尺度的把握上显然是有难度的。

二、建立纺织用染化料助剂生态安全性评价体系的意义

在这里，理论和实践的矛盾是显而易见的。从理论上讲，控制源头最为合理，但不易操作；从实践上看，控制最终产品即控制“出口”有很强的可操作性，但明显不合理。从近年来中国纺织品服装出口的实际情况看，国内在纺织用染化料助剂，特别是纺织助剂的生产和应用方面的混乱状态已经给中国纺织业参与国际竞争带来严重的隐患，因误用某些劣质染化料助剂或应用不当而造成出口产品有害物质含量超标的情况时有发生，给生产和出口企业造成严重的损害，甚至危及我国同类产品的出口，使中国的纺织品出口在参与国际市场的竞争中处于劣势。因此，建立科学合理、简便有效的纺织用染化料助剂生态安全性评价体系是一件刻不容缓和意义深远的事情。依笔者之见，它至少有以下五个方面的好处。

其一，中国入世给中国纺织业在平等的基础上全面参与国际竞争提供了良好的机遇，但与之而来的挑战也是相当严峻的。世界经济正在向自由化的方向发展，长期以来阻碍世界贸易自由化进程的传统贸易壁垒正在逐渐瓦解，而各种以法律法规、工业标准和符合性评定程序面目出现的贸易技术壁垒已经成为国际贸易中新的和最主要的贸易壁垒。对此，中国目前处于明显的劣势。中国作为纺织品服装的生产和出口大国，如何抓住入世的大好机遇，在新的层面上进一步扩大出口、赢得更大的市场份额，努力打破各种新的贸易技术壁垒是唯一的选择。而目前在纺织品服装的国际贸易领域中，以控制有害物质含量为主的“绿色”壁垒已经成为最主要的贸易壁垒之一。建立纺织用染化料助剂生态安全性评价体系可以为打破这种壁垒奠定坚实的基础。

其二，从有利于纺织产品的整个生产链的发展来分析，各原料供应商，特别是纺织用染化料助剂供应商提供合格和符合“绿色”生态要求的原材料将在很大程度上解除纺织最终产品的生产和贸易商的后顾之忧，把更多的精力放在开发产品和市场上，从而使整个纺织产品生产链的发展步入良性循环的轨道，这无论是对上游产品还是下游产品的生产商来说都是十分有利的。

其三，建立纺织用染化料助剂生态安全性评价体系将有利于染化料助剂生产厂商全面提升自身的技术和管理水平，建立健全符合国际标准的质量和环境体系，为在激烈的市场竞争中站稳脚跟、做大做强提供有力的保证。同时也为改善工作环境、保护职工的身心健康做出贡献。

其四，建立科学合理、简便有效的纺织用染化料助剂生态安全性评价体系将有利于规范市场竞争的秩序，建立以质量为中心的优胜劣汰的竞争机制，形成人人关心和重视生态和环境保护的良好氛围，为实现可持续发展战略的长远目标做出贡献。

其五，建立中国自己的纺织用染化料助剂生态安全性评价体系将有利于提高中国纺织品

服装在国际贸易中的整体形象，大幅度减少在国际贸易中受制于人的被动局面。同时，面对入世后因开放度的提高而可能对国内市场所造成的冲击，合理构筑中国自己的贸易屏障，以保护民族工业，维护国内经济的持续稳定发展和人民生活水平的不断提高。

三、建议列入安全性评价体系的项目及实施办法

要实现上述目标，困难是巨大的，而且工作会很繁杂，但并非真的无计可施、一筹莫展，问题的关键是如何来构筑这一评价体系。依笔者的实践和经验，可以从下面几个方面来着手。

第一，以目前国际上被广泛采用的各种生态纺织品或消费品认定标准为基础，确定涉嫌的主要有害物质监控检测项目。依笔者的实际经验及掌握的大量资料，目前被列入生态纺织品或消费品监控的主要检测项目有二十余项，其中与所使用的染化料助剂直接或间接有关的项目包括：pH、禁用偶氮染料、致敏染料、致癌染料、可萃取重金属、Cr（VI）、有机溶剂、含氯有机染色载体、色牢度、五氯苯酚（PCP）及四氯苯酚（TeCP）、邻苯基苯酚（OPP）、游离甲醛、有机锡化合物（如TBT和DBT）、含溴阻燃剂、气味等。此外，若从全生态的角度来考核染化料助剂生产行业本身，与环境有关的部分内容也应列入监控检测范围，如生物可降解性、对人类和环境生物特别是水系生物（如鱼类、藻类）的急慢性毒性、环境激素及部分特定的有害化学物质。

第二，由于各种纺织用染化料助剂的种类、化学组成、化学结构类别及应用工艺千差万别，各不相同，不可能也完全没有必要对所有的染化料助剂制定统一的安全性考核评价方法和标准。合理的方法应该是：由有关专家主要按染化料助剂的化学组成、化学结构及合成或生产工艺分类，并考虑原料及其来源，对染料、助剂及各种纺织染加工用化学品进行分类，而后根据每个类别的不同的实际情况，确定其可能涉嫌的有害化学物质，对照已有的生态纺织品监控检测项目，选择对应的内容作为此类染化料助剂的监控项目，建立相应的生态安全性评价体系。与此同时，染化料助剂生产加工企业也应建立对应的质量控制体系，包括原料的选择、生产工艺的调整以及有效的检测手段。

第三，纺织用染化料助剂在实际应用过程中，绝大部分会经历一个或多个化学反应的过程，其应用前后的化学结构形态往往是不同的。换句话说，染化料助剂在未使用前可能存在部分涉嫌的有害化学物质并不意味着最终产品上一定存在此类物质。此外，未使用前可能存在的少量有害化学物质在经过繁多的加工处理工序之后，在最终的纺织产品上未必会有残留或残留量远低于检出限或安全限定值的标准。同理，由于最终产品的用途和标准不同，同样的残留量对某一产品而言是合格的，但对另一类产品很可能是不合格的。因此，以未使用的染化料助剂作为直接的考核对象来确定检测项目并规定相应的限定值显然是不合适的。况且，目前国际上只有对最终纺织成品的考核标准而无直接针对染化料助剂的考核评价方法，在未使用的染化料助剂中可能存在的有害物质含量与经过不同工厂各不相同的应用工艺之后可能残余的有害物质含量之间无法找到准确的定量关系之前，希望通过直接考核染化料助剂中有害化学物质的含量来评估最终纺织成品中是否存在有害物质及有害物质含量是否超标显然是不现实的。

第四，由此，较为合理的方法是在更接近于实际使用的条件下来考核评价纺织用染化料助剂的生态安全性。具体的方法可以是：由第三方有资质的专业检验机构，将待评价的染料、

助剂或化学品按生产厂家所提供的应用工艺（包括用量和工艺条件等）实际应用于规定的标准空白纺织样品上，随后将此已施用过待检染化料助剂的纺织样品按对生态纺织品的考核方法和要求进行检测，并做出评判。至于检测项目，则是根据受检样品的情况加以选择而不必做所有项目的检测。采用这种方法可以在很大程度上对送检的染化料助剂样品做出科学合理的安全性评价，并且简便有效。唯一的不足是：当因工艺需要或最终产品性能要求发生变化而需改变用量时，可能发生超过某一用量时，因某些残留的有害物质含量超标，有可能使最终产品无法通过检测。另外，对由于同时施用多种化学品而可能发生的不希望的化学副反应也无法预计。当然，这种事件的概率和危害程度通常可以忽略。解决上述不足的办法可以是：对不同的用量或应用工艺分别进行检测和评价，但这会增加申请企业的负担；通过少量次数的优化组合检测，确定一个用量上限并给出评价，这对可能含有少量有害物质，但残留量处于临界状态的染化料助剂的评价可能比较合适；至于检测中确认根本不存在有害化学物质的，则无此虞。

第五，按国际惯例，有部分监控检测项目因多方面的原因并不进行实际的检测，而是由生产商递交未使用某种有害化学物质的承诺声明或其他相关的证明文件即可。但目前在我国市场经济发育尚不完善，诚信原则尚作为一种被提倡的理念的情况下，对这种以诚信原则为基础的承诺方式能否给予百分之百的信任将承担很大的风险。特别是在我国目前纺织用染化料助剂生产厂家众多、鱼龙混杂、市场竞争极不规范的情况下，许多无技术、无规模、无资金、无人才的小企业或私人企业以不正当的手段混迹市场，更加深了市场诚信度的不确定性。因此，单纯的书面承诺声明方式在现阶段的应用将会十分有限，且必须慎之又慎。

四、需要解决的问题

要顺利实现上述设想，多方面的协同和配合是必不可少的，这里面除了染化料助剂的生产和应用两个方面之外，还必须有相关的科研、检测、信息、标准化和质量监督机构或部门的参与，特别是应有相关领域的专家的参与。至于由谁牵头，则自然应由染化料助剂生产领域的行业管理或协调机构或有相当权威的机构来承担。俗话说："解铃还须系铃人。"行业管理或权威部门的出面，一则可以凭借其对本行业的熟知程度有的放矢地开展工作；二则有利于正确引导行业的产业结构和产品结构的调整；三则为用户提供满足要求的产品也是供应商应尽的义务。而应用方的参与则有利于建立有效的监督和信息反馈机制，由中国皮革工业协会新近成功推出的中国生态皮革标志就是一个成功的例子。

专家的参与将使整个设想的实现少走很多弯路。由于染化料助剂的分类是一件十分繁复、技术性很强的工作。分类的合适与否将直接影响到所建立的生态安全性评价体系是否科学合理，在操作上是否简便有效。因此，认真研究和合理确定染化料助剂的分类并正确选择对应的监控检测项目是此项工作成败的关键，也是各染化料助剂生产厂家急于想了解和解决的问题。

体系的建立同样也是一项技术性很强的工作。一个完整的染化料助剂生态安全性评价体系包括两大主要部分，一是系统、严密的评价审核程序；二是科学、合理的检测评价方法。程序的建立相对容易一些，而检测方法除了部分可以参照采用国际标准、国外先进标准或我国的国家标准之外，有不少项目的检测在标准化方面是空白或对国外采用的方法不了解而无法实施。一个快捷有效的办法是与一些国际著名的专业检验机构展开全方位的合作，充分利用他们在信息和技术方面的优势以及在全球范围内的知名度和被广泛认可的有利因素，使我们自己建立的体系能在推进中国生态纺织品发展中发挥重要作用的同时也能逐渐为国际市场所接受，这种已有成功先例的合作模式已经引起各方面的广泛重视。

第二节 “有害化学物质零排放”简介

随着人们对有毒有害物质的关注度的提升，其排放管控已逐渐成为热点问题。自2011年起，国际环保组织“绿色和平”在全球范围内针对服装纺织行业开展去毒运动，在中国，这一运动的口号是“为中国江河去毒”，突出了纺织行业对水体的污染问题。这一系列行动更是将危险化学品的管控问题提升到一个新的高度。为此，众多世界知名的时尚运动品牌行动起来，联合提出了“有害化学物质零排放（Zero Discharge of Hazardous Chemicals，ZDHC）”计划，承诺于2020年实现将有毒有害化学品从其供应链中淘汰。了解供应商排放的废水中是否含有有毒有害物质成为品牌实现零排放踏出的第一步。

一、ZDHC的由来及概况

2011年7月~2012年3月，“绿色和平”组织连续发布3份以“时尚之毒”命名的报告，对一些国际知名品牌在其纺织产品的供应链中未能对有害物质的使用进行有效管控提出质疑。绿色和平组织认为，全球纺织品供应链非常复杂，它涉及不同的阶段和参与人员，虽然在对整个供应链的管控方面存在一定的难度，但那些跨国品牌的所有者是产品开发和经营的主导者，因此，他们对于传统的纺织品和服装生产工艺的变革有着义不容辞的责任。他们可以通过调整产品设计、选择供应商、审核工艺流程、控制化学品的使用等手段来对整个供应链进行管控。

“零排放”不仅关注对消费者的危害，更要关注生产过程中对工人和环境的危害，尤其是在生产中消除“三废”（废气、废水和固体废弃物）中有害化学物质的排放，使得所排放的有害化学物质浓度不得超过限量要求。于2011年11月23日，ZDHC联盟公布了第一版联合路线图（ZDHC Joint Roadmap，Version1），作为承诺的一部分及朝着有害化学物质零排放迈出的第一步。这个路线图在某种程度上展现出各品牌之间的通力合作，并有信心引领服装和鞋类行业到2020年时，在所有产品的供应链中实现所有排放途径的有害化学物质零排放。2013年6月11日，ZDHC联盟推出联合路线图第二版，进一步阐明了全球服装鞋业实现环保新标准的主要路线，展示了ZDHC长期愿景、过渡时期2015年的阶段性目标、2020年的最终成果和各方的责任。与此同时，根据新版ZDHC联合路线图的承诺，ZDHC联盟于2014年6月推出了一份制造业限用物质清单（Manufacturing Restricted Substances List，简称MRSL）。

为了实现零排放，ZDHC设置了输入端管理、输出端管理以及过程管理。输入端管理是从源头管控，不得蓄意添加或使用某些有害化学物质，从而减少在终端产品上的残留和废水中的排放，从而实现整个产业链的清洁生产。输出端管理旨在管理终端原材料、消费品以及废水排放，ZDHC MRSL废水模块旨在披露废水中有害化学物质以及信息共享，后续会考虑进行废气管控。过程管理旨在生产过程的审核，保证化学品的合理管理以及防止交叉污染。

二、ZDHC 与中国纺织供应链管理的合作

在 ZDHC 的理念发展的同时，由企业、政府、行业组织、高等院校以及供应链共同推动的“中国纺织供应链化学品环境管理创新 2020 行动计划”，也准备在 2020 年以前联合制定符合中国产业发展需求的纺织供应链化学品管控指南、供应链限制清单及排放要求，共同推动纺织化学品的产品、技术和环境管理创新。中国纺织工业联合会（简称“中纺联”）公布了《纺织供应链化学品管理创新 2020 行动纲要》，并同 ZDHC 有害化学物质零排放组织签署战略合作协议，将共同推进全球纺织供应链的化学品管控体系的建立和融合，促进中国纺织行业的绿色制造和可持续发展。

天祥集团（Intertek）作为全球最大的工业及日用消费品专业检验机构之一，愿意为实现此目标提供全方位的支持和帮助，并已付诸实践。由天祥检验集团领衔起草的《纺织用染化料助剂限用物质清单》已正式入选 2019 年第一批中纺联团体标准计划项目。该标准的研究起草基于先进的质量观，贯穿从消费者、零售商、生产商和上游的原材料供应商等整个纺织产业链，强化供应链管理理念，形成倒逼机制，通过上下游联动，有效推进有害物质的源头管控，全面提升全产业链的绿色供应链管理水平，大幅降低下游行业的产品质量安全风险和社会成本，满足国内外市场及消费者对绿色消费和环境可持续发展的要求。与此同时，该标准的起草将基于与国际接轨的原则，与国际有害物质零排放联盟（ZDHC）合作，该标准不仅能在技术要求上与国际接轨，而且可以在很大程度上满足国内外企业的符合性要求，在国际市场上争取更多和更大的与我国纺织业的国际地位相适应的话语权和主动权。

三、ZDHC MRSL 与现有法规和标准的比较

ZDHC MRSL 是在 ZDHC 最初确定的 11 类优先控制化学物质的基础上经相关专家和联盟成员之间研究协商后共同确定的，其针对的目标是纺织服装生产加工中使用的染化料助剂。ZDHC 于 2015 年 12 月对 MRSL 进行了更新，发布了 1.1 版本，增加了在合成革及天然皮革生产过程中有害物质的管控，同时对管控物质及限量进行了更具体规定。其目前管控的化学物质有 16 大类，包括壬基酚及壬基酚聚氧乙烯醚、氯苯及氯甲苯、氯酚类物质、分散染料、致癌染料、阻燃剂、卤化溶剂、有机锡、多环芳烃、全氟化物、邻苯二甲酸盐、乙二醇等化合物。

ZDHC MRSL 的提出是为了从源头上消除有害化学物质，要求生产过程所用染化料助剂中不得故意添加某些有害化学物质，这与现有已颁布实施的相关有害化学物质的禁限用法规和标准在理念上存在一定差异，而在限制要求上亦有内在的联系和区别。

REACH 法规要求，若化学品或助剂中的壬基酚（NP）、壬基酚聚氧乙烯醚（NPEO）大于或等于 0.1%（1000mg/kg），则不得用于纺织品和皮革加工。欧盟指令 2002/371/EC 规定生态纺织品生产不得使用烷基酚聚氧乙烯醚（APEO）。MRSL 对助剂中烷基酚（AP）和烷基酚聚氧乙烯醚（APEO）的实际限量要求是：壬基酚（NP）和辛基酚（OP）均不得高于 250mg/kg，壬基酚聚氧乙烯醚（NPEO）和辛基酚聚氧乙烯醚（OPEO）均不得高于 500mg/kg。就纺织印染产品而言，MRSL 对 AP/APEO 的限制种类和限量要求都比 REACH 法规

严格。

中国强制性国家标准 GB 19601—2013《染料产品中 23 种有害芳香胺的限量及其测定》要求染料等产品中所含各种有害芳香胺的含量不得超过 150mg/kg；而 GB/T 20708—2006《纺织助剂中部分有害物质的限量及测定》中规定纺织助剂产品中所含 23 种有害芳香胺含量不得超过 30mg/kg。ZDHC MRSL 对染料中各项有害芳香胺的限量要求为 200mg/kg，相对宽松。

欧盟指令 2002/371/EC 所规定的纺织品生态标签 Eco-Label，对颜料和染料中的重金属分别做出了限量要求。国际染料制造工业生态毒理研究协会（ETAD）和美国染料制造商协会（ADMI）对染料中的重金属也有相关要求，除了镉和汞在颜料中的含量外，MRSL 与 ETAD 和 Eco-Label 对染料中重金属的种类和限制水平基本相当，而对颜料中重金属的限制种类和水平 MRSL 要严于 Eco-Label。但与 ADMI 所规定的 8 种重金属限量相比，MRSL 的限量则显得较为宽松。值得注意的是，MRSL 对重金属的限制采用了“5 加 11”的模式，即对砷、镉、汞、铅和六价铬 5 种重金属要求在生产中不得故意使用；对锑、锌、铜、镍、锡、钡、钴、铁、锰、硒和银 11 种重金属，要求执行 ETAD 关于着色剂残留重金属限量要求。

我国国家标准 GB 20814—2014《染料产品中 10 种重金属元素的含量及测定》对染料中 10 种重金属含量做了限量要求，比 ZDHC MRSL 少了包括砷和六价铬在内的 6 种元素，而国家标准 GB/T 20708—2006《纺织助剂中部分有害物质的限量及测定》对纺织助剂中 9 种重金属含量规定了限量要求，更是明显少于 MRSL，但对铅、镉等 8 种重金属的含量要求严于 MRSL 的限量（锑限量要求低于 MRSL）。

关于邻苯二甲酸酯类化合物，根据欧盟 REACH 法规规定，所有玩具和儿童产品中 DEHP、DBP 和 BBP 的质量分数不得超过 0.1%，可放入嘴中的玩具和儿童产品中 DINP、DIDP 和 DNOP 的质量分数不得超过 0.1%。目前，列入高度关注化学物质（SVHC）候选清单中的邻苯二甲酸酯种类已达 13 种。美国消费品安全改善法（CPSIA）要求，玩具和儿童护理产品中 DEHP、DBP 和 BBP 的质量分数不得超过 0.1%，可放入嘴中的玩具和儿童护理产品中 DINP、DIDP 和 DNOP 的质量分数不得超过 0.1%。MRSL 则对包含上述法规规定的 16 种邻苯二甲酸酯进行了限制，而且限制要求更为严格，即对染化料助剂中 16 种邻苯二甲酸酯总量要求不得超过 250mg/kg。国内外尚无针对纺织印染用染化料助剂中限制邻苯二甲酸酯的法规或标准。

欧盟于 2006 年 12 月 27 日发布的 2006/122/EC 指令，只限制全氟磺酸类化合物（PFOS）的使用，限量为 50mg/kg，而对包括 PFOA 在内的其他全氟化合物并未提出限制。Oeko-Tex 标准 100 的 2009 年修订版已将 PFOS 和 PFOA 同时列入考核项目中，PFOA 比 PFOS 限量稍宽。REACH 法规的高度关注物质 SVHC 清单中，于第八批列入了全氟十一酸、全氟十二酸、全氟十三酸和全氟十四酸，在第九批中列入了全氟辛酸铵盐。Oeko-Tex 标准 100 从 2014 版起，也已将全氟十一酸、全氟十二酸、全氟十三酸、全氟十四酸列为监控检测项目。而 ZDHC 从 2015 年 1 月 1 日起，要求禁止在耐久防水、防油和防污产品生产中使用长链全氟化合物，ZDHC 根据经济合作与发展组织（OECD）的定义，将长链全氟化合物解释为长链（C_8 及以上）全氟羧酸和长链（C_6 及以上）全氟磺酸盐。MRSL 对助剂中 PFOA 和 PFOS 限量要求均为 2mg/kg，明显严格于 REACH 法规。

欧盟官方公报于2003年1月9日发布欧盟委员会指令2003/03/EC，指令规定，禁止在纺织品和皮革制品上使用“蓝色素”。该“蓝色素”属酸性偶氮染料与三价铬离子以2∶1络合。“蓝色素”是一种混合物，包括两个组分，没有单独的CAS登记号，法令只提供两个染料的分子式，没有结构式。而在MRSL中明确列出一种“蓝色素”的CAS登记号，另一种同样只是给出了分子式。同时在MRSL中规定两种“蓝色素”的含量均不能高于250mg/kg，该限量较欧盟的要求更为宽松。

ZDHC MRSL涵盖了Oeko-Tex100标准和REACH法规中规定的一部分主要有害化学物质。但现阶段二甲基甲酰胺（DMF）和*N*-甲基吡咯烷酮助剂中的甲醛、环氧丙烷、丙烯酰胺等均没有列入MRSL中。另外Oeko-Tex标准100中致癌染料有18个，致敏分散染料有20个，而在MRSL中致癌染料只有7个，致敏分散染料只有19个。

因为是零排放路线，ZDHC的MRSL中对最终产品中所含有害化学品采用“no intentional use”字样，笔者译为“无意图使用”，实际上可以理解为不得使用，这也是与Oeko-Tex标准100及其他标准或法规的区别之处。

四、ZDHC对染化料助剂中高风险化学物质的测试要求

ZDHC并不是要求对MRSL中的所有管控化学物质进行测试，而是根据不同的染化料助剂化学品类型，规定了有针对性的测试要求。

对于纤维和纱线的助剂和整理剂而言，需要关注的是烷基酚、烷基酚聚氧乙烯醚、乙二醇类、多环芳烃、有机挥发物。比如，高温匀染剂、分散剂、移染修补剂、载体、消泡剂、轧染助剂等均是由烷基酚聚氧乙烯醚（APEO）与其他表面活性剂复配后，达到良好的性能，因此，对于此类助剂要管控的是烷基酚聚氧乙烯醚（APEO）。

对于前处理剂而言，则需要对烷基酚（AP）、烷基酚聚氧乙烯醚（APEO）和重金属进行管控。比如，上浆剂、退浆剂、润湿剂需要关注的是烷基酚（AP）、烷基酚聚氧乙烯醚（APEO）；主要是在上述制剂生产过程中，烷基酚聚氧乙烯醚是主要的生产原料之一，在使用过程残留在织物表面。而纺织品生产过程的煮练剂、漂白剂、丝光剂则需要关注的是重金属的含量。

对于印染用纺织品助剂而言，需要关注的是烷基酚（AP）、烷基酚聚氧乙烯醚（APEO）、乙二醇类、多环芳烃及邻苯二甲酸酯。比如，印花色浆溶剂主要管控乙二醇醚类和邻苯二甲酸酯，而用于皮革表面处理的聚合物涂层、着色剂中的去尘剂、脂液和油脂均是邻苯二甲酸盐的来源。纺织品染料分散剂除了需要管控烷基酚（AP）、烷基酚聚氧乙烯醚（APEO）、乙二醇类，还需要管控萘残留物，这是由于使用了劣质的萘衍生物（例如，劣质的萘磺酸甲醛浓缩产品）。

对于颜料而言，需要关注的有害物质有可裂解出芳香胺的偶氮染料，重金属及可挥发性有机化合物。究其原因，其与颜料结构密不可分。颜料可分为有机颜料和无机颜料，有机颜料按化学结构分类可分为偶氮颜料、酞菁颜料、多环颜料、芳甲烷系颜料等，其中偶氮染料主要是裂解出致癌芳香胺的主要来源；同时，无机颜料包括铁系颜料、铬系颜料、铅系颜料、锌系颜料、金属颜料、磷酸盐系颜料、钼酸盐系颜料、硼酸盐系颜料等，该系列染料是重金属的高风险来源。通常而言，颜料在纺织行业主要用于纺织品的涂料印花及原浆着色，而涂

料印花浆商品一般是由颜料浆、黏合剂、光联剂及乳化浆组成，其组成成分中会有不同种类的有机溶剂，从而要管控可挥发性有机化合物。

对于染料而言，其高风险的有害化学物质主要取决于染料类型，不同染料的化学结构是不同的，需要关注的有害物质也是不同的。对于活性染料、媒染燃料和金属络合染料，需要考虑烷基酚及烷基酚聚氧乙烯醚、氯酚类物质、可裂解出芳香胺的偶氮染料和重金属。其中，烷基酚及烷基酚聚氧乙烯醚可用于染料和颜料的制备，而五氯苯酚和四氯苯酚等氯酚类物质通常用作印花色浆中的防腐剂，也可能作为杂质存在于染料生产所用的原材料中。除了上述四类物质，对于直接染料和酸性染料，其某些染料被认为具有致癌的危害，还需要关注致癌染料；而对于碱性染料，基本与直接染料和酸性染料的高风险项目类似，还要额外关注稠环芳烃类化合物，稠环芳烃的衍生物是该类染料合成的中间体，有可能因技术或工艺的原因使最终的染料产品含有未反应的杂质；对于硫化染料和还原染料，除了烷基酚及烷基酚聚氧乙烯醚、氯酚类物质、可裂解出芳香胺的偶氮染料和重金属四类上述提及的有害化学物质，还需要关注氯苯及氯甲苯类化合物。分散染料在所有染料中风险性最高，它不仅需要管控上述的所有物质，且由于某些分散染料会引起皮肤过敏，被列入致敏染料名单，还要考虑致敏染料的管控。

参考文献

[1] 王建平，章文韬．关于建立纺织用染化料生态安全性评价体系的设想［J］．印染助剂，2003，20（2）：45-48.
[2] 王建平．中国纺织服装绿色供应链中的生态安全检测技术标准化［J］．印染，2014，41（11）：46-51.
[3] 陆雅芳，王建平，吴岚．ZDHC 的联合路线图与 AAFA 的限用物质清单［J］．染整技术，2015，（6）：46-49.
[4] 高铭，李敏洁，王作鹏．零排放对我国纺织印染行业的影响［J］．印染，2015，41（12）：36-43.
[5] 寿谦益，王建刚，叶琼，鲍国芳．我国生态染化料评价体系的探讨［J］．印染，2014，（12）：49-52.
[6] 陈荣圻．纺织化学品的重要限用法规评析（一）［J］．印染，2015（5）：45-48.
[7] 陈荣圻．纺织化学品的重要限用法规评析（二）［J］．印染，2015（6）：50-52.
[8] 陈荣圻．纺织化学品的重要限用法规评析（三）［J］．印染，2015（7）：50-52.
[9] 陈荣圻．纺织化学品的限用法规评析［J］．纺织检测与标准，2015（1）：13-15.
[10] 李洪赞．聚酯纺丝油剂中烷基酚聚氧乙烯醚的定量测定［J］．北京服装学院学报，1990（1）：60-66.
[11] 陈荣圻．纺织品中重金属残留的生态环保问题（一）［J］．印染，2000（5）：45-47.
[12] 陈荣圻．纺织品中重金属残留的生态环保问题（二）［J］．印染，2000（6）：41-48.
[13] 陈荣圻．后整理剂的生态环保问题分析［J］．针织工业，2006（1）：54-57.
[14] 陈荣圻．后整理剂的生态环保问题分析（续一）［J］．针织工业，2006，（2）：48-52.